Färberei- und textilchemische Untersuchungen

Anleitung zur chemischen und koloristischen Untersuchung und Bewertung der Rohstoffe, Hilfsmittel und Erzeugnisse der Textilveredelungsindustrie

von

Dr. Paul Heermann

Professor, Abteilungsvorsteher i. R. der Textilabteilung
am Staatlichen Materialprüfungsamt, Berlin-Dahlem

Sechste
vollständig neubearbeitete Auflage

Mit 16 Textabbildungen

Springer-Verlag Berlin Heidelberg GmbH

1935

ISBN 978-3-662-35900-6   ISBN 978-3-662-36730-8 (eBook)
DOI 10.1007/978-3-662-36730-8

Vorwort zur sechsten Auflage.

Die vorliegende sechste Auflage stellt größtenteils eine völlige Neubearbeitung dar. Zunächst mußten Übersicht und systematischer Zusammenhang wiederhergestellt werden, nachdem diese in den letzten Auflagen durch An- oder Einfügen von Ergänzungen stellenweise verlorengegangen waren. Dann mußten die verhältnismäßig großen Fortschritte der letzten sechs Jahre (1929—1934) gebührend berücksichtigt werden. Und schließlich ist angestrebt worden, den Umfang des Buches gegenüber der letzten Auflage ohne Schmälerung des eigentlichen Inhaltes nach Möglichkeit zu verringern, um das Buch möglichst preiswert herzustellen und seine Anschaffung zu erleichtern. Dies alles machte nicht nur eine gründliche Neubearbeitung sowie Streichungen, sondern auch zahlreiche textliche Kürzungen erforderlich. Obwohl die neue Auflage inhaltlich viel gewonnen hat, ist es so gelungen, ihren Umfang um einige Druckbogen zu verringern.

Gestrichen bzw. gekürzt wurden vor allem ältere und entbehrlich gewordene Untersuchungsverfahren und Tabellen, z. B. auch die umfangreichen, teilweise stark überholten Farbstoffuntersuchungstabellen von Green; dann die meisten technologischen Notizen, die mehr in ein technologisches Werk gehören; damit wurde auch die grundsätzliche Aufzählung der bekannten Textilhilfsmittel aufgegeben, sofern für diese keine besonderen Untersuchungsverfahren zu geben waren. Nur bei dem für den Laien so unübersichtlichen Gebiet der „Netzmittel" ist versucht worden, eine systematische Zusammenstellung zu geben und die mir bekanntgewordenen Vertreter der einzelnen Hauptgruppen namentlich aufzuführen. Dieses Kapitel zeigt auch, welche Ausmaße die „chemischen Textilhilfsmittel" zur Zeit angenommen haben und wie unmöglich es heute schon geworden ist, die tausende mit eigenen Phantasienamen belegten Präparate — man hat heute an diesen und ähnlichen Hilfsstoffen über 3000 Handelsmarken gezählt — im Rahmen eines allgemeinen Untersuchungsbuches einzeln zu besprechen.

Von neueren Arbeiten waren vor allem die textilchemischen Forschungen bzw. Untersuchungsverfahren, z. B. das schwierige Gebiet der Faserschädigungen, zu berücksichtigen. Zwecks besserer Übersicht habe ich auch eine scharfe Teilung des Buches in zwei Teile, in die „färbereichemischen" und die „textilchemischen" Untersuchungen vorgenommen. Ferner war ich nach wie vor bestrebt, die Einheits- und Normverfahren (z. B. von Seifen, Fetten, Ölen, Gerbstoffen, Echtheitsbestimmungen u. a. m.) überall in den Vordergrund zu rücken und damit zur Vereinheitlichung der Untersuchungstechnik beizutragen.

Auf vielfach geäußerten Wunsch ist das Kapitel der Herstellung und Kontrolle von Titrierlösungen etwas geschlossener dargestellt worden, so daß dieser Teil heute dem in der Praxis stehenden Färbereichemiker und dem angehenden Textilchemiker an Färberei- und Fachschulen eine abgerundetere Grundlage bieten dürfte, als es bisher der Fall war. Dagegen konnte auf spezielle physikalische Arbeitsmethoden sowie auf Erörterungen theoretischer Fragen — wie auch bisher — nicht eingegangen werden. Das Sachverzeichnis ist zwecks schnellerer Auffindung des Gesuchten etwas ausführlicher gestaltet. Die wichtigste Fachliteratur ist bis Ende 1934 berücksichtigt.

Einigen Firmen und Fachgenossen, die mich durch Angaben und Hinweise unterstützt haben, sowie der Verlagsbuchhandlung Julius Springer für die treffliche Ausstattung des Buches sei auch an dieser Stelle bester Dank gesagt.

Berlin-Dahlem, September 1935.

Paul Heermann.

Erscheinungsjahre der Auflagen.

1. Aufl. „Färbereichemische Untersuchungen" (von der Industriellen Gesellschaft Mühlhausen i. E. mit Ehrenmedaille ausgezeichnet 1898
1. Aufl. „Koloristische und textilchemische Untersuchungen" 1903
2. Aufl. „Färbereichemische Untersuchungen". 1907
3. Aufl. „Färberei- und textilchemische Untersuchungen" (Vereinigung der „Färbereichemischen Untersuchungen" und der „Koloristischen und textilchemischen Untersuchungen") 1918
4. Aufl. „Färberei- und textilchemische Untersuchungen" 1923
5. Aufl. „Färberei- und textilchemische Untersuchungen" 1929
6. Aufl. „Färberei- und textilchemische Untersuchungen" 1935

Inhaltsverzeichnis.

Allgemeiner Teil.

Färbereichemische Untersuchungen.

Unlösliches. — Gesamtlösliches. — Organische Substanz. — Salpetrige Säure. — Salpetersäure. — Ammoniak. — Eisen. — Mangan. — Chloride. — Kohlensäure u. a. m. — S. 21 bis 26.

Bestimmung der Gesamthärte durch Seifentitration. — Bestimmung der Gesamthärte nach Wartha. — Bestimmung der Magnesiahärte nach Pfeifer. — Gesamt-, Kalk- und Magnesiahärte. — Gesamthärte nach dem Palmitatverfahren. — Magnesiahärte nach dem Palmitatverfahren. — S. 27 bis 31.

Kalk-Soda-Verfahren. — Ätznatronverfahren. — Barytverfahren. — Phosphatverfahren. — Sauerstoffbeseitigung. — Permutitverfahren. — Kontrolle des Reinwassers. — Laboratoriumsmäßiger Wasserreinigungsversuch. — S. 31 bis 36.

Ammoniak. — Ammoniumsalze. — S. 47 bis 48.

Ätznatron, Natriumhydroxyd, kaustische Soda. — Natriumsuperoxyd. — Kochsalz. — Glaubersalz. — Natriumbisulfat. — Soda. — Natriumbikarbonat. — Natriumsulfit und Natriumbisulfit. — Natriumthiosulfat. — Natriumhydrosulfit. — Schwefelnatrium. —

Inhaltsverzeichnis.   VII

Textilchemische Untersuchungen.

Erläuterungen und Abkürzungen.

„Alkohol" = wenn nichts anderes vermerkt, Äthylalkohol.
„Äther" = wenn nichts anderes vermerkt, Äthyläther.
„atü" = Atmosphären-Überdruck.
„Herstellung" und „Auffüllung" von Lösungen = mit destilliertem Wasser.
„Kalt" und „in der Kälte" = von Zimmertemperatur.
„L.h.W." = Löslichkeit in heißem Wasser.
„L.k.W." = Löslichkeit in kaltem Wasser.
„Lösungen" = wenn keine Zusatzbemerkung, stets wässerige Lösungen.
„Soda" = wasserfreie, kalzinierte Soda.
„T." = Gewichtsteile.
Zahlenangaben nach chemischen Formeln = Molekulargewichte.
^{0} = bei Temperaturangaben stets Celsiusgrade.
% = Gewichtsprozente.

Die Literaturangaben sind die üblichen und allgemein verständlich.

Allgemeiner Teil.

pH-Messung.

Azidität. Man unterscheidet „aktuelle Azidität" und „Titrationsazidität". Die aktuelle Azidität ist die gegebene Konzentration der freien Ionen einer Flüssigkeit (bei bestimmter Konzentration, Temperatur und Zusammensetzung), d. h. der Ionisationsgrad oder der Dissoziationsgrad einer Flüssigkeit. Die Titrationsazidität ist die beim Titrieren einer Flüssigkeit ermittelte Totalionenkonzentration, die sich zusammensetzt aus der ursprünglichen Ionenkonzentration der Lösung und den sich beim Titrieren fortlaufend neubildenden Ionen. Die Titrationsazidität einer Lösung ist also zum mindesten so groß wie die aktuelle Azidität (nämlich bei $100\,\%$iger Ionisation der Lösung), in der Praxis aber meist viel größer. Auf der anderen Seite können verschiedene Lösungen gleicher Titrationsazidität sehr verschiedene aktuelle Azidität haben und umgekehrt. So verbrauchen z. B. gleiche Mengen $\frac{1}{10}$ n-Salzsäure und $\frac{1}{10}$ n-Essigsäure gleiche Mengen Lauge zur Neutralisation. Ihre Titrationsaziditäten sind also gleich, während die aktuelle Azidität bei der Salzsäure etwa 72mal so groß ist wie bei der weniger dissoziierten Essigsäure. Eine $\frac{1}{10}$ n-Essigsäure ist nur zu $1\,\%$ in Ionen gespalten. Mit dem Entfernen der jeweils freien Wasserstoffionen durch Alkalizusatz beim Titrieren findet aber kontinuierlich eine Nachlieferung von neuen Wasserstoffionen statt, bis die gesamte Säure austitriert ist. Es ist deshalb unmöglich, die Wasserstoffionenkonzentration einer Lösung durch Titration zu ermitteln. Dieser Wert wird vielmehr auf anderem Wege festgestellt und nach dem Vorschlag von Sörensen als pH-Wert zum Ausdruck gebracht.

Messung des pH-Wertes. Man mißt den pH-Wert für wissenschaftliche Zwecke mit einer Genauigkeit von 0,01—0,02 pH auf elektrometrischem Wege; für praktische Zwecke genügt die kolorimetrische Methode, die eine Genauigkeit von 0,1—0,2 pH ergibt. Zu dieser kolorimetrischen Messung eines pH-Wertes einer Lösung bedient man sich geeigneter Indikatoren, das sind Vergleichslösungen von bekanntem pH-Wert, die spezifisch auf Wasserstoffionen, H', und Hydroxylionen, OH', reagieren und die im nichtdissoziierten Zustande anders gefärbt sind als in Form ihrer Ionen. Das Charakteristische für jeden Indikator ist sein elektrometrisch genau bestimmbarer pH-Bereich, innerhalb dessen er durch typische Farbenumschläge reagiert. Wenn man sich auf diese Weise eines geeigneten Indikators von bekanntem pH-Bereich bedient, so ist man in der Lage, den pH-Wert einer Lösung durch Vergleich der Farbenumschläge zu ermitteln. Weiterhin wird man in die

Lage versetzt, durch eine geeignete Serie von Indikatoren oder durch Mischindikatoren fast jeden pH-Wert einer Lösung schnell und ziemlich genau zu bestimmen. Man gibt z. B. die vorgeschriebene Zahl von Tropfen der Indikatorenlösungen zu 10 ccm der zu prüfenden Lösung und findet aus der auftretenden Farbe mit Hilfe einer Farbenskala den gesuchten pH-Wert der Lösung mit einer Genauigkeit von 0,1—0,2 pH. Die Farbenskalen bestehen in der Regel aus gefärbten Gläsern, Folien od. dgl.; der Farbenumschlag kann auch jedesmal mit Hilfe des betreffenden Indikators und eines geeigneten Puffergemisches erzeugt werden.

Der pH-Wert einer vollkommen neutralen Lösung ist 7,07 oder rund 7. Der einer sauren Lösung ist kleiner als 7 und der einer alkalischen Lösung ist größer als 7. Dem logarithmischen Charakter der Beziehung entsprechend, kommt eine pH-Wertänderung von 0,3 einer Konzentrationsänderung von 100% gleich. Für die Praxis geeignete Indikatoren und Mischindikatoren sind im Handel nebst den zugehörigen Farbenskalen und Arbeitsanweisungen zu haben. Die wichtigsten Indikatoren mit ihren Umschlagsgebieten sind folgende.

Mehrfarbige Indikatoren mit ihrem Umschlagsgebiet.

Indikator	Farbenumschlag sauer-alkalisch	Anwendbares pH-Gebiet	Lösung in	Konzentration %
Methylviolett . . .	gelb-blau-violett	0,1—1,5—3,2	Wasser	0,01
Tropäolin 00 . . .	rosa-gelb	1,3—3,2	Wasser	0,01
Thymolblau	rot-gelb	1,2—2,8	Alkohol	0,04
Dimethylgelb . . .	rot-gelb	2,9—4,3	Alkohol	0,01
Bromphenolblau . .	gelb-blau	3,0—4,6	Alkohol	0,04
Methylorange . . .	rot-gelb	3,1—4,4	50 % ig. Alkohol	0,02
Methylrot	rot-gelb	4,4—6,0	50 % ig. Alkohol	0,02
Bromkresolpurpur .	gelb-purpur	5,2—6,8	Alkohol	0,04
Bromthymolblau . .	gelb-blau	6,0—7,6	Alkohol	0,04
Phenolrot	gelb-rot	6,8—8,4	Alkohol	0,02
Kresolrot	gelb-rot	7,2—8,8	Alkohol	0,02
Alpha-Naphthol-phthalein	rosa-blau	7,3—8,7	Alkohol	0,1
Tropäolin 000 . . .	braun-gelb	7,6—8,9	Alkohol	0,01
Thymolblau	gelb-blau	8,0—9,6	Alkohol	0,04
Ortho-Kresol-phthalein	farblos-rot	8,2—9,8	Alkohol	0,02
Phenolphthalein . .	farblos-rot	8,3—10,5	50 % ig. Alkohol	0,05
Thymolphthalein . .	farblos-blau	9,3—10,5	50 % ig. Alkohol	0,04
Alizaringelb R . . .	gelb-rot	10,1—12,1	Wasser	0,1

Nachstehend seien noch einige für den praktischen Gebrauch empfohlene Mischindikatoren und Apparate erwähnt, die es dem Praktiker erleichtern, den ungefähren pH-Wert einer Lösung schnell festzustellen.

Universalindikator Merck. Der Indikator liegt im pH-Bereich von 4,5—9. Man arbeitet mit ihm, indem man zu 8 ccm der zu prüfenden Lösung in eine kleine Porzellanschale oder Palette 2 Tropfen der Indikatorlösung zusetzt und die dadurch entstehende Farbe mit der Farbenskala vergleicht, die in Stufen von 0,5 zu 0,5 pH aufgezeichnet sind. Die Zwischenwerte können bis auf 0,1—0,2 pH geschätzt werden.

Universalindikator von Kolthoff. Dieser Mischindikator besteht aus folgenden Lösungen der üblichen Konzentrationen (s. Tabelle oben): 15 ccm Dimethylgelb, 5 ccm Methylrot, 20 ccm Bromthymolblau, 20 ccm Phenolphthalein, 20 ccm Thymolphthalein. 0,1 ccm dieser Mischung gibt mit 10 ccm Flüssigkeit folgende Färbungen: Bei pH 2,0 = rosa, bei 3,0 = rotorange, bei 4,0 = orange, bei 5,0 = gelborange, bei 6,0 = zitronengelb, bei 7,0 = gelbgrün, bei 8,0 = grün, bei 9,0 = blaugrün, bei 10,0 = violett.

Universalindikator Urk. Der pH-Bereich liegt bei 2—12. Zur Herstellung des Indikators löst man in 100 ccm Alkohol 70 mg Tropäolin 00, 100 mg Methylorange, 80 mg Methylrot, 400 mg Bromthymolblau, 500 mg Phenolphthalein, 500 mg Naphtholphthalein, 400 mg Kresolphthalein, 150 mg Alizaringelb R. Zu 10 ccm der zu prüfenden Lösung gibt man einen Tropfen des Indikators. Dabei zeigen folgende Farben die nachstehenden pH-Bereiche an: Rotorange = 3 pH, Orange = 4 pH, Gelborange = 5 pH, Orangegelb = 6 pH, Gelb = 6,5 pH, Grüngelb = 7 pH, Grün = 8 pH, Blaugrün = 8,5 pH, Grünblau = 9 pH, Violettblau = 9,5 pH, Violett = 10 pH, Violett bis Rotviolett = 11 pH, Rotviolett bis Violettrot = 12,5 pH.

Tüpfelapparat nach Tödt[1]. Diese Vorrichtung soll den Vorzug haben, sehr wenig Untersuchungssubstanz zu benötigen und auch bei dunkel gefärbten Lösungen nicht zu versagen. Man arbeitet mit acht verschiedenen Indikatorlösungen gegen 1—2 Tropfen Substanz auf einer Porzellantüpfelplatte und verwendet als Vergleichsbasis für die Feststellung der pH-Bereiche zwei gedruckte Farbtafeln (eine für den sauren, die andere für den alkalischen Bereich) mit insgesamt 55 Farbtönen. Der pH-Meßbereich liegt zwischen 2,8 und 9,8 pH.

Schnellmethode nach Höll. Man arbeitet kolorimetrisch mit Indikator-Papierfolien, mit denen praktisch sämtliche pH-Stufen bei einer Meßgenauigkeit von etwa 0,2 pH bestimmt werden können. Nach dem Eintauchen der Papierfolien in die Untersuchungslösung (die auch trübe, viskos sowie leicht gefärbt sein darf) wird der pH-Wert an Hand einer Standard-Farbskala sofort abgelesen. Das für Laboratoriumszwecke zusammengestellte Gerät[2] besteht aus 8 Glasröhren mit je 50 Streifen Indikator-Papierfolien. Diese sind mit folgenden Indikatoren gefärbt: Kresolrot, Kongorot, Bromphenolblau, Bromkresolpurpur, Phenolrot, Thymolblau, Thymolphthalein, Tropäolin.

Indikatoren.

Methylorange. M. ist wohl der meist angewandte Indikator. Mit Hinzunahme von Phenolphthalein für gewisse Fälle (s. w. u.) erfüllt er fast alle Erfordernisse eines Indikators für Alkalimetrie und Azidi-

---

[1] Siehe Chem.-Ztg. 1933 S. 374. — Hersteller: H. A. Freye, Braunschweig, Monumentstr. 3.

[2] Zu beziehen von H. A. Freye, Braunschweig, Monumentstr. 3.

metrie. Nur in besonders schwierigen Fällen sind noch weitere Indikatoren erforderlich.

Man löst 0,2 g in 1 l heißem Wasser auf, läßt erkalten und filtriert nötigenfalls. Zum Titrieren verwendet man nur wenige Tropfen, so daß eine eben merkliche gelbliche Färbung entsteht. Ein Überschuß des Indikators beeinträchtigt sehr die Schärfe des Umschlages. Man arbeitet mit kalten Lösungen, höchstens bei 30^0 C, auf weißer Unterlage und möglichst bei gutem Tageslicht. Der Indikator schlägt im pH-Bereich von 3,4—4,8 durch alkalische Flüssigkeiten von Rot nach Gelb um; umgekehrt schlägt er durch saure Flüssigkeiten über eine tiefere, bräunliche Nüance (die man als Endpunkt nehmen soll) durch einen weiteren Tropfen Säure plötzlich in eine entschieden rote (nelkenrote) Färbung um.

Eignung. M. ist zur Titration von Basen allen anderen Indikatoren vorzuziehen, insbesondere für die Titration des Gesamtalkalis bei ätzenden Alkalien, alkalischen Erden, Ammoniak, Karbonaten, Bikarbonaten, Silikaten, Boraten, Arseniten, Sulfiden, fettsauren Alkalien. Auch Anilin, Toluidin, Chinolin usw. verhalten sich gegen M. als Basen und können damit ziemlich gut titriert werden (besser ist hier allerdings Thymolblau). — Ferner ist M. der beste Indikator für die Titration starker Säuren, wie Salzsäure, Schwefelsäure, Salpetersäure.

Ungeeignet ist M. für die Titration schwacher Säuren und organischer Säuren, wie Schwefelwasserstoff, Kohlensäure, arsenige Säure, Borsäure, Blausäure, Ameisensäure, Essigsäure, Oxalsäure, Weinsäure, Zitronensäure, Milchsäure usw.

Zweibasische Mineralsäuren. Der Farbenumschlag (Neutralpunkt) tritt hier ein, wenn ein Wasserstoffatom abgesättigt ist, wenn z. B. die Reaktion $SO_2 + NaOH = NaHSO_3$ gerade beendet ist. Das Bisulfit ist also neutral gegen M. Demnach zeigt hier 1 ccm n-Lauge nicht ein, sondern zwei Äquivalente (d. h. ein Molekül) $SO_2 = 0,06406$ g an. Der Umschlag ist hier nicht sehr scharf. Umgekehrt kann man normales Sulfit mit HCl titrieren (auch kein scharfer Umschlag): $Na_2SO_3 + HCl = NaHSO_3 + NaCl$. Schärfer schlägt hier Phenolphthalein bei der Reaktion um: $SO_2 + 2NaOH = Na_2SO_3 \cdot H_2O$, wo also 1 ccm n-Natronlauge $= 0,03203$ g SO_2 anzeigt.

Dreibasische Säuren. Der Farbenumschlag tritt hier ein, wenn ein Wasserstoffatom abgesättigt ist, also bei NaH_2PO_4. Man kann Phosphorsäure gegen M. also wie eine einbasische Säure titrieren.

Kohlensäure. Gegen Kohlensäure ist M. unempfindlich, der Indikator schlägt also nicht um, wenn Kohlensäure zugegen ist oder frei wird. Dies ist bei der Titration der Karbonate äußerst wertvoll.

Salpetrige Säure wirkt allmählich zerstörend auf M. ein und kann deshalb nicht direkt gegen M. titriert werden; wohl aber auf Umwegen, indem man die salpetrige Säure mit einem gemessenen Alkaliüberschuß versetzt, dann M. zugibt und den Alkaliüberschuß mit Säure bis zur beginnenden Rötung zurücktitriert.

M. kann auch mit einem anderen Indikator zusammen verwendet werden, z. B. mit Phenolphthalein bei der Titration von Karbonaten (s. w. u. Phenolphthalein).

Phenolphthalein. Neben Methylorange meistgebrauchter Indikator. Man löst 1 g P. in 100 ccm 90—95 %igem Alkohol. Von dieser Lösung braucht man für jede Titration etwa 2 Tropfen. Ein Überschuß des

Indikators ist hier nicht schädlich (wie bei Methylorange), wohl aber stören größere Mengen von Alkohol. Man arbeitet gegen P. ebensogut in der Kälte wie heiß (wenn keine flüchtigen Stoffe zu berücksichtigen sind); auch gut bei künstlichem Licht (besonders beim Übergang von Farblos nach Rot). Die farblose Lösung des P. wird durch Hydroxylionen, OH′, also durch die kleinste Spur eines freien Alkalis, schön rot, wodurch P. einer der empfindlichsten Indikatoren wird. Zu bemerken ist jedoch, daß konzentrierte Alkalien keinen Umschlag in Rot geben und vor der Titration deshalb zu verdünnen sind. Der Umschlagsbereich liegt bei der Titration auf Schwachrot zwischen 7,8 und 8,5 pH; bei der Titration auf Starkrot zwischen 7,8 und 10,0 pH.

Eignung. Das eigentliche Gebiet des P. ist die Titration der schwachen und der organischen Säuren, wie der Ameisensäure, Essigsäure, Weinsäure, Zitronensäure, Milchsäure, Chromsäure (Umschlag bei Vollendung der Reaktion K_2CrO_4) usw. Ferner ist P. der beste und empfindlichste Indikator für ätzende, fixe Alkalien und alkalische Erden, jedoch nur, wenn KOH, NaOH, $Ba(OH)_2$ usw. für sich allein, ohne Karbonate, in Lösung sind, was praktisch bekanntlich selten der Fall ist.

Ungeeignet ist P. für Ammoniaktitrationen, also auch für alle Titrationen in Gegenwart von Ammonsalzen; ferner ungeeignet für schwache Basen und Flüssigkeiten, welche Kohlensäure enthalten oder entwickeln. Kohlensäure und schwächste Säuren entfärben die rote alkalische Lösung des P. Deshalb spielt beim Arbeiten mit P. auch der Kohlensäuregehalt der Luft eine Rolle. Starke Mineralsäuren sind zwar an sich gegen P. titrierbar; wegen der Ausschließung der Kohlensäure aus der Normallauge und der Luft ist aber Methylorange vorzuziehen. Alkalikarbonate sind wegen des umständlichen Arbeitens bei Siedehitze für das Titrieren gegen P. wenig geeignet, zumal gegenüber dem so vorzüglichen Methylorange.

Bei Sulfiden verschwindet die rote Färbung, wenn die Reaktion beendet ist: $Na_2S + HCl = NaHS + NaCl$. Der Umschlag ist aber unscharf. Natriumsilikat ist auch nicht genau titrierbar. Bei Gegenwart von viel Kochsalz ist der Umschlag aber scharf, und zwar bei Beendigung der Reaktion: $Na_2SiO_3 + 2\,HCl = 2\,NaCl + H_2SiO_3$. Aluminate lassen sich gegen P. titrieren, wobei das an Tonerde gebundene Na_2O bestimmt werden kann. Dabei reagiert $Al(OH)_3$ gegen P. neutral.

Alkohol entfärbt durch geringe Mengen von Alkali schwachrosa gefärbte Phenolphthaleinlösung. In der Hitze tritt die Rotfärbung aber auf, um beim Erkalten wieder zu verschwinden.

Verhalten gegen kohlensaure Alkalien. Bei der Titration mit Säure bleibt die Rotfärbung bestehen bis zur vollständigen Umwandlung der Karbonate in Bikarbonate: $Na_2CO_3 + HCl = NaCl + NaHCO_3$, solange also keine freie Kohlensäure auftritt. Weiterer Säurezusatz macht Kohlensäure frei und zerstört die rote Farbe. Jedes Äquivalent Normalsäure zeigt hier also zwei Äquivalente Alkali an. Man verwendet dieses Verhalten heute noch zur Bestimmung von Na_2CO_3 neben NaOH.

Bestimmung von Na_2CO_3 neben NaOH. Zunächst titriert man die Lösung mit Säure gegen P. auf Farblos, wobei alles NaOH und die Hälfte von Na_2CO_3 gesättigt werden. Dann setzt man Methylorange zu und titriert kalt bis zur beginnenden Rötung. Das Resultat der zweiten Titration, mit zwei multipliziert (weil ja 1 Äquivalent Säure = 2 Äquivalent Alkali entspricht, s. o.), gibt das ursprünglich vorhanden gewesene Na_2CO_3 an. Das NaOH folgt aus der Differenz zwischen der Gesamt- und der verdoppelten zweiten Titration. Sind also z. B. bei der ersten Titration gegen P. a ccm n-Säure verbraucht worden und bei der zweiten Titration gegen Methylorange b ccm n-Säure, dann waren in der titrierten Menge der Lösung enthalten:

$$2b \times 0{,}053 \text{ g } Na_2CO_3 + (a-b) \times 0{,}04 \text{ g NaOH.}$$

Bestimmung von Na_2CO_3 neben $NaHCO_3$. Diese geschieht entsprechend. Man titriert zunächst mit Säure gegen Phenolphthalein auf Farblos. Diese erste Titration zeigt die Hälfte des anwesenden Na_2CO_3 an, wobei wieder ein Äquivalent Säure = zwei Äquivalenten Na_2CO_3 entspricht. Alsdann setzt man Methylorange zu und titriert weiter auf Rötlich. Diese zweite Titration zeigt die andere Hälfte des Na_2CO_3 sowie das $NaHCO_3$ an, das in der Mischung zugegen war. Waren bei der ersten Titration a ccm n-Säure und bei der zweiten Titration b ccm n-Säure verbraucht worden, so waren in der titrierten Menge der Lösung enthalten:

$$2a \times 0{,}053 \text{ g } Na_2CO_3 + (b-a) \times 0{,}084 \text{ g } NaHCO_3.$$

Nach Lunge ist die Bestimmung von Karbonat neben Hydrat nur genau, wenn neben viel Soda wenig Natriumhydrat vorliegt. Durch Zusatz von Kochsalz, Anwendung möglichst konzentrierter und kalter (wenige Grade über 0^0 C) Lösungen wird die Bestimmung recht genau.

Andere Indikatoren. Diese sollten nur noch vereinzelt für Spezialzwecke Verwendung finden. Früher wurde noch sehr viel die Lackmustinktur oder das Azolithmin (gereinigter Lackmusfarbstoff) gebraucht. Heute ist Lackmus nur in Form von Reagenspapier wichtig.

Lackmustinktur oder Azolithmin. Man löst 1 g Azolithmin in 100 ccm ganz schwach alkalischen Wassers, neutralisiert vorsichtig mit ganz schwacher Säure bis zum violetten Farbton und verwendet von dieser Lösung 1—5 Tropfen auf jede Titration. Der p_H-Bereich des L. oder des A. liegt zwischen 5—8 p_H von Rot nach Blau. L. ist mäßig empfindlich gegen Kohlensäure, gibt aber sonst im allgemeinen scharfen Umschlag mit Mineralsäuren, starken organischen Säuren, Alkalihydroxyden und Ammoniak. Der Indikator zeigt aber keine Vorteile gegenüber Methylorange und Phenolphthalein und sollte aufgegeben werden.

Reagenspapiere. Für die Herstellung der Reagenspapiere, die vom Großverbraucher oft selbst bereitet werden, liefert die Firma Schleicher & Schüll, Düren, ein geeignetes Filtrierpapier. Dr. Karl Dietrich, Helfenberg bei Dresden, liefert fertige Reagenspapiere von großer Empfindlichkeit. Schreibpapiere, bei denen man die Indikatorlösung aufstreicht, eignen sich nicht in dem Maße als Reagenspapiere wie gute Filtrierpapiere, die man durch Eintauchen tränkt. Getrocknet wird durch Aufhängen an Schnüren in einem gegen saure und ammoniakalische Dämpfe geschützten Raume. Für schwache Basen nimmt man Indikatoren, die im sauren Bereich umschlagen (1—7 p_H); für schwache Säuren solche, die im alkalischen Bereich umschlagen (7—13 p_H). Für starke Säuren und Basen sind sie alle gleich empfindlich.

Die Reagenspapiere, die meist zum qualitativen Nachweis von Säuren und Basen benutzt werden, sind in gut verschlossenen Gefäßen, vor Licht geschützt, aufzubewahren; entweder in dicht schließenden Holz- oder Metallbüchsen oder in mit schwarzem Papier umgebenen Glasflaschen.

Die meist benutzten Reagenspapiere sind:

Lackmuspapier, blaues, rotes und violettes (neutrales). Nachweis der sauren, alkalischen oder neutralen Reaktion. Statt Lackmuskörner benutzt man heute mit Vorliebe 1%ige Azolithminlösung.

Methylorangepapier, gelbes und rotes, Nachweis von freien Mineralsäuren.

Phenolphthaleinpapier, farblos, weniger empfindlich als Lackmuspapier, durchaus entbehrlich.

Kurkumapapier, wenig empfindlich zum Nachweis von Alkalien (tritt Bräunung des Kurkumafarbstoffes ein). Nur wichtig für den Nachweis von Borsäure (s. d.).

Kongopapier, rot, dient für den Nachweis starker Säuren (tritt Bläuung ein), aber wenig empfindlich.

Kaliumjodidstärkepapier, dient zum Nachweis von salpetriger Säure, von freiem Chlor, Brom, Ozon u. dgl.

Kaliumjodatstärkepapier. Ein Streifen Papier über die erwärmte Lösung gehalten, färbt sich bei Anwesenheit von schwefliger Säure blau.

Wursters Tetrapapier (Tetramethyl-p-phenylendiaminpapier), färbt sich durch Ozon oder Wasserstoffsuperoxyd blau.

Wursters Ozonpapier (Dimethyl-p-phenylendiaminpapier), dient zum Nachweis von Ozon, Schwefelwasserstoff u. a. m.

Gujakpapier, gibt mit Zyan, Blausäure, salpetriger Säure, Ozon Blaufärbung.

Hämatoxylinpapier, schlägt durch Ammoniak von Rotviolett nach Veichenblau um.

Neßlers Reagenspapier, entsprechend dem Neßlerschen Reagens sehr empfindliches Papier zum Nachweis von Ammoniak.

Titrierte Lösungen, Normallösungen.

Die zum Titrieren verwendeten Lösungen sind entweder

1. eigentliche Normallösungen (bzw. Teilnormal- und Mehrfachnormallösungen, also $\frac{1}{2}$n-, $\frac{1}{5}$n-, $\frac{1}{10}$n-, 2n- usw.), die nach Äquivalenten gestellt sind, oder

2. auf Gewichtseinheiten der zu bestimmenden Substanzen gestellt, z. B. je 1 ccm Lösung = 0,1 mg salpetrige Säure, 0,001 g Natriumhydrosulfit, 0,001 g Natriumchlorid od. dgl. m.;

3. überhaupt nicht nach einer chemischen Formel, sondern rein empirisch von Fall zu Fall eingestellt, z. B. auf Handelstypmuster einer Substanz, wie bei der Gerbstoffbestimmung nach Löwenthal auf reine Gallussäure usw.

Unter „Normal" im engeren Sinne (geschrieben wird „1n-" oder „n-") versteht man eine Flüssigkeit, von der jedes Liter ein Wasserstoffäquivalent des zu untersuchenden Bestandteils in Grammen anzeigt (jedes ccm dementsprechend ein Äquivalent in mg). Analogerweise zeigen Halbnormal-, Zehntelnormal-Lösungen ($\frac{1}{2}$n-, $\frac{1}{10}$n-) usw. die entsprechenden Äquivalentteile (halbe, zehntel usw.) an. Meist, aber nicht immer, bezieht sich das Verhältnis des Grammäquivalentes auch auf die Zusammensetzung der Normallösung selbst. So enthält z. B. eine n-Salzsäure = 36,47 g HCl im Liter; eine Normal-Schwefelsäure enthält, da Schwefelsäure zwei vertretbare Wasserstoffatome hat, $\frac{98,08}{2} = 49,04$ g H_2SO_4 im Liter. Eine $\frac{1}{5}$n-Schwefelsäure enthält, $\frac{98,08}{2 \times 5} = 9,808$ g H_2SO_4 im Liter usw. Die Normallösung zeigt damit gleichzeitig auch die Menge einer Substanz an, der sie äquivalent ist, sie also absättigt; also ist 1 l n-Schwefelsäure = 40,00 g NaOH äquivalent oder je 1 ccm n-Schwefelsäure = 0,0400 g NaOH (= der 1000. Teil eines Grammäquivalentes).

Die Einstellung der Normal-, Teilnormal- und Mehrfachnormal-Lösungen auf ungefähre Stärke, wobei man jedesmal die Zahl der verbrauchten Kubikzentimeter der Lösung mit einem Faktor zu multiplizieren hätte (z. B. mit 1,05, 0,98 usw.), ist unpraktisch und für Fabrikbetriebe wegen der zeitraubenden Berechnungen nicht zu empfehlen.

Bei Permanganat liegt es anders als bei Salz- oder Schwefelsäure. n-Permanganatlösung ist nicht 1 Äquivalent $KMnO_4$, also nicht 158,03 g, sondern ein Äquivalent Sauerstoff $= \frac{16}{2} = 8$ g Sauerstoff im Liter. Da aber nach der Gleichung:

$$2\,KMnO_4 + 3\,H_2SO_4 = K_2SO_4 + 2\,MnSO_4 + 3\,H_2O + 5\,O$$

2 Mol. Kaliumpermanganat 5 Sauerstoffatome, also 80 Gewichtsteile Sauerstoff liefern, so ergeben diese 2 Grammoleküle $KMnO_4$ eine zehnfachnormale Lösung.

(2 × 158,03) g $KMnO_4$ im Liter = 10 n-Permanganatlösung und 31,606 g Kaliumpermanganat in 1000 ccm ergibt erst eine n-Lösung. 1 ccm n-Chamäleonlösung (bzw. Kaliumpermanganatlösung) zeigt also 0,008 g Sauerstoff, ferner 0,05584 g Eisen, 0,06302 g Oxalsäure krist. an usw.

Zum Titrieren und Einstellen der Normallösungen sollte man zwecks Vermeidung überflüssiger Fehlerquellen nie mehr als eine Bürettenfüllung (50 ccm) verbrauchen. Die Lösungen sollen möglichst alle bei 15° C eingestellt und auch verwendet werden.

Herstellung von Normallösungen und Urtitersubstanzen. Zur Herstellung von n-Lösungen sind folgende Substanzmengen der chemisch reinen Verbindungen (Grammäquivalente) zu 1 l zu lösen (bei 15° C):

Gramme im Liter = n-Lösung.

Salzsäure	36,47 g HCl : 1000 ccm = normal
Schwefelsäure	49,04 g H_2SO_4 : 1000 ccm = normal
Salpetersäure	63,02 g HNO_3 : 1000 ccm = normal
Oxalsäure	63,03 g $C_2H_2O_4 \cdot 2\,H_2O$: 1000 ccm normal
Natronhydrat	40,08 g NaOH : 1000 ccm = normal
Kalihydrat	56,11 g KOH : 1000 ccm = normal
Soda	53,00 g Na_2CO_3 : 1000 ccm = normal
Ammoniak	17,03 g NH_3 : 1000 ccm = normal
Kaliumpermanganat (Chamäleon) .	31,606 g $KMnO_4$: 1000 ccm = normal
Jod	126,92 g J : 1000 ccm = normal
Natriumthiosulfat	248,20 g $Na_2S_2O_3 \cdot 5\,H_2O$: 1000 ccm = normal
Arsenige Säure	49,48 g As_2O_3 : 1000 ccm = normal
Silbernitrat	169,89 g $AgNO_3$: 1000 ccm = normal
Rhodanammonium	76,12 g NH_4CNS : 1000 ccm = normal
Kochsalz	58,46 g NaCl : 1000 ccm = normal
Kaliumbichromat	43,03 g $K_2Cr_2O_7$: 1000 ccm = normal

Man bedient sich zur Herstellung der Titerlösung entweder der **Fixanalsubstanzen** (besonders für nur gelegentliche Zwecke) von de Haën (Seelze bei Hannover) oder meist der **Urtitersubstanzen** oder **Ursubstanzen**, nach denen die Lösungen eingestellt werden.

Urtitersubstanzen. Die beste und heute meist verwendete Urtitersubstanz für die Alkalimetrie und Azidimetrie ist die reine **Soda** oder das **Natriumkarbonat**. Für die Oxydimetrie ist das **Natriumoxalat** die heute meist gebrauchte Ursubstanz. Für die Jodometrie und Arsenometrie ist das **Jod** und für die Argentometrie das **Silbernitrat** die üblichste Ursubstanz. Für die Einstellung von Natriumthiosulfatlösungen bedient man sich wieder des reinen **Jods** und für diejenige der Rhodanlösungen der **Silberlösung**. Auf die früher vielfach gebrauchten Ursubstanzen, wie Kaliumtetroxalat, Kaliumbijodat, Kaliumbitartrat, Kalkspat, metallisches Eisen, Mohrsches Salz usw., kann hier nicht eingegangen werden.

Soda als Urtitersubstanz. Na_2CO_3 ist die zuverlässigste Urtitersubstanz für die Azidimetrie. Sie ist mit größter Sicherheit vollkommen rein und wasserfrei erhältlich, gut abwägbar und läßt sich mit größter Genauigkeit mit Salzsäure gegen Methylorange titrieren.

Man prüft auf Reinheit der Soda, indem man 2—3 g in destilliertem Wasser löst. Die wässerige Lösung soll völlig klar sein; nach dem Neutralisieren mit Salpetersäure soll auf Zusatz von Silbernitratlösung keine Trübung (höchstens Spur Opaleszenz) infolge Anwesenheit von Kochsalz eintreten; nach der Übersättigung mit Salzsäure und entsprechender Verdünnung darf auf Zusatz von Bariumchloridlösung keine Trübung durch Sulfate erfolgen. Völlige Entwässerung wird erreicht, wenn man die abgewogene Menge Soda in einem Platintiegel im Sandbade auf 270—300⁰ C unter häufigerem Umrühren mit einem Spatel bis zur Gewichtskonstanz erhitzt, die in etwa ½ Stunde erreicht ist. Das Thermometer wird entweder in den Sand neben den Tiegel oder auch in die Soda selbst gesteckt. Erhitzen bei offener Flamme kann leicht Überhitzung und damit die Bildung von freiem Ätznatron verursachen. Nach dem Entwässern bringt man die Soda noch heiß in ein Wägeglas und läßt im Exsikkator erkalten.

Für jede Titration wird schnell eine bestimmte Menge der Soda ausgewogen und nach dem Lösen in destilliertem Wasser kalt mit n-Salzsäure gegen Methylorange titriert.

$$Na_2CO_3 + 2\,HCl = 2\,NaCl + CO_2 + H_2O,$$
$$1 \text{ ccm n-Säure} = 0{,}053 \text{ g } Na_2CO_3.$$

Natriumoxalat als Urtitersubstanz. $Na_2C_2O_4$ ist die beste Ursubstanz für die Oxydimetrie; ist aber auch für die Azidimetrie verwendbar. Die chemisch reine Ware des Handels muß bei der Urprüfung vorsichtshalber nochmals bei 110—120⁰ C vorgetrocknet und im Exsikkator erkalten gelassen werden. Dann wird ausgewogen und das Oxalat unmittelbar mit Chamäleonlösung unter Zusatz von überschüssiger Schwefelsäure heiß titriert (s. w. u. Permanganatlösung).

Wird Natriumoxalat für die Azidimetrie verwendet, so wird es erst im Platintiegel zu Soda verglüht und die gebildete Soda titriert. Man berechnet die dem Oxalat entsprechende Menge Soda, so daß nach dem Glühen nicht wieder gewogen zu werden braucht; auch schadet etwaiger Ätznatrongehalt der Soda in diesem Falle nicht. Das trockene Natriumoxalat erhitzt man vorsichtig im Platintiegel bei aufgelegtem Deckel, wobei in ¼—½ Stunde das Oxalat in Karbonat übergeht. Der geringe Kohlenrest wird durch stärkeres Erhitzen des halbbedeckten

Tiegels verbrannt. Ohne abzuwägen, bringt man das entstandene Gemisch von Soda und Ätznatron nach dem Erkalten des Tiegels in ein hohes Becherglas, löst den Tiegelinhalt in heißem Wasser und titriert nach dem Erkalten mit Salzsäure gegen Methylorange. Das Äquivalent des Natriumoxalats ist $\frac{134,0}{2} = 67$. Also entsprechen 10 ccm n-Säure = 0,67 g Natriumoxalat wasserfrei, und 0,1 g Natriumoxalat verbraucht nach dem Veraschen = 14,93 ccm $\frac{1}{10}$ n-Säure. Nach diesem Verhältnis wird die Säure eingestellt.

Herstellung von n-Salzsäure[1]. Man verdünnt zunächst reine konzentrierte Salzsäure auf knapp 1,020 spez. Gew. (= knapp 2,7° Bé oder rund 4,0 % HCl) d. h. auf ungefähre Normalstärke, die etwas über der eigentlichen Normalstärke (normal = 3,647 % HCl) liegt. Diese ungefähre Lösung füllt man in eine Bürette und titriert mit ihr gegen Methylorange in der Kälte eine genau abgewogene Menge (z. B. a g) einer frisch entwässerten Urtitersoda, die etwa 40 ccm n-Säure beanspruchen würde, also etwa 2,0 g oder etwas mehr. Würde wirkliche n-Säure vorliegen, so würden bei Anwendung von 2,0 g Soda $= \frac{2}{0,053} = 37,736$ ccm n-Säure verbraucht werden. Durch diese Formel $\frac{a}{0,053}$ berechnet man also, wieviel Kubikzentimeter wirkliche n-Säure durch die vorgelegte Menge Soda (a g) verbraucht werden sollten und verdünnt dann die in Wirklichkeit verbrauchte Menge der ungefähren n-Säure mit Wasser auf das berechnete Volumen. Würden z. B. 34,00 ccm der ungefähren Säure von den abgewogenen 2,00 g Soda verbraucht worden sein, so hätte man diese 34,00 ccm mit destilliertem Wasser auf 37,736 ccm oder 901 ccm auf 1000 ccm zu verdünnen (34 : 37,736 = x : 100; $x = 901$).

Die so hergestellte n-Säure wird nochmals gegen eine frisch abgewogene Menge der reinen, entwässerten Urtitersoda kontrolliert und dann die Feineinstellung vorgenommen. Nötigenfalls bestimmt man auch den Chloriongehalt mittels Silbernitrat (s. w. u.). Dann sollen 10,00 ccm n-Salzsäure (= 0,3647 g HCl) = 1,4334 g AgCl ergeben.

Herstellung von n-Natronlauge[2]. Ähnlich gestaltet sich die Herstellung einer n-Natronlauge. Man stellt sie am einfachsten erst aus konzentrierter Natronlauge oder aus festem reinem Ätznatron (man schabt von den Stücken oder Stengeln die undurchsichtigen Stellen vorher ab) eine ungefähre n-Lauge her, die etwas stärker ist als wirkliche n-Lauge, z. B. Lauge vom spez. Gew. 1,05 (= etwa 7° Bé oder 4,6 % NaOH) statt der erforderlichen endgültigen Konzentration von 4,00 % NaOH (= Normalstärke). Beispielsweise löst man 45—46 g reines Ätznatron zu 1 l in destilliertem Wasser. Von dieser ungefähren oder vorläufigen Lauge legt man z. B. 25 ccm in ein Becherglas vor und titriert sie mit n-Salzsäure gegen Methylorange in der Kälte. Würde die ungefähre Lauge genau normal sein, so müßten 25 ccm derselben auch genau 25 ccm n-Säure zu ihrer Neutralisation verbrauchen. Da

---

[1] Andere n-Säuren, wie n-Schwefelsäure, werden analog hergestellt und kontrolliert.

[2] n-Kalilauge wird analog hergestellt und kontrolliert.

sie aber etwas stärker eingestellt ist (übernormal), so werden die vorgelegten 25 ccm Lauge etwas mehr als 25 ccm n-Säure gebrauchen, z. B. 28,8 ccm, d. h. 25 ccm der ungefähren Lauge entsprechen 28,8 ccm einer wirklichen n-Lauge. Also müssen 25 ccm auf 28,8 ccm oder 868 ccm auf 1000 ccm verdünnt werden ($25,00 : 28,8 = x : 1000$; $x = 868,05$). Zuletzt erfolgt noch die endgültige Feineinstellung nach nochmaliger Titration der verdünnten Lauge auf Normalstärke.

Bei n-Lauge ist die Verwendung des Indikators (ob Methylorange oder Phenolphthalein) sehr wichtig, da sich die Indikatoren bei einem meist unvermeidlichen Karbonatgehalt der Laugen sehr verschieden verhalten (s. u. Indikatoren). Der Titer der Lauge ist demnach nur für den Indikator gültig, gegen den er vorher eingestellt worden ist. Man vermerkt dies auf den Flaschen.

Herstellung titrierter Permanganat- oder Chamäleonlösung. Das „chemisch reine" Kaliumpermanganat des Handels enthält meist etwas Sulfat, Chlorid, Nitrat u. dgl., ist also nie 100%ig. Man wägt deshalb etwas mehr ab, als berechnet worden ist, für eine $\frac{1}{2}$n-Lösung z. B. 16 g, für ein $\frac{1}{10}$n-Lösung etwa 3,2 g usw. Man löst das Salz vollständig in destilliertem Wasser und läßt die Lösung etwa eine Woche stehen oder kocht einige Zeit, um die Lösung titerfest zu machen. Dann wird sie durch Glaswolle filtriert und gegen Natriumoxalat eingestellt.

2 Moleküle $KMnO_4$ geben 5 Atome Sauerstoff ab gemäß der Gleichung:

$$2\,KMnO_4 + 3\,H_2SO_4 = K_2SO_4 + 2\,MnSO_4 + 5\,O + 3\,H_2O.$$

Zur Titerstellung der Chamäleonlösung löst man:

Für $\frac{1}{2}$n-Lösung etwa 1,4 g Natriumoxalat in etwa 200 ccm Wasser,
Für $\frac{1}{10}$n-Lösung etwa 0,3 g Natriumoxalat in etwa 40 ccm Wasser.

Man fügt dann ferner zu je 50 ccm der zu titrierenden Lösung 15 ccm etwa 20%ige Schwefelsäure zu (= etwa 4n-normale, erhalten durch Vermischen von 1 Vol. konzentrierter Schwefelsäure und 8 Vol. Wasser), erwärmt auf dem Wasserbade auf 60—85° C und titriert unter ständigem Rühren oder Schütteln, erst schneller, dann langsamer, zuletzt tropfenweise bis zur bleibenden Rosafärbung.

$$2\,KMnO_4 + 5\,Na_2C_2O_4 + 8\,H_2SO_4 = K_2SO_4 + 2\,MnSO_4 + 5\,Na_2SO_4 + 10\,CO_2 + 8\,H_2O.$$
1 ccm $\frac{1}{10}$n-Permanganatlösung = 0,0067 g Natriumoxalat,
1 g Natriumoxalat = 149,26 ccm $\frac{1}{10}$n-Permanganatlösung.

Herstellung titrierter Jod- und Thiosulfatlösung. Zur Urprüfung des Jods muß das resublimierte Jod des Handels (Jodum resublimatum) nochmals umsublimiert und im Exsikkator getrocknet werden; für sonstige Zwecke verwendet man das reinste, jodatfreie Handelsjod nach dem Trocknen im Exsikkator. Meist wird $\frac{1}{10}$n-Lösung verwendet, für die man 12,7 g des vorbereiteten Jods oder ein wenig mehr auf der Tarierwaage abwägt. Man schüttet das Jod in einen Literkolben, der bereits 18—20 g Jodkalium, in 30 ccm Wasser gelöst, enthält, verschließt den Kolben, schüttelt öfters bis zur vollständigen Lösung des Jods und verdünnt mit destilliertem Wasser bis zur Marke. Diese

Lösung wird nun gegen $\frac{1}{10}$n-Thiosulfatlösung (oder $\frac{1}{10}$n-arsenige Säure) titriert, die ihrerseits auf ganz reines Jod eingestellt worden ist.

Man bewahrt die Jodlösung gut verschlossen an einem kühlen Ort; muß aber wegen der Flüchtigkeit des Jods den Titer bisweilen nachprüfen (etwa monatlich einmal). Wegen der Flüchtigkeit des Jods titriert man auch mit der Jodlösung, möglichst nicht in die Jodlösung. Eine Ausnahme ist die flüchtige schweflige Säure (s. d.). Jod greift Kautschuk an; Quetschhahnbüretten sind deshalb bei Jodlösungen nicht anwendbar. Die Bürette ist stets gut mit Vaseline einzufetten.

Als Indikator dient Stärkelösung. Diese bereitet man sich heute meist aus löslicher Stärke. Kolthoff rührt 2 g lösliche Stärke und 10 mg Quecksilberjodid mit wenig Wasser an und füllt mit siedendem Wasser auf 1000 ccm auf. Von dieser Lösung werden pro 50 ccm Titrierflüssigkeit 5 ccm gegen Ende der Titration gegeben, die sich mit freiem Jod zu blauer „Jodstärke" verbinden. Aus gewöhnlicher Kartoffelstärke bereitet man sich Stärkelösung, indem man 3 g der Stärke mit wenig Wasser zu einem gleichmäßigen Brei verrührt und allmählich in 300 ccm kochendes Wasser in einer Porzellanschale einträgt. Man erhitzt, bis klare bzw. glasige Lösung entstanden ist, dann läßt man in hohem Glase absetzen, gießt das Klare durch ein Filter und sättigt mit Kochsalz. Im Kühlen hält sich die Lösung längere Zeit. Beim Auftreten von Pilzvegetationen ist die Lösung zu erneuern. Auch konserviert ein Zusatz von Quecksilberjodid oder von Schwefelkohlenstoff u. a. m. die Lösung.

Für die zu der $\frac{1}{10}$n-Jodlösung gehörige $\frac{1}{10}$n-Natriumthiosulfatlösung löst man 24,82 g des reinen kristallisierten Salzes, $Na_2S_2O_3 \cdot 5H_2O$, in gut ausgekochtem Wasser[1] und verdünnt ebenfalls mit ausgekochtem und wiedererkaltetem Wasser zu 1000 ccm. Nach etwa 8 Tagen ist die Lösung titerfest geworden. Für eine etwaige Urprüfung wird das „chemisch reine" Natriumthiosulfat zweckmäßig nochmals umkristallisiert. Jod reagiert gegen Thiosulfat gemäß folgender Gleichung:

$$2Na_2S_2O_3 + 2J = 2NaJ + Na_2S_4O_6.$$
$$1 \text{ ccm } \tfrac{1}{10}\text{n-Jodlösung} = 0{,}02482 \text{ g } Na_2S_2O_3 \cdot 5H_2O.$$
$$1 \text{ ccm } \tfrac{1}{10}\text{n-Thiosulfatlösung} = 0{,}012692 \text{ g } J.$$

In alkalischer Lösung verläuft der Prozeß anders, und zwar:

$$Na_2S_2O_3 + 8J + 10NaOH = 2Na_2SO_4 + 8NaJ + 5H_2O.$$

In einfacher Weise wird der Titer der Thiosulfatlösung durch $\frac{1}{10}$ n-Bichromatlösung + Jodkaliumlösung kontrolliert (s. w. u. Bichromatlösung).

Herstellung titrierter Arsenigsäurelösung. Man verwendet chemisch reine arsenige Säure des Handels. Nochmaliges Umsublimieren derselben ist nur mit größter Vorsicht wegen der großen Giftigkeit des Arsens vorzunehmen. Man löst zur Herstellung einer $\frac{1}{10}$ n-Lösung 4,9480 g der arsenigen Säure in einer Porzellanschale mit möglichst wenig heißer Natronlauge, bringt die Lösung unter Nachwaschen der

---

[1] Das Thiosulfat wird durch Kohlensäure in freie unterschweflige Säure zersetzt, die ihrerseits unter Abspaltung von Schwefel Zersetzungen erleidet: $H_2S_2O_3 = H_2SO_3 + S$.

Schale in einen Literkolben, versetzt mit wenig Phenolphthalein und tröpfelt nun reine verdünnte Schwefelsäure bis zur Entfärbung des Indikators zu. Dann setzt man noch 20 g chemisch reines, ammoniakfreies Natriumbikarbonat, in 500 ccm Wasser gelöst, zu und füllt mit destilliertem Wasser auf 1000 ccm auf. Die so erhaltene $\frac{1}{10}$ n-arsenige Säure, die titerfest ist, wird dann genau gegen Jod eingestellt.

Die Hauptanwendung der Arsenlösung ist die Bestimmung des „bleichenden Chlors" in Hypochloriten (Chlorkalk u. dgl.), wobei der Endpunkt durch Tüpfeln auf Jodkaliumstärkepapier erkannt wird. Brom und Jod wirken aber in gleicher Weise. Man kann also die Arsenlösung gegen Jod einstellen:

$$As_2O_3 + 4J + 2H_2O \rightleftarrows 4HJ + As_2O_5.$$

Die vorstehende Reaktion ist umkehrbar und nur dann quantitativ im Sinne der Reaktion von links nach rechts verlaufend, wenn die bei der Reaktion entstehende Halogenwasserstoffsäure (hier Jodwasserstoffsäure) sofort neutralisiert wird. Dies wird durch Zusatz von Alkalibikarbonat od. ä. erreicht.

1 ccm $\frac{1}{10}$ n-arsenige Säure $= 0,003546$ g Cl $= 0,012693$ g J.

Der Titer wird durch reines Jod, wie Thiosulfat, eingestellt: 1 ccm $\frac{1}{10}$ n-Jodlösung bzw. 1 ccm $\frac{1}{10}$ n-Thiosulfatlösung $= 1$ ccm $\frac{1}{10}$ n-arsenige Säure $= 0,003546$ g Cl $= 0,0032$ g SO_2 $= 0,0017$ g H_2O_2 $= 0,0024$ g Ozon $= 0,0020427$ g $KClO_3$ usw.

Herstellung titrierter Silber- und Rhodanlösung. Chemisch reines Silbernitrat des Handels wird vor dem Abwägen im Exsikkator aufbewahrt. Man erhält eine $\frac{1}{10}$ n-Silbernitratlösung, wenn man 16,989 g $AgNO_3$ zu 1000 ccm mit destilliertem Wasser löst. Durch Auflösen von 2,906 g $AgNO_3$ im Liter erhält man eine Lösung, die pro 1 ccm $= 0,001$ g NaCl anzeigt.

Die Silberlösung wird gebraucht zum Titrieren von 1. Chloridchlor nach Mohr in neutraler Lösung, 2. zur Chlorionbestimmung (auch in saurer Lösung) nach Volhard in Verbindung mit Rhodanlösung.

1. Störend wirkt bei dem Mohrschen Verfahren saure Reaktion und Gegenwart von Ammonsalzen. Freie Säure wird durch Zusatz von Natriumazetat oder -karbonat unschädlich gemacht, von denen ein kleiner Überschuß nicht schadet. Als Indikator dient neutrales Kaliumchromat, $KCrO_4$, das gegen Silberlösung erst reagiert (Rotfärbung), wenn alles Chlorid in Form von Chlorsilber ausgefällt ist:

$$AgNO_3 + NaCl = AgCl + NaNO_3.$$

1 ccm $\frac{1}{10}$ n-Silbernitratlösung $= 0,003546$ g Cl $= 0,003647$ g HCl $= 0,005845$ g NaCl.

Vor der Titration des Chlorids setzt man 4—5 Tropfen einer kalt gesättigten Lösung des Kaliumchromats als Indikator zu und läßt die Silberlösung in die Chloridlösung unter Rühren zulaufen, bis der anfangs weiße Niederschlag von Chlorsilber durch Ausfällung von Silberchromat rötlich gefärbt erscheint. Die Färbung ist auch bei künstlicher Beleuchtung sehr gut erkennbar. Für diese Reaktion des Indikators ist ein Überschuß von 0,2 ccm $\frac{1}{10}$ n-Lösung nötig; man zieht deshalb von dem Verbrauch an $\frac{1}{10}$ n-Silberlösung 0,2 ccm ab oder ermittelt den

Abziehwert durch einen blinden Versuch für die betreffende Flüssigkeitsmenge. Ohne Korrektur anwendbar und dabei sehr scharf ist auch arsensaures Natrium als Indikator; auch das wenig gebrauchte Fluoreszeinnatrium.

2. Für das Volhardsche Verfahren braucht man zu der Silberlösung noch eine chlorfreie Rhodanammoniumlösung. Für eine $\frac{1}{10}$ n-Rhodanammoniumlösung sind 7,612 g chemisch reines Salz NH_4CNS erforderlich. Man löst, da das Salz immer etwas feucht ist, etwas mehr, als theoretisch nötig, z. B. 8 g des Salzes zu 1000 ccm, und stellt die Lösung gegen $\frac{1}{10}$ n-Silbernitratlösung ein. Einmal eingestellt, ist die Lösung haltbar, d. h. titerfest.

Als Indikator dient kalt gesättigte Lösung von Ferriammoniumsulfat (Eisenalaun), das nach Ausfällung des gesamten Rhodansilbers durch Bildung von Eisenrhodanat Rosafärbung erzeugt:

$$AgNO_3 + NH_4CNS = AgCNS + NH_4NO_3.$$

Die Einstellung der Rhodanlösung gegen Silberlösung geschieht, indem man 10 oder 20 ccm Silberlösung mit etwa 200 ccm Wasser verdünnt, 3—5 ccm Eisenalaunlösung zusetzt und, falls eine Färbung entsteht, bis zur Entfärbung verdünnte Salpetersäure zusetzt. Nun läßt man Rhodanlösung unter Rühren bis zur Rosafärbung einlaufen. Nach der Titration berechnet man die erforderliche Verdünnung zu 1000 ccm (um genau $\frac{1}{10}$ n-Lösung zu erhalten), wie dies unter n-Salzsäure ausgeführt worden ist.

Bei der eigentlichen Bestimmung des Chloriongehaltes der zu prüfenden Lösung setzt man so viel $\frac{1}{10}$ n-Silberlösung zu, bis alles Chorion als Silberchlorid ausgefällt und noch ein Überschuß von Silberlösung vorhanden ist. Dieser wird nach Zusatz von Eisenalaunindikator mit der $\frac{1}{10}$ n-Rhodanlösung zurücktitriert. Die Differenz zwischen den verbrauchten Mengen Silber- und Rhodanlösung entspricht dem Chlorgehalt.

1 ccm $\frac{1}{10}$ n-Silberlösung = 0,003546 g Cl usw.

Herstellung titrierter Kaliumbichromatlösung. 1 Mol. Kaliumbichromat gibt gemäß folgender Gleichung 3 Atome Sauerstoff ab:

$$K_2Cr_2O_7 + 4H_2SO_4 = K_2SO_4 + Cr_2(SO_4)_3 + 4H_2O + 3O.$$

294,2 g Kaliumbichromat geben also 48 g Sauerstoff ab. Eine n-Kaliumbichromatlösung soll also $\frac{294{,}2}{6} = 49{,}03$ chemisch reines $K_2Cr_2O_7$ im Liter enthalten. Für die Titerlösung verwendet man gewöhnlich ohne weiteres das chemisch reine Salz des Handels oder man schmilzt dieses nochmals in einem Porzellantiegel um, läßt erkalten, pulvert, wägt die nötige Menge ab und löst in destilliertem Wasser, z. B. für die Herstellung einer $\frac{1}{10}$ n-Lösung 4,903 g zu 1 l.

Für die genaue Titerstellung der Lösung macht man in einer Lösung aus Jodkalium Jod frei und titriert dieses mit Thiosulfatlösung. Wegen der störenden Eigenfarbe des sich hierbei bildenden Chromsalzes arbeitet man in starker Verdünnung, etwa wie folgt. Man pipettiert

25 ccm der etwa $\frac{1}{10}$ n-Bichromatlösung in einen Erlenmeyerkolben, verdünnt mit 200 ccm Wasser und setzt etwa 2 g Jodkalium und dann 5 ccm konzentrierte Salzsäure zu. In die durch Jodausscheidung braun gefärbte Lösung läßt man nun aus einer Bürette $\frac{1}{10}$ n-Thiosulfatlösung zufließen, bis die Lösung nur noch einen leichten Gelbton zeigt. Nun setzt man 1—2 ccm Stärkelösung zu und titriert, zuletzt tropfenweise, bis der Blauton der Jodstärke verschwunden und der reine Grünton des sich gebildeten Chromchlorids zurückgeblieben ist.

$$1 \text{ ccm } \tfrac{1}{10} \text{ n-Thiosulfatlösung} = 0{,}004903 \text{ g } K_2Cr_2O_7.$$

Herstellung titrierter Kaliumbromatlösung. Diese Lösung wird für Oxydationen und Bromierungen (s. z. B. unter Zinn und Anilin) verwendet, wobei nach folgender Gleichung freies Brom entsteht:

$$5\,KBr + KBrO_3 + 6\,HCl = 6\,KCl + 6\,Br + 3\,H_2O.$$

Eine n-Kaliumbromatlösung enthält also 27,82 g reines $KBrO_3$ im Liter.

Zur Titerstellung der Bromatlösung wird aus einer überschüssigen Jodkaliumlösung Jod frei gemacht und dieses mit Thiosulfatlösung gemessen. Man pipettiert 25 ccm der ungefähren $\frac{1}{5}$ n-Kaliumbromatlösung in eine Glasstöpselflasche mit 200 ccm Wasser, gibt dann 5 g Bromkalium (oder Bromnatrium, beides frei von Bromat), 5 g Jodkalium (frei von Jodat) und 5 ccm konzentrierte Salzsäure (frei von freiem Chlor) zu. Das frei gewordene Jod wird in üblicher Weise mit $\frac{1}{10}$ n-Thiosulfatlösung titriert. Es spielt sich hierbei folgende Reaktion ab:

$$KBrO_3 + 6\,HBr \text{ (aus Bromkali und Salzsäure entstehend)} + 6\,KJ$$
$$= 6\,J + 7\,KBr + 3\,H_2O.$$

Man kann auch die Bromatlösung gleich mit Bromid zusammen ansetzen (gemäß der obigen Gleichung auf 1 Mol. Bromat etwas mehr als 5 Mol. Bromid; für die Herstellung einer $\frac{1}{5}$ n-Bromatlösung z. B. 5,564 g Kaliumbromat $+$ 20 g Bromkalium auf 1 l). In diesem Falle braucht beim Titrieren kein weiteres Bromkalium, sondern nur Salzsäure zugegeben zu werden.

Herstellung der Fehlingschen Lösung. Man löst 1. 34,639 g reines kristallisiertes Kupfersulfat zu 500 ccm mit destilliertem Wasser, 2. 173 g Seignettesalz (weinsaures Natrium-Kalium) und 70 g Ätznatron mit destilliertem Wasser zu 500 ccm. Zum Gebrauch mischt man gleiche Volumenteile 1 und 2. Das Reagens wird beim Kochen mit Glukoselösungen (s. a. u. Oxyzellulose) unter Abscheidung von rotem Kupferoxydul reduziert (entfärbt). 1 ccm Reagens entspricht bei geeigneter Verdünnung der Glukoselösung 0,005 g Glukose. Empfindlichkeitsgrenze $= 1:5000$. Nicht reduzierende Zuckerarten vom Rohrzuckertypus reduzieren Fehlingsche Lösung erst nach voraufgegangener Inversion, d. h. nach Überführung in reduzierende Zuckerarten (s. w. u.).

Quantitative Bestimmung von Glukose. Von verschiedenen Verfahren sei hier nur das Titrationsverfahren des gefällten Kupferoxyduls als das einfachste angegeben. Das Verfahren beruht darauf, daß das abgeschiedene Kupferoxydul in schwefelsaurer Ferrisulfatlösung gelöst wird, wobei eine dem Kupferoxydul äquivalente Menge Ferrisulfat zu Ferrosulfat reduziert und das gebildete Ferrosulfat mit Permanganatlösung gemessen wird:

$$Cu_2O + Fe_2(SO_4)_3 + H_2SO_4 = 2CuSO_4 + 2FeSO_4 + H_2O.$$

Herstellung der Ferrisulfatlösung. Man löst 50 g Ferrisulfat in 200 g konzentrierter Schwefelsäure und bringt mit destilliertem Wasser auf 1 l.

Ausführung. In eine 200 ccm fassende Porzellanschale werden 50 ccm der Fehlingschen Lösung (25 ccm Lösung 1 und 25 ccm Lösung 2, s. o.) und 25 ccm Wasser eingelassen. Man erhitzt das Gemisch zum Sieden und läßt in die heiße Flüssigkeit im Verlauf von 1 Minute 25 ccm der vorbereiteten Glukoselösung langsam einlaufen. Die Glukoselösung darf höchstens 0,15 g Glukose enthalten (evtl. Vorversuch im Reagensglas). Das Gemisch erhält man 2 Minuten im Sieden. In dieser Zeit scheidet sich das Kupferoxydul ab. Man läßt erkalten und das Kupferoxydul absetzen. Hierbei soll die überstehende Lösung blau gefärbt sein (Überschuß von Fehlingscher Lösung); andernfalls ist die Glukoselösung vorher entsprechend zu verdünnen. Nach etwa 20 Minuten hat sich der Niederschlag zu Boden gesetzt und kann nun durch ein mit Asbest gefülltes Absaugeröhrchen oder einen Goochtiegel abfiltriert werden. Man gießt erst die gesamte überstehende blaue Lösung durch das Filter und bringt dann erst den Niederschlag darauf. Nach mehrmaligem Auswaschen mit frisch ausgekochtem destillierten Wasser darf das ablaufende Waschwasser rotes Lackmuspapier nicht mehr bläuen. Man beseitigt das Filtrat, spült noch mehrmals mit destilliertem Wasser nach, bringt das gefällte Kupferoxydul durch Übergießen von 40 ccm Ferrisulfatlösung auf das Filter in Lösung, gießt weitere 10 ccm Ferrisulfatlösung langsam auf das Filter und bringt nun durch Nachwaschen des Filters mit Wasser die Ferrisulfatlösung verlustlos in das Filtrat. Das grünlich gefärbte Filtrat wird nun mit $\frac{1}{10}$ n-Permanganatlösung bis zur bleibenden schwachen Rosafärbung titriert.

1 ccm $\frac{1}{10}$ n-Permanganatlös. = 0,00636 g Cu = 0,0032 g Gluk.
(bzw. 0,0029 g Rohrzucker).

Bei der volumetrischen Titration mit Fehlingscher Lösung wird die Glukoselösung in die siedende Fehlingsche Lösung aus einer Bürette in kleinen Portionen einlaufen gelassen, bis die überstehende klare Flüssigkeit nicht mehr blau ist, also alles Kupfer reduziert ist. Bei der gravimetrischen Bestimmung wird das abgeschiedene Kupferoxydul in gewogenem Goochtiegel gesammelt und als Kupferoxydul oder Kupferoxyd zur Wägung gebracht.

Nichtreduzierende Zuckerarten vom Rohrzuckertypus müssen vorher invertiert, d. h. in reduzierende Zuckerarten übergeführt werden. Zu diesem Zwecke versetzt man 50 ccm der zu untersuchenden, vorbereiteten Lösung mit 10 ccm verdünnter Schwefelsäure (1 : 5) und erhitzt $\frac{1}{2}$ Stunde auf kochendem Wasserbade. Nach dem Abkühlen neutralisiert man mit verdünntem Alkali und füllt auf 100 ccm auf. In dieser Lösung wird, wie oben, der invertierte Zucker bestimmt. Man ist so in der Lage, zuerst a) die reduzierenden Zuckerarten allein, dann b) in einer neuen Probe die reduzierenden + nichtreduzierenden Zuckerarten zusammen zu bestimmen. Die Differenz b—a entspricht den nichtreduzierenden Zuckerarten. Für genaue Bestimmungen sind besondere Tabellen ausgearbeitet, deren man sich zu bedienen hat.

Grenzflächenspannung. Oberflächenspannung.

Man unterscheidet 1. die Oberflächenspannung, d. i. die Grenzflächenspannung einer Flüssigkeit gegen Luft (bzw. andere Gase
oder Dampf), 2. die Grenzflächenspannung zwischen zwei miteinander nicht mischbaren Flüssigkeiten (z. B. Wasser und Öl) und
3. die Grenzflächenspannung zwischen einer Flüssigkeit und einem
festen Körper (z. B. Öl und Stahl). Hier sei nur die erstere kurz besprochen.

Unter „Oberflächenspannung“ versteht man diejenige Kraft, die
die freie Oberfläche einer Flüssigkeit möglichst zu verringern strebt.
Praktisch wird diese Spannung meist stalagmometrisch gemessen,
z. B. mit dem Stalagmometer von Traube. Man bestimmt das
Gewicht (oder Volumen) eines von einer genau definierten Fläche
abfallenden Tropfens der Flüssigkeit im Vergleich zu dem Gewicht
(oder Volumen) eines von der gleichen Fläche abfallenden Tropfens
Wasser. Bei bestimmter Form der Tropffläche sind die Gewichte
(bzw. Volumina) der abfallenden Tropfen proportional der
Oberflächenspannung. Man kann auch, weniger exakt, die Zahl
der Tropfen bestimmen, die ein bestimmtes Volumen erfüllen; die
Tropfenzahl ist dann naturgemäß der Oberflächenspannung
umgekehrt proportional. Auch ist die Oberflächenspannung direkt
proportional dem spezifischen Gewicht der Flüssigkeit.

Je größer also die Gewichte, Volumina und spezifischen Gewichte
einer Flüssigkeit sind, desto größer ist auch die Oberflächenspannung;
je größer aber die Zahl der Tropfen im gegebenen Volumen ist, desto
geringer ist die Oberflächenspannung.

Ausführung der Bestimmung. Das Stalagmometer besteht aus einer geraden (oder auch am Ausflußende rechtwinklig gebogenen) im oberen Teile zu
einer Kugel erweiterten, im unteren Teile kapillaren Röhre, deren Mündung
plan geschliffen ist. In das mit konzentrierter Schwefelsäure und Bichromat gut
gereinigte Stalagmometer saugt man destilliertes Wasser von 20^0 C bis zur oberen
Marke ein und läßt dann bei senkrechter Stellung der Röhre eine bestimmte
Anzahl Tropfen (z. B. 20) in ein verschließbares Wägeglas einlaufen, wobei man
eventuell (falls die Ausflußgeschwindigkeit nicht von vornherein normal eingerichtet
ist) durch einen mit einer feinen Kapillare verbundenen, auf die Röhre aufge-
setzten Gummischlauch mit Schraubenquetschhahn die Ausflußgeschwindigkeit
so regelt, daß z. B. jeder Tropfen wenigstens 20 Sekunden zu seiner Bildung gebraucht. Das Gewicht von 20 Tropfen Wasser sei dann z. B. $= g$; das Gewicht
von 20 Tropfen eines Öles, in gleicher Weise bestimmt, sei z. B. $= g_1$. Die gesuchte
Oberflächenspannung des Öles ist dann (bei der bekannten mittleren Oberflächenspannung des Wassers $\alpha = 7{,}42$):

$$\alpha_{\text{Öl}} = \frac{g_1}{g} \times \alpha_{\text{H}_2\text{O}} = 7{,}42 \times \frac{g_1}{g}.$$

Es genügt bei diesen Versuchen im allgemeinen, bei Zimmertemperatur zu
arbeiten (20^0 C), da der Temperaturkoeffizient der Oberflächenspannung im Vergleich zu sonstigen technischen Fehlerquellen unerheblich ist.

Bei technischen Vergleichsversuchen wird man statt des Gewichtes der abfallenden Tropfen einfacher die Tropfenzahl bestimmen, wobei wieder Wasser
von 20^0 C als Vergleichsbasis dient. Ist dann z. B. die Tropfenzahl von Wasser
bei gegebenem Volumen $= z$ und die Tropfenzahl eines Öles bei gleichem Volumen
und gleicher Ausführung $= z_1$, dann sind die Oberflächenspannungen umgekehrt

proportional der Tropfenzahl und die annähernde Oberflächenspannung des Öles $= \dfrac{7,42 \times z}{z_1}$. Beispiel: Tropfenzahl von Wasser z. B. $= 20$, Tropfenzahl eines verdünnten Alkohols $= 50$. Die Oberflächenspannung des verdünnten Alkohols ist dann $\frac{5}{2}$- oder 2,5mal geringer als diejenige des Wassers und beträgt ungefähr (ohne Berücksichtigung des spez. Gew. usw.) $= \dfrac{7,42 \times 20}{50} = 2,97$.

Viskosität oder Zähigkeit.

Viskosität oder Zähigkeit ist die Eigenschaft einer Flüssigkeit, der Verschiebung zweier benachbarter Schichten einen Widerstand entgegenzusetzen. Während also bei der Oberflächenspannung die Tropfgewichte oder die Tropfenzahl als Maßstab gelten, ist bei der Viskosität oder Zähigkeit die Tropfgeschwindigkeit oder die Fließzeit maßgebend. Als absolutes Maß der Viskosität (η) einer Flüssigkeit dient die Kraft, welche eine Flüssigkeitsschicht von 1 qcm Oberfläche über eine gleich große, 1 cm entfernte Schicht mit der Geschwindigkeit von 1 cm/sec verschieben kann. Die so definierte absolute oder dynamische Zähigkeit wird in Einheiten von 1 Poise (P), bzw. Centipoise (CP) ausgedrückt. Der reziproke Wert der Zähigkeit η heißt Fluidität $\left(\dfrac{1}{\eta}\right)$. Die Zähigkeit nimmt mit steigender Temperatur stark ab.

Wasser hat bei 0^0 die absolute Zähigkeit 0,01792 P, bei 20^0 $= 0,01004$ P, bei $20,2^0 = 0,01000$ P oder 1 CP. Die auf Wasser von $20,2^0$ als Einheit bezogene spezifische Zähigkeit ist daher gleich 100.

Die direkte Bestimmung der absoluten Zähigkeit erfordert eine komplizierte Apparatur. Man bestimmt deshalb die Zähigkeit für technische Zwecke stets indirekt, indem man die Fließzeiten der zu untersuchenden Flüssigkeit auf einem bestimmten Viskosimeter mit derjenigen des gleichen Volumens Wasser (oder einer sonstigen Vergleichsflüssigkeit von bekannter Viskosität) vergleicht und so in Englergraden (E^0) angibt, oder im Bedarfsfalle nach festliegenden Tabellen in absolute Zähigkeit umrechnet.

Die in der Technik gebrauchten Englergrade sind aber der wahren Zähigkeit keineswegs proportional und können deshalb nur als bedingte Vergleichszahlen dienen. Man strebt deshalb dahin, auch in der Technik die Viskositäten als absolute dynamische oder kinematische Zähigkeiten zu berechnen.

In Deutschland gilt als Normalviskosimeter das Engler-Viskosimeter, von dem verschiedene Typen mit übereinstimmenden Grundabmessungen des Ausflußgefäßes und Ausflußröhrchens existieren. Als Maß der Zähigkeit (Englergrade) gilt der Quotient aus der Fließzeit von 200 ccm der zu prüfenden Flüssigkeit bei bestimmter Temperatur und derjenigen von 200 ccm Wasser von 20^0 C. Als Vergleich dient also die Ausflußzeit von 200 ccm Wasser bei 20^0, die mit der Stoppuhr gemessen wird. Aus mehreren gut übereinstimmenden Versuchen ist das Mittel zu ziehen.

In USA. gilt das Saybolt-Viskosimeter, in England das Redwood-Viskosimeter, in Frankreich das Ixometer von L. Barbey, in den meisten nichtgenannten europäischen Staaten das **Engler-Vis-kosimeter** als Normalapparat. Für feinste wissenschaftliche Zwecke ist das in neuerer Zeit herausgekommene **Hoppler-Viskosimeter** (Hersteller: Gebr. Haake, Apparatebau, Medingen b. Dresden) besonders geeignet.

In der Fabrikpraxis begnügt man sich für gröbere Versuche meist mit einer einfachen und billigen Kon-struktion. Recht geeignet erscheint z. B. das von G. Durst[1] empfohlene, vergrößerte Viskosimeter nach **Ostwald**. Es ist dies ein einfacher Glasapparat mit einer 15 ccm fassenden Ausflußkugel zwischen der oberen Marke „o" und der unteren Marke „u".

Ausführung. Der Apparat (s. Abb. 1)[2] wird an einem Stativ mit einer Klammer festgeschraubt und fest montiert, so daß seine senkrechte Lage bei den Vergleichsversuchen unver-ändert bleibt. Dann wird er in ein großes Becherglas gebracht, das zur Konstanthaltung und Erzeugung einer bestimmten gleichbleibenden Temperatur eine Lösung (z. B. Wasser von 20^0 C) enthält, die beliebig angewärmt sein kann. Man füllt nun den breiteren rechten Schenkel des Apparates bis genau zur un-teren Marke u unter der Kugel mit Wasser, saugt vorsichtig im engeren Schenkel das Wasser bis zur oberen Marke o an und bestimmt mit der Stoppuhr die Zeit, die das Wasser (z. B. von 20^0)

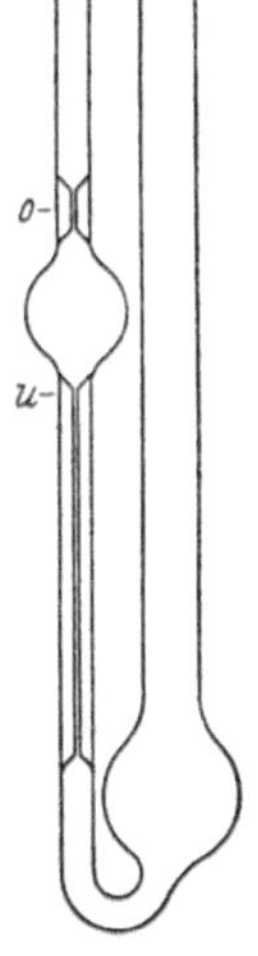
Abb. 1.
Vergrößertes
Viskosimeter
nach Ostwald.

braucht, um bis zur unteren Marke zu fallen, also die Auslauf-geschwindigkeit des Wassers oder den Wasserwert (z. B. Aus-laufgeschwindigkeit a Sekunden). Das gleiche wird mit der zu prüfenden Lösung, z. B. mit einer Leimlösung, ausgeführt (Auslaufzeit z. B. b Se-kunden). Der Quotient aus der Sekundenzahl, die die Leimlösung brauchte, und dem Wasserwert wird als Vergleichsviskosität $\left(\dfrac{b}{a}\right)$ angenommen.

---

[1] Durst, G.: Mschr. Textilind. 1933, S. 236.
[2] Hersteller: C. Desaga, G. m. b. H., Heidelberg.

Färbereichemische Untersuchungen.

Wasser.

Anforderungen an das Wasser.

Die an ein Wasser zu stellenden Anforderungen hängen weitgehend von Verwendungszweck und -art sowie von der Kesselart ab. Es ist deshalb unmöglich, für alle Fälle gültige Normen aufzustellen. Nachstehend können deshalb nur die wichtigsten Gesichtspunkte, die für Kessel- und Betriebswässer in Frage kommen, kurz umrissen werden.

Kesselwasser. Vom Kesselspeisewasser wird vor allem verlangt, daß es möglichst arm an sog. Härte- oder Kesselsteinbildnern (Kalk- und Magnesiasalzen sowie Kieselsäure) ist; ferner, daß es möglichst gas- und ölfrei ist, und daß es keine Schwebestoffe und nicht zu viel organische Stoffe in Lösung enthält.

Die Härtebildner führen zur Kesselsteinbildung, damit zu Betriebsstörungen verschiedener Art und gestalten den Kesselbetrieb wegen des Wärmeisolierungsvermögens des Steines unwirtschaftlich. Aggressive Gase, vor allem Sauerstoff und auch freie Kohlensäure, können bei den hohen im Kessel herrschenden Temperaturen zu Korrosionsschäden führen. Während bei dem Kalkenthärtungsverfahren die Kohlensäure unschädlich gemacht wird, gelangt sie bei den anderen Verfahren mit in den Kessel. Schäden durch Kohlensäure sind deshalb durch ausreichende Alkalität des Kesselwassers zu verhindern. Größere Mengen gelöster organischer Stoffe im Wasser verzögern und verhindern teilweise die Ausscheidung der Härtebildner bei der Wasserreinigung; besonders ist bei der Permutitreinigung stärker verschmutzter Oberflächenwässer eine ausreichende Vorreinigung ins Auge zu fassen. Die Kieselsäure im Wasser verursacht die Ausscheidung von amorphem Kalzium- und Magnesiumsilikat (Silikatsteinen). Diese können wegen ihrer besonders geringen Wärmeleitfähigkeit gefährlich werden, da solche Ablagerungen von nur 0,2 mm Dicke zu Ausbeulungen und weiter zum Zerreißen der Rohre führen können. Durch entstandene Risse im Kesselstein tritt bei Höchstleistungskesseln von 300⁰ aufwärts an den überhitzten Kesselwandungen eine Spaltung des Wassers in Wasserstoff und Sauerstoff (Dampfspaltung) ein, und der frei gewordene Sauerstoff frißt das Eisen an. Infolge zu hoher Alkalität des Kesselwassers ist bei genieteten Kesseln die sog. Laugenbrüchigkeit beobachtet worden. Dieser wird durch Einhaltung eines bestimmten Soda-Sulfat-Verhältnisses im Kesselwasser begegnet. Eisen und sein häufiger Begleiter, das Mangan, liefern für bestimmte Algenarten einen günstigen Nährboden, durch deren Wucherungen Rohre verstopft werden können.

Wenn es auch meist unmöglich ist, ein ideales Speisewasser durch Reinigung zu erhalten, so sollte man in jedem Falle mindestens das jeweils Erreichbare anstreben. Vor allem ist es schon wegen der erneuten Aufnahme des Wassers von atmosphärischem Sauerstoff unmöglich, das Wasser ganz sauerstofffrei zu halten. Hier sollte man also mindestens bestimmte Grenzen einhalten, z. B. sollte bei Kesseln bis zu 20 atü das Wasser keinesfalls mehr als 0,5 mg Sauerstoff/l, bei höheren Drucken auf keinen Fall mehr als 0,1 mg/l enthalten. Die Alkalität des Wassers pflegt an der Natronzahl gemessen zu werden. Diese berechnet

sich aus dem Gehalt des Wassers an Natronlauge und Soda, wobei die Sodamenge durch 4,5 zu teilen und der vorhandenen Menge Natronlauge zuzuzählen
ist. Die Summe in mg/l ist die Natronzahl. Sie soll innerhalb der Grenzen von
400—2000 mg/l liegen; neuerdings schlägt man als Grenzwerte 200—1000 mg/l
vor. Bei einem Phosphatüberschuß in den Kesseln von mindestens 20 mg P_2O_5/l
kann die Natronzahl auf 100—400 mg/l ermäßigt werden. Die Gesamtalkalität
des Kesselwassers, als Soda berechnet, soll zum Sulfatgehalt, ausgedrückt als
Natriumsulfat, in dem Verhältnis zueinander stehen wie 1 : 0,2 × Dampfdruck
in atü.

Betriebswasser. Auch bei diesem können keine allgemein gültigen Normen aufgestellt werden. Vor allem soll das Wasser klar und
frei von Schwebestoffen sein, die sich gegebenenfalls in die Ware fest-
setzen und Schäden verschiedener Art verursachen. Weiterhin wird
allgemein weitgehendste Weichheit des Wassers verlangt, insbesondere
beim Arbeiten mit Stoffen, die sich mit Kalk und Magnesia zu unlöslichen Verbindungen umsetzen (Seife u. dgl.). Dadurch entstehen
Materialverluste und Fasergutschäden verschiedener Art. Basische
Farbstoffe erleiden durch Kalksalze mitunter Zersetzungen. In solchen
Fällen pflegt man das Wasser durch geringen Zusatz von Essig- oder
Ameisensäure zu „korrigieren". In einigen besonderen Fällen ist
aber ein gewisser Kalkgehalt des Wassers von Nutzen (Alizarinfärberei,
Seidenfärberei u. a.). Wichtig ist ferner fast immer weitgehendste Eisenfreiheit des Wassers. Als Grenzwert nimmt man meist einen Fe-Gehalt
von 0,1 mg/l an. Mitunter ist auch dieser Gehalt schon störend. Mangan
sollte ganz fehlen. Eisen wie Mangan bewirken Gelbfärbung oder
Trübung der Ware (besonders in der Bleicherei und Türkischrotfärberei
sowie der Färberei mit Tanninfarben). Mangan auf der Faser kann
unter Umständen zu Katalyseschäden führen. Erhebliche Mengen
organischer Substanz im Wasser können Trübungen der Farbtöne und
Störungen beim Chromsud der Wolle verursachen.

Chemische Untersuchungen.

Unlösliches. Bei trüben bzw. unklaren Wässern werden die Schwebe-
teile bestimmt, indem man 1 l Wasser oder bei geringen Mengen Schwebe-
teilen größere Wassermengen durch einen Goochtiegel filtriert, den
Tiegelinhalt bei 100—102° bis zur Konstanz trocknet und wägt.

Gesamtlösliches. Man verdampft 100—250 ccm des vorher filtrierten
Wassers in einer gewogenen Schale auf dem Wasserbade zur Trockne,
trocknet den Rückstand bis zum konstanten Gewicht bei 100—102°
und wägt den Rückstand.

Organische Substanz. Glühverfahren. Man glüht den Wasserbadrückstand von 100—200 ccm Probewasser über freier Flamme (wobei
Schwärzung beim Erhitzen die Gegenwart von organischer Substanz
anzeigt), befeuchtet mit Ammoniumkarbonatlösung, glüht nochmals gelinde und wägt. Der Glühverlust des bei 110° getrockneten Verdampfungs-
rückstandes gibt den Gehalt an organischer Substanz wieder, die in
mg/l angegeben wird.

Titrationsverfahren. Man kocht 100 ccm des Probewassers in
einem 300-ccm-Kölbchen mit 10 ccm 25%iger Schwefelsäure und

10—20 ccm $\frac{1}{100}$n-Chamäleonlösung 10 Minuten (vom Beginn des Aufkochens gerechnet). Falls die Lösung entfärbt wird, wird weiteres Chamäleon zugesetzt. Nach dem Abkühlen der Lösung auf etwa 70^0 entfärbt man mit genau gemessener, überschüssiger $\frac{1}{100}$n-Oxalsäurelösung (oder Natriumoxalatlösung), titriert mit $\frac{1}{100}$n-Chamäleonlösung zurück und berechnet auf mg $KMnO_4$/l oder auf mg Sauerstoff/l, wobei 1 T. $KMnO_4$ zu 0,253 T. Sauerstoff gerechnet wird. 40 ccm $\frac{1}{100}$n-Permanganatlösung werden konventionell zu 12 mg $KMnO_4$, bzw. zu 3 mg Sauerstoff, bzw. zu 63 mg organische Substanz gerechnet. Eisenoxydul, salpetrige Säure u. a. werden bei diesem Verfahren mitgemessen, erforderlichenfalls besonders bestimmt und in Abzug gebracht, wobei 1 T. FeO zu 0,44 T. $KMnO_4$, 1 T. N_2O_3 zu 1,66 T. $KMnO_4$ gerechnet wird.

Salpetrige Säure. Metaphenylendiamin-Reaktion. Man löst 1 g reines Metaphenylendiamin in 3 ccm konzentrierter Schwefelsäure, ergänzt mit Wasser zu 200 ccm und bewahrt vor Luft und Licht geschützt in einem braunen Tropfglas. Ein $\frac{3}{4}$-Reagensglas der Wasserprobe wird mit 3—5 ccm konzentrierter Schwefelsäure und dann mit 5 bis 10 Tropfen obigen Reaktivs versetzt. Salpetrige Säure liefert sofort bis innerhalb 5 Minuten eine goldgelbe, braune bis rötliche Färbung. 0,05 mg N_2O_3/l sind auf diesem Wege noch sicher nachweisbar. Oxydierende Stoffe, wie Hypochlorite, Peroxyde usw., stören die Reaktion nicht.

Jodzinkstärke-Reaktion. Man löst 4 g lösliche Stärke und 20 g Chlorzink in 100 ccm siedenden Wassers, fügt der erkalteten Lösung die farblose, durch Erwärmen von 1 g Zinkfeile und 2 g Jod in 10 ccm Wasser frisch bereitete Lösung zu, ergänzt zu 1000 ccm und filtriert. Ein $\frac{3}{4}$ Reagensglas der Wasserprobe wird mit 3—5 Tropfen 25%iger Phosphorsäure angesäuert und dann mit 10—12 Tropfen der obigen Jodzinkstärkelösung versetzt. Salpetrige Säure liefert sofort oder innerhalb 5 Minuten Blaufärbung. 0,05 mg N_2O_3/l sind so noch nachweisbar.

Die Tiefe der Blaufärbung kann zur quantitativen Schätzung des Gehaltes an salpetriger Säure benutzt werden. So gilt nach Klut die Reaktion als stark, wenn Blaufärbung sofort eintritt, als deutlich, wenn sie innerhalb 1 Minute und als schwach bis sehr schwach, wenn sie nach 2—5 Minuten auftritt. Nach Winkler tritt bei mindestens 0,5 mg N_2O_3/l sofort, bei 0,3 mg/l nach 10 Sekunden, bei 0,2 mg/l nach 30 Sekunden, bei 0,15 mg/l nach 1 Minute, bei 0,1 mg/l nach 3 Minuten und bei 0,05 mg N_2O_3/l nach 10 Minuten Blaufärbung auf.

Oxydierende Substanzen, wie Hypochlorite, Peroxyde usw., geben gleichfalls Blaufärbung; in solchen Fällen ist die erstgenannte Reaktion auszuführen.

Kolorimetrisch. Man vergleicht die Wasserprobe kolorimetrisch mit einer Nitritlösung von z. B. 0,01 mg/ccm, nimmt eine Wartezeit von 5 Minuten an, verdünnt nach Bedarf die Vergleichsnitritlösung und bei stark nitrithaltigen Wässern (bei mehr als 0,5 mg N_2O_3/l) auch das Versuchswasser. Bei größeren Nitritgehalten kann das ausgeschiedene Jod mit $\frac{1}{100}$n-Thiosulfatlösung titriert werden (s. a. S. 11—12).

Salpetersäure. Diphenylamin-Reaktion. Man bringt in eine absolut saubere Porzellanschale etwa 1 ccm Probewasser, setzt einige Kriställchen Diphenylamin und darauf in kurzen Zwischenräumen zweimal je 0,5 ccm reinste konzentrierte Schwefelsäure zu. Salpetersäure erzeugt Blaufärbung. Die ·gleiche Reaktion liefern allerdings auch: Ferrisalze, salpetrige Säure, freies Chlor, Hypochlorite, Chromsäure, Übermangansäure u. dgl. m. 7 mg N_2O_5/l sind noch sicher nachweisbar. Eisensalze müssen vorher entfernt werden.

Titration. Man titriert erst im Vorversuch 25 ccm Probewasser und 50 ccm konzentrierte Schwefelsäure mit Indigolösung von bekanntem Titerwert bis zur schwachgrünen Färbung. Durch eine Reihe weiterer Versuche ermittelt man immer genauer die Menge Indigolösung, die auf einmal zu 25 ccm Wasser zugesetzt und zuletzt mit 50 ccm Schwefelsäure versetzt, die erforderliche schwachgrüne (weder gelbe, noch blaue) Färbung direkt liefert (also ohne Zutitrieren von weiterer Indigolösung). Stark nitrathaltige Wässer (von 3—4 mg N_2O_5 in 25 ccm aufwärts) sind vorher entsprechend zu verdünnen. Über Herstellung der Indigolösung s. u. Indigo und Hydrosulfit. Der Wirkungswert der Indigolösung wird in gleicher Weise durch Titration gegen eine Nitratlösung von bekanntem Gehalt (z. B. 1,872 g KNO_3 im Liter, von der je 1 ccm $= 1$ mg N_2O_5) bestimmt. Größere Mengen organischer Substanz wirken störend und werden vorher durch Permanganat (s. u.· organische Substanz im Wasser) zerstört. Für etwa vorhandene salpetrige Säure wird eine Korrektur angebracht: 1 T. $N_2O_3 = 1{,}421$ T. N_2O_5.

Ammoniak. Neßlers Reagens. Herstellung des Reagens: Man löst 10 g Quecksilberjodid in 50 ccm 10%iger Jodkaliumlösung und gibt 50 ccm 40%ige reinste Natronlauge zu. Ausführung der Reaktion: Man versetzt 10 ccm Probewasser mit 4—6 Tropfen des obigen Reagens. Ammoniak liefert Gelb- bis Orangefärbung, in größeren Mengen braunroten Niederschlag. 0,1 mg NH_3 im Liter Wasser ist noch sicher nachweisbar. Nach der Tiefe der Färbung kann der Ammoniakgehalt annähernd geschätzt werden. Bei harten Wässern entfernt man vorher die Härtebildner, oder man verhindert ihre Ausfällung durch Zusatz von etwas Seignettesalzlösung zum Wasser oder zum Reagens. Schwefelwasserstoff erzeugt gleichfalls Gelbfärbung durch Bildung von Schwefelquecksilber; doch verschwindet dann die Gelbfärbung nach dem Ansäuern mit Schwefelsäure nicht, während die Ammoniakreaktion verschwindet.

Kolorimetrisch. Man verwendet als Vergleichslösung eine Chlorammoniumlösung mit 1 mg NH_3/ccm, indem man 3,147 g reines gepulvertes und bei 100° getrocknetes Chlorammonium zu 1000 ccm löst und von dieser Stammlösung weiter 50 ccm zu 1000 ccm verdünnt. Diese Lösung enthält dann 0,05 mg NH_3/ccm. 300 ccm Probewasser versetzt man in einem verschließbaren Zylinder mit 1 g Kristallsoda und 1 g reinem Ätznatron, schüttelt gut durch und läßt absitzen. Zu 100 ccm der überstehenden klaren Lösung setzt man 1—2 ccm Neßlers Reagens und vergleicht die etwa erhaltene Gelbfärbung gegen obige

Chlorammoniumlösung. Nötigenfalls wird das Probewasser bis zu einem Ammoniakgehalt von 2,5—5 mg/l mit reinstem destillierten Wasser verdünnt. Bei diesen Prüfungen ist äußerste Vorsicht und Sauberkeit wegen des etwaigen Ammoniakgehaltes der Luft, des Filters, des Verdünnungswassers usw. geboten. Bei Gehalten über 4 mg NH_3/l kann der Ammoniakgehalt schon durch Destillation mit gebrannter Magnesia und nachfolgende Titration des Destillates bestimmt werden (s. u. Ammonsalzen S. 48).

Eisen. Ferroverbindungen. Man löst 25 g Natriumnitrat und 5 g reinstes kristallisiertes Schwefelnatrium unter Erwärmen zu 50 ccm und filtriert nötigenfalls durch einen Wattebausch. In einen Zylinder von 2—2,5 cm lichter Weite gibt man zur Höhe von 30 cm vom Probewasser zu, setzt 2—3 Tropfen obigen Reagens zu und schaut von oben durch die Wassersäule, die auf weißer Unterlage ruht, hindurch. Ferrosalzgehalt erzeugt sofort oder in 2—3 Minuten eine grüngelbe bis braunschwarze Färbung. 0,15 mg Fe/l können so noch nachgewiesen werden; bei 1 mg Fe/l kann das Ferrosalz bereits im Reagensglas erkannt werden. Blei- und Kupfersalze geben ähnliche Färbungen, doch verschwindet nach Zusatz von einigen Kubikzentimetern konzentrierter Schwefelsäure nur die Eisenreaktion. Bei Ferriverbindungen tritt Schwefelabscheidung ein.

Ferriverbindungen. Man versetzt 100 ccm Probewasser mit 2 ccm 10%iger Rhodanammoniumlösung. Ferrisalze erzeugen Rosa- bis Rotfärbung. Ferrozyankaliumlösung erzeugt mit Ferrisalzen in saurer Lösung Blaufärbung (Berlinerblau).

Gesamteisen. Man kocht 100 ccm Probewasser mit 1 ccm Salpetersäure, läßt abkühlen und führt obige Ferrisalzreaktionen aus.

Kolorimetrisch. Man verwendet als Vergleichslösung eine Ferrisalzlösung von bekanntem Gehalt, z. B. von 0,1 mg Fe/ccm. Eine solche Lösung erhält man, indem man 0,898 g Eisenalaun unter geringem Zusatz von Salzsäure zu 1000 ccm löst. Zur Ausführung der Reaktion versetzt man 100 ccm Probewasser mit 2—3 ccm 10%iger Rhodanammoniumlösung und 1 ccm konzentrierter Salzsäure. Die gleich starke Rotfärbung wird mit Hilfe obiger Eisentyplösung reproduziert, indem man von letzterer stufenweise zu 100 ccm Wasser und 2—3 ccm 10%iger Rhodanammoniumlösung zusetzt. Bei Eisengehalten über 10—15 mg Fe/l wird vorher entsprechend mit destilliertem Wasser verdünnt. Bei Gehalten von 150 mg Fe/l aufwärts wird das Eisen zweckmäßig gewichtsanalytisch oder titrimetrisch bestimmt. Entsprechend kann mit Ferrozyankaliumlösung gearbeitet werden, indem man die Berlinerblaufärbung des Wassers (s. o.) kolorimetrisch mit der analogen Reaktion zwischen Eisentyplösung und Ferrozyankaliumlösung vergleicht. Doch ist die Rhodanreaktion empfindlicher. Für genauere Untersuchungen bedient man sich eines geeigneten Kolorimeters oder Komparators, z. B. des Hellige-Komparators.

Mangan. Bleisuperoxyd-Reaktion. Man erhitzt 50 ccm Probewasser mit 5 ccm reiner 25%iger Salpetersäure zum Sieden, setzt eine Messerspitze (etwa 0,5 g) reines Bleisuperoxyd unter Umschütteln hinzu, kocht 2—5 Minuten und läßt absitzen. Je nach dem Mangangehalt erscheint dann die überstehende Flüssigkeit schwach bis deutlich rotviolett (Übermangansäure). 0,1 mg Mn/l wird so noch nachgewiesen. Hoher Chloridgehalt wirkt störend. Man vertreibt dann die Salzsäure als Chlor vorher durch längeres Kochen unter Zusatz von Salpetersäure und führt dann die Reaktion aus.

Chloride. Titrimetrisch. Man neutralisiert 25—50—100 (je nach dem Chloridgehalt) ccm Probewasser genau mit verdünnter Schwefelsäure und titriert mit $\frac{1}{10}$ n-Silbernitratlösung gegen neutrales Kaliumchromat als Indikator bis zur bleibenden Braunfärbung. Je 1 ccm $\frac{1}{10}$ n-Silberlösung $= 0,003545$ g $Cl = 0,00585$ g $NaCl$. Bei genauen Analysen bzw. sehr geringem Chloridgehalt zieht man auf je 100 ccm Wasser 0,2 ccm der verbrauchten Silberlösung als Korrektur ab.

Kohlensäure. Man hat zu unterscheiden zwischen: 1. **gebundener Kohlensäure** oder neutralen Karbonaten ($CaCO_3$), 2. **halbgebundener Kohlensäure** oder den Bikarbonaten ($Ca[HCO_3]_2$) und 3. **freier Kohlensäure** (CO_2). Aus den neutralen Karbonaten ist die Kohlensäure durch Kochen nicht zu entfernen; aus den Bikarbonaten oder sauren Karbonaten wird die Hälfte der Kohlensäure durch Kochen vertrieben: $Ca(HCO_3)_2 = CaCO_3 + H_2O + CO_2$; freie Kohlensäure wird durch andauerndes Kochen völlig ausgetrieben. Die neutralen Karbonate des Kalziums und Magnesiums sind in Wasser nur sehr wenig löslich und in Wässern kaum merklich vorhanden; die Bikarbonate sind erheblich und die freie Kohlensäure ist leicht löslich.

Freie Kohlensäure. Man entnimmt an Ort und Stelle aus dem Probewasser, das man erst eine Zeitlang hat ausströmen lassen, 100 ccm in ein verschließbares Kölbchen, setzt 1 ccm alkoholische, genau neutralisierte Phenolphthaleinlösung (1 g in 100 ccm 90 %igem Alkohol) zu und titriert in kleinen Zusätzen mit Sodalösung, die 4,818 g getrocknete reine Soda im Liter enthält, von der also je 1 ccm $= 2$ mg CO_2 entspricht. Nach jedem Zusatz von Sodalösung schließt man das Kölbchen zur Vermeidung von Kohlensäureverlust und schwenkt vorsichtig um. In dieser Weise wird bis zur mindestens 5 Minuten bestehenden Rosafärbung des Wassers fortgefahren. Alsdann ist die Titration beendet. Beim zweiten Versuch gibt man die so ermittelte Sodamenge auf einmal zu und titriert den etwaigen Rest der Kohlensäure bis zur dauernden Rosafärbung aus. Je 1 ccm obiger Sodalösung entspricht $= 2$ mg CO_2. Als Korrektur rechnet man noch zu den erhaltenen Werten den fünfzigsten Teil der Karbonathärte hinzu. Bei 5° Karbonathärte addiert man also zum Sodaverbrauch noch $+ 0,1$ ccm Sodalösung. Bei Gegenwart von Eisenoxydul werden dem Wasser vor der Titration 1—2 ccm gesättigte Seignettesalzlösung zugesetzt.

Halbgebundene Kohlensäure. Man titriert 250 ccm Probewasser mit $\frac{1}{10}$ n-Salzsäure gegen Methylorange und bringt den bei einem Blindversuch mit 250 ccm destilliertem Wasser erhaltenen Säureverbrauch in Abzug. Je 1 ccm $\frac{1}{10}$ n-Säure $= 4,4$ mg halbgebundene Kohlensäure[1].

---

[1] Da hier ein Äquivalent Salzsäure einem Äquivalent Kohlensäure entspricht: $Ca(HCO_3)_2 + 2\,HCl = CaCl_2 + 2\,CO_2 + 2\,H_2O$.

Die Bikarbonate bedingen im wesentlichen die „Alkalität" des Wassers.
Zur „Korrektur" des Wassers mit Essig- oder Ameisensäure verwendet
man eine der Bikarbonathärte entsprechende Menge Säure, z. B. 60—70 g
30 %ige Essigsäure auf je 1° Bikarbonathärte und 1000 l Wasser.

Gewichtsanalytische Bestimmung von Kieselsäure, Kalk, Magnesia, Schwefelsäure.

Kieselsäure. Zweimal je 1 l wird auf dem Wasserbade verdampft, mit wenig
konzentrierter Salzsäure befeuchtet, eingedampft und 2 Stunden auf 110—120° C
erhitzt. Die Kieselsäure wird dadurch unlöslich. Liter I und II werden mit verdünnter heißer Salzsäure aufgenommen, die Kieselsäure auf aschefreiem Filter
gesammelt, gewaschen, getrocknet, geglüht = SiO_2. Die Berechnung geschieht
auf g in 100 l oder auf mg in 1 l.

Eisen und Tonerde. Liter I (Filtrat von SiO_2) wird mit Ammoniak in bekannter Weise gefällt, der größte Teil des Ammoniaks durch Erhitzen entfernt,
absetzen gelassen, dekantiert, filtriert, heiß ausgewaschen, geglüht und als
$Fe_2O_3 + Al_2O_3$ gewogen (s. a. u. Tonerde).

Eisen. Das Eisen kann in der Eisentonerdefällung durch Lösung, Reduktion
und Chamäleontitration bestimmt werden. Die Differenz entspricht der Tonerde,
In den meisten Fällen wird das Eisen kolorimetrisch bestimmt (s. a. u. Eisenbe-
stimmung).

Kalk. Das Filtrat von Eisen und Tonerde (Liter I) wird mit Ammoniak und
oxalsaurem Ammon versetzt, einige Stunden auf dem Wasserbade erwärmt, nach
12 Stunden filtriert, mit schwacher Ammonoxalatlösung ausgewaschen, getrocknet,
geglüht, als CaO gewogen und auf g in 100 l oder auf mg im Liter berechnet. Bei
stark Magnesium haltenden Wässern, insbesondere bei zu langem Stehenlassen der
Fällung bis zur Filtration, können geringe Mengen Magnesium mit ausfallen
(s. a. u. Kalziumbestimmung).

Magnesia. Das Filtrat von Kalk wird mit Chlorammonium, Ammoniak
und Natriumphosphat versetzt, 12—24 Stunden lang kalt stehengelassen,
filtriert, gut gewaschen, getrocknet, geglüht und als $Mg_2P_2O_7$ (Magnesiumpyrophosphat) gewogen. Die Berechnung geschieht auf Magnesiumoxyd (MgO).
$Mg_2P_2O_7 \times 0,3627 = MgO$ (s. a. u. Magnesiabestimmung).

Schwefelsäure. a) Im Filtrat von der Kieselsäure (Liter II) wird die Schwefelsäure als Bariumsulfat bestimmt (s. a. u. Schwefelsäure).

Härte des Wassers und Härtebestimmung.

Den Gehalt eines Wassers an Härtebildnern drückt man in Graden
Härte, °H, aus. Man unterscheidet: 1. Gesamthärte (H), die von den
gesamten Kalk- und Magnesiasalzen herrührt, 2. Karbonathärte
(temporäre, vorübergehende Härte, Ht), die von den Karbonaten bzw.
Bikarbonaten des Wassers herrührt und die der an Kalk und Magnesia
gebundenen Kohlensäure äquivalent ist, 3. Resthärte (permanente,
bleibende Härte, Hp), die von den übrigen Kalk- und Magnesiasalzen
(Sulfaten, Chloriden, Nitraten usw.) herrührt und auch als Gipshärte,
Nichtkarbonathärte, Mineralsäurehärte bezeichnet wird. Die Summe
von Karbonat- und Resthärte ergibt die Gesamthärte: Ht + Hp = H.

In Deutschland bedeutet je 1° H = 10 mg CaO (bzw. die äquivalente Menge Magnesia) im Liter Wasser. Die französischen und englischen Grade verhalten sich zu den deutschen wie folgt:

1° deutsche Härte = 1,79° franz. Härte = 1,25° engl. Härte.

Nachstehend ist immer nur von deutschen Graden die Rede.

Berechnung der Härte aus der chemischen Analyse. Die Gesamthärte wird entweder aus dem analytischen Befund des Wassers (s. o.)

errechnet oder nach besonderen Verfahren ermittelt (s. w. u.). Bei der Berechnung aus der Analyse findet eine Umrechnung in der Weise statt, daß für die ermittelte Menge Magnesia die äquivalente Menge Kalk eingesetzt wird, und zwar für 1 T. MgO = 1,4 T. CaO. Je 10 mg dieser Härtebildner zusammen im Liter Wasser entsprechen je 1^0 Gesamthärte (1^0 H). Bei der Berechnung der erforderlichen Zusätze für die Reinigung des Wassers ist aber Kalk- und Magnesiagehalt einzeln zu berechnen (s. w. u.).

Die Karbonathärte wird durch direkte Titration von z. B. 250 ccm des rohen Wassers mit $\frac{1}{10}$ n-Salzsäure gegen Methylorange festgestellt. Von dem Säureverbrauch zieht man dann noch den bei einem unter gleichen Arbeitsbedingungen ausgeführten Blindversuch mit 250 ccm destilliertem Wasser erhaltenen Säureverbrauch ab. Je 1 ccm $\frac{1}{10}$ n-Salzsäure = 2,8 mg CaO als Bikarbonat bzw. die äquivalente Menge Magnesia als Bikarbonat in der titrierten Wassermenge. Hieraus berechnet sich die Karbonathärte, indem je 1 ccm $\frac{1}{10}$ n-Säure, von 1 l Wasser verbraucht, = $0,28^0$ Ht entspricht. Oder: 1 l Wasser von 1^0 Ht verbraucht 3,57 ccm $\frac{1}{10}$ n-Säure. Man titriert in der Regel 250 ccm Probewasser und rechnet den Säureverbrauch durch Multiplikation mit 4 auf 1 l um.

Die Resthärte berechnet sich aus der Differenz von Gesamthärte und Karbonathärte: H — Ht = Hp.

Bestimmung der Gesamthärte durch Seifentitration. Das Verfahren der Seifentitration ist für viele technische Zwecke (z. B. für die laufende Kontrolle der Wasserreinigung), aber nicht für die genaue Berechnung der Wasserreinigungszusätze geeignet. Wässer von mehr als 12^0 H sind vorher entsprechend mit destilliertem Wasser zu verdünnen. Das Verfahren beruht darauf, daß ein Wasser, mit Seifenlösung kräftig geschüttelt, erst dann haltbaren Schaum liefert, wenn alle Kalk- und Magnesiasalze als Kalk- und Magnesiaseifen völlig ausgefällt sind. Die sich hierbei abspielenden Fällungsreaktionen verlaufen im wesentlichen nach folgenden Gleichungen:

$$2C_{17}H_{33}COOK + CaCO_3 = (C_{17}H_{33}COO)_2Ca + K_2CO_3,$$
$$2C_{17}H_{33}COOK + CaSO_4 = (C_{17}H_{33}COO)_2Ca + K_2SO_4.$$

2 Mol. Ölsäure (= 2×282 = 564 T.) verbrauchen hiernach: 100 T. $CaCO_3$, bzw. 136 T. $CaSO_4$, bzw. 56 T. CaO. 1 mg CaO bindet also = 10,08 mg Ölsäure, und man erhält durch Lösen von 10,08 g Ölsäure in Alkohol, Absättigung mit Kalihydrat und Auffüllen mit Alkohol auf 1 l eine $\frac{1}{28}$ n-Seifenlösung, von welcher je 1 ccm = 1 mg CaO entspricht. Beim Titrieren von 100 ccm Probewasser entspricht also je 1 ccm dieser Seifenlösung = 1^0 H.

Herstellung der erforderlichen Lösungen. 1. Gipslösung von 12^0 H. Man titriert 100 ccm eines klaren Kalkwassers (das frei von sonstigen Alkalien ist) mit $\frac{1}{5}$ n-Schwefelsäure gegen Methylorange und erhält so eine neutrale Gipslösung von bekanntem Gehalt, da je 1 ccm verbrauchter $\frac{1}{5}$ n-Schwefelsäure = 0,0056 g CaO in der titrierten Kalkwassermenge entspricht. Nun verdünnt man die Gipslösung derart, daß sie 12^0 H hat. Beispiel: 100 ccm Kalkwasser verbrauchten zur Neutralisation = 24 ccm $\frac{1}{5}$ n-Schwefelsäure. Die Gipslösung enthielt also 24 × 0,0056 = 0,1344 g CaO. Diese Lösung wird nun auf 1120 ccm verdünnt, so daß 1 l = 0,120 g CaO enthält, also eine Härte von 12° besitzt.

2. Seifenlösung vom Wirkungswert: 45 ccm Seifenlösung sättigen 100 ccm obiger Gipslösung von 12° H ab. Von der obenerwähnten Seifenlösung mit 10,08 g Ölsäure im Liter sättigt je 1 ccm = 1 mg CaO ab, oder 45 ccm = 45 mg CaO. Damit aber 45 ccm der Seifenlösung nur 100 ccm Gipswasser von 12° H = 12 mg CaO absättigen, ist die obige Seifenlösung von 12 Vol. auf 45 Vol. zu verdünnen. Stattdessen nimmt man praktisch von Anfang an statt der 10,08 g Ölsäure nur 2,688 g Ölsäure (10,08 : 45 = x : 12; x = 2,688), löst diese in Alkohol, titriert die Lösung mit alkoholischer. etwa $\frac{1}{2}$ n-Kalilauge gegen Phenolphthalein ab und ergänzt mit einer Alkohol-Wassermischung (2 Vol. Alkohol : 1 Vol. Wasser) oder mit dem billigeren Isopropylalkohol zu 1000 ccm. Zum Schluß stellt man noch die Kalklösung (1) gegen die Seifenlösung (2) durch Titration genau so ein, wie dies bei der Titration des Probewassers nachstehend (s. w. u.) beschrieben ist und bringt nötigenfalls noch eine Feinkorrektur der Lösung an.

Endgültige Titration des Probewassers. Man neutralisiert 100 ccm des Probewassers in einer 200-ccm-Stöpselflasche mit $\frac{1}{5}$—$\frac{1}{10}$ n-Schwefelsäure gegen Phenolphthalein, läßt dann aus einer Bürette von obiger Seifenlösung (von der 45 ccm = 12° H entsprechen) erst etwas rascher. dann gegen Ende der Titration immer langsamer zulaufen, schüttelt zwischendurch nach jedem Zusatz von Seifenlösung kräftig durch und beobachtet, ob der sich beim Umschütteln bildende Schaum schnell wieder vergeht oder sich einige Zeit hält. Wenn sich ein feinblasiger leichter Schaum gebildet hat, der sich 5 Minuten hält, sind alle Härtebildner ausgefällt und ein ausreichender Seifenüberschuß vorhanden. Man liest nun den Verbrauch an Seifenlösung ab und ermittelt daraus den Härtegrad des Wassers nach einer Tabelle (s. u.), da der Seifenverbrauch der Wasserhärte nicht proportional ist. Härtere Wässer über 12° verdünnt man vorher entsprechend mit destilliertem Wasser.

Tabelle von de Koninck.

ccm Seifenlösung	Härtegrade	ccm Seifenlösung	Härtegrade	ccm Seifenlösung	Härtegrade
1,4	0	16	3,72	31	7,83
2	0,15	17	3,98	32	8,12
3	0,40	18	4,25	33	8,41
4	0,65	19	4,52	34	8,70
5	0,90	20	4,79	35	8,99
6	1,15	21	5,06	36	9,28
7	1,40	22	5,33	37	9,57
8	1,65	23	5,60	38	9,87
9	1,90	24	5,87	39	10,17
10	2,16	25	6,15	40	10,47
11	2,42	26	6,43	41	10,77
12	2,68	27	6,71	42	11,07
13	2,94	28	6,99	43	11,38
14	3,20	29	7,27	44	11,69
15	3,46	30	7,55	45	12,00

Bestimmung der Gesamthärte nach Wartha. Das Verfahren beruht darauf, daß man die Härtebildner des Wassers mit einem mäßigen

Überschuß von Natron-Soda-Lösung ausfällt und in der geklärten Lösung das überschüssige Alkali zurücktitriert. Man arbeitet mit Abänderungen von Winkler und Bruhns wie folgt.

Man neutralisiert 100 ccm des Probewassers in einem 200-ccm-Meßkolben mit $\frac{1}{10}$ n-Schwefelsäure gegen Phenolphthalein, setzt 25 ccm einer Lösung aus gleichen Teilen $\frac{1}{10}$ n-Natronlauge und $\frac{1}{10}$ n-Sodalösung (bei weichen Wässern weniger, bei sehr harten mehr als 25 ccm) zu, entfernt den größten Teil der Kohlensäure durch Schütteln, ergänzt auf 200 ccm, schüttelt wieder gut durch, läßt einige Stunden oder bis zum nächsten Tage zwecks Absetzens des Niederschlages verschlossen ruhig stehen und entnimmt 25—50 ccm der klaren überstehenden Flüssigkeit vorsichtig mit einer Pipette (Wartha kocht einige Minuten und filtriert 100 ccm zur Titration ab) und titriert in diesem aliquoten Teil das überschüssige Alkali mit $\frac{1}{10}$ n-Säure gegen Methylorange zurück. Nun berechnet man das so ermittelte überschüssige Alkali auf die Gesamtmenge des angewandten Wassers (100 ccm), zieht dieses von dem angewandten Alkali (25 ccm) ab und erhält so den Verbrauch an Natron-Soda-Lösung durch 100 ccm Wasser. Je 1 ccm verbrauchte $\frac{1}{10}$ n-Natron-Soda-Lösung durch 100 ccm Probewasser entspricht $= 1^0$ Gesamthärte (1^0 H).

Beispiel. Man hat 100 ccm Wasser angewandt und mit 25 ccm $\frac{1}{10}$ n-Natron-Soda-Lösung versetzt, weiter auf 200 ccm aufgefüllt, 50 ccm der klaren Flüssigkeit mit einer Pipette entnommen und bei der Rücktitration 5 ccm $\frac{1}{10}$ n-Säure verbraucht. 100 ccm Wasser haben demnach zur Enthärtung $25 - (4 \times 5) = 5$ ccm $\frac{1}{10}$ n-Alkali verbraucht, und die Gesamthärte des Wassers ist $5 \times 2,8 = 14^0$ H.

Von Wässern, bei denen sich die Härtebildner schlecht absetzen, filtriert man nach Wartha lieber zwecks Zeitersparnis einen aliquoten Teil. Da Kalziumkarbonat und Magnesiahydrat in Salzlösungen nicht ganz unlöslich sind, erhält man im Mittel um $0,4^0$ H zu hohe Werte. Dieser Betrag kann als Löslichkeitskorrektur von der ermittelten Härte in Abzug gebracht werden.

Bestimmung der Magnesiahärte nach Pfeifer. Das Verfahren beruht darauf, daß man die Magnesia durch einen Überschuß von genau gemessenem und titriertem Kalkwasser ausfällt (wobei die Kalksalze ungefällt bleiben) und das überschüssige Kalkwasser in einem aliquoten Teil des Filtrats zurücktitriert.

Man neutralisiert 250 ccm Probewasser in einem 500-ccm-Meßkolben mit $\frac{1}{10}$ n-Schwefelsäure gegen Phenolphthalein, kocht zur vollständigen Austreibung der Kohlensäure 15—20 Minuten, versetzt mit genau gemessenem Quantum (das der doppelten Menge der ermittelten Gesamthärte entspricht) genau titrierten Kalkwassers, kocht schnell auf, verschließt den Kolben mit einem Kautschukstopfen, läßt abkühlen und ergänzt mit ausgekochtem destillierten Wasser bis zur Marke (500 ccm). Nun filtriert man unter Verwerfung der ersten 150 ccm des Filtrats 200 ccm durch ein geeignetes Filter (z. B. Schleicher & Schüll Nr. 605) und titriert in diesen 200 ccm das überschüssige Kalkwasser mit $\frac{1}{10}$ n-Salzsäure zurück. Da die Kalksalze durch Kalkwasser nicht gefällt werden, ist das verbrauchte Alkali (Kalkwasser) nur zur Fällung der Magnesiasalze verbraucht worden. Je 1 ccm verbrauchte $\frac{1}{10}$ n-Kalklauge $= 2,018$ mg MgO oder 2,8 mg (der Magnesia aequivalentes) CaO (da die titrierten 200 ccm des Filtrates $= 100$ ccm Originalwasser entsprechen), also $2,8^0$ Magnesiahärte.

Gesamt-, Kalk- und Magnesiahärte. Anstatt nach beschriebenem Verfahren die Gesamt- und Magnesiahärte einzeln zu bestimmen, können diese Werte auch gleichzeitig ermittelt werden. Das von Pfeifer, Blacher und Basch ausgearbeitete Verfahren beruht darauf, daß man die Härtebildner mit einem gemessenen Überschuß von Natron-Soda-Lösung ausfällt und in dem Filtrate das überschüssige Ätznatron einerseits und die überschüssige Soda andererseits gesondert ermittelt. Der Verbrauch an Soda entspricht dann dem Kalkgehalt, während der Verbrauch an Ätznatron dem Magnesiagehalt entspricht. Sinngemäß entspricht natürlich der Gesamtverbrauch an Alkali der Gesamthärte. Das Verfahren soll Fehler von 0,5—1⁰ H ergeben können.

Man neutralisiert 250 ccm Probewasser in einem Erlenmeyerkolben mit $\frac{1}{10}$ n-Schwefelsäure gegen Phenolphthalein, kocht zur Vertreibung der Kohlensäure 15—20 Minuten, versetzt mit gemessenem ziemlichem Überschuß (meist werden 100 ccm angemessen sein) von $\frac{1}{10}$ n-Natron-Soda-Lösung (gleiche Volumina $\frac{1}{10}$ n-Natronlauge und $\frac{1}{10}$ n-Sodalösung), kocht, kühlt ab, füllt in einem Meßkolben auf 500 ccm auf und filtriert. In einem aliquoten Teil des Filtrates (nach Verwerfung der ersten 100 ccm) wird nun im überschüssigen Alkali das Ätznatron und die Soda gesondert bestimmt und hieraus, wie oben beschrieben, Gesamthärte (1 ccm $\frac{1}{10}$ n-Gesamtlauge von 100 ccm Wasser verbraucht = 2,8⁰ H), Kalkhärte (1 ccm $\frac{1}{10}$ n-Sodalösung von 100 ccm Wasser verbraucht = 2,8⁰ Kalkhärte) und Magnesiahärte (1 ccm $\frac{1}{10}$ n-Natronlauge von 100 ccm Wasser verbraucht = 2,8⁰ Magnesiahärte) berechnet.

Die eigentliche Bestimmung von Ätznatron und Soda im Alkaliüberschuß kann nach zweierlei Verfahren ausgeführt werden. a) Man ermittelt in einem aliquoten Teil des Filtrates unter gleichzeitiger Anwendung von Phenolphthalein und Methylorange das Ätznatron und die Soda durch Titration mit $\frac{1}{10}$ n-Säure (s. a. S. 5—6). Wenn alles Ätzalkali verbraucht ist und die Soda in Bikarbonat übergeführt ist (Punkt 1: NaOH + Hälfte des Na_2CO_3), tritt Entfärbung des Phenolphthaleins ein; wenn dann beim Weitertitrieren alles Bikarbonat umgesetzt ist, tritt Rötung des Methylorange ein (Punkt 1—2: Hälfte der Soda). b) Man titriert einen aliquoten Teil des Filtrats mit $\frac{1}{10}$ n-Salzsäure gegen Methylorange und erhält so das überschüssige Gesamtalkali (Na_2CO_3 + NaOH). In einem anderen aliquoten Teil des Filtrates fällt man die Soda mit Bariumchloridlösung als Bariumkarbonat und titriert das Ätznatron ohne zu filtrieren vorsichtig gegen Phenolphthalein ab. Man kann auch erst das Ätznatron gegen Phenolphthalein und dann in der gleichen Lösung das Bariumkarbonat (entsprechend dem Sodagehalt) gegen Methylorange vorsichtig austitrieren. Auch kann man das Bariumkarbonat erst durch Filtration entfernen und im Filtrat das Ätznatron titrieren; doch muß dann das Filter erschöpfend mit heißem Wasser ausgewaschen werden.

Gesamthärte mit Kaliumpalmitat nach Blacher. Das Verfahren beruht darauf, daß man das neutralisierte Probewasser mit $\frac{1}{10}$ n-Kaliumpalmitatlösung titriert, wobei ein Überschuß von Palmitatlösung durch Phenolphthalein angezeigt wird. Dieses Verfahren gibt von allen Titrationsmethoden die genauesten und der gewichtsanalytischen Bestimmung am nächsten kommende Ergebnisse. Wässer über 40⁰ H sind vorher entsprechend mit destilliertem Wasser zu verdünnen.

Herstellung der $\frac{1}{10}$ n-Kaliumpalmitatlösung. Man löst 25,6 g reine Palmitinsäure in 400 ccm 90%igem Alkohol (auch kann denaturierter Spiritus verwendet werden) und 250 g Glyzerin, neutralisiert genau mit alkoholischem Kali gegen Phenolphthalein und bringt mit 90%igem Alkohol (evtl. denaturiertem Spiritus) auf 1000 ccm. Diese Lösung braucht nicht weiter eingestellt zu werden und ist titerfest. Nötigenfalls stellt man die Palmitatlösung noch mit einer Chlorkalziumlösung von 10^0 H od. dgl. genau ein.

Ausführung der Bestimmung. Man neutralisiert 100 ccm Probewasser mit $\frac{1}{10}$ n-Salzsäure gegen Methylorange (besser soll ein Tropfen 1%ige Dimethylamidoazobenzollösung sein, die dann beim Neutralpunkt eine rötlichviolette Färbung zeigt), kocht zur Vertreibung der Kohlensäure 10 Minuten, kühlt rasch ab, setzt 1 ccm 1%ige alkoholische Phenolphthaleinlösung zu, dann $\frac{1}{10}$ n-Natronlauge bis zur beginnenden Rosafärbung und weiter einen Tropfen $\frac{1}{10}$ n-Salzsäure bis zum Verschwinden der Rosafärbung. Nun titriert man das Wasser mit der $\frac{1}{10}$ n-Palmitatlösung unter Umschütteln bis zur deutlichen und bleibenden Rotfärbung. Je 1 ccm $\frac{1}{10}$ n-Palmitatlösung $= 2,8^0$ Gesamthärte ($2,8^0$ H).

Magnesiahärte nach dem Palmitatverfahren. Das Verfahren beruht darauf, daß man im Wasser zuerst die Kalksalze mit Natriumoxalat ausfällt und dann im entkalkten Wasser die Magnesia mit Palmitatlösung, wie oben beschrieben, titriert.

Man neutralisiert 100 ccm (bei sehr magnesiaarmen Wässern 200 ccm oder mehr) Probewasser mit $\frac{1}{10}$ n-Salz- oder Schwefelsäure gegen Methylorange bis zur deutlichen Rotfärbung, kocht zur Vertreibung der Kohlensäure 10 Minuten, setzt 5 ccm einer gesättigten (5%igen) Natriumoxalatlösung zu und kocht wieder 1—2 Minuten. Nach dem Abkühlen setzt man 1 ccm 1%ige Phenolphthaleinlösung zu, neutralisiert mit $\frac{1}{10}$ n-Natronlauge und beseitigt die Rosafärbung wieder durch einen Tropfen $\frac{1}{10}$ n-Säure. Nun titriert man, wie bei dem vorbeschriebenen Palmitatgrundverfahren, mit $\frac{1}{10}$ n-Kaliumpalmitatlösung unter Umschütteln bis zur deutlichen und bleibenden Rotfärbung. Je 1 ccm verbrauchte $\frac{1}{10}$ n-Palmitatlösung $= 2,8^0$ Magnesiahärte. Der Umschlag ist hier nicht so scharf, wie bei dem vorbeschriebenen Grundverfahren, da die auftretende Färbung anfangs langsam verschwindet.

Wasserreinigung.

Das zu reinigende Wasser ist zunächst einer eingehenden chemischen Untersuchung zu unterziehen. Von dem Befund und der Verwendung des Wassers hängt jeweils das geeignete Reinigungsverfahren ab. Da ein Wasser aber einem häufigen Wechsel in der Zusammensetzung zu unterliegen pflegt, ist eine Reinigungsanlage laufend unter Kontrolle zu halten, ebenso auch das Kesselwasser selbst. Für die Betriebskontrolle der modernen Höchstleistungskessel sind außerdem wärmetechnische Kenntnisse und Erfahrungen notwendig.

Nachstehend sollen nur die chemischen Enthärtungsverfahren, wie sie sich aus der chemischen Analyse des Wassers ergeben, in ihren Grundsätzen umrissen werden, während die mechanischen und biologischen Verfahren, ebenso wie die Reinigungsapparate selbst, nicht in den Rahmen dieses Buches gehören[1].

Kalk-Soda-Verfahren. Bei hohem Gehalt eines Rohwassers an freier Kohlensäure und überwiegendem Gehalt an Karbonathärte (Ht) ist das

---

[1] Hierüber siehe z. B. Heermann: Technologie der Textilveredelung.

Kalk-Soda-Verfahren zur Enthärtung besonders geeignet. Die Kohlensäure des Wassers geht hierbei, ebenso wie das Kalziumbikarbonat in unlösliches Kalziumkarbonat über, während die Magnesiasalze durch den Kalk als Magnesiumhydroxyd zur Ausscheidung gelangen. Die übrige Resthärte des Wassers also Kalziumsulfat und -chlorid werden durch die Soda ebenfalls in Karbonat umgewandelt. Etwa vorhandenes Eisenbikarbonat wird durch den Kalk und Luftsauerstoff als Eisenhydroxyd gefällt. Die sich hierbei abspielenden Prozesse verlaufen im wesentlichen nach folgenden Gleichungen:

1. $CO_2 + Ca(OH)_2 = CaCO_3 + H_2O$.
2. $Ca(HCO_3)_2 + Ca(OH)_2 = 2\,CaCO_3 + 2\,H_2O$.
3. $Mg(HCO_3)_2 + 2\,Ca(OH)_2 = 2\,CaCO_3 + Mg(OH)_2 + 2\,H_2O$.
4. $MgCl_2 + Ca(OH)_2 = Mg(OH)_2 + CaCl_2$ (Sulfate analog).
5. $CaCl_2 + Na_2CO_3 = CaCO_3 + 2\,NaCl$ (Sulfate analog).
6. $Fe(HCO_3)_2 + 2\,Ca(OH)_2 + O = Fe(OH)_3 + 2\,CaCO_3 + 2\,H_2O$.

Die für die Enthärtung theoretisch erforderlichen Chemikalienzusätze müssen an Hand einer eingehenden Analyse des Rohwassers errechnet werden. Die einfachste Berechnung der Zusätze erfolgt nach der Formel von Pfeifer wie folgt.

Auf je 1 Mol. jeder doppelkohlensauren Verbindung (ob Kalk oder Magnesia) kommt 1 Mol. CaO, ferner auf jedes Mol. Magnesia (gleichgültig in welcher Verbindung) noch ein weiteres Mol. CaO. Außerdem kommt auf jedes Mol. Resthärte (Hp) verursachender Verbindungen je 1 Mol. Na_2CO_3.

In eine Formel gebracht berechnen sich Kalk- und Sodazusatz[1] aus der ermittelten Bikarbonathärte (Ht) und der ermittelten Resthärte (Hp) sowie dem Magnesiagehalt (mg MgO/l) nach den Formeln:

$$\text{Kalkzusatz (mg\,CaO/l)} = 10 \times \text{Ht} + 1{,}4\,\text{MgO (mg MgO/l)}.$$

$$\text{Sodazusatz (mg\,Na}_2\text{CO}_3\text{/l)} = 18{,}9 \times \text{Hp}.$$

Beispiel. Analysenbefund des Rohwassers: Gesamthärte (H) $= 12^0$, Karbonathärte (Ht) $= 6^0$, Resthärte (Hp) $= 6^0$, Magnesiagehalt $= 2$ mg MgO/l. Der theoretisch erforderliche Kalkzusatz ist dann $= 10 \times 6 + 1{,}4 \times 2 = 62{,}8$ mg CaO/l. Der Sodazusatz $= 18{,}9 \times 6 = 113{,}4$ mg Na_2CO_3/l.

In der Praxis nimmt man für Speisewässer einen um 20—50 % über den errechneten Wert hinausgehenden Betrag an Soda (erforderliche Alkalität des Speisewassers), während ein Überschuß an Ätzkalk zu vermeiden ist. Für Betriebswasser ist oft möglichst neutrales Wasser, also ohne Sodaüberschuß, wünschenswert. Je höher die Temperatur im Reiniger, um so weiter geht die Enthärtung. Bei 50—60° C verbleibt meist noch eine Härte von 3—4° im Wasser, während man bei 90° C auf 0,5—1° herunterkommen kann.

Bei Wässern, die nur sehr geringe Magnesiamengen aufweisen und dabei die Kalksalze hauptsächlich als Resthärte enthalten, kann auch die alleinige Anwendung von Soda zu einem befriedigenden Ergebnis führen, falls nicht allzu weitgehende Reinigung erforderlich ist. Bei einem Kesseldruck von 15 atü spaltet sich nämlich die Soda zu 65 % in Ätznatron und Kohlensäure, wobei die entstandene Natronlauge die Magnesiasalze als Hydroxyd fällt.

Ätznatronverfahren. Die Reinigungsverfahren mit Ätznatron können je nach der Zusammensetzung des Rohwassers 1. ein reines Ätznatronverfahren, 2. ein Ätznatron-Soda-Verfahren und 3. ein Ätznatron-Kalk-Verfahren sein. Jeweils treten 80 T. Ätznatron an Stelle von 106 T.

---

[1] Sämtliche Angaben über Reinigungszusätze und Wassergehalte sind nachstehend in Milligramm pro Liter Wasser (mg/l) angegeben.

Soda + 56 T. Kalk. Berechnen sich also nach der Pfeiferschen Formel zur Reinigung des Wassers genau 106 T. Soda + 56 T. Kalk, so treten dafür 80 T. Ätznatron ein, und wir haben die reine Ätznatronreinigung. Berechnen sich aber auf 106 T. Soda weniger als 56 T. Kalk, so ist der überschießende Teil Soda als Soda zuzusetzen, und wir haben die Ätznatron-Soda-Reinigung; und wenn schließlich auf 106 T. Soda mehr als 56 T. Kalk zu geben sind, so ist der überschießende Teil Kalk als Kalk zuzusetzen, und wir haben die Ätznatron-Kalk-Reinigung.

Bei diesem Verfahren bildet sich Soda aus Kalziumbikarbonat und Ätznatron. Diese gebildete Soda steht dann weiter zur Ausscheidung der Resthärte zur Verfügung. Der Vorgang spielt sich also in zwei Phasen ab:

1. $Ca(HCO_3)_2 + 2\,NaOH = CaCO_3 + Na_2CO_3 + 2\,H_2O$.
 $Mg(HCO_3)_2 + 4\,NaOH = Mg(OH)_2 + 2\,NaCO_3 + 2\,H_2O$.
 $MgCl_2 + 2\,NaOH = Mg(OH)_2 + 2\,NaCl$ (Sulfate analog).
2. $CaCl_2 + Na_2CO_3 = CaCO_3 + 2\,NaCl$ (Sulfate analog).

Beispiele. 1. Nach der Pfeiferschen Formel sind zur Reinigung eines Wassers errechnet worden: 201,4 mg Soda + 161,8 mg CaO. Man ersetzt 201,4 mg Soda und 106,4 mg Kalk durch 152 mg Ätznatron und gibt den Rest des Kalks 161,8 — 106,4 = 55,4 mg als Kalk zu. 2. Man hat zur Reinigung errechnet: 201,4 mg Soda + 80,5 mg Kalk. Man ersetzt 80,5 mg Kalk und 152,4 mg Soda durch 115 mg Ätznatron und gibt den Sodarest 201,4 — 152,4 = 49 mg als Soda zu.

Noll hat vier Kategorien von Wässern und Beispiele dafür aufgestellt.

1. (Ht + MgO-härte) einerseits und Ht allein andererseits liegen höher als Hp. $H = 18^0$, $Ht = 9^0$, $Hp = 6^0$, MgO-härte $= 3^0$. Die Reinigungszusätze betragen dann: an Ätznatron $= Hp \times 14,3 = 85,8$ mg; an Kalk $= (Ht + MgO$-härte minus $Hp) \times 10 = 60$ mg.

2. (Ht + MgO-härte) liegt höher als Hp; Ht = Hp oder niedriger. $H = 15^0$, $Ht = 6^0$, $Hp = 6^0$, MgO-härte $= 3^0$. Die Reinigungszusätze betragen dann: an Ätznatron $= Hp \times 14,3 = 85,8$ mg; an Ätzkalk $= (Ht + MgO$-härte minus $Hp) \times 10 = 30$ mg.

3. (Ht + MgO-härte) = Hp; also liegt Ht niedriger als Hp. $H = 12^0$, $Ht = 3^0$, $Hp = 6^0$, MgO-härte $= 3^0$. Die Reinigungszusätze betragen: an Ätznatron $= Hp \times 14,3 = 85,8$ mg; an Kalk $= (Ht + MgO$-härte minus $Hp) \times 10 = 0$ mg.

4. (Ht + MgO-härte) ist geringer als Hp. $H = 10^0$, $Ht = 2^0$, $Hp = 6^0$, MgO-härte $= 2^0$. Die Zusätze betragen dann: an Ätznatron $= (Ht + MgO$-härte$) \times 14,3 = 57,2$ mg; an Kalk $= (Ht + MgO$-härte minus $Hp) \times 10 = 0$ mg; an Soda $= (Hp - Ht - MgO$-härte$) \times 19 = 38$ mg. Bei solchem Wasser wird also der Natronzusatz nicht aus Hp, sondern aus (Ht — MgO-härte) berechnet.

Barytverfahren. Das Barytverfahren wird in der Praxis nur selten durchgeführt. Handelt es sich um die Enthärtung außergewöhnlich sulfatreicher Wässer, dann ist seine Anwendung bisweilen zweckmäßig, da es in diesem Falle die sonst eintretende zu starke Anreicherung des Kesselwassers mit Natriumsulfat verhindert. Bei Anwendung von Bariumkarbonat verläuft der Prozeß nach folgender Gleichung: $BaCO_3 + CaSO_4 = BaSO_4 + CaCO_3$. Die Fällung geht nur langsam vor sich.

Phosphatverfahren. Neuerdings ist das Phosphatverfahren stark in Anwendung gekommen, und zwar bei Hochdruckkesseln, weil hier die Soda in Natronlauge und Kohlensäure gespalten wird und keine Soda zur Fällung von Gips und Kalziumchlorid zur Verfügung stehen würde. Da nun Phosphat (Trinatriumphosphat) ähnlich wie Soda gipsfällend wirkt, aber nicht gespalten wird (also auch bei höchsten Drucken im Kessel seine Wirkung behält), so ist bei Kesseln mit hohem Druck Phosphat der Soda in dieser Hinsicht überlegen. Ein weiterer Vorzug des Phosphatverfahrens ist, daß schon ein geringer Phosphatüberschuß genügt, und daß die Abscheidung durch Phosphat schneller vor sich geht als durch Soda. Da aber der Phosphatpreis sehr hoch ist, so kommt dies Verfahren mehr als Nachenthärtungsmittel in Frage. Ein Phosphatüberschuß im Kessel verhindert, ähnlich wie Soda, die Bildung von Kesselstein. Schon bei einem Überschuß von nur 20 mg P_2O_5/l scheidet sich die Resthärte des Speisewassers im Kessel schlammartig und nicht in Form von Kesselstein aus. Trinatriumphosphat wird auch zur Beseitigung von altem Kesselstein benutzt. Außer Trinatriumphosphat wird auch das Natriummetaphosphat ($NaPO_3$) verwendet. Es liefert ein komplexes Natrium-Kalzium-Metaphosphat, das in Lösung bleibt.

Sauerstoffbeseitigung. Der Sauerstoff kann durch mechanische (Verrieselung), thermische (Erhitzung auf 100^0 C) oder durch chemische Verfahren aus dem Wasser entfernt werden. Die chemische Entgasung arbeitet mit Filtern aus Eisenspänen, die sich aber schnell mit einer Oxydschicht überziehen und dann unwirksam werden und deshalb unzweckmäßig sind. Zweckmäßiger ist ein Zusatz von Natriumsulfit zum Wasser, doch ist der Preis recht hoch. Deshalb soll die Hauptmenge Sauerstoff immer erst durch Vorreinigung mechanisch oder thermisch entfernt werden. Die Verhinderung der Neuaufnahme von Sauerstoff durch das Wasser (z. B. durch das Pumpwerk) ist meist sehr schwierig.

Permutitverfahren. Bei dem Permutitverfahren, das weite Verbreitung gefunden hat, werden keine Chemikalien zum Wasser zugesetzt wie bei den übrigen Verfahren, sondern das Wasser wird lediglich durch das Permutitfilter genommen. Beim Durchgang durch die Filtermasse (Zeolith, natürliches oder künstliches Natriumaluminiumsilikat) erfolgt ein Austausch der Erdalkalimetalle, also der Härtebildner des Wassers, gegen das Natrium des Zeoliths, so daß in dem enthärteten Wasser die den Kalk- und Magnesiasalzen entsprechenden Natriumsalze auftreten, während Kalzium und Magnesium die Stelle des Natriums im Zeolith einnehmen:

$$\text{Natrium-Permutit} + Ca(HCO_3)_2 = \text{Kalzium-Permutit} + 2\,NaHCO_3.$$
$$\text{Natrium-Permutit} + CaSO_4 \quad = \text{Kalzium-Permutit} + Na_2SO_4 \text{ usw.}$$

Im gereinigten Wasser tritt also an Stelle der Karbonathärte das Natriumbikarbonat auf, und zwar liefert 1^0 Ht = 30 mg $NaHCO_3$, das nach dem Kochen weiterhin 19 mg Na_2CO_3 im Liter Wasser bildet. Dieser Gehalt an Soda reichert sich in störender Weise im Kessel an. Das Kesselwasser ist nach dieser Hinsicht dauernd zu überwachen (überschüssige Alkalität) und häufiger abzulassen. Auch ist der Karbonatgehalt des Reinwassers für manche Betriebswässer störend. Im übrigen ist die Enthärtung des Wassers mit Permutit bei frischem Filter eine fast vollständige, so daß das Wasser oft bis auf 0^0 enthärtet werden kann.

Nach Durchgang einer bestimmten Wassermenge durch das Permutitfilter tritt Erschöpfung des Filters ein, und zwar sobald das Natrium des Zeoliths verbraucht und durch Kalk und Magnesia ersetzt ist. Bevor dieser Punkt ganz erreicht ist, arbeitet das Filter abgeschwächt, d. h. die Wirkung des Filters nimmt im Gebrauch kontinuierlich ab. Das erschöpfte Filter kann durch einfache Waschung mit Kochsalzlösung regeneriert werden, wobei der Prozeß im umgekehrten Sinne verläuft:

$$\text{Kalzium-Permutit} + 2\,NaCl = \text{Natrium-Permutit} + CaCl_2.$$

Als besondere Vorteile des Verfahrens sind zu nennen: Leichte Handhabung und meist glatte Enthärtung des Wassers. Demgegenüber werden folgende Nachteile des Verfahrens angegeben. Die Filtrationsgeschwindigkeit ist eine langsame. Es sind also große und kostspielige Apparate erforderlich. Zur Regeneration wird 6—8 mal so viel Kochsalz verwendet als Kalk vom Permutit gebunden worden war. Zu hoher Chloridgehalt ist störend. Desgleichen freie Kohlensäure und die Anreicherung von Karbonat im Reinwasser. Wässer mit erheblichen Mengen Schwebestoffen führen zu einer Verschlammung des Filters, wodurch die Leistungsfähigkeit des Filters abnimmt. Solche Wässer (vor allem Oberflächenwässer) müssen unter Umständen vorgereinigt werden. Höhere Temperaturen des Wassers sind für die Reinigung ungeeignet.

Das jetzt unter dem Namen Neo-Permutit im Handel befindliche Filtermaterial ist nicht mehr so empfindlich gegen kohlensäurehaltiges Wasser wie die früher verwendeten Zeolithe und ist auch insofern vervollkommnet, als es etwas höhere Wassertemperaturen verträgt. Wässer von etwa 35^0 C können noch durch Neo-Permutit enthärtet werden.

Kontrolle des Reinwassers. Die Reinigungsanlage und das Reinwasser sind dauernd zu überwachen. Es ist dabei darauf zu achten, daß der geforderte Reinheitsgrad und die gleichmäßige Zusammensetzung des Reinwassers gewahrt bleiben. Man prüft hauptsächlich auf erreichten Enthärtungsgrad und auf Alkalität des Wassers gegen Phenolphthalein und gegen Methylorange. Im übrigen kann man verschiedene Wege einschlagen.

Nach Noll bestimmt man im Reinwasser zunächst die Gesamthärte nach dem Blacherschen Palmitatverfahren (s. S. 30), ferner die Karbonathärte durch Titration mit $\frac{1}{10}$ n-Salzsäure. Wird dabei die Karbonathärte höher als die Gesamthärte gefunden, so ist Alkali (Soda, Ätznatron) im Überschuß vorhanden. Wird dagegen die Gesamthärte höher gefunden, so ist die Resthärte nicht völlig zur Ausfällung gekommen. Bei gleich hoher Gesamt- und Karbonathärte besteht die Härte naturgemäß nur aus Karbonathärte. Bei der aus der Differenz von Karbonat- und Gesamthärte sich ergebenden Sodahärte entspricht je $1^0 = 19$ mg Na_2CO_3/l. Will man sich davon überzeugen, in welcher Höhe die einzelnen Härtebildner im Reinwasser vorhanden sind, so wird die Magnesia bestimmt. Aus der Differenz von Gesamt- und Magnesiahärte ergibt sich die Kalkhärte.

Nach Ristenpart[1] sollen im Reinwasser drei Werte in einem bestimmten Verhältnis zueinander stehen: 1. $P =$ die zur Neutralisierung von 100 ccm Reinwasser verbrauchten ccm $\frac{1}{28}$ n-Schwefelsäure gegen Phenolphthalein, 2. $M =$ die zur Neutralisierung von 100 ccm Reinwasser verbrauchten ccm $\frac{1}{28}$ n-Schwefelsäure gegen Methylorange, 3. die zur Härtebestimmung von 100 ccm Reinwasser verbrauchten ccm $\frac{1}{28}$ n-Seifenlösung (s. S. 27). Das Verhältnis dieser drei Werte zueinander soll dann sein: 1. $P > 0,84$, 2. $M > 2P$, 3. $H < M$. Ist P größer (aber nicht viel größer) als 0,84, M größer als $2P$ und H kleiner als M, so ist nach Ristenpart immer ein brauchbares, weiches Wasser gesichert, das frei von Ätzalkalien ist und nur Spuren Soda und Kalziumkarbonat enthält und auch den höchsten Anforderungen an ein Betriebswasser der Textilindustrie genügt.

Beispiele. Ein Rohwasser von $6,5^0$ Ht und $1,5^0$ Hp wurde unsachgemäß gereinigt und ergab bei der Nachprüfung des Reinwassers folgende Ergebnisse:

1. $P = 0,3$; $M = 5,5$; $H = 6^0$. Es floß zu wenig Kalkwasser und Sodalösung.
2. $P = 2$; $M = 3$; $H = 4^0$. Es floß zu wenig Kalkwasser.
3. $P = 0,8$; $M = 3$; $H = 5^0$. Es floß zu wenig Sodalösung.
4. $P = 1,8$; $M = 4,5$; $H = 2,5^0$. Es floß zu viel Soda.

Bei richtiger Reinigung ergaben sich die Werte: $P = 1$, $M = 3$, $H = 2,5^0$.

---

[1] Ristenpart: Das Wasser in der Textilindustrie. Leipzig: Max von Criegern.

Nach der Anleitung der Firma Reisert prüft man das Reinwasser, weniger genau, wie folgt. Wenn das Reinwasser nach der Zugabe von Chlorbariumlösung mit Phenolphthalein Rotfärbung ergibt, so ist das Wasser ätzalkalisch, und es ist zu viel Kalkwasser oder Ätznatron bei der Reinigung zugesetzt worden. Der Gehalt an Ätzalkali kann hierbei gleich titrimetrisch gemessen werden (s. a. S. 50). Ein zu großer Sodazusatz wird durch Titration mit $\frac{1}{10}$ n-Säure gegen Phenolphthalein (ohne Chlorbariumzusatz) erkannt. Ein Mangel an Soda wird durch die Härtebestimmung mittels Seifenlösung (s. S. 27) erwiesen. Die drei Zahlenwerte sollen sich mit den erfahrungsmäßig festgelegten Zahlen bei normal gereinigtem Wasser decken.

Laboratoriumsmäßiger Wasserreinigungsversuch. Man berechnet auf Grund einer wenn auch nur annähernden Wasseruntersuchung die ungefähren Reinigungszusätze (s. S. 32), versetzt fünfmal je 1 l Rohwasser zwecks Ermittelung des richtigen Kalkzusatzes ansteigend mit 15, 20, 25, 30 und 35 ccm Kalkwasser und stellt nach Klärung des Wassers in 100 ccm des geklärten Wassers fest, welcher der fünf Ansätze bei möglichst geringem Kalkzusatz und Kalküberschuß den geringsten Härtegrad ergeben hat. Es mögen z. B. für P und H (s. o.) folgende Werte ermittelt worden sein:

Zusätze	15	20	25	30	35 ccm Kalkwasser.
Ermittelte P-Werte	1,2	1,4	1,7	1,8	1,9 ccm $\frac{1}{28}$ n-Säure
Ermittelte H-Werte	10	9	8,6	8,5	8,5 ccm $\frac{1}{28}$ n-Seifenlösung

Der Zusatz von 25—30 ccm Kalkwasser ist demnach der richtige.

Alsdann versetzt man weitere fünfmal je 1 l Rohwasser mit je 30 ccm Kalkwasser (die nach dem ersten Versuch als ungefähr richtiger Zusatz ermittelt worden sind) und außerdem mit ansteigenden Mengen Sodalösung, z. B. mit 10, 11, 12, 13, 14 ccm einer Sodalösung von 10 g Na_2CO_3/l. Man läßt zur Klärung des Wassers den Niederschlag sich absetzen und bestimmt in 100 ccm des geklärten bzw. filtrierten Reinwassers den P-Wert durch Titration mit $\frac{1}{28}$ n-Säure gegen Phenolphthalein bis zur Entfärbung. Nun gibt man Methylorange zu und titriert mit der gleichen $\frac{1}{28}$ n-Säure bis zum Farbenumschlag nach Rötlich weiter. Darauf wird die Härte des Wassers mit $\frac{1}{28}$ n-Seifenlösung bestimmt (= H-Wert). Es mögen sich hierbei folgende Werte ergeben haben:

Zusätze	30 / 10	30 / 11	30 / 12	30 / 13	30 ccm Kalkwasser und / 14 ccm 10 g Na_2CO_3/l
Ermittelte P-Werte	2	2,3	2,5	3,2	2,8 ccm $\frac{1}{28}$ n-Säure
Ermittelte M-Werte	6,3	6,6	6,8	7,4	7,8 ccm $\frac{1}{28}$ n-Säure
Ermittelte H-Werte	6,3	6,0	6,5	6,5	6,5 ccm $\frac{1}{28}$ n-Seifenlösung

Alle fünf Wässer sind annähernd richtig gereinigt, die richtigsten Zusätze hat das erste Wasser erhalten, da der vermehrte Zusatz an Soda keine weitere Enthärung bewirkt hat. Bei der Reinigung im kleinen werden die Härtebildner nicht so vollkommen ausgefällt, da ohne Kiesfilter gearbeitet wird, das bekanntlich die Abscheidung der Härtebildner vervollkommnet. Bei der Reinigung im Apparat mit Kiesfilter würde das Reinwasser im Kiesfilter noch 3—4° H mehr verlieren und mit etwa 2—3° H aus dem Apparat austreten.

Säuren.

Schwefelsäure. $H_2SO_4 = 98{,}1$. Im reinen Zustande farb- und geruchlose, ölartige, nichtflüchtige Flüssigkeit vom spez. Gew. 1,84, welche die meisten Metalle löst und die meisten Säuren aus ihren Verbindungen verdrängt. Beim unvorsichtigen Verdünnen findet heftiges Verspritzen statt; man soll die Säure unter Rühren vorsichtig in das Wasser eingießen (nicht umgekehrt). In den Färbereien wird die rohe Säure von 60^0 und für feinere Zwecke die gereinigte Säure von 66^0 Bé verwendet. Die am häufigsten vorkommenden Verunreinigungen sind: Sulfate, Stickstoffverbindungen, Salzsäure, schweflige Säure, Blei und Eisen. Die meisten derselben sind für Färbereizwecke belanglos außer dem Eisen. Man beschränkt sich bei der Untersuchung deshalb meist auf die Prüfung des Säuregehaltes und des Eisengehaltes, ferner auf Farblosigkeit und Klarheit.

Gehaltsbestimmung. a) Aräometrisch (s. Tabelle). Für die höchsten Konzentrationen ist die Spindelung unbrauchbar, da das höchste spezifische Gewicht der Schwefelsäure bei 97—98 % (spez. Gew. 1,8415) liegt, während 100 %ige Ware nur 1,838 spindelt. Außer in England, wo die Twaddellgrade üblich sind (s. Tabelle im Anhang), sind fast überall die Baumégrade im Gebrauch.

b) Azidimetrisch (Gesamtsäure). Man verdünnt etwa 25 g der Säure zu 1000 ccm und titriert 50 ccm der Lösung mit n-Natronlauge gegen Phenolphthalein.

$$1 \text{ ccm n-Natronlauge} = 0{,}049 \text{ g } H_2SO_4.$$

c) Gravimetrisch (Gesamt-SO_4). Man fällt die siedendheiße verdünnte Lösung (5 : 1000) mit wenig überschüssigem Chlorbarium, läßt 15 Minuten stehen, filtriert das Bariumsulfat ab, wäscht auf dem Filter gut aus und glüht unter den bekannten Vorsichtsmaßregeln.

$$1 \text{ g } BaSO_4 = 0{,}4 \text{ g } H_2SO_4.$$

Schwefelsäure in Sulfaten. Man entfernt gegebenenfalls zuerst die dreiwertigen Metalle (Eisen, Tonerde, Chrom) mit Ammoniak; auch größere Mengen Kalksalze sind störend und sollten vorher durch Fällen mit Ammoniak und Ammoniumkarbonat gefällt werden. Im übrigen arbeitet man nach der Bariumchloridmethode wie oben, nur in ganz verdünnter Lösung und mit einem nur geringen Salzsäureüberschuß: Auf etwa 350—400 ccm Lösung etwa 0,5 g Schwefelsäure und 1 g konzentrierte Salzsäure. Man erhitzt die Lösung zum Sieden und fügt die zum Sieden erhitzte überschüssige Chlorbariumlösung in einem Guß unter Rühren zu, läßt ½ Stunde stehen, filtriert, wäscht, glüht und wägt das Bariumsulfat wie oben.

Spezifische Gewichte von Schwefelsäure verschiedener Konzentration.

Spez. Gew. bei 15^0	^{0} Bé	Gew.-% H_2SO_4	Vol.-% H_2SO_4	Spez. Gew. bei 15^0	^{0} Bé	Gew.-% H_2SO_4	Vol.-% H_2SO_4
1,000	0	0,09	0,1	1,050	6,7	7,37	7,7
1,010	1,4	1,57	1,6	1,060	8,0	8,77	9,3
1,020	2,7	3,03	3,1	1,070	9,4	10,19	10,9
1,030	4,1	4,49	4,6	1,080	10,6	11,60	12,5
1,040	5,4	5,96	6,2	1,090	11,9	12,99	14,2

Spezifische Gewichte von Schwefelsäure verschiedener Konzentration.
(Fortsetzung.)

Spez. Gew. bei 15°	° Bé	Gew.-% H_2SO_4	Vol.-% H_2SO_4	Spez. Gew. bei 15°	° Bé	Gew.-% H_2SO_4	Vol.-% H_2SO_4
1,100	13,0	14,35	15,8	1,620	55,2	70,42	114,1
1,110	14,2	15,71	17,5	1,630	55,8	71,27	116,2
1,120	15,4	17,01	19,1	1,640	56,3	72,12	118,2
1,130	16,5	18,31	20,7	1,650	56,9	72,96	120,4
1,140	17,7	19,61	22,3	1,660	57,4	73,81	122,5
1,150	18,8	20,91	23,9	1,670	57,9	74,66	124,6
1,160	19,8	22,19	25,7	1,680	58,4	75,50	126,8
1,170	20,9	23,47	27,5	1,690	58,9	76,38	128,9
1,180	22,0	24,76	29,2	1,700	59,5	77,17	131,2
1,190	23,0	26,04	31,0	1,710	60,0	78,04	133,4
1,200	24,0	27,32	32,8	1,720	60,4	78,92	135,7
1,210	25,0	28,58	34,6	1,730	60,9	79,80	138,1
1,220	26,0	29,84	36,4	1,740	61,4	80,68	140,4
1,230	26,9	31,11	38,2	1,750	61,8	81,56	142,7
1,240	27,9	32,28	40,0	1,760	62,3	82,44	145,1
1,250	28,8	33,43	41,8	1,770	62,8	83,51	147,8
1,260	29,7	34,57	43,5	1,780	63,2	84,50	150,4
1,270	30,6	35,71	45,4	1,790	63,7	85,70	153,4
1,280	31,5	36,87	47,2	1,800	64,2	86,92	156,5
1,290	32,4	38,03	49,0	1,805	64,4	87,60	158,1
1,300	33,3	39,19	51,6	1,810	64,6	88,30	159,8
1,310	34,2	40,35	52,9	1,815	64,8	89,16	161,1
1,320	35,0	41,50	54,8	1,820	65,0	90,05	163,9
1,330	35,8	42,66	56,7	1,821	—	90,20	164,3
1,340	36,6	43,74	58,6	1,822	65,1	90,40	164,7
1,350	37,4	44,82	60,5	1,823	—	90,60	165,1
1,360	38,2	45,88	62,4	1,824	65,2	90,80	165,6
1,370	39,0	46,94	64,3	1,825	—	91,00	166,1
1,380	39,8	48,00	66,2	1,826	65,3	91,25	166,6
1,390	40,5	49,06	68,2	1,827	—	91,50	167,1
1,400	41,2	50,11	70,2	1,828	65,4	91,70	167,7
1,410	42,0	51,15	72,1	1,829	—	91,90	168,1
1,420	42,7	52,15	74,0	1,830	—	92,10	168,5
1,430	43,4	53,11	75,9	1,831	65,5	92,43	169,2
1,440	44,1	54,07	77,9	1,832	—	92,70	169,8
1,450	44,8	55,03	79,8	1,833	65,6	92,97	170,4
1,460	45,4	55,97	81,7	1,834	—	93,25	171,0
1,470	46,1	56,90	83,7	1,835	65,7	93,56	171,7
1,480	46,8	57,83	85,6	1,836	—	93,90	172,2
1,490	47,4	58,74	87,6	1,837	—	94,25	173,0
1,500	48,1	59,70	89,6	1,838	65,8	94,60	173,9
1,510	48,7	60,65	91,6	1,839	—	95,00	174,8
1,520	49,4	61,59	93,6	1,840	65,9	95,60	175,9
1,530	50,0	62,53	95,7	1,8405	—	95,95	176,5
1,540	50,6	63,43	97,7	1,8410	—	96,38	177,4
1,550	51,2	64,26	99,6	1,8415	—	97,35	179,2
1,560	51,8	65,20	101,7	1,8410	—	98,20	180,8
1,570	52,4	66,09	103,8	1,8405	—	98,52	181,4
1,580	53,0	66,95	105,8	1,8400	—	98,72	181,6
1,590	53,6	67,83	107,8	1,8395	—	98,77	181,7
1,600	54,1	68,70	109,9	1,8390	—	99,12	182,3
1,610	54,7	69,56	112,0	1,8385	—	99,31	182,6

Salzsäure. HCl = 36,47. Farbloses, an feuchter Luft stark rauchendes Gas, das in Wasser von 15° eine Salzsäurelösung von 39 % ergibt.

Die wässerige Lösung ist farblos und stark ätzend. Sie löst die meisten
Metalle und verdrängt außer Schwefelsäure fast alle Säuren aus ihren
Verbindungen. Die technische Säure ist meist durch freies Chlor, Eisenchlorid und organische Verbindungen gelblich gefärbt. Die Färberei
verwendet hauptsächlich die technische Säure von 19—21° Bé mit rund
30% Salzsäure. Als Verunreinigungen kommen in Betracht: Eisen,
Chloride, Schwefelsäure, Sulfate; seltener freies Chlor, organische Verbindungen, Salpetersäure, schweflige Säure.

Gehaltsbestimmung. a) Aräometrisch s. Tabelle.

b) Azidimetrisch (Gesamtsäure). Man gibt zu etwa 50—100 ccm
Wasser, das mitsamt einem Wägeglas gewogen ist, etwa 10—20 g Säure,
schließt das Glas gut, wägt schnell ab, verdünnt auf 200—500 ccm und
titriert 50 ccm der Lösung mit n-Natronlauge gegen Phenolphthalein
(oder Methylorange).

$$1 \text{ ccm n-Lauge} = 0{,}03647 \text{ g HCl.}$$

c) Bei Gegenwart von Chloriden usw. Man titriert in 10 ccm
der Stammlösung (10 : 500) wie bei b die Gesamtsäure bis zum Neutralpunkt und titriert nun das gebildete Chlorid mit $\frac{1}{10}$ n-Silbernitratlösung
gegen neutrales Kaliumchromat bis zur beginnenden Bräunung (= Gesamtchlor). Von diesem Betrag zieht man die Menge der ermittelten
Säure ab (b) und erhält so die freie Säure.

$$1 \text{ ccm } \tfrac{1}{10}\text{n-Silberlösung} = 0{,}003647 \text{ HCl.}$$

Das Chloridchlor kann auch im Abdampfrückstand mit Silberlösung
bestimmt werden. Auch kann im Abdampfrückstand freie Schwefelsäure und Sulfat ermittelt werden. Die Differenz zwischen Gesamtsäure
und freier Salzsäure = fremde Säure.

Eisengehalt. Man dampft die Salzsäure auf dem Wasserbade ab
und bestimmt im Rückstande das Eisen kolorimetrisch (s. u. Wasser
S. 24). Der Eisengehalt darf für manche Zwecke nicht über 0,02%
betragen.

Chlor in Chloriden. a) Gravimetrisches Verfahren. Man
säuert die Lösung in der Kälte schwach mit Salpetersäure an, setzt unter
beständigem Umrühren überschüssige Silbernitratlösung zu, bis sich der
Niederschlag zusammengeballt hat und keine weitere Fällung mehr entsteht, erhitzt zum Sieden, läßt den Niederschlag 1 Stunde im Dunkeln
absitzen, filtriert durch einen Goochtiegel, trocknet bei 130° C bis zum
konstanten Gewicht und wägt das Chlorsilber.

$$1 \text{ g AgCl} = 0{,}2474 \text{ Cl.}$$

Etwa vorhandene Schwermetalle werden vorher entfernt; Ferroeisen
wird vorher noch durch einige Kubikzentimeter Wasserstoffsuperoxyd
oxydiert.

b) Direkte Silbertitration nach Mohr. Kleine Chloridmengen
werden am besten bestimmt, indem man die Lösung neutralisiert, mit
wenigen Tropfen Kaliumchromatlösung versetzt und mit $\frac{1}{10}$ n-Silberlösung bis zur Bräunung titriert.

$$1 \text{ ccm } \tfrac{1}{10}\text{n-Silbernitratlösung} = 0{,}003546 \text{ g Cl.}$$

c) Indirekte Silbertitration nach Volhard. Man säuert die
Lösung schwach mit Salpetersäure an, versetzt mit einigen Kubikzenti-

metern Eisenalaunlösung als Indikator und dann mit einem gemessenen Überschuß von $\frac{1}{10}$ n-Silbernitratlösung. Der Überschuß der Silberlösung wird nun mit $\frac{1}{10}$ n-Rhodanammoniumlösung zurücktitriert. Sobald alles Silber gebunden ist, tritt die rötliche Rhodan-Eisen-Reaktion auf. Die zugesetzte Menge Silberlösung, abzüglich der verbrauchten Rhodanmenge, entspricht der zur Absättigung des Chlors verbrauchten Menge Silberlösung.

$$1 \text{ ccm } \tfrac{1}{10}\text{ n-Silberlösung} = 0{,}003546 \text{ g Cl}.$$

d) **Unlösliche Chloride.** Man kocht die Salze mit konzentrierter, chlorfreier Sodalösung bzw. Kali- oder Natronlauge, filtriert, neutralisiert das Filtrat und bestimmt das Chlor nach einem der vorbeschriebenen Verfahren.

Spezifische Gewichte von Salzsäure verschiedener Konzentration.

Spez. Gew. bei 15°	° Bé	Gewichts-% HCl	Vol.-% HCl	Spez. Gew. bei 15°	° Bé	Gewichts-% HCl	Vol.-% HCl
1,000	0,0	0,16	0,16	1,115	14,9	22,86	25,5
1,005	0,7	1,15	1,2	1,120	15,4	23,82	26,7
1,010	1,4	2,14	2,2	1,125	16,0	24,78	27,8
1,015	2,1	3,12	3,2	1,130	16,5	25,75	29,1
1,020	2,7	4,13	4,2	1,135	17,1	26,70	30,3
1,025	3,4	5,15	5,3	1,140	17,7	27,66	31,5
1,030	4,1	6,15	6,4	1,1425	18,0	28,14	32,2
1,035	4,7	7,15	7,4	1,145	18,3	28,61	32,8
1,040	5,4	8,16	8,5	1,150	18,8	29,57	34,0
1,045	6,0	9,16	9,6	1,152	19,0	29,95	34,5
1,050	6,7	10,17	10,7	1,155	19,4	30,55	35,3
1,055	7,4	11,18	11,8	1,160	19,8	31,52	36,6
1,060	8,0	12,19	12,9	1,163	20,0	32,10	37,3
1,065	8,7	13,19	14,1	1,165	20,3	32,49	37,9
1,070	9,4	14,17	15,2	1,170	20,9	33,46	39,2
1,075	10,0	15,16	16,3	1,171	21,0	33,65	39,4
1,080	10,6	16,15	17,4	1,175	21,4	34,42	40,4
1,085	11,2	17,13	18,6	1,180	22,0	35,39	41,8
1,090	11,9	18,11	19,7	1,185	22,5	36,31	43,0
1,095	12,4	19,06	20,9	1,190	23,0	37,23	44,3
1,100	13,0	20,01	22,0	1,195	23,5	38,16	45,6
1,105	13,6	20,97	23,2	1,200	24,0	39,11	46,9
1,110	14,2	21,92	24,3				

Umrechnung für Salzsäure von 20° Bé.

Einem Liter Salzsäure von 20° Bé entsprechen:

1,30 l Salzsäure 16° Bé	1,07 l Salzsäure 19° Bé	0,90 l Salzsäure 22° Bé
1,20 l „ 17° „	1,00 l „ 20° „	0,86 l „ 23° „
1,14 l „ 18° „	0,95 l „ 21° „	0,80 l „ 24° „

Salpetersäure. $HNO_3 = 63{,}0$. In Färbereien selten gebraucht als 35—36 grädige Ware vom spez. Gew. 1,32 und von rund 50 % HNO_3.

Gehaltsbestimmung. Man löst 25 g Säure zu 500 ccm und titriert 50 ccm der Lösung mit n-Natronlauge gegen Phenolphthalein.

$$1 \text{ ccm n-Natronlauge} = 0{,}063 \text{ g } HNO_3 \text{ (Gesamtsäure)}.$$

Fremde Säuren werden gesondert bestimmt und von dem Gesamtsäuregehalt in Abzug gebracht.

Schweflige Säure (Schwefeldioxyd). $SO_2 = 64{,}06$. Farbloses, nichtbrennbares Gas von charakteristischem, stechendem Geruch. Die gesättigte wässerige Lösung enthält bei $10^0 = 10$—11%, bei $20^0 = 4,5\%$ SO_2. In wässeriger Lösung oxydiert sich die schweflige Säure leicht zu Schwefelsäure und verliert infolge Verdunstung an ihrem Gehalt. Beständiger sind die Salze (Sulfite). Die Säure kommt als flüssige Säure in Druckflaschen, für den Kleinverbrauch auch als wässerige Lösung mit einem Gehalt von 5—6$\%$ SO_2 (das „Schwefelwasser" des Färbers) in den Handel. Als gasförmige Säure wird sie auch vom Verbraucher durch Verbrennen von Schwefel (Schwefelkammer, Schwefelkasten) für Bleichzwecke erzeugt.

Gehaltsbestimmung. a) Aräometrisch. Ungenau, s. Tabelle.

b) Azidimetrisch (Gesamtsäure). Bei Anwendung von Methylorange ist der Neutralpunkt erreicht, wenn alle schweflige Säure in Bisulfit ($NaHSO_3$) übergeführt ist, bei Phenolphthalein, wenn die schweflige Säure neutrales Sulfit (Na_2SO_3) gebildet hat. Der Farbenumschlag bei Methylorange ist schärfer als bei Phenolphthalein.

$$H_2SO_3 + NaOH = NaHSO_3 + H_2O \;(= \text{Neutralpunkt bei Methylorange}).$$
$$H_2SO_3 + 2NaOH = Na_2SO_3 + 2H_2O \;(= \text{Neutralpunkt bei Phenolphthalein}).$$

Demnach bedeutet:

1 ccm n-Natronlauge gegen Methylorange = 0,064 g SO_2.
1 ccm n-Natronlauge gegen Phenolphthalein = 0,032 g SO_2.

c) Jodometrisch (Gesamt-SO_2). Schweflige Säure wird durch Jod zu Schwefelsäure oxydiert nach der Gleichung:

$$SO_2 + 2H_2O + 2J = 2HJ + H_2SO_4.$$

Am besten titriert man eine vorgelegte Menge von Jodlösung (etwa 50 ccm $\frac{1}{10}$ n-Jodlösung) langsam unter stetem Rühren mit der zu prüfenden, nicht zu starken (wegen der sonst leicht eintretenden Verluste von schwefliger Säure durch Verflüchtigung) Lösung der schwefligen Säure und gibt gegen Schluß der Titration etwas Stärkelösung zu. Mit dem letzten Tropfen schwefliger Säure soll dann die Stärkelösung entfärbt werden.

1 ccm $\frac{1}{10}$ n-Jodlösung = 0,0032 g SO_2.

Wenn man umgekehrt die Jodlösung in die schweflige Säure einlaufen läßt, verläuft der Prozeß nur dann quantitativ im Sinne obiger Gleichung, wenn die schweflige Säure höchstens 0,04 % SO_2 enthält. Um Verluste an schwefliger Säure zu vermeiden, kann man in der Weise verfahren, daß man eine bestimmte, genau gemessene Menge der Schwefligsäurelösung in eine Glasstöpselflasche einlaufen läßt, die einen Überschuß an $\frac{1}{10}$ n-Jodlösung enthält. Dann titriert man den Jodüberschuß mit $\frac{1}{10}$ n-Thiosulfatlösung zurück (s. u. Thiosulfat) und berechnet den Jodverbrauch.

d) Wasserstoffsuperoxydverfahren. Man versetzt die gegen Methylorange genau neutralisierte schweflige Säure mit einer genau gemessenen Menge von überschüssigem Wasserstoffsuperoxyd und titriert den Überschuß an diesem mit Permanganatlösung zurück (s. u. Wasserstoffsuperoxyd). Oder man versetzt mit überschüssigem, genau neutralisiertem Wasserstoffsuperoxyd und bestimmt die gebildete Schwefelsäure azidimetrisch. Die Reaktion verläuft nach der Gleichung:

$$NaHSO_3 + H_2O_2 = NaHSO_4 + H_2O.$$

Ist die schweflige Säure frei von Schwefelsäure und von Sulfaten, so kann das aus der schwefligen Säure gebildete Bisulfat auch als Bariumsulfat bestimmt werden.

Flüssige schweflige Säure. Man leitet aus dem Druckgefäß einige Gramm in einen mit verdünnter Natronlauge beschickten Absorptionsapparat, der vorher genau gewogen ist, ein, bestimmt die Gewichtszunahme des Apparates, füllt auf Volumen auf und bestimmt in einem aliquoten Teil der Lösung den Gehalt an SO_2 jodometrisch (s. a. Natriumsulfit).

Verunreinigungen. Hauptsächlich Schwefelsäure, die direkt oder im Abdampfrückstand als Bariumsulfat bestimmt wird. Im Abdampfrückstand werden auch alle nichtflüchtigen metallischen Bestandteile u. dgl. gefunden.

Spezifisches Gewicht und Gehalt der wässerigen schwefligen Säure bei 15⁰.

Spez. Gew.	% SO_2	Spez. Gew.	% SO_2	Spez. Gew.	% SO_2	Spez. Gew.	% SO_2
1,0028	0,5	1,0168	3,0	1,0302	5,5	1,0426	8,0
1,0056	1,0	1,0194	3,5	1,0328	6,0	1,0450	8,5
1,0085	1,5	1,0221	4,0	1,0353	6,5	1,0474	9,0
1,0113	2,0	1,0248	4,5	1,0377	7,0	1,0497	9,5
1,0141	2,5	1,0275	5,0	1,0401	7,5	1,0520	10,0

Ameisensäure. $H \cdot COOH = 46{,}0$. Mit Wasser in jedem Verhältnis mischbar. Siedepunkt $= 99^0$ C. Spez. Gew. $= 1{,}227$. Reaktionen: Beim Erwärmen mit Silbernitrat wird metallisches Silber, mit Quecksilberchlorid wird Quecksilberchlorür ausgeschieden. Durch konzentrierte Schwefelsäure wird Ameisensäure zu Kohlensäure oxydiert. Die Säure kommt meist als 85—90%ige Ware von vorzüglicher Reinheit in den Handel.

Gehaltsbestimmung. a) Aräometrisch, s. Tabelle.

b) Azidimetrisch (Gesamtsäure). 20 g Säure werden zu 500 ccm mit Wasser gelöst und 50 ccm der Lösung mit n-Lauge gegen Phenolphthalein titriert.

$$1 \text{ ccm n-Lauge} = 0{,}046 \text{ g Ameisensäure.}$$

c) Oxydimetrisch. Etwa 0,4 g Ameisensäure (entsprechend 10 ccm obiger Stammlösung 20 : 500) werden mit Schwefelsäure angesäuert und bei 60^0 mit $\frac{1}{5}$n-Permanganatlösung bis zur dauernden Rötung titriert. Die Reaktion verläuft nach folgender Gleichung:

$$5H \cdot COOH + 2KMnO_4 + 4H_2SO_4 = 2KHSO_4 + 2MnSO_4 + 8H_2O + 5CO_2.$$

$$1 \text{ ccm } \tfrac{1}{5}\text{n-Permanganatlösung} = 0{,}0046 \text{ g Ameisensäure.}$$

Verunreinigungen. Es kommen seltener Eisen-, Kupfer- und Bleisalze als Verunreinigung vor. Der Abdampfrückstand soll nur Spuren enthalten.

Trennung von Ameisen- und Essigsäure. Man behandelt das Säuregemisch mit einem Überschuß von Bleikarbonat, filtriert vom überschüssigen Bleikarbonat ab, dampft das Filtrat auf kleines Volumen ein und versetzt mit viel Alkohol: Das gebildete Bleiformiat bleibt ungelöst, während das Bleiazetat in Lösung geht. Man filtriert, wäscht das ungelöste Bleiformiat auf dem Filter mit Alkohol nach, trocknet und wägt.

Ameisensäure in Formiaten. Man bestimmt die Ameisensäure a) nach der Destillationsmethode wie die Essigsäure in Azetaten (s. d.),

b) durch Chamäleontitration wie Ameisensäure (s. o.), c) bei Alkaliformiaten durch Titration mit n-Schwefelsäure gegen Methylviolett (s. u. Azetaten).

Spezifische Gewichte von Ameisensäure bei 15⁰.

Spez. Gew.	Gew.-% Säure	Spez. Gew.	Gew.-% Säure	Spez. Gew.	Gew.-% Säure
1,0025	1	1,0390	15	1,1570	65
1,0050	2	1,0530	20	1,1700	70
1,0075	3	1,0665	25	1,1820	75
1,0100	4	1,0800	30	1,1900	80
1,0125	5	1,0925	35	1,2020	85
1,0150	6	1,1050	40	1,2130	90
1,0175	7	1,1150	45	1,2170	92
1,0200	8	1,1240	50	1,2190	94
1,0225	9	1,1380	55	1,2230	97
1,0250	10	1,1470	60	1,2270	100

Essigsäure. $CH_3 \cdot COOH = 60{,}0$. Mit Wasser in jedem Verhältnis mischbar. Die Färbereien verwenden heute fast ausschließlich die synthetische Säure. Die Gärungsessigsäure von früher wird kaum noch angewandt.

Gehaltsbestimmung. a) Aräometrisch. Die Essigsäure zeigt bei 43 % und bei 100 % das gleiche spezifische Gewicht von 1,0553 und bei 77—80 % das höchste spezifische Gewicht von 1,0748. Bei der Spindelung der Säure ist deshalb Vorsicht geboten: Zeigt die Säure das spezifische Gewicht über 1,0553, so ist weiter durch geringe Verdünnung mit Wasser und nochmalige Spindelung zu prüfen. Nimmt das spezifische Gewicht ab, so war die Säure unter 77—80 % (43—77 %), nimmt es zu, so war sie über 77—80 % (77—100 %). S. Tabelle.

b) Titrimetrisch. Man löst je nach Stärke der Säure 20—50 g zu 1000 ccm und titriert 50 ccm der Lösung mit n-Lauge gegen Phenolphthalein.

1 ccm n-Lauge = 0,06 g Essigsäure (bzw. Gesamtsäure).

Bei stark gefärbten Bädern bedient man sich auch mitunter der Tüpfelungsmethode mit Lackmuspapier. Man kann auch nach Mohr mit überschüssigem, genau gewogenem Kalziumkarbonat behandeln, filtrieren, den Rückstand mit heißem Wasser waschen und das überschüssige Kalziumkarbonat mit n-Säure gegen Methylorange titrieren. Aus dem Verbrauch der Säure an Karbonat berechnet sich der Essigsäuregehalt.

1 g $CaCO_3$ = 1,2 g Essigsäure,
1 ccm n-Säure = 0,05 g $CaCO_3$ = 0,06 g Essigsäure.

Bei teerhaltigen Bädern od. dgl. wendet man die Destillationsmethode (s. w. u. Azetaten) an.

Verunreinigungen. Die synthetische Essigsäure ist fast chemisch rein. Sie wird nötigenfalls auf Aldehyde, Schwefelsäure, oxydable Stoffe und Abdampfrückstand geprüft und soll frei von Mineralsäuren und Eisen sein. Freie Schwefelsäure findet man im Abdampfrückstand.

Essigsäure in Azetaten. a) Destillationsverfahren. Man versetzt etwa 5 g der Probe mit 50 ccm Wasser und 50 ccm Phosphorsäure (spez. Gew. 1,2) und destilliert fast bis zur Trockne in eine Vorlage. Dem Retortenrückstand setzt man noch 1—2mal 50 ccm Wasser zu und destilliert die letzten Reste Essigsäure wieder ab. Die Destillate werden vereinigt und mit n-Lauge gegen Phenolphthalein titriert. Flüchtige Säuren werden mit erfaßt.

1 ccm n-Lauge = 0,06 g Essigsäure (bzw. flüchtige Gesamtsäure).

b) Alkaliazetate. Man neutralisiert genau und titriert bei Siedehitze mit n-Schwefelsäure gegen Methylviolett bis zum Farbenumschlag nach Blaugrün.

1 ccm n-Schwefelsäure = 0,06 g Essigsäure.

Spezifisches Gewicht der Essigsäure bei 15⁰.

Spez. Gew.	%	Spez. Gew.	%	Spez. Gew.	%	Spez. Gew.	%
1,0007	1	1,0185	13	1,0553	43	1,0746	75
1,0022	2	1,0228	16	1,0571	45	1,0748	77—80
1,0037	3	1,0284	20	1,0615	50	1,0739	85
1,0052	4	1,0350	25	1,0653	55	1,0713	90
1,0067	5	1,0412	30	1,0685	60	1,0660	95
1,0098	7	1,0470	35	1,0712	65	1,0553	100
1,0142	10	1,0523	40	1,0733	70		

Milchsäure (Gärungsmilchsäure). $CH_3 \cdot CH(OH) \cdot COOH = 90$. Kommt als gelblich gefärbte, mehr oder weniger dickflüssige, in Wasser leicht lösliche Flüssigkeit mit Gehalten von 43,5, 50 und 80 % Gesamtmilchsäure in den Handel.

Gehaltsbestimmung. Nach Trotman ist es wegen der zwei in der technischen Milchsäure vorkommenden Anhydride wichtig, daß die zu titrierende Lösung etwa $\frac{1}{10}$ normal ist. Man löst demnach etwa 18 g 50 %ige bzw. 12 g 80 %ige Milchsäure zu 1000 ccm in Wasser. Alsdann titriert man (1. Titration) 25 ccm der Lösung mit $\frac{1}{10}$ n-Natronlauge (möglichst kohlensäurefreier) gegen Phenolphthalein bis zur bleibenden Rötung (= freie Milchsäure, Verbrauch z. B. a ccm Lauge). Nun setzt man der titrierten Lösung einen gemessenen Überschuß von etwa 30 ccm $\frac{1}{10}$ n-Natronlauge zu, erwärmt 10 Minuten auf siedendem Wasserbade (oder läßt eine halbe Stunde kalt stehen), um das Milchsäureanhydrid zu zersetzen, fügt dann 40 ccm $\frac{1}{10}$ n-Schwefelsäure zu, kocht zur Vertreibung der Kohlensäure und titriert (2. Titration) den Säureüberschuß mit $\frac{1}{10}$ n-Lauge wieder zurück. Der Alkaliverbrauch bei dieser 2. Titration (unter Abzug der zugesetzten 40 ccm $\frac{1}{10}$ n-Schwefelsäure) mag b ccm $\frac{1}{10}$ n-Lauge betragen (= Anhydridgehalt). Die titrierte Menge der Lösung (25 ccm) enthält dann: $a \times 0,009$ g freie Milchsäure und $(a + b)\,0,009$ g freie Milchsäure + Anhydrid; der Anhydridgehalt $= b \times 0,009$ g, als Milchsäure ausgedrückt.

Qualitativer Nachweis von Milchsäure. Milchsäure ist durch die Kristallbildung ihrer Zink- und Magnesiumsalze charakterisiert. Ferner durch die Bildung von Azetaldehyd 1. beim Erwärmen mit Schwefelsäure, 2. durch Permanganatlösung, 3. durch Bichromat und Schwefelsäure.

Ausführung der Schwefelsäure-Reaktion. Man verwendet verdünnte Milchsäurelösungen, nicht über 2 %. 0,2 ccm einer 2 %igen Milchsäurelösung versetzt man im Reagensglas mit 2 ccm Schwefelsäure vom spez. Gew. 1,84 und erwärmt 2 Minuten im Wasserdampfbade. Der entwickelte Aldehyd wird schon an dem Geruch erkannt. Man überzeugt sich ferner durch die Guajakol- oder Kodeinprobe (s. u. Appretur auf der Faser).

Verunreinigungen. Fremde Säuren, wie Schwefelsäure, Salzsäure (frei oder gebunden), Essigsäure, Oxalsäure, Buttersäure. Bestimmung von Sulfat und Schwefelsäure: Man fällt die Sulfate in der Originalprobe mit der 10fachen Menge 96 %igen Alkohols, läßt zur vollständigen Ausscheidung 15 Minuten stehen, filtriert, vertreibt den Alkohol auf dem Wasserbade und bestimmt die freie Schwefelsäure mit Chlorbarium. Oder man bestimmt die Gesamtschwefelsäure der Probe mit Bariumchlorid und die Sulfatschwefelsäure in der Asche. Die Differenz beider Bestimmungen entspricht dann der freien Schwefelsäure. Bestimmung von Chlorid und Salzsäure: Man bestimmt den Chloridgehalt in der Asche (Chlorid-Chlor). Eine zweite Probe wird erst genau neutralisiert, dann verascht und auf Gesamtchlor untersucht (Chlorid-Chlor + freie Salzsäure). Die Differenz beider Bestimmungen entspricht dem Gehalt an freier Salzsäure. Über den Identitätsnachweis von Milchsäure s. u. Appretur auf der Faser.

Milchsäure in Laktaten. Man oxydiert die Milchsäure nach Ulzer-Seidel mit Permanganat zu Oxalsäure und bestimmt diese. Man kann auch nach Szeberényi die Milchsäure mit Chromsäure zu Essigsäure oxydieren, diese abdestillieren und im Destillat bestimmen.

Oxalsäure (Kleesäure). $COOH \cdot COOH \cdot 2H_2O = 126,1$. Nichtflüchtige, farblose, an der Luft verwitternde Kristalle. Schmelzpunkt $= 101^0$. Bei 110^0 entweicht das Wasser. Schmelzpunkt der wasserfreien Säure $= 189^0$. 100 T. Wasser lösen bei $15^0 = 10$ T., in der Hitze 40 T. Säure. Ist durch ihr Reduzierungsvermögen und die Bildung des schwerlöslichen Kalksalzes ausgezeichnet. Kommt recht rein in den Handel. Verunreinigungen: Schwefelsäure, Eisen, Kupfer, Blei. Unterscheidung von Weinsäure usw. s. u. Weinsäure. Heute nur wenig gebraucht.

Gehaltsbestimmung. a) Azidimetrisch (Gesamtsäure). Man löst 20—25 g zu 500 ccm und titriert 25—50 ccm der Lösung mit n-Natronlauge gegen Phenolphthalein.

1 ccm n-Lauge = 0,063 g kristallisierte Oxalsäure (Gesamtsäure).

b) Oxydimetrisch (Oxalsäure + Oxalat). Man versetzt 20 ccm der obigen Lösung 20 : 500 mit 20 ccm Schwefelsäure (1 : 3), erwärmt auf dem Wasserbade auf etwa 70^0 und titriert mit $\frac{1}{2}$ n-Permanganatlösung bis zur dauernden Rotfärbung.

1 ccm $\frac{1}{2}$ n-Chamäleonlösung = 0,0315 g kristallisierte Oxalsäure.

Enthält die Oxalsäure freie Schwefelsäure und ist sie aschefrei, so entspricht die Differenz obiger Bestimmungen $a - b =$ Schwefelsäure. Ist sie frei von Schwefelsäure und oxalathaltig, so ist $a =$ freie Oxalsäure, $b - a =$ gebundene Oxalsäure.

Oxalsäure in Oxalaten. a) Oxydimetrisch wie oben. b) Gravimetrisch: Man versetzt die neutrale Oxalatlösung mit einigen Tropfen Essigsäure, erhitzt zum Sieden, fällt mit kochender Chlorkalziumlösung, läßt 12 Stunden stehen, filtriert, wäscht mit heißem Wasser, verbrennt naß im Platintiegel, glüht vor dem Gebläse und wägt das Kalziumoxyd. Schwermetalle sind vorher zu entfernen.

$$56 \text{ T. CaO} = 63 \text{ T. kristallisierte Oxalsäure.}$$

Man kann auch den Kalk titrimetrisch bestimmen.

Weinsäure (Rechtsweinsäure). $COOH \cdot CH(OH) \cdot CH(OH) \cdot COOH$ = 150,1. Schmelzpunkt = 170⁰. L. k. W. = 135 : 100. Meist als raffinierte Kristallware von guter Reinheit gebraucht. Charakterisiert durch die Schwerlöslichkeit ihres Kalk- und sauren Kaliumsalzes (Weinstein), durch ihr Reduzierungsvermögen und die Rechtsdrehung des polarisierten Lichtes (im Gegensatz zur isomeren Linksweinsäure). Verunreinigungen: Salzsäure, Schwefelsäure, Oxalsäure, Spuren Eisen, Blei, Kalk. Sie soll klarlöslich sein und nur Spuren Glührückstand enthalten.

Gehaltsbestimmung. a) Azidimetrisch (Gesamtsäure). Man löst 25 g zu 500 ccm und titriert 20—25 ccm der Lösung mit n-Lauge gegen Phenolphthalein.

$$1 \text{ ccm n-Lauge} = 0,075 \text{ g Weinsäure (Gesamtsäure).}$$

Starkgefärbte Bäder werden u. U. unter Tüpfelung auf Lackmuspapier titriert.

b) Gravimetrisch (bei stark verunreinigten Waren). Man neutralisiert die Lösung mit n-Lauge, fällt mit Chlorkalziumlösung als Kalziumtartrat, filtriert, wäscht nach, trocknet, glüht vor dem Gebläse und wägt das Kalziumoxyd.

$$1 \text{ g CaO} = 2,6765 \text{ g Weinsäure.}$$

c) Oxydimetrisch (bei kleinen Mengen). Man säuert mit Schwefelsäure an und titriert nahezu kochendheiß mit gegen reine Weinsäure eingestellter Permanganatlösung:

$$C_4H_6O_6 + 3O = 2H \cdot COOH \text{ (Ameisensäure)} + H_2O + 2CO_2.$$

Qualitative Unterscheidung von Wein-, Oxal- und Zitronensäure. Beim Erwärmen mit konzentrierter Schwefelsäure: Die Weinsäure verkohlt sofort, die Zitronensäure langsam.

Bei Zusatz von Silbernitrat zur neutralisierten Lösung: Weinsäure liefert einen Niederschlag von Silbertartrat, das in Ammoniak löslich ist; die ammoniakalische Silberlösung gibt beim Erwärmen einen Silberspiegel. Zitronensäure reagiert ähnlich, gibt aber keinen Silberspiegel.

Bei Zusatz von Chlorkalziumlösung zur genau neutralisierten Lösung: Weinsäure liefert einen Niederschlag von Kalziumtartrat. Der filtrierte und gewaschene Niederschlag löst sich in Essigsäure und (wenn karbonatfrei) in Natronlauge. Aus letzterer Lösung in Natronlauge fällt das Tartrat beim Kochen wieder aus. Kalziumoxalat fällt nicht wieder aus. Zitronensäure liefert überhaupt keinen Niederschlag von Kalziumzitrat in der Kälte, wohl aber beim Aufkochen. Beim Abkühlen löst sich der Niederschlag wieder auf.

Bei der Behandlung mit Chlorkalzium und Essigsäure: Eine mäßig konzentrierte Lösung von Natriumtartrat gibt einen Niederschlag von Weinstein. Zitrate geben keinen Niederschlag.

Auf Zusatz von einem Tropfen Eisensulfat (Ferrosulfat) zu einer verdünnten Lösung von Weinsäure oder Tartrat, darauf von ein paar Tropfen Wasserstoffsuperoxyd und von einem Überschuß von Natronlauge: Weinsäure liefert violette Färbung (die durch schweflige Säure verschwindet); Zitronensäure und Oxalsäure geben diese Reaktion nicht.

Weinsäure in Tartraten. Man entfernt erst die Schwermetalle (z. B. das Antimon im Brechweinstein durch Schwefelwasserstoff) und fällt, wie oben beschrieben, als Kalksalz usw.

Zitronensäure (Zitronensaft).

$$COOH \cdot CH_2 \cdot C(OH) \cdot COOH \cdot CH_2 \cdot COOH \cdot H_2O = 210,1.$$

Farblose Kristalle, die bei 135^0 im Kristallwasser schmelzen. 100 T. Wasser lösen bei $15^0 = 133$ T., bei $100^0 = 200$ T. kristallisierte Säure. Nichtflüchtig, durch die Schwerlöslichkeit des Kalksalzes in der Hitze charakterisiert. Kommt in Kristallform und als braungefärbter technischer Zitronensaft (von 25—32%) in den Handel. Über die Unterscheidung von Zitronen-, Wein- und Oxalsäure s. u. Weinsäure.

Gehaltsbestimmung. a) Azidimetrisch (Gesamtsäure). Man löst 50 g Zitronensaft oder 20 g Kristallware zu 500 ccm und titriert 50 ccm der Lösung mit n-Lauge gegen Phenolphthalein.

1 ccm n-Lauge = 0,07 g krist. Zitronensäure (Gesamtsäure).

Bei sehr stark gefärbten Säften soll man zur besseren Feststellung des Neutralpunktes eine geringere Menge zur Titration verwenden. Nötigenfalls wird auch auf Lackmuspapier getüpfelt.

b) Fällungsmethoden, z. B. als zitronensaurer Kalk (bei Abwesenheit von Oxalsäure, Weinsäure und Schwefelsäure), werden in Textilbetrieben selten ausgeführt.

Ammoniumverbindungen.

Ammoniak (Salmiakgeist). $NH_3 = 17,0$. Stechend riechendes Gas, das in Wasser unter Wärmeentwicklung sehr leicht löslich ist. Eine gesättigte wässerige Lösung von Ammoniak enthält rund 35% NH_3. Im Handel als flüssiges Ammoniak in Druckflaschen und als wässeriges Ammoniak. Die technisch meist gebrauchte Ware ist das wässerige Ammoniak mit 25% NH_3 vom spez. Gew. 0,91. Wegen der Flüchtigkeit des Ammoniaks nimmt der Gehalt der wässerigen Lösungen dauernd ab. Als Verunreinigungen kommen vor: Karbonat, geringe Mengen teeriger Stoffe, Alkohol, Azeton; seltener: Sulfat, Sulfid, Chlorid und Kupfer. Eine farblose Ware vom garantierten Gehalt ist für die meisten Zwecke der Färberei ausreichend. Im Abdampfrückstand werden alle nichtflüchtigen Fremdkörper gefunden.

Gehaltsbestimmung. a) Aräometrisch, s. Tabelle.

b) Alkalimetrisch (Gesamtalkali). Man löst etwa 25 g der Probe unter Vorsichtsmaßregeln (Verdunstung des Ammoniaks!) zu 500 ccm und titriert 50 ccm der Lösung mit n-Säure gegen Methylorange oder Lackmustinktur. Phenolphthalein ist unbrauchbar.

1 ccm n-Säure = 0,017 g NH_3.

Verdunstungsverluste während des Rührens beim Titrieren werden vermieden, wenn man die zu titrierenden 50 ccm der Stammlösung in ein Becherglas mit 50 ccm n-Schwefelsäure einlaufen läßt, den Überschuß an Säure mit n-Natronlauge zurücktitriert und den Ammoniakgehalt aus dem Säureverbrauch berechnet.

c) Kolorimetrisch (bei Spuren). Mit Neßlers Reagens (s. u. Wasser).

Spezifische Gewichte von wässerigen Ammoniaklösungen bei 15⁰.

Spez. Gew.	% NH₃	Spez. Gew.	% NH₃	Spez. Gew.	% NH₃
1,000	0,00	0,956	11,03	0,912	24,33
0,996	0,91	0,952	12,17	0,908	25,65
0,992	1,84	0,948	13,31	0,904	26,98
0,988	2,80	0,944	14,46	0,900	28,33
0,984	3,80	0,940	15,63	0,896	29,69
0,980	4,80	0,936	16,82	0,892	31,05
0,976	5,80	0,932	18,03	0,888	32,50
0,972	6,80	0,928	19,25	0,886	33,25
0,968	7,82	0,924	20,49	0,884	34,10
0,964	8,84	0,920	21,75	0,882	34,95
0,960	9,91	0,916	23,03		

Ammoniak in Ammoniumsalzen. a) Destillationsmethode. Man bringt die abgewogene Probe in einen Destillierkolben, löst in etwa 200 ccm Wasser, versetzt mit überschüssiger, vorher ausgekochter Natronlauge, destilliert, fängt das Destillat in einer mit gemessener Menge Normalsäure beschickten Vorlage auf, titriert den Überschuß mit n-Natronlauge gegen Methylorange zurück und berechnet den Ammoniakgehalt aus dem Rest bzw. dem Verbrauch an Säure durch das Destillat.

$$1 \text{ ccm verbrauchte n-Säure} = 0{,}017 \text{ g } NH_3.$$

Von technischen Salzen verwendet man zweckmäßig $\frac{1}{10}$ Grammäquivalent Ammoniak, also etwa 1,7 g. Hierfür genügen für die Destillation 10 ccm 10 %iger Natronlauge und 25 ccm n-Schwefelsäure als Vorlage. Von stark verdünnten Bädern od. dgl. wendet man entsprechend mehr an. Für häufig vorkommende Ammoniakdestillationen bedient man sich gerne einer der vielen speziellen Ammoniak-Destillier-Vorrichtungen.

b) Verdrängungsmethode. Man versetzt 1—2 g des neutralen Salzes bzw. der neutralisierten Lösung desselben mit gemessener, überschüssiger n-Natronlauge, dampft auf dem Wasserbade zur Trockne, nimmt noch 1—2mal mit Wasser auf und dampft zur Vertreibung der letzten Reste Ammoniak nochmals zur Trockne. Dann nimmt man mit Wasser auf, titriert mit n-Säure gegen Methylorange und berechnet aus dem restlichen Alkali die Menge des verflüchtigten Ammoniaks.

$$1 \text{ ccm verschwundener n-Lauge} = 0{,}017 \text{ g } NH_3.$$

c) Kolorimetrisch (bei Spuren). Wie bei freiem Ammoniak (s. u. Wasser).

Ammoniumsalze. Die meisten Ammoniumsalze verflüchtigen sich beim Glühen (außer Ferrozyanammonium, Ammonvanadinat u. dgl.). Man prüft im allgemeinen (außer auf Ammoniak, s. o.) auf Aussehen, Feuchtigkeitsgehalt, Klarlöslichkeit, Glührückstand; gelegentlich auch auf Eisen, Sulfat, Chlorid, Kalk u. dgl. Die wichtigsten Ammoniumsalze sind folgende.

Ammoniumsulfat. $(NH_4)_2SO_4 = 132{,}1.$

100 T. Wasser lösen Ammoniumsulfat.

Bei t^0 . . .	0	10	20	30	40	50	60	70	80	90	100
Teile A. . .	71	73,7	76,3	79	81,6	84,3	86,9	89,6	92,2	94,6	97,5

Gehalt und spezifisches Gewicht der wässerigen Lösungen von A. bei 19⁰.

% A . . .	1	2	4	8	16	32	40	50
Spez. Gew..	1,006	1,012	1,023	1,046	1,092	1,183	1,228	1,289

Ammoniumchlorid, Salmiak. $NH_4Cl = 53{,}5$. Kommt in Kuchen und kleinen Kristallen in den Handel. Das Salz ist hygroskopisch.

100 T. Wasser lösen Ammoniumchlorid:

Bei t^0 . . .	0	10	20	40	60	80	100	110
Teile A. . .	28,4	32,8	37,3	46,2	55	64	72,8	77,2

Gehalt und spezifisches Gewicht der wässerigen Lösungen von A. bei 15⁰.

% A.	1	2	4	8	16	26,3 (gesättigt)
Spez. Gew. . .	1,003	1,006	1,013	1,025	1,048	1,077

Ammoniumkarbonat (Hirschhornsalz, flüchtiges Laugensalz). Je nach Sättigungsgrad unterscheidet man: 1. Neutrales Salz $= (NH_4)_2CO_3 \cdot H_2O$, 2. halbsaures Salz $= (NH_4)_2CO_3 \cdot 2NH_4HCO_3$, 3. saures Salz $= (NH_4)HCO_3$, 4. karbaminsaures Salz $= (NH_4)CO_2(NH_2)$. Das käufliche kohlensaure Ammonium, das Hirschhornsalz des Handels, steht zwischen den zwei letztgenannten: $(NH_4HCO_3) \cdot (NH_4CO_2NH_2)$ und enthält etwa 31 % NH_3. Das Salz gibt an der Luft Ammoniak ab und löst sich langsam in Wasser. Die Lösung reagiert stark alkalisch.

Gehalt und spezifisches Gewicht der wässerigen Ammonkarbonatlösungen.

% A. . . .	6,6	9,96	14,75	19,83	25,7	29,7	35,85	44,9
Spez. Gew..	1,022	1,034	1,05	1,067	1,086	1,1	1,117	1,141

Ammoniumazetat. $CH_3 \cdot COONH_4 = 77{,}1$. Durch Neutralisieren von Ammoniak mit Essigsäure gewonnen. Die Lösung riecht ammoniakalisch und spaltet beim Kochen Ammoniak ab.

Rhodanammonium. $NH_4 \cdot SCN = 76{,}1$. Farblose, zerfließliche, an der Luft leicht sich rötende (Rhodan-Eisenbildung) Nadeln. Der Rhodangehalt wird nach dem Prinzip der Volhardschen Chloridbestimmung ermittelt (s. d.): Man versetzt die Rhodanlösung mit einem Überschuß von $\frac{1}{10}$ n-Silbernitratlösung, säuert mit Salpetersäure an, versetzt mit Eisenammoniakalaunlösung als Indikator und titriert den Silberüberschuß mit $\frac{1}{10}$ n-Rhodanlösung zurück.

1 ccm verbrauchte $\frac{1}{10}$ n-Silberlösung $= 0{,}00761$ g Rhodanammonium.

Der Ammoniakgehalt wird durch Destillation mit Magnesia (statt Natronlauge) ermittelt.

Vanadinsaures Ammonium. $NH_4 \cdot VO_3$. Bei diesem Salz kommt es vor allem auf den Gehalt an teurem Vanadin an. Man versetzt die Ammonvanadatlösung mit gesättigter Chlorammoniumlösung, wobei das Ammonvanadat rein gefällt wird, während die löslichen Verunreinigungen in Lösung bleiben. Dann wird durch einen Goochtiegel filtriert, mit Chlorammonlösung nachgewaschen und geglüht. Der Glührückstand besteht aus Vanadinsäureanhydrid = V_2O_5.

Natriumverbindungen.

Ätznatron, Natriumhydroxyd, kaustische Soda. NaOH = 40,0. Weiße, spröde Masse, die begierig Kohlensäure und Feuchtigkeit aus der Luft anzieht und dann langsam zerfließt. Stark ätzend. In Wasser unter starker Erwärmung leicht löslich (s. Tabelle). Im Handel als festes Ätznatron in eisernen Trommeln und als Natronlauge, d. i. als Lösung von Ätznatron in Wasser, meist von 38—40° Bé. Die „Grädigkeit" des Ätznatrons wird in Deutschland in % Na_2CO_3, die dem vorhandenen NaOH äquivalent sind, ausgedrückt: 100%iges Ätznatron hat demnach 132,5°. Die gute technische Ware schwankt zwischen 120° (= 90,5%), 125° (= 94,3%) und 128° (=96,6%). Die englischen Grade drücken die Gesamtalkalität in % Na_2O aus, so daß 100%ige Ware = 77,5° engl. ist. Die französischen Grade bedeuten die zum Neutralisieren von 100 T. der Ware erforderliche Menge Schwefelsäurehydrat. Als Verunreinigungen kommen vor: Feuchtigkeit, Soda, Chloride, Sulfate, Eisen, Tonerde, Kieselsäure; seltener: Sulfid und Thiosulfat. Meist wird nur das Gesamtalkali oder der „Gesamttiter" alkalimetrisch gegen Methylorange kontrolliert.

Gehaltsbestimmung. a) Aräometrisch. Bei Natronlaugen, s. Tabelle.

b) Alkalimetrisch (Gesamtalkali, Gesamttiter). Man löst etwa 50 g der Probe in möglichst kohlensäurefreiem Wasser zu 1000 ccm und titriert 25 ccm der Lösung mit n-Säure gegen Methylorange. Soda, Silikat und Aluminat werden hierbei mitgemessen.

1 ccm n-Säure = 0,04 g NaOH = 0,031 Na_2O (Gesamtalkali).

c) Wirklicher Ätznatrongehalt. Um das bei der Bestimmung des Gesamtalkalis mitgemessene Karbonat auszuscheiden, fällt man erst in der Lösung das Karbonat mit überschüssiger Chlorbariumlösung als Bariumkarbonat und titriert das in Lösung verbliebene Natriumhydroxyd mit n-Säure gegen Phenolphthalein. Das Abfiltrieren des Bariumkarbonats ist bei flottem und geschicktem Arbeiten unnötig; nur ist zu beachten, daß auch das Bariumkarbonat langsam Säure verbraucht und daß dadurch bei längerem Zuwarten nach eingetretener Entfärbung des Phenolphthaleins in der Gesamtflotte und durch überflüssiges Weitertitrieren Fehler in der Titration entstehen können.

1 ccm n-Säure (Phenolphthalein) = 0,04 g wirkliches NaOH.

d) Sodagehalt. Da die praktisch vorkommenden Verunreinigungen durch Silikat und Aluminat (die nach b mitgemessen werden) verschwindend gering zu sein pflegen, wird allgemein die Differenz beider Bestimmungen b—c als Sodagehalt angenommen.

1 ccm n-Säure Mehrverbrauch bei b als bei c = 0,053 g Na_2CO_3.

Gehalt und spezifisches Gewicht von Ätznatronlösungen bei 15⁰.

Spez. Gew.	⁰ Bé	% NaOH	Spez. Gew.	⁰ Bé	% NaOH	Spez. Gew.	⁰ Bé	% NaOH
1,007	1	0,61	1,142	18	12,64	1,320	35	28,83
1,014	2	1,20	1,152	19	13,55	1,332	36	29,93
1,022	3	2,00	1,162	20	14,37	1,345	37	31,22
1,029	4	2,71	1,171	21	15,13	1,357	38	32,47
1,036	5	3,35	1,180	22	15,91	1,370	39	33,69
1,045	6	4,00	1,190	23	16,77	1,383	40	34,96
1,052	7	4,64	1,200	24	17,67	1,397	41	36,25
1,060	8	5,29	1,210	25	18,58	1,410	42	37,47
1,067	9	5,87	1,220	26	19,58	1,424	43	38,80
1,075	10	6,55	1,231	27	20,59	1,438	44	39,99
1,083	11	7,31	1,241	28	21,42	1,453	45	41,41
1,091	12	8,00	1,252	29	22,64	1,468	46	42,83
1,100	13	8,68	1,263	30	23,67	1,483	47	44,38
1,108	14	9,42	1,274	31	24,81	1,498	48	46,15
1,116	15	10,06	1,285	32	25,80	1,514	49	47,60
1,125	16	10,97	1,297	33	26,83	1,530	50	49,02
1,134	17	11,84	1,308	34	27,80			

Natriumsuperoxyd, Natriumperoxyd. $Na_2O_2 = 78,1$. Theoretischer Gehalt an Sauerstoff $= 20,51\,\%$. Weißes bis schwachgelbliches Pulver, das aus der Luft Wasser und Kohlensäure anzieht und Sauerstoff abgibt. Wirkt stark oxydierend, indem beim Lösen in Wasser oder verdünnter Säure Wasserstoffsuperoxyd gebildet wird. Die technische Ware hat meist einen Gehalt von 95—98 % Na_2O_2. Als Verunreinigungen kommen vor: Ätznatron, Soda, Spuren Eisen und Tonerde, Sulfat, Chlorid, Phosphat. Der Eisengehalt darf bei guter Ware $0,01\,\%$ Fe_2O_3 nicht übersteigen.

Gehaltsbestimmung. a) Oxydimetrisch. Man wägt 0,2—0,3 g der Probe schnell ab und streut das Pulver in kleinen Portionen unter Umrühren in 300 ccm 10 %ige Schwefelsäure, wobei das Schwimmen des Pulvers auf der Säure zu vermeiden ist, und titriert mit $\frac{1}{5}$ n-Permanganatlösung bis zur bleibenden Rötung. Für stark verschmutzte Bäder (z. B. Bleichbäder) ist dies Verfahren ungeeignet.

1 ccm $\frac{1}{5}$ n-Permanganatlösung $= 0,0078$ g Na_2O_2.

b) Jodometrisch (bei stark verunreinigten Bädern). Man trägt das abgewogene Pulver in eine Lösung von 2 g Jodkalium in 200 ccm verdünnter Schwefelsäure (1 : 20) ein und titriert das ausgeschiedene Jod mit $\frac{1}{10}$ n-Thiosulfatlösung. Der Prozeß verläuft nach der Gleichung:

$$2\,H_2SO_4 + Na_2O_2 + 2\,KJ = K_2SO_4 + Na_2SO_4 + 2\,H_2O + 2\,J.$$

1 ccm $\frac{1}{10}$ n-Thiosulfatlösung $= 0,0127$ g J $= 0,0039$ g Na_2O_2.

c) Gasometrisch. Man zersetzt die Lösung unter Zusatz von etwa $0,05\,\%$ eines geeigneten Katalysators (Kupfersulfat, Kobaltnitrat) und mißt den entbundenen Sauerstoff volumetrisch.

Natriumsalze.

Die Natriumbase selbst wird in Textilbetrieben kaum kontrolliert, vielmehr nur der an die Base gebundene wertvollere Bestandteil. Bei den ganz billigen Salzen, wie Kochsalz, Glaubersalz usw., prüft man evtl. nur auf Äußeres, Wassergehalt, Klarlöslichkeit, Unlösliches, Re-

aktion, Eisen, bisweilen auch auf Kalk- und Magnesiasalze, organische
Substanz, fremde Säuren u. dgl. m.

Kochsalz, Chlornatrium. $NaCl = 58{,}46$.

% NaCl . . .	5	10	15	20	25	26,4
Spez. Gew. . .	1,0362	1,0733	1,1114	1,1510	1,1923	1,2043

Das Kochsalz wird entweder als reines Salz oder seltener als dena-
turiertes und steuerfreies „Gewerbesalz" gebraucht. Für die Färberei
geeignete Denaturierungsmittel sind Seife und Lösungen von Anilinfarbstoffen. Der Feuchtigkeitsgehalt wird durch Erhitzen im Sandbade
auf 120—150⁰ bestimmt. Ausnahmsweise sind störende Verunreinigungen durch Mangan beobachtet worden.

Glaubersalz, Natriumsulfat, schwefelsaures Natron, Sulfat.
$Na_2SO_4 \cdot 10\,H_2O = 322{,}22$; $Na_2SO_4 = 142{,}06$.

100 T. Wasser lösen:

bei ⁰C . . .	0	10	15	20	25	30	33	40	103
T. Na₂SO₄ .	5	9	13	19	28	40	50	49	42,6

% Na₂SO₄ .	1	2	3	4	6	8	10	11	12
Spez. Gew. .	1,009	1,018	1,027	1,036	1,055	1,073	1,093	1,102	1,112

Das Glaubersalz kommt als krist. Glaubersalz und als kalziniertes
Glaubersalz, letzteres kurzweg auch „Sulfat" genannt, in den Handel.
1 T. des letzteren entspricht $2\frac{1}{4}$ T. des ersteren. Die krist. Ware kommt
ziemlich rein in den Handel und verwittert an der Luft. Das „Sulfat"
ist wesentlich unreiner als die Kristallware. Seine Hauptverunreinigung
ist freie Säure bzw. Bisulfat ($1\,\%$ SO_3 und mehr). Der Gehalt an
Eisen ist manchmal beträchtlich (bis $0{,}5\,\%$ Fe_2O_3), in der Regel aber
nur $0{,}03$—$0{,}15\,\%$. Der normale Glühverlust beträgt 1—$2\,\%$.

Natriumbisulfat, Weinsteinpräparat, Präparat. $NaHSO_4 \cdot H_2O = 138{,}08$
bzw. $NaHSO_4 = 120{,}1$; leicht wasserlöslich. Weiße Brocken bis grob-
körniges Pulver. 8 T. krist. Glaubersalz und 3 T. Schwefelsäure von
60^0 Bé liefern 7 T. Präparat.

Gehaltsbestimmung. Etwa 2 g der Substanz werden unter Zusatz von Methylorange mit n-Lauge titriert.

1 ccm n-Lauge $= 0{,}13808$ g $NaHSO_4 \cdot H_2O$.

Soda, Natriumkarbonat, kohlensaures Natron. Na_2CO_3 (kalzinierte
Soda) $= 106$; $Na_2CO_3 \cdot 10\,H_2O$ (Kristallsoda oder Feinsoda) $= 286{,}16$.
Soda kommt vorzugsweise in zwei Formen vor: als weißes Pulver (kal-
zinierte Soda, Solvaysoda, Ammoniaksoda) oder in Form von Kristallen
(Kristallsoda, Leblancsoda). 100 T. Kristallsoda entsprechen rund 37 T.
kalzinierter Soda; 100 T. kalzinierte Soda rund 270 T. Kristallsoda.
In kleinen Kristallen hergestellte Soda heißt auch Feinsoda. Kalzi-
nierte Soda ist wasserfrei und luftbeständig, Kristallsoda enthält etwa
$63\,\%$ Kristallwasser und verwittert an der Luft.

100 T. Wasser lösen:

bei ⁰C . .	0	5	10	15	20	30	32,5	34 und 79	100
T. Na₂CO₃	7,1	9,5	12,6	16,5	21,4	38,1	59	46,2	45,1

Grädigkeit. Der Gehalt der Soda wird in Graden ausgedrückt, und zwar unterscheidet man deutsche Grade (Prozente Natriumkarbonat), englische Gay-Lussac-Grade (Prozente Na_2O) und französische, sog. Grade Descroizilles, wie bei der kaustischen Soda (s. d.). 1^0 Gay-Lussac $= 1,81^0$ deutsch $= 1,02^0$ Newcastle $= 1,58^0$ Descroizilles.

Bestimmung der Gesamtalkalität oder des „Titers". 20 g wasserfreie Soda oder 50 g Kristallsoda werden zu 1 l gelöst und 50 ccm der Lösung mit n-Salz- oder n-Schwefelsäure (Methylorange) in der Kälte bis zum Farbenumschlag titriert.

$$1 \text{ ccm n-Säure} = 0,053 \text{ g } Na_2CO_3 = 0,14308 \text{ g } Na_2CO_3 \cdot 10\,H_2O.$$

Nach den Vereinbarungen der deutschen Sodafabrikanten wird kalzinierte Soda stets nach dem Glühen titriert und der Gehalt für den geglühten, trockenen Zustand angegeben; dies ist der eigentlich maßgebende Titer. Lunge verwendet zur Titration 2,65 g der geglühten Soda, löst und titriert ohne zu filtrieren mit n-Salzsäure, wobei jedes Kubikzentimeter Normalsäure 2% Na_2CO_3 anzeigt. Nach diesem „deutschen Verfahren" wird also alles Unlösliche (kohlensaurer Kalk, kohlensaure Magnesia, Eisenoxyd usw.) im Titer miterfaßt. Nach dem „englischen Verfahren" wird dagegen auf Volumen gefüllt, ein aliquoter Teil filtriert und dieser titriert. Einen wesentlichen Unterschied bedeutet dieses bei einem Produkte wie Soda, deren Gesamtunlösliches nicht über $\frac{1}{4}$% zu betragen pflegt, nicht.

Verunreinigungen. Leblancsoda enthält als Hauptverunreinigung Sulfat und bisweilen etwas Ätznatron und Schwefelnatrium; Solvaysoda enthält vor allem Chlorid und etwas Bikarbonat. Im Wasserlöslichen findet man Kochsalz, Sulfat, Ätznatron (Bariumchloridfällung, s. u. Ätznatron), Schwefelnatrium (Nitroprussidnatrium, Bleipapier), Sulfit (Entfärbung einer essigsauren Jodstärkelösung). Im Wasserunlöslichen können nachgewiesen werden: Eisensplitter, Eisenoxyd, Sand, Tonerde, Magnesia-, Kalkkarbonat. Der Feuchtigkeitsgehalt wird durch vorsichtiges Erhitzen einer Probe auf dem Sandbade bestimmt (s. a. u. n-Sodalösung, S. 9). Er soll bei Kristallsoda 1% des theoretischen Gehaltes nicht übersteigen, meist ist er infolge Verwitterung geringer. Auf Ätznatron und Schwefelnatrium ist vor dem Glühen der Soda zu prüfen. Der Kochsalzgehalt sollte 0,5% nicht überschreiten. Die gelbliche Färbung mancher Sodasorten ist auf Eisen oder organische Substanz zurückzuführen.

Spezifische Gewichte von reinen Sodalösungen (15^0).

Spez. Gew.	^{0} Bé	Gew.-%		Spez. Gew.	^{0} Bé	Gew.-%	
		Na_2CO_3	Na_2CO_3 $10\,H_2O$			Na_2CO_3	Na_2CO_3 $10\,H_2O$
1,007	1	0,67	1,807	1,083	11	7,88	21,252
1,014	2	1,33	3,587	1,091	12	8,62	23,248
1,022	3	2,09	5,637	1,100	13	9,43	25,432
1,029	4	2,76	7,444	1,108	14	10,19	27,482
1,036	5	3,43	9,251	1,116	15	10,95	29,532
1,045	6	4,29	11,570	1,125	16	11,81	31,851
1,052	7	4,94	13,323	1,134	17	12,61	34,009
1,060	8	5,71	15,400	1,142	18	13,16	35,493
1,067	9	6,37	17,180	1,152	19	14,24	38,405
1,075	10	7,12	19,203				

Natriumbikarbonat, doppelkohlensaures Natron. $NaHCO_3 = 84,01$; L. k. W. $= 11 : 100$. Weißes, wasserlösliches Pulver oder harte, weiße, poröse Krusten. Reagiert gegenüber Lackmus alkalisch, gegenüber Phenolphthalein in konzentrierten Lösungen nahezu neutral, in verdünnten Lösungen infolge von Hydrolyse schwach alkalisch. Beim Lagern an der Luft verlieren Pulver und Lösung allmählich Kohlensäure und gehen in normales Karbonat über. Die technische Ware ist meist durch Soda verunreinigt, außerdem durch etwas Ammoniak (Ammoniakverfahren).

100 T. Wasser lösen:

bei t^0 . . .	20	30	40	50	60° C
T. N. . . .	9,6	11,1	12,7	14,45	16,4

Bestimmung des nutzbaren Natrons (alkalimetrischer Titer).

a) Man löst 5 g in etwa 100 ccm ausgekochtem und abgekühltem destillierten Wasser unter Vermeidung von Umschütteln durch vorsichtiges Zerdrücken mittels eines Glasstabes, setzt etwa 10 g reines Chlornatrium zu, kühlt auf etwa 0° ab, gibt Phenolphthalein zu und titriert mit n-Salzsäure, bis die Rötung eben verschwunden ist (= Sodagehalt); Verbrauch a ccm n-Säure.

$$1 \text{ ccm n-Säure} = 0,106 \text{ g } Na_2CO_3.$$

Darauf setzt man Methylorange zu und titriert mit der Säure bis zum Farbenumschlag weiter; Verbrauch weitere b ccm n-Säure. $b-a$ ccm zeigen das ursprünglich vorhanden gewesene Bikarbonat an.

$$1 \text{ ccm n-Säure} = 0,084 \text{ g } NaHCO_3.$$
$$a + b = \text{Gesamtalkalität.}$$

Bei Vernachlässigung des Sodagehaltes kann direkt gegen Methylorange titriert werden.

b) Man bestimmt das Bikarbonat neben dem Karbonat auch in der Weise, daß man 25 ccm einer 0,5 %igen Lösung mit einer überschüssigen, genau gemessenen, karbonatfreien Menge $\frac{1}{10}$ n-Natronlauge versetzt, das hierbei gebildete und das ursprünglich vorhanden gewesene Karbonat mit Chlorbarium fällt und, ohne zu filtrieren, den Überschuß der Natronlauge mit titrierter Säure und Phenolphthalein zurückmißt. Die sich hierbei abspielenden Prozesse sind folgende:

$$NaHCO_3 + NaOH = Na_2CO_3 + H_2O.$$
$$Na_2CO_3 + BaCl_2 = BaCO_3 + 2NaCl.$$

Demnach wird der Gehalt an Karbonat und Bikarbonat wie folgt berechnet:

t ccm $\frac{1}{10}$ n-Säure mit Methylorange als Indikator = Gesamtalkalität,

t' ccm $\frac{1}{10}$ n-Natronlauge zugesetzt und

t^2 ccm $\frac{1}{10}$ n-Säure bei der endgültigen Titration nach Ausfällung des Na_2CO_3 durch $BaCl_2$ verbraucht.

$$(t + t^2 - t') \times 0,0053 = g \text{ } Na_2CO_3.$$
$$(t - t^2) \times 0,0084 = g \text{ } NaHCO_3.$$

Natriumsulfit und Natriumbisulfit. Man unterscheidet dreierlei Grundformen:

1. **Natriumsulfit** (neutrales Sulfit), $Na_2SO_3 \cdot 7H_2O$, für die Färberei ohne Bedeutung, mit 25,4 % SO_2,

2 Natriumbisulfit (saures Sulfit oder doppelschwefligsaures Natron), $NaHSO_3$, mit 61,54 % SO_2.

3. Natriumpyro- oder -metasulfit, $Na_2S_2O_5$ bzw. $Na_2SO_3 \cdot SO_2$, mit 67,37 % SO_2.

Natriumbisulfit, $NaHSO_3 = 104,0$; L. k. W. $= 25 : 100$.

Im Handel kommen zweierlei feste Bisulfite vor:

Bisulfit fest (Natriumbisulfit krist.), Gesamt-SO_2-Gehalt $= 61$—62%.

Bisulfit in Pulver (Natriumpyrosulfit bzw. -metasulfit), Gesamt-SO_2-Gehalt $= 66$—67%.

Außerdem bringt die I. G. Farbenindustrie zwei Lösungen, „Bisulfit A" und „B", in den Handel. Beide Lösungen, Bisulfit A und B, sind hinsichtlich ihrer Konzentration (38/40° Bé), sowie ihres Gesamtgehaltes an Schwefeldioxyd, der 24—25 % beträgt, gleich; unterscheiden sich aber dadurch voneinander, daß Marke A ein saures, freie schweflige Säure haltendes Bisulfit darstellt, während Bisulfit B gewöhnlich noch 0,5—1 % neutrales Sulfit enthält. Infolge seines Gehaltes an freier schwefliger Säure kann die Marke A nicht (wie B) in eisernen Gefäßen verschickt werden, sondern gelangt in Emballagen aus Holz zum Versand. „Bisulfit fest" (s. o.) ist eine feuchte Kristallmasse, die 60—62 % Schwefeldioxyd enthält und stark danach riecht. Der Luft ausgesetzt, verliert das Produkt unter gleichzeitiger Oxydation beständig an schwefliger Säure, hält sich dagegen unter Verwendung geeigneter Emballage, z. B. in verlöteten Bleiblechtrommeln, ziemlich gut. „Bisulfit in Pulver" (s. o.) ist ein vollkommen trockenes, sandiges Kristallpulver, das trotz seines Gehaltes von 66—67 % SO_2 geruchlos und an trockener Luft völlig beständig gegen Oxydation ist. Es kommt daher in hölzernen Emballagen zum Versand und kann unverändert aufbewahrt werden, sofern nur für trockene Lagerung gesorgt wird.

Gehalt und spezifisches Gewicht der Bisulfitlösungen:

% Bisulfit:	1,6	3,6	6,5	8,0	11,2	14,6	18,5	23,5	28,9	34,7	38
Bé: . . .	1	5	9	11	15	19	23	27	31	35	37

Bestimmung der gesamten schwefligen Säure. Kommt es nur darauf an, die gesamte schweflige Säure zu ermitteln, gleichgültig, in welcher Form oder in welchen Mischungen sie vorliegt, so bestimmt man die schweflige Säure jodometrisch, wie unter schwefliger Säure (s. S. 41 c) beschrieben, nur läßt man hier die Sulfitlösung zu einer mit Salzsäure angesäuerten Jodlösung zufließen.

Mitunter kommt es darauf an, festzustellen, ob etwa 1. Mischungen von Bisulfit und freier schwefliger Säure, 2. Mischungen von Sulfit und Bisulfit vorliegen und 3. ob Bisulfat, das durch Autoxydation entstehen kann, zugegen ist und gegebenenfalls in wie großen Mengen. Man verfährt dann nach folgenden Arbeitsweisen.

1. **Mischungen von Bisulfit und freier schwefliger Säure.** Man titriert eine Probe mit $\frac{1}{10}$ n-Alkali und Methylorange. Die Lösung reagiert neutral, wenn die freie schweflige Säure in Bisulfit übergeführt ist (Verbrauch a ccm $\frac{1}{10}$ n-Lauge). Man fügt nun Phenolphthalein zu und titriert mit $\frac{1}{10}$ n-Lauge bis zur beginnenden Rotfärbung weiter, d. h. bis zu dem Punkte, wo das Bisulfit in normales Sulfit übergeführt ist (Gesamtverbrauch b ccm $\frac{1}{10}$ n-Lauge). Die titrierten Mengen enthielten dann:

$$a \times 0,0064 = g \text{ freie schweflige Säure und}$$
$$(b-a) \times 0,0032 = g \; SO_2 \text{ in Form von Bisulfit.}$$

2. Mischungen von Sulfit und Bisulfit. Die Bestimmung der Einzelbestandteile geschieht durch Kombination der alkalimetrischen und der jodometrischen Methoden, gemäß den Reaktionsgleichungen:

$$NaHSO_3 + NaOH = Na_2SO_3 + H_2O.$$
$$Na_2SO_3 + 2HCl = SO_2 + 2NaCl + H_2O.$$
$$SO_2 + 2J + 2H_2O = H_2SO_4 + 2HJ.$$

Man titriert also erst eine Portion alkalimetrisch mit $\frac{1}{10}$ n-Lauge und Phenolphtalein bis zum Neutralpunkt und bestimmt so den Gehalt an Bisulfit. Je 1 ccm $\frac{1}{10}$ n-Natronlauge $= 0,0032$ g SO_2 als Bisulfit. Alsdann wird angesäuert und jodometrisch das gesamte SO_2 mit Jod bestimmt. Je 1 ccm $\frac{1}{10}$ n-Jodlösung $= 0,0032$ g Gesamt-SO_2. Die Differenz zwischen diesen zwei Bestimmungen entspricht dem Gehalt an normalem Sulfit, Na_2SO_3.

3. Bisulfatgehalt. Etwa anwesendes Bisulfat wird, wie folgt, ausgeschaltet[1]. Man titriert etwa 2 g des Musters mit n-Natronlauge und Phenolphthalein (Verbrauch a ccm $\frac{1}{10}$ n-Lauge), alsdann setzt man 10 ccm neutrales 40%iges Formaldehyd zu, wobei aus Natriumsulfit Ätznatron frei gemacht wird, gemäß der Gleichung:

$$Na_2SO_3 + HCHO + H_2O = HCHO \cdot NaHSO_3 + NaOH.$$

Das gebildete Ätznatron wird nun mit n-Salzsäure titriert (Verbrauch b ccm n-Säure). Je 1 ccm n-Säure $= 0,064$ g SO_2. Hierbei sind dreierlei Möglichkeiten vorhanden:

1. $a = b$. Dann sind die etwaigen Verunreinigungen $=$ Neutralsalze, wie Natriumsulfat; Bisulfat fehlt.
2. $a > b$. Dann sind saure Verunreinigungen vorhanden. $a - b$ wird als $NaHSO_4$ berechnet.
3. $a < b$. Normalsulfit ist zugegen. $b - a$ wird als normales Sulfit, Na_2SO_3, berechnet.

Verfahren von Harrison und Carrol[2].

a) **Gesamtschweflige Säure.** Man wägt etwa 0,25 g des Musters auf einem Uhrglase genau ab und bringt es vorsichtig in ein großes Becherglas mit 50 ccm $\frac{1}{10}$ n-Jodlösung $+ 100$ ccm destilliertem Wasser. Nach Auflösung des Bisulfits wird der Jodüberschuß durch Titration mit $\frac{1}{10}$ n-Thiosulfatlösung bestimmt. Der Jodverbrauch entspricht dem Gesamt-SO_2-Gehalt. 1 ccm $\frac{1}{10}$ n-Jodlösung $= 0,0032$ g SO_2.

b) **Schweflige Säure als Bi- und Metasulfit.** In drei Flaschen, die je 50 ccm destilliertes Wasser und 0,5 ccm einer 0,2%igen Methylorangelösung enthalten, werden genau je 10 ccm Wasserstoffsuperoxyd von 20 Vol.% ($= 6$ Gew.%) gebracht. Nötigenfalls wird noch eine Spur $\frac{1}{10}$ n-Natronlauge bis zur beginnenden Rosafärbung des Methylorange zugesetzt. Je etwa 1 g der Probe, genau abgewogen, wird mit wenigen Kubikzentimetern Wasser in die erste und zweite Flasche gebracht; die dritte Flasche dient für den blinden Versuch und wird nur mit 50 ccm Wasser beschickt, so daß die Konzentration des Indikators etwa die gleiche ist wie in den anderen zwei Flaschen. Die beiden ersten,

---

[1] **Kuhl:** J. Soc. L. T. C. 1922 S. 199.
[2] **Harrison** u. **Carrol:** J. Soc. chem. Ind. 1925, 127 T.

mit dem Bisulfitmuster versetzten Flaschen, in denen sich aus dem Bisulfit durch das Wasserstoffsuperoxyd Bisulfat nach den Gleichungen gebildet hat:

$$NaHSO_3 + H_2O_2 = H_2O + NaHSO_4, \tag{1}$$
$$Na_2S_2O_5 + 2H_2O_2 + H_2O = 2NaHSO_4 + 2H_2O, \tag{2}$$

werden nun mit $\frac{1}{5}$ n-Natronlauge titriert, bis alle drei Flaschen gleich gefärbt sind.

1 ccm $\frac{1}{5}$ n-Lauge = 0,024 g $NaHSO_4$ = 0,0128 g SO_2 als Bisulfit oder Metabisulfit.

Die Differenz zwischen Gesamt-SO_2 und Bisulfit-SO_2 entspricht dem Normalsulfit. Beispiel: 65,78 % Gesamt-SO_2, 64,15 % Bisulfit-SO_2; also 1,63 % Normalsulfit-SO_2.

Verunreinigungen. Als Hauptverunreinigungen kommen Eisen und Schwefelsäure vor. Der Eisengehalt soll bei gutem Handelsbisulfit 0,008 % nicht überschreiten, bleibt aber meist hinter dieser Zahl zurück. Über den Schwefelsäuregehalt lassen sich keine Normen aufstellen. In frischem Bisulfit ist Schwefelsäure mitunter nur in geringen Spuren vorhanden, in älteren Fabrikaten oft in sehr großen Mengen von 5—10 % und mehr. Man verwendet deshalb mit Vorliebe möglichst frische Ware. Man bestimmt den Sulfatgehalt, indem man erst eine Probe zur Vertreibung der schwefligen Säure mit Salzsäure kocht und dann die Schwefelsäure in üblicher Weise mit Chlorbarium fällt.

Natriumthiosulfat, unterschwefligsaures Natron, Antichlor. $Na_2S_2O_3 \cdot 5H_2O$ = 248,2; L. k. W. = 102 : 100. Reines Salz soll sich ohne alle Trübung in Wasser lösen, mit Chlorbarium keinen Niederschlag geben (Sulfat, Sulfit oder Karbonat) und Phenolphthalein nicht röten (Karbonat).

Gehaltsbestimmung. Der Gehalt an Thiosulfat wird a) durch Titration mit Jodlösung festgestellt: $2Na_2S_2O_3 + 2J = 2NaJ + Na_2S_4O_6$. 25 g des Salzes werden zu 1 l gelöst und 25 ccm der Lösung mit $\frac{1}{10}$ n-Jodlösung unter Zusatz von Stärkelösung titriert (s. u. Normallösungen S. 11).

1 ccm $\frac{1}{10}$ n-Jodlösung = 0,02482 g $Na_2S_2O_3 \cdot 5H_2O$.

b) Man löst 25 g der Probe zu 1 l, pipettiert 25 ccm einer $\frac{1}{10}$ n-Bichromatlösung (s. S. 14) in eine Stöpselflasche, setzt 5 ccm Salzsäure (spez. Gew. 1,2) und etwa 2 g Jodkalium in Lösung zu, läßt unter zeitweisem Umschütteln 5 Minuten im Dunkeln stehen und titriert mit der Thiosulfatlösung, indem man gegen Ende der Titration etwas Stärkelösung zugibt, auf Farblos.

1 ccm $\frac{1}{10}$ n-Bichromatlösung = 0,02482 g Thiosulfat krist.

Natriumhydrosulfit, Hydrosulfit, hydroschwefligsaures Natrium. $Na_2S_2O_4 \cdot 2H_2O$ = 210,2. Farblose, an feuchter Luft sich teilweise zersetzende (dabei Bildung von Sulfit, Thiosulfat, Bisulfit, Schwefel u. a. m.) Kristalle. In Wasser leicht löslich und sich auch bald zersetzend; in saurer Lösung schneller, in alkalischer langsamer, heiß schneller als kalt. Die Zersetzung des Hydrosulfits in Lösung wird im wesentlichen durch die Gleichung charakterisiert: $2Na_2S_2O_4 = Na_2S_2O_3 + Na_2S_2O_5$, wobei sich die neugebildeten Komponenten weiter zersetzen. Im trockenen Zustande findet auch eine Autoxydation statt im Sinne der Gleichung $Na_2S_2O_4 + O = Na_2S_2O_5$.

Das Salz hat stark reduzierende Eigenschaften.

Natriumsulfoxylat, $NaHSO_2 = 88,1$. Entfaltet seine Hauptwirkung bei 80—100° C.

Die beiden Verbindungen, das Hydrosulfit und das Sulfoxylat, kommen in verschiedenen Verbindungsformen in den Handel. Außer dem Natriumsalz kommt auch noch das Zinksalz, und zwar wasserlöslich und wasserunlöslich (basisches Salz) vor.

Die wichtigsten Hydrosulfit-Grundverbindungen sind folgende:

1. **Hydrosulfit**, $Na_2S_2O_4 \cdot 2H_2O$, wasserhaltiges Natriumhydrosulfit,

2. **Hydrosulfit, konzentriertes Pulver**, $Na_2S_2O_4$, wasserfreies Hydrosulfit,

3. **Natriumhydrosulfit-Formaldehyd**, $Na_2S_2O_4 \cdot 2CH_2O$, Formaldehydverbindung des Natriumhydrosulfits,

4. **Natriumsulfoxylat**, $NaHSO_2$.

5. **Natriumsulfoxylat-Formaldehyd**, $NaHSO_2 \cdot CH_2O \cdot 2H_2O$, Formaldehydverbindung des Natriumsulfoxylats.

6. **Basisches Zinksulfoxylat-Formaldehyd**, $Zn(OH)HSO_2 \cdot CH_2O$, wasserunlöslich, in verdünnten Säuren zersetzlich.

7. **Normales Zinksulfoxylat - Formaldehyd**, $Zn{HSO_2 \cdot CH_2O \atop HSO_2 \cdot CH_2O}$ wasserlöslich, in verdünnten Säuren unzersetzt, wässerige Lösung ziemlich haltbar, in Alkali unlöslich und basisches Salz bildend.

Handelsmarken. Von der I. G. Farbenindustrie werden folgende Einheitsmarken auf den Markt gebracht.

Handelsmarken:	Hauptbestandteile und Verwendungszwecke:
Hydrosulfit konz. Plv. .	Natriumhydrosulfit techn., wasserfrei (Küpenfärberei).
Blankit	Reines, etwa 90 % iges Natriumhydrosulfit (Zuckerindustrie u. a.).
Blankit I	Natriumhydrosulfit, rein, hitzebeständig (Spezialzwecke der Textilbleicherei).
Burmol	Natriumhydrosulfit (Spezialprodukt für Abzieh- und Bleichzwecke).
Rongalit C	Natrium-Sulfoxylat-Formaldehyd (Ätzzwecke).
Rongalit CW	Natrium-Sulfoxylat-Formaldehyd (Wollätzzwecke).
Rongalit CL, CL extra	Natrium-Sulfoxylat-Formaldehyd mit Leukotropzusatz (für stärkere Ätzen, z. B. Naphthylaminbordeaux).
Dekrolin	Wasserunlösliches Zink-Sulfoxylat-Formaldehyd (in Säure löslich), basisches Salz: $Zn(OH)HSO_2 \cdot CH_2O$.
Dekrolin AZA	Wasserunlösliches Zink-Sulfoxylat-Azetaldehyd (in Säure löslich), Abziehmittel.
Dekrolin lösl. konz. . .	Wasserlösliches Zink-Sulfoxylat-Formaldehyd (Abziehmittel), neutrales Salz: $Zn(HSO_2)_2 \cdot 2(CH_2O)$.

Chemische Untersuchung. Die Feststellung, ob ein Natrium- oder ein Zink-Hydrosulfit vorliegt, geschieht auf gewöhnlichem analytischen Wege nach dem Zersetzen mit Säure usw. Formaldehyd läßt sich beim Erhitzen durch den Geruch erkennen. Bei 120° beginnt das reine Hydrosulfit-Formaldehyd sein Kristallwasser abzugeben und bei 125° beginnt Formaldehyd (und Schwefelwasserstoff) zu entweichen.

Die Hauptbestimmung ist die des Gehaltes an Hydrosulfit bzw. Sulf-oxylat. Die Berechnung kann verschieden erfolgen: bei Natriumhydro-sulfit auf $Na_2S_2O_4$, bei der Formaldehydverbindung auf das wirksame Agens $NaHSO_2 \cdot CH_2O \cdot 2H_2O$ oder als Wirkungswert auf das Quan-tum reduzierten Indigotins; in letzterem Falle wird das von 1 T. Hydro-sulfit reduzierte Indigotin angegeben. Ein bestimmter Gehalt wird von den Fabriken meist nicht garantiert, sondern nach bestimmtem, fest-stehendem Typ gehandelt.

Quantitative Bestimmungen.

1. Indigomethode. Für Natriumhydrosulfit, Formaldehyd-Sulf-oxylat usw. sind folgende Ausführungsarten von der I. G. Farben-industrie empfohlen.

a) Natriumhydrosulfit. Die Bestimmung des Hydrosulfits mit Indigolösungen entspricht der Indigobestimmung mit Hydrosulfitlösung (s. Indigobestimmung, Hydrosulfitverfahren, S. 235). Nur geht man hier von einer Indigolösung von bekanntem Gehalt aus, die mit der Natrium-hydrosulfitlösung titriert wird. Außerdem verwendet man aus prak-tischen Gründen Indigolösungen von anderem Gehalt als bei den Indigo-titrationen. Da

$$0{,}1505 \text{ g Indigotin} = 0{,}1 \text{ g Natriumhydrosulfit } (Na_2S_2O_4)$$

entsprechen, wägt man zweckmäßig 1,505 g Indigotin bzw. eine ent-sprechende Menge Indigokarmin, z. B. 3,1684 g Indigokarmin mit einem Gehalt von 47,5 % Indigotin ab (47,5 : 100 = 1,505 : x; $x = 3{,}1684$), und löst diese Menge mit 1 ccm konzentrierter Schwefelsäure zu 1 l auf. 100 ccm dieser Indigolösung entsprechen dann 0,1505 g Indigotin bzw. 0,1 g Natriumhydrosulfit. Die Natriumhydrosulfitlösung wird durch Lösen von 10 g Hydrosulfit in etwa 1 %iger Ätznatronlösung zu 1 l hergestellt. Mit dieser Lösung werden 100 ccm vorgelegter Indigo-lösung bei Zimmertemperatur im Stickstoff- oder Leuchtgasstrom, wie bei der Indigoanalyse (s. d.), titriert.

Berechnung: Bei Einhaltung obiger Lösungsverhältnisse von In-digokarmin und Hydrosulfit enthalten die verbrauchten ccm Hydro-sulfitlösung $= 0{,}1$ g $Na_2S_2O_4$.

b) Formaldehyd-Sulfoxylate. Die Sulfoxylate werden in ähn-licher Weise bestimmt wie die Natriumhydrosulfite. Da hier aber

$$0{,}1701 \text{ g Indigotin} = 0{,}1 \text{ g Sulfoxylat } (NaHSO_2 \cdot CH_2O \cdot 2H_2O)$$

entsprechen, löst man zweckmäßig eine 1,701 g Indigotin enthaltende Menge Indigokarmin von bekanntem Gehalt, und zwar ohne Säurezu-satz, zu 1 l auf. Man gibt dann zu 100 ccm der Indigolösung ($=0{,}1701$ g Indigotin) 15 ccm Eisessig zu, erhitzt unter Gasabschluß und titriert heiß mit der 1 %igen Formaldehyd-Sulfoxylatlösung, am besten wieder im Stickstoff- oder Leuchtgasstrom bis zur Entfärbung der Indigolösung. Soweit die Produkte nicht klar löslich sind, läßt man die Lösungen vor dem Einfüllen in die Bürette klar absetzen.

Berechnung. Die verbrauchten ccm Sulfoxylatlösung entsprechen bei Einhaltung obiger Lösungsverhältnisse 0,1 g Natrium-Formaldehyd sulfoxylat ($NaHSO_2 \cdot CH_2O \cdot 2H_2O$).

Formaldehydbestimmung. Zur Bestimmung des Gesamtformaldehyds (*a*) verdünnt man 25 ccm der Sulfoxylatlösung (10 : 1000) zu 500 ccm mit Wasser (= 0,25 g Sulfoxylat : 500), läßt von dieser verdünnten Lösung 50 ccm in 50 ccm $\frac{1}{10}$ n-Jodlösung einlaufen und macht mit 25 ccm n-Lauge alkalisch. Man läßt 5—10 Minuten stehen, säuert dann mit 30 ccm n-Salzsäure an und titriert den Jodüberschuß mit $\frac{1}{10}$ n-Thiosulfatlösung zurück (= Gesamtformaldehyd, s. a. u. Formaldehyd, S. 125). Das als Sulfoxylat gebundene Formaldehyd (*b*) bestimmt man durch unmittelbare Titration von 25 ccm der Sulfoxylatlösung (5 : 1000) mit $\frac{1}{10}$ n-Jodlösung in neutraler Lösung. Die Differenz zwischen *a* und *b*, also (*a*—*b*) entspricht dem Gehalt an freiem Formaldehyd (*c*).

c) **Zinkverbindungen** (Dekrolinmarken).

Dekrolin. 10 g der Probe, 68 g Chlorammonium und 40 g Ammoniak (25%ig) werden zu 1 l gelöst und in eine Bürette gegeben. 100 ccm Indigolösung (= 0,1701 g Indigotin) und 25 ccm Schwefelsäure (1 : 5) werden unter Gasabschluß erhitzt und heiß mit obiger Dekrolinlösung titriert. Je 1 ccm verbrauchte Dekrolinlösung entspricht = 0,1 g Natrium-Sulfoxylatformaldehyd oder = 0,109 g basischem Zink-Sulfoxylat-Formaldehyd. Hierbei wird das basische Salz vom Mol-Gew. 336,8 und dem Äquivalentgewicht 168,4 zugrunde gelegt,

$$CH_2O \cdot HSO_2Zn \cdot O \cdot ZnHSO_2 \cdot CH_2O.$$

(Natrium-Formaldehydsulfoxylat = 154; 154 : 168,4 = 100 : *x*; *x* = 109,4.)

Dekrolin löslich konzentriert. 10 g der Probe werden zu 1 l gelöst und in eine Bürette gefüllt. 100 ccm Indigolösung (= 0,1701 g Indigotin) und 15 ccm Eisessig werden unter Gasabschluß erhitzt und heiß mit obiger Dekrolinlösung titriert. Je 1 ccm verbrauchte Dekrolinlösung entspricht = 0,1 g Natrium-Formaldehydsulfoxylat bzw. 0,083 g Zinksulfoxylat-Formaldehyd, wobei das neutrale Salz vom Molekulargewicht 255,4 und dem Äquivalentgewicht 127,7 zugrunde gelegt wird.

$$Zn(HSO_2)_2 \cdot 2\,CH_2O.$$

(Natrium-Formaldehydsulfoxylat = 154; 154 : 127,7 = 100; *x*; *x* = 82,9.)

d) **Rongalit CL, CL extra** (mit Leukotropzusatz). Man löst 20 g der Probe unter Zusatz von 10 ccm Ammoniak (25%ig) schnell zu 1 l auf und titriert mit dieser Lösung heiß auf 100 ccm Indigolösung (= 0,1701 g Indigotin). Je 1 ccm verbrauchte Rongalitlösung entspricht = 0,2 g Natrium-Formaldehydsulfoxylat.

2. **Ferrizyankalium-Methode.** Bruhns[1] schlägt ein vereinfachtes Schnellverfahren vor, das einheitliche Werte ergibt und auf der Reduktion des **Ferrizyankaliums** durch Hydrosulfit gemäß der Gleichung beruht:

$$Na_2S_2O_4 + 2K_3Fe(CN)_6 = 2SO_2 + 2K_3NaFe(CN)_6.$$

Wird eine schwach alkalisch gemachte Auflösung des Hydrosulfits in ausgekochtem Wasser, der man etwas Ferrosulfat als Indikator zusetzt, mit Ferrizyankaliumlösung titriert, so tritt Blaufärbung durch Bildung von Turnbulls Blau ein, sobald alles Hydrosulfit oxydiert und

---

[1] **Bruhns:** Z. angew. Chem. 1920 S. 92.

Ferrizyankaliumlösung im Überschuß vorhanden ist. Bei dieser Art der Titration einer Hydrosulfitlösung mit Ferrizyankaliumlösung leidet indes die Genauigkeit infolge des Sauerstoffgehaltes der Lösungen und der Luft. Bruhns modifiziert deshalb das Verfahren, indem er die Auflösung des Hydrosulfits vermeidet und eine kleine Menge von 0,5—0,8 g des trockenen, gut gepulverten und gewogenen Hydrosulfits (auf einer kleinen Blechschaufel) in eine abgemessene Menge einer bekannten Ferrizyankaliumlösung vorsichtig unter gutem Umrühren hineinstreut, bis die ursprüngliche blaue Färbung durch einen sehr geringen Mehrzusatz von Hydrosulfit über Blaugrün plötzlich in Rotgelb umschlägt. Vom Hydrosulfit ist zweckmäßig nur so viel abzuwägen, daß bei Beendigung der Messung nur ein kleiner Teil zurückbleibt. Alsdann wird der Rest des abgewogenen Hydrosulfits zurückgewogen und daraus der Verbrauch ersehen. Man verwendet beispielsweise 20 ccm einer Ferrizyankaliumlösung (80 : 1000) und wägt etwa 0,8 g trockenes Hydrosulfit ab. Da 174 T. reines Natriumhydrosulfit ($Na_2S_2O_4$) 658,5 T. Ferrizyankalium entsprechen, so sind zur Reduktion von 20 ccm der Lösung 0,4228 g Hydrosulfit erforderlich. Werden z. B. 0,7675 g des technischen Hydrosulfits verbraucht, so berechnet sich demnach der Gehalt des Versuchsmaterials zu 55,1 % an reinem $Na_2S_2O_4$. Die Ergebnisse fallen wegen der unvermeidlichen Sauerstoffwirkung um etwa 0,5 % zu niedrig aus, liefern aber gut vergleichbare Werte bei verschiedenen Vergleichsobjekten. Auch kann mit Vorteil im Stickstoff- oder Leuchtgasstrom gearbeitet werden (s. Indigomethode). Formhals[1] titriert unmittelbar mit $\frac{1}{10}$ n-Ferrizyankaliumlösung (32,92 : 1000) unter Zusatz von Ferroammonsulfatlösung bis zur Blaufärbung. 1 ccm dieser Lösung entspricht 0,0105 g $Na_2S_2O_4 \cdot 2H_2O$. Vom Ferrosalz darf nur so wenig zugesetzt werden, daß keine flockige Ausfällung von Turnbulls Blau entsteht, sondern nur kolloidale Blaufärbung.

Rupp[2] vereinfacht die Bruhnssche Methode dadurch, daß er das Ferrizyankalium durch Eisenalaun ersetzt und als Indikator Rhodanlösung verwendet. 1 g krist. Ferriammoniumsulfat (= 0,1158 g Fe) entspricht 0,1805 g $Na_2S_2O_4$. Man löst 2 g zerriebenen krist. Eisenalaun in einem Becherglas von 100—150 ccm Inhalt in 15 ccm Wasser und 10 ccm 20 %iger Schwefelsäure (bei Reihenversuchen verwendet man 25 ccm einer Lösung von 80 g Eisenalaun und 65 g konzentrierter Schwefelsäure im Liter) und rötet mit 3 bis 4 Tropfen einer 10 %igen Rhodanammonlösung an. Hierauf setzt man allmählich und unter dauerndem gelinden Umschwenken aus tariertem Wägeröhrchen kleine, schließlich nur nadelkopfgroße Portionen des zerriebenen Hydrosulfits bis zur Entfärbung der Lösung zu. 2 g Eisenalaun entsprechen 0,3610 g $Na_2S_2O_4$. Der Luftfehler beträgt hierbei 0,3 % Hydrosulfit. Will man diesen vermeiden, so wird die Eisenalaunlösung vorher unter gelindem Kochen um etwa 10 ccm eingeengt, dann wieder entsprechend verdünnt, erkalten gelassen und die luftfreie Lösung unmittelbar titriert.

3. **Formaldehydverfahren nach Merriman[3].** Bei der Behandlung von Hydrosulfit mit überschüssigem Formaldehyd entsteht ein

[1] Formhals: Chem.-Ztg. 1920 S. 869.
[2] Rupp: Chem.-Ztg. 1925 S. 42. — Vgl. auch das Verfahren von H. Roth (Titration mit Eisenalaunlösung): Z. angew. Chem. 1926 S. 645.
[3] Merriman: J. Soc. chem. Ind. 1923 S. 291.

Gemisch von Sulfoxylat-Formaldehyd und Bisulfit-Formaldehyd gemäß der Gleichung:

$$Na_2S_2O_4 + 2CH_2O + 4H_2O = NaHSO_2 \cdot CH_2O \cdot 2H_2O + NaHSO_3 \cdot CH_2O \cdot H_2O.$$

Die Sulfoxylatverbindung reagiert mit Jod in neutraler oder saurer Lösung, während die Bisulfitverbindung unverändert bleibt:

$$NaHSO_2 \cdot CH_2O \cdot 2H_2O + 4J = NaHSO_4 + CH_2O + 4HJ.$$

Die Reaktion von Jod auf eine Lösung von Hydrosulfit in Gegenwart von überschüssigem Formaldehyd entspricht der Gleichung:

$$Na_2S_2O_4 + 2CH_2O + 4J + 4H_2O = NaHSO_4 + 4HJ + CH_2O + NaHSO_3 \cdot CH_2O \cdot H_2O.$$

Demnach entspricht 1 Molekül $Na_2S_2O_4 = 4J$ und 1 ccm $\frac{1}{10}$ n-Jodlösung $= 0{,}004352$ g $Na_2S_2O_4$.

Ausführung der Bestimmung. Man bringt 20—40 ccm Formaldehyd (Formalin) in einen Literkolben und füllt bis auf etwa 950 ccm mit Wasser auf. Dann bringt man genau abgewogene etwa 10 g Hydrosulfit schnell durch einen trocknen, weithalsigen Trichter in die Literflasche, spült den Trichter schnell nach und füllt auf 1000 ccm auf. Man mischt recht gründlich durch und bringt zu 100 ccm destilliertem Wasser und 50 ccm $\frac{1}{10}$ n-Jodlösung 20 ccm des Kolbeninhalts. Nach 2 bis 3 Minuten titriert man den Jodüberschuß mit $\frac{1}{10}$ n-Thiosulfatlösung zurück.

Je 1 ccm verbrauchte $\frac{1}{10}$ n-Jodlösung $= 0{,}004352$ g $Na_2S_2O_4$.

4. **Kupfermethode.** Die ursprünglich von Schützenberger und Risler angegebene, von Bernthsen und Jellinek weiter ausgebildete, von Baumann, Thesmar und Frossard empfohlene Methode ist zuletzt von Bosshard und Grob[1] weiter ausgebildet und vereinfacht worden. Sie beruht auf der Gleichung:
$$2CuSO_4 + Na_2S_2O_4 + 4NH_3 + 2H_2O = Cu_2SO_4 + Na_2SO + {}_3(NH_4)_2SO_3 + (NH_4)_2SO_4,$$
so daß $2Cu = 1Na_2S_2O_4$ entsprechen. Wegen ihrer Umständlichkeit wird diese Methode nur selten ausgeführt und hier nicht beschrieben.

5. **Silber-Reduktionsmethode.** Nach Seyewetz und Bloch[2] läßt sich der Hydrosulfitgehalt durch Reduktion einer Lösung von Chlorsilber in Ammoniak und Wägung des ausgeschiedenen Silbers bestimmen. Die Reaktion verläuft nach der Gleichung:
$$Na_2S_2O_4 + 2AgCl + 4NH_4OH = 2(NH_4)_2SO_3 + 2NaCl + 2H_2O + 2Ag.$$

Smith[3] arbeitet volumetrisch, indem er das Silber auf dem Goochtiegel sammelt, in Salpetersäure löst und nach Volhard (s. S. 39) titriert. Statt Chlorsilber in Ammoniak zu lösen, verwendet er ammoniakalische Silbernitratlösung, erwärmt nicht die Flüssigkeit bis zur vollständigen Ausscheidung des Silbers, wäscht das fein verteilte Silber mit Ammoniumnitratlösung und löst das Silber kochend in verdünnter Salpetersäure.

6. Für annähernde Bestimmungen kann man sich auch des **Hydrosulfometers** bedienen. Der kleine Apparat nebst Anleitung wird von der Chem. Fabrik Pyrgos G.m.b.H., Radebeul-Dresden, herausgebracht.

Schwefelnatrium, Natriumsulfid. $Na_2S = 78{,}16$; $Na_2S \cdot 9H_2O = 240{,}2$; leicht wasserlöslich, farblos bis gelblich, gelbbraun oder grau. Die Kristallware ist 30—32 %ig, die kalzinierte 60—62 %ig. Das Salz zieht aus der Luft Wasser, Kohlensäure und Sauerstoff an und zerfließt dabei unter teilweiser Umwandlung in kohlensaures und schwefelsaures Natron.

---

[1] Bosshard u. Grob: Chem.-Ztg. 1913 S. 423.
[2] Seyewetz u. Bloch: Chem. Zbl. 1906 II S. 358.
[3] Smith: Chem. Zbl. 1922 II S. 110.

Es ist daher gut verschlossen und nicht zu lange zu lagern. Die gewöhnlichen Verunreinigungen bestehen aus freiem Alkali, Glaubersalz, Soda und Thiosulfat. Man prüft auf Klarlöslichkeit, Gehalt an Sulfid, möglichstes Fehlen von Eisen und von größeren Mengen freien Alkalis. Seit einiger Zeit kommt fast chemisch reine Kristallware in den Handel; sie ist ganz farblos, gibt klare, farblose Lösungen, enthält etwa 32 % Na_2S, nur Spuren Sulfit und Thiosulfat sowie keine Schwermetalle und nur 0,001 % Eisen. Die zur Untersuchung bestimmte Probe ist schnell zu entnehmen, in gut verschlossenem Wägegläschen zu wägen, schnell zu lösen und zu untersuchen.

Gehalt und spezifisches Gewicht der wäßr. Lsg. an wasserfr. Salz bei 18,4°.

% Na_2S:	2,02	5,03	9,64	14,02	16,12	18,15
Spez. Gew.:	1,021	1,056	1,110	1,158	1,181	1,216

Gehaltsbestimmung. a) **Jodtitration.** $H_2S + 2J = 2HJ + S$. Man löst 11—12 g wasserfreies oder etwa 35 g krist. Schwefelnatrium zu 1 l und titriert mit dieser Lösung 25 ccm $\frac{1}{10}$ n-Jodlösung, die man zu 100 ccm mit Wasser verdünnt, mit etwas Salzsäure angesäuert und mit etwas Stärkelösung versetzt hat, bis Entfärbung der Jodlösung stattfindet. Hierbei wird das etwa vorhandene Thiosulfat mitgemessen und als Sulfid angegeben (s. w. u.).

1 ccm $\frac{1}{10}$ n-Jodlösung = 0,012 g $Na_2S \cdot 9 H_2O$ bzw. = 0,0039 g Na_2S wasserfrei.

Genauer wird die Bestimmung, wenn man zu einer abgemessenen Menge Sulfidlösung einen Jodüberschuß zusetzt und diesen Überschuß mit Thiosulfat zurückmißt. 11—12 kalziniertes oder 36—38 g krist. Natriumsulfid wird zu 1 l gelöst und die Lösung mehrere bis 24 Stunden zwecks Absetzung des meist vorhandenen Eisensulfids stehen gelassen. Alsdann werden 25 ccm der klaren Sulfidlösung zu 25 ccm einer mit Salzsäure angesäuerten $\frac{1}{10}$ n-Jodlösung zufließen gelassen und der Jodüberschuß unter Zusatz von Stärkelösung (am besten gegen Schluß der Titration) mit $\frac{1}{10}$ n-Thiosulfatlösung zurücktitriert.

Ist außer Sulfid auch Thiosulfat zugegen, so wird aus einer neuen Portion der Stammlösung das Sulfid z. B. mit Zinkvitriollösung oder frisch gefälltem Kadmiumkarbonat ausgefällt und im Filtrat das Thiosulfat allein mit Jodlösung titriert. Man versetzt z. B. 100 ccm einer 1 %igen Natriumsulfidlösung mit 100 ccm $\frac{1}{5}$ n-Zinksulfatlösung, filtriert und titriert 40 ccm des Filtrats mit $\frac{1}{10}$ n-Jodlösung.

b) **Formaldehydverfahren nach Podreschetnikoff-Viktoroff**[1]. Man wägt 15—20 g krist. oder 5—6 g kalziniertes Schwefelnatrium in geschlossenem Wägeglas ab, löst zu 500 ccm in destilliertem, frisch ausgekochtem Wasser und führt folgende zwei Titrationen aus: 1. Man verdünnt 10 ccm obiger Stammlösung zu 500 ccm mit Wasser und titriert gegen Phenolphthalein mit $\frac{1}{10}$ n-Schwefelsäure bis zur Entfärbung. Hierbei wird das freie Ätznatron und das aus dem Schwefelnatrium hydrolytisch abgespaltene Ätznatron ermittelt, NaOH frei + NaOH hydrolytisch. Der Verbrauch betrage a ccm $\frac{1}{10}$ n-Säure.

---

[1] Podreschetnikoff: Z. Farben-Ind. 1907 S. 388. — Viktoroff: J. Prikladn. Chim. Bd. 4 (1932) Nr. 7—8 S. 1083.

2. Weitere 10 ccm der gleichen Stammlösung versetzt man mit 10 ccm neutralisiertem (möglichst frisch destilliertem) Formaldehyd und titriert wieder mit $\frac{1}{10}$ n-Schwefelsäure, und zwar die erste Hälfte schnell, die letzte Hälfte langsam zu Ende. Bei dieser 2. Titration wird das freie Ätznatron und das gesamte Natriumsulfid erfaßt. Der Verbrauch bei der 2. Titration betrage b ccm $\frac{1}{10}$ n-Säure.

Die 1. Titration erfaßt also das freie Ätznatron und die Hälfte des Natriumsulfides, die 2. Titration das freie Ätznatron und das gesamte Natriumsulfid. Der Gehalt an Ätznatron und Natriumsulfid wird demnach nach folgenden Gleichungen berechnet:

$$(2a-b) \times 0{,}004 \; = g \; \text{NaOH in der titrierten Flüssigkeitsmenge,}$$
$$2(b-a) \times 0{,}0039 = g \; \text{Na}_2\text{S in der titrierten Flüssigkeitsmenge,}$$
$$2(b-a) \times 0{,}012 \; = g \; \text{Na}_2\text{S} \cdot 9\,\text{H}_2\text{O in der titrierten Flüssigkeitsmenge.}$$

Bei der 1. Titration wird (außer dem freien Ätznatron) das Schwefelnatrium bis zur Bildung von NaHS abtitriert:

$$\text{Na}_2\text{S} + \text{H}_2\text{O} = \text{NaOH} + \text{NaHS} \quad \text{(neutral gegen Phenolphthalein).}$$

Beim Zusatz von Formaldehyd bildet sich Ätznatron nach der Gleichung:

$$\text{NaHS} + \text{H}_2\text{O} + \text{CH}_2\text{O} = \text{NaOH} + \text{CH}_2(\text{SH})(\text{OH}), \text{ neutral gegen Phenolphthalein.}$$

Chlorsaures Natron, Natriumchlorat. $\text{NaClO}_3 = 106{,}46$; L. k. W. $= 100:100$. Nicht immer von so großer Reinheit wie das Kaliumsalz. Seine Hauptverunreinigungen sind Alkalichloride und Kalziumchlorid, evtl. auch Eisensalze. Es hat vor dem Kaliumsalz den Vorzug größerer Wasserlöslichkeit. Gehaltsbestimmung s. u. Kaliumchlorat.

100 T. Wasser lösen:

bei t^0: . . .	0	20	40	60	80	100	120^0
T. NaClO_3: .	81,9	99	123,5	147,1	175,6	232,6	333,3

Gehalt und spezifisches Gewicht der wässerigen Lösungen von Natriumchlorat ($14{,}5^0$):

% NaClO_3: .	10	15	20	25	30	35
Spez. Gew.: .	1,07	1,108	1,147	1,190	1,235	1,282

Unterchlorigsaures Natron, Natriumhypochlorit, Natronbleichlauge, Bleichlauge, Chlorsoda, Eau de Javelle. $\text{NaOCl} = 74{,}46$; nur in Lösung im Handel, beim Erhitzen zerfällt das Hypochlorit in Chlorid und Chlorat.

Natronbleichlauge (I. G. Farbenindustrie). Unter dem Namen „Natronbleichlauge" bringt die I. G. Farbenindustrie eine konzentrierte, ziemlich gut haltbare Natriumhypochloritlösung von 25^0 Bé mit etwa 150—160 g aktivem Chlor im Liter in den Handel, die gute Einführung gefunden hat.

Untersuchung von Bleichflüssigkeiten. Die „Bleichflüssigkeiten" bestehen im wesentlichen aus Gemengen von Hypochloriten und Chloriden, in vielen Fällen mit freier unterchloriger Säure. Die Basis derselben kann Kalk, Kali oder Natron sein. Gleichviel, ob sie durch Doppelzersetzung von Chlorkalk mit anderen Salzen oder durch Einleiten von Chlor in Kalkmilch, Soda, durch Elektrolyse von Chloriden usw. dargestellt worden sind, findet man als ihre Bestandteile: Hypochlorit, Chlorid, freie unterchlorige Säure, freies Chlor, Chlorat, mit den Basen: Alkalien, Kalk usw., und zwar können Karbonate und Ätzalkalien vorhanden sein.

Chlorkalklösungen können enthalten: $Ca(OCl)_2$, $CaCl_2$, $Ca(OH)_2$, $Ca(ClO_3)_2$, $HOCl$, freies Cl und $CaSO_4$. Ferner können noch Salze anderer Basen zugegen sein, z. B. von Magnesium, in gewissen Fällen auch organische Stoffe und wohl auch wasserlösliche, organische Kalkverbindungen. — Eau de Javelle-Laugen können enthalten: $NaOCl$, $NaCl$, $NaClO_3$, Na_2CO_3, $NaHCO_3$, $NaOH$, $HOCl$, CO_2, Na_2SO_4, ferner, wenn zu wenig Soda genommen wurde, Kalzium- und auch Magnesiumsalze, schließlich auch durch das Bleichen hineingelangende organische Stoffe und Salze organischer Säuren. — In der Elektrolytbleichlauge sind im allgemeinen dieselben Stoffe enthalten wie in Eau de Javelle, wenn auch in anderen Verhältnissen, sie können neben $NaOCl$ insbesondere reichliche Mengen von $NaCl$ enthalten, ferner $NaClO_3$ und wahrscheinlich auch $NaClO_2$, ferner Na_2CO_3, $NaHCO_3$, $NaOH$, Na_2SO_4, $HOCl$, CO_2. Außerdem können in geringen Mengen Salze anderer Basen sowie anderer Säuren aus Verunreinigungen des Kochsalzes, des Wassers usw. zugegen sein.

Gleichgültig, ob Kalzium- oder Natriumbleichlaugen vorliegen, kann sich die Untersuchung auf folgende Bestimmungen erstrecken:

1. Die Bestimmung des aktiven Chlors (Hypochlorit, neben etwa vorhandenem Chlorit und freiem Chlor),

2. die Bestimmung der Alkalität (überschüssiges Alkali) bzw. der Azidität (freier unterchloriger Säure),

3. die Bestimmung der fremden Salze,

4. die Prüfung auf Erdalkaliverbindungen,

5. die Bestimmung des Chlorats,

6. die Prüfung auf freies Chlor.

1a) Bestimmung des aktiven Chlors (s. a. u. Chlorkalk). Man versetzt eine Jodkaliumlösung unter Umrühren mit 10 ccm Bleichlösung, gibt einige ccm verdünnter Salzsäure (1 : 2) zu und titriert das ausgeschiedene Jod in der völlig klaren Lösung (andernfalls ist noch Jod zuzusetzen) mit $\frac{1}{10}$ n-Thiosulfatlösung, zuletzt unter Zusatz von Stärkelösung.

1 ccm $\frac{1}{10}$ n-Thiosulfatlösung = 0,003546 g aktives Chlor.

1b) Man versetzt eine abgemessene bzw. abgewogene Menge der Bleichlösung mit einer gemessenen überschüssigen Menge von Wasserstoffsuperoxyd von bekanntem Titer und titriert den Überschuß von Wasserstoffsuperoxyd mit $\frac{1}{10}$ n-Permanganat zurück (s. a. u. Chlorkalk und Wasserstoffsuperoxyd).

1c) Für annähernde Untersuchungen kann man sich auch des „Chlorometers" oder „Chlorzylinders" bedienen, der von der Chem. Fabrik Pyrgos G.m.b.H., Radebeul-Dresden, nebst Anleitung in den Handel gebracht wird (s. a. u. Aktivin S. 118).

2. Bestimmung der Alkalität bzw. Azidität.

Verfahren von Foerster und Jorre[1]. Erforderlich sind: Genau aufeinander eingestellte $\frac{1}{5}$ n-Lösungen von Ätznatron und Salzsäure, ferner eine genau neutrale, etwa 10 %ige Wasserstoffsuperoxydlösung. Durch letztere wird das Hypochlorit nach der Gleichung zerstört:

$$NaOCl + H_2O_2 = NaCl + H_2O + O_2.$$

---

[1] Foerster u. Jorre: Z. angew. Chem. 1900 S. 181.

Zu der genau abgemessenen Menge Bleichlauge (etwa 50 ccm) gibt man 2—5 ccm $\frac{1}{5}$ n-Natronlauge, dann 10 ccm neutrales Wasserstoffsuperoxyd von etwa 10 Gew. % (Perhydrol verdünnt) und färbt nun mit Phenolphthalein schwach rot. Alsdann wird mit der $\frac{1}{5}$ n-Salzsäure bis zur Entfärbung des Indikators titriert. Aus dem Verbrauch an Säure oder Alkali ergibt sich die Azidität oder Alkalität der Bleichlauge. Liegt also genau neutrales Hypochlorit vor, so wird genau soviel Säure wieder nötig sein, wie an Natronlauge ursprünglich zugesetzt war. Ist die Bleichlauge sauer (enthält also freie unterchlorige Säure), so wird zum Zurücktitrieren weniger Säure erforderlich sein, als an Natronlauge zugesetzt war. Enthält die Bleichlauge überschüssiges Alkali (Soda, Ätznatron), so wird mehr Säure zum Zurücktitrieren gebraucht, als an Alkali zugesetzt war.

3. Bestimmung des Salzgehaltes. Man arbeitet nach Lunge, indem man zuerst 1. das bleichende Chlor nach Penot (s. Chlorkalk) feststellt, wobei alles Hypochlorit in Chlorid und das Arsenit in Arseniat übergeht, welch letzteres wie Kaliumchromat bei der Silbertitration des Chlorids als Indikator wirkt. Die titrierte Lösung neutralisiert man mit verdünnter Salpetersäure und titriert 2. mit $\frac{1}{10}$ n-Silbernitratlösung (eventuell einen aliquoten Teil), wodurch der Gehalt an Gesamtchlor ermittelt wird (s. u. Chloriden). Eine Korrektur wie bei Kaliumchromat ist bei Anwendung von Arseniat nicht nötig. Die Differenz beider Bestimmungen, 2 — 1, entspricht dem Chloridchlor.

4. Prüfung auf Kalk und Magnesia. Einen ungefähren Einblick in diese Verhältnisse erhält der praktische Bleicher, wenn er der klaren Bleichlauge etwas Sodalösung zusetzt; aus dem Grade der etwa eintretenden Trübung oder Fällung ersieht man, ob und etwa wieviel Erdalkalisalze vorhanden sind. Im einzelnen können Kalk- und Magnesiasalze nach den an anderer Stelle beschriebenen Verfahren getrennt und quantitativ bestimmt werden.

5. Bestimmung des Chlorats. Zunächst wird 1. das bleichende oder aktive Chlor nach einem der unter Chlorkalk beschriebenen Verfahren ermittelt (z. B. a %). Alsdann wird 2. Hypochlorit- und Chloratchlor zusammen bestimmt, entweder a) durch Destillation mit konzentrierter Salzsäure im Bunsenschen Chlordestillationsapparat, Auffangen des entweichenden Chlors in Jodkaliumlösung und Titration des ausgeschiedenen Jods nach der bekannten Weise mit Thiosulfat (z. B. b %), oder aber b) durch Kochen mit einer genau bekannten, überschüssigen Menge Ferrosulfatlösung und Zurücktitrieren des Ferrosulfats mit Permanganat (z. B. b %). Die Differenz $b — a$ entspricht dem Chloratchlor.

6. Bestimmung der unterchlorigen Säure (bzw. Hypochlorit) neben freiem Chlor.

a) Die Methode von Lunge beruht auf folgenden Reaktionen:

1. $HOCl + 2KJ = KCl + KOH + J_2$.
2. $Cl_2 + 2KJ = 2KCl + J_2$.

Ein G.-Mol. unterchlorige Säure erzeugt also ein G.-Mol. Ätzkali und setzt ein G.-Mol. Jod in Freiheit, während ein G.-Mol. Chlor die gleiche Menge Jod in Freiheit setzt, aber kein Ätzkali erzeugt. Das von der unterchlorigen Säure erzeugte Kaliumhydroxyd dient als Maß für diese Säure.

Ausführung. Man versetzt eine Jodkaliumlösung mit einer gemessenen Menge $\frac{1}{10}$ n-Salzsäure, läßt zu dieser Lösung eine gemessene Probe der Bleichlösung zufließen und titriert das ausgeschiedene Jod mit $\frac{1}{10}$ n-Thiosulfatlösung (= aktives Gesamtchlor). Die nun farblos gewordene Lösung versetzt man mit Methylorange und titriert den Überschuß der zugesetzten Säure mit $\frac{1}{10}$ n-Natronlauge zurück. Das von der unterchlorigen Säure erzeugte Ätzkali erfordert halb so viel $\frac{1}{10}$ n-Säure, als $\frac{1}{10}$ n-Thiosulfatlösung zur Reduktion des durch die unterchlorige Säure frei gemachten Jods.

Berechnung. Angewandt: V ccm Bleichlösung; an $\frac{1}{10}$ n-Salzsäure vorgelegt: t ccm; zur Bestimmung des Gesamtchlors verbraucht: T ccm $\frac{1}{10}$ n-Thiosulfatlösung; zur Rücktitrierung des Säureüberschusses verbraucht: t_1 ccm $\frac{1}{10}$ n-Natronlauge. Die zur Neutralisation des von der unterchlorigen Säure erzeugten Kaliumhydroxydes verbrauchten $(t-t_1)$ ccm $\frac{1}{10}$ n-Säure entsprechen $2(t-t_1)$ ccm $\frac{1}{10}$ n-Thiosulfat- bzw. Jodlösung.

Daher sind in V ccm Bleichlösung vorhanden:

$$2(t-t_1) \times 0{,}005246 \text{ g HOCl und}$$
$$T - 2(t-t_1) \times 0{,}003545 \text{ g freies Cl.}$$

b) Eine ähnliche Methode von Klimenko[1] beruht darauf, daß unterchlorige Säure in Gegenwart von Salzsäure doppelt soviel Jod aus Jodkalium frei macht, als in Abwesenheit von Salzsäure:

$$HOCl + HCl + 2KJ = H_2O + 2KCl + 2J;$$
$$2HOCl + 3KJ = 2KCl + KOJ + 2J.$$

Man versetzt eine überschüssige Menge von Jodkalium mit einer genau gemessenen Menge Bleichlösung und titriert 1. das frei gewordene Jod mit Thiosulfatlösung (a ccm Verbrauch). Dann säuert man die titrierte Lösung mit Salzsäure an und 2. titriert das nun neuerdings frei gewordene Jod wiederum ab (Verbrauch b ccm $\frac{1}{10}$ n-Thiosulfatlösung). Die erste Titration entspricht dem freien Chlor und der Hälfte der unterchlorigen Säure, die zweite Titration der anderen Hälfte der unterchlorigen Säure. Es entspricht demnach:

$$2b = \text{der unterchlorigen Säure,}$$
$$a - 2b = \text{dem freien Chlor.}$$

Wenn nun $a = b$, so ist kein freies Chlor enthalten.
Wenn $b = 0$, so ist keine freie unterchlorige Säure enthalten.

Natriumnitrit, salpetrigsaures Natrium, Nitrit. $NaNO_2 = 69$; leicht wasserlöslich. Kleine, leicht lösliche, nicht hygroskopische, gelbliche bis fast schneeweiße Kristalle. Der Gehalt an $NaNO_2$ in der guten technischen Ware beträgt 96—98%. Seine Verunreinigungen bestehen aus Nitrat, Chlorid, Sulfat und Feuchtigkeit.

Gehaltsbestimmung.

a) Chamäleontitration nach Lunge. Man läßt in z. B. 20 ccm $\frac{1}{2}$ n-Chamäleonlösung, die mit Schwefelsäure stark angesäuert und auf 40—50° erwärmt ist, eine Lösung von 1 g Natriumnitrit in 100 ccm aus einer Bürette langsam und unter gutem Umschütteln einlaufen, bis eben Entfärbung eingetreten ist.

$$5\,NaNO_2 + 3\,H_2SO_4 + 2\,KMnO_4 = 5\,NaNO_3 + K_2SO_4 + 2\,MnSO_4 + 3\,H_2O.$$
$$1 \text{ ccm } \tfrac{1}{2} \text{ n-Chamäleonlösung} = 0{,}01725 \text{ g } NaNO_2.$$

Die Methode ist auf $+ 0{,}1\%$ genau. Bei Gegenwart von ameisensauren Salzen werden nach Wegner zu hohe Resultate erhalten.

b) Nach der Methode der Vereinigten deutschen Nitritfabrikanten wird zunächst der ungefähre Gehalt festgestellt und dann fast die gesamte nötige Menge Chamäleonlösung zu der angesäuerten Nitritlösung auf einmal zugegeben, um nur die letzten Reste salpetriger Säure abzutitrieren. 100 g Nitrit werden zu 1 l gelöst, von dieser Lösung werden wiederum 100 ccm zu 1 l verdünnt ($= 10$ g Salz in 1 l, oder 1 ccm Lösung $= 0{,}01$ g Salz). Die zur Verwendung kommende Lösung von Kaliumpermanganat ist so eingestellt, daß 100 ccm derselben genau 1 g $NaNO_2$ entsprechen[2], also die verbrauchte Anzahl Kubikzentimeter direkt die Prozente $NaNO_2$ angibt. Zur endgültigen Analyse werden 100 ccm der Nitritlösung ($= 1$ g Salz) mit Wasser zu 1 l verdünnt, die durch Vorprüfung festgestellte Menge der Kaliumpermanganatlösung hinzugegeben, dann mit reiner Schwefel-

---

[1] Klimenko: Z. anal. Chem. 1903 S. 718.
[2] Eine solche Lösung würde 9,1611 g chemisch reines $KMnO_4$ im Liter enthalten.

säure stark angesäuert und nach jedesmaliger Entfärbung tropfenweise noch so
viel Chamäleonlösung hinzulaufen gelassen, bis eine schwache, mindestens 3 Minuten bleibende Rötung entsteht.

Je 1 ccm Chamäleonlösung = 1 % $NaNO_2$.

Natriumphosphate. Mononatriumphosphat, NaH_2PO_4 (meist mit 2 Mol.
Kristallwasser), reagiert sauer und hat den pH-Wert = 4,2.

Dinatriumphosphat, Na_2HPO_4 (meist mit 12 Mol., sonst auch mit 2 Mol.
Kristallwasser), reagiert schwach alkalisch und hat den pH-Wert = 9,2. Zum Erschweren der Seide verwendet.

Trinatriumphosphat, Na_3PO_4 (mit verschiedenen Wassergehalten), reagiert
stark alkalisch; in wässeriger Lösung in Dinatriumsalz und Natronlauge gespalten,
daher pH-Wert annähernd gleich dem der Natronlauge, und zwar = 12,6—13. In
der Wasserreinigerei gebraucht (s. u. Wasser).

Saures Natriumpyrophosphat, $Na_2H_2P_2O_7$, reagiert sauer, macht Kohlensäure aus Natriumbikarbonat frei (Ersatz für Cremor tartari).

Neutrales Natriumpyrophosphat, $Na_4P_2O_7$ (mit 10 Mol. Kristallwasser
und wasserfrei im Handel), reagiert stärker alkalisch als das gewöhnliche Dinatriumphosphat und hat den pH-Wert = 9,8.

Natriummetaphosphat, $NaPO_3$, Tri-, Tetra- und Hexametaphosphat.
Letzteres besonders als Wasserreinigungsmittel verwendet (s. u. Wasser).

Natriumphosphat, phosphorsaures Natron. $Na_2HPO_4 \cdot 12\,H_2O$
= 358,24. Das gewöhnliche Natronphosphat des Handels ist das sekun-
däre, einfachsaure oder Dinatriumphosphat. Für einige Zwecke wird
auch das tertiäre, normale, gesättigte oder Trinatriumphosphat $(Na_3PO)_4$,
sowie das Pyrophosphat $(Na_4P_2O_7 \cdot 10\,H_2O)$ gebraucht. Das Produkt
kommt in kleineren bis größeren, leicht verwitternden Kristallen von
sehr verschiedener Reinheit in den Handel. Seltener wird auch kalzinierte Ware angeboten, die pyrophosphathaltig sein soll, was nach
Polesie[1] für die Seidenerschwerung schädlich sein soll.

100 T. Wasser lösen:
bei 15⁰ rund 5, bei 100⁰ rund 100 T. wasserfreies Salz.

Gehalt und spezifisches Gewicht der wäßr. Lösungen an wasserhaltigem Salz.

%	2	4	6	8	10	12
Spez. Gew. .	1,0083	1,0166	1,025	1,0322	1,0418	1,0503

Verhalten zu Indikatoren. Die dreibasische Phosphorsäure gibt mit
Methylorange die Neutralreaktion, wenn das erste Wasserstoffatom gesättigt
ist, also die Verbindung NaH_2PO_4 entstanden ist. Sie verhält sich gegen diesen
Indikator also wie eine einbasische Säure, während sie gegenüber Phenolphthalein
zweibasisch ist, d. h. der Farbenumschlag bei der Bildung von Na_2HPO_4 eintritt. Lackmus ist bei Phosphaten unbrauchbar.

Zur Bestimmung der Basizität verfährt Smith[2] wie folgt. Tritt auf Zusatz von Phenolphthalein keine Rosafärbung ein, so sind Triphosphat und Soda
nicht anwesend. Dann wird die Lösung auf 55⁰ erwärmt und nach Zugabe von
etwas Kochsalz oder Natriumnitrat mit n-Natronlauge bis Schwachrosa titriert.
Die zu diesem Endpunkt A verbrauchte Anzahl Kubikzentimeter wird mit a
bezeichnet. Nunmehr titriert man mit n-Salzsäure und Methylorange zurück bis
zu dem zweiten Endpunkt B mit einem Verbrauch von b ccm zwischen A und B.
Ist nur Di- und Monophosphat oder Monophosphat und Phosphorsäure oder nur
einer dieser Körper vorhanden, so entspricht, wenn a größer ist als b, die Menge
$a—b$ der Phosphorsäure und b dem Monophosphat. Wenn b größer ist als a, so

---

[1] Polesie: Melliand Textilber. 1930 S. 301; Mschr. Textilind. 1932 S. 181.
[2] Smith: J. Soc. chem. Ind. 1917 S. 415; Z. angew. Chem. 1918 S. 311.

ist $b-a$ = Diphosphat und a = Monophosphat. Ist $a = b$, so ist jedes gleich der Monophosphatmenge, während, wenn $a = 2b$, nur Phosphorsäure vorliegt. Um alle Gemische von Phosphorsäure und deren Alkalisalze sowie etwa vorhandenes Karbonat und Natriumoxyd bestimmen zu können, wird noch eine dritte Titration ausgeführt, indem man noch eine etwa gleich große Menge Salzsäure wie $b(b')$ zugibt und 15 Minuten stark kocht. Dadurch gehen alle Metaphosphate in die Orthoform über, und gleichzeitig werden alle Karbonate zerstört. Man kühlt wieder auf 55⁰ ab und titriert mit n-Natronlauge bis zum Endpunkt B mit b'' ccm zurück und schließlich weiter bis zu einem dritten Punkt C, wo die Rosafärbung des Phenolphthaleins wieder auftritt, c ccm. b'' ist praktisch, außer bei Gegenwart von Polyphosphaten, fast gleich b'. Fällt C wieder zusammen mit B, so sind Metaphosphate und Karbonate nicht vorhanden. Wenn c größer ist als b, so liegt Metaphosphat vor, während bei Anwesenheit von Karbonaten, die sich im Triphosphat fast immer vorfinden, c kleiner als b sein wird. In letzterem Falle, wenn auch a kleiner als b ist, ergibt sich: $Na_3PO_4 = a + c - b$; $Na_2HPO_4 = b - a$ und $Na_2CO_3 = b - c$. Sind keine Karbonate vorhanden, und ist a größer als b, so wird $Na_3PO_4 = b$ und $Na_2O = \frac{1}{2}(a-b)$ sein. Ist bei Gegenwart von Kohlensäure a größer als b, so berechnet sich $Na_2CO_3 = b - c$, $Na_3PO_4 = c$ und $Na_2O = \frac{1}{2}(a-b)$.

Die Hauptverunreinigungen des Natronphosphates bestehen aus Sulfat, Chlorid und Karbonat, welche den Wert eines Phosphates oft recht erheblich herabsetzen. Feubel fand auch Verunreinigungen durch arsensaures Natron. Gute Handelsware enthält meist 98 % $Na_2HPO_4 \cdot 12H_2O$ oder etwa 19,4—19,5 % P_2O_5. Der theoretische Gehalt des reinen Salzes = 19,83 % P_2O_5.

Gehaltsbestimmung. Zur Wertbestimmung eines Natronphosphats gehört (außer der Klarlöslichkeit, Farblosigkeit und Basizität) der Gehalt an Phosphorsäure.

a) Magnesium-Ammonium-Phosphat-Verfahren. (Bei Abwesenheit von alkalischen Erden, Schwermetallen usw.) 25 g Salz werden zu 1 l gelöst, 20 ccm (0,5 g Salz) der klaren, evtl. filtrierten Lösung mit etwas Salzsäure, einem großen Überschuß Magnesiamixtur (55 g kristallisiertes Magnesiumchlorid und 105 g Ammoniumchlorid zu 1 l gelöst) und dann mit 10—20 ccm gesättigter Ammoniumchloridlösung versetzt. Darauf wird bis zum beginnenden Sieden erhitzt. Nun läßt man $2\frac{1}{2}$ %iges Ammoniak unter beständigem Umrühren langsam zufließen, bis der Niederschlag anfängt sich abzuscheiden, und reguliert dann den Ammoniakzufluß so, daß etwa 4 Tropfen pro Minute der Lösung zugesetzt werden. Entsteht eine milchartige Trübung, so muß diese in Salzsäure wieder gelöst werden. Man muß also sehr darauf achten, daß der zuerst ausfallende Niederschlag kristallinisch ist[1]. In dem Maße, wie der Niederschlag sich ausscheidet, beschleunigt man den Zufluß des Ammoniaks, bis die Flüssigkeit nach Ammoniak riecht. Nun läßt man erkalten, fügt dann $\frac{1}{5}$ des Flüssigkeitsvolumens an konzentriertem Ammoniak hinzu und kann schon nach 10 Minuten filtrieren. Der Niederschlag von Magnesium-Ammonium-Phosphat wird mit $2\frac{1}{2}$ %igem Ammoniak dreimal durch Dekantation, dann auf dem Filter gewaschen, zuletzt bei 100⁰ getrocknet, geglüht und gewogen. Noch

---

[1] Unter diesen Bedingungen wird stets $Mg(NH_4)PO_4 \cdot 6H_2O$ zur Fällung gebracht. Unter anderen Bedingungen bildet sich zum Teil $Mg_3(PO_4)_2$ und $Mg(NH_4)_4(PO_4)_2$.

besser ist es, den Niederschlag durch einen Gooch-Neubauer-Tiegel zu filtrieren. Das so erhaltene Magnesiumpyrophosphat ($Mg_2P_2O_7$) muß absolut weiß sein.

$$1 \text{ g } Mg_2P_2O_7 = 0,6379 \text{ g } P_2O_5.$$

Nötigenfalls kann das Pyrophosphat durch Lösen in überschüssiger Salzsäure und Erhitzen auf dem Wasserbade (3—4 Stunden) — wobei die Pyrophosphorsäure in die Orthosäure übergeht — und Wiederfällen gereinigt werden.

b) **Ammon-Molybdat-Verfahren.** Bei Anwesenheit von alkalischen Erden, schweren Metallen oder bei sehr geringen Mengen Phosphorsäure ist es nötig, die Phosphorsäure zunächst als Ammonphosphormolybdat zu fällen. Hierzu eignet sich vorzüglich die Methode von Woy. Dieselbe ist immer anwendbar, wenn die Phosphorsäure als Orthosäure vorliegt, auch bei Gegenwart beliebiger Metalle. Kieselsäure, organische Substanz (Weinsäure, Oxalsäure) und merkliche Mengen Chloride dürfen nicht zugegen sein. Auf 1 g P_2O_5 müssen ferner mindestens 11,6 g HNO_3 angewandt werden. Woy bedient sich folgender Lösungen: 1. 30 g Ammonmolybdat zu 1 l gelöst (1 ccm fällt 0,001 g P_2O_5), 2. 340 g Ammonnitrat zu 1 l, 3. Salpetersäure 1,153 spezifisches Gewicht (= 25 %ig), 4. 200 g Ammonnitrat und 160 ccm Salpetersäure zu 4 l als Waschwasser. 50 ccm Lösung mit höchstens 0,1 g P_2O_5 werden zu 400 ccm verdünnt, mit 30 ccm Ammonnitratlösung und 10—20 ccm Salpetersäure versetzt und bis zum Blasenwerfen erhitzt. In diese heiße Lösung werden 120 ccm ebenso erhitzte Ammonmolybdatlösung in dünnem Strahle unter stetem Umschwenken eingegossen. Das gelbe Ammoniumphosphormolybdat,

$$(NH_4)_3PO_4 \cdot 12\,MoO_3 \cdot 2\,HNO_3 \cdot H_2O,$$

scheidet sich augenblicklich quantitativ ab. Man schwenkt 1 Minute um, läßt $\frac{1}{4}$ Stunde stehen, gießt die überstehende Flüssigkeit durch ein Filter, dekantiert mit 50 ccm heißer Waschflüssigkeit (4), löst den Niederschlag hierauf in 10 ccm 8 %igem Ammoniak, fügt 20 ccm Ammonnitrat, 30 ccm Wasser und 1 ccm Ammonmolybdat hinzu, erhitzt bis zum Blasenwerfen und setzt 20 ccm heiße Salpetersäure tropfenweise unter Umschwenken zu. Der Niederschlag scheidet sich wieder ab und ist nunmehr rein. Nach 10 Minuten wird filtriert, dann in warmem, $2\frac{1}{2}$ %igem Ammoniak gelöst und die Lösung mit Salzsäure so lange versetzt, bis der entstehende gelbe Niederschlag sich nur langsam wieder löst. Nun fügt man einen Überschuß saurer Magnesiamixtur hinzu (s. u. a) und erhitzt zum Sieden. Nach Zusatz von 1 Tropfen Phenolphthalein läßt man unter beständigem Umrühren etwa $2\frac{1}{2}$ %iges Ammoniak schnell bis zur schwachen Rötung zufließen und erkalten, fügt dann $\frac{1}{5}$ des Volumens an konzentriertem Ammoniak hinzu und kann schon nach 10 Minuten das gefällte Magnesium-Ammonium-Phosphat filtrieren, das nach a weiterverarbeitet wird.

Man kann auch nach Finkener das abgeschiedene Ammonphosphormolybdat direkt zur Wägung bringen, indem man es erschöpfend mit obiger Waschflüssigkeit 4 wäscht, bei 160° bis zur Konstanz trocknet und wägt. Die so erhaltene Verbindung hat die Zusammensetzung $(NH_4)_3PO_4 \cdot 12\,MoO_3$ und enthält theoretisch 3,784 % P_2O_5. Durch Multiplikation des gefundenen Gewichtes mit 0,03753, also nicht genau theoretisch, wird die vorhandene Menge P_2O_5 erhalten.

Technische Untersuchung der Phosphatbäder der Seidenfärbereien (nach Ley[1]). Die Phosphatbäder der Seidenfärbereien sind stehende Bäder mit einem Gehalt von meist 130—150 g krist. Phosphat im Liter, mitunter von 200 : 1000. Die technische Untersuchung derselben erstreckt sich auf a) den Phosphorsäuregehalt, b) Sodagehalt, c) Zinngehalt, d) sonstige Verunreinigungen.

a) Außer den angegebenen Bestimmungen der Phosphorsäure ist folgende Betriebsmethode in Gebrauch. 25 ccm Phosphatbad von etwa 50⁰ C werden mit 25 ccm destilliertem Wasser verdünnt und gegen Methylorange mit n-Schwefelsäure bis zur Rosafärbung titriert und aufgekocht. Nach dem Erkalten fügt man Phenolphthaleinlösung (nicht mehr als einen Tropfen) zu und titriert mit n-Natronlauge bis zur Rosafärbung zurück. Je 1 ccm n-Natronlauge $= 0,35824$ g $Na_2HPO_4 \cdot 12 H_2O$, bzw. 0,14205 g Na_2HPO_4 wasserfrei.

b) Die Differenz zwischen dem Säureverbrauch gegen Methylorange und dem Laugenverbrauch gegen Phenolphthalein nach a entspricht dem Gehalt des Bades an Soda, Bikarbonat u. ä. Berechnet wird in der Regel auf wasserfreie Soda, wobei die Differenz von je 1 ccm n-Säure $= 0,053$ g Na_2CO_3 bzw. 0,143 g $Na_2CO_3 \cdot 10H_2O$ entspricht. Nach Ley fällt der so ermittelte Gehalt an Soda in alten Bädern immer höher aus, als an Soda zugesetzt worden war, weil sich die Bäder je nach der Arbeitsweise mit mehr oder weniger Bikarbonat anreichern.

c) Zinngehalt. 10 ccm Bad werden mit 5 ccm Schwefelnatriumlösung (1 : 5) versetzt und 2—3 Minuten gekocht. Nach dem Abkühlen wird bis zur stark sauren Reaktion Salzsäure zugesetzt. Das mit reichlichem Schwefel verunreinigte Zinnsulfid wird abfiltriert, getrocknet, geglüht, der Glührückstand mit etwas Salpetersäure abgeraucht und nochmals geglüht. Beim direkten Einleiten von Schwefelwasserstoff in das angesäuerte Phosphatbad wird das Zinn selbst bei stundenlangem Einleiten nur unvollkommen abgeschieden.

d) Kochsalzgehalt. 5 ccm Bad werden mit Wasser verdünnt, mit Salpetersäure stark angesäuert, mit 10—20 ccm $\frac{1}{10}$ n-Silbernitratlösung sowie mit etwas Eisenalaunlösung versetzt und mit $\frac{1}{10}$ n-Rhodanammonlösung bis zur bleibenden Rotfärbung zurücktitriert. Die zugesetzte Menge Silberlösung, abzüglich der verbrauchten Menge Rhodanlösung, entspricht der zur Absättigung des Chlors verbrauchten Menge Silberlösung (Volhards Verfahren, s. S. 39).

Der Sulfatgehalt wird in bekannter Weise durch Fällung mit Chlorbarium bestimmt (s. S. 37).

Salpetrige Säure wird nachgewiesen, indem eine Probe mit Schwefelsäure angesäuert und mit Jodzinkstärkelösung versetzt wird, wobei bei Gegenwart von salpetriger Säure Blaufärbung auftritt.

Ammoniak wird in bekannter Weise mit Neßlers Reagens nachgewiesen.

Arsen. 1 ccm Bad wird mit 5 ccm Bettendorfs Reagens (Zinnsalz in konzentrierter Salzsäure) versetzt und $\frac{1}{2}$—1 Stunde stehen gelassen. Bei Anwesenheit von Arsen tritt bräunliche Färbung oder dunkler Niederschlag auf.

Die Betriebsphosphatbäder sollen möglichst farblos (durch Seidenbast und unreine Wässer sind sie mitunter gelblich bis gelbbraun gefärbt) und klar sein. Eine Trübung kann von Rohseiden herrühren und ist dann harmlos. Weniger harmlos ist die durch Ausscheidung von phosphorsaurem Kalk und phosphorsaurer Magnesia verursachte Trübung, die die zu behandelnde Seide trüben kann. Noch nachteiliger können Trübungen des Phosphatbades auf die Seide einwirken, die auf ausgeschiedenes Zinnphosphat zurückzuführen sind. Bis zu einem Betrage von $1\frac{1}{2}$—2 % Zinn können Phosphatbäder in Lösung halten; steigt der Zinngehalt darüber, so treten leicht Ausscheidungen von Zinnphosphat ein, die die Seide schädigen und trüben können. — Bäder von 5—7⁰ Bé sollen etwa 130—150 g kristallisiertes Natronphosphat im Liter enthalten. Die Alkalität soll mindestens derjenigen des frischen Dinatriumphosphates entsprechen. Um diese Alkalität zu erhalten, muß den Betriebsbädern nach Gebrauch Soda zugesetzt werden, deren Menge von der Art der Erschwerung abhängt, im allgemeinen etwa 1 % vom Gewicht der gepinkten Seiden. Der Zusatz von Ammoniak anstatt Soda hat sich

---

[1] Ley: Die neuzeitliche Seidenfärberei.

nicht bewährt, weil Ammoniumphosphat angeblich mehr Zinn von der Faser abzieht. Eigentümlicherweise geben alte Phosphatbäder vielfach sowohl die Reaktion auf salpetrige Säure (Jodzinkstärke), als auch die Salpeterreaktion mit Diphenylaminschwefelsäure, ohne daß zu ersehen ist, woher diese Körper stammen (Eisengehalt ist z. B. ausgeschlossen). Ein Zinngehalt der Phosphatbäder über 0,1 % bei Strang- und über 0,2 % bei Stückerschwerung ist nach Ley zu verwerfen und soll auf die Haltbarkeit der Seide sehr nachteilig wirken. Sowohl die Alkalität der Phosphatbäder als auch die Höhe der Pinkzüge sollen die Anreicherung des Bades mit Zinn beschleunigen. Phosphatbäder mit Zinngehalten, die über die genannte Grenze hinausgehen, müssen regeneriert werden. Chloride und Sulfate wirken nicht unmittelbar schädlich auf die Seide ein, verschleiern aber den wirklichen Phosphatgehalt bei dem üblichen Spindeln der Lösungen und müssen von Zeit zu Zeit kontrolliert werden. Arsenhaltiges Phosphat ist wegen der Giftigkeit mit Vorsicht zu verwenden, möglichst zu verwerfen. Der Phosphatierprozeß bildet die Grundlage für das Auftreten der verschiedensten Fehler und Flecke in der Ware, und ihm sollte besondere Beachtung gewidmet werden.

Wasserglas, Natronwasserglas, Natriumsilikat. Wechselndes Gemisch von $Na_2O \cdot 3\,SiO_2$ und $Na_2O \cdot 4\,SiO_2$. Die übliche Handelsware stellt eine sirupartige Lösung von meist 37—40° Bé dar. Die Lösungen müssen unter Luftabschluß aufgehoben werden, da sich unter dem Einfluß der Luftkohlensäure gallertartige Kieselsäure abscheidet.

Man prüft auf Gesamtkieselsäure, gebundenes Natron, Verunreinigungen wie Unlösliches, Kochsalz, Neutralsalz. Das Wasserglas soll ferner möglichst klar, farblos und in Wasser klar löslich sein. Der Kieselsäuregehalt der 38grädigen Lösung soll 25% betragen, das Gesamtalkali etwa $\frac{1}{3}$ der Kieselsäure ausmachen. Vor allem wichtig erscheint dieses Verhältnis von Kieselsäure zu gebundenem Natron, weil der Wirkungswert davon abhängt. Im allgemeinen kann man das Verhältnis von SiO_2 zu gebundenem $Na_2O = 3,3 : 1$ als normal annehmen, d. h. man kann von einem guten Wasserglas verlangen, daß der Kieselsäuregehalt etwa das $3\frac{1}{3}$fache des Na_2O-Gehaltes beträgt. Ein solches Wasserglas stellt ein Gemisch von Natriumtri- und Natriumtetrasilikat[1] dar; es hält sich zwar in den Gebrauchsbädern weniger gut als ein alkalireicheres, dafür ist seine Wirkung, speziell diejenige der Kieselsäureabgabe an die Faser bei der Seidenerschwerung, eine um so günstigere. Der Kieselsäuregehalt des handelsüblichen Wasserglases von 38° Bé beträgt etwa 25,5% SiO_2, der Natrongehalt etwa 7,7% Na_2O.

An Kieselsäure gebundenes Alkali. 15—20 g Wasserglas werden zu 500 ccm gelöst. Die Lösung sei absolut klar und setze auch bei mehrtägigem Stehen nicht ab. 100 ccm der Lösung werden mit n-Salzoder Schwefelsäure (Methylorange) azidimetrisch gemessen.

$$1 \text{ ccm n-Säure} = 0,031 \text{ g } Na_2O \text{ bzw. } 0,04 \text{ g NaOH.}$$

Kieselsäure. Weitere 100 ccm der Stammlösung werden mit einigen Kubikzentimetern konzentrierter Salzsäure in der Platinschale zersetzt, auf dem Wasserbade zur Trockne gedampft, mit konzentrierter

---

[1] Das Verhältnis von SiO_2 zu Na_2O in den verschiedenen Natriumsilikaten beträgt z. B. bei Monosilikat, $Na_2SiO_3 = 0,97 : 1$; bei Disilikat, $Na_2Si_2O_5 = 1,95 : 1$; bei Trisilikat, $Na_2Si_3O_7 = 2,92 : 1$; bei Tetrasilikat, $Na_2Si_4O_9 = 3,89 : 1$; bei Pentasilikat, $Na_2Si_5O_{11} = 4,86 : 1$. Freies Alkali wäre nur vorhanden, wenn der Alkaligehalt über denjenigen des Monosilikates hinausginge, was in technischen Waren nicht vorkommt.

Salzsäure und zweimal mit Wasser befeuchtet und eingedampft, zuletzt $1\frac{1}{2}$—2 Stunden im Trockenschranke bei 110—120° C getrocknet, mit warmer, ganz verdünnter Salzsäure (1—2 Tropfen konzentrierte Salzsäure auf 1 l Wasser) aufgenommen, filtriert, gut ausgewaschen, getrocknet, stark geglüht und gewogen $= SiO_2$. Als Probe auf die Reinheit der Kieselsäure kann diese mit reiner Flußsäure und Schwefelsäure abgeraucht werden. Bei Wiederholung dieser Operation etwa zurückbleibende, nichtflüssige Bestandteile werden von dem anfänglich als Kieselsäure gefundenen Wert in Abzug gebracht.

Kochsalz, Neutralsalze. Das Filtrat von der Kieselsäure wird mit Ammoniak, kohlensaurem Ammonium und oxalsaurem Ammonium versetzt, auf dem Wasserbade kurze Zeit erwärmt, 24 Stunden stehengelassen, filtriert (Eisen, Tonerde, Kalk) und eingedampft; die Ammonsalze werden alsdann durch schwaches Glühen verjagt, der Rückstand bis zum konstanten Gewicht schwach geglüht und gewogen $= NaCl$ u. ä. Die Differenz zwischen Gesamtkochsalz und azidimetrisch gemessenem Natron (s. o.) entspricht dem Kochsalzgehalt der Probe.

Verunreinigungen. Außer den erwähnten Verunreinigungen (Wasserunlösliches und Chloride) finden sich in der technischen Ware mitunter beträchtliche Mengen von Soda, Eisen, Tonerde (Aluminat), ferner geringe Mengen Phosphorsäure und Sulfate der Alkalien. Von diesen Verunreinigungen werden in der Regel nur Kochsalz und Tonerdeverbindungen in größeren Mengen im Wasserglas vorgefunden. Ley fand z. B. bis zu 6,5 % Kochsalz und bis zu 2,6 % wasserfreie Tonerde.

Borax, Natriumbiborat. Kristallware: $Na_2B_4O_7 \cdot 10\,H_2O = 381,44$, mit 36,52 % B_2O_3. L. k. W. $= 6:100$, L. h. W. $= 200:100$. Kalzinierte Ware oder „gebrannter Borax": $Na_2B_4O_7 = 201,3$, mit 69,2 % B_2O_3. Ist das Natriumsalz der Pyro- oder Tetraborsäure, $H_2B_4O_7$. Metaborsäure $= HBO_2$.

Verhalten der Borsäure. Freie Borsäure ist eine äußerst schwache gegen Phenolphthalein nicht titrierbare Säure. Auf Zusatz von 2 Mol. Glyzerin auf 1 Mol. Borsäure entsteht die ziemlich starke, gegen Phenolphthalein titrierbare Glyzerinborsäure. Mit Äthyl- und Methylalkohol entstehen bei Gegenwart von etwas Schwefelsäure flüchtige Borsäureester, die mit grün gesäumter Flamme brennen. Salzsaure Borsäurelösung färbt Kurkumapapier in feuchtem Zustande rotbraun, nach dem Antrocknen orangerot. Ammoniak erzeugt mit dem borsäuregefärbten Kurkumapapier intensive schwarzblaue Färbung.

100 T. Wasser lösen krist. Borax (mit 10 Mol. Wasser)

bei t^0	0	10	20	40	60	80	100°
T. krist. Borax	2,83	4,65	7,88	17,9	40,43	76,2	201,43

Verunreinigungen: Sulfate, Chloride, Soda.

Wassergehalt. Man erhitzt eine abgewogene Probe vorsichtig auf dem Sandbade bis zur Gewichtskonstanz.

Gesamtalkali. Man löst 30 g der Kristallware in kohlensäurefreiem Wasser zu 1 l und titriert 50 ccm der klaren Lösung gegen Methylorange mit $\frac{1}{2}$ n-Salzsäure bis zur beginnenden Rötung. In Abwesenheit von Soda (s. w. u.) kann das Gesamtalkali als an Borsäure gebunden angenommen werden. Je 1 ccm $\frac{1}{2}$ n-Salzsäure $= 0,0954$ g krist. bzw. 0,0504 g kalzinierter Borax.

Borsäurebestimmung. Man gibt auf je 1 Vol. der auf Gesamtalkali abtitrierten Lösung (die nun die gesamte Borsäure in freiem Zustande enthält) je $\frac{1}{3}$ Vol. gegen Phenolphthalein neutralisiertes Glyzerin und kocht einige Minuten zur Vertreibung der etwa vorhandenen Kohlensäure (wenn der Borax sodahaltig war). Dann läßt man abkühlen, versetzt mit Phenolphthalein und titriert mit $\frac{1}{2}$ n-Natronlauge bis zur beginnenden Rötung. Der Endpunkt der Titration liegt dann bei der Bildung von Natriummetaborat, $NaBO_2$, gemäß der Gleichung:

$$HBO_2 + NaOH = NaBO_2 + H_2O.$$

Je 1 ccm $\frac{1}{2}$ n-Alkali $= 0,031$ g $B(OH)_3 = 0,0174$ g $B_2O_3 = 0,0477$ g krist. Borax $= 0,0252$ g kalzinierter Borax.

Wie man sieht, entspricht hier je 1 ccm $\frac{1}{2}$ n-Lauge $= 0,0477$ g krist. Borax, während bei der 1. Titration mit Säure je 1 ccm $\frac{1}{2}$ n-Säure $= 0,0954$ g krist. Borax entsprach, weil dort gemäß der Reaktion:

$$Na_2B_4O_7 + 2HCl + 5H_2O = 2NaCl + 4H_3BO_3$$

2 Mol. Salzsäure gleich $4H_3BO_3$ äquivalent sind, während bei der 2. Alkalititration nur 1 Mol. NaOH einem Mol. HBO_2 entspricht.

Sodagehalt. Dieser berechnet sich aus den beiden Titrationen: 1. Gesamtalkali auf Borax berechnet: 1 ccm $\frac{1}{2}$ n-Säure $= 0,0954$ g krist. Borax; 2. Borsäuretitration: 1 ccm $\frac{1}{2}$ n-Alkali $= 0,0477$ g krist. Borax. Die Differenz zwischen beiden Titrationen entspricht einem Sodagehalt. Außerdem ist Soda direkt mit dem Geißlerschen Apparat (s. u. Seife, S. 163) zu bestimmen.

Beispiel eines sodafreien Borax. 2 g krist. Borax verbrauchten gegen Methylorange $= 21$ ccm $\frac{1}{2}$ n-Säure; auf Zusatz von neutralisiertem Glyzerin verbrauchte die Lösung dann gegen Phenolphthalein bis zur Rotfärbung 42 ccm $\frac{1}{2}$ n-Natronlauge. $21 \times 0,0954 = 42 \times 0,0477 = 2$ g krist. Borax.

Natriumperborat, Perborat. $NaBO_3 \cdot 4H_2O = 154$; L.k.W. $= 2,5:100$; $10,4\%$ aktiver Sauerstoff. Nach Riesenfeld ist das Perborat ein Additionsprodukt von Borat und Wasserstoffsuperoxyd: $NaBO_2 \cdot H_2O_2 \cdot 3H_2O$. Weißes Kristallpulver. Im reinen (frei von Chlor und Schwermetallen) und trockenen Zustande ist das Produkt sehr gut haltbar. Die wässerige Lösung entwickelt langsam Sauerstoff, beim Erhitzen schnell. Dabei zerfällt das Perborat in Borax, Wasserstoffsuperoxyd und Ätznatron:

$$4NaBO_3 + 5H_2O = Na_2B_4O_7 + 4H_2O_2 + 2NaOH.$$

Katalysatoren beschleunigen den Zerfall, insbesondere Kupfer- und Manganverbindungen. Andere Salze, z. B. Natriumpyrophosphat, Wasserglas u. a. m., schützen mehr oder weniger vor dem Zerfall, spielen die Rolle der sog. Stabilisatoren oder Antikatalysatoren. Es wird als mildes Bleichmittel, Ersatz für Wasserstoffsuperoxyd, verwendet. Insbesondere findet es weitgehende Verwendung als Zusatz zu Waschpulvern und Seifenpulvern (Persil u. a.).

Perborax, $Na_2B_4O_8$, enthält nur etwa 4% aktiven Sauerstoff und ist mit dem Perborat nicht zu verwechseln.

Die Gehaltsbestimmung erstreckt sich meist nur auf den Gehalt an aktivem Sauerstoff. $0,2$—$0,5$ g Perborat werden in 100 ccm lauwarmem bis 50—60^0 warmem Wasser gelöst, stark mit Schwefelsäure (etwa 20 ccm 25%iger Schwefelsäure) angesäuert und mit $\frac{1}{10}$ n-Chamäleonlösung titriert. Je 1 ccm $\frac{1}{10}$ n-Chamäleonlösung $= 0,0008$ g aktiver

Sauerstoff $= 0{,}003904$ g $Na_2O_2 = 0{,}007704$ g $NaBO_2 \cdot H_2O_2 \cdot 3\,H_2O$;
$20\,NaBO_2 \cdot H_2O_2 + 8\,KMnO_4 + 17\,H_2SO_4 = 8\,MnSO_4 + 4\,K_2SO_4 + 17\,H_2O$
$+ 5\,Na_2B_4O_7 + 5\,Na_2SO_4 + 20\,O_2$. Über die Bestimmung von Perborat in Seifenpulver u. dgl. s. u. Seife.

Essigsaures Natrium, Natriumazetat, Rotsalz. $CH_3 \cdot COONa + 3\,H_2O$ $= 136{,}08$. Farblose oder schwach gelbliche, nadelförmige Kristalle, die nur wenig verwittern. Es soll gegen Lackmustinktur neutral reagieren und möglichst frei sein von Eisen, Chloriden, Sulfaten, Kalzium, Magnesium und Mineralsäuren. Über die Bestimmung des Essigsäuregehaltes s. u. essigsauren Salzen. Man kann den Essigsäuregehalt auch indirekt bestimmen, indem man eine gewogene Probe vorsichtig verascht und verglüht, das gebildete Natriumkarbonat in Wasser löst und die Lösung mit $\frac{1}{10}$ n-Säure gegen Methylorange titriert.

1 ccm $\frac{1}{10}$ n-Säure $= 0{,}006$ g Essigsäure $= 0{,}0136$ g essigsaurer Natrium krist.

100 T. Wasser lösen bei $15^0 = 35$ T., bei $100^0 = 150$ T. wasserfreies Salz.

Gehalt und spezifisches Gewicht der wässerigen Lösungen von wasserfreiem Salz.

%	5	10	15	20	25	30
Spez. Gew.	1,029	1,054	1,08	1,107	1,137	1,171

Ameisensaures Natrium, Natriumformiat. Dieses Salz kommt neuerdings in sehr reiner Form in den Handel, auch als „Beizsalz AN". Es enthält nur Spuren Verunreinigungen. Gehaltsbestimmung s. u. Ameisensäure. Wenn außer Ameisensäure keine flüchtigen Säuren vorliegen, behandelt man am besten mit gemessener titrierter Schwefelsäure, dampft ein und titriert den Überschuß an Schwefelsäure zurück.

Kaliumverbindungen.

Die direkte Bestimmung der Kaliumbase wird in Färbereilaboratorien kaum ausgeführt. Nötigenfalls wird man das Kalium nach dem Kaliumperchloratverfahren bestimmen (s. u. Seifen, 4e, Kalium- und Natriumgehalt).

Kaliumhydroxyd, Ätzkali, Kalihydrat, kaustisches Kali. $KOH = 56{,}1$; leicht wasserlöslich. Das in Textilbetrieben kaum noch angewandte Ätzkali wird genau so untersucht wie das Ätznatron. Auch kommen dieselben Verunreinigungen in Frage.

1 ccm n-Säure $= 0{,}0561$ g KOH.

Kaliumkarbonat, Pottasche, kohlensaures Kali. $K_2CO_3 = 138{,}2$; $K_2CO_3 \cdot 2\,H_2O = 174{,}33$; L. k. W. $= 100 : 100$. Im wasserfreien Zustande stellt die nur beschränkt verwendete Pottasche ein weißes Pulver dar, im hydratisierten Zustande krümelige Stücke oder Klumpen. Sie ist im Gegensatz zur Soda stark hygroskopisch.

Die reine Handelsware enthält etwa 96—$98\,\%$ K_2CO_3. Sie enthält als gewöhnliche Verunreinigungen: Soda ($\frac{1}{2}$—$2\frac{1}{2}\,\%$), Chlorkalium ($\frac{1}{2}$ bis $2\frac{1}{2}\,\%$), Kaliumsulfat ($\frac{1}{2}$—$3\,\%$), sowie Spuren von Tonerde und Kieselsäure. Da Pottasche begierig Feuchtigkeit aus der Luft anzieht, so kommt auch überschüssiges Wasser in Betracht (10 g im Platintiegel bis zur Gewichtskonstanz erhitzen).

Gehalt und spezifisches Gewicht der wässerigen Lösungen von Pottasche bei 15⁰.

%	4	8,1	12,4	17	26,6	37	48,9
Spez. Gew. .	1,037	1,075	1,116	1,162	1,263	1,383	1,530

Die Gesamtalkalität und die übrigen Einzelbestimmungen (Ätzkali usw.) werden wie bei Soda ausgeführt.

$$1 \text{ ccm n-Säure} = 0,0691 \text{ g } K_2CO_3.$$

Grobe Verfälschungen der Pottasche mit Soda können leicht durch den Säuretiter nachgewiesen werden, da gleiche Mengen Soda mehr Säure verbrauchen als dieselben Mengen Pottasche. Zum Beispiel werden 3,455 g reine, wasserfreie Pottasche gegen Methylorange 50 ccm n-Salzsäure verbrauchen, während 3,455 g reine, wasserfreie Soda 65,1 ccm n-Salzsäure beanspruchen. Werden also bei der Titration von 3,455 g der Ware 50 ccm n-Salzsäure verbraucht, so ist Soda nicht von vornherein anzunehmen. Für jedes Kubikzentimeter Mehrverbrauch an n-Säure sind rund 6,62 % Sodagehalt anzusetzen. Etwaige Verunreinigungen und deren Minderverbrauch an Säure sind hierbei zu berücksichtigen bzw. in Abzug zu bringen (Wassergehalt, Chloride, Sulfate usw.).

Chlorsaures Kali, Kaliumchlorat. $KClO_3 = 122,56$; L. k. W. = $6,5:100$; L. h. W. $= 50:100$. Kommt meist sehr rein in Form von harten, farblosen, glänzenden Kristallen, zuweilen auch in Pulverform in den Handel. Es ist luftbeständig. Infolge Sauerstoffabgabe wirkt es kräftig oxydierend bis explosiv.

Verunreinigungen. 1. Chlorid, meistens in Spuren von etwa 0,05 %. Zum Nachweis so kleiner Mengen müssen etwa 50 g in absolut chlorfreiem Wasser gelöst und mit Silbernitrat gefällt werden; 2. Metalle wie Eisen, Mangan und Blei (Schwefelammonium darf absolut keine Färbung geben); 3. Salpeter kann nur als Verfälschung vorkommen; 4. aktives Chlor, niedere Chloroxyde.

Gehalt und spezifisches Gewicht der wässerigen Lösungen von Kaliumchlorat.

%	2	4	6	8	10
Spez. Gew..	1,014	1,026	1,039	1,052	1,066

Gehaltsbestimmung. a) Jodometrisches Verfahren. Man destilliert eine gemessene Menge der Lösung der Probe mit Salzsäure in eine mit Jodkalium beschickte Vorlage und titriert das frei gewordene Jod mit Thiosulfat:

$$KClO_3 + 6 HCl = KCl + 3 H_2O + 6 Cl;$$
$$2 KJ + 2 Cl = 2 KCl + 2 J.$$

Da ein Molekül Kaliumchlorat also sechs Atome Chlor frei macht, so entsprechen 127 T. Jod $= \dfrac{KClO_3}{6} = 20,427$ g $KClO_3$. 1 ccm $\frac{1}{10}$ n-Thiosulfat $= 1$ ccm $\frac{1}{10}$ n-Jodlösung $= 0,0020427$ g $KClO_3$.

Ausführung. Man bringt die Lösung von etwa 0,3 g Kaliumchlorat in einen mit 25 ccm reiner Salzsäure beschickten Destillierkolben, der mit einem gekühlten U-Rohr verbunden ist, welches Jodkaliumlösung enthält. Der Kolbeninhalt wird erhitzt und schließlich gekocht, bis alles Chlor in die Vorlage übergegangen ist. Das hier frei gewordene Jod wird in üblicher Weise mit Thiosulfat titriert. Die Stopfen und Verbindungen sind gut einzuparaffinieren.

b) **Ferrosulfat-Verfahren.** Man kocht einen aliquoten Teil der Lösung des Salzes etwa 10 Minuten im Kohlensäurestrom mit einer gemessenen Menge, mit Schwefelsäure angesäuerter $\frac{1}{10}$ n-Ferrosulfatlösung in einem Kölbchen mit Bunsenventil. Dabei geht das Ferrosulfat quantitativ in Ferrisulfat über:

$$KClO_3 + 6\,FeSO_4 + 3\,H_2SO_4 = KCl + 3\,Fe_2(SO_4)_3 + 3\,H_2O.$$

Der Überschuß des zugesetzten Ferrosulfates wird nach möglichst weitgehender Abkühlung mit $\frac{1}{10}$ n-Chamäleonlösung unter Zusatz von 40 ccm einer 10 %igen Mangansulfatlösung zurücktitriert.

1 ccm verbrauchte $\frac{1}{10}$ n-Ferrosulfatlösung = 0,0020427 g $KClO_3$.

Bei dem schnell wechselnden Titer der Ferrosulfatlösung arbeitet man fast noch einfacher, indem man einen Überschuß an gemessener **empirischer** Ferrosulfatlösung (nur annähernd eingestellt) zusetzt und wie oben arbeitet. Nur wird dann der Wirkungswert der gleichen Menge Ferrosulfatlösung in einem **blinden** Versuch ermittelt. Ist nun:

Permanganatverbrauch beim blinden Versuch . . . . $= t_1$ ccm,

„ „ Hauptversuch . . . . $= t_2$ ccm,

so entspricht der Chloratgehalt in der angewandten Menge $= t_1 - t_2$ ccm. Sind weiter x g Chlorat zu 1000 ccm gelöst und 10 ccm der Lösung für die Bestimmung angewandt worden, so ist der Prozentgehalt des Kaliumchlorats:

$$\frac{20{,}427\,(t_1 - t_2)}{x} = \text{Prozentgehalt des Chlorats.}$$

Bromsaures Kali, Kaliumbromat. $KBrO_3 = 167$; L. k. W. $= 7 : 100$; L. h. W. $= 50 : 100$. Findet nur sehr beschränkte Anwendung. Das Bromat wird in ähnlicher Weise bestimmt wie das Chlorat. Hierbei wird etwa vorhandenes Chlorat mitbestimmt. S. a. u. Titerlösungen S. 15.

Übermangansaures Kali, Kaliumpermanganat, Chamäleon. $KMnO_4$ $= 158{,}03$; L. k. W. $= 6{,}5 : 100$; L. h. W $= 33 : 100$. Das Chamäleon bildet tiefviolette, nadelförmige Kristalle, die sich in Wasser mit tiefpurpurvioletter Farbe lösen. Es ist ein starkes Oxydationsmittel und vermag Oxydulsalze, schweflige Säure, Hydrosulfit, Oxalsäure, Ameisensäure usw. zu oxydieren. Bei der Oxydation in schwefelsaurer Lösung erzeugen 2 Moleküle Permanganat $= 5$ Atome Sauerstoff:

$$2\,KMnO_4 + 3\,H_2SO_4 = 2\,MnSO_4 + K_2SO_4 + 3\,H_2O + 5\,O.$$

S. a. u. Titerlösungen S. 11.

Gehaltsbestimmung. Man löst 15,803 g zu 1 Liter. Bei chemisch reiner Ware würde diese Lösung genau $\frac{1}{2}$ normal sein. In bekannter Weise werden nun 20 ccm n-Oxalsäurelösung[1] mit 6 ccm konzentrierter Schwefelsäure versetzt, auf 60—70° erwärmt und mit der Chamäleonlösung titriert. Der Oxydationsprozeß verläuft nach folgender Gleichung:

$$2\,KMnO_4 + 5\,(COOH)_2 + 4\,H_2SO_4 = 2\,KHSO_4 + 2\,MnSO_4 + 10\,CO_2 + 8\,H_2O.$$

Aus dem Verbrauch an Permanganatlösung berechnet sich direkt der Gehalt an reinem $KMnO_4$. Von chemisch reinem Chamäleon würden 40 ccm der Lösung verbraucht werden. Wenn a ccm verbraucht sind, so enthält das Muster $\dfrac{4000}{a}$ % $KMnO_4$.

---

[1] Bzw. 1,3410 g Natriumoxalat-Sörensen, bei 240° getrocknet.

Rhodankalium. $KCNS = 97,18$. Wasserhelle, an der Luft sich leicht rötende und zerfließliche Kristalle. Die Gehaltsbestimmung erfolgt wie beim Ammoniumsalz (s. d.).

Ferrozyankalium, Kaliumferrozyanid, gelbes Blutlaugensalz, Gelbkali, gelbes blausaures Kali, Blaukali[1]. $K_4FeC_6N_6 \cdot 3H_2O = 422,38$. **Ferrozyannatrium.** $Na_4FeC_6N_6 \cdot 10H_2O = 484,09$; leicht wasserlöslich. Luftbeständige Prismen von bernstein- oder zitronengelber Farbe und meist sehr großer Reinheit. Das Kaliumsalz ist in der Regel 97—98 %ig, das Natriumsalz weniger rein; soll aber mindestens 95 %ig sein. Die Lösung liefert mit Eisenoxydsalzlösungen Berlinerblau, $Fe_4[Fe(CN)_6]_3$, das Eisenoxydsalz der Ferrozyanwasserstoffsäure, gemäß der Gleichung:

$$3K_4FeC_6N_6 + 4FeCl_3 = (Fe_2)_2(FeC_6N_6)_3 + 12KCl.$$

100 T. Wasser lösen bei $15^0 = 22$, bei $100^0 = 75$ T. wasserfreies Salz.

Gehalt und spezifisches Gewicht der wäßr. Lsg. bei 15^0 an krist. Salz.

%	2	5	10	15	20
Spez. Gew.	1,0116	1,0295	1,0605	1,0932	1,1275

Verunreinigungen: Schwefelsaures Kalium (Natrium), kohlensaures Kalium (Natrium) und Chlorkalium (Chlornatrium). Der Wassergehalt wird durch Trocknen bei 125^0 im Trockenschrank bestimmt.

Gehaltsbestimmung. Chamäleontitration in stark verdünnter Lösung nach de Haën. Man löst etwa 20 g Salz zu 1 Liter, verdünnt 20 ccm dieser Lösung $(= 0,4$ g Salz$)$ zu etwa 400 ccm mit Wasser, setzt 20 ccm Schwefelsäure $(1:4)$ zu und titriert mit $\frac{1}{5}$n-Chamäleonlösung bis zur beginnenden Rotfärbung.

$$1 \text{ ccm } \tfrac{1}{5}\text{n-Chamäleonlösung} = 0,08448 \text{ g } K_4FeC_6N_6 \cdot 3H_2O$$
$$1 \text{ ccm } \tfrac{1}{5}\text{n-Chamäleonlösung} = 0,09682 \text{ g } Na_4FeC_6N_6 \cdot 10H_2O.$$

Zinksulfatmethode. Genauer soll der Reingehalt von Gelbkali bzw. Gelbnatron durch Titrieren mit $\frac{1}{5}$n-Zinksulfatlösung $(28,755$ g $ZnSO_4 \cdot 7H_2O : 1000)$ bestimmt werden[2], wobei das Ferrozyanid mit Zinksulfat ausgefällt wird. Der Niederschlag enthält auf 3 Atome Zink 2 $FeCy_6$-Gruppen. Der Endpunkt der Titration wird durch Tüpfelung ermittelt, indem man einen Tropfen der titrierten Flüssigkeit mit einem Tropfen reiner Ferriammonsulfatlösung auf einem eisen- und aschefreien Filterpapier (Schleicher & Schüll, Nr. 589) zusammenbringt. Bei beendeter Titration findet keine Blaufärbung mehr statt.

Ausführung des Verfahrens. Die Zinksulfatlösung ist gegen chemisch reines Ferrozyankalium bzw. das entsprechende Natriumsalz einzustellen. Man löst zu diesem Zwecke 28,755 g chemisch reines Zinksulfat krist. zu 1000 ccm und andererseits 10 g reines Ferrozyankalium zu 500 ccm. 50 ccm der letzteren Lösung $(= 1$ g der Einwaage$)$ werden mit 100 ccm Wasser verdünnt und mit 10 ccm $\frac{1}{10}$n-Schwefelsäure (rein, eisenfrei) versetzt. Hierauf wird mit der Zinklösung bei 15—20° C titriert. Zur Feststellung des Endpunktes bringt man einen Tropfen der titrierten Lösung auf eine Stelle des Filterpapiers und wartet 20—30 Sekunden, bis sich die Flüssigkeit ausgebreitet hat. Dann bringt man neben den Tropffleck einen Tropfen von 15 %iger chemisch reiner Ferriammonsulfatlösung. Bildet sich an der Berührungsstelle der beiden Flüssigkeiten in 2—3 Minuten keine Blaufärbung, so ist der Endpunkt erreicht. Zweckmäßig drückt man vorher mit einem trockenen Glasstab kleine Vertiefungen in das Filterpapier ein und bringt die beiden Flüssigkeiten in 1—1½ cm Entfernung voneinander in diese Vertiefungen ein, um eine Berührung des ausgefällten Zinkferrozyanids mit der Eisenlösung

---

[1] Die mitunter gebrauchte Bezeichnung „Blausaures Kali" ist zu verwerfen.
[2] Chem.-Ztg. 1929 S. 399.

zu vermeiden, was stets eine Blaufärbung zur Folge haben würde. Nach der ersten orientierenden Titration, die stets mit Substanzverlust verbunden ist, wird auf Grund des ermittelten Verbrauchs die genaue Titration ausgeführt, indem man erst gegen Ende der Titration tüpfelt.

Wassergehalt. Man trocknet im Trockenschrank bei 125^0 C bis zur Gewichtskonstanz, berechnet das Kristallwasser aus dem Reingehalt des Präparates und berechnet das Mehr an Wasser als überschüssige Feuchtigkeit.

Ferrizyankalium, rotes Blutlaugensalz, Rotkali, rotes blausaures Kali. $K_3FeC_6N_6 = 329,23$. Es kristallisiert ohne Kristallwasser in Prismen von braunroter Farbe. Die Lösungen färben sich am Lichte dunkler und scheiden einen blauen Niederschlag aus. Mit Eisenoxydsalzlösungen gibt es keinen, dagegen mit Eisenoxydulsalzlösungen einen Niederschlag von **Turnbulls Blau**, Eisenoxydulsalz der Ferrizyanwasserstoffsäure: $Fe_3[Fe(CN)_6]_2$.

100 T. Wasser lösen bei $15,6^0 = 39,4$, bei $100^0 = 77,5$ T. des Salzes.

Gehalt und spezifisches Gewicht der wässerigen Lösungen bei 15^0.

%	5	10	15	20	25	30
Spez. Gew. . .	1,026	1,054	1,083	1,114	1,145	1,180

Verunreinigungen wie in dem gelben Blutlaugensalz: Sulfate, Chloride usw. Außerdem kommt unoxydiertes Ferrozyansalz als Verunreinigung vor, welches durch direkte Titration mit $\frac{1}{5}$ n-Chamäleonlösung bestimmt werden kann. Infolge der dunklen Färbung der Ferrizyankaliumlösungen kann diese Bestimmung nur in ganz verdünnten Lösungen ausgeführt werden.

Gehaltsbestimmung. Man löst 2 g der Probe in 100 ccm Wasser, setzt zwecks Reduktion zu Ferrozyanid einige erbsengroße Stücke Natriumamalgam zu, säuert nach 10 Minuten mit Schwefelsäure an und titriert mit $\frac{1}{5}$ n-Chamäleonlösung bis zur beginnenden Rötung. Der etwaige Gehalt an Ferrozyanid in der ursprünglichen Probe ist in Abzug zu bringen.

1 ccm $\frac{1}{5}$ n-Permanganatlösung = 0,1317 g Ferrizyankalium.

Weinstein, Kaliumbitartrat, saures weinsaures Kali. $C_2H_2(OH)_2COOHCOOK = 188,16$; L.k.W. $= 0,5 : 100$; L.h.W. $= 5 : 100$. Farblose, harte Kristalle oder Pulver (gemahlener Weinstein).

Als Verunreinigungen kommen vor: überschüssiges Wasser (Trocknen bei 100^0), Kalk, Tonerde, Eisen, Phosphorsäure, Kaliumsulfat und neutrales Tartrat. Man verascht, löst die Asche in Salzsäure und prüft in bekannter Weise mit Ammoniak, oxalsaurem Ammonium und Molybdänsäurelösung.

Bitartratbestimmung.

a) **Direkte Titration.** Reiner Weinstein kann direkt mit n-Alkali (Phenolphthalein) titriert werden.

1 ccm n-Alkali = 0,18816 g Kaliumbitartrat.

Etwaige Verunreinigungen durch saure Salze werden hierbei mitgemessen.

Bei Gegenwart nennenswerter Mengen neutralen Tartrats im Bitartrat verfährt man wie folgt. 1. Man titriert eine Portion der Probe nach a. 2. Eine zweite Portion der Probe verascht man vorsichtig im Platintiegel unter Vermeidung von Verlusten, zersetzt die Asche mit einem geringen Überschuß gemessener titrierter Säure im Becherglas, kocht einige Minuten zur Vertreibung der Kohlensäure und titriert den Säureüberschuß mit Alkali zurück. Der Verbrauch an titrierter Säure durch die Asche entspricht dem Gesamtalkali, die Differenz beider Titrationen 2—1, dem neutralen Tartrat. Je 1 ccm $\frac{1}{10}$ n-Säure = 0,0113 g neutrales Tartrat.

b) **Oulmannsche Methode.** Man bringt 3,76 g des fein gepulverten Weinsteins in eine Literflasche, fügt 750 ccm Wasser hinzu, erhitzt zum Sieden und kocht höchstens 5 Minuten. Dann füllt man auf 1 l auf, filtriert und dampft 250 ccm zur Trockne. Der noch heiße Rückstand wird mit 5 ccm Wasser angefeuchtet und nach dem Erkalten mit 100 ccm Alkohol (95 %ig) gründlich verrührt. Nach $\frac{1}{2}$ Stunde dekantiert man den Alkohol durch ein trockenes Filter und löst nach völligem Abtropfen des Alkohols den etwa auf das Filter gekommenen Weinstein durch siedendes Wasser in die Schale zum Hauptquantum des Weinsteins zurück, bringt das Volumen der Flüssigkeit auf etwa 100 ccm und titriert mit $\frac{1}{5}$ n-Alkali. Zu der Zahl der verbrauchten Kubikzentimeter addiert man als Korrektur 0,2 ccm.

1 ccm $\frac{1}{5}$ n-Alkali = 0,03763 g Weinstein.

Gesamtweinsäurebestimmung. Goldenbergsche Salzsäuremethode. 6 g Weinstein werden mit 9 ccm Salzsäure (spez. Gew. 1,1) angerührt und 1 Stunde stehengelassen; dann verdünnt man mit 9 ccm Wasser, läßt wieder unter zeitweiligem Umrühren 1 Stunde stehen und füllt auf 100 ccm. 50 ccm des Filtrates werden mit 18 ccm Pottaschelösung (enthaltend 3,6 g K_2CO_3) 10 Minuten gekocht, auf 10—20 ccm eingedampft und mit 5 ccm Eisessig $\frac{1}{4}$ Stunde auf dem Wasserbade erwärmt. Der gebildete Weinstein wird durch Einrühren von 100 ccm 95 %igem Alkohol gefällt, mit 90 %igem Alkohol mehrmals gewaschen, in siedendem Wasser gelöst und mit n-Natronlauge und Phenolphthalein titriert.

Magnesiumverbindungen.

Bestimmung der Magnesia. a) **Als Pyrophosphat** (nach B. Schmitz). Man versetzt die saure, ammonsalzhaltige Magnesiumsalzlösung, die außer Alkalimetallen keine anderen Metalle enthalten darf, mit überschüssigem Alkaliphosphat, erhitzt zum Sieden, gibt zu der heißen Lösung sofort $\frac{1}{3}$ ihres Volumens 10 %iges Ammoniak zu, läßt erkalten, filtriert nach einigem Stehen das abgeschiedene Magnesiumammoniumphosphat, wäscht mit $2\frac{1}{2}$ %igem Ammoniak, trocknet, glüht und wägt als $Mg_2P_2O_7$ (s. a. u. Natronphosphat).

1 g $Mg_2P_2O_7$ = 0,3627 g MgO.

b) **Direkt als Magnesiumammoniumphosphat.** Man löst in 100 ccm der Magnesiumsalzlösung, die höchstens 0,5 g Magnesium enthalten soll, 3 g Ammoniumchlorid und erhitzt die Lösung bis zu eben beginnendem Sieden. Dann entfernt man das Becherglas von der

Flamme, versetzt mit 10 ccm 10%igem Ammoniak und läßt bei 80 bis 90° unter fortwährendem Umschwenken 10 ccm 10%ige Dinatriumphosphatlösung in dünnem Strahle einfließen. Nach 24 Stunden wird filtriert, mit 50 ccm 1%igem Ammoniak gewaschen, gut abgesaugt, mit 10 ccm Methylalkohol nachgewaschen, trocken gesaugt und im Exsikkator mit Chlorkalzium getrocknet. Nach weiteren 24 Stunden ist das Gewicht konstant und wird als $Mg(NH_4)PO_4 \cdot 6H_2O$ im Wägegläschen festgestellt.

c) **Kolorimetrische Bestimmung** kleiner Mengen. Die Magnesia wird wie oben als Magnesiumammoniumphosphat gefällt, dieses in Salpetersäure gelöst und die in dem Niederschlag enthaltene Phosphorsäure kolorimetrisch durch Fällen mit Ammoniummolybdat bestimmt. Etwa vorhandene, störende Kalksalze werden vorher durch Ammonoxalat entfernt.

Chlormagnesium, Magnesiumchlorid. $MgCl_2 \cdot 6H_2O = 203{,}34$; L. k. W. $= 166 : 100$; L. h. W. $= 333 : 100$. Zerfließliche, farblose Kristalle, welche meist noch kleine Anteile von Bittersalz, Glaubersalz, Kochsalz und Chlorkalium enthalten. Durch Behandeln mit absolutem Alkohol, in dem Chlormagnesium löslich ist, können die meisten Verunreinigungen entfernt werden. Das Salz sei möglichst klar löslich und von neutraler Reaktion.

Gehalt und spezifisches Gewicht der wässerigen Lösungen an krist. Salz bei 24°.

%	2	4	6	8	10	15	20	40	60	80
Spez. Gew..	1,007	1,014	1,021	1,028	1,035	1,052	1,070	1,144	1,225	1,316

Schwefelsaure Magnesia, Magnesiumsulfat, Bittersalz. $MgSO_4 \cdot 7H_2O = 246{,}5$. Farblose Kristalle, die vielfach durch Chloride und Alkalisulfat verunreinigt sind.

100 T. Wasser lösen bei $15° = 33{,}8$, bei $25° = 38{,}5$, bei $50 = 50{,}3$, bei $100° = 73{,}8$ T. kristallisiertes Salz.

Gehalt und spezifisches Gewicht der wässerigen Lösungen an krist. Salz bei 15°.

% :	4,1	8,18	12,29	16,39	20,49	28,68	36,88	45,07	51,73
Spez. Gew.:	1,021	1,041	1,062	1,084	1,105	1,151	1,198	1,247	1,288

Kalziumverbindungen.

Bestimmung des Kalks. a) Gewichtsanalytisch als **Kalk, CaO.** Die neutrale oder schwach ammoniakalische Lösung, welche außer Alkalien keine anderen Metalle enthalten darf, wird mit Chlorammonium versetzt, zum Sieden erhitzt und mit einer siedenden Lösung von Ammonoxalat gefällt. Nach 4—12stündigem Stehen dekantiert man dreimal mit warmem, ammonoxalathaltendem Wasser, filtriert und wäscht mit heißem, ammonoxalathaltigem Wasser bis zum Verschwinden der Chlorreaktion im Filtrate. Das so erhaltene Kalziumoxalat wird getrocknet und im Platintiegel vorsichtig verbrannt, dann bei bedecktem Tiegel kräftig, zuletzt 20 Minuten vor dem Gebläse bis zum konstanten Gewicht geglüht und als CaO gewogen.

b) **Gewichtsanalytisch als Kalziumoxalat**, $CaC_2O_4 \cdot H_2O$. Winkler gibt der unmittelbaren Bestimmung des Kalkes als Oxalat bei Gegenwart von Sulfaten den Vorzug. 100 ccm der neutralen Lösung (evtl. gegen Methylorange zu neutralisieren), die höchstens 0,1 g Kalzium enthalten sollen, werden mit 3 g Chlorammonium und 10 ccm n-Essigsäure versetzt, zum Aufkochen erhitzt, mit 20 ccm 2,5 %iger Ammoniumoxalatlösung tropfenweise versetzt und weitere 5 Minuten in gelindem Sieden erhalten. Bei kleinen Kalkmengen läßt man über Nacht stehen, sonst genügen einige Stunden. Der Niederschlag wird auf einem Wattebausch, Papierfilter oder im Goochtiegel gesammelt, mit 50 ccm kaltem Wasser ausgewaschen, bei 100° bis zur Konstanz getrocknet und als Kalkoxalat, $CaC_2O_4 \cdot H_2O$ gewogen. Zur Kontrolle kann dieser Niederschlag nach a geglüht oder nach c titriert werden usw.

c) **Alkalimetrisch.** Der nach a erhaltene Kalk wird mit Wasser aufgenommen und mit $\frac{1}{10}$ n-Salzsäure (Phenolphthalein) titriert.

$$1 \text{ ccm n-Salzsäure} = 0,028035 \text{ g CaO.}$$

d) **Oxydimetrisch.** Man fällt das Kalzium nach a als Oxalat, filtriert, wäscht mit heißem Wasser vollständig aus, spült den noch feuchten Niederschlag mit Wasser in ein Becherglas, läßt mehrmals verdünnte warme Schwefelsäure durch das Filter laufen, um alles Kalziumoxalat sicher zu zersetzen, fügt noch 20 ccm Schwefelsäure (1:1) zu der trüben Lösung, verdünnt auf etwa 300—400 ccm mit heißem Wasser und titriert mit $\frac{1}{10}$ n-Chamäleonlösung bei 60—70° bis zur Rötung.

$$1 \text{ ccm } \tfrac{1}{10} \text{ n-Chamäleonlösung} = 0,002 \text{ g Ca} = 0,0028 \text{ g CaO.}$$

Trennung der Magnesia vom Kalk. Bei der gewöhnlichen Kalkfällung als Oxalat wird etwa anwesende Magnesia meist in beträchtlichen Mengen okkludiert und muß durch wiederholtes Lösen und Wiederfällen entfernt werden. Nach folgender Vorschrift Treadwells wird der Kalk rein gefällt und enthält höchstens 0,1—0,2 % Magnesia, welcher Betrag durch ein Manko an Kalk, der bei der Magnesia gefunden wird, gerade kompensiert wird. Man verdünnt die Lösung mit heißem Wasser so, daß das Magnesium in einer Konzentration von höchstens $\frac{1}{50}$ n vorhanden ist und fügt eine reichliche Menge Ammonchlorid zu. Zu dieser Lösung gießt man eine hinreichende Menge kochender Oxalsäurelösung, die mit der 3—4fach äquivalenten Menge Salzsäure versetzt ist. Zu der kochenden mit etwas Methylorange gefärbten Lösung setzt man unter Rühren allmählich — innerhalb $\frac{1}{2}$ Stunde — sehr verdünntes Ammoniak bis zur Gelbfärbung zu. Alsdann wird ein großer Überschuß an heißer Ammonoxalatlösung hinzugegeben, 4 Stunden stehengelassen, filtriert und mit warmer 1 %iger Ammonoxalatlösung gewaschen, bis das Filtrat nach dem Ansäuern mit Salpetersäure keine Chlorreaktion zeigt. Schließlich wird wie bei a weiter verfahren.

Ätzkalk, gebrannter Kalk, ungelöschter Kalk, Kalk. CaO = 56,07; L. k. W. = 1 : 778; L. h. W. = 1 : 1270. Ein gut gebrannter Kalk bildet harte, staubig trockene, graulich oder gelblich weiße Stücke, welche in der Hauptsache aus Ätzkalk bestehen (mit wechselnden Mengen Magnesia, Tonerde und Eisenoxyd verunreinigt). Beim Liegen an feuchter Luft wird der Kalk bröcklig und zerfällt zu einem weißen Pulver, welches aus Kalkhydrat und kohlensaurem Kalk besteht. Bei reichlichem Wasserzusatz bildet der Kalk einen zarten, weißen Brei, den Kalkbrei, und, weiter verdünnt, die sog. Kalkmilch. Der in Wasser klar gelöste

Kalk liefert das sog. **Kalkwasser**, welches bei einem Gehalte von etwa 1,28 g CaO in 1 Liter **gesättigtes Kalkwasser** darstellt.

Von einem guten Kalk wird verlangt, daß er beim Löschen ein feines Pulver ergibt und sich weich anfühlt, daß er ferner beim Anrühren mit wenig Wasser einen zähen und glatten, schlüpfrigen Brei liefert, d. h. daß er „fett" ist. Im anderen Falle nennt man den Kalk „mager", was auf größeren Gehalt an Magnesia und Tonerde hinweist. Er darf vor allen Dingen nicht beträchtliche Mengen Steine enthalten, die nicht nur völlig wertlos, sondern meist äußerst störend sind. Der Kalk muß sich ferner in Salpetersäure bis auf einen geringen Rückstand klar lösen und zwar ohne oder fast ohne Aufbrausen. Die Probenahme eines Kalkes ist meist recht schwierig, da er keine homogene Masse darstellt. Deshalb muß ein möglichst großer Posten für das Durchschnittsmuster herangezogen werden.

Gehaltsbestimmung. Man wägt 100 g eines guten Durchschnittsmusters ab, löscht sorgfältig, bringt den Brei in einen Halbliterkolben, füllt mit kohlensäurefreiem Wasser zur Marke auf und pipettiert unter Umschütteln 100 ccm heraus, läßt diese in einen Halbliterkolben fließen, füllt auf und nimmt von dem gut gemischten Inhalt 25 ccm (= 1 g Substanz) zur Untersuchung. Man setzt Phenolphthalein zu und titriert bis zur Entfärbung mit n-Salzsäure. Dieses tritt ein, wenn aller freie Kalk gesättigt, aber das $CaCO_3$ noch nicht angegriffen ist. Sehr genaue Resultate werden nur erhalten, wenn die Entnahme der Lösungen aus dem Meßkolben unter gutem Umschütteln stattfindet.

1 ccm n-Salzsäure = 0,028 g CaO.

Bestimmung des Karbonatgehaltes. Man bestimmt das CaO und $CaCO_3$ zusammen durch Auflösen in überschüssiger n-Salzsäure und Zurücktitrieren des Überschusses mit n-Alkali und Methylorange. Nach Abzug des vorher gefundenen CaO-Gehaltes erhält man die Menge des $CaCO_3$.

Gehalte von Kalkmilch nach Blattner.

°Bé	CaO im 1 g	°Bé	CaO im 1 g	°Bé	CaO im 1 g	°Bé	CaO im 1 g	°Bé	CaO im 1 g
1	7,5	7	65	13	126	19	193	25	268
2	16,5	8	75	14	137	20	206	26	281
3	26	9	84	15	148	21	218	27	295
4	36	10	94	16	159	22	229	28	309
5	46	11	104	17	170	23	242	29	324
6	56	12	115	18	181	24	255	30	339

Bestimmung des Wassergehaltes. Man wägt etwa 1 g ab und erhitzt langsam im Platintiegel, zuletzt bis zur starken Rotglut, läßt im Exsikkator erkalten und wägt zurück. Der Gewichtsverlust = Wasser + Kohlensäure.

Kohlensaurer Kalk, Kalziumkarbonat, Kreide, Schlämmkreide. $CaCO_3 = 100,07$; 1 l kohlensäurefreies Wasser löst bei 18° = 0,013 g Kreide. Kohlensäurehaltiges Wasser löst erheblich mehr; z. B. löst 1 l mit Kohlensäure gesättigtes Wasser unter gewöhnlichem Druck 0,9 g, bei höherem Druck bis zu 3 g Kreide zu Bikarbonat auf. Kommt meist in geschlämmtem Zustande als weiches, in Wasser fast unlösliches, sehr fein verteiltes Pulver auf den Markt, welches fast ganz aus kohlensaurem Kalk mit geringem Gehalt an kohlensaurer Magnesia besteht. Die Kreide darf keine harten, steinigen Stücke enthalten und muß in Salzsäure und Essigsäure ohne Rückstand löslich sein. Für manche Verwendungsarten kommt ein etwaiger Eisengehalt in Betracht. Bei einer vollständigen Analyse kann noch das Unlösliche (in Salzsäure), das organisch Unlösliche und der Magnesiagehalt bestimmt werden.

Gehaltsbestimmung. Wie beim Ätzkalk der Karbonatgehalt. Man löst 1 g in 25 ccm n-Salzsäure und titriert den Überschuß mit n-Alkali zurück.

1 ccm verbrauchte n-Salzsäure $= 0,028$ g CaO $= 0,05$ g $CaCO_3$.

Kalziumsulfat, schwefelsaurer Kalk, Gips. $CaSO_4 \cdot 2H_2O = 172,16$; 100 T. Wasser lösen bei $18^0 = 0,259$, bei $99^0 = 0,222$ T. krist. Salz. Ist mitunter mit Karbonat (Aufbrausen mit Säure), Alkalisulfat und Chlorid verunreinigt. Es kommt als geschlämmtes, höchst feines, weißes Pulver in den Handel. Das wasserfreie Salz wird auch „Anhydrid" genannt.

Chlorkalk, Bleichkalk. Eine bestimmte Formel läßt sich für den technischen Chlorkalk nicht aufstellen. Am einfachsten wird sie als $CaOCl_2$ bzw. als $Ca(OCl)_2 \cdot CaCl_2$, d. h. als ein Gemisch von unterchlorigsaurem Kalzium und Chlorkalzium zum Ausdruck gebracht. Der technische Chlorkalk ist in Wasser nicht klar löslich. Die trübe Lösung enthält eine Mischung von unterchlorigsaurem Kalk, Chlorkalzium, Ätzkalk und unterchloriger Säure. Als Verunreinigungen können zugegen sein: Kalziumchlorat, freies Chlor, Spuren Eisen und Mangan, seltener Natriumchlorit u. a. m.

Ein guter Chlorkalk soll mindestens 35% aktives Chlor enthalten. Der Chlorkalk soll frei von Eisenchlorat, soll trocken-pulvrig und klumpenfrei sein. Vorübergehend ist auch ein reines Kalziumhypochlorit als trockenes Pulver mit einem Gehalt von etwa 70% aktivem Chlor in den Handel gebracht worden.

Grädigkeit des Chlorkalks. Unter „aktivem", „bleichendem" oder „wirksamem" Chlor versteht man diejenige Menge Chlor, die beim Ansäuern mit Salzsäure in Freiheit gesetzt wird. In Deutschland, England und Amerika drückt man den Gehalt an aktivem Chlor meist in Gewichtsprozenten Cl aus. In Frankreich sind die Gay-Lussac-Grade gebräuchlich, welche die von 1 kg Chlorkalk erzeugte Anzahl Liter Chlor von 0^0 C bei 760 mm Druck angeben.

Bestimmung des bleichenden Chlors. Von zahlreichen Methoden seien hier nur die wichtigsten angegeben. Von gasvolumetrischen Verfahren wird hier abgesehen. Die Nitrit-Methode von Karteß-Kaufmann kann als die einfachste für die Praxis empfohlen werden. Gute Durchschnittsprobe ist bei Chlorkalk wichtig.

1. **Bunsens jodometrische Methode.** Man zerreibt 7,1 g Chlorkalk mit wenig Wasser und füllt auf 1 l mit Wasser. Dann pipettiert man 50 ccm der Lösung ($= 0,355$ g Probe) mitsamt dem ungelösten

Anteil unter Umschütteln der Lösung in 1 l Wasser und gibt 1 g Jodkalium und etwa 10 Tropfen Salzsäure zu. Nun rührt man einmal vorsichtig um, titriert rasch (ohne weiter zu rühren) mit $\frac{1}{10}$ n-Thiosulfatlösung bis die Färbung schwach gelb erscheint, versetzt mit Stärkelösung und titriert bis zum Verschwinden der Blaufärbung unter Rühren langsam zu Ende.

$$2Cl + 2KJ = 2KCl + 2J; \quad 2J + 2Na_2S_2O_3 = Na_2S_4O_6 + 2NaJ.$$

1 ccm $\frac{1}{10}$ n-Thiosulfatlösung $= 0,00355$ g bleichendes Chlor, bzw. bei der obigen angewandten Menge $= 1\%$ bleichendes Chlor.

2. **Penot-Lungesche Arsenitmethode.** Darstellung der Natriumarsenitlösung: Man wägt 4,950 g reine arsenige Säure genau ab, kocht mit etwa 10 g Natriumbikarbonat und etwa 200 ccm Wasser bis zur Auflösung, setzt noch einmal 10 g Bikarbonat zu und verdünnt nach dem Erkalten auf 1 l. Diese $\frac{1}{10}$ n-Arsenitlösung ist haltbar, und 1 ccm derselben entspricht 0,003546 g bleichendem Chlor oder 0,0127 g Jod.

$$As_2O_3 + 4Cl + 5H_2O = 4HCl + 2H_3AsO_4.$$

Ausführung der Titration. Man wägt 7,1 g des Chlorkalks ab, zerreibt im Porzellanmörser mit wenig Wasser zu einem gleichmäßigen Brei, verdünnt weiter, spült in einen Literkolben und füllt bis zur Marke auf. 50 ccm des Kolbeninhaltes werden unter Umschütteln herauspipettiert ($= 0,355$ g Chlorkalk) und unter fortwährendem Umschwenken mit obiger Arsenitlösung fast bis zu Ende titriert. Dann bringt man ein Tröpfchen des Gemisches auf ein Stück Filtrierpapier, das mit einer jodkaliumhaltigen Stärkelösung (Jodkaliumstärkepapier) angefeuchtet ist. Man titriert unter häufigerem Tüpfeln weiter bis das Reagenspapier nur noch kaum merklich bzw. gar nicht mehr gebläut wird. Gegen Schluß der Titration setzt man der Titrierflüssigkeit zweckmäßig noch 1 ccm Jodkaliumstärkelösung zu und titriert bis zur Entfärbung der Lösung.

1 ccm $\frac{1}{10}$ n-Arsenitlösung $= 0,003546$ g $= 1\%$ bleichendes Chlor.

3. **Kerteß-Kaufmannsche Nitritmethode**[1]. Dieses Verfahren vermeidet die Verwendung des giftigen Arsens und des teuren Jods und liefert nach Kaufmann übereinstimmende Ergebnisse mit dem Arsenitverfahren.

Man bereitet sich eine $\frac{1}{10}$ n-Natriumnitritlösung, indem man 20 g Natriumkarbonat und etwa 3,6 g Natriumnitrit (bzw. 4,5 g Kaliumnitrit) zu 1 l löst und diese ungefähre $\frac{1}{10}$ n-Lösung mit Permanganatlösung genau auf $\frac{1}{10}$ normal einstellt (s. u. Natriumnitrit). Die Nitritlösung ist titerfest. Die Reaktion verläuft rasch und sicher nach der Gleichung:

$$NaNO_2 + NaOCl = NaNO_3 + NaCl \text{ und entsprechend mit dem Kalksalz.}$$

Ausführung. Man versetzt 20 ccm der zu prüfenden Chlorkalklösung (Stammlösung 10 : 1000) mit etwa 2 g Borsäure (zur Bindung etwa an-

---

[1] Kerteß, Z.: Z. angew. Chem. 1923 S. 595. — Kaufmann, H.: Leipz. Mschr. Textilind. 1927 S. 111.

gesammelter freier Natronlauge in alten Bleichbädern) und weiteren 20 ccm Wasser und titriert diese Mischung mit der obigen $\frac{1}{10}$ n-Nitritlösung. Der Endpunkt wird durch Tüpfelung auf Jodkaliumstärkepapier ermittelt; gegen Schluß der Titration gibt man in üblicher Weise zweckmäßig etwas Jodkaliumstärkelösung der Titrierflüssigkeit zu.

1 ccm $\frac{1}{10}$ n-Nitritlösung = 0,003546 g bleichendes Chlor.

Bestimmung der Alkalität. Man arbeitet wie unter Natriumhypochlorit beschrieben ist, indem man das Hypochlorit mit neutralem Wasserstoffsuperoxyd zerstört und dann das Alkali mit $\frac{1}{10}$ n-Säure gegen Phenolphthalein titriert (s. u. Natriumhypochlorit S. 65).

Sonstige Untersuchungen des Chlorkalks sind nur ausnahmsweise auszuführen. Der Wassergehalt wird durch Trocknen bei 50° im Vakuum bei 100 mm Druck bestimmt, wobei kein Chlorverlust eintreten soll. Das Gesamtchlor interessiert selten. Erforderlichenfalls wird es nach Überführung des bleichenden Chlors mit Wasserstoffsuperoxyd in Chloridchlor bestimmt. Die Differenz zwischen Gesamtchlor und bleichendem Chlor entspricht dem Chloridchlor u. dgl. Mitunter wird auch noch der Eisengehalt bestimmt, seltener der Chloratgehalt. Der Eisenoxydgehalt ist analytisch insofern nicht unwichtig, als Eisenoxydsalze beim Ansäuern freies Chlor liefern können (aus Jodkalium erst freies Jod), desgleichen auch Chlorate. Durch Zusatz von Phosphorsäure oder Dinatriumphosphat können die Ferrisalze gebunden und unwirksam gemacht werden; durch Verwendung von Essig- oder Phosphorsäure (an Stelle von Salzsäure) wird das Freiwerden von Chlor aus Chloraten verhindert. Aräometrische Messungen (s. Tabelle) sind unzuverlässig.

Gehalt und spezifisches Gewicht wässeriger Chlorkalklösungen bei 15°.

° Bé	Spez. Gew.	g akt. Cl im l	° Bé	Spez. Gew.	g akt. Cl im l	° Bé	Spez. Gew.	g akt. Cl im l
0,0	1,0000	0,0	4,0	1,0285	16,6	8,0	1,0587	35,0
0,2	1,0014	0,8	4,2	1,0300	17,5	8,2	1,0602	36,0
0,4	1,0028	1,6	4,4	1,0315	18,4	8,4	1,0618	37,0
0,6	1,0042	2,4	4,6	1,0329	19,3	8,6	1,0634	38,0
0,8	1,0056	3,1	4,8	1,0344	20,2	8,8	1,0649	39,0
1,0	1,0070	3,9	5,0	1,0359	21,2	9,0	1,0665	40,0
1,2	1,0084	4,7	5,2	1,0374	22,0	9,2	1,0681	41,1
1,4	1,0099	5,5	5,4	1,0389	22,9	9,4	1,0697	42,1
1,6	1,0113	6,3	5,6	1,0404	23,8	9,6	1,0713	43,1
1,8	1,0127	7,2	5,8	1,0419	24,7	9,8	1,0729	44,2
2,0	1,0141	8,0	6,0	1,0434	25,6	10,0	1,0745	45,2
2,2	1,0155	8,8	6,2	1,0449	26,5	10,2	1,0761	46,2
2,4	1,0170	9,6	6,4	1,0464	27,4	10,4	1,0777	47,3
2,6	1,0184	10,5	6,6	1,0479	28,3	10,6	1,0793	48,3
2,8	1,0198	11,3	6,8	1,0495	29,3	10,8	1,0809	49,4
3,0	1,0212	12,2	7,0	1,0510	30,2	11,0	1,0825	50,5
3,2	1,0227	13,0	7,2	1,0525	31,1	11,2	1,0841	51,6
3,4	1,0241	13,9	7,4	1,0541	32,1	11,4	1,0858	52,7
3,6	1,0256	14,8	7,6	1,0556	33,1	11,6	1,0874	53,7
3,8	1,0270	15,7	7,8	1,0571	34,0	11,8	1,0891	54,8

Essigsaurer Kalk, Kalziumazetat. $Ca(C_2H_3O_2)_2 \cdot 2H_2O = 194{,}17$; $Ca(C_2H_3O_2)_2 = 158{,}14$.

100 T. Wasser lösen bei 20° = 34,7, bei 100° = 29,7 g wasserfreies Salz. Gehalt und spezifisches Gewicht der wäßr. Lsg. an wasserfr. Salz bei 17,5°.

%	5	10	15	20	25	30
Spez. Gew.	1,033	1,049	1,067	1,087	1,113	1,143

Gehaltsbestimmung. Der Gehalt an Essigsäure wird am besten nach der Destillationsmethode (s. u. Essigsäure) bestimmt. Die Berechnung erfolgt entweder auf Essigsäure oder wasserfreies Kalksalz. Das Produkt sei möglichst eisenfrei.

Chlorkalzium, Kalziumchlorid. $CaCl_2 = 110{,}98$. 100 T. Wasser lösen bei $15^0 = 66$, bei $30^0 = 93$, bei $70^0 = 136$, bei $99^0 = 154$ T. wasserfreies Salz.

Gehalt und spezifisches Gewicht der wäßr. Lsg. an wasserfreiem Salz bei 18^0.

%	4	8	15	30	50
Spez. Gew..	1,032	1,067	1,131	1,283	1,507

S.P. der wässerigen Lösungen.

S.P.	100	115	120	130	140	152	160	180^0
% $CaCl_2$ . .	44	58,6	73,6	104,6	136,3	178,2	212,1	325

Bariumverbindungen.

Bestimmung des Baryts. Gewichtsanalytisch als Bariumsulfat. Man erhitzt die schwach saure Lösung zum Sieden und fällt mit überschüssiger, siedend heißer verdünnter Schwefelsäure, läßt im Wasserbade stehen, bis sich der Niederschlag abgesetzt hat, gießt die Lösung durch ein Filter und wäscht durch Dekantation viermal mit 50 ccm Wasser, dem man einige Tropfen Schwefelsäure zugesetzt hat, dann bringt man den Niederschlag auf das Filter und wäscht mit reinem, heißem Wasser bis zum Verschwinden der Schwefelsäurereaktion, trocknet den Niederschlag ein wenig, verbrennt naß im Platintiegel, glüht mäßig (nicht vor dem Gebläse) und wägt als $BaSO_4$ (in 344000 T. Wasser löslich).

$$1\,g\ BaSO_4 = 0{,}5885\,g\ Ba = 0{,}657\,g\ BaO.$$

Chlorbarium, Bariumchlorid. $BaCl_2 \cdot 2H_2O = 244{,}32$; 100 T. Wasser lösen bei $15^0 = 34{,}5$, bei $100^0 = 59$ T. wasserfreies Salz.

Schwefelsaures Barium, Bariumsulfat, Schwerspat, Mineralweiß, Blanc fixe. $BaSO_4 = 233{,}43$; in Wasser fast unlöslich, 1 l Wasser von 18^0 löst 2,3 mg Bariumsulfat.

Kohlensaures Barium, Bariumkarbonat. $BaCO_3 = 197{,}4$. In Wasser fast unlöslich. Verunreinigungen: Eisen, Zink, Mangan.

Bariumsuperoxyd. $BaO_2 = 169{,}4$, wasserunlöslich. Meist stark durch Bariumoxyd verunreinigt. Der Gehalt an BaO_2 wird titrimetrisch wie bei Natriumsuperoxyd bestimmt. 1 ccm $\frac{1}{5}$ n-Chamäleonlösung $= 0{,}01694$ g BaO_2. Beste Marken enthalten 90—91 %, mittlere Marken 80—85 % BaO_2.

Tonerdeverbindungen.

Bestimmung der Tonerde. a) Gewichtsanalytisch als Al_2O_3. Die Aluminiumsalzlösung (die keine Phosphorsäure und, außer Tonerde, keine durch Ammoniak fällbaren Substanzen enthalten darf) versetzt man mit viel Salmiak oder Ammoniaknitrat, erhitzt zum Sieden, fügt Ammoniak in geringem Überschuß zu, läßt absetzen, dekantiert dreimal mit heißem Wasser, dem man einen Tropfen Ammoniak und etwas Ammonnitrat zugesetzt hat, filtriert, wäscht mit derselben heißen Waschflüssigkeit, bis das Filtrat chlorfrei ist, saugt mit der Pumpe den Niederschlag möglichst trocken und verbrennt naß im Platintiegel. Zuletzt erhitzt man 10 Minuten vor dem Gebläse und überzeugt sich von der Gewichtskonstanz ($= Al_2O_3$). Tonerdesulfat, Alaun usw. läßt leicht basisches Aluminiumsulfat mitfallen, das Auswaschen ist beschwerlich und durch Glühen werden die letzten Spuren Schwefelsäure nur sehr schwer entfernt.

b) Man vermeidet das Mitausfallen basischer Aluminiumsulfate bei folgendem Verfahren (Schirm). Eine Lösung mit 0,1—0,2 g des Metalls wird, wenn nötig, zur Abstumpfung der Säure mit Ammoniak neutralisiert (solange kein Niederschlag entsteht) und auf 250 ccm verdünnt. Dann fügt man kalt oder heiß 20 ccm einer 6 %igen bariumfreien Ammoniumnitritlösung hinzu und erhitzt so lange zum Sieden, bis der Geruch nach Stickoxyden verschwunden ist. Nach $\frac{1}{4}$—$\frac{1}{2}$stündigem Absetzen auf dem Wasserbade wird der feinflockige Niederschlag zunächst durch 1—2malige Dekantation mit heißem Wasser ausgewaschen, dann filtriert, ausgewaschen, getrocknet, samt Filter verbrannt, geglüht und gewogen. Enthält die auf 250 ccm verdünnte Lösung mehr als 1 % Ammonsalze, so fügt man nach dem Wegkochen der Stickoxyde tropfenweise Ammoniak bis zum deutlichen Geruch danach zu und verfährt wie vorher.

Ton. Unter dem Namen Ton, Kaolin oder China-Clay kommt eine Verbindung von Tonerde mit Kieselsäure in den Handel. Sie bildet ein weißes Pulver.

Walkerde ist unreiner Ton, von grünlicher, gelblicher, bräunlicher bis rötlicher Farbe. Sie fühlt sich fest an und zerfällt in Wasser zu Brei. Sie soll vor allem frei von sandigen und steinigen Beimischungen sein.

Tonerdehydrat, Tonerdepaste, Tonerde en pâte, Tonerdegelee. $Al(OH)_3 = 78,12$; wasserunlöslich. Die Tonerdepaste kommt in verschiedenen Konzentrationen in den Handel, ist vielfach durch überschüssige Soda und schwefelsaures Natron verunreinigt und ist dann eigentlich ein sehr basisches Sulfat. Sie muß feucht aufbewahrt werden, da sie beim Austrocknen ihre Säurelöslichkeit einbüßt und dadurch unbrauchbar wird. Von einem guten Hydrat wird deshalb Klarlöslichkeit in verdünnter Essigsäure verlangt. Herstellung der Paste: 48 T. kalzinierte Soda werden in 200 T. warmem Wasser gelöst, und in diese Sodalauge (nicht umgekehrt) wird die Auflösung von 100 T. krist. schwefelsaurer Tonerde (bzw. 142 T. Alaun) in 300 T. Wasser langsam eingegossen. Das gefällte Hydrat wird durch Waschen gereinigt und auf 93 T. abgepreßt. Diese Paste enthält dann 25 % Tonerdehydrat oder 16,4 % wasserfreie Tonerde (Al_2O_3) und mehr oder weniger basisches Sulfat.

Gehaltsbestimmung. In reiner Paste wird der Gehalt durch Glühen ermittelt, in stark mit Salzen oder sonst verunreinigter Ware durch Lösen in Salzsäure und Fällen nach a. Der etwaige Schwefelsäuregehalt ist zu kontrollieren.

Schwefelsaure Tonerde, Aluminiumsulfat, Tonerdesulfat. $Al_2(SO_4)_3 \cdot 18 H_2O = 666,67$ mit 15,33 % Al_2O_3. $Al_2(SO_4)_3 = 342,4$ mit 29,85 % Al_2O_3. Formlose, weiße Massen, Brocken und Körner, seltener in ausgesprochener kristallinischer Form[1]. Die wässerige Lösung reagiert

---

[1] Wo im nachfolgenden nichts Besonderes erwähnt, wird überall das Salz mit 18 Mol. Kristallwasser verstanden.

stark sauer und greift Metalle wie Eisen, Zink, Blei u. a. unter Bildung
basischer Tonsalze an. Das Aufbewahren der Lösungen in Bleibehältern
ist deshalb zu vermeiden.

100 T. Wasser lösen

bei t^0	10	20	40	60	80	100°
T. wasserfr. Salz .	33,5	36,2	45,7	59,1	73,1	89,1
T. krist. Salz . .	95,8	107,4	167,6	262,6	467,3	1132,0

Gehalt und spezifisches Gewicht der wäßr. Lsg. an wasserfreiem Salz bei 15°.

° Bé	% $Al_2(SO_4)_3$	° Bé	% $Al_2(SO_4)_3$	° Bé	% $Al_2(SO_4)_3$	° Bé	% $Al_2(SO_4)_3$
2,3	1	10,3	7	17,3	13	23,7	19
3,7	2	11,5	8	18,5	14	24,7	20
5	3	12,7	9	19,6	15	25,7	21
6,3	4	13,8	10	20,7	16	26,6	22
7,6	5	15	11	21,7	17	27,6	23
9	6	16,2	12	22,7	18	28,5	24
						29,4	25

Man prüft auf: Wassergehalt, Unlösliches (meist geringe Spuren
Kieselsäure, Tonerde, Kalk), Tonerdegehalt (s. o.), Eisen, freie
und gebundene Schwefelsäure. Das Salz soll sich möglichst klar
in Wasser lösen; basische Salze sollen sich auf Zusatz von Schwefelsäure leicht lösen.

Gesamtschwefelsäure und Tonerde werden nach bereits besprochenen Methoden bestimmt. Starke Säuren in einfachen Salzen der
Tonerde können z. B. durch unmittelbare Titration der kochendheißen
Lösung mit $\frac{1}{2}$ n-Natronlauge und Phenolphthalein kontrolliert werden.
Bei Abwesenheit anderer Basen und Säuren läßt sich hieraus die Basizität des Salzes berechnen, also feststellen, ob freie Säure vorhanden
oder ein basisches Salz vorliegt. Die „azide" Schwefelsäure kann wie
bei Ferrisulfat annähernd bestimmt werden (s. d.).

Freie Schwefelsäure kommt in der Handelsware in Mengen von
0,5—1% vor.

a) Nach Beilstein und Grosset löst man 1—2 g des Salzes in 5 ccm
Wasser, setzt der Lösung 5 ccm einer kalt gesättigten Ammonsulfat-
lösung zu, läßt $\frac{1}{4}$ Stunde unter häufigem Umrühren stehen und fällt
mit 50 ccm 95%igem Alkohol, wobei sämtliches Tonerdesulfat als
Ammoniakalaun ausgefällt wird, während die freie Schwefelsäure in
Lösung bleibt. Man filtriert, evtl. einen aliquoten Teil, wäscht mit 50 ccm
95%igem Alkohol nach, verdunstet das Filtrat auf dem Wasserbade,
nimmt den Rückstand mit wenig Wasser auf und titriert mit $\frac{1}{10}$ n-Alkali
(Phenolphthalein).

b) Nach Zschokke-Häuselmann[1]. Erforderliche Lösungen:
1. 10%ige Chlorbariumlösung, 2. 10%ige Ferrozyankaliumlösung,
3. 2%ige Gelatinelösung. Man bringt in ein Meßkölbchen von 100 ccm
10 ccm der zu untersuchenden Tonerdelösung (mit etwa 7—9 g Al_2O_3-
Gehalt im Liter), gibt 10 ccm der obigen Chlorbariumlösung und 5 ccm

---

[1] Zschokke u. Häuselmann: Chem.-Ztg. 1922 S. 302.

der Ferrozyankaliumlösung (die nie über 6 Tage alt sein soll) und hierauf 60 ccm siedendes Wasser zu. Nun gibt man unter Umschütteln tropfenweise von der obigen Gelatinelösung zu, bis der Niederschlag flockig wird und sich leicht absetzt, was nach Zusatz von 1—1,5 ccm der Fall ist. Man läßt abkühlen, füllt auf 100 ccm auf, läßt 1—2 Minuten absetzen und filtriert durch ein Faltenfilter. Von dem farblosen, klaren Filtrat werden 50 ccm abpipettiert, mit 50 ccm Wasser verdünnt und mit $\frac{1}{10}$ n-Natronlauge gegen Methylorange bis zum Neutralpunkt titriert. Je 1 ccm $\frac{1}{10}$ n-Lauge $= 0,0049$ g freie H_2SO_4.

Zu beachten sind noch folgende Punkte: 1. Die Temperatur nach dem Zusatz des siedenden Wassers soll 85^0 C nicht übersteigen, da sich andernfalls die entstandene Ferrozyanwasserstoffsäure zersetzen kann. 2. Der Überschuß an Ferrozyankalium darf nicht zu groß sein, da sonst die Resultate herabgedrückt werden. Obiges Verhältnis ist für Lösungen von 7—9 g Al_2O_3 im Liter bestimmt. 3. Ist die zu titrierende Lösung auf Zusatz von Methylorange neutral, so muß eine neue Probe angesetzt werden, wenn der eventuelle Säureunterschuß ermittelt werden soll (basische Salze). Man setzt der neuen Probe dann vorher einige Kubikzentimeter $\frac{1}{10}$ n-Schwefelsäure zu und arbeitet wie angegeben; die zugesetzte Menge Schwefelsäure wird am Schlusse der Titration in Abzug gebracht und die etwaige Basizität berechnet. Entspricht der Alkaliverbrauch genau dem Säurezusatz, so liegt neutrales Salz vor. 4. Ist der Säureüberschuß der Versuchsprobe ein großer, z. B. über 6 g im Liter, so bleibt das Filtrat trübe. In solchem Falle wird die Versuchslösung vor dem Ausfällen mit einigen Kubikzentimetern $\frac{1}{10}$ n-Lauge korrigiert und der Laugenzusatz der bei der Titration verbrauchten Menge Alkali zugerechnet.

Eisen wird meist kolorimetrisch bestimmt. Da Eisenoxydsalze durchweg schädlicher sind als Oxydulsalze, so kann die kolorimetrische Bestimmung der oxydierten und der nichtoxydierten Lösung nebeneinander stattfinden. Man löst 1—2 g Tonerdesulfat in wenig Wasser, setzt genau 1 ccm eisenfreie Salpetersäure zu, erwärmt einige Minuten, kühlt ab und verdünnt auf 50 ccm. Für die meisten Verwendungszwecke kann ein Eisengehalt bis zu 0,01 % zugelassen werden, für den Zeugdruck bis 0,005 % und für die Türkischrotfärberei bis zu 0,001 %.

Zink. Das Zink übt in der Türkischrotfärberei und beim Seidendruck einen schädlichen Einfluß aus. Man bestimmt es, indem man die Lösung des Tonerdesulfates mit überschüssigem, essigsaurem Baryt versetzt, somit alle Schwefelsäure fällt und im Filtrat das Zink als Schwefelzink bestimmt. Unterhalb 0,01 % ist ein Zinkgehalt unbedenklich.

Basische Tonerdesulfate können am einfachsten durch Zusatz von Alkali zu normalem Sulfat hergestellt werden. Die Vorgänge spielen sich dabei nach folgenden Gleichungen ab:

1. $Al_2(SO_4)_3 + Na_2CO_3 + H_2O = Al_2(SO_4)_2(OH)_2 + Na_2SO_4 + CO_2$.
2. $Al_2(SO_4)_3 + 2\,Na_2CO_3 + 2\,H_2O = Al_2(SO_4)(OH)_4 + 2\,Na_2SO_4 + 2\,CO_2$.

Man erhält also beim Zusatz von 1 Molekül Soda auf 1 Molekül schwefelsaure Tonerde das einfach-basische Salz, beim Zusatz von 2 Molekülen das zweifach-basische Tonsulfat, das keine klare Lösung mehr ergibt. Durch Zusatz von 3 Molekülen Soda wird die Tonerde vollständig ausgefällt und die Tonerdepaste bzw. ein sehr basisches Salz (s. o.) erhalten.

3. $Al_2(SO_4)_3 + 3\,Na_2CO_3 + 3\,H_2O = 2\,Al(OH)_3 + 3\,Na_2SO_4 + 3\,CO_2$.

Basizität und Basizitätszahl. Man hat versucht, den Basizitätsgrad eines basischen Salzes durch eine konventionelle Kennzahl zum Ausdruck zu bringen. So hat Heermann[1] vorgeschlagen, den Quotienten aus Säuregehalt (Säurehydrat) und Basengehalt (freies Metall), s/m, d. i. also die Menge Säure, die auf 1 T. Metall kommt, als „Basizitätszahl" zu bezeichnen.

Zum Beispiel berechnet sich die Basizitätszahl von $Al_2(SO_4)_3$ zu $\dfrac{3 \times 98}{2 \times 27,02} = 5,44$; diejenige von $Al(SO_4)(OH)$ zu $\dfrac{98}{27,02} = 3,62$ usw. In der Praxis wird die Basizitätszahl unmittelbar aus dem Säure- und Metallbefund berechnet.

Nach Trotman[2] kann als Basizität auch die auf 1 Grammatom der Base (als freies Metall gerechnet) kommende Menge Säureion angegeben werden. Die Basizität von $Cr_2(SO_4)_3$ wäre danach z. B. $Cr : SO_4 = 52 : x$; oder $2 \times 52 : 3 \times 96 = 52 : x$; $x = 144$.

Nach den Vereinbarungen der „Leather Trades Chemists"[3] wird die Basizität durch den prozentualen Anteil der hydroxylierten Metallvalenzen (im Gegensatz zu den säuregesättigten Metallvalenzen) zum Ausdruck gebracht. Die Basizität von $Cr_2(SO_4)_3$ wäre z. B. = 0; diejenige von $Cr(SO_4)(OH)$ wäre entsprechend = 33, diejenige von $Cr_2(SO_4)(OH)_4$ wäre 66 und diejenige von $Cr(OH)_3$ wäre schließlich 100.

Vergleich einiger Basizitätszahlen nach verschiedenen Systemen.

	Heermann	Trotman	L.T.C.
$Al_2(SO_4)_3$	5,44	144	0
$Al(SO_4)(OH)$	3,62	96	33
$Al_2(SO_4)(OH)_4$	1,81	48	66
$Al(OH)_3$	0	0	100
$Fe_2(SO_4)_3$	2,63	144	0
$Fe_{15}(OH)_{13}(SO_4)_{16}$	1,87	102	29
$Cr_2(SO_4)_3$	2,82	144	0
$Al(C_2H_3O_2)(OH)_2$	2,21	59	66

Alaune. Kalialaun, $K_2SO_4 \cdot Al_2(SO_4)_3 \cdot 24\,H_2O = 948,9$; L. k. W. $= 9,5 : 100$; L. h. W. $= 357 : 100$. Natronalaun, $Na_2SO_4 \cdot Al_2(SO_4)_3 \cdot 24\,H_2O = 916,7$; L. k. W. $= 110 : 100$. Ammoniakalaun $(NH_4)_2SO_4 \cdot Al_2(SO_4)_3 \cdot 24\,H_2O = 906,6$; L. k. W. $= 9 : 100$; L. h. W. $= 422 : 100$. Von technischer Bedeutung für die Färberei ist nur der Kalialaun, der auch stets unter „Alaun" schlechtweg verstanden wird.

100 T. Wasser lösen:

bei ^{0}C	10	20	30	40	70	100
T. Kalialaun . . .	9,5	15,1	22,0	30,9	90,7	357,5
T. Ammoniakalaun	9,1	13,6	19,3	27,3	72,0	421,9

Der Handelsalaun ist meist von sehr großer Reinheit; insbesondere kann er gänzlich eisenfrei erhalten werden. Der Gehalt an freier Schwefelsäure ist meist verschwindend gering. Die Prüfung erfolgt wie bei schwefelsaurer Tonerde. Der Wassergehalt kann durch Trocknen bei 110—120^0 C festgestellt werden; solch ein wasserfreier Alaun heißt auch „gebrannter" Alaun. Bei 61^0 C verliert der Alaun 18 Moleküle Kristallwasser. Durch Abstumpfen mit Soda wird der basische, abgestumpfte oder „neutrale" Alaun erhalten: $Al_2(SO_4)_3 \cdot K_2SO_4 \cdot 2\,Al(OH)_3$.

---

[1] Heermann: Färb.-Ztg. 1904 S. 76.
[2] Trotman: Textile Analysis 1932 S. 261.
[3] J. L. T. C. 1925 S. 248.

Essigsaure Tonerde, Tonerdeazetat, Rotbeize; Rotmordant, essig-schwefelsaure Tonerde, Tonerdesulfazetate. Die Verbindungen kommen in verschiedener Zusammensetzung als Lösungen in den Handel bzw. werden vom Verbraucher hergestellt. Die Untersuchung der Lösungen erstreckt sich nach bereits besprochenen Methoden auf Tonerdegehalt, Essigsäure-, Schwefelsäuregehalt, Alkalisalze, Basizität, Verunreinigungen wie Eisen, Blei, Kalk u. ä. Außerdem ist bei ihrer Beurteilung die Wirksamkeit, Zersetzbarkeit, Haltbarkeit von Wichtigkeit.

Der annähernde Tonerdegehalt (Al_2O_3) im Liter der reinen Lösungen beträgt:

g Al_2O_3 im l	5	10	15	20	25	30	35	40
Spez. Gew. .	1,012	1,025	1,038	1,05	1,062	1,074	1,086	1,098
° Bé	1,6	3,4	5,0	6,7	8,3	9,9	11,3	12,8

Sulfazetate. Reine essigsaure Tonerde findet sich kaum im Handel und wird in der Färberei nicht verwendet, sondern fast immer nur Sulfazetate. Die Sulfazetate, besonders dasjenige, wo $2\,Al_2O_3$ auf $1\,SO_3$ kommen, sind sowohl bezüglich ihrer Haltbarkeit als auch Wirksamkeit besonders beliebt. Je basischer ein Salz ist, desto weniger haltbar ist es, desto leichter zersetzt es sich beim Erhitzen und beim Trocknen der damit behandelten Textilien, ohne dadurch nachweisbar wirksamer zu werden[1]. Aus diesem Grunde werden die basischen Salze nur selten bevorzugt. Selbst ein Überschuß an freier Essigsäure in reiner essigsaurer Tonerde vermag die leichte Zersetzlichkeit der Beizen nicht zu beeinträchtigen.

Ameisensaure Tonerde, Tonerdeformiat. Kommt nur als Lösung in den Handel. Die Bestimmung der Tonerde geschieht durch Ausfällung, diejenige der Ameisensäure wie bei den übrigen Formiaten. Als Hauptverunreinigungen sind je nach der Darstellung größere oder geringere Mengen Sulfate und Eisensalze zu erwähnen.

Chloraluminium, Aluminiumchlorid. $AlCl_3 = 133,48$. Im wasserfreien Zustand harte, an der Luft rauchende, zerfließliche und leicht zersetzbare, gelbliche Körner; meist als Lösung von 30^0 Bé im Handel. Bei seiner Beurteilung ist der Gehalt an Tonerde und Salzsäure maßgebend. Schwefelsäure, sowie Alkalisalze setzen die Wirksamkeit des Salzes herab. Unter Umständen kann ein Eisengehalt schädlich wirken. Das Salz zersetzt sich unter Salzsäureabspaltung bei 125^0.

Gehalt und spezifisches Gewicht der wässerigen Lösungen bei 15^0.

%	5	10	15	20	25	30	35	40
Spez. Gew.	1,036	1,073	1,112	1,154	1,197	1,242	1,290	1,341

Salpetersaure Tonerde, Tonerdenitrat; Tonerdenitrazetat, Nitratbeize. Wird durch Lösen von Tonerdehydrat bzw. basischem Tonerdeazetat in Salpetersäure erhalten und wurde früher als Nitrazetat gehandelt. Die Beize kann auch durch Umsetzung gewonnen werden, z. B. aus 6 T. Alaun, 4 T. Bleizucker und 2 T. Bleinitrat oder aus 667 g Tonsulfat, 786 g essigsaurem Kalk (15^0 Bé) und 886 g salpetersaurem Kalk (36^0 Bé).

Natronaluminat, Tonerdenatron. $Al_2Na_2O_4$ bzw. $Al_2Na_4O_5$ oder $Al_2Na_6O_6$. In diesem Produkt spielt die Tonerde die Rolle einer Säure.

---

[1] Liechti und Schwitzer ermittelten bei gutem Sulfazetat, basischem Sulfazetat und basischem Azetat etwa 90 %, bei dem neutralen Sulfat und Azetat, sowie bei dem basischen Sulfat im Maximum etwa 50 % Absorption durch die Faser.

Es kommt als weiße, kistallinische Masse von schwankender Zusammensetzung (meist als $Al_2Na_4O_5$) in den Handel.

Bestimmung des Natrons und der Tonerde. Man löst 20 g der Probe zu 100 ccm und titriert 1. 10 ccm ($= 0,2$ g Substanz) ganz heiß (wobei etwa vorhandene Kohlensäure kaum Einfluß ausübt) mit $\frac{1}{5}$ n-Salzsäure (Phenolphthalein) bis zum Verschwinden der Rotfärbung. 1 ccm $\frac{1}{5}$ n-Salzsäure $= 0,00621$ g Na_2O. Alsdann setzt man einen Tropfen Methylorange zu und titriert 2. bei Blutwärme mit $\frac{1}{5}$ n-Salzsäure bis zur beginnenden Rotfärbung weiter. 1 ccm bei der zweiten Titration verbrauchte $\frac{1}{5}$ n - Salzsäure $= 0,0034$ g Al_2O_3. Als Verunreinigungen kommen in Betracht: Unlöslicher Rückstand, Kieselsäure, Eisen, überschüssiges Alkali.

Chromverbindungen.

Bestimmung des Chroms in Chromisalzen. a) Gewichtsanalytisch als Chromoxyd, Cr_2O_3. Ist das Chrom als Chromisalz in Lösung, so wird es wie Tonerde unter Zusatz von viel Ammonsalz, aber möglichst wenig überschüssigem Ammoniak, oder besser mit frisch dargestelltem Ammonsulfid bei Siedehitze als Hydroxyd gefällt, mit ammonnitrathaltigem Wasser gewaschen, naß im Platintiegel verbrannt, geglüht und als Cr_2O_3 gewogen. Die Resultate fallen stets um einige Zehntelprozente zu hoch aus, indem nachweisbare Mengen Alkalichromat entstehen. Etwa anwesende Phosphorsäure befindet sich zum Teil mit im Chromniederschlage und kann durch Schmelzen mit Soda und Salpeter, Lösen der Schmelze in Wasser, Ansäuern mit Salpetersäure, Übersättigen mit Ammoniak und Fällung mit Magnesiamixtur abgeschieden werden. Bessere Dienste leistet die Schirmsche Modifikation (s. u. Tonerdebestimmung b).

b) Geringe Mengen von Chromisalzen können auch durch Schmelzen mit Natriumperoxyd in Chromate übergeführt und nach dem Chromatverfahren (s. w. u.) bestimmt werden.

Bestimmung des Chroms und der Chromsäure in Chromaten.

Qualitative Prüfung auf Chromsäure bzw. Chromat. Man versetzt eine Probe mit Wasserstoffsuperoxyd, wenig verdünnter Schwefelsäure und 3—5 ccm Äther. Bei Gegenwart von Chromsäure oder eines Chromates färbt sich zuerst die untere wässerige Schicht infolge Bildung von Überchromsäure blau; beim Umschütteln der Lösung geht dann die Blaufärbung in die Ätherschicht über. Die Blaufärbung verschwindet nach einiger Zeit.

a) Bestimmung des Gesamtchroms. Ein aliquoter Teil der Chromatlösung (etwa 1 g Chromat entsprechend) wird mit 3—5 ccm Salzsäure zersetzt, erwärmt und mit wässeriger schwefliger Säure versetzt, bis sich ein Überschuß durch den Geruch zu erkennen gibt. Schließlich kocht man, wobei das gesamte Chromat in Chromisalz übergeführt wird. Man fällt das Gesamtchrom als Chromhydrat und bestimmt es als Chromoxyd, wie bereits beschrieben (s. o.).

b) **Jodometrische Bestimmung der Gesamtchromsäure.**
Man säuert 25—30 ccm der ungefähren $\frac{1}{10}$ n-Alkalichromatlösung (etwa
5 : 1000) mit Salzsäure stark an und fügt nicht zu verdünnte, saure
Jodkaliumlösung (4—5 g Jodkali + 20 ccm Schwefelsäure 50 %ig) zu.
Schon in der Kälte scheidet die Lösung die dem Bichromat entsprechende
Jodmenge aus. Man verdünnt mit Wasser auf 500—600 ccm (wegen
der Eigenfarbe der entstandenen Chromisalzlösung) und titriert mit
$\frac{1}{10}$ n-Thiosulfatlösung bis zum Umschlag von Blau über Blaugrün nach
Grün. Gegen Schluß der Titration wird zweckmäßig etwas Stärkelösung
zugegeben.

Sowohl normales Chromat, als auch Bichromat und freie Chromsäure
machen das Jod frei, indem die beiden ersteren durch Salzsäure in freie
Chromsäure übergeführt werden:

$$H_2CrO_4 + 3\,KJ + 6\,HCl = CrCl_3 + 3\,J + 3\,KCl + 4\,H_2O.$$

Einem Molekül Chromsäure (CrO_3 oder H_2CrO_4) entsprechen also
3 Atome Jod.

Je 1 ccm $\frac{1}{10}$ n-Thiosulfatlösung = 0,00333 g CrO_3, = 0,00173 g Cr
= 0,00253 g Cr_2O_3 = 0,0049 g $K_2Cr_2O_7$ = 0,00437 g $Na_2Cr_2O_7$ = 0,00497 g
$Na_2Cr_2O_7 \cdot 2\,H_2O$.

c) **Gewichtsanalytische Bestimmung als Bariumchromat.**
Bei Anwesenheit von Chloriden eignet sich die Bariumfällung. Die sulfatfreie, neutrale oder schwach essigsaure Chromatlösung wird bei Siedehitze tropfenweise mit Bariumazetatlösung gefällt, nach einigem Stehen
filtriert (am besten durch einen Goochtiegel), mit verdünntem Alkohol
gewaschen, getrocknet, erst langsam, dann stark geglüht und als $BaCrO_4$
gewogen.
$$1 \text{ g } BaCrO_4 = 0,30 \text{ g } Cr_2O_3.$$

Winkler verfährt wie folgt. 100 ccm der Lösung mit einem Gehalt von 0,2 g
Alkalichromat, die weder freie Säure noch freies Alkali und Sulfate enthalten
darf, wird mit 1 ccm $\frac{1}{10}$ n-Essigsäure angesäuert, mit 1 g Natriumchlorid versetzt,
bis zum beginnenden Sieden erhitzt, tropfenweise mit 5 ccm 10 % iger Bariumchloridlösung versetzt und dann noch 2—3 Minuten in ruhigem Sieden erhalten.
Tags darauf wird der Niederschlag im Kelchtrichter oder Goochtiegel gesammelt,
mit 50 ccm kaltem Wasser ausgewaschen und 2—3 Stunden bei 132⁰ getrocknet
und gewogen. Wird der Inhalt im Goochtiegel behutsam geglüht, so erleidet
er einen Verlust von 0,25 %. Alkali- und Erdalkalichloride stören nicht; Nitrate,
Chlorate, Azetate erhöhen etwas das Gewicht. Etwa anwesende Pyrochromsäure wird durch 10 Minuten dauerndes Kochen mit etwas sulfatfreiem, gefälltem Kalziumkarbonat in Chromsäure umgewandelt, filtriert und als solche
bestimmt. Bei Gegenwart von Alkalikarbonaten werden diese tropfenweise mit
verdünnter Salpetersäure zerstört, bis die gelbe Flüssigkeit eben rotgelb geworden
ist; dann wird auch wieder Kalziumkarbonat zugesetzt, die Kohlensäure durch
Kochen vertrieben, die Lösung filtriert und wie oben mit Bariumsalz gefällt.

Bei Gegenwart von Sulfaten empfiehlt Winkler die Fällung der Chromsäure als Silberchromat. 100 ccm Lösung mit 0,2 g Alkalichromat werden aufgekocht und unter Umschwenken mit 5 ccm 10 % iger Silbernitratlösung versetzt.
Am nächsten Tag wird der Niederschlag filtriert, mit 50 ccm mit Silberchromat
gesättigtem Wasser gewaschen, bei 132⁰ getrocknet und gewogen. Die Operationen
sind wegen der Zersetzung des Silberchromats bei Tageslicht möglichst bei künstlicher Beleuchtung vorzunehmen. Fremde Salze — außer natürlich Chloriden —
haben keinen Einfluß auf die Ergebnisse. Bei Gegenwart von viel Sulfat wird
etwas Silbersulfat mitgerissen. Bei Gegenwart von Pyrochromsäure und Alkalikarbonaten wird wie oben (Bariumsalzfällung) verfahren.

d) Oxydimetrisch. Erwähnt sei noch die alte oxydimetrische Methode, weil nach derselben auch umgekehrt (bei Anwendung titrierter Bichromatlösung) Ferrosalze bestimmt werden können. Man löst 5 g des Musters zu 1 l und titriert mit dieser Lösung die Auflösung von 1 g reinem Ferroammoniumsulfat (Mohrsches Salz) in 50—60 ccm Schwefelsäure (1:10), bis ein Tropfen der Eisenlösung beim Tüpfeln mit Ferrizyankaliumlösung auf Porzellan keine blaue oder blaugrüne Färbung mehr erzeugt, also alles Ferrosalz zu Ferrisalz oxydiert ist. Da 1 g Mohrsches Salz 0,0851 g CrO_3 (0,12513 g $K_2Cr_2O_7$) beansprucht, so enthalten die verbrauchten Kubikzentimeter der Chromatlösung 0,0851 g CrO_3. Der ersten orientierenden Titration muß stets eine zweite genaue folgen, wobei höchstens 2—3 Tropfen der Lösung durch die Tüpfelungsversuche verloren gehen dürfen.

e) Kolorimetrisch (bei geringen Mengen und Spuren). Chromisalz wird durch Schmelzen mit chlorsaurem-kohlensaurem Kali oder salpeter-kohlensaurem Kali bzw. Natriumsuperoxyd zu Chromat oxydiert. Nun kann man entweder 1. direkt die gelbe Farbe des Chromates mit einer Lösung von bekanntem Gehalte an Chromat, der etwas Alkali zugefügt ist, vergleichen; man kann aber auch 2. die blaue Farbe der Jodstärke nach dem Umsetzen des Chromates mit Jodkalium, Schwefelsäure und Stärkelösung zum Vergleich heranziehen. Oder man benutzt 3. die Reaktion mit Diphenylkarbazid. 2 g Diphenylkarbazid werden unter Zusatz von 10 ccm Essigsäure mit Alkohol zu 200 ccm gelöst. Als Vergleichslösung dient eine Chromsäurelösung mit 0,05 g CrO_3 im Liter. Die zu prüfende Lösung wird mit Essigsäure genau neutralisiert. Zum Vergleich werden je 2 ccm der Karbazidlösung mit Wasser verdünnt und mit bekannten Mengen Chromsäurelösung versetzt.

Schwefelsaures Chrom, Chromsulfat. $Cr_2(SO_4)_3 \cdot 15 H_2O = 662,4$; L. k. W. $= 100 : 100$. Das Salz bildet schwer kristallisierende, violette Oktaeder und ist ebenso wie die schwefelsaure Tonerde und das Ferrisulfat befähigt, basische Salze zu bilden. Verunreinigungen wie im Chromalaun: Kalziumsulfat, freie Schwefelsäure, teerige und andere organische Stoffe.

Chromalaun. $Cr_2(SO_4)_3 \cdot K_2SO_4 \cdot 24 H_2O = 998,9$; L.k.W. $= 20 : 100$; L. h. W. $= 50 : 100$; enthält: 15,2 % Cr_2O_3, 9,41 % K_2O, 32,04 % SO_3. Der Chromalaun ist das leichtest zugängliche Chromsalz. Die kalte, wässerige Lösung ist bläulich-violett und wird in der Hitze, bei etwa 65° beginnend, grün. Die aus dem Alaun hergestellten basischen Lösungen zersetzen sich langsamer als die aus schwefelsaurem Chrom hergestellten. Als Verunreinigungen können Kaliumsalze, freie Schwefelsäure, teerige und andere organische Stoffe auftreten.

Chromchlorid, Chlorchrom. Das von der I. G. Farbenindustrie in den Handel gebrachte Produkt, dunkelgrüne Lösung von 30° Bé, entspricht annähernd der Formel $CrCl(OH)_2$. Es kommen aber auch Lösungen vor, deren Zusammensetzung sich der Verbindung $CrCl_2(OH)$ nähert. Meist entspricht die Basizität aber gar nicht genau dieser Zusammensetzung, sondern stellt Zwischenstufen dar. Die durchschnittliche Zusammensetzung dürfte $Cr_2Cl_3(OH)_3$ mit der Basizitätszahl 1,05 sein.

Gehalt und spezifisches Gewicht der wässerigen Lösungen bei 15°.

g Cr_2O_3 im l .	5	10	20	40	80	120	170
Spez. Gew. . .	1,008	1,016	1,032	1,065	1,131	1,197	1,276

Verunreinigungen: Alkalisalze, Sulfate und Eisen.

Der Chromgehalt wird nach den besprochenen Verfahren ermittelt. Den Säuregehalt bestimmt man wie bei Eisenbeize (s. d.) durch direkte Titration von etwa 1—2 ccm der Beize mit n-Lauge und Phenolphthalein, ohne den hierbei entstehenden Niederschlag zu beachten. Wenn sich der Niederschlag absetzt, ist der Farbenumschlag scharf zu erkennen.

Fluorchrom, Chromfluorid. $CrF_3 \cdot 4H_2O = 181{,}1$; leicht wasserlöslich. Grünes Pulver, das sich in Wasser klar mit grüner Farbe lösen und etwa 42 % Chromoxyd enthalten soll. Die Lösungen wirken auf Glas und die meisten Metalle ätzend. Für den Gebrauch wird das Salz am besten in hölzernen oder kupfernen Gefäßen gelöst. Eisen soll nur in Spuren vorhanden sein.

Gehaltsbestimmung. Das Chrom wird nach bereits erwähnten Methoden, das Fluor aus der Differenz etwa anderer vorhandener Säuren oder direkt durch Fällung als Kalziumfluorid und Überführung in Kalziumsulfat wie folgt bestimmt. Das von Chromoxyd befreite schwach sodahaltige Filtrat wird bei Siedehitze mit überschüssiger Kalziumazetatlösung gefällt, filtriert und heiß gewaschen. Der aus Fluorkalzium und Kalziumkarbonat bestehende Niederschlag wird getrocknet, im Platintiegel geglüht und mit verdünnter Essigsäure übergossen, wobei das Kalziumkarbonat in Lösung geht, das Fluorkalzium aber unangegriffen bleibt. Man verdampft zur Trockne, nimmt mit wenigen Tropfen Essigsäure und Wasser auf, filtriert, wäscht und trocknet. Das so erhaltene Fluorkalzium kann zur Kontrolle mit Schwefelsäure in Kalziumsulfat übergeführt werden.

$$1 \text{ g } CaF_2 = 1{,}7434 \text{ g } CaSO_4.$$

Chrombisulfit. $Cr(HSO_3)_3$. Das saure, schwefligsaure Chrom wird durch Lösen von frischem Chromoxydhydrat in wässeriger schwefliger Säure oder (durch Alkalisulfat verunreinigt) durch Mischen konzentrierter Lösungen von Chromsulfat und Natriumbisulfit als grüne Lösung erhalten. Die Lösungen zersetzen sich beim Erwärmen sehr leicht. Die I. G. Farbenindustrie bringt das Produkt in drei Konzentrationen in den Handel: 21^0, 28^0 und 40^0 Bé, mit einem Chromoxydgehalt von 9 %, 12 % und 18 %.

Gehalt und spezifisches Gewicht der wässerigen Lösungen bei 17^0.

g Cr_2O_3 im l .	10	20	30	40	50	60	70	80
Spez. Gew. . .	1,02	1,04	1,05	1,08	1,10	1,12	1,14	1,16

Die Bestimmung der schwefligen Säure geschieht wie bei Natriumbisulfit, diejenige des Chroms wie bei Chromisalzen.

Chromazetat, essigsaures Chrom; Chromsulfazetat. $Cr(C_2H_3O_2)_3 = 229{,}1$. Das Chromazetat stellt eine grüne Lösung dar, die sich ohne Zersetzung zur Trockne verdampfen läßt und bildet in fester Form dunkelpurpurviolette Kristallkrusten. Durch Sodazusatz oder Auflösen von Chromhydroxyd in neutralem Chromazetat werden basische Salze erhalten, welche je nach der Herstellung und Basizität violette oder grüne Lösungen bilden. Die I. G. Farbenindustrie liefert: a) essigsaures Chrom 20^0 Bé violett, b) essigsaures Chrom A, 20^0 Bé, violett, c) essigsaures Chrom trocken, violett, d) essigsaures Chrom A, trocken, violett, e) essigsaures Chrom S, 20^0 Bé, grün, f) essigsaures Chrom AS, 20^0 Bé, grün, g) essigsaures Chrom S, trocken, grün, h) essigsaures Chrom AS, trocken, grün. Durch Ersetzung eines Teiles der Essigsäure durch Schwefelsäure entstehen die Chromsulfazetate, welche wiederum normale oder basische Salze bilden können.

Chromgehalt und spezifisches Gewicht der wäßr. Lsg. von Chromazetat.

g Cr_2O_3 im l	5	10	20	40	80
Spez. Gew. grünes Azetat	1,007	1,014	1,028	1,056	1,112 (bei 17⁰)
Spez. Gew. violettes Azetat	1,006	1,013	1,025	1,050	1,102 (bei 15⁰)

Chromformiat, ameisensaures Chrom. $Cr(HCO_2)_3 = 187{,}04$. Das ameisensaure Chrom kommt als graugrünes Pulver oder als klare Lösung in den Handel und dissoziiert nicht so leicht wie das essigsaure Salz. Man verlangt von der Handelsware Haltbarkeit. Das basische Salz, das leichter dissoziiert, hat die Formel $Cr(OH)(HCO_2)_2$.

Chromnitrat, salpetersaures Chrom. $Cr(NO_3)_3 \cdot 9\,H_2O = 400{,}17$. Das im Handel erscheinende Salz ist im auffallenden Lichte blau, im durchfallenden rot gefärbt. Durch Alkali oder Chromhydroxyd werden basische Salze erzeugt, so z. B. das H. Schmidsche $Cr_2(OH)_3(NO_3)_3$. Die Nitrate dissoziieren leichter als die Chloride. **Salpeteressigsaures Chrom, Chromnitrazetat.** Durch teilweisen Ersatz der Salpetersäure durch Essigsäure entstehen die salpeteressigsauren Salze von verschiedener Zusammensetzung: $Cr_2(NO_3)_3(C_2H_3O_2)_3$, $Cr(NO_3)(C_2H_3O_2)_2$ u. ä.

Kaliumbichromat, rotes oder doppeltchromsaures Kali, Chromkali. $K_2Cr_2O_7 = 294{,}2$; 10 T. Wasser lösen bei 15⁰ = 10,5, bei 100⁰ = 102 T. Chromkali; 68,0 % CrO_3. Luftbeständige, wasserfreie Kristalle mit einem CrO_3-Gehalt von meist 67,5—68 %. Seine Hauptverunreinigung ist Kaliumsulfat und ein geringer wasserunlöslicher Rückstand. Auch Natriumsalze und neutrales chromsaures Salz sind im Chromkali mitunter anzutreffen.

Gehalt und spezifisches Gewicht der wäßr. Lsg. von Chromkali bei 19,5⁰.

% $K_2Cr_2O_7$	1	3	5	7	9	11	13	15
Spez. Gew.	1,007	1,022	1,037	1,050	1,065	1,080	1,095	1,110

Untersuchung. Man stellt sich eine ungefähre $\frac{1}{10}$ n-Lösung her, indem man etwa 5 g des Salzes zu 1 l löst. Man filtriert, trocknet und wägt das Ungelöste (= Wasserunlösliches), das beim Natriumsalz Chromoxyd enthalten kann. Mit der klaren Lösung können folgende Bestimmungen ausgeführt werden.

1. Gesamtchrom. Bei Abwesenheit von Eisen und Tonerde (die nötigenfalls getrennt zu bestimmen und in Abzug zu bringen sind) wird man meist das Reduktionsverfahren mit schwefliger Säure anwenden (s. S. 93).

2. Gesamtchromsäure (Bichromat, Chromat, freie Chromsäure). Dies ist die wichtigste Bestimmung beim Bichromat, und es ist für die meisten Zwecke (z. B. überall dort, wo in mineralsaurem Bade gearbeitet wird) gleichgültig, in welcher dieser Formen die Chromsäure vorliegt. Man arbeitet meist jodometrisch (s. S. 94). Sind keine Sulfate zugegen, so kann man auch nach dem Bariumverfahren arbeiten (s. S. 94). Sind Sulfate zugegen, so müssen sie gesondert bestimmt (s. w. u.) und in Abzug gebracht werden.

3. Freie Chromsäure. Das Chromkali kann neben dem Bichromat entweder normales Chromat oder aber freie Chromsäure enthalten. Freie

Chromsäure und normales Chromat können nicht gleichzeitig nebeneinander zugegen sein, da sie sich zu Bichromat vereinigen:

$$K_2CrO_4 + CrO_3 = K_2Cr_2O_7.$$

Freie Chromsäure weist man **qualitativ** nach, indem man zu der Lösung von etwa 1 g der Probe in 40—50 ccm Wasser 2—3 ccm neutrales Wasserstoffsuperoxyd und 20 ccm Äthyläther zusetzt und umschüttelt. Ist freie Chromsäure zugegen, so färbt sich die überstehende Ätherschicht infolge Bildung von Überchromsäure blau.

Procter und Heal begründen darauf eine quantitative Bestimmung der freien Chromsäure. Man bringt 100 ccm der $\frac{1}{10}$ n-Chromkalilösung in einen Schütteltrichter oder Stöpselzylinder, fügt 2 ccm neutrales Wasserstoffsuperoxyd und 20 ccm Äther (Äthyläther) zu und versetzt mit einer gemessenen Menge (z. B. a ccm) $\frac{1}{10}$ n-Sodalösung bis zur schwach alkalischen Reaktion (Phenolphthalein). Nun titriert man mit $\frac{1}{10}$ n-Salzsäure zurück, bis der Äther eben blau gefärbt erscheint, indem man nach jedem Säurezusatz umschüttelt (Verbrauch z. B. b ccm $\frac{1}{10}$ n-Säure). Der Umschlag von Farblos nach Blau findet statt, wenn gerade alles Chromat in Bichromat übergeführt war und die ersten Spuren freier Chromsäure gebildet werden. $(a - b)$ ccm $\frac{1}{10}$ n-Sodalösung sind also nötig gewesen, die freie Chromsäure in Bichromat überzuführen, gemäß der Gleichung:

$$2H_2CrO_4 + Na_2CO_3 = Na_2Cr_2O_7 + 2H_2O + CO_2.$$

Jedem Kubikzentimeter $\frac{1}{10}$ n-Sodalösung entspricht also 0,01 g freie Chromsäure (CrO_3).

4. **Normales Chromat.** Ist keine freie Chromsäure im Chromkali zugegen, dann kann normales Chromat zugegen sein. Man benutzt zur Bestimmung desselben das verschiedene Verhalten von Bichromat und Chromat zu Phenolphthalein.

Normales Chromat reagiert gegen Phenolphthalein neutral, Bichromat dagegen sauer. Man titriert also die Chromkalilösung direkt mit $\frac{1}{10}$ n-Lauge gegen Phenolphthalein bis zur beginnenden Rotfärbung (man kann auch einen Laugenüberschuß nehmen und mit Säure bis zum Verschwinden der Rotfärbung zurücktitrieren). Bei der starken Eigenfarbe der Chromate ist in starker Verdünnung zu arbeiten. Der Endpunkt der Titration liegt bei Beendigung der folgenden Gleichung:

$$Na_2Cr_2O_7 + 2NaOH = 2Na_2CrO_4 + 4H_2O.$$
$$\text{Je 1 ccm } \tfrac{1}{10}\text{ n-Lauge} = 0,0147 \text{ g } K_2Cr_2O_7 = 0,01 \text{ g } CrO_3.$$

Die Differenz zwischen Gesamtbefund als Gesamtchromsäure und dem Befund an Bichromat berechnet man als normales Chromat (vorausgesetzt, daß keine freie Chromsäure zugegen ist).

Nach Mc. Culloch kann zur Bestimmung des normalen Chromats das abgeänderte Verfahren mit Wasserstoffsuperoxyd benutzt werden, wie es bei der Bestimmung der freien Chromsäure bereits beschrieben worden ist. Man löst 2,5—5 g Chromkali in 40—50 ccm Wasser, bringt die Lösung in einen Glasstöpselzylinder, setzt 2 ccm neutrales Wasserstoffsuperoxyd und 20 ccm Äther zu und titriert vorsichtig mit $\frac{1}{10}$ n-Salzsäure bis zur Blaufärbung, indem man nach jedesmaliger Säurezugabe den Inhalt umschüttelt. In dem Moment, wo die Blaufärbung auftritt, ist alles Chromat in Bichromat übergeführt worden, und es haben sich eben die ersten Spuren der freien Chromsäure gebildet.

$$\text{Je 1 ccm } \tfrac{1}{10}\text{ n-Salzsäure} = 0,01942 \text{ g } K_2CrO_4 = 0,0162 \text{ g } Na_2CrO_4 = 0,01 \text{ g } CrO_3$$
als normales Chromat zugegen.

5. **Sulfatbestimmung.** 100 ccm der Lösung 5 : 1000 werden mit 5 ccm konzentrierter Salzsäure aufgekocht; dann werden weitere 2 bis

3 ccm der Säure zur kochenden Lösung zugesetzt und unmittelbar darauf ein Überschuß einer kochenden Chlorbariumlösung. Das gesamte Sulfat wird als Bariumsulfat gefällt. Man läßt absetzen, dekantiert die überstehende Flüssigkeit durch einen tarierten Goochtiegel und wäscht den Niederschlag im Becherglase mehrmals mit schwach salzsaurem Wasser, zuletzt mit reinem, kochendem Wasser. Dann wird der so vorgereinigte Niederschlag auf das Filter gebracht, nochmals mit kochendem Wasser gewaschen, getrocknet, geglüht und gewogen.

$$1 \text{ g BaSO}_4 = 0{,}4115 \text{ g SO}_4.$$

Natriumbichromat, saures oder doppeltchromsaures Natron, Chromnatron. $Na_2Cr_2O_7 \cdot 2H_2O = 298{,}03$; zerfließlich; $67{,}1\%$ CrO_3. Das Natriumsalz ist im Gegensatz zum Kaliumsalz kristallwasserhaltig, hygroskopisch und in Wasser zerfließlich. Es verliert bei etwa 100^0 sein Kristallwasser und bildet dann das wasserfreie Salz mit $76{,}4\%$ CrO_3. Auch also solches wird es in Form einer bröckeligen Masse bzw. in Platten oder Krusten in den Handel gebracht mit einem durchschnittlichen Gehalt von $73{-}74\%$ CrO_3. Es ist stärker verunreinigt als das Kaliumsalz. Außer dem Gehalt an Natriumsulfat, Chromoxyd, normalem Chromat und unlöslichen kohligen Substanzen ist der Wassergehalt durch Trocknen bei etwas über 100^0, ferner der Gesamtchromsäuregehalt (wie beim Chromkali) zu kontrollieren.

Gehalt und spezifisches Gewicht der wässerigen Lösungen an wasserfreiem Salz.

%	5	10	20	30	40	50
Spez. Gew. . .	1,035	1,071	1,141	1,208	1,28	1,343

Ammoniumbichromat. Metachrombeize oder Autochrombeize, $(NH_4)_2Cr_2O_7$. Die Meta- oder Autochrombeize entsteht im Bade durch Umsetzung von Chromkali und Ammonsulfat.

Technische Prüfung der Chrom- und Hilfsbeizen. Bei der praktischen Beurteilung der Chrombeizen und vor allem der Hilfsbeizen (wie Ameisensäure, Milchsäure, Weinstein usw.) kommt es an auf: 1. Abgabe der absoluten und relativen Chrommenge an die Faser, 2. Verhältnis von fixiertem Chromoxyd zu der fixierten Chromsäure, 3. etwaige ungünstige Beeinflussung der Reißfestigkeit der gebeizten Wollfaser, 4. Beeinflussung der Qualität der Färbung in bezug auf Egalität und Echtheit, 5. Wirtschaftlichkeit und Kostenfrage.

Die gebräuchlichsten oder früher gebräuchlich gewesenen Beizansätze mit Chromkali sind:

1. $1\frac{1}{2}\%$ Chromkali $+ 1\frac{1}{2}{-}2\%$ Ameisensäure, 85%ig.
2. $2{-}3\%$ Chromkali $+ 3{-}4\%$ Milchsäure.
3. $1\frac{1}{2}\%$ Chromkali $+ 3\%$ Milchsäure $+ \frac{1}{2}\%$ Schwefelsäure.
4. $3{-}4\%$ Chromkali $+ 2\frac{1}{2}{-}3\%$ Weinstein.
5. $3{-}4\%$ Chromkali $+ 2{-}4\%$ Oxalsäure.
6. $3{-}4\%$ Chromkali $+ 1\%$ Schwefelsäure.

Eisenverbindungen.

Bestimmung des Eisens. a) Gesamteisen, gewichtsanalytisch als Eisenoxyd. Die Eisenlösung wird nach etwaiger Oxydation von Ferrosalz zu Ferrisalz (mit etwas Salpetersäure, Wasserstoffsuperoxyd, Bromwasser od. dgl.) mit Salmiak versetzt, in einer Porzellanschale (oder im

Jenaer Becherglas) auf etwa 70° erhitzt, mit Ammoniak in geringem
Überschuß gefällt, filtriert, mit heißem Wasser gewaschen, getrocknet,
im Porzellantiegel verbrannt, dann allmählich erhitzt und zuletzt über
dem Bunsenbrenner geglüht und als Fe_2O_3 gewogen. Zu starkes Erhitzen vor dem Gebläse verwandelt das Fe_2O_3 zum Teil in Fe_3O_4 und ist
deshalb zu vermeiden.

b) **Eisenoxydul und -oxyd. Titrimetrisch mit Chamäleonlösung.** Ferrosalze werden in saurer Lösung durch Kaliumpermanganat
zu Ferrisalzen oxydiert:

$$2\,KMnO_4 + 10\,FeSO_4 + 8\,H_2SO_4 = K_2SO_4 + 2\,MnSO_4 + 8\,H_2O + 5\,Fe_2(SO_4)_3.$$

Man ist danach in der Lage, 1. den Eisenoxydulgehalt eines Salzes oder
einer Lösung durch direkte Titration, 2. den Gesamteisengehalt nach
Reduktion des Ferrisalzes zu Ferrosalz, 3. den Oxydgehalt aus der Differenz von Gesamteisen und Oxydul zu bestimmen.

1 ccm $\frac{1}{10}$ n-$KMnO_4$ = 0,005584 g Fe = 0,007184 g FeO = 0,007984 g Fe_2O_3.

Die Ferrosalzlösung muß mit Schwefelsäure stark angesäuert (auf 100 ccm
Lösung etwa 5 ccm konzentrierte Schwefelsäure), mit ausgekochtem Wasser auf
4—500 ccm verdünnt und in der Kälte mit Chamäleonlösung bis zur bleibenden
Rötung titriert werden. Bei Anwesenheit von Salzsäure bzw. Chloriden wird
ein Überschuß von Mangansalz[1], am besten Manganosulfat, der zu titrierenden
Lösung zugesetzt. Die Reduktion der Ferrisalze zu Ferrosalz kann u. a. auf
einfache Weise durch metallisches Zink geschehen, dessen Wirkungswert Chamäleon
gegenüber festzustellen ist. Verbraucht das Zink meßbare Mengen Permanganat,
so wird das für die Reduktion benutzte Zink abgewogen, nötigenfalls auch das
ungelöst zurückbleibende zurückgewogen und der Wirkungswert von den verbrauchten Kubikzentimetern Chamäleonlösung in Abzug gebracht. Man reduziert
mit etwa 3—5 g Zink in der Kälte oder besser auf dem Wasserbade, bis ein mittels
eines Kapillarrohres herausgenommener Tropfen mit Rhodankalium keine Rotfärbung mehr gibt, die Reduktion also beendet ist. Zwecks Abschließung des
atmosphärischen Sauerstoffs verwendet man den sog. Bunsenschen Ventilkolben
oder den Contat-Göckelschen Aufsatz[2].

c) **Eisenoxydul mit Bichromatlösung.** Wie Bichromat (s. S. 95) mit
Eisenoxydulsalz, so kann umgekehrt Eisenoxydulsalz mit Bichromatlösung titriert
werden. Der Endpunkt wird durch Tüpfelung mit verdünnter, höchstens 2 % iger
Ferrizyankaliumlösung erkannt. Die Konzentration der Ferrosalzlösung soll etwa
0,1—0,15 g Eisen in 100 ccm betragen, die Reaktion soll sauer sein. Man verwendet meist $\frac{1}{10}$ n-Kaliumbichromatlösung, welche durch Lösen von 4,904 g
chemisch reinem, bei 130° C getrocknetem Salz zu 1 l bereitet wird.

1 ccm $\frac{1}{10}$ n-Kaliumbichromatlösung = 0,005584 g Fe = 0,007184 g FeO.

d) **Kolorimetrisch** (s. a. u. Wasser S. 24). Man stellt sich eine
Stammlösung von Eisenoxydsalz her, die in 1 ccm = 0,001 g Fe enthält, indem man z. B. nach König 8,98 g Eisenalaun unter geringem
Zusatz von Salzsäure zu 1000 ccm löst. 1 ccm dieser Lösung enthält
0,001 g Eisen als Ferrisalz. Man kann sich auch durch Lösen von 1 g
reinem Eisendraht in Salzsäure, Oxydieren mit etwas Salpetersäure,
Eindampfen, Wiederlösen in verdünnter Salzsäure und Verdünnen auf
1000 ccm eine gleichwertige Eisenlösung herstellen. Vor dem Gebrauch
wird die Lösung noch auf das 100fache verdünnt, so daß 1 ccm

---

[1] Zimmermann und Reinhardt benutzen von folgender Mangansalzlösung
6—8 ccm auf 500 ccm zu titrierender Lösung: 67 g krist. Mangansulfat, 138 ccm
Phosphorsäure (spez. Gew. 1,7) und 130 ccm Schwefelsäure (spez. Gew. 1,82) in 1 l.

[2] Zu beziehen von Dr. Göckel, Berlin NW 6.

= 0,00001 g Fe enthält. Die zu prüfende Lösung wird mit etwas Salzsäure angesäuert, zwecks Oxydation etwaigen Eisenoxyduls mit etwas Bromwasser versetzt und aufgekocht. Alsdann bringt man in einen Kolorimeterzylinder einen aliquoten Teil der Lösung, setzt 2 ccm frisch bereitete 1%ige Ferrozyankaliumlösung zu und bringt auf Volumen. Etwaiges Eisenoxydsalz färbt die Lösung durch Berlinerblaubildung blau. Den Vergleichszylinder beschickt man nun auch mit 2 ccm der Blaukalilösung und mit destilliertem Wasser und läßt die verdünnte Eisenlösung (je 1 ccm = 0,00001 g Fe) aus einer Bürette einlaufen, bis die Färbungen in beiden Zylindern gleich sind. Aus dem Verbrauch an Eisenlösung schließt man unmittelbar auf den Eisengehalt der zu prüfenden Lösung.

Eisenvitriol, grüner Vitriol, Ferrosulfat, schwefelsaures Eisenoxydul. $FeSO_4 \cdot 7H_2O = 278$; 25,84% FeO. Der reine grüne Vitriol bildet blaßbläulichgrüne Kristalle, die in trockener Luft unter Verwitterung undurchsichtig weiß, in feuchter Luft unter Oxydation gelbbraun anlaufen. Die wässerigen Lösungen setzen an der Luft braunes Oxydhydrat bzw. basisches Oxydsulfat ab. Der für die Vitriolküpe verwendete Eisenvitriol soll frei von Zink, Kupfer und Aluminium sein.

100 T. Wasser lösen

bei t^0 . . .	15	24	39	60	84	90	100°
T. krist. Salz	70	115	151,5	263,2	270,3	370,4	333,3

Gehalt und spezifisches Gewicht der wäßr. Lsg. bei 15° an krist. Salz.

%	5	10	15	20	25	30	35	40
Spez. Gew..	1,027	1,054	1,082	1,112	1,143	1,174	1,206	1,239

Man verwendet zum Lösen frisch ausgekochtes luftfreies Wasser und untersucht nach beschriebenem Verfahren.

Als Verunreinigung kommt freie Schwefelsäure vor. Eisenoxyd und Eisenoxydsalze werden in schwachsaurer Lösung durch Ferrozyankalium und Rhodankalium nachgewiesen. Kupfer weist man nach, indem man die salzsaure Lösung mit Salpetersäure bei Siedehitze oxydiert, mit überschüssigem Ammoniak fällt und filtriert; die bläuliche Farbe des Filtrats deutet auf Kupfer. Geringere Mengen werden noch deutlich nachgewiesen, indem man das ammoniakalische Filtrat mit Salzsäure schwach ansäuert und etwas Ferrozyankaliumlösung zusetzt, wodurch eine rotbraune Fällung oder Trübung von Kupfereisenzyanür entsteht. Zink wird durch Einleiten von Schwefelwasserstoff in die neutrale oder schwach essigsaure, von Kupfer und Eisen befreite Lösung als Schwefelzink nachgewiesen. Mangan, das sehr häufig im Eisenvitriol vorkommt, erkennt man an der braunen Fällung, welche das Filtrat vom basischen Eisenazetatniederschlage beim Erhitzen nach Zusatz von Natronlauge und Bromwasser gibt. Zum Nachweis von Tonerde behandelt man den Eisenniederschlag mit heißer, reiner Natronlauge in einer Platinschale, verdünnt, filtriert ab, neutralisiert das Filtrat mit Essigsäure und kocht (oder setzt Chlorammonium zu der schwach alkalischen Lösung im Überschuß zu), wodurch vorhandene Tonerde ausfällt (s. a. u. Tonerde).

Basisches Ferrisulfat, Eisenoxydsulfat, Eisenbeize, Schwarzbeize, Rostbeize. $Fe_4(OH)_2(SO_4)_5$ bis $Fe_2(OH)_2(SO_4)_2$ (Basizitätszahl 2,19 bis 1,75). Im Mittel etwa: $Fe_8(OH)_6(SO_4)_9$, Basizitätszahl 2,00. Die Eisenbeize kommt meist als 50° Bé schwere, sirupdicke, braunrote Flüssigkeit in den Handel. Sie soll möglichst klar und frei von kristallinischen Niederschlägen sein. Bei 50⁰ Bé beträgt ihr Gesamteisengehalt etwa 13—14%, der Schwefelsäuregehalt etwa 26—28%. Der Gehalt an Eisenoxydul soll höchstens 1% betragen. Die Bezeichnung „salpeter-saures Eisen" ist irreführend und sollte vermieden werden.

Säurebestimmung. Etwa 5 ccm der konzentrierten Eisenbeize werden genau abgewogen, mit 500—600 ccm Wasser verdünnt und auf dem Wasserbade erhitzt oder mit kochendheißem Wasser übergossen. Bei basischem Salz tritt schnell Spaltung ein. Die heiße Lösung wird nach flockiger Ausscheidung des Eisenoxydhydrats 1. entweder filtriert,

Gehalt und spezifisches Gewicht der Eisenbeizen.

Spez. Gew.	% wasserfr. Sulfat	Spez. Gew.	% wasserfr. Sulfat	Spez. Gew.	% wasserfr. Sulfat	Spez. Gew.	% wasserfr. Sulfat
1,0462	5	1,1825	20	1,3782	35	1,6148	50
1,0854	10	1,2426	25	1,4506	40	1,7050	55
1,1324	15	1,3090	30	1,5298	45	1,8006	60

das Filter bis zur neutralen Reaktion ausgewaschen und das Filtrat gegen Phenolphthalein mit n-Lauge titriert, oder aber 2. ohne zu fil-trieren direkt mit dem Eisenniederschlag titriert. Im letzteren Falle wirkt das gefällte Eisenoxydhydrat nur insoweit hinderlich, als es den Endpunkt etwas verdeckt. Man läßt gegen Schluß der Titration von Zeit zu Zeit den Niederschlag kurze Zeit absetzen und beobachtet, ob die klare Flüssigkeitsschicht rosa gefärbt ist.

1 ccm n-Alkali = 0,049 g H_2SO_4.

Das **Gesamteisen** wird nach Reduktion von 1 ccm der 50grädigen oder 2 ccm einer 30grädigen Beize, welche genau abgewogen werden, mit Zink durch nachfolgende Titration mit $\frac{1}{5}$ n-Chamäleonlösung er-mittelt.

1 ccm $\frac{1}{5}$ n-Chamäleonlösung = 0,011168 g Fe.

Die **Basizitätszahl** (s. a. S. 91) wird durch Division des Schwefel-säuregehaltes (als H_2SO_4 berechnet) durch den Eisengehalt (als metalli-sches Eisen berechnet) erhalten. H_2SO_4 : Fe = Basizitätszahl.

Beispiel. 26,95% H_2SO_4, 13,45% Fe, Basizitätszahl: 2,00.

Verunreinigungen. Als normale Verunreinigungen kommen Eisenoxydul-salze (0,1—0,2%) und Salpetersäure (0,02—0,1%) vor. Der Eisenoxydul-gehalt wird direkt durch Chamäleontitration einer größeren Menge Eisenbeize (etwa 10 g) nach Verdünnung und starkem Ansäuern mit Schwefelsäure fest-gestellt. 1 ccm $\frac{1}{10}$ n-Chamäleonlösung = 0,005584 g Fe bzw. 0,007184 g FeO. Sal-petersäure wird qualitativ nach einer der bekannten Methoden nachgewiesen. Quantitativ kann sie (nach Ausfällung des Eisens) nach der Arndschen oder Ulschschen Methode, durch Titration mit Indigokarmin oder kolorimetrisch bestimmt werden.

Technischer Versuch. Wird die Beize für Seide gebraucht, so wird die Abgabe von Eisen an die Faser bestimmt. Man beizt entbastete Seide 1 Stunde in einer 30⁰ Bé starken Eisenbeize kalt, wäscht darauf gut in fließendem Wasser, reinigt mit 50⁰ warmem Wasser, seift kochend, reinigt wieder, trocknet bei ge-wöhnlicher Temperatur oder bei 110⁰ bis zur Konstanz und bestimmt den Aschen-gehalt. Je mehr Eisenoxyd eine Beize seifenkochecht an die Seidenfaser abgibt, desto wirksamer ist sie.

Eisenammoniakalaun, Ferriammoniumsulfat. $Fe_2(SO_4)_3 \cdot (NH_4)_2SO_4 \cdot 24H_2O$; in 3—4 T. Wasser löslich. Das Salz kann von der Herstellung kleine Mengen Ferrosulfat und Salpetersäure einschließen.

Eisenkalialaun, Ferrikaliumsulfat. $Fe_2(SO_4)_3 \cdot K_2SO_4 \cdot 24H_2O$; in 5 T. kalten Wassers löslich.

Eisenchlorid, Ferrichlorid. $FeCl_3 = 162,2$. Kristallisiert auch mit 12 oder 5 Mol. Wasser. 100 T. Wasser lösen bei $15^0 = 87$, bei $100^0 = 535,7$ T. wasserfreies Salz. Feste, gelbe Stücke oder konzentrierte Lösung. Es muß in Wasser klar löslich sein und nur Spuren Ferrochlorid (Prüfung mit Ferrizyankalium) enthalten. Als Verunreinigungen kommen noch Kupfer, Zink und Mangan vor. Freie Salzsäure erkennt man an dem Salmiaknebel, der sich bei Annäherung von Ammoniak an die schwach erwärmte, konzentrierte Lösung bildet; freies Chlor und salpetrige Säure verursachen Blaufärbung von angefeuchtetem Jodzinkstärkepapier, das dicht über die erwärmte Lösung gehalten wird.

Essigsaures, holzessigsaures, holzsaures Eisen; Schwarzbeize[1]. Kommt als schwarzgrüne, stark nach Holzteer riechende Lösung von meist 12—15° Bé, zuweilen von 20—30° Bé, in den Handel. Das reine essigsaure Eisen heißt auch „Chamoisbeize".

Gehalt und spezifisches Gewicht von holzessigsaurem Eisen bei 18°.

° Bé	g Fe_2O_3 im l	° Bé	g Fe_2O_3 im l	° Bé	g Fe_2O_3 im l	° Bé	g Fe_2O_3 im l
1,4	5	5,2	25	9,0	45	12,4	65
2,4	10	6,1	30	9,9	50	13,2	70
3,4	15	7,1	35	10,7	55	14,1	75
4,3	20	8,0	40	11,7	60	15,0	80

Die Prüfung des holzsauren Eisens erstreckt sich meist nur auf die Grädigkeit, Haltbarkeit in unverdünntem und verdünntem Zustande und auf die Wirksamkeit, welche durch einen technischen Versuch bestimmt wird. Man verlangt eine Beize, die gut abgelagert ist, also keinen Überschuß an ungelösten, teerigen Bestandteilen enthält, welche in der zu beizenden Faser Flecke verursachen. Ein gewisser Teergehalt in gelöster Form ist hingegen notwendig, da er nicht nur die Oxydation der Beize im Bade hintanhält, sondern auch die Fixation der Beize auf die Faser erleichtert und der Beize ihre spezifischen koloristischen Eigenschaften verleiht. Als häufige Verunreinigung kam früher Eisenvitriol vor, welcher stets zu beanstanden ist. Zulässig sind nur Spuren von Schwefelsäure und anderen Mineralsäuren. Desgleichen sollen keine nennenswerten Mengen Ferrisalze (Nachweis durch Ferrozyankalium in angesäuerter Lösung) zugegen sein. Kleine Mengen überschüssiger freier Säure lassen sich bei der starken Färbung der Beize schwer bestimmen. Nötigenfalls müßte die Gesamtessigsäure durch Destillation und Titration des Destillats festgestellt werden. Eine gute, „gesunde" Beize von 12—13° Bé, mit reinem Wasser auf etwa das 250fache verdünnt und damit geschüttelt, soll allmählich eine schöne blaue Färbung geben, die langsam ins Grünliche umschlägt und undurchsichtig wird.

Zinkverbindungen.

Bestimmung des Zinks. a) Als Zinkphosphat. Ein aliquoter Teil der Lösung wird neutralisiert (da Zinkphosphat sowohl in saurer als auch in alkalischer Lösung löslich ist) und mit 2—3 g Ammoniumchlorid versetzt. Man verdünnt nun weiter auf 150 ccm, erhitzt auf kochendem Wasserbade und gibt etwa das Zehnfache des vorhandenen

---

[1] Nicht zu verwechseln mit basischem Ferrisulfat, das auch als „Schwarzbeize" bezeichnet wird.

Zinks an Diammoniumphosphat zu. Letzteres soll gegen Phenolphthalein
alkalisch reagieren, andernfalls ist es mit Ammoniak bis zur alkalischen
Reaktion zu versetzen. Ist genügend Ammonsalz vorhanden, so wird
der erst amorph ausfallende Niederschlag bald kristallinisch. Nach
15 Minuten langem Erhitzen läßt man den Niederschlag absetzen,
filtriert durch einen Goochtiegel, wäscht bis zum Verschwinden der
Chloridreaktion mit 1 %iger Ammonphosphatlösung, dann zweimal mit
Wasser und mit 50 %igem Alkohol und trocknet bei 110—120° C. Das
so erhaltene Zinkammonphosphat kann direkt zur Wägung gebracht
werden; es kann aber auch durch Verglühen in Zinkpyrophosphat übergeführt werden:

$$\text{Zinkammonphosphat, } ZnNH_4PO_4 \times 0{,}3664 = Zn.$$
$$\text{Zinkpyrophosphat, } Zn_2P_2O_7 \times 0{,}429 = Zn.$$

Ist Magnesia oder Tonerde zugegen, so löst man den erhaltenen Zink-
ammonphosphatniederschlag in überschüssigem Ammoniak, filtriert
vom ungelösten Magnesium- und Tonerdeniederschlag ab und vertreibt
im Filtrat den Überschuß des Ammoniaks auf dem Wasserbade, wodurch das Zinkammonphosphat wieder quantitativ ausfällt.

b) Als Zinkoxyd. Karbonat, Nitrat, Azetat und Oxalat des Zinks
gehen beim Glühen an der Luft quantitativ in Zinkoxyd über. Das
Zinksulfat läßt sich so nicht bestimmen. Es kann durch Fällung als
Karbonat ausgeschieden und durch Glühen in Zinkoxyd verwandelt
werden. Die schwach saure und ammonsalzfreie Zinklösung wird kalt
mit Sodalösung bis zur beginnenden Trübung versetzt, zum Sieden
erhitzt und nun unter Zusatz von Phenolphthalein mit Sodalösung bis
zur deutlichen Rosafärbung titriert. Ein Überschuß von Soda ist zu
vermeiden, weil sich sonst die Soda unauswaschbar mit dem Zinkoxyd
verbindet. Sämtliches Zink fällt alkalifrei als Karbonat aus. Man filtriert
durch einen Goochtiegel, wäscht, trocknet, glüht und wägt als ZnO.

c) Als Zinksulfid. Aus alkalischer Lösung mit Schwefelammonium
gefälltes Zinksulfid läßt sich sehr schwer filtrieren und auswaschen; dagegen fällt das Zinksulfid aus essig- oder ameisensaurer Lösung mit
Schwefelwasserstoff körnig und leicht filtrierbar aus. Mineralsäuren
dürfen allerdings nicht zugegen sein. Man versetzt die Lösung deshalb
der Sicherheit wegen erst mit Ammoniak bis zur alkalischen Reaktion,
filtriert das etwa gefällt Eisen- und Tonerdehydrat ab, säuert das
Filtrat mit Essig- oder Ameisensäure an, fällt mit Schwefelwasserstoffgas, erhitzt das Becherglas noch etwa $\frac{1}{2}$ Stunde auf dem Wasserbade,
läßt abkühlen und einige Zeit absetzen. Dann filtriert man durch einen
Goochtiegel, wäscht aus, trocknet und verglüht das Zinksulfid zu Zinkoxyd. Geringe Verunreinigungen von Eisen und Tonerde bleiben in
saurer Lösung (auch ohne vorherige Ausfällung mit Ammoniak) gelöst.

Zinkstaub. Zn = 65,37; wasserunlöslich. Der Zinkstaub besteht aus
einem Gemisch von fein verteiltem metallischen Zink, das den Wert
der Ware bedingt, und Zinkoxyd mit etwas Kadmium, Eisen, Blei,
Arsen, mitgerissenen Erzpartikelchen und Kohle. Bisweilen enthält er
erhebliche Mengen Chlor. Im Handel wird gewöhnlich ein Produkt mit
einem garantierten Gehalt an metallischem Zink von 90 %o verlangt. Nach

Matthews schwankt der Gehalt an metall. Zink zwischen 30—92%, an Zinkoxyd zwischen Spuren und mehr als 50%. Von einem guten Zinkstaub wird verlangt, daß er äußerst fein verteilt ist, weder sichtbare, noch beim Verreiben zwischen den Fingern fühlbare Körnchen enthält und sich gleichmäßig staubartig anfühlt. Der Zinkstaub soll mindestens 95% „siebfein" sein, d. h. es sollen mindestens 95% durch ein Sieb von 1400 Maschen pro qcm geschlagen werden können. Über die Gleichmäßigkeit des Pulvers gibt eine mikroskopische Prüfung bei geringer Vergrößerung guten Aufschluß. Der Gehalt an metallischem Zink wird meist nach der Chromatmethode bestimmt.

Bestimmung des Gehaltes an metall. Zink.

a) **Chromatverfahren.** Das Verfahren beruht auf der Reduktion des Bichromats durch metallisches Zink in saurer Lösung gemäß der Gleichung:

$$K_2Cr_2O_7 + 3Zn + 7H_2SO_4 = Cr_2(SO_4)_3 + 3ZnSO_4 + K_2SO_4 + 7H_2O.$$

1 g Kaliumbichromat entspricht hier also = 0,667 g metall. Zink.

Ausführung. Man bringt etwa 1 g der Probe, sowie 100 ccm $\frac{1}{2}$ n-Kaliumbichromatlösung (s. S. 14) und 10 ccm Schwefelsäure (1 : 3) in eine trockene Stöpselflasche, schließt die Flasche, schüttelt den Inhalt 5 Minuten, setzt dann weitere 10 ccm Schwefelsäure zu und läßt noch 15 Minuten unter häufigerem Schütteln stehen. Wenn nun das Zink gelöst ist, wird die Flüssigkeit in einen 500-ccm-Maßkolben gebracht und unter gutem Ausspülen der Schüttelflasche auf 500 ccm verdünnt. Man entnimmt nun 50 ccm der Lösung zur Titration, setzt einen Überschuß von Jodkalium zu, verdünnt die Lösung noch und titriert das frei gewordene Jod mit $\frac{1}{10}$ n-Thiosulfatlösung in üblicher Weise (s. S. 11).

Beispiel der Berechnung. Einwaage: 1 g Zinkstaub; Vorlage: 100 ccm $\frac{1}{2}$ n- (bzw. 500 ccm $\frac{1}{10}$ n-) Kaliumbichromatlösung; Verbrauch: an $\frac{1}{10}$ n-Thiosulfatlösung durch 50 ccm der auf 500 ccm gebrachten reduzierten Lösung: 25 ccm. Sämtliche 500 ccm Lösung hätten also $10 \times 25 = 250$ ccm Thiosulfatlösung gebraucht. Es sind also von 1 g Zink $= 500 — 250 = 250$ ccm $\frac{1}{10}$ n-Bichromatlösung oder $250 \times 0,004903$ g $= 1,226$ g $K_2Cr_2O_7$ reduziert worden. 1 g Kaliumbichromat reduziert aber $= 0,667$ g metallisches Zink, demnach entsprechen einer Menge von 1,226 g $= 0,818$ g metallisches Zink, d. h. die Probe enthält 81,8% metallisches Zink. Reduzierend wirkende Metalle wie Eisen, Kadmium u. a. m. werden hierbei als Zink mitgerechnet.

b) **Jodometrisch.** Einfacher ist die jodometrische Methode nach Topf. Man läßt auf etwa 0,5 g Zinkstaub (unter Zusatz von Glasperlen) 30 ccm $\frac{1}{2}$ n-Jodlösung in einer Glasstöpselflasche von 250 ccm unter häufigerem Durchschütteln einwirken; verdünnt nach 1 Stunde mit Wasser, versetzt vorsichtig bis zur Klärung mit Essigsäure und titriert den Jodüberschuß mit $\frac{1}{10}$ n-Thiosulfatlösung zurück.

Zinkvitriol, Zinksulfat. $ZnSO_4 \cdot 7H_2O = 287,54$. Farblose Kristalle, welche äußerlich dem Bittersalz ähnlich sind und an trockener Luft verwittern. Eine häufiger vorkommende Verunreinigung ist Mangansulfat. Seltener kommen Sulfate von Eisen, Kupfer, Kalzium und Magnesium vor. Eisengehalt ist zu beanstanden: Die Ware darf weder mit gelbem noch mit rotem Blutlaugensalz Blaufärbung oder -fällung erzeugen. Mangan scheidet sich mit Eisen beim Übersättigen der wässerigen Lösung mit Ammoniak beim Stehen an der Luft als Hydroxyd aus. Kupfer wird vermittels Schwefelwasserstoffes aus der angesäuerten Lösung abgeschieden.

10 T. Wasser lösen bei $20^0 = 161,5$, bei $50^0 = 263,8$, bei $100^0 = 653,6$ T. krist. Salz.

Gehalt und spezifisches Gewicht der wäßr. Lsg. bei 15^0 an krist. Salz.

%	5	10	20	30	40	50	60
Spez. Gew. . .	1,029	1,059	1,124	1,193	1,271	1,352	1,445

Chlorzink, Zinkchlorid. $ZnCl_2 = 136,3$ bzw. $ZnCl_2 \cdot H_2O$; zerfließlich. Das wasserfreie Chlorid ist eine durchscheinende, weißliche Masse vom spezifischen Gewicht 2,75 (Zinkbutter) und stark ätzenden Eigenschaften. In den Handel kommt es in Form von Stücken, die man gewöhnlich nur auf Klarlöslichkeit in Wasser (Freisein von Oxychlorid) und auf freie Säure (Entfärbung von Ultramarinpapier) prüft.

Spezifisches Gewicht und Gehalt wässeriger Lösungen bei $19,5^0$ C.

% $ZnCl_2$	Spez. Gew.	% $ZnCl_2$	Spez. Gew.	% $ZnCl_2$	Spez. Gew.
5	1,045	25	1,238	45	1,488
10	1,091	30	1,291	50	1,566
15	1,137	35	1,352	55	1,650
20	1,186	40	1,420	60	1,740

Kupferverbindungen.

Bestimmung des Kupfers. a) Als Kupferoxyd. Die von organischer Substanz und Ammonsalzen freie Lösung wird zum Sieden erhitzt und tropfenweise mit Kalilauge versetzt, bis die Lösung eben alkalisch ist und der Niederschlag dunkelbraun wird. Dieser soll körnig sein, und solange er flockig ist, wird das Kochen fortgesetzt, bis er körnig und gut filtrierbar wird. Wenn zuviel Alkali zugesetzt worden ist, so ist das Filtrieren und Auswaschen äußerst lästig. Man filtriert, wäscht mit heißem Wasser bis zur neutralen Reaktion, trocknet, verascht das Filter für sich ein, glüht in einem Porzellantiegel erst gelinde, dann bei vollem Bunsenbrenner und wägt als CuO.

$$1 \text{ g } CuO = 0,7989 \text{ g } Cu = 3,137 \text{ g } CuSO_4 \cdot 5H_2O.$$

b) Als Kupfersulfür. Man erhitzt die mit etwa 5 ccm konzentrierter Schwefelsäure auf je 100 ccm versetzte Lösung zum Sieden, leitet Schwefelwasserstoff bis zum Erkalten ein und filtriert (am besten mit Platinkonus), wäscht mit essigsäurehaltigem Schwefelwasserstoffwasser, bis Methylorange im Filtrat keine Schwefelsäure mehr anzeigt, saugt nun mit schwachem Druck ab und trocknet bei $90—100^0$. Alsdann wird der getrennte Niederschlag und das getrennt verbrannte Filter im Roseschen Tiegel mit reinem Schwefel im Wasserstoffstrom erst gelinde, dann bei vollem Teclubrenner erhitzt, wobei das Cuprisulfid in

Cuprosulfid übergeht. Man läßt im Wasserstoffstrom erkalten und wägt das braunschwarze bis schwarze Cu_2S.

c) **Als Kupferrhodanür.** Die neutrale oder schwach schwefel- oder salzsaure Lösung versetzt man mit überschüssiger schwefliger Säure und hierauf tropfenweise mit Rhodanammonium in geringem Überschuß, wobei zuerst ein grünlicher (Rhodanid), dann ein rein weißer Niederschlag entsteht. Man läßt einige Stunden stehen, filtriert durch einen bei 110—120° getrockneten und gewogenen Goochtiegel, wäscht erst mit kaltem SO_2haltigen Wasser, später mit reinem Wasser bis zur schwachen Rhodanreaktion (mit Ferrichlorid) des Filtrates und zuletzt mit 20%igem Alkohol, trocknet bei 110—120° C und wägt das $Cu_2(CNS)_2$. S. a. u. Rhodanammonium S. 49. Man kann auch das Rhodanür durch Glühen in der Muffel quantitativ in Kupferoxyd verwandeln und als solches zur Wägung bringen.

d) **Titrimetrisch nach Volhard.** Silber, Quecksilber, Chlor, Brom, Jod, Zyan dürfen nicht zugegen sein und werden vorher abgeschieden. Die Methode besteht in der Ausfällung des Kupfers aus einer nahezu neutralen, heißen, mit SO_2 gesättigten Lösung als Rhodanür (s. u. c) durch einen geringen Überschuß einer abgemessenen Menge Rhodanammoniumlösung von bekanntem Gehalt und im Zurücktitrieren des Überschusses des Fällungsmittels in der Kälte (nach Zusatz von Ferrisulfat und Salpetersäure) mit einer Silbernitratlösung.

Die salpeter- oder schwefelsaure Lösung wird annähernd mit chlorfreier Soda oder Ätznatron neutralisiert; dann setzt man für je 0,5 g Cu etwa 50 ccm gesättigte, wässerige, schweflige Säure zu, erhitzt zum Sieden und fällt mit einem Überschuß einer auf Silber eingestellten Rhodanammoniumlösung (der Silbertiter mit 0,5892 multipliziert, ergibt den Kupfertiter). Man nimmt die Fällung zweckmäßig in einem $\frac{1}{2}$-l-Kolben vor, verdünnt bis zur Marke, läßt kurze Zeit stehen und filtriert einen aliquoten Teil durch ein trockenes Filter. 100 ccm des Filtrats werden darauf mit 5 ccm kaltgesättigter Eisenalaunlösung und einigen Tropfen reiner Salpetersäure versetzt und bis zum Verschwinden der Eisenrhodanidfärbung mit auf Rhodanammoniumlösung gestellter Silberlösung titriert. Hieraus berechnet sich die zur Fällung des Kupfers gebrauchte Rhodanmenge und der Kupfergehalt der Substanz.

$$1 \text{ ccm } \tfrac{1}{10}\text{n-Rhodanammonlösung} = 0{,}006357 \text{ g Cu.}$$

e) **Kolorimetrisch.** Geringe Mengen und Verunreinigungen durch Kupfer werden kolorimetrisch durch Vergleich mit einer bekannten Kupferlösung (etwa 1 mg Cu in 1 ccm Lösung) nach Zusatz von Ammoniak ermittelt. Die Bedingungen, auch der Ammoniakgehalt, müssen für beide Lösungen genau die gleichen sein.

f) Auf die **elektrolytische** Bestimmung des Kupfers, die für Textilbetriebe kaum in Betracht kommt, kann hier nicht eingegangen werden.

Kupfervitriol, Kupfersulfat, schwefelsaures Kupfer, Blaustein. $CuSO_4 \cdot 5H_2O = 249{,}7$. Blaue, durchsichtige Kristalle. Theoretischer Gehalt an metallischem Kupfer $= 25{,}46\%$ Cu.

100 T. Wasser lösen

bei t^0	10	20	30	50	70	90	100°
T. krist. Salz .	37	42	49	66	95	156	203

Gehalt und spezifisches Gewicht der wässerigen Lösungen bei 18° an krist. Salz.

%	5	10	15	20	25	30
Spez. Gew. . .	1,032	1,065	1,099	1,138	1,174	1,215

Die Hauptverunreinigungen des Salzes sind Ferro- und Ferrisulfat, seltener Zink- und Nickelsulfat; fast immer sind Spuren von Wismut, Arsen und Antimon vorhanden. Gewöhnlich wird nur auf Abwesenheit von Eisen geprüft, indem man die wässerige Lösung mit Ammoniak übersättigt, wobei etwa vorhandenes Eisen ausfällt.

Kupferchlorid. $CuCl_2 \cdot 2H_2O = 170{,}52$; L. k W. $= 60:100$; in h. W. $=$ zerfließlich. Dieses Salz kommt kristallisiert oder als konzentrierte Lösung (z. B. von 40^0 Bé) in den Handel. Die Hauptverunreinigungen sind Eisen, Schwefelsäure und Alkalisalze.

Gehalt und spezifisches Gewicht der Lösungen bei $17{,}5^0$ C.

% $CuCl_2$ wasserfrei:	5	10	15	20	25	30	35	40
Spez. Gew.;	1,045	1,092	1,157	1,222	1,292	1,362	1,445	1,528

Neutrales essigsaures Kupfer, Kupferazetat, neutraler Grünspan. $Cu(C_2H_3O_2)_2 \cdot H_2O = 199{,}65$. **Basisch essigsaures Kupfer, Grünspan, blauer Grünspan.** $Cu(C_2H_3O_2)OH \cdot 2\frac{1}{2}H_2O = 184{,}65$. Das neutrale Salz, welches auch „krist." oder „dest." Grünspan heißt, kommt in dunkelblaugrünen Kristallen in den Handel, die leicht wasserlöslich, gewöhnlich sehr rein und nur durch geringe Spuren Eisen verunreinigt sind. Reinheitsprüfung wie beim Kupfervitriol.

Das basische Salz, der eigentliche oder „französische Grünspan", bildet blaue Schuppen und Nadeln und ist in Wasser zersetzlich. Er soll sich in reiner verdünnter Salpetersäure klar und ohne Aufbrausen lösen. Seine wichtigste Verunreinigung ist ebenfalls Eisen.

Kupfernitrat, salpetersaures Kupfer. $Cu(NO_3)_2 \cdot 3H_2O$ bzw. $+ 6H_2O$; zerfließlich. Das zerfließliche Salz ist meist stark verunreinigt durch Nitrate von Blei, Zink und Natrium, sowie Sulfate von Kupfer und Natrium.

Schwefelkupfer, Kupfersulfid. $CuS = 95{,}63$; wasserunlöslich. Das Schwefelkupfer kommt als Paste mit einem garantierten Kupfergehalt in den Handel. Da es sich unter Sauerstoffaufnahme leicht zu Kupfersulfat oxydiert, muß es unter Wasser aufbewahrt werden. Bei der Prüfung des Handelspräparates kommt es auf den Gesamtkupfergehalt und auf denjenigen an gelösten Kupfersalzen an.

Bleiverbindungen.

Bestimmung des Bleis. a) Gewichtsanalytisch als Bleioxyd. Karbonat, Nitrat und Peroxyd des Bleis können durch Glühen über kleinem Flämmchen in bedecktem Porzellantiegel in Bleioxyd, PbO, übergeführt werden. Bei dem Nitrat, das leicht dekrepitiert, ist Vorsicht geboten.

b) Als Bleisulfat. Das Chlorid oder Nitrat des Bleis wird in einer Porzellanschale mit verdünnter Schwefelsäure versetzt, im Wasserbade eingedampft, über kleiner Flamme bis zum Entweichen von SO_3-Dämpfen erhitzt und erkalten gelassen. Hierauf fügt man wenig Wasser zu, rührt um, läßt einige Stunden stehen, filtriert, wäscht, evtl. zuletzt mit Alkohol, bis zum Verschwinden der Schwefelsäurereaktion im Filtrat, trocknet, verascht das Filter gesondert, vereinigt die Asche mit dem Niederschlag im gewogenen Porzellantiegel, glüht und führt etwa entstandenes Blei durch einige Tropfen verdünnter Salpeter- und Schwefelsäure wieder in Sulfat über, glüht schwach und wägt als $PbSO_4$. Liegt das Blei als Azetat vor, so versetzt man mit verdünnter Schwefelsäure und dem doppelten Volumen Alkohol, filtriert nach einigen Stunden und verfährt wie oben.

$$1 \text{ g } PbSO_4 = 0{,}6832 \text{ g } Pb.$$

c) **Kolorimetrisch** (Spuren und geringe Mengen). Erforderlich sind folgende Lösungen. 1. **Bleilösung**, enthaltend 0,001 g Pb in 1 ccm. Man löst 1 g reines Blei in Salpetersäure, dampft zur Trockne und löst den Rückstand in 1 l Wasser. 2. **10 %ige Lösung von Zyankalium**. 3. **Natriumsulfidlösung**. Man bringt einen gemessenen aliquoten Teil der zu prüfenden bleihaltigen Lösung in einen Kolorimeterzylinder, gibt (um etwaiges Kupfer und Eisen unschädlich zu machen) 2 ccm der Lösung 2 (Zyankalium), dann Ammoniak bis zur alkalischen Reaktion und zuletzt 2 ccm der Lösung 3 (Schwefelnatrium) zu. Ist Blei zugegen, so tritt Braunfärbung auf. Einen zweiten Kolorimeterzylinder beschickt man in der gleichen Weise mit der Zyankalium-, Schwefelnatriumlösung und mit Ammoniak. Dann läßt man die noch auf das 100fache verdünnte Lösung 1 (so daß 1 ccm der Lösung = 0,00001 g Pb enthält) aus einer Bürette einlaufen, bis die Färbung in beiden Zylindern gleich ist. Aus dem Verbrauch an Bleilösung ergibt sich der Bleigehalt in der zu prüfenden Lösung.

Bleizucker, Bleiazetat, essigsaures Blei. $Pb(C_2H_3O_2)_2 \cdot 3H_2O = 379{,}32$. Es verwittert an trockener Luft unter Abgabe von Wasser und Essigsäure sowie unter Aufnahme von Kohlensäure. Eine gute, frische Ware muß sich in Wasser klar lösen.

100 T. Wasser lösen bei $15^0 = 45$, bei $100^0 = 71$ T. wasserfreies Salz.

Gehalt und spezifisches Gewicht der wässerigen Lösungen bei 20^0 an krist. Salz.

%	5	10	20	30	40	50
Spez. Gew. . .	1,031	1,062	1,124	1,184	1,244	1,303

Der Essigsäuregehalt kann entweder durch Destillation oder einfacher nach Salomon bestimmt werden, indem man die Lösung mit titrierter Kalilauge bei Gegenwart von Phenolphthalein stark alkalisch macht und den Überschuß mit gestellter Essigsäure bis zum Verschwinden der Rotfärbung zurücktitriert. Aus der Differenz ergibt sich die an Blei gebundene Essigsäure. Bleiessig wird zunächst mit titrierter Essigsäure angesäuert, Kalilauge im Überschuß zugesetzt und dann mit Essigsäure zurücktitriert.

Basisch essigsaures Blei, Bleiessig. $Pb(C_2H_3O_2)_2 \cdot PbO$; $2Pb(C_2H_3O_2)_2 \cdot PbO$ usw. Man prüft wie Bleizucker. Die Lösung reagiert gegen Lackmuspapier alkalisch und ist nicht haltbar.

Salpetersaures Blei, Bleinitrat. $Pb(NO_3)_2 = 331{,}22$; 100 T. Wasser lösen bei $10^0 = 48$, bei $100^0 = 140$ T. Bleinitrat. Farblose Kristalle, die selten nennenswert verunreinigt sind. Zur Prüfung auf Verunreinigungen führt man das Blei in Sulfat über und untersucht das Filtrat auf Kupfer, Eisen und Kalzium.

Gehalt und spezifisches Gewicht der wässerigen Lösungen bei $17{,}5^0$.

%	5	10	15	20	25	30	35	40
Spez. Gew. . .	1,044	1,092	1,144	1,200	1,263	1,333	1,409	1,433

Schwefelsaures Blei, Bleisulfat. $PbSO_4 = 303{,}26$; fast unlöslich in Wasser: 100 T. Wasser lösen bei $15^0 = 0{,}004$ T. Bleisulfat. Wasserhaltige Paste oder Pulver, reinweiß oder gelblich gefärbt. Für die meisten Zwecke ist nur die reinweiße Ware zu gebrauchen. Die Untersuchung erstreckt sich gewöhnlich nur auf die Bestimmung des Bleigehaltes. Man löst eine Durchschnittsprobe von einigen Gramm

in einer heißen konzentrierten Lösung von Ammoniumazetat, filtriert und fällt
aus der verdünnten Lösung mit Schwefelsäure reines Bleisulfat. Als Verunreinigungen und Zusätze kommen vor: Bariumsulfat (Schwerspat) und Gips, die
in Ammoniumazetat unlöslich sind.

Zinnverbindungen.

Bestimmung des Zinns. a) Gesamtzinn als Zinnoxyd (in reinen
Zinnoxydsalzlösungen, die außer Zinn keine anderen mit Ammoniak
fällbaren Metalle, wie Tonerde, Eisen u. dgl. und keine Phosphorsäure
enthalten). Enthält die Lösung außer Zinnoxydsalz (Stannisalz), z. B.
Zinnchlorid, auch noch Zinnoxydulsalz (Stannosalz), z. B. Zinnchlorür,
so wird letzteres erst mit Bromwasser (oder Wasserstoffsuperoxyd u. dgl.)
oxydiert und das Brom weggekocht, andernfalls wie folgt direkt verfahren. Man versetzt die Lösung mit einigen Tropfen Methylorange und
dann vorsichtig bis zur Gelbfärbung des Methylorange mit Ammoniak,
fügt Ammonnitrat zu, verdünnt mit Wasser auf etwa 300 ccm, erhitzt
zum Sieden, filtriert, wäscht mit heißem ammonnitrathaltigem Wasser,
trocknet, glüht im Porzellantiegel und wägt als Zinnoxyd, SnO_2.

$$1\,\text{g}\ SnO_2 = 0{,}7877\,\text{g}\ Sn.$$

In Chlorzinnlösungen mit geringem Gehalt an freier Säure kann
das Zinnoxyd ohne Ammoniakzusatz direkt mit Ammonnitrat oder noch
einfacher durch Kochen mit viel Wasser gefällt werden. Diese Fällung
in schwach saurer Lösung, wobei das Zinnsalz vollkommen dissoziiert,
hat den Vorteil, daß geringe Verunreinigungen durch alkalische Erden,
Eisen u. dgl. in Lösung bleiben, also nicht stören.

b) Gesamtzinn durch Fällung als Sulfid (in Lösungen, die
außer Zinn keine durch Schwefelwasserstoff in saurer Lösung fällbaren
Metalle enthalten). Gleichgültig, ob das Zinn als Oxyd- oder Oxydul-
salz vorliegt, fällt man das Zinn aus stark verdünnter saurer Lösung
bis zur Sättigung mit Schwefelwasserstoff, läßt stehen, bis der Geruch
nach Schwefelwasserstoff fast verschwunden ist, filtriert, trocknet,
erhitzt erst vorsichtig, glüht zuletzt bei vollem Brenner oder vor
dem Gebläse (nötigenfalls unter Zusatz von etwas Ammonkarbonat
zur Entfernung der letzten Schwefelsäurereste) und wägt als Zinnoxyd, SnO_2.

c) Gesamtzinn bromometrisch nach Zschokke (auch in unreinen Lösungen). Dies Verfahren ist das einzige, das gestattet, Zinn
in phosphathaltigen Rückständen schnell und sicher zu bestimmen. Es beruht auf der Oxydation von Zinnchlorür zu Zinnchlorid
mit Hilfe von Bromsäure gemäß der Gleichung:

$$3\,SnCl_2 + 6\,HCl + HBrO_3 = 3\,SnCl_4 + HBr + 3\,H_2O.$$

Wenn alles Stannosalz in Stannisalz übergeführt ist, so reagiert ein
Überschuß von Bromat in ausreichend salzsaurer Lösung mit Brom-
wasserstoff unter Freiwerden von Brom, und die gelbe Farbe des freien
Broms zeigt das Ende der Reaktion an:

$$HBrO_3 + 5\,HBr = 3\,Br_2 + 3\,H_2O.$$

Ausführung[1]. Man versetzt 20 ccm einer schwach salzsauren Zinnlösung, z. B. Chlorzinnlösung, in einem 200-ccm-Kölbchen mit 20 ccm einer 25%igen reinen Salzsäure und etwa 0,25—0,35 g Aluminiumgrieß und läßt stehen, bis unter Erwärmung das Schäumen beginnt. Dann kühlt man unter dem Wasserhahn ab, stülpt einen Kugelaufsatz auf das Kölbchen (Bunsenventil unnötig) und erhitzt nach Beruhigung der Reaktion auf einer Asbestplatte bis alles in Lösung gegangen ist. Nun titriert man sofort die heiße Lösung mit Bromatlösung bis zur ersten leichten Gelbfärbung.

Als Bromatlösung verwendet man $\frac{1}{10}$ n-Kaliumbromatlösung (s. S. 15), die durch Lösen von 2,783 g reinem $KBrO_3$ ($= \frac{1}{60}$ Grammolekül) im Liter hergestellt wird. Da nach obiger Gleichung 1 Mol. $KBrO_3$ $= 3$ Mol. $SnCl_2$ oxydiert, so entsprechen 167 T. $KBrO_3 = 356$, 1 T. Sn, oder 1 ccm $\frac{1}{10}$ n-Kaliumbromatlösung $(2,783 : 1000) = 0,00593$ g Sn. Der Wirkungswert des Kaliumbromats wird nötigenfalls noch jodometrisch kontrolliert (s. S. 15).

d) **Zinnoxydul oxydimetrisch mit Chamäleonlösung.** Etwa 0,5 g Zinnoxydulsalz werden in schwach mit Salzsäure angesäuertem Wasser gelöst, und die Lösung wird mit einem kleinen Überschuß von Eisenchlorid versetzt, um das gesamte Stannosalz zu Stannisalz zu oxydieren. Das entstandene **Eisenchlorür** (äquivalente Menge dem ursprünglich vorhandenen Stannosalz) wird nun durch Titration mit $\frac{1}{10}$ n-Permanganatlösung unter Zusatz von Mangansulfatlösung (oder der **Zimmermann-Reinhardt**schen Manganlösung, s. S. 100) titriert.

1 ccm $\frac{1}{10}$ n-Chamäleonlösung $= 0,00594$ g Sn als Oxydul.

e) **Zinnoxydul jodometrisch.** Dieses Verfahren liefert nur in Gegenwart von viel Seignettesalz und Bikarbonat brauchbare Werte. Man löst etwa 0,25 g Zinnchlorür in mit Salzsäure angesäuertem Wasser, fügt dann 50 ccm einer 10%igen Seignettesalzlösung (weinsaures Natrium-Kalium) und 50 ccm einer 10%igen Natriumbikarbonatlösung zu und titriert die Lösung mit $\frac{1}{10}$ n-Jodlösung und Stärkelösung als Indikator bis zur dauernden Blaufärbung.

1 ccm $\frac{1}{10}$ n-Jodlösung $= 0,00594$ g Sn $= 0,00948$ g $SnCl_2 = 0,0113$ g $SnCl_2 \cdot H_2O$.

Über den Nachweis und die Bestimmung von Zinn in **erschwerten Seiden** s. u. **Seidenerschwerung** (S. 292).

Zinnpasten und Zinnaschen. Feuchte Zinnpasten bringt man durch Übergießen mit rauchender Salzsäure in Lösung und bestimmt in der Lösung den Zinngehalt am besten bromometrisch nach **Zschokke** (s. Zinnbestimmungen c), weil der Phosphorsäuregehalt der Zinnpasten die meisten anderen Verfahren ungenau macht. Getrocknete oder geglühte Zinnpasten bzw. Zinnaschen sind in Salzsäure nicht unmittelbar löslich. Man schließt sie vorher am besten durch Schmelzen mit Natriumsuperoxyd (oder weniger gut mit Ätznatron) im Nickeltiegel auf, löst die erkaltete Schmelze in Wasser, säuert mit Salzsäure an und bestimmt das Zinn, wie oben, bromometrisch.

---

[1] Nach Privatmitteilung von Herrn **Zschokke** ist die von **Fichter** u. **Müller** wiedergegebene Ausführungsform des **Zschokke**schen Verfahrens (s. Chem.-Ztg. 1913 S. 309) zu umständlich für die Praxis und gibt keine besseren Ergebnisse, als die nachfolgend mitgeteilte einfachere und in der Technik eingeführte Ausführungsform (ohne Bunsenventil, ohne Kohlensäurestrom usw.).

Zinnsalz, Zinnchlorür. $SnCl_2 \cdot 2H_2O = 225,65$; L. k. W. $= 271 : 100$; in der Hitze zersetzlich. Farblose Kristalle, denen meist noch etwas Mutterlauge anhaftet. Es enthält gewöhnlich nur die dem Zinn und der Salzsäure eigenen Verunreinigungen, ferner überschüssiges Wasser und überschüssige freie Salzsäure. Alte Ware enthält oft Zinnoxychlorid ($SnOCl_2$), welches beim Lösen in Alkohol oder wenig Wasser durch die dabei entstehende Trübung kenntlich ist. Beim starken Verdünnen mit Wasser dissoziiert das Salz unter Bildung von Oxychlorür ($SnOHCl$), das bei Säurezusatz (Salzsäure, Weinsäure) in Lösung geht.

Als Verunreinigungen kommen vor: Zinnchlorid, Zinnoxychlorid, Blei, Kupfer, Zink, Eisen, Arsen. Sulfate werden mit Chlorbarium in bekannter Weise nachgewiesen. Bittersalz und Zinkvitriol, sowie Zinnoxychlorid bleiben beim Lösen in der fünffachen Menge absoluten Alkohols ungelöst.

Gehalt an krist. Salz und spezifisches Gewicht der wässerigen Lösungen bei 15⁰.

%	5	10	20	30	40	60	70
Spez. Gew.	1,033	1,068	1,144	1,230	1,330	1,582	1,745

Gehaltsbestimmung. Meist wird ein Gesamtzinngehalt von 51—52% garantiert. Chemisch reines Zinnsalz enthält 52,6% Zinn. Gesamtzinngehalt und Zinnchlorürgehalt werden nach besprochenen Methoden ermittelt. Die Gesamtsäure bzw. das azide Chlor wird am besten im vom Zinn befreiten Filtrat bestimmt, weniger genau durch direkte Titration der stark verdünnten Lösung mit n-Alkali und Methylorange. Für gewöhnlich unterbleibt die Säurebestimmung, und man begnügt sich mit der Gehaltsbestimmung des Zinns bzw. Zinnchlorürs.

Chlorzinn, Zinnchlorid, Pinke, Doppelchlorzinn[1]. $SnCl_4$ bzw. $SnCl_4 \cdot 5H_2O$ sowie Lösungen von 50—60⁰ Bé. Das Chlorzinn kommt als „Chlorzinn fest", mit 5 Molekülen Wasser krist., „Chlorzinn flüssig", 50—60⁰ Bé stark, und als „wasserfreies Chlorzinn" in den Handel. Das feste Chlorzinn bildet eine kristallinische Salzmasse von weißer bis graugelblicher Farbe, das flüssige Chlorzinn ist eine wasserhelle bis gelblich gefärbte Flüssigkeit und das wasserfreie Chlorzinn eine wasserhelle, an der Luft stark rauchende, bei 115⁰ siedende Flüssigkeit mit einem Zinngehalt von 45,4% und einem spezifischen Gewicht von 2,26. Außer der Untersuchung der frischen Handelsware kommt für den Betriebschemiker die Betriebskontrolle der stehenden Chlorzinn- oder Pinkbäder in Frage.

Der Gesamtzinngehalt in der frischen Handelsware wird meist gewichtsanalytisch als Zinnoxyd (s. Verfahren a) bestimmt, indem mit kochendem Wasser gespalten wird und gleichzeitig die Säure, die sich hydrolytisch abspaltet, mitbestimmt wird.

Gesamtsäure.

a) Etwa 1 g flüssiges Chlorzinn (50—60⁰) wird in etwa 3—400 ccm Wasser ½ Stunde auf dem Wasserbade erhitzt, wobei eine quantitative

---

[1] Das bei Einführung der Seidenerschwerung versuchsweise gebrauchte „Pinksalz" war das Chlorzinn-Chlorammonium-Doppelsalz, ist aber bald durch das Chlorzinn ersetzt worden, das in den Betrieben heute noch vielfach als Pinke oder Pink bezeichnet wird.

Spaltung in Zinnhydroxyd und Salzsäure stattfindet[1]. Man filtriert, wäscht den Niederschlag mit heißem Wasser bis zum Verschwinden der sauren Reaktion im Filtrate und titriert das Filtrat mit n-Alkali und Phenolphthalein. 1 ccm n-Alkali = 0,03546 g azides Chlor bzw. 0,03647 g HCl. Diese Methode ist besonders da angebracht, wo zugleich eine gewichtsanalytische Zinnbestimmung auszuführen ist, da der filtrierte Niederschlag zu einer solchen Verwendung finden kann. Anstatt die Gesamtflüssigkeit zu filtrieren und zu titrieren, kann auf Volumen aufgefüllt und ein aliquoter Teil nach dem Filtrieren titriert werden.

b) Hiermit ziemlich übereinstimmende Werte liefert die direkte Titration (ohne zu filtrieren) des mit heißem Wasser zersetzten und abgekühlten Chlorzinns, wenn die Verdünnung etwa 1 : 500 beträgt und nicht zu schnell titriert wird. Man benutzt n-Natronlauge und Methylorange. Das Ende ist erreicht, wenn die Lösung dauernd gelb geworden ist.

Basizität. Aus dem gefundenen Zinn- und Säuregehalt berechnet sich die Basizität der Ware (s. S. 91). 118,7 T. Zinn brauchen 145,87 T. HCl zur Bildung des neutralen Salzes $SnCl_4$, deren Basizitätszahl (145,87 : 118,7) = 1,229 ist. In der Regel wird ein Chlorzinn mit einem geringen Salzsäureüberschuß von der Basizitätszahl 1,24—1,26 verlangt. Bei einem Säureunterschuß ist entweder Zinnsalz oder Zinnoxychlorid als vorhanden anzunehmen.

Verunreinigungen. Zinnchlorür wird durch Quecksilberchlorid nachgewiesen, wobei die geringsten Spuren Zinnchlorür eine Fällung von Quecksilberchlorür erzeugen. Salpetersäure wird in bekannter Weise mit Ferrosulfatlösung nachgewiesen. Ammonsalze (Neßlers Reagens in die mit Lauge alkalisierte Lösung zugeben), Eisenoxydul- und -oxydsalz werden in bereits besprochener Weise nachgewiesen. Großer Schwefelsäuregehalt verursacht leicht Gipsausscheidungen und damit Betriebsstörungen. Gute frische Ware enthält Spuren in Mengen von 0,01—0,02 % SO_3. Gebrauchte Chlorzinnlösungen sollten nicht mehr als 0,5—1 % Schwefelsäure enthalten. Blei wird nachgewiesen, indem das Zinnhydrat durch heißes Wasser ausgeschieden und das Filtrat mit Schwefelwasserstoff behandelt wird. Freies Chlor und salpetrige Säure können bestimmt werden, indem ein reiner Luftstrom durch schwach angewärmtes Chlorzinn in eine mit Stärkelösung versetzte Jodkaliumlösung eingeleitet wird. Alkalisalze und sonstige Fremdkörper, darunter vor allem Kalk und Kochsalz, werden bestimmt, indem man etwa 1 g Chlorzinn durch heißes Wasser quantitativ zersetzt, filtriert, das Filtrat eindampft und den Rückstand prüft. 0,1—0,2 % Kochsalz können auch durch Ausfällung mit Hilfe des fünffachen Volumens alkoholischer Salzsäure nachgewiesen werden. Phosphorsäure wird in alten Pinkbädern mit Ammoniummolybdat und Salpetersäure direkt nachgewiesen (gelber Niederschlag). Metazinnsäure, die sich in alten Bädern anreichert, ist in überschüssiger Natronlauge unlöslich. Bayerlein[2] weist Metazinnsäure, wie folgt, nach: Man löst 1 g arsenige Säure in 200 ccm Wasser und setzt 15 Tropfen Salzsäure vom spez. Gew. 1,12 zu. Beim Überschichten einer Chlorzinnprobe mit diesem Reagens wird die Mischungszone durch Metazinnsäure getrübt. Hydroxylamin ist als stark reduzierender Körper (z. B. gegenüber Kupfersalzen) kenntlich.

Von einem guten Chlorzinn kann verlangt werden, daß es klar und möglichst wasserhell, frei von Salpetersäure, freiem Chlor, Zinnsalz, Metazinnsäure ist, daß es nur Spuren Schwefelsäure und Blei enthält und daß der Eisen- und Koch-

---

[1] Sehr großer Salzsäureüberschuß, wie er in den technischen Produkten aber kaum vorkommt, hindert die quantitative Zersetzung.

[2] Bayerlein: Färb.-Ztg. 1907 S. 241.

salzgehalt nur ganz gering sind. Das wasserfreie Chlorzinn kann organische Chlorverbindungen und freies Chlor enthalten. Kalk und Phosphorsäure sind ständige Begleiter gebrauchter Betriebsbäder.

Alte Gebrauchspinkbäder sollen möglichst klar und hell sein. Trübungen rühren oft von ausgeschiedener Fettsäure aus seifenhaltigen Seiden her, oder von Seidenbast (beim Rohpinken) und sind dann relativ harmlos. Mitunter werden die Bäder durch fein verteilten Gips getrübt, der sich nur äußerst langsam absetzt, und sind dann nicht immer so harmlos. Ferner kann eine Anreicherung an Metazinnsäure Trübung oder Opaleszenz verursachen. Infolge der Bleiapparatur reichert sich das Bad mitunter an Blei bzw. Bleisulfat an und verursacht Trübungen. Gipsausscheidungen treten oft schon bei einem Kalkgehalt des Bades von 0,3 bis 0,5 % auf. Die Basizität der Pinkbäder wird in den Betrieben verschieden gehalten.

Spezifisches Gewicht reiner Chlorzinnlösungen bei 17,5⁰.

⁰ Bé	% Sn	⁰ Bé	% Sn	⁰ Bé	% Sn	⁰ Bé	% Sn
65,7	29,45	56	24,93	46	20,38	26	11,35
65	29,12	55	24,47	34	14,90	25	10,91
64	28,64	54	24,02	33	14,45	22	9,75
63	28,17	53	23,56	32	14,00	20	8,67
62	27,70	52	23,11	31	13,56	18	7,88
61	27,24	51	22,65	30	13,11	15	6,44
60	26,77	50	22,20	29	12,67	10	4,25
59	26,30	49	21,74	28	12,23	5	2,09
58	25,84	48	21,29	27	11,79	2,5	1,04
57	25,38	47	20,83				

Zinnsaures Natron, Natriumstannat, Zinnsoda, Präpariersalz. $Na_2SnO_3 \cdot 3H_2O = 266,75$; leicht wasserlöslich; 44,5 % Zinn. Farblose, leicht verwitternde Kristalle bzw. Kristallmasse. Unter der Einwirkung der Luftkohlensäure zersetzen sich die wässerigen Lösungen schnell und scheiden Zinnoxyd ab. Die Handelsware kommt mit einem Zinngehalt von 30—44 % in den Handel. Sie ist mehr oder weniger durch Soda, Ätznatron, Kochsalz und Eisen verunreinigt; sie löst sich nie vollständig klar im Wasser. Die Hauptanforderungen sind: möglichste Klarlöslichkeit, Eisenfreiheit und nicht zu großer Alkaliüberschuß.

Gehaltsbestimmung. Das Gesamtalkali wird durch direkte Titration mit Normalsäure und Methylorange bestimmt. Der Zinngehalt wird nach einem der beschriebenen Verfahren bestimmt (s. S. 110).

Essigsaures Zinnoxydul, Stannoazetat. $Sn(C_2H_3O_2)_2$. Das Präparat kommt als 20—21⁰ Bé schwere, farblose Flüssigkeit in den Handel oder wird vom Verbraucher selbst durch Lösen von Zinnoxydulhydrat in Essigsäure oder durch Umsetzung von Zinnchlorür mit Bleizucker hergestellt. Die Lösung ist nicht haltbar. Vermittels Bleizucker hergestellte Lösung ist bleihaltig und für manche Zwecke ungeeignet, da viele Farben dadurch getrübt werden. Das Azetat greift die Faser weniger an als Zinnsalz.

Antimonverbindungen.

Bestimmung des Antimons. a) Gewichtsanalytisch als Trisulfid. Man leitet erst in die kalte, schwachsaure, dann langsam zum Sieden erhitzte Lösung Schwefelwasserstoff ein, entfernt die Flamme und läßt absetzen. Dann filtriert man durch ein bei 110—120⁰ getrocknetes und gewogenes Filter, trocknet bei 110—120⁰ und wägt als Trisulfid, Sb_2S_3. Genauere Resultate werden erhalten, wenn durch einen Goochtiegel filtriert, erst unter Einleiten von Kohlensäure bei 100—130⁰

getrocknet und dann auf 280—300⁰ erhitzt wird, wobei etwa beige-
mischter Schwefel entfernt und Pentasulfid in Trisulfid übergeführt wird.

$$1\,\text{g Sb}_2\text{S}_3 = 0{,}8580\,\text{g Sb}_2\text{O}_3 = 0{,}7170\,\text{g Sb}.$$

b) **Gewichtsanalytisch als Tetroxyd.** Das nach a erhaltene
Schwefelantimon wird mit starker Salpetersäure so lange behandelt, bis
aller Schwefel oxydiert ist; der Säureüberschuß wird durch Abdampfen
entfernt, die Schwefelsäure vorsichtig abgeraucht, der Rückstand im
Porzellantiegel stark geglüht und als Tetroxyd, Sb_2O_4, gewogen.

$$1\,\text{g Sb}_2\text{O}_4 = 0{,}9475\,\text{g Sb}_2\text{O}_3 = 0{,}7898\,\text{g Sb}.$$

c) **Jodometrische Bestimmung des Antimontrioxydes.** Antimontrioxyd (oder antimonige Säure $= Sb_2O_3$) wird durch Jodlösung in
bikarbonatalkalischer Weinsäurelösung mit Stärkelösung als Indikator
quantitativ zu Antimonpentoxyd (Antimonsäure $= Sb_2O_5$) oxydiert.
Liegt das Antimontrioxyd bereits als weinsaures Salz vor, z. B. als
Brechweinstein, so ist ein Zusatz von Seignettesalz nicht notwendig,
aber auch nicht störend. Liegen aber andere Antimontrioxydverbin-
dungen vor (z. B. Antimontrichlorid), so versetzt man die Lösung z. B.
mit Weinsäure und dann bis zur Neutralisation vorsichtig mit Natronlauge (Rosafärbung des Phenolphthaleins); dann entfärbt man wieder
durch Zusatz eines Tropfens Salzsäure, fügt auf 100 ccm der Titrierflüssigkeit 20 ccm Natriumbikarbonatlösung (1 : 50) zu und titriert mit
$\frac{1}{10}$ n-Jodlösung. Die Reaktion verläuft dann im Sinne folgender Gleichungen:

$$K(SbO)C_4H_4O_6 + 6NaHCO_3 + 2J = Na_3SbO_4 + 2NaJ + KNaC_4H_4O_6 + 3H_2O + 6CO_2$$

oder:

$$Sb_2O_3 + 4J + 2Na_2O = Sb_2O_5 + 4NaJ.$$

Ausführung. Man löst z. B. 0,5 g Brechweinstein in 30—40 ccm
Wasser, versetzt mit etwa 3 g Weinstein und 1,5 g Natriumbikarbonat
und titriert nach Auflösung des Weinsteins und nach Zusatz von Stärkelösung mit $\frac{1}{10}$ n-Jodlösung auf Blau.

1 ccm $\frac{1}{10}$ n-Jodlösung $= 0{,}006088$ g Sb $= 0{,}007288$ g $Sb_2O_3 = 0{,}016695$ g Brechweinstein.

**Brechweinstein, Antimonylkaliumtartrat, weinsaures Antimonoxyd-
kali.** $K(SbO)C_4H_4O_2 \cdot \frac{1}{2}H_2O = 333{,}9$; 100 T. Wasser lösen bei 20⁰ $= 7{,}7$,
bei 50⁰ $= 16{,}6$ T. des Salzes. Das Salz kommt in feinen Kristallen, in
Pulver oder in unregelmäßigen Stücken mit einem Gehalt von etwa
43 % Antimonoxyd, Sb_2O_3 (theoretischer Gehalt $= 43{,}66$ %), in den
Handel. Das Produkt soll völlig eisenfrei sein. Ferner sollen Ammoniumsalze, Kupferverbindungen, Chloride und Sulfate in guter Ware
fehlen.

Der Antimontrioxydgehalt wird am besten jodometrisch bestimmt
(s. o. u. c). Die Weinsäure kann man in dem vom Antimon befreiten
(z. B. durch Schwefelwasserstoff) Filtrat bestimmen.

Der **Natriumbrechweinstein**, $Na(SbO)C_4H_4O_6 \cdot \frac{1}{2}H_2O = 316{,}26$,
wird seltener gebraucht. Ist wesentlich leichter löslich als das Kaliumsalz.

Volumgewichte von Brechweinsteinlösungen bei 17,5⁰.

Spez. Gew.	% Brechw.	Spez. Gew.	% Brechw.	Spez. Gew.	% Brechw.
1,005	0,5	1,015	2,5	1,031	4,5
1,007	1,0	1,018	3,0	1,035	5,0
1,009	1,5	1,022	3,5	1,038	5,5
1,012	2,0	1,027	4,0	1,041	6,0

Brechweinsteinersatzmittel. Von den Ersatzmitteln wirken die Fluoride saurer als das Tartrat und sind in allen Fällen, wo diese Eigenschaft unerwünscht ist, zu vermeiden. Die oxalsauren Verbindungen haben den Nachteil, daß sie mit hartem Wasser Niederschläge von oxalsaurem Kalk bilden. Sämtliche Produkte sollen u. a. eisenfrei sein. Nachstehend seien die wichtigsten Ersatzmittel kurz genannt.

Antimonkaliumoxalat, „Brechweinsteinersatz", „Antimonoxalat". $K_3Sb(C_2O_4)_3 \cdot 6H_2O$; leicht wasserlöslich; 23,7 % Sb_2O_3. Es dissoziiert in wässerigen Lösungen schneller als Brechweinstein und gibt sein Metall schneller an die Faser ab. Kalkhaltiges Wasser bereitet Schwierigkeiten.

Antimonnatriumoxalat, 25,4 % Sb_2O_3, entspricht dem Vorhergehenden.

Antimontrichlorid, $SbCl_3$, kommt als kristallinische, butterartige Masse oder in Lösung, z. B. 34⁰ Bé stark, vor. Mit Wasser tritt Zersetzung in Oxychlorid und Salzsäure ein. Durch Salzsäure-, Weinsäure-, Kochsalz-, Chlormagnesiumzusatz kann die Trübung der Bäder hintangehalten werden. Das Produkt ist wegen der stark sauren und ätzenden Eigenschaften wenig brauchbar.

Antimontrifluorid, SbF_3, zersetzt sich an der Luft unter Verlust von Flußsäure. Die Lösungen greifen Metall und Glas an und sind deshalb für den allgemeinen Gebrauch untauglich. Das Salz dient zur Herstellung der Doppelfluoride.

Antimonfluorid-Ammonsulfat, „Antimonsalz", de Haëns Antimonsalz. $SbF_3 \cdot (NH_4)_2SO_4$; 47 % Sb_2O_3. Luftbeständige Kristalle. 140 T. lösen sich in 100 T. Wasser. Die Lösungen sind haltbar, stark sauer und greifen Metall und Glas an.

Antimon-Natriumfluorid, Doppelantimonfluorid, „Patentsalz". $SbF_3 \cdot NaF$, 66 % Sb_2O_3. Kristallinisch, leicht wasserlöslich, schwach sauer, Metall und Glas angreifend und luftbeständig. 100 T. kaltes Wasser lösen 63 T., 100 T. kochendes Wasser 166 T. Patentsalz. Das Salz, das schwefelsäurefrei sein soll, kommt sehr rein in den Handel.

Antimon-Ammoniumfluorid, „Patentsalz". $SbF_3 \cdot NH_4F = 215,8$. Es ist dem vorstehenden sehr ähnlich, aber nicht so rein darstellbar. Sein theoretischer Gehalt an Antimonoxyd ist 67,3 %.

„Antimonin", Natrium-Kalzium-Antimonyllaktat (Boehringer) und **Lactimon** (Byk) sind Antimonlaktate mit einem Gehalt von etwa 15 % Sb_2O_3. Sie sind kristallinisch, hygroskopisch und sollen in schwach saurer Lösung, unter Zusatz von 2 l Essigsäure auf 1000 l Flotte gebraucht werden. Die Produkte sind besonders am Platze, wo ein saures Antimonbad nicht angebracht ist. Sie gestatten ferner eine vorzügliche Ausnützung von etwa 80—90 % des Antimons, so daß sie als allgemein anwendbare und beste Ersatzmittel des Brechweinsteins anzusehen sind. Auf 5 % Tannin sollen nur $2\frac{1}{2}$ % Antimonbeize kommen.

Wertverhältnis der Antimonverbindungen zueinander. Die Beizkraft der Antimonsalze steht nicht in direktem Verhältnis zu ihrem Antimongehalt. So fand z. B. Noelting, daß das Antimonoxalat mit 25 % Sb_2O_3 dieselbe Wirksamkeit zeigte wie Brechweinstein mit 43 %; Düring und andere stellten fest, daß Antimonin mit 15 % Sb_2O_3 annähernd denselben Wirkungswert hat wie Brechweinstein. In neuerer Zeit stellte Bochter[1] durch Versuche wieder fest, daß die Antimonbeizen um so wirksamer sind, je milder die gebundenen Säuren sind. So ergaben vergleichende Ausfärbungen die besten Ergebnisse bei Antimonlaktaten,

---

[1] Bochter: Mschr. Textilind. 1930 S. 257.

dann folgten die anderen Beizen, wie die Tartrate (Brechweinstein), Oxalate, Fluoride. Das Lactimon-Byk mit etwa 15 % Antimonoxyd lieferte z. B. gegen Brechweinstein mit 43 % Antimonoxyd u. a. bei Anwendung genau gleicher Prozentmengen Beize (auf 5 % Tannin jedesmal 2,5 % Antimonverbindung) die tiefste und feurigste Färbung. Lediglich nach dem Antimongehalt entsprechen 100 T. Brechweinstein = etwa 181 T. „Antimonoxalat“, bzw. 170 T. Natrium-Antimonoxalat, bzw. 91 T. „Antimonsalz“, bzw. 65 T. Natrium-„Patentsalz“, bzw. 68 T. Ammonium-„Patentsalz“, bzw. 286 T. Antimonin.

Wasserstoffsuperoxyd.

Auch Hydroperoxyd und Perhydrol genannt. $H_2O_2 = 34{,}016$; mit Wasser in jedem Verhältnis mischbar. Das technische Wasserstoffsuperoxyd kommt als wasserhelle, 3—30 % H_2O_2 haltende Lösung in den Handel. Der Gehalt wird bisweilen auch in Vol.% Sauerstoff angegeben. Da 1 ccm 3 %ige Ware etwa 10 Vol. Sauerstoff entwickelt, entsprechen 3 Gew.% = 10 Vol. Sauerstoff, handelsüblich auch als „Vol.%“ bezeichnet.

Verunreinigungen. Die technische Ware ist zwecks besserer Haltbarkeit immer etwas sauer gehalten (Salzsäure, Schwefelsäure, Phosphorsäure). Neutrale oder gar schwach alkalische Ware ist der Zersetzung schneller ausgesetzt als saure, und kann bei fest verschlossenen Flaschen sogar zu Explosionen führen. Der Säuregehalt schadet auch nicht, da die Bäder vor dem Gebrauch neutralisiert bzw. alkalisch gemacht werden. Doch soll andererseits der Säuregehalt, auf H_2SO_4 berechnet, 1 % nicht überschreiten. Weitere spezifische Stabilisierungszusätze sind: Oxalsäure, Salizylsäure, Glyzerin. Technische Verunreinigungen sind noch: Kochsalz, Glaubersalz, Eisen-, Barium-, Ammonium-, Magnesium-, Aluminiumverbindungen, Kieselsäure, Fluoride usw. Kochsalz und Glaubersalz sollen die Haltbarkeit der Ware verringern. — Man prüft z. B. in der Weise, daß man zu einer abgemessenen Menge der Probe Ammoniak und Ammonchlorid bis zur alkalischen Reaktion zusetzt und dann kocht. Etwaige Fällungen werden abfiltriert und auf Al und Fe geprüft. Das Filtrat wird nun bis zur Vertreibung des Ammoniaks gekocht, eine kochend heiße Lösung von Chlorkalzium wird zugesetzt und 12 Stunden stehen gelassen. Das etwa ausgefallene Kalziumoxalat und -fluorid wird abfiltriert (Goochtiegel) und gewogen. Alsdann spült man den Niederschlag wieder in ein Becherglas, setzt Schwefelsäure zu und titriert die Oxalsäure mit $\frac{1}{10}$ n-Permanganat (s. u. Oxalsäure). Der Rest besteht aus Kalziumfluorid. Qualitativ kann das Fluorid in bekannter Weise nachgewiesen werden, indem es mit konzentrierter Schwefelsäure zersetzt und die frei werdende Flußsäure durch Glasanätzung (Uhrglas auf verdampfendem Bade) nachgewiesen wird. Oxalat und Fluorid können auch getrennt werden, indem das erstere durch Glühen in Karbonat übergeführt und dann in Essigsäure gelöst wird, während das Fluorid glühbeständig und in Essigsäure unlöslich ist.

Gehaltsbestimmung. a) Oxydimetrisch. Man verdünnt etwa 50 g der Probe zu 1000 ccm und verwendet 50 ccm dieser Stammlösung (= etwa 2—3 g 3 %ige Originalware) zur Titration, indem man die 50 ccm erst auf 300 ccm verdünnt, mit 30 ccm verdünnter Schwefelsäure (1 : 3) versetzt und langsam mit $\frac{1}{5}$ n-Chamäleonlösung bis zur bleibenden Rötung titriert. Wenn die Oxydation der ersten Tropfen zu langsam vor sich geht oder sich eine bräunliche Färbung bemerkbar macht, so ist weitere Schwefelsäure zuzusetzen. Das Verfahren liefert nur dann genaue Ergebnisse, wenn die Ware keine anderen oxydablen Bestandteile enthält (s. o. u. Verunreinigungen).

Je 1 ccm $\frac{1}{5}$ n-Permanganatlösung $= 0,0034$ g $H_2O_2 = 0,0016$ g akt. Sauerstoff oder $= 1,116$ ccm Sauerstoff bei 0^0 C und 760 mm Druck (1 g Sauerstoff bei 0^0 und 760 mm $= 697,5$ ccm).

Reaktionsverlauf:

$$2\,KMnO_4 + 4\,H_2SO_4 + 5\,H_2O_2 = 2\,KHSO_4 + 2\,MnSO_4 + 8\,H_2O + 5\,O_2.$$

b) **Jodometrisch.** Für Betriebsbleichbäder mit noch anderen oxydabeln Substanzen besonders geeignet. Man versetzt 20 ccm der obigen Stammlösung (50 g : 1000), also etwa 1 g Originalprobe, mit 20 ccm verdünnter Schwefelsäure (1 : 3) und überschüssigem Jodkalium (etwa 1 g), läßt etwa 5 Minuten bis zur vollständigen Ausscheidung des Jods stehen und titriert dann mit $\frac{1}{10}$ n-Thiosulfatlösung bis zur Entfärbung, indem gegen Schluß der Titration Stärkelösung zugesetzt wird.

Je 1 ccm $\frac{1}{10}$ n-Thiosulfatlösung $= 0,0017$ g $H_2O_2 = 0,0008$ g O.

Reaktionsverlauf: $H_2O_2 + 2\,KJ + H_2SO_4 = K_2SO_4 + 2\,H_2O + 2\,J$ usw.

c) **Volumetrisch** (gasometrisch). Zuverlässig, wenn auch etwas zeitraubender, ist auch die gasometrische Methode. Sie beruht darauf, daß eine genau abgewogene Menge der Probe im Nitrometer zersetzt und der sich entwickelnde Sauerstoff gemessen wird:

$$MnO_2 + H_2O_2 = MnO + H_2O + O_2.$$

Je 1 g Wasserstoffsuperoxyd entwickelt nach dieser Gleichung $= 0,4706$ g Sauerstoff. Da nun 1 g Sauerstoff bei 0^0 und 760 mm Druck $= 697,5$ ccm ist, so entwickelt 1 g $H_2O_2 = 0,4706 \times 697,5 = 329,4$ ccm Sauerstoff.

Wenn die Angabe in Volumen erforderlich ist, die Untersuchung aber oxydimetrisch ausgeführt wird, so rechnet man unmittelbar in Vol.% aus, indem je 1 ccm $\frac{1}{5}$ n-Permanganatlösung als 1,116 ccm Sauerstoff bei 0^0 und 760 mm Druck berechnet wird.

Kommt die regelmäßige Kontrolle von Wasserstoffsuperoxydbädern in Frage und will man schnell ohne Umrechnung den Vol.%-Gehalt haben, so verwendet man zweckmäßig eine Kaliumpermanganatlösung von 5,66 g im Liter. Jedes verbrauchte Kubikzentimeter dieser Titerlösung entspricht dann $= 1$ ccm Sauerstoff bei 0^0 und 760 mm Druck.

Der **Säuregehalt** wird durch direkte Titration mit $\frac{1}{10}$ n-Alkali gegen Methylorange bestimmt. Von einer guten Ware wird verlangt, daß sie in etwa 14 Tagen, bei Zimmertemperatur und zerstreutem Tageslicht gelagert, um höchstens 0,01 bis 0,02 % zurückgeht. Je reiner die Ware ist, desto besser hält sie sich; je mehr Verunreinigungen sie gelöst enthält und besonders auch durch mechanische Fremdkörper (Stücke Kork, Stroh, Sand usw.) verunreinigt ist, desto schneller zersetzt sie sich. Ebenso fördert das Licht, besonders direktes Sonnenlicht und Wärme, die Zersetzung; man lagert die Ware deshalb tunlichst an einem kühlen und dunklen Orte gut verschlossen. 0,1 % Phenazetinzusatz soll die Haltbarkeit des Wasserstoffsuperoxyds am besten erhöhen.

Aktivin und Peraktivin.

Aktivin. Aktivin[1] oder das ursprüngliche Chloramin-Heyden ist ein organisches Chlorpräparat, und zwar das Paratoluolsulfomonochloramidnatrium von der Formel

$$CH_3 \cdot C_6H_4 \cdot SO_2 \cdot N{=}NaCl = 281,7.$$

Weißes, schwach chlorähnlich riechendes Pulver von guter Haltbarkeit. 100 T. Wasser lösen bei $10^0 = 12,5$ T., bei $100^0 = 300$ T. Aktivin. Theoretischer Gehalt an aktivem, chlorometrisch bestimmbarem Chlor

---

[1] **Feibelmann:** Melliand Textilber. 1931 S. 263.

= 25,2%. Die Handelsware wird auf etwa 21% aktives Chlor eingestellt. In kochendem Wasser ist das Aktivin ohne Akzeptor (d. h. Sauerstoff aufnehmenden Körper) wenig zersetzlich, bei Gegenwart von Akzeptoren wird das Chlor allmählich abgegeben, am schnellsten bei höheren Temperaturen, jedoch viel langsamer als bei Hypochloriten und deshalb gut dosierbar. Unbeachtet der Zwischenstufen verläuft die Reaktion nach der Gleichung:

$$CH_3 \cdot C_6H_4 \cdot SO_2 \cdot N{=}NaCl + H_2O = CH_3 \cdot C_6H_4 \cdot SO_2 \cdot NH_2 + NaCl + O.$$

Ein Molekül Aktivin liefert also ein Atom aktiven Sauerstoff, entsprechend zwei Atomen aktivem Chlor. Das Äquivalentgewicht des Aktivin ist also 141. Verwendung für Bleich- und Aufschlußzwecke.

Gehaltsbestimmung. a) Jodometrisch. Man löst etwa 0,5 g Aktivin in Wasser, versetzt mit etwa 2 g Jodkalium, säuert mit Salzsäure an und titriert das ausgeschiedene Jod mit $\frac{1}{10}$ n-Thiosulfatlösung.

$$1 \text{ ccm } \tfrac{1}{10} \text{ n-Thiosulfatlösung} = 0,0141 \text{ g Aktivin.}$$

b) Arsenometrisch. Nach dem Arsenigsäureverfahren von Penot (s. u. Chlorkalk).

c) Zur schnellen Fabrikkontrolle von Aktivinbädern, die keine zu hohen Ansprüche an Genauigkeit macht, haben Krais und Meves[1] ein Schnellverfahren ausgearbeitet. Man löst 3,6 g Indigo rein in 40 ccm konzentrierter Schwefelsäure durch einstündiges Erhitzen in einem siedenden Wasserbade und füllt zu 1 l auf. Der Gehalt dieser Indigolösung ist so bemessen, daß man auf 10 ccm einer 1%igen Aktivinlösung genau 10 ccm der Indigolösung braucht, bis der Übergang der vorher gelben in eine grünblaue Färbung den vollständigen Verbrauch der Aktivinlösung anzeigt. Zur leichteren Ausführung ist ein kleiner Apparat (s. Abb. 2) konstruiert, der aus einem etwa 16 cm hohen graduierten Meßzylinder mit eingeschliffenem Glasstopfen besteht und für Aktivinlösungen bis 1% herauf brauchbar ist (bei konzentrierteren Lösungen ist entsprechend zu verdünnen). Man gießt die Aktivinlösung in den Zylinder genau bis an den ersten Teilstrich, dann gibt man bis zum nächsten Teilstrich konzentrierte Salzsäure zu und setzt nunmehr vorsichtig bis zum Teilstrich 0,1 obige Indigolösung zu. Nach Aufsetzen des Stopfens schüttelt man um. Wird dabei die Lösung gelb, so gibt man von Teilstrich zu Teilstrich weitere Indigolösung hinzu, bis nach dem jeweiligen Umschütteln eine schwachblaugrüne Färbung bestehen bleibt. Der Teilstrich, bis zu welchem die Flüssigkeit dann reicht, gibt direkt den Prozentgehalt der Aktivinlösung an. Apparat und Indigolösung sind von der Chemischen Fabrik Pyrgos gebrauchsfertig zu beziehen.

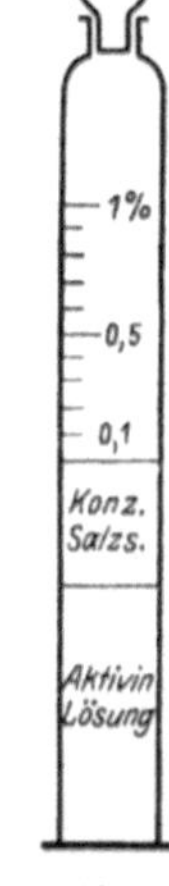

Abb. 2.
Chlorometer.

Peraktivin[2]. Peraktivin ist das von der gleichen Firma hergestellte Paratoluolsulfodichloramid von der Formel

$$CH_3 \cdot C_6H_4 \cdot SO_2 \cdot NCl_2 = 240.$$

Weißes Pulver, das in reinem Zustande einen starken Chlorgeruch verbreitet. Die Handelsware enthält einen Sodazusatz, der den Chlorgeruch mildert. Das Dichlorid ist (im Gegensatz zum Monochlorid) in Wasser unlöslich, aber in verdünnten Laugen löslich. Man bereitet die Lösung, indem man 1 T. Peraktivin mit 10 T. 3—5%iger Natronlauge

---

[1] Krais u. Meves: Z. angew. Chem. 1925 S. 1045. — Siehe auch Aktivinbroschüre der Firma Pyrgos, Dresden-Radebeul, woher auch die Apparatur zu beziehen ist.

[2] Feibelmann: Melliand Textilber. 1931 S. 263.

übergießt und dann unter Rühren erwärmt. 1 Molekül Peraktivin liefert dabei 1 Molekül Aktivin und 1 Molekül Natriumhypochlorit nach der Gleichung:

$$CH_3 \cdot C_6H_4 \cdot SO_2 \cdot NCl_2 + NaOH = CH_3 \cdot C_6H_4 \cdot SO_2 \cdot N{=}NaCl + NaOCl.$$

Der theoretische Gehalt an aktivem Chlor im Peraktivin beträgt 59,2 %. Die Handelsware ist auf etwa 30 % aktives Chlor eingestellt. Das Handels-Peraktivin enthält also anderthalbmal so viel aktives Chlor wie das Aktivin.

Gehaltsprüfung. Wie beim Aktivin.

Glyzerin.

$C_3H_5(OH)_3 = 92{,}08$. In reinem Zustande dickflüssige, farblose, geruchlose, süßlich schmeckende Flüssigkeit, die mit Wasser in jedem Verhältnis mischbar ist. In Alkohol löslich, in Äther und Chloroform unlöslich.

Reaktionen. Beim vorsichtigen Glühen mit konzentrierter Schwefelsäure tritt Verkohlung ein, unter Bildung von stechend riechendem Akrolein. Letzteres tritt auch beim Erhitzen des Glyzerins mit Kaliumbisulfat auf, doch ohne reichliche Verkohlung. Glyzerin verhindert die Ausfällung von Kupferhydroxyd durch Alkalien aus Kupfersalzen. Eine mit Lackmustinktur versetzte blaue Lösung von Borax in Wasser wird durch neutrales Glyzerin rot gefärbt. Befeuchtet man Borax mit einer glyzerinhaltigen Substanz und bringt sie in die Bunsenflamme, so entsteht die charakteristische grüne Borflamme.

Gehalt, spezifisches Gewicht und Siedepunkte der wäßr. Lsg. von Glyzerin.

% Glyzerin	Spez. Gew.	S.P. (760 mm)	% Glyzerin	Spez. Gew.	S.P. (760 mm)
100	1,265	290^0	60	1,1570	109^0
98	1,262		50	1,1290	106^0
94	1,250		40	1,1020	104^0
90	1,2395	138^0	30	1,0750	$102,8^0$
88	1,234		20	1,0490	$101,8^0$
80	1,2125	121^0	10	1,0240	$100,9^0$
70	1,1855	$113,6^0$			

Verunreinigungen. Gute Handelsware soll keine Chloride und Sulfate enthalten, auch keine Metalle (außer von Spuren Eisen und Blei), und sonstige organische Substanz. Letztere wird erkannt, wenn sich eine Mischung von gleichen Volumina Glyzerin und konzentrierter Schwefelsäure nach dem Abkühlen dunkel färbt. Einige Gramm der Probe werden in einer Platinschale im Trockenschrank langsam auf 160° erhitzt; von Zeit zu Zeit werden einige Tropfen Wasser zugesetzt und das Glyzerin allmählich verjagt. Nach erreichter Gewichtskonstanz wird der Rückstand als Summe von Asche und organischer Fremdsubstanz erhalten. Man glüht und stellt den Aschengehalt fest; die Differenz beider Wägungen entspricht der organischen Fremdsubstanz.

Säure. 10 ccm der Probe werden verdünnt und mit $\frac{1}{10}$ n-Alkali (Phenolphthalein) bis zur Rötung titriert. Destilliertes Glyzerin soll fast säurefrei sein.

Glyzeringehalt.

a) Aräometrisch oder pyknometrisch darf nur ein reines Glyzerin bestimmt werden (s. Tabelle). Es ist dabei darauf zu achten, daß die Ware frei von

Luftblasen ist, was am einfachsten durch Erwärmen und Wiederabkühlen des Glyzerins in einer verkorkten Flasche erreicht wird. Im Handel kommen Glyzerine von 24^0 (76 %), 26^0 (84 %), 28^0 (92 %) und 30^0 Bé (etwa 100 % Glyzerin) vor. Chemisch reines, 100 %iges Glyzerin hat das spez. Gew. 1,265.

b) **Differenzmethode.** Das Glyzerin wird 8—10 Stunden auf 100^0 erhitzt und nach erhaltener Gewichtskonstanz der Verlust als Wasser in Rechnung gebracht. Eine andere Probe wird wie oben auf Verunreinigungen geprüft (Rückstand bei 160^0). Nach Abzug von Wasser und Rückstand wird das „Reinglyzerin" erhalten.

c) **Jodometrisches Bichromatverfahren** (Deutsche Einheitsmethoden 1930, Wizöff[1]). Das Verfahren beruht darauf, daß man unter konventionellen Bedingungen Reinglyzerin in schwefelsaurer Lösung mit einem Überschuß von Kaliumbichromatlösung oxydiert und den Bichromatüberschuß jodometrisch mit Thiosulfatlösung zurückmißt. Der Oxydationsprozeß verläuft unter Weglassung der Beiläufigkeiten nach der folgenden Gleichung:

$$7K_2Cr_2O_7 + 3C_3H_8O_3 + nH_2SO_4 = 9CO_2 + 7Cr_2(SO_4)_3 \text{ usw.}$$

Hiernach oxydiert 1 T. Kaliumbichromat 0,1341 T. Glyzerin, und 1 ccm $\frac{1}{10}$ n-Thiosulfatlösung entspricht 0,0049 g Kaliumbichromat (s. Titerlösungen S. 14), bzw. 0,0006576 g Glyzerin.

Ausführung. Man wägt eine nicht mehr als 2 g Reinglyzerin[2] enthaltende Menge Glyzerin genau ab, füllt in einen 250-ccm-Meßkolben auf Marke, pipettiert 25 ccm der klaren Lösung (sonst filtrieren), also höchstens 0,2 g Reinglyzerin entsprechend, in einen mit Bichromat-Schwefelsäure gereinigten 300-ccm-Erlenmeyerkolben und versetzt mit 25 ccm „Bichromat-Schwefelsäure zur Glyzerinbestimmung".

Herstellung der „Bichromat-Schwefelsäure zur Glyzerinbestimmung". Man löst 75 g analysenreines, bei 110—120^0 getrocknetes Kaliumbichromat in wenig Wasser, setzt langsam 150 ccm konzentrierte Schwefelsäure zu, läßt erkalten und füllt bei 15^0 auf 1000 ccm.

Zu diesem Glyzerin-Bichromat-Schwefelsäuregemisch gibt man noch 50 ccm Schwefelsäure vom spezifischen Gewicht 1,23 (Herstellung: 315 g konzentrierte Schwefelsäure + 685 g destilliertes Wasser), bedeckt den Erlenmeyerkolben mit einem kleinen umgekippten Becherglas und stellt 2 Stunden in ein siedendes Wasserbad. Dann läßt man das Oxydationsgemisch abkühlen, füllt in einen 500-ccm-Meßkolben um und füllt auf Marke auf. Nun läßt man in ein 500-ccm-Becherglas, das mit einer Mischung von 20 ccm 10 %iger Jodkaliumlösung und 20 ccm 20 %iger Salzsäure beschickt ist, 50 ccm Wasser und 50 ccm obiger Oxydationsflüssigkeit einlaufen, rührt um und titriert das ausgeschiedene Jod in üblicher Weise mit $\frac{1}{10}$ n-Thiosulfatlösung zurück. In gleicher Weise wird ein Blindversuch ohne Glyzerin zur Titerstellung der Bichromatlösung ausgeführt.

1 ccm $\frac{1}{10}$ n-Thiosulfatlösung = 0,0006576 g Glyzerin.

Oder man berechnet nach der Wizöff-Formel (bei Einhaltung obiger Verdünnungsverhältnisse):

---

[1] Über das Azetinverfahren sowie über Abarten des Bichromatverfahrens s. Wizöff: Deutsche Einheitsmethoden. 1930.

[2] Für unreine Glyzerine ist eine besondere Reinigung vorgeschrieben. Näheres hierüber s. Wizöff: Deutsche Einheitsmethoden. 1930.

e = Einwaage, a = verbr. ccm $\frac{1}{10}$ n-Thiosulfatlösung bei dem Hauptversuch, b = verbr. ccm $\frac{1}{10}$ n-Thiosulfatlösung bei dem Blindversuch:

$$\% \text{ Glyzerin} = \frac{6{,}576 \cdot (b-a)}{e}.$$

Anilinöl und Anilinsalz.

$C_6H_5NH_2 = 93{,}1$; $C_6H_5NH_2 \cdot HCl = 129{,}56$. Das Blauanilin, das in der Färberei gebraucht wird, ist ein nahezu chemisch reines Anilin, während das Rotanilin meist aus annähernd gleichen Mengen Anilin, Orthotoluidin und Paratoluidin besteht und für die Anilinschwarzfärberei ungeeignet ist.

Reaktionen des Anilins. 1. Man kocht etwas Anilinöl im Reagensglas und bringt einen mit konzentrierter Salzsäure befeuchteten Glasstab an die Mündung des Rohrs. Bei Gegenwart von Anilinöl entstehen salmiakähnliche Dämpfe von Anilinchlorhydrat. 2. Beim Behandeln von Anilinsalzlösung mit Chlorkalklösung findet Violettfärbung statt. 3. Man mischt 1 Tropfen Anilin mit etwa 6 Tropfen konzentrierter Schwefelsäure und streut auf die Oberfläche der Mischung eine kleine Menge fein gepulverten Kaliumbichromats. Bei Gegenwart von Anilin entsteht Blaufärbung. 4. Man löst einige Tropfen Anilin in wenig verdünnter Salzsäure und versetzt mit etwas Nitritlösung. Dann läßt man 15—30 Minuten in der Kälte stehen und erwärmt mäßig. Es findet eine Zersetzung der Diazoverbindung unter lebhafter Stickstoffentwicklung statt und tritt Geruch nach Phenol auf:

$$C_6H_5N : NCl + H_2O = C_6H_5OH + N_2 + HCl.$$

Vorprüfung des Öls. Das reine Anilin hat bei 15^0 ein spezifisches Gewicht von 1,0265—1,0267. 10 ccm des Öls sollen mit 50 ccm Wasser und 40 ccm Salzsäure eine völlig klare Lösung geben. Verunreinigungen, wie Nitrobenzol und Kohlenwasserstoffe, bleiben dabei ungelöst und können durch Ausschütteln der salzsauren Lösung mit Äther ausgezogen werden. Als weitere Verunreinigung kommt Schwefel vor, der durch Kochen des Öls am Rückflußkühler in Schwefelwasserstoff übergeführt wird, der durch Bleiazetatpapier nachgewiesen wird. Wasser über 0,3 % wird nachgewiesen, indem man 100 ccm Öl destilliert, die ersten 10 ccm mit 1 ccm gesättigter Kochsalzlösung versetzt, schüttelt und die eventuelle Volumenzunahme der wässerigen Schicht mißt.

Vorprüfung des Anilinsalzes. Das salzsaure Anilin stellt große, meist etwas grau bis grünlich gefärbte Blätter oder Nadeln dar, die in Wasser und Alkohol leicht löslich sind und bei $196{,}5^0$ schmelzen. Die wässerige Lösung soll klar sein und Chlorbariumlösung kaum trüben. Die Feuchtigkeit wird durch Trocknen von etwa 5 g Salz bis zur Gewichtskonstanz (24—48 Stunden) im Exsikkator ermittelt. Der Gewichtsverlust soll 1 % nicht übersteigen. Das mittels Ammoniak aus der wässerigen Lösung abgeschiedene und mit gepulvertem Natriumhydroxyd getrocknete Anilin soll wie „Blauanilin" (s. u.) destillieren. Gesamtsäure: Eine gewogene Menge des Salzes wird in Wasser gelöst und mit n-Natronlauge gegen Phenolphthalein bis zur schwachen Rotfärbung titriert.

Gehaltsbestimmung.

a) Fraktionierte Destillation. 100 ccm Öl werden der Destillation unterworfen und das bei langsamer Destillation (in 25—30 Minuten) von Grad zu Grad übergehende Destillat in einem graduierten Zylinder aufgefangen. Bei Blauanilin sollen 80 % des Öls innerhalb $\frac{1}{2}^0$ übergehen, und etwa 96 % innerhalb 1—2^0. Die Siedetemperatur liegt je nach dem Barometerstand zwischen 181—183^0. Von Rotanilin wird verlangt, daß es zwischen 182 und 198^0 ziemlich vollständig übergeht und ein spezifisches Gewicht von 1,026—1,029 hat.

b) **Bromometrisches Verfahren.** Das Verfahren beruht darauf, daß 3 Atome naszierendes Brom auf 1 Mol. Anilin unter Bildung von Tribromanilin einwirken und das überschüssige Brom das Ende der Reaktion anzeigt. Zur Entwicklung von naszierendem Brom verwendet man eine Bromat-Bromidlösung in Gegenwart von Salzsäure.

1 ccm n-Kaliumbromatlösung = 0,03102 g Anilinbase.

Ausführung. Man löst 0,2—0,3 g der Probe (Anilinöl oder Salz) in 200—250 ccm mit Salzsäure angesäuertem Wasser, versetzt die Lösung mit 10 ccm 20 %iger Kaliumbromidlösung und 10 ccm konzentrierter Salzsäure und titriert die Lösung langsam mit $\frac{1}{5}$ n-Kaliumbromatlösung (s. S. 15), bis sich der geringste Überschuß von Bromat bei Bildung von freiem Brom durch leicht sichtbare gelbliche Färbung der Lösung zu erkennen gibt. Bei einiger Übung ist die gelbliche Färbung direkt sichtbar; sonst tüpfelt man zur Erkennung des Endes der Reaktion gegen Jodkaliumstärkepapier, bis dieses durch die Titrierflüssigkeit gebläut wird. Da die letzten Reste Anilin nur langsam fertigbromiert werden, muß etwa 2—4 Minuten gewartet werden, bis die Titration als abgeschlossen anzusehen ist.

Berechnung. 167,016 g $KBrO_3$ = 6000 ccm n-Kaliumbromatlösung = $2 \times 93,06$ = 186,12 g Anilinbase.

1 ccm $\frac{1}{5}$ n-Kaliumbromatlösung = 0,0062 g Anilin.

Während der Prozeß bei Anilin schon bei Zimmertemperatur quantitativ verläuft, müssen andere Basen bei 60—70° C (z. B. Nitroanilin, s. d.) und bei 40—50° C (z. B. m-Toluidin) usw. bromiert werden. Auch binden die verschiedenen Basen eine verschiedene Anzahl von Bromatomen, Anilin z. B. 3, Nitroanilin 2 und Diphenylamin 4 Atome Brom.

c) **Diazotierungsverfahren.** Es beruht auf der Diazoreaktion zwischen Amin und salpetriger Säure gemäß der Gleichung:

$$C_6H_5NH_2 + HO \cdot NO + HCl = C_6H_5N : NCl + 2H_2O.$$

93,06 Gew.-T. Anilin entsprechen also = 69 Gew.-T. $NaNO_2$.

Ausführung. Man löst etwa 1,5 g Anilinöl (bzw. eine entsprechende Menge einer Stammlösung) in verdünnter Salzsäure (entsprechend etwa 10 ccm konzentrierter Salzsäure[1]), verdünnt und setzt Eis zu. Nach gründlicher Abkühlung der Lösung läßt man unter dauerndem Rühren ganz langsam $\frac{1}{2}$ n-Natriumnitritlösung (34,5 g $NaNO_2$: 1000) aus einer Bürette zulaufen. Nach jeder Zugabe muß gewartet werden (gegen Ende der Titration mehrere Minuten) bis der gegen Schluß immer langsamer verlaufende Diazotierungsprozeß beendet ist. Als Indikator dient frisch bereitetes Jodkaliumstärkepapier, das gebläut wird, sobald kein Anilin mehr zugegen ist. Der Moment ist maßgebend, wenn beim Auftropfen auf das Papier die Bläuung (auch noch 15 Minuten nach der letzten Nitritzugabe) sofort eintritt. Bis zum Schluß der Titration, die etwa 1 Stunde dauert, sollen Eisstücke in der Lösung schwimmen.

1 ccm $\frac{1}{2}$ n-Natriumnitritlösung = 0,0465 g Anilin.

Man kann auch die Nitritlösung empirisch gegen chemisch reines Anilinchlorhydrat oder sulfanilsaures Natrium einstellen und den ermittelten Titer verwenden.

---

[1] Oder etwa 2 g Anilinsalz und etwa 8 ccm Salzsäure.

Paranitranilin, $C_6H_4 \cdot NH_2 \cdot NO_2 = 138,04$. Gelbe, in Wasser wenig lösliche, mit Wasserdampf nicht flüchtige Kristalle, die mit Salzsäure wasserlösliche Chloride bilden. Schmelzpunkt: 147° C. Prüfung auf Metanitranilingehalt: Man reduziert etwa 0,25 g der Probe in der Wärme mit Zink und Salzsäure bis zur Entfärbung, filtriert die erhaltene Lösung des salzsauren Phenylendiamins, verdünnt das Filtrat auf 50 ccm und gibt zu dieser Lösung 2—3 Tropfen einer verdünnten Natriumnitritlösung. War Metanitranilin zugegen, so tritt durch Bildung von Bismarckbraun Braunfärbung auf; bei reiner Paraware nur Gelbfärbung.

Gehaltsbestimmung. Man löst 3—4 g der Probe in 30 ccm konzentrierter Salzsäure und 50 ccm Wasser, füllt auf 500 ccm auf, entnimmt 50 ccm der Lösung mit einer Pipette für die Titration, setzt Bromkaliumlösung zu und titriert wie bei Anilin (s. d.) mit $\frac{1}{5}$n-Kaliumbromatlösung, nur nicht bei gewöhnlicher Temperatur, sondern bei 60—70° C, bis zur beginnenden Gelbfärbung der Lösung oder bis zur Blaufärbung von Jodkaliumstärkepapier beim Tüpfeln. Wenn nicht zu viel Salzsäure zugegen ist, so ist der Endpunkt scharf.

1 Mol. Paranitranilin verbraucht 2 Atome Brom,

1 ccm $\frac{1}{5}$n-Bromatlösung = 0,013804 g Paranitranilin.

Formaldehyd, Formalin, Formol.

$CH_2O = 30,02$. Das technische Produkt stellt eine 35—40 %ige wässerige Lösung dar. Als Verunreinigungen kommen vor: Freie Säure (bisweilen bis zu 0,2 % Ameisensäure), Salz- und Schwefelsäure, Schwermetalle (zuweilen bis zu 0,01 % Kupferoxyd), anorganische Salze (im Verdampfrückstande nachweisbar), Methylalkohol. Bei längerem Stehen oder Verdunsten der wässerigen Lösung bilden sich Polymerisationsprodukte.

Gehalt und spezifisches Gewicht der wässerigen Lösungen bei 18°.

Gew. % . .	2,24	4,66	11,08	14,15	19,89	25,44	30,0	37,72	41,87
Spez. Gew.	1,005	1,013	1,031	1,041	1,057	1,072	1,085	1,106	1,116

Isolierung, Nachweis, Reaktionen. Aus Mischungen kann Formaldehyd durch Destillation oder Wasserdampfdestillation getrennt werden. Formaldehyd bildet Doppelverbindungen mit Phenylhydrazin, Hydroxylamin, vereinigt sich direkt mit Ammoniak und Natriumbisulfit und reduziert ammoniakalische Silberlösung. Der Nachweis des Formaldehyds gelingt am einfachsten mit Schiffs Reagens (Violettfärbung), ferner durch zahlreiche Reaktionen, von denen nur noch wenige erwähnt sein mögen und die zum Teil auch für kolorimetrische Bestimmungen geeignet sind. 1. Lyons Reagens. 1 ccm der zu prüfenden Flüssigkeit versetzt man mit 1 Tropfen 1 %iger Phenylhydrazinhydrochloridlösung, 1 Tropfen Eisenchloridlösung (oder statt dessen 1 %iger Ferrizyankaliumlösung), 3 Tropfen Kochsalzlösung (10 %ig) und 5 Tropfen Schwefelsäure. Die Mischung färbt sich bei Gegenwart von Formaldehyd intensiv rot. 2. Schryvers Reagens. 10 ccm der sehr verdünnten Lösung (bis 1 : 1 Million) versetzt man mit 2 ccm einer 1 %igen frisch bereiteten Lösung von Phenylhydrazinchlorhydrat, 1 ccm einer frischen, 5 %igen Lösung von Ferrizyankalium und 5 ccm konzentrierter Salzsäure. Bei Gegenwart von Formaldehyd entsteht eine fuchsinrote Färbung. Diese Reaktion eignet sich auch für kolorimetrische Bestimmungen des Formaldehyds, wenn die Menge für sonstige quantitative Bestimmungen zu gering ist. 3. Phlorogluzin-Reaktion (kolorimetrische Bestimmung). Man löst 0,1 g Phlorogluzin in 10 ccm 10 %iger Natronlauge. In einen Kolorimeterzylinder werden nun 2 ccm dieses Reagens und ein bekanntes Volumen der zu prüfenden Lösung gebracht, worauf auf 50 ccm mit destilliertem Wasser verdünnt wird. Formaldehyd färbt tiefrot bis schwachrosa. Man vergleicht in Kolorimeterröhren gegen Lösungen von bekanntem Formaldehydgehalt.

Quantitative Bestimmungen.

a) Hexamethylentetramin-Verfahren. Dieses ist einfach, aber nicht sehr genau. Man mißt genau 5 ccm Formalin ab (oder wägt ab), bringt sie in eine Stöpselflasche, neutralisiert ganz genau mit $\frac{1}{10}$ n-Lauge gegen Phenolphthalein und setzt dann 50 ccm n-Ammoniak zu. Man schüttelt durch und läßt einige Stunden stehen, wobei die Reaktion vor sich geht:

$$6\,HCHO + 4\,NH_3 = (CH_2)_6N_4 + 6\,H_2O.$$

Nun titriert man den unverbrauchten Überschuß von Ammoniak mit n-Säure zurück und berechnet aus dem Ammoniakverbrauch den Formaldehydgehalt, wobei nach der Gleichung 180,12 Gew.-T. Formaldehyd = 68 Gew.-T. Ammoniak (NH_3) entsprechen. Je 1 ccm verbrauchtes n-Ammoniak = 0,045 g HCHO. (Anstatt n-Ammoniak direkt zu verwenden, kann man auch aus Salmiak, der im Überschuß vorhanden ist, durch eine gemessene Menge n-Natronlauge eine bestimmte Menge Ammoniak frei machen. Eine der gemessenenNatronlauge entsprechende Menge n-Ammoniak wird dann frei gemacht und mit Formaldehyd wie oben in Reaktion treten. Der Überschuß wird wieder zurücktitriert.)

b) Jodometrisches Verfahren nach Romijn. In schwach-alkalischer, verdünnter Lösung wird Formaldehyd durch Jod quantitativ zu Ameisensäure oxydiert, gemäß der Gleichung:

$$HCHO + J_2 + 3\,NaOH = HCOONa + 2\,NaJ + 2\,H_2O.$$

Etwa 4 g des 35—40 %igen Formalins (bei geringerer Konzentration entsprechend mehr) werden in einem Wägeglas abgewogen und zu 1 l mit Wasser verdünnt. 25 ccm dieser Lösung (= etwa 0,1 g Formalin) werden nun in einer Stöpselflasche mit etwa 30 ccm n-Natronlauge deutlich alkalisch gemacht und mit 50 ccm $\frac{1}{10}$ n-Jodlösung versetzt. Man schüttelt um und läßt etwa $\frac{1}{2}$ Stunde stehen, wobei die Lösung bis zum Schluß deutlich gelb gefärbt bleiben soll (Jodüberschuß). Nun säuert man mit $\frac{1}{10}$ n-Schwefelsäure schwach an und titriert das unverbrauchte Jod in üblicher Weise mit $\frac{1}{10}$ n-Thiosulfatlösung zurück. 254 T. Jod entsprechen = 30 T. Formaldehyd, oder: je 1 ccm verbrauchte $\frac{1}{10}$ n-Jodlösung = 0,0015 g HCHO.

c) Oxydationsverfahren nach Blank und Finkenheimer. In nicht zu verdünnten Lösungen oxydiert Wasserstoffsuperoxyd das Formaldehyd quantitativ zu Ameisensäure. Bei Gegenwart von Ätznatron wird die gebildete Ameisensäure gleich gebunden, und man kann aus dem zugesetzten und unverbrauchten Alkali das verbrauchte Alkali und den Formaldehydgehalt aus der Reaktion berechnen:

$$H_2O_2 + HCHO + NaOH = 2\,H_2O + HCOONa.$$

Man wägt etwa 3 g Formalin in einem Wägegläschen genau ab, neutralisiert genau mit $\frac{1}{10}$ n-Natronlauge, versetzt in einem Erlenmeyerkolben mit 50 ccm n-Natronlauge und setzt langsam durch einen Hahntrichter 50 ccm neutrales 3 %iges Wasserstoffsuperoxyd zu. Man schüttelt um, läßt 1 Stunde stehen (oder erwärmt 5 Minuten auf dem Wasserbade) und titriert das überschüssige Alkali mit n-Schwefelsäure und Phenolphthalein zurück. 30 T. Formaldehyd = 40 T. Ätznatron oder: 1 ccm verbrauchte n-Natronlauge = 0,03 g HCHO.

Organische Lösungsmittel.

Man kann folgende Hauptgruppen unterscheiden:

1. **Kohlenwasserstoffe** (der Fett- und Benzolreihe), **hydrierte Kohlenwasserstoffe** (Tetralin, Dekalin),

2. **Hydrierte Phenole** (Hexalin, Methylhexalin),

3. **Chlorierte Kohlenwasserstoffe** (Tetrachlorkohlenstoff, Dichlorazetylen, Trichloräthylen, Tetrachloräthan, Perchloräthylen, Chlorbenzol usw.),

4. **Alkohole** (Äthyl-, Methylalkohol),

5. **Ketone** (Azeton),

6. **Verschiedene Verbindungen** (Ester, Äther, Glyzerin (s. d.), Pyridin usw.).

Bei der Untersuchung organischer Lösungsmittel kommt es an auf: 1. Reinheitsprüfung, 2. Gruppenermittlung, 3. Identifizierung der Einzelstoffe, auch in Mischung. Die wichtigsten Kennzeichen sind: Der Siedepunkt, das spezifische Gewicht, ferner das chemische Verhalten, der Brechungsindex u. a. m.

Die Identifizierung reiner Lösungsmittel verursacht meist keine besonderen Schwierigkeiten; Mischungen sind aber, je nach den Siedeintervallen der Bestandteile, oft schwer voneinander zu trennen. Ist Seife zugegen, so sind die Lösungsmittel von dieser oft schon durch Destillation im Wasser- oder Paraffinbade zu trennen. Sind hochsiedende Lösungsmittel zugegen, so wird der Destillationsrückstand noch einer Wasserdampfdestillation unterzogen. Vorher müssen aber die Seifen durch Säure, Barium- oder Kalziumchlorid zersetzt werden. Die bei der Wasserdampfdestillation erhaltene wässerige Schicht im Destillat ist auf Alkohol, Pyridin und Azeton zu untersuchen. Chlorierte Kohlenwasserstoffe werden als spezifisch schwere Körper als im Wasser untersinkende Öle ohne weiteres entdeckt. Die im Destillat erhaltenen Produkte können gemessen oder gewogen werden. Sie können mit Chlorkalzium, kalziniertem Glaubersalz u. dgl. getrocknet und fraktioniert werden. Etwa übergegangene flüchtige Fettsäuren (von der Zersetzung der Seifen herrührend) werden mit verdünnter Natronlauge wieder ausgeschüttelt.

Kohlenwasserstoffe. Sie können der Fett-, Benzol- oder der Terpenreihe angehören. Erstere sind Naphthaerzeugnisse und keine einheitlichen Produkte mit meist größerem Siedeintervall. Hierher gehören: **Petroleumäther** oder **Ligroin, technisches Benzin, Solvent-Naphtha, Petroleum, Paraffin** usw. von der gemeinsamen Formel C_nH_{2n+2}. Die wichtigsten **aromatischen Kohlenwasserstoffe** (bzw. Kohlenwasserstoffe der Benzolreihe) sind: **Benzol,** C_6H_6, **Toluol,** $C_6H_5 \cdot CH_3$ und **Xylol,** $C_6H_4(CH_3)_2$. Dies sind Erzeugnisse der Großindustrie von ziemlicher Reinheit. Das Handelsxylol enthält etwa 70—85 % Metaxylol und 15—30 % Paraxylol. Auch die hydrierten Kohlenwasserstoffe sind ziemlich einheitliche Körper (**Tetralin, Dekalin**).

Die Fett- und Benzol-Kohlenwasserstoffe sind leicht mit Hilfe von Salpetersäure und von Schwefelsäure voneinander zu unterscheiden. Die Fettkohlenwasserstoffe bilden weder mit Salpetersäure Nitroverbindungen noch mit Schwefelsäure Sulfosäuren, die Benzolkohlenwasserstoffe bilden Nitroverbindungen und Sulfosäuren. Wenn man also eine Probe eines Lösungsmittels mit konzentrierter oder rauchender Schwefelsäure kräftig schüttelt und wenn die Probe dabei in Lösung geht, so kann das nur ein Benzol-Kohlenwasserstoff sein (Sulfurierung bzw. Bildung von Sulfosäuren, die in Säure und teilweise in Wasser löslich sind). Ferner bilden sich bei Behandlung eines aromatischen Kohlenwasserstoffs mit einem Gemisch aus Schwefel- und Salpetersäure Nitroprodukte, die bei starkem Verdünnen mit Wasser sich als ölige oder feste Körper ausscheiden. Hydrierte aromatische Kohlenwasserstoffe gehen indessen schwieriger Nitro- und Sulfoverbindungen ein als die gewöhnlichen, nicht hydrierten Grund-Kohlenwasserstoffe. Tetralin und Dekalin zeichnen sich noch besonders durch ihre hohen Siedepunkte aus und sind deshalb auch leicht durch fraktionierte Destillation von den meisten übrigen Lösungsmitteln zu trennen und als solche leicht zu identifizieren.

Gegenüber den vorgenannten Kohlenwasserstoffen sind die aus Nadelhölzern und Rohharzen gewonnenen Terpentinöle nur von untergeordneter Bedeutung für die Textilbearbeitung. Ihre Hauptbestandteile sind die isomeren Kohlenwasserstoffe, die Pinene, von der gemeinsamen empirischen Formel $C_{10}H_{16}$. Die Pinene sind durch ihren Siedepunkt, das optische Drehungsvermögen und den harzigen Geruch charakterisiert.

Benzin soll möglichst keine nichtflüchtigen Anteile enthalten (Destillation auf dem Wasserbade). Sein Wert wird ferner nach dem spezifischen Gewicht und dem Siedeintervall, sowie nach der Geruchsreinheit bestimmt. Zur Prüfung des Benzols auf Phenolgehalt schüttelt man 100 ccm Natronlauge vom spez. Gew. 1,1 auf 100 ccm Benzol kräftig in einem fein geteilten Meßzylinder durch und stellt die etwaige Volumenzunahme der wässerigen Schicht durch den Phenolgehalt fest.

Beispiel der Nitrierung. Eine gemessene Menge der getrockneten Probe wird in einem mit Glasstöpsel verschließbaren, graduierten Meßzylinder mit einem Überschuß von Salpeter-Schwefelsäure (4 : 3) 15 Minuten geschüttelt und dann erkalten gelassen. Man gibt nun noch weitere Schwefelsäure zu und liest das Volumen des etwa nicht in Lösung gegangenen Fettkohlenwasserstoffes ab. Der aromatische Kohlenwasserstoff ist in Lösung gegangen, und das Reaktionsprodukt kann nach Trennung der zwei Schichten im Scheidetrichter durch Eingießen in viel Wasser als Nitroverbindung (Öl oder feste Substanz) abgeschieden werden.

Nachstehende Tabelle gibt die Siedepunkte und spezifischen Gewichte der wichtigsten Kohlenwasserstoffe und hydrierten Kohlenwasserstoffe wieder.

Kohlenwasserstoff oder hydrierter Kohlenwasserstoff	Siedeintervall ° C	Spez. Gew. bei 15° C
Petroleumäther, Ligroin	40—60	—
Hochsiedendes Benzin	100—180	0,734—0,803
Solvent-Naphtha	140—200	0,87—0,882
Benzol	80	0,885 (bei 20°)
Schwerbenzol	100—140	0,92—0,945
Toluol	111	0,870
Xylol	136—141	0,868
Tetralin techn. (Tetrahydronaphthalin) . .	205—209	0,976—0,980
Tetralin reinst	206,5—207	0,9712 (bei 20°)
Dekalin techn. (Dekahydronaphthalin) . .	185—195	um 0,90
Terpentinöl (Hauptmenge Pinen)	155—162	0,86—0,88
Terpentinöl regeneriert (Hauptmenge Pinen und Limonen)	164—175	0,856—0,874
Patent-Terpentinöl	160—200	unter 0,820

Hydrierte Phenole. Das Hydrophenol oder Cyklohexanol kommt auch unter dem Namen Hexalin in den Handel. Das homologe Hydrokresol oder das Methylcyklohexanol auch als Methylhexalin. Dies sind beides ölige Flüssigkeiten mit kampherähnlichem Geruch, die in Wasser nur wenig löslich, aber mit Benzin, chlorierten Kohlenwasserstoffen, Anilin und Terpentin usw. in allen Verhältnissen mischbar sind.

Siedepunkte und spezifische Gewichte der Hydrophenole und -kresole.

Hydrophenol-Art	Siedepunkt °C	Spez. Gew. bei 15° C
Hexalin (Cyklohexanol, hydriertes Phenol) . . .	155—160	0,94—0,95
Methylhexalin (Methylcyklohexanol, Gemisch verschiedener isomerer Hydrokresole)	166—175	0,92—0,93

Hexalin (Cyklohexanol, Hexahydrophenol), $C_6H_{11}OH$. Ölige, farblose Flüssigkeit von charakteristischem, kampherähnlichem, aber weniger angenehmem Geruch, in Wasser wenig, in Seifenlösung gut löslich. Der Hexalinnachweis ist nicht ganz einfach. Bei der Untersuchung ist zunächst die Fraktion von 150—160° C auf Hexalin zu prüfen, wobei die Eigenschaft seiner alkoholischen Hydroxylgruppe benutzt werden kann, mit Azetylchlorid oder Essigsäureanhydrid oder Benzoylchlorid Ester zu bilden.

Herstellung des Benzoylesters des Hexalins. Der zu prüfenden Probe setzt man als Beschleuniger etwas reines, trockenes Pyridin und etwas Alkali bis zur schwach alkalischen Reaktion zu; dann versetzt man mit kleinen Mengen Benzoylchlorid. Sobald keine weitere Erhitzung der Masse stattfindet, wird das Gemisch auf dem Wasserbade unter Rückflußkühlung für kurze Zeit zur Beendigung der Reaktion erwärmt. Nun wäscht man die Reaktionsmasse im Scheidetrichter mit Wasser, bis das Alkali, Kochsalz und Pyridin entfernt sind und destilliert das etwa unverändert gebliebene Hexalin mit Wasserdampf ab. Den gebildeten Benzoylester extrahiert man nun mit Äther, wäscht die Ätherlösung mit sehr verdünntem Natriumhydroxyd (zur Entfernung etwa vorhandener freier Benzoesäure) und dann mit Wasser bis zur Neutralität und verdampft den Äther. Die zurückbleibende Benzoylverbindung siedet unter teilweiser Zersetzung bei 220° C und kann mit alkoholischem Kali wieder in Hexalin und Kaliumbenzoat verseift werden.

Chlorierte Kohlenwasserstoffe. Diese leiten sich hauptsächlich vom Äthan und Äthylen ab. Sie haben alle einen charakteristischen, an Chloroform erinnernden Geruch, und ihre Dämpfe haben, teils mehr, teils weniger, anästhesierende Wirkung. Sie sind unentzündlich und nicht brennbar. Spezifisch sind sie schwerer als Wasser, wodurch sie sich von den übrigen Lösungsmitteln deutlich unterscheiden. Neben dem besonders hohen spezifischen Gewicht ist der Chlorgehalt für diese Gruppe typisch. Die wichtigsten Verbindungen dieser Gruppe sind der **Tetrachlorkohlenstoff** (das „Tetra") und das **Trichloräthylen** (das „Tri").

Der **Tetrachlorkohlenstoff** (Tetra), auch „Benzinoform" genannt, darf bei guten Marken keinen wägbaren Rückstand aufweisen und sein Siedeintervall darf kaum 1° C übersteigen. In unreinen Marken kommen Verunreinigungen durch Schwefelverbindungen vor. Die Marke „Schwefelfrei" darf beim Vermischen mit Alkohol, Silbernitrat und

Anilin keine Schwarzfärbung zeigen. Das Einatmen der Tetradämpfe wirkt betäubend, wodurch seine Verwendung eine Beschränkung erleidet.

Formeln, Siedepunkte und spezifische Gewichte der wichtigsten chlorierten Kohlenwasserstoffe.

Chlorierter Kohlenwasserstoff	Formel	Siedeintervall ° C	Spez. Gew. bei 15° C
Tetrachlorkohlenstoff (Tetrachlormethan, „Tetra")	CCl_4	76—78,5	1,6—1,631
Tetrachloräthan (auch „Tetrachlorazetylen" genannt)	$C_2H_2Cl_4$	145	1,607
Pentachloräthan	C_2HCl_5	159	1,685
Hexachloräthan	C_2Cl_6	185	2,090
Dichloräthylen (auch „Dichlorazetylen" genannt)	$C_2H_2Cl_2$	52	1,278
Trichloräthylen („Tri")	C_2HCl_3	85—87	1,471
Perchloräthylen	C_2Cl_4	119—121	1,625
Monochlorbenzol	C_6H_5Cl	132	1,106 (bei 20°)

Alkohole. In Betracht kommen der Äthyl- und der Methylalkohol (abgesehen von mehrwertigen Alkoholen wie Glyzerin).

Äthylalkohol, Weingeist, schlechtweg „Alkohol", Sprit. $C_2H_5OH = 46{,}06$. Der Gehalt an Alkohol wird in der Regel nur aräometrisch oder pyknometrisch, am einfachsten vermittels des Alkoholometers, bestimmt. Er wird in Deutschland offiziell in Gewichts-Prozenten, in andern Ländern zum Teil auch in Volumen-Prozenten angegeben. Die Hauptverunreinigungen sind Wasser und Denaturierungsmittel, mitunter auch geringe Mengen Säure und Wasserbadrückstand. Zum Lösen von Farbstoffen verwendet man meist denaturierten oder vergällten Spiritus.

Gehalt und spezifisches Gewicht der wässerigen Lösungen von Alkohol bei 15°C.

Gew.-%	5	10	20	30	40	50	60	70	80	90	100
Sp. Gw.	0,991	0,984	0,972	0,958	0,940	0,918	0,896	0,872	0,848	0,823	0,794

Nachweis von Alkohol. Man weist den Äthylalkohol am besten mit Hilfe der Jodoformreaktion nach. Da aber auch Azeton und Azetaldehyd positive Jodoformreaktion mit Jod geben, müssen diese beiden, soweit zugegen, erst entfernt werden. Dies geschieht am einfachsten durch eine Lösung von Natriumbisulfit, welche die genannten Verbindungen ausfällt, so daß sie durch Abfiltrieren entfernt werden können. Alsdann gibt man zu 10 ccm der Probe einige Tropfen 10 %iges Kaliumhydroxyd zu, erwärmt auf 50° C und setzt tropfenweise konzentrierte Jod-Jodkaliumlösung zu, bis kein Jod mehr absorbiert wird. Den Jodüberschuß entfernt man wieder mit einer sehr verdünnten Lösung von Kalihydrat und läßt stehen. Bei Anwesenheit von Alkohol scheiden sich bald gelbe Kristalle von Jodoform vom Schmelzpunkt 128° aus. — Aus Gemischen von Alkohol mit wasserunlöslichen Lösungsmitteln kann der Alkohol durch Ausschütteln im Scheidetrichter mit Wasser herausgezogen und im wässerigen Anteil nachgewiesen werden. Quantitativ wird der Alkohol fast immer, wie oben erwähnt, aus dem spezifischen Gewicht der wässerigen Lösung ermittelt.

Methylalkohol, Methanol, Holzgeist. Leicht bewegliche, farblose Flüssigkeit von typischem Geruch, vom spez. Gew. 0,796 (bei 20°) und vom Siedepunkt 64,6°. Beim Hantieren mit Holzgeist ist größte Vorsicht geboten, da schon seine Dämpfe schwere Vergiftungen und Augenschädigungen verursachen können. Bei der großen Wahl ungefährlicher Lösungsmittel sollte man den Holzgeist überhaupt ganz meiden.

Nachweis von Methylalkohol. Man weist Holzgeist am einfachsten nach, indem man ihn zu Formaldehyd oxydiert und letzteren mit Schiffs Reagens nachweist (s. u.). Die Oxydation hat so zu geschehen, daß etwa noch anwesender Weingeist nicht gleichzeitig zu Azetaldehyd oxydiert wird. Trotman gibt folgende Anleitung. Erforderliche Lösungen: 1. 2 %ige Lösung von Kaliumpermanganat. 2. Kalt gesättigte wässerige Lösung von Oxalsäure. 3. Schiffs Reagens: Man löst 0,2 g Fuchsinbase in 10 ccm frisch bereiteter, kalt gesättigter wässeriger Lösung von schwefliger Säure und verdünnt die Lösung nach 24stündigem Stehen zu 200 ccm mit kaltem Wasser. Die zu prüfende Probe wird nun auf das zehnfache Volumen mit Wasser verdünnt (10 ccm zu 100 ccm), und zu 5 ccm dieser Lösung werden 2,5 ccm der obigen Permanganatlösung (Lösung 1) und zunächst 0,2 ccm konzentrierte Schwefelsäure zugesetzt. Nach einer Einwirkungsdauer von 3 Minuten setzt man 0,5 ccm obiger Oxalsäurelösung (Lösung 2) und 1 ccm konzentrierte Schwefelsäure zu, mischt gut durch und gibt nun 5 ccm der Schiffschen Lösung (Lösung 3) hinzu. War Methylalkohol vorhanden, so ist dieser zu Formaldehyd oxydiert worden, und dieser entwickelt mit dem Schiffschen Reagens in wenigen Minuten eine violette Färbung, deren Tiefe als annäherndes Maß des Gehaltes an Holzgeist dienen und kolorimetrisch gegen eine Standardlösung von Methylalkohol (0,001—0,004 g in 5 ccm eines 10 %igen Methylalkohols) annähernd bestimmt werden kann. Ist der erste Säurezusatz zu hoch, so wird aus Äthylalkohol Formaldehyd gebildet, ist der zweite Zusatz geringer als 1 ccm, so gibt auch Azetaldehyd die Schiffsche Reaktion; zu viel Säure macht die Reaktion wieder weniger empfindlich.

Azeton, $CH_3 \cdot CO \cdot CH_3$. Farblose, charakteristisch riechende Flüssigkeit vom spez. Gew. 0,796—0,801 (bei 15⁰) und vom Siedepunkt 56⁰ C. Mit Wasser in jedem Verhältnis mischbar, ebenso mit den üblichen organischen Lösungsmitteln. In gesättigter Chlorkalziumlösung unlöslich, somit durch festes Chlorkalzium aus wässeriger Lösung abscheidbar. Das Handelsazeton enthält u. a. Äthylmethylketon, $CH_3 \cdot CO \cdot C_2H_5$, vom spez. Gew. 0,810 (bei 15⁰). Dies ist mit 3 Volumina Wasser mischbar und destilliert zu 95 % zwischen 70 und 81⁰ C über. Azeton hat ein ausgesprochenes Lösungsvermögen vielen Stoffen gegenüber, so löst es z. B. Azetatkunstseide. Es reagiert auch mit Schiffschem Reagens (s. o.), aber im Gegensatz zu Aldehyd nur langsam. Ferner reagiert es mit Natriumbisulfit, indem sich beim Schütteln einer gesättigten Lösung Natriumbisulfit mit Azeton eine kristallinische Doppelverbindung ausscheidet, die wasserlöslich ist und durch verdünnte Mineralsäuren unter Rückbildung von Azeton wieder zerstört wird. Aus neutralen und alkalischen wässerigen Lösungen kann das Azeton durch festes Chlorkalzium ausgefällt und das Volumen des Azetons gemessen werden. Auf die jodometrische Bestimmung des Azetons kann hier nicht näher eingegangen werden. Gleiche Teile technisches Azeton und destilliertes Wasser dürfen höchstens geringe Trübung ergeben, sich aber nicht in zwei Schichten trennen. Die Reaktion darf höchstens ganz schwach sauer sein.

Pyridin, C_5H_5N. Im reinen Zustande farblose, sonst gelbliche bis braune Flüssigkeit von sehr charakteristischem, widerwärtig unangenehmem Geruch, vom spez. Gew. 1,003 und vom Siedepunkt 115⁰. Mit Wasser in jedem Verhältnis mischbar, ebenso mit fast allen Lösungsmitteln, wie Alkohol, Äther, Benzin, Chloroform usw. Durch Kochsalz oder starkes Ätzalkali ist es aus den wässerigen Lösungen ausfällbar und aus stark alkalischer wässeriger Lösung mit Äther ausschüttelbar. Als starke Base bildet es mit Säuren stabile Salze, aus denen Alkalien die freie Base wieder rückbilden. Gegen Methylorange reagiert Pyridin alkalisch und kann mit Säure unter Verwendung von Methylorange titriert werden. 1 ccm n-Säure = 0,079 g Pyridin. Ist Ammoniak zugegen, so wird dieses erst unter Verwendung von Phenolphthalein abtitriert, und alsdann wird erst das Pyridin unter Verwendung von Methylorange zu Ende titriert, wobei natürlich auch andere, etwa vorhandene organische Basen, wie Pikolin usw., mitgemessen werden. Das Ammoniak im Pyridin kann exakter bestimmt werden, indem es in Magnesium-Ammonium-Phosphat übergeführt und aus dem geglühten Magnesiumpyrophosphat berechnet wird (s. u. Magnesia-bestimmung).

Das Pyridin bildet ein schwerlösliches Ferrozyanat und ein schwerlösliches Pikrat; ersteres kann zur Trennung und Identifizierung des Pyridins benutzt werden. Charakteristisch für Pyridin ist vor allem auch seine Doppelverbindung mit Platinchlorid. Wenn man etwas Platinchloridlösung zu einer wässerigen Pyridinlösung zusetzt, so bildet sich ein orangegelber Niederschlag $(C_5H_5N)_2 \cdot H_2PtCl_6$, der in Nadeln kristallisiert und sich zunächst in kochendem Wasser löst; nach kurzem Kochen bildet sich ein schwerlöslicher gelber Niederschlag, $(C_5H_5N)_2 \cdot PtCl_4$. Durch Ätznatron wird hieraus Pyridin rückgebildet.

Als Verunreinigungen des Pyridins kommen vor allem vor: Pikolin, Pyrrol, Ammoniak und Wasser.

Essigäther (Äthylazetat). Siedepunkt 77^0; in Wasser $1:14$ löslich. Der technische Essigäther enthält geringe Mengen anderer niedrigsiedender Azetate. Der Gehalt an freier Säure soll möglichst gering sein. Man titriert zu ihrer Bestimmung 10 ccm der Probe mit $\frac{1}{10}$ n-Natronlauge gegen Phenolphthalein. 1 ccm $\frac{1}{10}$ n-Lauge $= 0{,}006$ g Essigsäure. Den Wasser- und Alkoholgehalt ermittelt man annähernd durch die Volumenabnahme beim Schütteln der Probe mit dem gleichen Volumen gesättigter Chlorkalziumlösung. Der Wassergehalt gibt sich zu erkennen, wenn man die Probe mit etwa der 10fachen Menge Xylol (das vorher mit Wasser gesättigt wurde) schüttelt, wobei gegebenenfalls Trübung bzw. Entmischung entsteht. Der Estergehalt wird durch die Verseifungszahl bestimmt: Man wägt eine kleine Menge der Probe in einen mit etwas neutralisiertem Alkohol beschickten Erlenmeyerkolben, versetzt mit gemessener Menge alkoholischer n-Kalilauge, verschließt den Kolben, läßt 12—15 Stunden bei gewöhnlicher Temperatur stehen und titriert die nicht verbrauchte Lauge mit n-Schwefelsäure zurück.

Amylazetat. Das technische Amylazetat ist ein Gemisch von verschiedenen Isomeren und von Estern höherer Alkohole vom Siedeintervall $100—150^0$. Kohlenwasserstoffzusatz (z. B. Benzin) erkennt man, indem man in einen Meßzylinder mit 15 ccm Schwefelsäure vom spez. Gew. 1,8 unter Kühlung 10 ccm Amylazetat zusetzt und beide Flüssigkeiten durch einmaliges Umdrehen des Meßzylinders mischt. Kohlenwasserstoffe scheiden sich hierbei aus. Der Wassergehalt kann wie bei Essigäther (s. d.) durch Mischen mit Xylol festgestellt werden. In neuerer Zeit wird auch das Butylazetat (100 %ige und 85 %ige Ware) in den Handel gebracht.

Gerbstoffe.

Die Gerbstoffe kommen entweder in Form der gerbstoffhaltigen Pflanzenteile selbst, oder der aus diesen gewonnenen und eingedickten Gerbstoffauszüge (Gerbextrakte, Gerbstoffextrakte) in den Handel. Wertbestimmend für einen Gerbstoffextrakt ist vor allem der Gerbstoffgehalt, ferner die Art des Gerbstoffes und schließlich der Reinheits- und Helligkeitsgrad (bei gebleichten Extrakten).

Gerbstoffreaktionen. Die Gerbstoffe sind durch eine Reihe gemeinschaftlicher Reaktionen charakterisiert: Sie fällen Gelatine und verwandte Körper aus ihren Lösungen, gerben tierische Haut, geben mit Eisenoxydsalzen schwarze Fällungen, mit anderen Metallen unlösliche Salze usw. Andererseits reagieren die Gerbstoffe auf gewisse Reagenzien verschieden, und zwar je nachdem welcher Gruppe von Gerbstoffen sie angehören, den Pyrokatechingerbstoffen (die in der Kalischmelze Pyrokatechin oder Brenzkatechin liefern) oder den Pyrogallolgerbstoffen (die in der Kalischmelze Pyrogallol liefern). Eine dritte Gruppe von Gerbstoffen enthält auch noch Phlorogluzin. Procter hat folgende Unterscheidungsreaktionen aufgestellt.

a) **1%ige Eisenalaunlösung** liefert mit Pyrokatechin und Protokatechusäure dunkelgrüne Färbungen, während Pyrogallol und Gallussäure blauschwarze Färbungen erzeugen.

b) **Bromwasser** fällt sofort die Pyrokatechingerbstoffe. Es fällt also alle diejenigen Gerbstoffe, welche mit Eisenalaun grünschwarze Färbungen geben und auch viele, welche blau- oder violettschwarze Färbungen erzeugen (die auch Pyrokatechin enthalten). Es fällt nicht die ausgesprochenen Pyrogallolgerbstoffe, mit Ausnahme einiger, die Ellagsäure bilden (z. B. Eichenrinde).

c) **Bleiazetat** in essigsaurer Lösung fällt nicht Pyrokatechingerbstoffe, wohl aber die Pyrogallolgerbstoffe.

Danach kann man die Gerbstoffe in folgende drei große Gruppen einteilen:

1. diejenigen, die mit b einen Niederschlag und mit a eine grünschwarze Färbung geben = **Pyrokatechingerbstoffe** (hierher gehören: Katechu, Gambier, Gerberrinde, Korkeichenrinde, Querzitronrinde, Hemlockrinde, Fichtenrinde, Weidenrinde, Quebracho u. a. m.);

2. diejenigen, die mit b einen Niederschlag, mit a eine blau- oder violettschwarze Färbung geben = gemischte oder unbestimmte Gerbstoffe (hierher gehören: Canaigre, Mimosarinde, Eichenrinde u. a. m.);

3. die mit b keinen Niederschlag, mit a blauschwarze Färbung geben = **Pyrogallolgerbstoffe** (hierher gehören: Aleppo-Gallen, Sumach, Myrobalanen, Algarobilla, Dividivi, Valonea, reine Gallussäure bzw. Tannin u. a. m.).

Stiasny teilt die Gerbstoffe nach ihrem Verhalten beim Kochen mit **Formaldehyd** in salzsaurer Lösung in drei Hauptgruppen ein, deren jede wieder Untergruppen enthält.

1. Mit Formaldehyd starker Niederschlag. Das Filtrat gibt mit Eisenalaun und Natriumazetat keine Violettfärbung, mit Essigsäure und Bleiazetat keinen Niederschlag, mit Brom dagegen einen Niederschlag. Gruppenreagens: Ammoniumhydrosulfid (1a und 1b).

1a. Kein Niederschlag. Grünfärbung mit Eisenalaun zeigt an: Quebracho, Mangrove, Ulmo, Gambier, Pine-bark, Hemlock.

1b. Ein Niederschlag. Blauviolettfärbung mit Eisenalaun: Mimosa, Malet.

2. Mit Formaldehyd nach 15 Minuten Kochen kein Niederschlag. Das Filtrat gibt mit Brom keinen Niederschlag, mit Ammoniumhydrosulfid dagegen einen Niederschlag. Gruppenreagens: Essigsäure und Bleiazetat, dem Filtrat wird Eisenalaun zugesetzt (2a und 2b).

2a. Keine Färbung: Eichenholz, Valonea.

2b. Violettfärbung: Kastanie, Myroballanen.

3. Mit Formaldehyd nach 15 Minuten Kochen starker Niederschlag. Das Filtrat gibt mit Eisenalaun und Natriumazetat tiefe Violettfärbung. Gruppenreagens: Brom (3a und 3b).

3a. Fällung: Eichen, Pistazien.

3b. Keine Fällung: Sumach, Dividivi, Algarobilla, Galläpfel, Bablah, Teri.

Tannin. $C_{14}H_{10}O_9 = 322,15$. Das Tannin wird in zahlreichen Marken und Reinheitsgraden hergestellt, als weißes bis braunes Pulver, in Form von Nadeln, Schuppen, Körnern, Schaum usw. mit verschiedenen Gehalten an Gerbstoff. Von einem guten Tannin wird meist Klarlöslichkeit in Wasser und Alkohol verlangt. Reines Tannin löst sich auch in Ätheralkohol (1 : 1) klar. Ungelöst bleiben dabei: Stärke, Milchzucker, Dextrin, Zucker, Extraktivstoffe, anorganische Salze (Magnesiasalze, Glaubersalz), Gummistoffe. Der Aschengehalt soll möglichst gering sein.

Gerbstoffbestimmungen. Der Gerber wertet alles als Gerbsäure, was von gereinigtem, chromiertem Hautpulver aufgenommen wird (deshalb ist die Hautpulvermethode für die Gerberei maßgebend). Für den Färber dagegen ist dieses Verfahren nicht maßgebend. So ist die für die Gerberei maßgebende Hautpulvermethode bei der Untersuchung von Färbegerbstoffen in letzter Zeit immer mehr zurückgedrängt worden und hat wieder mehr dem alten, empirischen Löwenthalschen Verfahren Platz gemacht.

I. **Chamäleonmethode nach Löwenthal.** Das Verfahren beruht auf der quantitativen Oxydation der Gerbstoffe in saurer Lösung durch Chamäleon zu farblosen Endprodukten. Es ist für alle Arten von Gerbstoffen, insbesondere zur Kontrolle im Fabrikbetrieb (auch für Tannintitrationen) gut geeignet und gibt bei Einhaltung einheitlicher Arbeitsbedingungen sehr gut vergleichbare Werte. Auch sind verdünnte Brühen ohne vorhergehende Einengung unmittelbar anwendbar. Als Nachteil des Verfahrens ist zu bezeichnen, daß Gallussäure mitgemessen wird und so als Gerbstoff zur Berechnung kommt.

Erforderliche Lösungen. a) **Kaliumpermanganatlösung** 0,5 g im Liter. Man verwendet zweckmäßig eine Vorratslösung von 5 : 1000 und verdünnt kurz vor dem Gebrauch auf das Zehnfache.

b) **Indigoschwefelsäure.** Man löst 1 g Indigo rein (I. G. Farbenindustrie) in 25 ccm konzentrierter Schwefelsäure, setzt dann weitere 25 ccm der gleichen Schwefelsäure zu und verdünnt mit Wasser auf 1 Liter. 25 ccm dieser Lösung sollen bei der unten beschriebenen Titration etwa 25—30 ccm obiger Permanganatlösung verbrauchen. Statt dessen kann man auch eine Lösung von 5 g reinen Indigokarmins und 50 ccm konzentrierter Schwefelsäure in 1 l verwenden. Die Indigolösung dient als Indikator und Oxydationsregler.

c) **Gallussäurelösung.** Man löst jedesmal frisch 0,1 g reine, lufttrockene Gallussäure in 100 ccm Wasser.

d) **Gelatinelösung.** Jedesmal frisch herzustellen. Man läßt 3 g gute Blattgelatine mit wenig kaltem Wasser quellen, schmilzt die Gallerte auf dem Wasserbade unter weiterem Wasserzusatz und verdünnt auf 100 ccm.

e) **Kochsalzlösung.** Zu 1 l einer kalt gesättigten wässerigen Kochsalzlösung werden 50 ccm konzentrierte Schwefelsäure zugesetzt.

Ausführung der Bestimmung. Die Ausführung setzt sich aus folgenden Einzeloperationen zusammen:

1. **Einstellung der Chamäleonlösung gegen die Gallussäurelösung.**

2. **Bestimmung der gesamten oxydabeln Substanzen.**

3. **Bestimmung der oxydabeln Nichtgerbstoffe.**

Die Differenz von 2 und 3 ergibt den Gerbstoffgehalt.

1. **Einstellung der Chamäleonlösung.** a) 25 ccm der obigen Indigolösung (s. Lösung b), auf $\frac{3}{4}$ l mit reinem Leitungswasser verdünnt, werden in einer Porzellanschale mit obiger Permanganatlösung (s. Lösung a) unter starkem Rühren titriert, bis die blaue Farbe in eine reingelbe übergegangen ist (manche Gerbstoffe liefern nur schmutziggelbe Färbung). Die Titration soll gleichmäßig und so schnell vonstatten gehen, daß man die Tropfen eben noch zählen kann. Die Titration ergibt die „Indigozahl" (Verbrauch z. B. 25 ccm Chamäleonlösung).

b) Weitere 25 ccm der Indigolösung werden in gleicher Weise, doch außerdem noch unter Zusatz von 5 ccm der obigen Gallussäurelösung 0,1 : 100 (s. Lösung c) (also 25 ccm Indigolösung + 5 ccm Gallussäurelösung) titriert (Verbrauch z. B. 28 ccm Chamäleonlösung). Zieht man von dem Verbrauch an Chamäleonlösung die obige „Indigozahl" ab, so erhält man die „Gallussäurezahl" (z. B. 28 — 25 = 3 ccm). Diese Gallussäurezahl und die „Gerbstoffzahl" (s. w. u.) dürfen aber nicht höher sein als die halbe Indigozahl, da sonst die Zahlen zu niedrig ausfallen.

2. Bestimmung der gesamten oxydabeln Substanzen. Man verwendet eine Lösung des zu untersuchenden Gerbstoffes, die 0,3 bis 0,5% Gerbsäure enthalten soll. Die Lösung wird nötigenfalls durch ein trockenes Hartfilter filtriert, bis sie vollkommen klar ist. Vom klaren Filtrat werden zu 10 ccm 25 ccm der Indigolösung zugesetzt und diese nach Verdünnung auf $\frac{3}{4}$ l mit obiger Permanganatlösung (wie bei 1) titriert. Verbrauch z. B. 37 ccm Chamäleonlösung. Hiervon wird wieder die Indigozahl (25 ccm) in Abzug gebracht und so die „Gerbstoffzahl" erhalten (37 — 25 = 12 = Gerbstoffzahl).

3. Bestimmung der oxydabeln Nichtgerbstoffe. Man pipettiert 50 ccm der klaren Gerbstofflösung (Stammlösung wie oben, enthaltend 0,3—0,5% Gerbsäure) in ein 100-ccm-Maßkölbchen, setzt unter Umschwenken 25 ccm der obigen Gelatinelösung (s. Lösung 4) zu und füllt mit der Kochsalz-Schwefelsäure-Lösung (s. Lösung 5) auf 100 ccm auf. Dann gibt man noch etwas Kaolin zu, schüttelt gut durch und filtriert. Die gesamte Gerbsäure ist nun durch die Gelatine ausgefällt, das Filtrat ist „entgerbt". Vom gerbsäurefreien Filtrat werden nun 20 ccm (= 10 ccm der ursprünglichen Lösung) nach Zusatz von 25 ccm Indigolösung in der gleichen Weise mit der Permanganatlösung titriert wie vorher. Die Differenz von gesamtoxydabler Substanz (2) und oxydablem Nichtgerbstoff (3) entspricht dem Gerbstoffgehalt (2—3 = Gerbstoff). Verbrauch z. B. 29 ccm Chamäleonlösung. Dann beträgt der Nichtgerbstoffgehalt = 29 — 25 = 4 ccm Permanganatlösung und dem Gerbstoffgehalt entspricht: 37 — 29 = 8 ccm Permanganatlösung.

Berechnung. Es mögen für die einzelnen Titrationen die obenangegebenen Permanganatmengen (25, 28, 37, 29 ccm) verbraucht worden sein. Dann sind für die Oxydation von 5 ccm Gallussäurelösung 0,1 : 100, also für 0,005 g Gallussäure 28 — 25 = 3 ccm und für die Oxydation des Gerbstoffs in der Gerbstofflösung (abzüglich des Nichtgerbstoffs) 37 — 29 = 8 ccm Permanganat verbraucht worden. Der Gerbstoffgehalt der titrierten Gerbstofflösung ist also $\frac{0,04}{3}$ g Gallussäure äquivalent $\left(3 : 0,005 = 8 : x; \; x = \frac{0,04}{3}\right)$. Zur Umrechnung der Gallussäure in die äquivalente Gerbstoffmenge multipliziert man die erhaltene Menge Gallussäure mit einem empirischen Faktor, der im Durchschnitt sowie bei gemischten und unbekannten Gerbstoffen zu 1,66, bei reiner Gallusgerbsäure zu 1,34, bei Sumach zu 1,55, bei Würfelgambier zu 1,78 usw. angenommen wird. Im vorliegenden Falle würde die angewandte Menge Gerbstofflösung $\frac{0,04}{3} \times 1,66$ g Gerbstoff bzw. $\frac{0,04}{3} \times 1,34$ usw. enthalten.

II. Hautpulvermethode. Die für Gerbereizwecke gültige „international-offizielle" Hautpulvermethode[1] gibt straffe Vorschriften

---

[1] Nach Beschlüssen der Basler Konferenz 1931, gültig ab 1. Januar 1932.

bezüglich der Apparatur und der sonstigen Hilfsmittel, um eine gute Übereinstimmung zwischen den Analysen, die von verschiedenen Chemikern ausgeführt werden, zu gewährleisten. Nachstehend können nur die wichtigsten Grundsätze wiedergegeben werden.

Die Hautpulvermethode setzt sich aus zwei Einzelbestimmungen zusammen:

1. Bestimmung des Gesamtlöslichen.

2. Bestimmung des löslichen Nichtgerbstoffes („Nichtgerbstoffe").

Die Differenz zwischen 1 und 2 ergibt den Gerbstoffgehalt.

Zur vollständigen Analyse gehören außerdem:

3. Bestimmung des Unlöslichen.

4. Bestimmung der Feuchtigkeit.

5. Bestimmung des Aschengehaltes.

Erforderliche Hilfsmittel und Reagenzien. a) Hautpulver. Das zu verwendende Hautpulver (zu beziehen z. B. von der deutschen Versuchsanstalt für Lederindustrie in Freiberg i. Sa. oder von der Wiener Versuchsstation) darf nicht mehr als 0,3 % Asche enthalten. Wenn man 7 g des lufttrockenen Hautpulvers unter zeitweisem Durchschütteln 24 Stunden mit 100 ccm $\frac{1}{10}$ n-Chlorkaliumlösung (mit $\frac{1}{100}$ n-Essigsäure auf $p_H = 5{,}5$ gebracht) behandelt und dann durch ein Papierfilter filtriert, so muß der p_H-Wert des Filtrates zwischen 5,0 und 5,5 liegen. b) Chromalaunlösung. Die zur Chromierung des Hautpulvers bestimmte Lösung muß bei Zimmertemperatur hergestellt werden, wobei 30 g reiner, krist. Chromalaun zu 1 l mit Wasser gelöst werden. Die Lösung darf nicht älter als 30 Tage sein. c) Kaolin. Nach dem Schütteln von 1 g Kaolin mit 100 ccm Wasser muß der p_H-Wert der Suspension zwischen 4 und 6 liegen, d. h. es darf weder Methylorange gerötet werden, noch Bromkresolpurpur eine Dunkelrotfärbung ergeben. Wird 1 g Kaolin mit 100 ccm $\frac{1}{100}$ n-Essigsäure geschüttelt, so darf der Abdampfrückstand des Filtrates 1 mg nicht erreichen. Evtl. ist das Kaolin durch Behandlung mit Salzsäure und Waschen mit destilliertem Wasser von den wasserlöslichen Anteilen zu befreien. d) Gelatine-Kochsalzlösung. 1 g feinste Gelatine und 10 g reines Kochsalz werden in 100 ccm destilliertem Wasser bei einer Temperatur nicht über 60⁰ gelöst und der p_H-Wert der Lösung durch Zusatz von Säure bzw. Alkali auf annähernd 4,7 gebracht. Die Lösung soll demnach mit Methylrot Rotfärbung und mit Methylorange Gelbfärbung geben. Die Lösung soll am besten jedesmal frisch hergestellt, kann aber durch Zusatz von 2 ccm Toluol für einige Zeit haltbar gemacht werden.

1. Bestimmung des Gesamtlöslichen. Man stellt sich zur Analyse eine Lösung bzw. einen Gerbstoffauszug her, der möglichst nahe an einen Gehalt von 4 g im Liter (3,75—4,25 g) durch Hautpulver aufnehmbare Stoffe enthält. Etwa 75 ccm dieser Analysenlösung versetzt man im Becherglas mit 1 g Kaolin, mischt gründlich und filtriert sofort durch ein Faltenfilter von 15 ccm Durchmesser (z. B. von Schleicher & Schüll Nr. 590, Munktell Nr. 1 F, Durieux „Super" oder Watmann Nr. 4). Die ersten 25 ccm des Filtrates gießt man wieder auf das Filter

und wiederholt diesen Vorgang während 1 Stunde, indem man möglichst die ganze Kaolinmenge mit auf das Filter bringt. Man wartet, bis das Filtrat optisch klar ist (eine 1 cm hohe Schicht in einem auf schwarzem Glanzpapier ruhenden Becherglase soll das Schwarz bei guter Beleuchtung schwarz, und nicht opaleszierend erscheinen lassen). 50 ccm des optisch klaren Filtrates werden alsdann in eine genau gewogene Porzellan- oder Glasschale pipettiert und auf dem Wasserbade eingedampft. Der Rückstand wird bei 98,5—100° im Heißwasser-, Dampf- oder elektrischen Trockenschrank (nicht in mit Gas beheiztem Trockenschrank) bis zur Konstanz getrocknet, im Exsikkator abkühlen gelassen und gewogen (= Gesamtlösliches).

2. Bestimmung des Nichtgerbstoffgehaltes. Man bedient sich zum Entgerben „leichtchromierten" Hautpulvers (Herstellung s. w. u.), das mit Chromalaunlösung bereitet wird. Zu einer Menge nassem, chromiertem Hautpulver, die möglichst 6,25 g (6,1—6,4) Trockensubstanz entsprechen soll, werden 100 ccm der Analysen-Gerbstofflösung gegeben und sofort genau 10 Minuten in einem Schüttelapparat mit einer Umdrehungszahl von 50—65 pro Minute bewegt[1]. Dann werden Hautpulver und Lösung auf ein trockenes Leinwandstück gegossen, das auf einem Trichter ruht. Nach dem Abtropfen wird mit der Hand abgepreßt und zu diesem Filtrate 1 g Kaolin zugesetzt und gut durchgemischt. Dann wird durch ein Faltenfilter von 15 cm Durchmesser gegossen und das Filtrat so oft zurückgegossen, bis es klar ist. Das Filtrat wird mit der Gelatine-Kochsalz-Lösung (s. o.) auf etwaig vorhandenen Gerbstoff geprüft, wobei 10 ccm des Filtrates mit 1 bis 2 Tropfen des Reagens keine Trübung geben dürfen. 50 ccm des Filtrates werden wie bei 1 abpipettiert, eingedampft, bei 98,5—100° getrocknet und gewogen. Das so erhaltene Gewicht muß noch entsprechend dem Wassergehalt des Hautpulvers (der besonders zu bestimmen ist, s. w. u.) korrigiert werden. Gesamtlösliches (1), abzüglich Nichtgerbstoff (2) entspricht dem Gerbstoffgehalt.

Chromierung des Hautpulvers. Für jede Nichtgerbstoffbestimmung werden 6,25 g Hautpulver-Trockensubstanz benötigt. Außerdem sind 6 g Hautpulver für die Wasserbestimmung erforderlich. Man durchfeuchtet das Hautpulver mit der 10fachen Menge destillierten Wassers während 1 Stunde und gibt dann pro 1 g lufttrockenes Hautpulver je 1 ccm der Chromalaun-Stammlösung (s. o.) zu. Man rührt während mehrerer Stunden häufig durch und läßt über Nacht stehen. Dann bringt man das chromierte Hautpulver auf reines Leinen- oder Baumwollfiltertuch, läßt abtropfen und preßt ab. Nun wird das Tuch mit dem Hautpulver in einem geeigneten Gefäße mit der 15fachen Menge destillierten Wassers (bezogen auf lufttrockenes Hautpulver) übergossen, 15 Minuten stehengelassen, herausgehoben, sofort abtropfen gelassen und auf annähernd 75 % Feuchtigkeit abgepreßt. Dieses Waschen, Abtropfenlassen und Abpressen wird noch dreimal wiederholt und zuletzt auf annähernd 73 % (72—74 %) Wassergehalt abgepreßt. Der Hautpulverkuchen wird nun zerteilt und klumpenfrei durchmischt. Mit 10 g des nassen, chromierten Hautpulvers wird sofort eine Feuchtigkeitsbestimmung (3—4 Stunden im Trockenschrank wie bei 1 bei 98,5—100° trocknen lassen) ausgeführt und der ermittelte Wassergehalt als Korrektur bei 2 angebracht.

---

[1] Zum Entgerben der Analysenlösung dürfen auch die Apparate von Keigueloukis und von Jamet sowie das Filterverfahren Verwendung finden. Näheres s. z. B. Gerbereichemisches Taschenbuch. Theodor Steinkopff 1932.

3. Bestimmung des Unlöslichen. Das Unlösliche ergibt sich aus der Differenz von Trockengehalt und Gesamtlöslichem (2).

4. Bestimmung der Feuchtigkeit bzw. des Trockengehaltes. Bei festen Stoffen wird 1 g der fein gemahlenen Probe 3—4 Stunden wie bei 1 bei 98,5—100° bis zur Gewichtskonstanz getrocknet, dann im Exsikkator 20 Minuten abkühlen gelassen und möglichst rasch gewogen. Bei Lösungen werden 50 ccm der gut durchgemischten, gleichmäßig trüben Gerbstofflösung auf dem Wasserbade eingedampft und wie oben bei 98,5—100° bis zur Gewichtskonstanz getrocknet.

5. Bestimmung des Aschengehaltes. Der Aschengehalt wird durch unmittelbares Verglühen der Originalprobe z. B. im Porzellantiegel ermittelt.

Technische Versuche. 1. Fixierung der Gerbsäure als gerbsaures Eisen oder Chrom. Man löst einerseits von der zu prüfenden Probe, andererseits von der Vergleichsprobe (dem Typ), eventuell auch von reinem Tannin Gewichtsmengen, die etwa 0,5 g Gerbsäure enthalten, in heißem Wasser, füllt auf 500 ccm mit heißem Wasser auf, gibt 10 g Kochsalz in jedes Gefäß zu und beizt darin je 10 g gut abgekochtes Baumwollgarn 3 Stunden bei erkaltender Flotte. Dann windet man jedes Strängchen für sich (und alle untereinander gleich stark) ab, bringt sie ohne zu spülen in ein Becherglas mit 200 ccm Eisenbeize (basische Ferrisulfatbeize) oder holzsaures Eisen von 1—2° Bé und zieht 15—20 Minuten darin um. Zuletzt wird gespült, getrocknet und aus der Tiefe der Färbung der Gerbstoffgehalt geschätzt.

Katechu und Gambier kann auch als Chrombeize fixiert werden. Man beizt die Baumwolle, wie eben ausgeführt, mit dem Gerbstoff und behandelt dann ¾ Stunde kochend in einer 0,5 %igen Lösung von Kaliumbichromat, bringt in das Gerbbad zurück, wäscht, trocknet und mustert.

2. Ausfärben mit Blauholz auf gerbsaurer Eisenbeize. Man bereitet sich Lösungen der Versuchsproben, die etwa 0,3 g Gerbsäure in 500 ccm Wasser enthalten, erhitzt auf 90° C, bringt Strängchen von je etwa 10 g gebeuchtem, ungebleichtem Baumwollgarn ein und läßt nach gutem Umziehen über Nacht in erkaltendem Bade liegen. Dann drückt man gleichmäßig aus, bringt in Eisenbeize von 1—2° Bé (spez. Gew. 1,01—1,02), läßt eine Stunde darin, drückt wieder aus, bringt für eine Stunde auf das alte Gerbsäurebad zurück, spült und trocknet. Die so vorgebeizte Baumwolle wird nun mit 20 % Blauholzextrakt (oder 4—6 % Hämatein) ausgefärbt, dann eine Stunde mit einer 0,5 %igen Kaliumbichromatlösung behandelt, gewaschen, geseift und getrocknet. Die Färbungen werden untereinander verglichen und der Gerbstoffgehalt nach der Tiefe derselben geschätzt.

3. Prüfung auf Eignung für helle und klare Färbungen. Man beizt die Baumwollsträngchen von je etwa 10 g wie oben bei gewöhnlicher Temperatur in Gerbstofflösungen von etwa 0,3 % Gehalt (bzw. von reinem Tannin 0,3 : 100), drückt aus und fixiert in 1 %iger Brechweinsteinlösung. Ohne zu trocknen, wird nun mit basischen Farbstoffen (Fuchsin, Methylenblau, Rhodamin u. dgl.) in zarten Tönen ausgefärbt und schließlich abgemustert. Manche Gerbstoffe eignen sich mehr für blaue, andere für rote Farbstoffe.

4. Prüfung auf Gewichtsvermehrung (Erschwerung, Chargierung). Gerbstoffe, die zur Erschwerung der Seide dienen, wie Katechu, Sumach- und Gallusextrakt, werden in anderer Weise geprüft. Man prüft beispielsweise in der Weise, daß man 100—200 % des Gerbstoffes (vom Gewichte der Seide) in dem 20fachen Volumen Wasser löst, auf etwa 95° C erhitzt, die abgekochte, lufttrockene und genau gewogene Seide einbringt, 15 Minuten kräftig bewegt und dann 3 Stunden bis über Nacht einlegt. Die Seide wird aus dem gänzlich erkalteten Bade herausgenommen, ausgewunden, sehr gut in fließendem, kaltem Wasser gewaschen und bei gewöhnlicher Temperatur (möglichst bei 65 % Luftfeuchtigkeit) getrocknet. Nach 24 Stunden wird gewogen und die Gewichtszu-

nahme berechnet. Statt abgezogener, reiner Seide wird man zweckmäßig auch metallisch vorerschwerte Seide u. dgl. (z. B. mit Zinnphosphat vorerschwerte) verwenden.

5. Dekolorierungsgrad. Man verfährt ähnlich wie bei 4, nur benützt man statt ungefärbter Seide am besten zartblau oder zartrosa vorgefärbte Seide und führt nebenbei eine Parallelbeizung mit einem als gut bekannten Typgerbstoff aus. Aus der Trübung der Färbung im Vergleich zu der ungebeizten Seide und zu dem Typgerbstoff wird der Dekolorierungsgrad beurteilt. Eine kolorimetrische Prüfung der Gerbstoffärbung ist nicht maßgebend, da es lediglich auf die fixierbaren Farbstoffe des Gerbstoffes ankommt und diese nicht immer mit der Eigenfärbung Hand in Hand gehen.

Blaumittel.

Außer den künstlichen Teerfarbstoffen, deren Prüfung auf koloristischem Wege geschieht (s. w. u.), kommen vor allem als mineralische Blaumittel in Frage: Ultramarin, Berlinerblau und Smalte.

Ultramarin. Komplizierte Verbindung schwankender Zusammensetzung, bestehend aus kieselsaurer Tonerde, kieselsaurem Natrium und Schwefel. Feines, in Wasser unlösliches, luft- und lichtbeständiges Pulver; gegen Säuren und freies Chlor empfindlich, für saure Appreturen also unbrauchbar; aber widerstandsfähig gegen Alkalien und Schwefelwasserstoff. Nicht giftig. Gibt mit Wasser gute Suspensionen; da es sich aber mit Wasser schlecht netzt, wird es zweckmäßig mit geeigneten Netzmitteln angeteigt (z. B. mit Alkohol od. dgl.). Das Ultramarin ist mitunter mit Magnesia, Kreide, Gips, Ton u. a. m. verschnitten. Durch Zusatz von wenig Glyzerin werden die verschnittenen Muster dunkler und die Verchnittmittel verdeckt.

Die verschiedenen Marken haben, wenn sie auch unverfälscht und unverschnitten sind, verschieden hohes Färbevermögen, das im wesentlichen von der Zusammensetzung des Ultramarins und der Feinheit der Mahlung abhängt. Die Färbekraft wird gemessen indem man eine gewogene Menge der Probe mit einem weißen indifferenten Pulver (z. B. Kaolin) gut vermischt und weitere gewogene Zusätze macht, bis die Mischung die gleiche Farbtiefe zeigt wie eine entsprechend hergestellte Mischung von bekannter Zusammensetzung, also z. B. aus dem gleichen weißen Pulver mit einem Typmuster Ultramarin. Die Feinheit der Mahlung wird mit Hilfe eines feinen Siebes bestimmter Maschenweite oder eines feinen Musselins gemessen.

Berlinerblau, Preußischblau, Pariserblau. Sehr ähnlich, aber keineswegs identisch zusammengesetzte Produkte. So ist das Pariserblau meist kalihaltig, die „Berlinerblaus" zeigen hellere Farbe wegen Beimengung mineralischer Stoffe. Im wesentlichen bestehen sie aber alle aus Ferro-Ferizyanür, das sich als wasserunlöslicher Niederschlag (bzw. kolloidale Lösung) aus Ferrozyankalium und Ferrisalz in saurer Lösung nach der Gleichung bildet:

$$3\,Fe(CN)_6K_4 + 4\,FeCl_3 = Fe_4[Fe(CN)_6]_3 + 12\,KCl.$$

Dunkelblaue Stücke oder Pulver, meist Verunreinigungen von der Fabrikation her enthaltend, manchmal mit Zusätzen von Kreide, Gips, Ton, Magnesia, Stärke. Nicht giftig. Durch Schwefelwasserstoff nicht zersetzt, verdünnte Salzsäure löst nicht, aber in Oxalsäure tiefblau löslich, in Ammontartrat violett löslich. Sehr alkaliempfindlich, wird durch verdünnte Alkalien unter Bildung von Ferrihydroxyd zerstört. Wegen dieser Alkaliempfindlichkeit immer weniger verwendet. Wird bei der Herstellung ein Überschuß von Ferrozyankalium verwendet, so entsteht ein **wasserlösliches Berlinerblau** von der Zusammensetzung $KFe[Fe(CN)_6]$. Es kommt, meist mit Stärkemehl versetzt, als **Waschblau** und als **Waschblauessenz** in den Handel und wird der wasserunlöslichen Form vorgezogen.

Nachweis. Der Nachweis von Berlinerblau in Substanz geschieht ähnlich wie auf der Faser (s. d. S. 279, 300). Man zersetzt eine Messerspitze der Probe unter Erwärmung mit verdünnter Kalilauge (weniger gut mit Natronlauge) und filtriert. Das Filtrat, welches das rückgebildete Ferrozyankalium enthält, wird mit verdünnter Salz- oder Schwefelsäure angesäuert und mit wenig Eisenchloridlösung versetzt. War Berlinerblau zugegen, so bildet sich sofort ein blauer Niederschlag von Berlinerblau oder eine blaue Lösung (wenn nur Spuren von Berlinerblau zugegen waren):

$$Fe_4[Fe(CN)_6]_3 + 12\,KOH = 3\,Fe(CN)_6K_4 + 4\,Fe(OH)_3.$$

Quantitativ kann das Berlinerblau ähnlich bestimmt werden, indem man nach der Zersetzung des Blaus mit Kalilauge auf Volumen auffüllt, einen aliquoten Teil abfiltriert (die ersten Anteile des Filtrates werden verworfen), mit Schwefelsäure ansäuert und nach de Haën den Ferrozyangehalt durch Titration mit Permanganat bestimmt (s. u. gelbem Blutlaugensalz, S. 78, 300). Der Feuchtigkeitsgehalt wird durch Trocknen bei 110⁰ oder besser im Vakuum bei 90⁰ bestimmt. Nach Trotman ist aber selbst im Vakuum nicht das gesamte Wasser auszutreiben. Er verfährt deshalb, indem er die gut gepulverte Probe mit Kaliumbichromat mischt, in einer geeigneten Apparatur bis zur Rotglut erhitzt und das verdampfende Wasser in einer gewogenen Chlorkalziumröhre sammelt (s. w. u. Analysenbeispiel). Das Färbevermögen wird bestimmt, indem man Vergleichsmischungen aus Muster und Typmuster mit je 20 T. Bariumsulfat herstellt und vergleicht. Auch führt die Herstellung von **Pasten** in gleichem Verhältnis (1 : 20) oft zum Ziel.

Nach Trotman zeigt ein gereinigtes Berlinerblau, frei von Kali, erheblich geringeres Färbevermögen als technische Ware. Als typische Zusammensetzung von Pariserblau gibt Trotman an: Gesamteisen 34,56 %, Kali 9,79 %, Gesamtfeuchtigkeit 10,13 % (davon 5,92 % im Vakuum bei 90⁰ verdampfbar), Zyan (aus der Differenz) 45,52 %.

Smalte, Königsblau, ist ein Kobalt-Tonerde-Kali-Silikat. Feines dunkelblaues, wasserunlösliches, licht- und luftbeständiges Pulver. Gegen Säuren, Alkalien und Schwefelwasserstoff widerstandsfähig. Wird mit Gips, Ton, Ultramarin u. a. verschnitten; nicht giftig. Als Blaumittel fast verdrängt. Die Smalte enthält etwa 65—72 % Kieselsäure, 2—7 % Kobaltoxydul, 2—22 % Kali und Natron und um 0,5—20 % Tonerde. Das Färbevermögen wird wie bei Ultramarin bestimmt (s. d.). Die Gegenwart von Ultramarin in Smalte wird durch Veränderung der Farbe bei Behandlung mit Säure erkannt. Verschnitte mit Barium- oder Kal-

ziumsulfat, die mit Teerfarbstoffen gefärbt sind, lassen sich durch Ausziehen der Teerfarbstoffe mit heißem Wasser, Alkohol u. dgl. erkennen.
Reine Smalte verändert ihre Farbe auch nicht beim Erhitzen. Mit
Smalte geblaute Baumwolle, Stärke o. dgl. zeigt deshalb in der Asche
winzige blaue Punkte, die mikroskopisch feststellbar sind. Wenn also
eine Handelsware beim Glühen ihre Farbe verändert oder einbüßt, so
ist sie verschnitten oder verfälscht.

Fette und Öle.

Man unterscheidet a) physikalische und b) chemische Untersuchungsverfahren. Nur auf die letzteren wird im Buche näher eingegangen.

Zu den physikalischen Bestimmungen gehören u. a. diejenigen auf:
1. Äußere Beschaffenheit. Konsistenz, Farbe, Fluoreszenz und Geruch
werden in 15 mm weitem Reagensglas, bei festen Fetten in beliebig großen Gefäßen beurteilt. 2. Löslichkeit. Sämtliche Öle und Fette sind in Äther, Chloroform, Schwefelkohlenstoff und — mit Ausnahme von Rizinusöl — auch in Benzin
und in Mineralölen leicht löslich. In absolutem Alkohol lösen sich die meisten
Fette wenig, mit zunehmender Ranzidität (Fettsäuregehalt) mehr. In jedem
Verhältnis in Alkohol völlig löslich sind nur Rizinusöl und Traubenkernöl; erheblich löslich in Alkohol sind Öle und Fette mit niedrigmolekularen Säuren
(Kokosfett, Butter u. ä.). 3. Spezifisches Gewicht. Die meist gebrauchten
Apparate sind die Aräometer und Pyknometer. Von letzteren sind die von
Göckel hergestellten, möglichst mit Eichschein versehenen, für 10 ccm Inhalt
sehr zu empfehlen. Dickflüssige Öle werden zur Entfernung der eingeschlossenen
Luft $\frac{1}{4}$ Stunde auf etwa 50⁰ erwärmt, nötigenfalls im Vakuum vollständig entlüftet
und nach Abkühlung gewogen. Für feste und salbenartige Fette sind besondere
Apparate konstruiert worden. 4. Schmelz-, Erstarrungspunkt und Titertest (Näheres hierüber s. u. Seifen). 5. Tropfpunkt. (Näheres s. u. Seifen.)
6. Lichtbrechungsvermögen (Refraktion). Dieses spielt hauptsächlich in
der Butter- und Schweineschmalzuntersuchung eine Rolle. 7. Zähigkeit (Viskosität, Flüssigkeitsgrad). Für diese Bestimmung wird meist das Engler-
sche Viskosimeter angewendet. Man stellt das Verhältnis der Ausflußzeiten
einer bestimmten Ölmenge und einer gleichen Menge Wasser von 20⁰ fest. Die
Viskosität wird in Englergraden (E⁰) angegeben (s. S. 18). 8. Kältepunkt von
Ölen. Hierunter versteht man die Temperatur, bei der ein Öl vom flüssigen in den
salbenartigen Zustand übergeht. Hat lediglich für die Schmieröluntersuchung
Bedeutung. 9. Flammpunkt und 10. Brennpunkt hat vor allem für Brenn-
öle Bedeutung.

Nebenbestandteile, Füllmittel, Verunreinigungen.

1. Wasserbestimmung. a) Qualitative Probe. 3—4 g der Probe
werden in einem Reagensglas, dessen Wände man vorher mit dem
schwach erwärmten Fett benetzt hat, in einem Ölbade bis 160⁰ erhitzt.
Wasserhaltige Öle zeigen bei der Abkühlung Emulsionsbildung an den
benetzten Wandungen des Reagensglases; außerdem beobachtet man bei
beträchtlichem Wassergehalt Schäumen und Stoßen.

b) Quantitative Bestimmung. Diese erfolgt zweckmäßig durch
Destillation mit Xylol und Messen des übergegangenen Wassers. Je nach
dem zu erwartenden Wassergehalt werden 5—100 g Fett in einem Literkolben mit 100 ccm Xylol unter Zusatz von einigen Stückchen Bimsstein
auf einem Ölbade erhitzt. Das durch einen kurzen Kühler verdichtete
Destillat wird in einem 100 ccm fassenden, nach unten sich verengenden

und in $\frac{1}{10}$ ccm geteilten Meßzylinder aufgefangen (s. Abb. 3). Die Fettmenge ist so zu bemessen, daß das Volumen des Wassers höchstens 10 ccm und mindestens einige Zehntel Kubikzentimeter beträgt. Man destilliert das angewandte Xylol fast vollständig ab. Im Kühlerrohr etwa sich noch befindliche kleine Wasserbläschen spült man mit etwas Xylol nach. Den das Destillat enthaltenden Meßzylinder stellt man bis zur klaren Trennung der Xylol- und Wasserschicht in warmes Wasser und stößt die an den Wandungen haftenden Wasserbläschen nach unten. Die Ablesung erfolgt nach Einstellen des Destillates in Wasser von 15⁰. Die Versuchsdauer beträgt etwa ½ Stunde. Das Verfahren liefert sehr genaue Ergebnisse und ist allgemein anwendbar, auch wenn außer Wasser noch sonstige flüchtige Stoffe, z. B. flüchtige Fettsäuren, ätherische Öle, Benzin, Tetrachlorkohlenstoff usw., vorliegen. Auch für Seifen, Rotöle und derartige Erzeugnisse ist das Verfahren zu empfehlen. Um hier

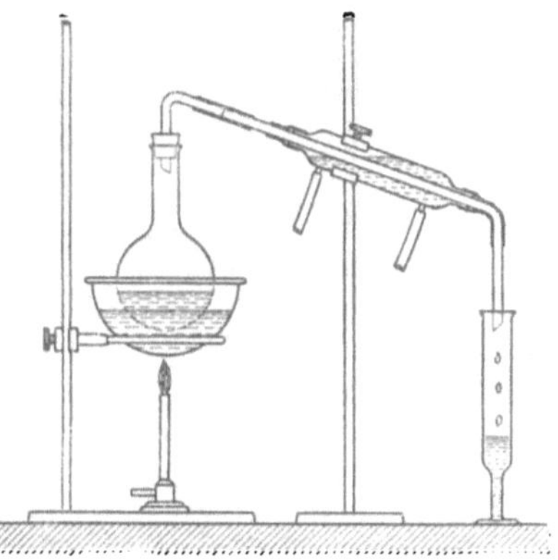

Abb. 3. Apparatur für die Wasserbestimmung.

das störende Überschäumen zu verhindern, setzt man etwas Oxalsäure oder Kaliumbisulfat zu. Zur Vermeidung eines Siedeverzuges sind einige trockene Tonscherben od. dgl. in die Mischung zu werfen.

2. Mechanische Verunreinigungen und Beschwerungsmittel. Fremdkörper, wie Schmutz, Pflanzenteile usw., oder Beschwerungsmittel, wie Stärke, Ton, Kreide u. dgl., bleiben beim Behandeln der Fette mit Benzin ungelöst und werden auf einem gewogenen Filter gesammelt und gewogen. Sind größere Mengen Fremdstoffe zugegen, so empfiehlt sich die Extraktion im Soxhlet-Apparat, dessen Hülse man vorher bis zum konstanten Gewicht bei 105⁰ getrocknet hat. Mit dem so gereinigten Fett oder Fettgemisch werden erst die maßgebenden Bestimmungen, z. B. Schmelz- und Erstarrungspunkte, ausgeführt. Rohknochenfette enthalten nach Stadlinger nicht geringe Kalkseifenmengen, die eventuell besonders zu berücksichtigen sind. Über die Bestimmung von Füll- und Beschwerungsstoffen in Seifen s. w. u. unter Seife.

3. Mineralsäuren, freies Alkali. 50—100 g der Probe schüttelt man gut mit dem halben Volumen heißen Wassers und prüft den wässerigen Auszug mit Methylorange. Zu berücksichtigen ist, daß außer freien Mineralsäuren auch wasserlösliche Fettsäuren Methylorange röten können. Bei positivem Ausfall der Probe ist die Mineralsäure durch Fällungsreaktionen oder sonstwie besonders zu identifizieren. Die Menge der freien Säure kann durch Titration des wässerigen Auszuges mit $\frac{1}{10}$ n-Alkali bestimmt werden. Bei genauen Bestimmungen wird die Probe mehrmals mit Wasser ausgeschüttelt, die Auszüge werden vereinigt und titriert.

Freies Alkali in Fetten und Ölen, welches sich fast ausschließlich bei
gleichzeitiger Gegenwart von Seifen vorfindet, weist man in alkoholischer
oder alkoholisch-ätherischer Lösung mit Phenolphthalein nach. Eintretende Rötung weist auf freies Alkali hin. Die quantitative Bestimmung erfolgt durch Titration der alkoholisch-ätherischen Lösung mit
$\frac{1}{10}$ n-Salzsäure. Auf geringe Mengen von freiem Ammoniak, welches in
sog. wasserlöslichen Ölen häufig vorkommt, reagiert Phenolphthalein
nicht. Es wird durch Destillation in eine Vorlage von titrierter Säure
bestimmt (s. a. u. Ammoniak und -salzen).

4. Der Aschengehalt wird durch Veraschen von 3—5 g der filtrierten
(sonst angeben) Probe in einem Porzellantiegel bestimmt. Man schwelt
erst ab, bis ein kohliger Rückstand bleibt. Sind bei Glühhitze flüchtige
Salze der Alkalien zugegen, so sind diese vor dem starken Erhitzen mit
Wasser auszuziehen und die verbleibende kohlige Masse nebst dem verwendeten Filter allein, eventuell nach Befeuchten mit Wasserstoffsuperoxyd oder unter Einleiten von Sauerstoff, zu Ende zu glühen. Dann
bringt man den wässerigen Auszug in eine Schale, verdampft, glüht
schwach, wägt und verrechnet beide Teile zusammen als „Mineralstoffe“.

5. Schleim und Eiweiß, welches sich in nicht oder in schlecht raffinierten
Ölen gelöst oder fein suspendiert befindet (z. B. in Sulfurölen), wird bestimmt,
indem 50—100 g des Öls in einem Becherglase auf 250^0 erhitzt werden. Dabei
scheiden sich die Schleime und Eiweißteile in flockiger Form aus und können
vom Öl durch Behandeln mit Benzin in der Kälte getrennt werden. Man sammelt
das Unlösliche auf getrocknetem und gewogenem Filter, wäscht aus, trocknet
bei 105^0 und wägt[1].

6. Schwefel, Halogen, Stickstoff, Phosphor. Qualitativ prüft man auf
diese Elemente in der üblichen Weise mit metallischem Natrium. Quantitativ
wird Stickstoff (von Eiweiß in Rohfetten stammend) durch Kjeldahlisieren
(s. u. Seidenerschwerungen) bestimmt. Schwefel, Halogen und Phosphor bestimmt
man am besten nach Liebig. Eine Probe wird im Nickeltiegel mit konzentrierter
alkoholischer Kalilauge verseift. Nach dem Eindampfen bis zur Sirupdicke gibt
man etwas festes Kalihydrat, Kalisalpeter und wenig Wasser hinzu, trocknet und
erhitzt, bis die Masse weiß wird. Dann löst man in Wasser, säuert an und fällt
die gebildeten Säuren, wie Schwefel-, Phosphor- oder Halogenwasserstoffsäure
in üblicher Weise. Flüchtige Schwefelverbindungen, die aber selten vorkommen,
können hierbei verloren gehen.

Hauptbestandteile.

Ätherextrakt*[2]. a) Mit Salzsäure-Vorbehandlung.

3—5 g Fett bzw. seifenhaltige Substanzen werden mit ungefähr
10 ccm 25%iger Salzsäure bis zur bleibenden Rotfärbung von Methylorange am Rückflußkühler erwärmt, bis sich das Fett klar abgeschieden
hat und keine Emulsion mehr sichtbar ist. Nach dem Abkühlen des
Kolbeninhaltes werden 50 ccm Äther durch das Kühlrohr gegossen und

---

[1] Kalkseifenhaltiges Knochenfett o. ä. wird vorher durch Vorbehandlung mit
5 %iger Salzsäure gereinigt.

[2] Die mit Sternchen (*) versehenen Verfahren sind Deutsche Einheitsmethoden
1930, Wizöff, d. s. „Einheitliche Untersuchungsmethoden für die Fett- und Wachsindustrie“, aufgestellt von der Wissenschaftlichen Zentralstelle für Öl- und Fettforschung, e. V. (Wizöff), Berlin. Stuttgart: Wissenschaftliche Verlagsgesellschaft m. b. H. 1930.

damit zugleich die etwa im Kühler kondensierten Fettsäuren in den Kolben gespült. Falls sich durch kurzes Schütteln noch keine klare Fettlösung bildet, wird nochmals gekocht. Die Fettlösung mit dem Sauerwasser wird in einen Scheidetrichter gebracht, das Sauerwasser abgezogen, sobald es sich klar abgesetzt hat, und die ätherische Fettlösung durch wiederholtes Waschen mit 10%iger Kochsalzlösung mineralsäurefrei gewaschen. Mit Rücksicht auf etwaige Gegenwart wasserlöslicher Fettsäuren (Kokos- und Palmkernfett!) und salzsäureunlöslicher Fremdkörper (die leicht Fett mitreißen) sind die Sauerwässer erschöpfend auszuäthern (Verdampfungsprobe). Sind sonstige, durch Salzsäure schwer angreifbare Beimengungen vorhanden (Erdalkaliseifen, Beschwerungsmittel), so ist die Behandlung nur mit Salzsäure in der Wärme zu wiederholen. Falls infolge Anwesenheit emulgierender Stoffe keine scharfe Schichttrennung eintritt, müssen die störenden Anteile durch Filtration unter erschöpfendem Nachwaschen mit Äther entfernt werden.

Die ätherische Lösung wird $\frac{1}{2}$ Stunde im Erlenmeyer mit entwässertem Natriumsulfat getrocknet und filtriert. Das Natriumsulfat wird mehrmals mit wasserfreiem Äther ausgeschüttelt. Schließlich wird der Äther abdestilliert und mit einem Handgebläse vertrieben. Bei Gegenwart von Palmkern-, Kokosfett u. dgl. wird nicht über 60° getrocknet. Der so erhaltene Ätherextrakt enthält auch die als Seifen vorliegenden Fettsäuren.

b) **Direktes Lösen ohne Vorbehandlung mit Salzsäure.**

Man löst 3—5 g Fett in 100 ccm Äthyläther, trocknet die nötigenfalls filtrierte (Bestimmung des Ätherunlöslichen) Ätherlösung im Erlenmeyerkolben mit entwässertem Natriumsulfat usw. wie bei a. Der erhaltene Ätherextrakt enthält außer der eigentlichen Fettsubstanz (Neutralfett, Fettsäuren) auch andere ätherlösliche Stoffe (Harze, Naphthensäuren, unverseifbare Stoffe, gegebenenfalls auch Seifen u. a.).

c) **Im Extraktionsapparat.**

Bei Anwesenheit größerer Mengen Verunreinigungen (schleimiger Substanzen, Stärke, Silikate u. a.) wird der Ätherextrakt durch Extraktion im Soxhlet-, Graefe- oder Besson-Apparat (oder einem ähnlichen Apparate) bestimmt. Die grob zerkleinerte Substanz (5—30 g) wird ohne besondere Vortrocknung in einer Extraktionshülse gewogen und mit Äther erschöpfend extrahiert. Der Extraktionsrückstand ist, mit der halben abgewogenen Menge geglühten Sandes oder Asbestes verrieben, nochmals zu extrahieren. Liegen stark wasserhaltige Stoffe vor, so ist die durch Differenzwägung abgewogene Probe im Mörser mit einer genügenden Menge gebrannten Gipses zu einem möglichst trockenen Pulver zu verreiben, 1—2 Stunden stehenzulassen und quantitativ in die Hülse überzuführen. Die ätherische Lösung wird nach a weiterbehandelt.

Unverseifbares*. Das Verfahren erfaßt die natürlichen unverseifbaren Stoffe sowie die mit gewöhnlichem Wasserdampf nichtflüchtigen organischen Stoffe, wie Mineralöle u. dgl. Besteht Verdacht auf Vorhandensein flüchtiger organischer Stoffe (Benzin, ätherische Öle u. dgl.), so können diese zunächst entfernt und bestimmt werden (Destillation mit Wasserdampf von 30—50 g Substanz in eine graduierte Vorlage, Messung des Volumens, Bestimmung des Siedepunktes, Geruchs usw.). Als spezifisches Gewicht wird bei kleinen Mengen 0,8, bei Chlorkohlenwasserstoffen 1,4 angenommen.

a) Äthylätherextrakt.

5 g Fett werden mit 12—15 ccm alkoholischer 2n-Kalilauge in einer Schale auf dem Sandbade verseift, wobei das Gemisch unter vorsichtigem Erwärmen bis zur Trockne gerührt wird. Die Seife wird mit etwa 50 ccm warmem Wasser unter Nachspülen mit 10 ccm Alkohol in einen Scheidetrichter gebracht. Die abgekühlte Seifenlösung wird mit 50 ccm Äther ausgeschüttelt und dies ein- bis zweimal mit je 25 ccm wiederholt. Sollten sich die Schichten nicht glatt absetzen, so läßt man einige Kubikzentimeter Alkohol am Rande des Scheidetrichters herabfließen. Die vereinigten Ätherauszüge schüttelt man mit 1—2 ccm n-Salzsäure und 8 ccm Wasser unter Zusatz von Methylorange und entsäuert sie nach dem Abziehen des Sauerwassers mit 3 ccm alkoholischer $\frac{1}{2}$ n-Kalilauge und 7 ccm Wasser. Nach einigem Stehen wird die alkoholische Schicht abgezogen und die ätherische Lösung verdampft und bei 100° getrocknet.

b) Petrolätherextrakt.

5 g Fett werden mit 12—15 ccm alkoholischer 2n-Kalilauge etwa 20 Minuten unter Rückfluß verseift, mit ebensoviel Wasser versetzt und, falls dabei Ausscheidungen auftreten, nochmals aufgekocht. Die abgekühlte Seifenlösung wird mit etwa 50%igem Alkohol in einen Scheidetrichter gespült und mindestens zweimal mit je 50 ccm Petroläther (S.P. 30—50°, frei von ungesättigten und aromatischen Kohlenwasserstoffen) ausgeschüttelt. Emulsionen werden durch Zusatz kleiner Mengen Alkohol oder konzentrierter Kalilauge beseitigt.

Die vereinigten Petrolätherauszüge sind zunächst mit 50%igem Alkohol, dem etwas Alkali zugefügt ist, und dann zur Entfernung mitgerissener Seifenreste wiederholt mit je 25 ccm 50%igem Alkohol zu waschen, bis diesem zugesetztes Phenolphthalein nicht mehr gerötet wird. Die petrolätherische Lösung wird verdampft und der Rückstand bei 100° getrocknet.

Gesamtfettsäuren* (einschließlich petrolätherunlöslicher Oxysäuren). Die nach Abtrennung des Unverseifbaren (s. o.) erhaltenen alkoholischen Seifenlösungen und Waschwässer werden vereinigt und eingedampft, bis der Alkohol völlig verjagt ist, darauf mit heißer verdünnter Salzsäure zersetzt und nach dem Abkühlen im Scheidetrichter bis zur Erschöpfung mit 50—100 ccm Äther ausgeschüttelt. Die mit 10%iger Kochsalzlösung neutral gewaschene Ätherlösung wird wie bei der Bestimmung des Ätherextraktes (s. d.) weiterbehandelt. Der Trockenrückstand ergibt die Menge der Gesamtfettsäuren (normale und oxydierte Fettsäuren, eventuell Harzsäuren).

Für die Bestimmung der Fettsäuren ausschließlich der petrolätherunlöslichen Oxysäuren und dieser selbst sind von der „Wizöff" besondere Vorschriften ausgearbeitet.

Chemische Kennzahlen[1].

Vorreinigung der Probe. Vor Ausführung der Bestimmungen sind die Öle bzw. Fette zu reinigen, d. h. von allen Nichtfetten zu befreien. Wasser in geringen Mengen wird durch Erwärmen der Probe mit Alkohol bis zum Verschwinden der Schaumbläschen auf siedendem Wasserbade oder durch Filtration des erwärmten Öles durch ein trockenes Filter, eventuell durch einen Heißwassertrichter, entfernt. Hierbei werden auch Fremdstoffe und Beschwerungsmittel, die mechanische Verunreinigungen bilden, auf dem Filter zurückgehalten. Bei größerem Wassergehalt wird die Hauptmenge des Wassers durch längeres Erhitzen auf dem Wasserbade zum Absetzen gebracht und dann im Scheidetrichter oder durch Abhebern entfernt. Nötigenfalls isoliert man das Fett bei vorherrschenden Mengen von mechanischen Verunreinigungen durch Extraktion der Probe mit flüchtigen Lösungsmitteln und durch Verdampfung der letzteren. Die so vorgereinigten Fette können noch fettähnliche Stoffe enthalten, wie Seifen, Harz usw. Auf diese Verunreinigungen ist zu prüfen. Seife wird z. B. durch den hohen Aschengehalt, Harz durch die Morawskische Reaktion (s. w. u.) nachgewiesen. Mit der reinen Fettsubstanz erst werden die chemischen Konstanten ermittelt.

Säurezahl* (Gehalt an freien Fettsäuren). Die Säurezahl (S. Z.)[2] gibt an, wieviel mg Kaliumhydroxyd zur Absättigung der in 1 g Fett enthaltenen Menge freier organischer Säuren nötig sind. 1—3 g Substanz werden in 50 ccm genau neutralisiertem Benzol-Alkohol (2 : 1) oder Äther-Alkohol (1 : 1) gelöst und mit alkoholischer $\frac{1}{2}$ n-Kalilauge bis zur Neutralisation titriert. Bei fettsäurearmen Produkten wird entsprechend mehr eingewogen und mit $\frac{1}{10}$ n-Lauge titriert. Als Indikator dient im allgemeinen Phenolphthalein, bei dunkeln Proben Thymolphthalein oder Alkaliblau 6 B.

Gegegeben:

e = Einwaage, a = Verbrauch an $\frac{1}{2}$ n-Kalilauge.

Berechnet:

$$\text{S. Z.} = \frac{28{,}055 \times a}{e}.$$

Die Umrechnung auf Prozente freier Fettsäuren geschieht unter Zugrundelegung der folgenden Molekulargewichte: Für Kokosfett und Palmkernfett = 200 (1 S. Z.-Einheit entspricht 0,356 % freier Fettsäure), für Palmfett = 256 (1 S. Z.-Einheit = 0,456 % Fettsäure), für ölsäurereiche Fette = 282 (1 S. Z.-Einheit = 0,503 % freie Fettsäure), für Rizinusöl = 298 (1 S. Z.-Einheit = 0,53 % freie Fettsäure), für Rüböl = 338 (1 S. Z.-Einheit = 0,602 % freie Fettsäure).

Verseifungszahl*. Die Verseifungszahl (V. Z.) gibt an, wieviel mg Kaliumhydroxyd zur Verseifung von 1 g Fett nötig sind. Etwa 2 g Substanz und 25 ccm alkoholische $\frac{1}{2}$ n-Kalilauge werden in einem Jenaer Kolben unter Rückfluß und Verwendung von Siedesteinchen $\frac{1}{2}$ Stunde im stark siedenden Wasserbade gekocht; bei schwer verseifbaren Fetten verseift man eine weitere halbe Stunde. In gleicher Weise

---

[1] Nachstehend werden in der Hauptsache die von der „Wissenschaftlichen Zentralstelle für Öl- und Fettforschung" e. V., Berlin („Wizöff") festgelegten „Deutschen Einheitsmethoden 1930, Wizöff" wiedergegeben (mit einem Sternchen gekennzeichnet), s. d. Stuttgart: Wissenschaftliche Verlagsgesellschaft m. b. H. 1930.

[2] Unter Neutralisationszahl (N. Z.) versteht man nach den Deutschen Einheitsmethoden 1930, Wizöff, die Anzahl Milligramm Kaliumhydroxyd, die zur Neutralisation der gesamten freien Säuren (einschließlich Mineralsäuren) nötig sind. Bei der Bestimmung der S. Z. ist also die Mineralsäure abzuziehen.

wird ein Blindversuch ohne Fett angesetzt. Nach beendeter Verseifung wird der Überschuß an Alkalihydroxyd in der warmen Seifenlösung mit $\frac{1}{2}$ n-Salzsäure zurücktitriert (Indikator wie oben bei der S.Z.). In gleicher Weise wird der Titer der Blindprobe bestimmt.

Gegeben:

e = Einwaage, a = Verbrauch an $\frac{1}{2}$ n-Salzsäure bei der Blindprobe, b = Verbrauch an $\frac{1}{2}$ n-Salzsäure bei der Hauptprobe.

Berechnet:

$$\text{V.Z.} = \frac{28{,}055 \times (a - b)}{e}.$$

Esterzahl*. Die Esterzahl (E.Z.) gibt an, wieviel mg Kaliumhydroxyd zur Verseifung der in 1 g Substanz enthaltenen Fettsäureester nötig sind. Bei Abwesenheit innerer Ester oder Anhydride gibt die Esterzahl, d. h. die Differenz zwischen Säure- und Verseifungszahl, einen Maßstab für den Gehalt des Produktes an echtem Neutralfett, d. h. an Fettsäureestern von Glyzerin. In technischen Fettsäuren können Säure- und Verseifungszahl zweckmäßig in ein und derselben Einwaage hintereinander bestimmt werden.

Mittleres Molekulargewicht der Fettsäuren*. Das mittlere Molekulargewicht (M.-Mol. Gew.) ergibt sich durch Verseifung (s. u. Verseifungszahl) von etwa 1 g der abgeschiedenen, vom Unverseifbaren befreiten Gesamtfettsäuren.

Gegeben:

V.Z. Gs. = Verseifungszahl der Gesamtfettsäuren.

Berechnet:

$$\text{M.-Mol.Gew.} = \frac{56\,110}{\text{V.Z.Gs.}}.$$

Die direkte Berechnung aus den Versuchsdaten ist:

Gegeben:

e = Einwaage an Gesamtfettsäuren, a = Verbrauch an $\frac{1}{10}$ n-KOH.

Berechnet:

$$\text{M.-Mol.Gew.} = \frac{10\,000 \times e}{a}.$$

Berechnung des Gehaltes an freien Fettsäuren, Gesamtfettsäuren und Neutralfett* (auf Grund der Säure-, Verseifungs- und Esterzahl eines Fettes, sowie der Verseifungszahl und des Molekulargewichtes seiner Gesamtfettsäuren). Diese Berechnung läßt sich bei Fetten, deren Fettsäuren nur frei oder in Form von Triglyzeriden vorliegen und frei von inneren Estern sowie Anhydriden sind, folgendermaßen durchführen:

Gegeben:

S.Z. = Säurezahl des Fettes, E.Z. = Esterzahl d. F., V.Z. = Verseifungszahl d. F., V.Z. Gs. = Verseifungszahl der Gesamtfettsäuren, M. = M.-Mol. Gew.

Berechnet:

$$\% \text{ freie Fettsäuren} = \frac{100 \times \text{S.Z.}}{\text{V.Z.Gs.}}$$

$$\% \text{ Gesamtfettsäuren} = \frac{100 \times \text{V.Z.}}{\text{V.Z.Gs.}}.$$

$$\% \text{ Neutralfett} = \frac{100 \times \text{E.Z.}}{\text{V.Z.Gs.}} \times \frac{3\,\text{M.} + 38}{3\,\text{M.}}.$$

$$\% \text{ Glyzerin} = 0{,}0547 \times \text{E.Z.}$$

Reichert-Meißl- und Polenske-Zahl*. Die Reichert-Meißl-Zahl (R.M.Z.) gibt an, wieviel ccm $\frac{1}{10}$n-Alkalilauge zur Neutralisation der aus genau 5 g Fett erhältlichen, mit Wasserdampf flüchtigen, wasserlöslichen Fettsäuren nötig sind. Die Polenske-Zahl (P.Z.) gibt an, wieviel ccm $\frac{1}{10}$n-Alkalilauge zur Neutralisation der aus genau 5 g Fett erhältlichen, mit Wasserdampf flüchtigen wasserunlöslichen Fettsäuren nötig sind. Diese beiden Zahlen haben mehr Bedeutung für Speisefette und Butter als für technische Fette und Öle.

Azetylzahl*. Die Azetylzahl (A.Z.) gibt an, wieviel mg Kaliumhydroxyd zur Bindung der in 1 g azetyliertem Fett gebundenen Essigsäure erforderlich sind. 6—8 g Fett werden in der doppelten Menge Essigsäureanhydrid 2 Stunden im Azetylierungskolben (eingeschliffenes Kühlrohr!) gekocht. Die Mischung wird nun in 50—100 ccm benzolfreiem, unter 80° siedendem Benzin gelöst und in einem Scheidetrichter mit 25 ccm 50%iger Essigsäure mehrmals gewaschen, bis sich beim Verdünnen des Waschwassers mit der 10fachen Wassermenge weder Trübung noch Essigsäureanhydridgeruch bemerkbar macht. Schließlich wird die Lösung des Azetylproduktes zur Entfernung der Essigsäure erschöpfend mit Wasser gewaschen. Nach dem Abtreiben des Benzins filtriert man das Azetylprodukt durch ein doppeltes trockenes Filter. Sowohl vom ursprünglichen als auch vom azetylierten Fett werden die Verseifungszahlen bestimmt (s. o.).

Gegeben:
$V_1 = $ V.Z. des ursprünglichen Produktes,
$V_2 = $ V.Z. des azetylierten Produktes.

Berechnet:
$$\text{A.Z.} = \frac{V_2 - V_1}{1 - 0{,}00075 \, V_1}.$$

Jodzahl*. Die Jodzahl (J.Z.) gibt an, wieviel % Halogen, als Jod berechnet, eine Substanz unter bestimmten Bedingungen binden kann. Zur Bestimmung dient die Methode von Hanuš und diejenige von Kaufmann.

a) Jodbrom-Methode (nach Hanuš). Die Einwaage richtet sich nach der voraussichtlichen Höhe der J.Z. und beträgt 0,1—0,2 g bei J.Z. über 120; 0,2—0,4 g bei J.Z. 60—120; 0,4—0,8 g bei J.Z. unter 60. Die Einwaage kann auch nach folgender Formel abgeschätzt werden, in der J.Z. die erwartete Jodzahl darstellt: Einwaage $e = 25{,}4 : $ J.Z.

Einwaage und benutzte Menge Halogenlösung sollen in solchem Verhältnis zueinander stehen, daß die zugesetzte Menge Halogenlösung mindestens das $2\frac{1}{2}$fache der zur Addition erforderlichen ist. Bei erheblicher Abweichung hiervon ist die Bestimmung zu wiederholen.

Die in den Jodzahlkolben mit eingeschliffenem Stopfen von 200 bis 300 ccm Inhalt eingewogene Substanz wird in etwa 10 ccm Chloroform gelöst, mit 25 ccm Jodmonobromidlösung (10 g käufliches Jodmonobromid in 500 g Eisessig) versetzt und im verschlossenen Kolben $\frac{1}{2}$ Stunde stehengelassen. Bei Produkten mit höherer Jodzahl als 120 läßt man etwa 1 Stunde einwirken. Ein Blindversuch ist in gleicher Weise anzusetzen.

Nach Zusatz von 15 ccm 10%iger möglichst farbloser Jodkaliumlösung und 50 ccm Wasser wird der Halogenüberschuß unter stetem

Umschwenken mit $\frac{1}{10}$ n-Thiosulfatlösung zunächst bis zur Gelbfärbung und dann auf Zusatz von Stärkelösung (Blaufärbung) bis zur Farblosigkeit zurücktitriert.

Gegeben:

e = Einwaage, a = Verbrauch an $\frac{1}{10}$ n-Thiosulfatlösung bei der Blindprobe, b = Verbrauch an $\frac{1}{10}$ n-Thiosulfatlösung bei der Hauptprobe.

Berechnet:

$$\text{J.Z.} = \frac{1{,}269 \times (a - b)}{e}.$$

b) Bromometrische Methode (nach Kaufmann). Erforderliche Bromlösung. Man löst etwa 12—15 g bei 130° getrocknetes Natriumbromid zu 100 ccm mit reinem Methylalkohol (reine Markenware, sonst über gebranntem Kalk destilliert) und läßt zu 100 ccm dieser klaren Lösung aus einer kleinen Bürette mit Glasstopfen 0,52 ccm Brom („zur Analyse") zufließen. Geht der Titer der Lösung zurück, so kann jederzeit wieder Brom zugefügt werden.

Ausführung. Je nach ungefähr geschätzter Jodzahl sind folgende Einwaagen zu wählen. Bei J.Z. 120 und mehr 0,1—0,12 g Fett (Leinöl, Trane), bei J.Z. 61—120 etwa 0,2 g Fett (Sesam-, Oliven-, Arachisöl), bei J.Z. 21—60 etwa 0,3—0,5 g Fett (Talg, Schmalz Kakaobutter) bei J.Z. bis 20 etwa 0,5—1 g Fett (Palmkern-, Kokosfett).

Die Fette werden in Miniaturbechergläsern abgewogen, mit diesen zusammen in die Jodzahlkolben gebracht in und 10 ccm Chloroform gelöst. Hierzu läßt man 25 ccm der obigen Bromlösung zufließen, wobei ein Teil des Natriumbromids ausfällt, und läßt 30 Minuten (bei hohen J.Z. 2 Stunden) stehen; dann setzt man 15 ccm 10%ige Jodkaliumlösung zu und titriert mit $\frac{1}{10}$ n-Thiosulfatlösung zurück. Ein Blindversuch ist in gleicher Weise auszuführen.

Rhodanzahl*. Die von Kaufmann eingeführte „rhodanometrische Zahl" oder „Rhodanzahl" (Rh.Z.) ist die von 100 g Fett verbrauchte Menge Rhodan, ausgedrückt durch die äquivalente Menge Jod. Sie ist ein Maß für mehrfach ungesättigte Verbindungen (Fette mit Doppelbindungen) in Fetten, während die Jodzahl einen Maßstab für den Gehalt an ungesättigten Fetten überhaupt bildet. Da nämlich 1. gesättigte Fettsäuren vom Typus $C_nH_{2n}O_2$ (Stearinsäure, Palmitinsäure u. dgl.) weder Jod noch Rhodan anlagern, 2. einfach ungesättigte Fettsäuren vom Typus $C_nH_{2n-2}O_2$ (Ölsäure und Homologe). Jod und Rhodan in gleicher Menge addieren und 3. zweifach ungesättigte Säuren mit einer Doppelbindung vom Typus $C_nH_{2n-4}O_2$ (Linolsäure u. dgl.) nur halb so viel Rhodan anlagern wie Jod, so ist man imstande, in bestimmten Fällen aus dem Unterschied von Jod- und Rhodanzahl Schlüsse auf das Vorhandensein mehrfach ungesättigter Fettsäuren zu ziehen. Folgende Beispiele mögen dies erläutern: Linolsäure hat die J.Z. = 181, die Rh.Z. = 90,5; Ölsäure die J.Z. = 89,9 und die Rh.Z. = 89,9; Palmitinsäure die J.Z. = 0 und die Rh.Z. = 0.

Erforderliche Lösungen. 1. Absolut wasserfreier Eisessig. Man versetzt 10 T. 99—100%igen Eisessig des Handels mit 1 T. frisch destilliertem Essigsäureanhydrid. Zur besseren Lösung schwerlöslicher Fette kann dieser wasserfreie Eisessig noch mit 30 % Tetrachlorkohlenstoff (frisch über Phosphorpentoxyd destilliert) versetzt werden. 2. Rhodanlösung (bzw. Rhodan-Eisessiglösung). Man gibt in 200 ccm-Flaschen mit sehr gut eingeschliffenem Glasstopfen zu je 200 ccm des wasserfreien Eisessigs je 6 g abtariertes, wasserfreies Bleirhodanid[1] und läßt diese Suspension bis zum Verbrauch mindestens 8 Tage unter Lichtabschluß in Vorrat stehen. Sobald die Rhodanlösung benötigt wird, läßt man aus einer Bürette 0,6 ccm reines Brom („zur Analyse") in eine 200-ccm-Flasche einfließen, schüttelt bis zur Entfärbung und filtriert vom Ungelösten (überschüssiges Bleirhodanid, Bleibromid) durch einen bei 100^0 samt Doppelfilter getrockneten Trichter. Die so erhaltene Lösung von Rhodan, $(CSN)_2$, in Eisessig soll wasserhell sein sowie keine Rosafärbung (durch Eisengehalt) zeigen und soll im Dunkeln gut verschlossen aufbewahrt werden.

Titerstellung. Man läßt aus einer Bürette, die möglichst in $\frac{1}{20}$ ccm geteilt ist, 20 ccm obiger Rhodanlösung in einen sorgfältig getrockneten Jodzahlkolben fließen, setzt aus weitem Meßzylinder in schnellem Guß etwa 20 ccm wässerige 10 %ige Jodkaliumlösung zu, schwenkt gut um, verdünnt mit gleichem Volumen Wasser und titriert das ausgeschiedene Jod mit $\frac{1}{10}$ n-Thiosulfatlösung. Der so ermittelte Titer wird bei der Berechnung später zugrunde gelegt.

Ausführung der Bestimmung. Man wägt im Miniaturbecherglas je nach geschätzter Jodzahl des Fettes (wie bei der bromometrischen Methode, s. o.) die absolut trockene Fettprobe ab, bringt Probe samt Gläschen in den Jodzahlkolben, läßt aus einer Bürette 20 ccm (bei hohen Jodzahlen 40 ccm) Rhodanlösung einfließen und läßt 24 Stunden im Dunkeln stehen. Hierbei scheidet die Lösung unter Rhodanverbrauch allmählich gelbe Rhodanierungsprodukte der Fette ab. Dann gießt man unter tüchtigem Umschwenken eine der zugesetzten Rhodanlösung entsprechende Menge (also 20 oder 40 ccm) 10 %ige wässerige Jodkalium lösung in einem Schuß zu, wobei sich eine dem überschüssigen Rhodan äquivalente Menge Jod ausscheidet und verdünnt mit der gleichen Menge Wasser.

$$(CSN)_2 + 2\,KJ = 2\,KCSN + 2\,J.$$

Zum Schluß titriert man das ausgeschiedene Jod in üblicher Weise mit $\frac{1}{10}$ n-Thiosulfatlösung zurück, indem man gegen Schluß der Titration etwas Stärkelösung als Indikator zusetzt.

Berechnung. Unter Zugrundelegung des Titers der Rhodanlösung (s. o.) stellt man die Anzahl der verbrauchten ccm Rhodanlösung fest und berechnet die Rhodanzahl, indem man diesen Verbrauch nach folgender Formel gleich auf Jod bezieht:

Gegeben: $e =$ Einwaage, $a =$ verbrauchte ccm $\frac{1}{10}$ n-Thiosulfatlösung bei der Blindprobe, $b =$ verbrauchte ccm $\frac{1}{10}$ n-Thiosulfatlösung bei dem Hauptversuch.

Berechnet:
$$\mathrm{Rh.Z.} = \frac{1{,}269 \cdot (a - b)}{e}$$

Auswertung. Bei Fetten, die neben gesättigten Bestandteilen (G, vom Typus der Palmitinsäure) nur einfach ungesättigte Fettsäuren (O, vom Typus der Ölsäure) enthalten, ist die Jodzahl der Rhodanzahl gleich. Bei Fetten, die außerdem zweifach ungesättigte Fettsäuren mit einer Doppelbindung (L, vom Typus der Linol-

---

[1] Selbstherstellung: Man fällt eine Lösung von chemisch reinem Bleiazetat mit Ammoniumrhodanidlösung in der Kälte, saugt ab, wäscht mit schwach essigsaurem Wasser gut nach, preßt den Rückstand scharf ab, entwässert in Essigsäureanhydrid und bewahrt in braunem Exsikkator über Phosphorpentoxyd.

säure) enthalten, wird der Prozentgehalt der einzelnen Anteile nach folgenden Gleichungen berechnet:

$$\text{Glyzeride:} \begin{cases} G = 100 - 1{,}158 \text{ Rh.Z.} \\ O = 1{,}162 \ (2 \text{ Rh.Z.} - \text{J.Z.}) \\ L = 1{,}154 \ (\text{J.Z.} - \text{Rh.Z.}). \end{cases}$$

Werden der Untersuchung statt der Glyzeride die Gesamtfettsäuren zugrunde gelegt (z. B. bei Fetten mit mehr als 1 % Unverseifbares), so kommen folgende Formeln zur Anwendung:

$$\text{Fettsäuren:} \begin{cases} G = 100 - 1{,}108 \text{ Rh.Z.} \\ O = 1{,}112 \ (2 \text{ Rh.Z.} - \text{J.Z.}) \\ L = 1{,}104 \ (\text{J.Z.} - \text{Rh.Z.}). \end{cases}$$

Enthalten die Fette außerdem noch ungesättigte Fettsäuren mit zwei Doppelbindungen (Le, vom Typus der Linolensäure des Leinöls), so können die einzelnen Bestandteile nur unter besonderer Ermittlung der gesättigten Anteile. (G) nach bestimmten Formeln berechnet werden. Näheres s. Deutsche Einheitsmethoden 1930, Wizöff.

Hexabromidzahl. Die Hexabromidzahl bezeichnet die nach konventionellem Verfahren aus 100 g Fettsäuren gefällte Menge Alpha-Linolensäure-Hexabromid, ausgedrückt in Gramm. Das Verfahren kommt für Textillaboratorien kaum in Betracht.

Reaktionen zur Erkennung der Fettart*.

Reaktion auf frische Pflanzenfette. Man schüttelt 10 ccm konzentrierte Schwefelsäure mit 0,1 g fein gepulvertem Natriummolybdat im Schüttelzylinder 2 Minuten kräftig. Mit 1 ccm dieses Reagens (das nach 5 Minuten und dann nur ½ Stunde gebrauchsfähig ist) wird die Lösung von 5 ccm Öl in 10 ccm Äther in einem trockenen Reagensglas unterschichtet. Nach kurzem tüchtigen Durchschütteln setzt sich unten eine gelb- bis dunkelgrün (Pflanzenfette), mitunter dunkelblau (Cottonöl) gefärbte Schicht ab. Tierische Fette geben höchstens gelbliche Färbung. Im allgemeinen sind frische und chemisch nicht veränderte Pflanzenfette von 10% aufwärts nachweisbar; ranzige oder chemisch gebleichte Fette geben die Reaktion nicht. Genauer ist die offizielle Digitonidmethode (s. Deutsche Einheitsmethoden 1930, Wizöff).

Reaktion auf Cottonöl (modifizierte Halphensche Reaktion). Je 2 ccm Öl und 1%ige Lösung von Schwefel in Schwefelkohlenstoff-Pyridin (1 : 1) werden unter Rückfluß in einem Bade von etwa 115° erhitzt; unter dem Bade ist die Flamme möglichst zu löschen. Bei Anwesenheit von mehr als 1% Cottonöl färbt sich das Gemisch in kurzer Zeit rot; falls nach 5 Minuten keine Färbung eingetreten ist, wird die Schwefellösung erneuert. Stark erhitzte und gebleichte Fette geben diese Reaktion schwach oder gar nicht. Fette von Tieren, die mit Baumwollsaatkuchen gefüttert wurden, können die Reaktion geben. Kapok- und Baobaböl zeigen ebenfalls die Reaktion; jedoch geben ihre Fettsäuren (5 ccm geschmolzen und getrocknet) mit 5 ccm absolut-alkoholischer 1%iger Silbernitratlösung beim Schütteln in der Kälte intensiv braune Färbung, während die Fettsäuren des Cottonöls höchstens schwach reduzieren.

Prüfung auf Sesamöl (,,Sesamol-Reaktion" oder modifizierte Baudouinsche Reaktion). 5 g Fett werden in 5 ccm Petroläther gelöst und mit 0,1 ccm alkoholischer 1%iger Furfurollösung und 5 ccm Salzsäure (1,19) $\frac{1}{2}$ Minute geschüttelt. Mehr als 1% Sesamöl geben sich durch Rotfärbung der Säureschicht zu erkennen; eventuell sind auch noch 0,5% durch eine Rosafärbung erkennbar. Bei Abwesenheit von Sesamöl zeigt sich höchstens gelbe oder braungelbe Färbung. Falls sich schon Salzssäure (1,125) beim Schütteln mit der Fettprobe durch vorhandene Teerfarbstoffe rot färbt, ist das Öl durch die Soltsiensche Reaktion zu prüfen. Soltsiensche Reaktion: Ist in Zweifelfällen auszuführen, da gewisse Olivenöle positive Sesamolreaktion geben, ferner ranzige Fette und mit Teerfarbstoffen gefärbte Öle. 1 Vol. Fett, 2 Vol. Benzin (S.P. 70—80°) und 1 Vol. frisches Bettendorfsches Reagens (5 T. festes Zinnchlorür und 3 T. konzentrierte, mit Salzsäuregas gesättigte Salzsäure) werden durchgeschüttelt und in Wasser von 40° getaucht. Nach dem Absetzen der Zinnchlorürlösung wird das Reagensglas in Wasser von 80° gebracht, so daß möglichst die Benzinschicht aus dem Bade herausragt und nicht siedet. Bei Gegenwart von Sesamöl färbt sich die untere Schicht rot.

Prüfung auf Rizinusöl. Etwa 5 ccm Öl werden mit einem erbsengroßen Stückchen Kaliumhydroxyd in einer Nickelschale allmählich erhitzt und durchgeschmolzen (Kalischmelze). Ein charakteristischer Geruch (Oktylalkohol) läßt schon Rizinusöl erkennen. Die Kalischmelze wird in Wasser gelöst und die Lösung direkt mit überschüssiger Magnesiumchloridlösung zur Fällung der Fettsäuren versetzt. Aus dem Filtrat scheidet sich beim Ansäuern mit verdünnter Salzsäure die für Rizinusöl charakteristische Sebazinsäure kristallinisch aus.

Probe auf Erdnußöl, Cottonöl, Sesamöl und Rüböl in Olivenöl u.dgl. 0,6—0,7 ccm Öl werden mit 5 ccm alkoholischer $\frac{1}{2}$ n-Kalilauge (Alkohol 96 % ig) im graduierten Reagensglas 2 Minuten gekocht; der verdampfte Alkohol wird ergänzt. Bei Gegenwart von viel Erdnuß-, Rüb-, Cotton- oder Sesamöl wird die alkoholische Seifenlösung bei Zimmertemperatur breiig bis gallertartig fest. Merkliche Mengen (z. B. bis zu 10—12 % herab) dieser Öle (insbesondere Erdnußöl) verraten sich im Olivenöl, Mohnöl u. dgl. durch flockige Niederschläge, wenn die alkoholische Seifenlösung 15 Minuten auf Zimmertemperatur gehalten wird; bei Rizinusöl ist die Seifenlösung in Eiswasser zu stellen. Klarbleiben der Seifenlösung deutet auf Abwesenheit von Erdnuß-, Rüb-, Cotton- und Sesamöl. Bei positivem Ausfall der Reaktion werden Cotton- und Sesamöl durch die charakteristischen Farbreaktionen (s. o.), Rüböl durch die strahlige Struktur der Seifenmasse, eventuell durch niedriges spezifisches Gewicht und niedrige Verseifungszahl erkannt. Sind die Ergebnisse der Prüfungen auf Rüböl, Cotton- und Sesamöl negativ, so rührt die feste Ausscheidung in der alkoholischen Seifenlösung von Erdnußöl her. Die Probe gilt nur für reine, von unverseifbaren Zusätzen freie fette Öle (nicht feste Fette).

Probe auf Sulfurolivenöl in Olivenöl (Standard-,,Benzoatprobe" in USA.). Man erhitzt etwa 5 g Olivenöl mit 20 mg Silberbenzoat im Ölbade auf 150°. Das Silberbenzoat wird aus heißen Silbernitrat- und Natriumbenzoatlösungen frisch gefällt, mit kaltem Wasser gewaschen und getrocknet. Deutliche Braunfärbung deutet auf $\frac{1}{2}$ % und mehr, dunkelbraune Färbung auf 10 % und mehr Beimengung von Sulfurolivenöl. Bedingend für das Gelingen der Reaktion ist die Gewinnung der Sulfuröle mit Schwefelkohlenstoff.

Nachweis gehärteter Fette.

Gehärtete Fette an sich sind vielfach schon durch ihren charakteristischen (blümigen) Härtungsgeruch zu erkennen; in Mischung mit anderen Fetten gleicher Konsistenz (namentlich Talg) ist ihr Nachweis häufig sehr schwierig. Er gelingt auch nicht immer durch die einfache Prüfung auf Nickel, da die Katalysatorsubstanz meist sorgfältig entfernt ist. In diesem Falle ist die Isoölsäureprobe heranzuziehen.

a) Nickelprobe. Möglichst 50—100 g Fett werden mit dem gleichen Volumen konzentrierter Salzsäure ½ Stunde im Wasserbade erwärmt, hierbei öfters stark umgeschüttelt und dann durch ein feuchtes Filter in eine Porzellanschale filtriert. Der Eindampfungsrückstand wird mit etwas Salzsäure aufgenommen, stark ammoniakalisch gemacht und darauf mit einer Messerspitze Bleisuperoxyd, einigen Tropfen Natronlauge und 8—10 ccm 1%iger Dimethylglyoximlösung versetzt. Das bis zum Kochen erhitzte Gemisch wird filtriert. Je nach der vorhandenen Nickelmenge ist das Filtrat mehr oder weniger rot gefärbt. Ein gelblicher Stich kann von organischen Zersetzungsprodukten herrühren.

b) Isoölsäureprobe. Für gehärtete Fette charakteristisch ist der relativ hohe Gehalt an festen ungesättigten Fettsäuren, besonders Isosäuren, und die hierdurch bedingte höhere Jodzahl der nach der Bleisalz-Alkohol-Methode abgeschiedenen festen Säuren. Aus dem Fett werden 2—3 g Gesamtfettsäuren (s. u. Gesamtfettsäurebestimmung) abgeschieden, in heißem Alkohol gelöst und mit einer heißen Lösung von etwa 1,5 g Bleiazetat in Alkohol versetzt. Das Gemisch von etwa 100 ccm Inhalt wird langsam erkalten gelassen und bleibt am besten über Nacht stehen. Die über den Bleiseifen stehende klare Flüssigkeit soll noch Blei enthalten (Prüfung mit Schwefelsäure), sonst muß nochmals Bleiazetat zugesetzt werden. Der Niederschlag wird abgesaugt und mit kaltem Alkohol gewaschen, bis das Filtrat klar abläuft. Man spült ihn dann mit etwa 100 ccm Alkohol in ein Becherglas, setzt 0,5 ccm Eisessig dazu, erhitzt zum Sieden und läßt auf 15⁰ abkühlen. Die wie oben abfiltrierten und gewaschenen Bleiseifen werden wieder in das Becherglas gebracht und mit Äther vom Filter abgespült. Aus den Bleisalzen werden die festen Fettsäuren mit verdünnter Salpetersäure abgeschieden und in üblicher Weise ausgeäthert. Die Jodzahl dieser Säuren liegt bei natürlichen Fetten meistens zwischen 1 und 2, bei Talg bis 5 hinauf, dagegen bei gehärteten Fetten von schmalz- bis talgartiger Konsistenz in der Regel um 20 herum, jedoch auch bis 50 und darüber. Eine Jodzahl über 9 spricht für die Anwesenheit von gehärteten Fetten.

Olein (Elain).

Man unterscheidet im Handel die Saponifikate (Saponifikatoleine) und die Destillate (Destillatoleine). Bei diesen beiden Abarten unterscheidet man wieder zwischen kaltgepreßten (sog. weichen) Oleinen, die wenig feste Fettsäuren enthalten, und warmgepreßten (sog. harten) Oleinen, die mehr Stearin enthalten. Ferner unterscheidet man nach der Farbe zwischen dunkeln und hellen (sog. blonden) Oleinen; schließlich auch nach den verwendeten Rohstoffen zwischen den sog. Normaloleinen oder echten Oleinen (Talgolein, Knochenfettolein u. dgl.) und den unechten Oleinen (Tranolein, Wollfettolein u. a. m.). Man ersieht hieraus, daß „Olein" kein feststehender Begriff ist.

Der Hauptbestandteil der echten Oleine ist die Ölsäure, die einfach ungesättigte Fettsäure der Olefinreihe $C_{17}H_{33}COOH = 282,3$ Mol.Gew. Erstarrungspunkt der reinen Ölsäure $= 4^0$, Schmelzpunkt $= 14^0$. Daneben findet man in geringen Mengen stärker ungesättigte Fettsäuren (doppelt ungesättigte Fettsäure, s. u. Rhodanzahl) und wechselnde Mengen fester Fettsäure (gesättigter Fettsäuren vom Typus der Stearinsäure).

Saponifikatolein enthält das gesamte Neutralfett aus den gepreßten Fettsäuren sowie alle unverseifbaren Stoffe aus dem ursprünglichen Fett. Destillatolein enthält das Unverseifbare des Fettes und die bei der Destillation etwa neugebildeten Kohlenwasserstoffe (also mehr Gesamt-Unverseifbares als Saponifikat); dagegen weniger Neutralfett oder gar keines. Destillatolein kann ferner Oxysäuren und Laktone enthalten. Doppelt destilliertes Olein (gelblich weiß bis dunkelgelb) soll frei von Kohlenwasserstoffen und Neutralfett sein und mindestens 99% freie Fettsäuren enthalten. Als „Seifenolein" kommen auch Mischungen von Destillat und Saponifikat vor.

Anforderungen an Textil-Oleine (Wollschmälzöl, Wollöl). Das Olein soll nicht zu dunkel sein und darf nicht zu unangenehm riechen. Es soll ferner leicht emulgierbar und auswaschbar sein. Es darf keinen zu hohen Gehalt an Neutralfett, an Unverseifbarem, an gesättigten Fettsäuren und an mehrfach ungesättigten Fettsäuren aufweisen. Bei normaler Temperatur sollen keine nennenswerten Ausscheidungen von festen Fettsäuren auftreten. Vielfach trifft man nach Herbig mit Mineralöl, Harzöl und Wollfettolein verfälschte Ware an.

Die Untersuchung der Oleine erstreckt sich demnach auf Erstarrungspunkt, Gehalt an freier Fettsäure, Jodzahl, Rhodanzahl, Neutralfett, Unverseifbares, Selbstentzündbarkeit. Qualitativ wird auf Harzöle nach Hager-Salkowski und auf Wollfettolein nach Liebermann geprüft. Näheres s. u. Fetten und Ölen sowie Seifen.

Die Jodzahl der technischen Oleine liegt meist zwischen 70 und 90, der Erstarrungspunkt bei 0—10°, der Schmelzpunkt bei 8—15°. Ein hoher Gehalt an Unverseifbarem kann durch Zusätze von Mineral- und Harzöl hervorgerufen sein. Es können aber auch Normal-Destillatoleine bis zu 10%, Wollfettoleine sogar bis über 50% Unverseifbares enthalten. Mineralöle haben die Jodzahl 6—12; Destillatoleine 62—69, Wollfettoleine 50—80, Harzöle 40—50.

Selbstentzündbarkeit. Die Selbstentzündbarkeit beruht nach Erasmus[1] auf einem Gehalt an γ-Lakton, das peroxydasenähnlich wirkt, sobald es durch Eisen aktiviert wird. Einen Anhalt für die Gefahr der Selbstentzündung gibt u. a. die Rhodanzahl im Verein mit der Jodzahl. Der Unterschied zwischen diesen beiden soll möglichst gering sein, d. h. das Olein soll möglichst wenig doppelt ungesättigte Fettsäuren enthalten (s. u. Rhodanzahl S. 148). Am besten ist es, wenn Jod- und Rhodanzahl beide um 90 herum liegen.

Wollölprüfer nach Mackey. Als Maß der Entzündbarkeit dient ferner die Temperaturerhöhung, die ein mit dem Untersuchungsmaterial geölter Faserstoff beim Erwärmen unter konventionellen Bedingungen zeigt. Meist verwendet man zu diesem Zweck den sog. Wollölprüfer von Mackey. Zu beachten ist hierbei aber, daß ein an sich geeignetes, in der Praxis ungefährliches Olein einen schlechten Mackey-Test geben kann, wenn es Eisenseifen enthält. Zum Nachweis dieser Eisenseifen schüttelt man eine Probe des Oleins mit verdünnter Schwefelsäure und prüft die wässerige Schicht in üblicher Weise mit Ferro- und Ferrizyankalium od. dgl. Zeigt aber ein nach der chemischen Analyse schlechtes Material (z. B. zu hohe Jodzahlen) eine gute Mackeyprobe, so ist es möglich, daß es einen Antikatalysator, z. B. Beta-Naphthol, enthält.

---

[1] Erasmus: Allg. Öl- u. Fett-Ztg. 1930 S. 309.

Der Apparat (s. Abb. 4) besteht aus einem zylindrischen Wasserbade, dem Deckel mit den Luftein- und Ableitungsrohren A und B
und dem mittels Schraube befestigten Thermometer D, sowie einem
Zylinder C aus Drahtgaze, der auf die kegelförmige Erhöhung des
Gefäßbodens gesetzt wird. Man tränkt 7 g reine Baumwollwatte
mit 14 g des zu prüfenden Öles und krempelt die Watte sorgfältig
von Hand, damit das Öl ganz gleichmäßig verteilt ist. Die geölte
Baumwolle wird in den Drahtzylinder um das Thermometer gestopft,
so daß sie bis 12 cm über den Gefäßboden reicht. Hierauf bringt
man das Wasser im Wasserbade zum Kochen, setzt den Drahtzylinder
auf den Konus, zieht den Deckel über das Thermometer und justiert
es durch Anziehen der Schraube. Das Thermometer läßt man so weit herausragen,
daß eine zu diesem Zwecke auf seiner Skala angebrachte Marke
gerade noch sichtbar ist. Das Wasser wird im Sieden gehalten und
die Temperatur mindestens 1 Stunde beobachtet. Steigt sie in dieser Zeit auf 100°, so soll das Öl feuergefährlich
sein; steigt sie in dieser Zeit auf 150°, so bricht man den
Versuch ab, weil sich die Baumwolle entzünden könnte. Übereinstimmender
sollen die Versuche sein, wenn man durch den Apparat je
Minute 2 Liter Luft durchleitet.

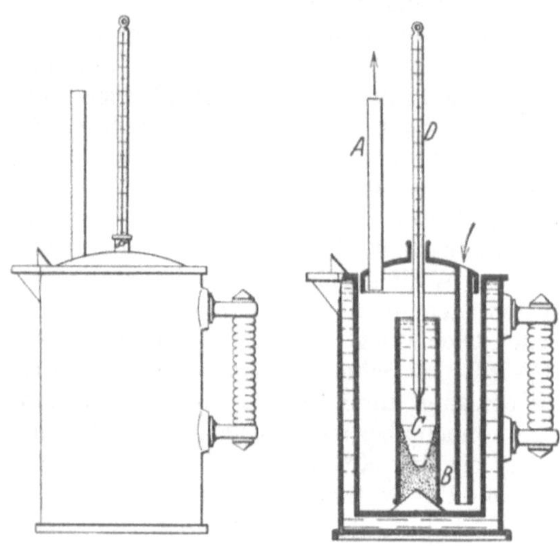

Abb. 4. Wollölprüfer nach Mackey.

In neuerer Zeit sind Bedenken gegen die Verwendung von metallischen Zylindern
aufgetaucht (Eisen, Kupfer, Messing, Aluminium usw.), da durch diese infolge
Katalyse irreführende Temperatursteigerungen auftreten können. Stattdessen
wird empfohlen, indifferentes Material zu verwenden, z. B. die perforierte Extraktionshülse
nach Stiepel, Steifleinennetze, Einsätze von Glas und vielleicht
am besten von Porzellan[1].

Mackey fand für verschiedene Fette und Öle folgende Mackey-Zahlen:

Art des Fettes	Nach 1 Std.	Nach 75 Min.	Nach 90 Min.
Neutr. Olivenöl	97—98°	100°	101°
Olivenöl mit 1% freier Fettsäure .	98°	102°	104°
Olivenölfettsäure	102—114°	135—177°	208°
Cottonöl	112—139°	177—242°	194—282°
Leinöl	—	243°	—

[1] Vgl. Kehren: Melliand Textilber. 1931 S. 270, 342, 396.

Material	Spez. Gew. bei t°	Spez. Gew.	Erstarr.-Punkt °C	Schmelz-punkt °C	Verseifungs-zahl (V. Z.)	Jodzahl (J. Z.)	Azetylzahl (A. Z.)	Säurezahl (S. Z.)	Viskosität (Englergrade) (E°) (bei t°)
Baumwollsaatöl (Cottonöl) . . .	15	0,924	5	—	191—196	101—112	7,6—18	0—2	9,3—10,4 (20°)
„ Fettsäure daraus	100	0,847	32—35	32—46	200—205	111—120	—	—	—
Bienenwachs	15	0,964	60—62	62—65	91—95	8—11	15	19—21	—
Erdnußöl (Arachisöl) .	15	0,920	sehr versch.	—	185—197	83—103	—	1—3—8 (bei tech. Ölen bis 40)	10—14 (21°)
„ Fettsäure daraus	100	0,846	22—32	27—35	200	90—108	—	—	—
Hammeltalg	15	0,940	36—41	44—51	193—196	35—46	—	1,7—14	—
„ Fettsäure daraus	—	—	43—46	49—50	195—205	35—50	—	—	—
Japanwachs	15	0,97—0,98	48—53	49—56	205—237	4—13	—	18—25	21 (100°) im Ostwald-Viskosimeter
„ Fettsäure daraus	—	—	53—56	56—62	220—230	42	—	—	—
Kokosnußöl	15	0,930	14—22	20—28	245—260	8—10	1—12	5—50	—
„ Fettsäure daraus	100	0,835	16—25	25—27	—	8—10	—	—	6,5—7,7 (20°)
Leinöl	15	0,934	—10 bis —20	—	187—195	170—190	4,0	1—8	3,2 (50°), 1,76 (100°)
„ Fettsäure daraus	100	0,861	13—21	13—24	180—200	180—200	—	—	10 (20°)
Olivenöl	15	0,916	—6 bis —2	—	188—195	79—92	10,6	2—50	3,8 (50°), 1,8 (100°)
„ Fettsäure daraus	100	0,843	17—24	19—29	200	85—95	—	—	1,45 (40°)
Palmkernöl.	15	0,946	20—24	23—28	240—250	10—18	2—8	8,5	1,443 (60°)
„ Fettsäure daraus	100	0,835	20—26	25—28	—	12—14	—	—	—
Palmöl	15	0,924	31—39	27—43	196—210	44—58	18	24—200	—
„ Fettsäure daraus	100	0,827	36—46	44—50	200—220	50—60	—	—	—
Rindstalg	15	0,948	27—35	42—46	193—200	35—45	2,7—8,6	2—7 (alte Ware bis 50)	12—13 (100°) im Ostwald-Viskosimeter
„ Fettsäure daraus	100	0,835	38—46	43—44	195—210	50—60	—	—	—
Rizinusöl	15	0,96—0 97	—10 bis —12	—	180—187	82—90	146—150	0,1—15	200 (15°), 140 (20°)
„ Fettsäure daraus	15	0,95	3	13	195	87—93	—	—	16,5 (50°), 3,8 (100°)
Rüböl	15	0,915	0 bis —5	—	167—178	94—122	14,7	1,4—13,2	11—15° (20°)
„ Fettsäure daraus	100	0,876	8—18	11—12	181—185	99—110	—	—	4—5 (50°), 2 (100°)
Schweinefett	15	0,935	27—30	33—40	195—197	53—68	2,6	0,5—1,5	—
„ Fettsäure daraus	100	0,845	34—42	43—44	200	60—75	—	—	9,3—10,5 (20°)
Sesamöl	15	0,923	—3 bis —6	—	188—190	102—114	—	0,25—20	—
„ Fettsäure daraus	—	—	20—22	24—26	200—210	109—120	—	—	—
Sonnenblumenöl . . .	15	0,923	—17	—	188—198	104—135	—	0—1	8,0—8,5 (20°)
„ Fettsäure daraus	—	—	17—18	17—24	200	130—140	—	—	—
Walrat	15	0,93	42—47	42—49	130	4	2,5—3	Spuren	—
Wollfett (Wollschweiß-fett)	17	0,943	30	31—35	80—130	15—29	23,3	13—25	—

Seifen.

Die reinen Kernseifen sind im wesentlichen wasserhaltige fettsaure (und harzsaure) Alkalisalze und enthalten noch die geringen Mengen unverseifbare Stoffe, die im natürlichen Fett oder Öl enthalten sind; ferner kleine Mengen Alkali oder Neutralfett, Spuren Salz und Glyzerin. Sie kommen vorzugsweise in Platten und Riegeln, neuerdings vielfach auch in Faden- oder Nadelform auf den Markt, weniger in Form von Schuppen, Körnern oder Pulver. Die Halbkern-, Leim- sowie alle Schmierseifen enthalten noch das abgespaltene Glyzerin aus dem Fett, den Alkaliüberschuß, Salze usw. Die gefüllten Seifen enthalten noch die künstlichen Zusätze, die sog. Füllmittel. Seifenpulver enthalten meist großen Sodaüberschuß und oft Wasserglas und Sauerstoffsalz (Perborat).

Nachstehend werden vorzugsweise die „Deutschen Einheitsmethoden 1930, Wizöff" (s. Fußnote S. 142) wiedergegeben, die auch in das Blatt 871A des RAL (Reichsausschuß für Lieferbedingungen)[1] übergegangen und in folgenden Kapiteln durch ein Sternchen (*) gekennzeichnet sind.

Äußere Beschaffenheit. Konsistenz, Farbe (verschieden bei den zum oder vom Licht gewandten Seiten!), Geruch, Geschmack („Stich" an der Zunge bei zu scharf abgerichteter Seife), Glanz, „Beschlag", „Ausschwitzen", Klarheit oder Transparenz usw. sind zur Beurteilung heranzuziehen.

Probenahme. Für die Probeentnahme sind besondere Vorschriften aufgestellt. Bei Riegeln, die im Verhältnis zum Querschnitt sehr lang sind, genügt ein senkrecht zur Längsachse herausgeschnittenes Schnittstück (Querschnitt) als Durchschnittsprobe. Die Einzelproben werden rasch fein geschabt und sofort in Schliff-Flaschen oder Wägegläschen gefüllt; auch bei Wägungen sind sie möglichst wenig mit Luft in Berührung zu bringen.

Gesamtfettsäuren*.

a) **Bestimmung der Gesamtfettsäuren***. In den meisten Fällen können in die eigentlichen „Gesamtfettsäuren" (das sind Fett- und Harzsäuren, eventuell auch Naphthen-Karbonsäuren[2]) ohne wesentlichen Fehler die mitbestimmten geringen Mengen des unverseiften Fettes und des fettähnlichen natürlichen Unverseifbaren eingerechnet bleiben. Nur wenn besondere Veranlassung besteht, z. B. bei Seifen mit hohem Gehalt an Unverseifbarem (namentlich Mineralöl u. dgl.), Neutralfett und neutralfettähnlichen „Überfettungsmitteln", ist es geboten, diese Bestandteile besonders zu bestimmen (s. u.) und von der Menge der Gesamtfettsäuren abzuziehen.

Ausführung. 3—5 g Seife werden in heißem Wasser gelöst, sobald wie möglich unter Nachspülen mit Wasser in einen geblasenen Scheidetrichter übergeführt und so lange mit verdünnter Mineralsäure versetzt[3]

---

[1] Zu beziehen durch die Vertriebsstelle des RAL: Beuth-Verlag, Berlin S 14. S. a. Fußnote auf S. 142.

[2] In Hydratform; die veraltete Angabe in Anhydridform ist unzulässig.

[3] Falls die Bestimmung des Gesamtalkalis angeschlossen werden soll, wird $\frac{1}{2}$ n-Mineralsäure aus der Bürette abgelassen und die Menge abgelesen; bei späterer Benutzung des Sauerwassers zur Glyzerinbestimmung ist mit Schwefelsäure (1 : 3) zu zersetzen.

und geschüttelt, bis Methylorange rot gefärbt wird. Man gibt dann noch 2—3 ccm Säure hinzu, läßt abkühlen und schüttelt mit etwa 100 ccm Äther kräftig aus und trennt vom Sauerwasser, das zur Bestimmung der Basenbestandteile (s. d.) zurückgestellt werden kann, wenn der Säurezusatz genau gemessen worden ist.

Sollte sich hierbei keine klare Ätherschicht absetzen, so verfährt man wie folgt. Man löst die Seife in einem Kolben mit heißem Wasser und versetzt so lange mit verdünnter Mineralsäure, bis Methylorange rot gefärbt wird. Dann gibt man noch 5—10 ccm Säure hinzu und erwärmt, bis die Fettsäuren klar oben schwimmen. Das Gemisch wird nach dem Abkühlen in einen Scheidetrichter übergeführt, mit Äther nachgespült und wie oben weiterbehandelt.

Wenn die Analyse über Nacht stehen bleiben konnte, ist das Sauerwasser gewöhnlich völlig klar und eine zweite Ausätherung nicht erforderlich. Bei kürzerer Absetzzeit jedoch wird das Sauerwasser ein zweitesmal mit etwa 25 ccm Äther ausgeschüttelt. Die vereinigten Ätherauszüge sind nach dem klaren Absetzen der Schichten meistens praktisch mineralsäurefrei, so daß sich ein Nachwaschen mit (wenig) 10 % iger Kochsalzlösung erübrigt.

Die ätherische Gesamtfettsäurelösung wird mit entwässertem Natriumsulfat getrocknet und nach einiger Zeit filtriert. Das Natriumsulfat wird durch mehrmaliges Ausschütteln mit ebenfalls über entwässertem Natriumsulfat getrocknetem Äther und Dekantieren fettfrei gewaschen. Man treibt die Hauptmenge Äther ab, bläst einige Male, am besten mit einem Handgebläse, auf den Rückstand, wodurch sich der Rest des Lösungsmittels in kurzer Zeit verflüchtigt, und erzielt durch kurze Trocknung Gewichtskonstanz, d. i. maximal $0,1\%$ Gewichtsänderung in je $\frac{1}{4}$ stündiger Trockendauer. Bei Anwesenheit flüchtiger Fettsäuren (Palmkern- und Kokosfett) trocknet man bei einer 60^{0} nicht übersteigenden Temperatur. Leicht oxydierbare Fette werden im Stickstoff- oder Kohlensäurestrom getrocknet. Die stark abgekürzte Trocknungsdauer bei dem obigen Verfahren erübrigt jedoch meist ohne Beeinträchtigung der Genauigkeit die Benutzung des inerten Gasstromes oder von Vakuum-Trockenvorrichtungen.

Stark mit wasserunlöslichen Füllstoffen beschwerte Seifen sind zunächst mit Alkohol zu extrahieren (vgl. Abschnitt „Alkoholunlösliche Nebenbestandteile“). Aus dem getrockneten Alkoholextrakt werden dann die Gesamtfettsäuren abgeschieden.

Bestimmung der Fettsäure durch Filtration, als Wachskuchen oder aus dem Volumen.

α) Liegen keine flüchtigen Fettsäuren und keine Füllmittel wie Stärke, Wasserglas usw. vor, so werden 100 ccm einer Seifenlösung von 20—25 g im Liter mit 20 ccm Normalschwefelsäure in einem samt Glasstab gewogenen, dünnwandigen Becherglase zersetzt und auf dem Wasserbade unter Umrühren erhitzt, bis sich die Fettsäure als eine klare Schicht abgeschieden hat und die untenstehende wässerige Lösung fast ganz durchsichtig geworden ist. Alsdann wird heiß durch ein bei 100^{0} getrocknetes und gewogenes angefeuchtetes Doppelfilter filtriert und mit heißem Wasser gewaschen, bis das Filtrat auf Lackmuspapier nicht mehr sauer reagiert. Das die Fettsäure enthaltende Filter wird alsdann in das vorher gewogene und zur Zersetzung benutzte Becherglas gebracht, der Trichter, falls er Fettspuren zeigt, getrocknet, mit ein paar Kubikzentimetern Petroläther in dasselbe Glas abgespült und unter zeitweiligem Einblasen von Luft bei 100^{0} bis zur Konstanz getrocknet. Das Mehrgewicht des Becherglases = Filter + Fettsäurehydrat.

Anstatt mit gewogenem Filter zu wägen, löst man die auf dem Filter gesammelte Fettsäure in Petroläther. Man benetzt das Filter erst mit einigen

Kubikzentimetern Alkohol und löst dann die Fettsäure mit Petroläther, bis im Filtrat keine Fettspuren mehr nachweisbar sind. Dieses geschieht am besten durch Verdunsten von etwa 10 Tropfen des Filtrates auf einem Uhrglase. Schließlich verdampft man das Lösungsmittel, trocknet unter zeitweiligem Einblasen von Luft bei 100⁰ und wägt das Fett.

β) **Wachsmethode.** Statt die mit Schwefelsäure ausgeschiedene Fettsäure zu filtrieren, kann sie auch mit etwa 10 g Hartparaffin, Stearinsäure oder reinem Wachs (trocken und an Wasser nichts abgebend) zu einem Kuchen verschmolzen werden. Die Seife wird in einer tarierten Porzellanschale zersetzt, mit dem Wachs verschmolzen, die wässerige Lösung abgegossen, der Wachskuchen mit Fließpapier von den Wassertröpfchen vorsichtig befreit, im Exsikkator (oder Trockenschrank) getrocknet, gewogen und der Fettgehalt aus der Gewichtszunahme des Wachses berechnet. Vorsichtshalber schmilzt man den Wachskuchen mehrmals mit frischem Wasser bis zur neutralen Reaktion um und trocknet dann den Wachskuchen die erste Stunde bei 70⁰, die zweite bei 100⁰ unter geringem Alkoholzusatz.

γ) **Volumetrische Methode.** Man gibt 10 g Seife (bzw. Rotöl, s. d.) in einen Büchnerschen Fettbestimmungskolben, löst mit wenig Wasser, zersetzt mit 10 %iger Schwefelsäure und erhitzt auf dem Wasserbade, bis die Fettsäure sich als klares Öl auf der Oberfläche abgeschieden hat. Nun füllt man mit heißem Wasser auf und drängt die Fettschicht in den graduierten Hals des Büchnerschen Kolbens. Dann liest man das Volumen der Fettsäure direkt ab. Die Chem. Fabrik Pyrgos G.m.b.H., Radebeul-Dresden, bringt eine geeignete, als „Sapometer" bezeichnete Apparatur für diese Bestimmung heraus. S. a. u. Türkischrotöl.

b) Untersuchung der Gesamtfettsäuren zur Erkennung des Fettansatzes der Seife (Kern- und Leimfett[1])*.

Aus der Verseifungszahl der Gesamtfettsäuren läßt sich, falls diese nicht erhebliche Mengen unverseifbarer Stoffe, Harze u. dgl. enthalten, annähernd das Mischungsverhältnis der Kern- und Leimfette im Ansatz errechnen. Größere Mengen Harz und Unverseifbares müssen vorher entfernt werden. Die Fettsäuren der Kernfette haben die mittlere V.Z. 200, die Fettsäuren der Leimfette 250.

Beispiel:

Gegeben:
 V.Z.Gs. = 210.

Berechnet:
$$\frac{(250 - 210) \times 100}{250 - 200} = 80\,\% \text{ Fettsäuren der Kernfette,}$$

$$\frac{(210 - 200) \times 100}{250 - 200} = 20\,\% \text{ Fettsäuren der Leimfette.}$$

Qualitativer Nachweis der Harzsäuren*. Eine Probe Gesamtfettsäuren wird im Reagensglase unter schwachem Erwärmen mit 1 ccm Essigsäureanhydrid geschüttelt und nach dem Abkühlen mit 1 Tropfen Schwefelsäure vom spez. Gew. 1,53 (hergestellt durch Vermischen von 34,7 ccm konzentrierter Schwefelsäure und 35,7 ccm Wasser) versetzt. Bei Gegenwart von Harzsäuren färbt sich das Gemisch vorübergehend rotviolett und wird dann braungelb bis grünlich fluoreszierend (Liebermann-Storchsche Reaktion). Die Reaktion ist nicht eindeutig, da sie durch Harzöle, gewisse Sterine, Fettsäuren aus grünen

---

[1] Unter „Leimfetten" werden Kokos-, Palmkern-, Babassufett u. dgl. verstanden; sie sind wohlgemerkt von Leimsiederfetten zu unterscheiden. „Kernfette" sind die stearin- und palmitinsäurereicheren Fette, wie Talg, Palmfett, Erdnußöl, Olivenöl usw. Die festgestellten Prozentmengen können bei Kernfetten mit dem Faktor 1,046, bei Leimfetten mit dem Faktor 1,058 auf Neutralfett umgerechnet werden.

Sulfurölen u. a. ebenfalls verursacht werden kann. Erhöhung des spezifischen Gewichtes und der optischen Aktivität der Gesamtfettsäuren sind daher für die Anwesenheit von Harzsäuren mitbestimmend. Auch der Geruch kann schon Harzsäuren verraten.

c) Unverseiftes Neutralfett und Unverseifbares*.

Man löst 20 g gut zerkleinerter Seife in einer Mischung von 80 ccm Alkohol und 70 ccm Wasser, dem vorher 1 g Natriumbikarbonat in der Kälte zugesetzt worden ist. Nach dem Abkühlen der Seifenlösung auf etwa 20° schüttelt man 3 mal mit je 70 ccm Petroläther (S.P. 30 bis 50°) aus. Die vereinigten petrolätherischen Lösungen werden zur Abscheidung etwa aufgenommener Seife einige Zeit stehengelassen. Bei erheblicher Seifenabscheidung wird die Lösung in einen anderen Scheidetrichter filtriert, der vorher mit je 15 ccm $\frac{1}{10}$ n-Sodalösung und Alkohol beschickt worden ist. Die petrolätherische Lösung wird mit der Sodalösung durchgeschüttelt und 3 mal mit je 30 ccm 50 %igem Alkohol nachgewaschen, im Scheidetrichter getrennt und vom Petroläther durch Abdunsten befreit (= Unverseiftes Neutralfett + Unverseifbares). Die Weiterverarbeitung erfolgt wie beim Unverseifbaren, S. 143, beschrieben, indem zur Bestimmung des Unverseifbaren der Petrolätherextrakt mit überschüssiger alkoholischer Kalilauge verseift und wie oben behandelt wird.

Die Differenz zwischen dem ersten Petrolätherextrakt (Unverseifbares + Neutralfett) und dem zweiten Extrakt (Unverseifbares) ergibt den Gehalt an unverseiftem Neutralfett.

Mitunter, namentlich bei gefüllten Seifen, empfiehlt es sich, die Seife mit gereinigtem Quarzsand zu vermischen, mit Alkohol zu extrahieren und den Alkoholextrakt wie oben zu behandeln.

d) Freie Fettsäuren[1]*.

Bei negativem Ausfall der Prüfung auf freies Alkali (s. 4c) wird auf freie Fettsäuren geprüft, indem 10 g Seife in 60 %igem Alkohol gelöst und mit alkoholischer $\frac{1}{10}$ n-Kalilauge titriert (Phenolphthalein) werden.

Gegeben:
    e = Einwaage,
    a = verbr. ccm $\frac{1}{10}$ n-Lauge.

Berechnet:
    Freie Fettsäuren = $\dfrac{2,82 \times a}{e}$ %, ber. als Ölsäure.

Basenbestandteile.

a) Gesamtalkali*. Das Gesamtalkali, d. i. die Summe des an Fett- und Harzsäuren, Naphthen-Karbonsäuren, eventuell auch an Kohlen-, Kiesel- und Borsäure gebundenen sowie des freien Alkalis, wird im Anschluß an die Gesamtfettsäurebestimmung ermittelt, indem das erhaltene Sauerwasser zurücktitriert wird (Methylorange). Man gibt also einen gemessenen Überschuß $\frac{1}{2}$ n-Mineralsäure zu der Seifenlösung, trennt das Sauerwasser ab, verjagt daraus den Äther und titriert mit $\frac{1}{2}$ n-Alkalilauge gegen Methylorange zurück. Oder man trennt das

---

[1] S. „Säurezahl" unter Fetten und Ölen, S. 244.

Sauerwasser durch Filtration von der Fettsäure und titriert das Filtrat mit $\frac{1}{2}$n-Alkalilauge zurück.

Gegeben:

    $e =$ Einwaage an Seife,
    $a = \frac{1}{2}$n-Säure, vorgelegt,
    $b = \frac{1}{2}$n-Lauge, zurücktitriert.

Berechnet:

$$\text{\% Gesamtalkali bei Natronseifen} = \frac{1{,}55 \times (a - b)}{e}, \text{ ber. als } Na_2O,$$

$$\text{\% Gesamtalkali bei Kaliseifen} = \frac{2{,}35 \times (a - b)}{e}, \text{ ber. als } K_2O.$$

b) **Gebundenes Alkali***. Als gebundenes Alkali wird das an die Gesamtfettsäuren der Seife gebundene Alkali bezeichnet. Man berechnet es aus der Verseifungszahl der Gesamtfettsäuren[1].

Gegeben:

    $e =$ Einwaage,
    $a = \frac{1}{2}$n-KOH, zur Verseifung der Gesamtfettsäuren verbr.

Berechnet:

$$\text{\% Gebundenes Alkali} = \frac{1{,}1 \times a}{e}, \text{ ber. als } (Na-1),$$

$$\text{entspr. } \frac{1{,}55 \times a}{e}, \text{ ber. als } Na_2O \text{ oder } \frac{2a}{e}, \text{ ber. als } NaOH.$$

bzw.

$$\text{\% Gebundenes Alkali} = \frac{1{,}905 \times a}{e}, \text{ ber. als } (K-1),$$

$$\text{entspr. } \frac{2{,}35 \times a}{e}, \text{ ber. als } K_2O.$$

Aus den Mengen des als Alkalimetallrest $(Na-1) = (Na-H)$ bzw. $(K-1) = (K-H)$ berechneten gebundenen Alkalis und der Gesamtfettsäuren ergibt sich als Summe der Gehalt an Reinseife[2].

c) **Freies Alkali.** Als freies Alkali gelten vorwiegend Kalium- und Natriumhydroxyd.

Qualitative Prüfung. Eine erbsengroße Probe Seife wird in der 10—15fachen Menge neutralisierten Alkohols gelöst; nach dem Erkalten zeigt Rotfärbung durch Phenolphthalein freies Alkali, Farblosigkeit da-

---

[1] In diesem besonderen Falle genügt es meist, nur die Titrationsdaten für die Verseifungszahl zu bestimmen und daraus direkt die Werte für das gebundene Alkali zu berechnen. Nur zur weiteren Charakterisierung der Gesamtfettsäuren wird auch die Verseifungszahl selbst berechnet.

[2]) Enthält die Seife erhebliche Mengen unverseiftes Neutralfett und freie Fettsäuren, die beide in die Gesamtfettsäuremenge übergehen, so müssen sie quantitativ bestimmt (s. c und d) und bei der Berechnung des gebundenen Alkalis berücksichtigt werden.

Gegeben:

    $p = \%$ freie Fettsäuren (in der Seife, ber. als Ölsäure),
    $q = \%$ unverseiftes Fett (in der Seife),
    $e =$ Einwaage an Seife (zur Bestimmung der Gesamtfettsäuren, freien Fettsäuren und des unverseiften Neutralfettes.

Berechnet:

    Korrektionswert, der von der Laugenmenge a (s. o. unter b) abzuziehen ist: $(0{,}0709\, p + 0{,}0679\, q) \cdot e$.

gegen Neutralität oder einen Säuregehalt der Seife an. Der Nachweis der
Alkalität durch Betupfen einer Schnittfläche der Seife mit Phenolphthaleinlösung ist nur für den negativen Ausfall der Probe zuverlässig.
Frische Schnittflächen der Seife, mit wässeriger Quecksilberchloridlösung betupft, ergeben bei Gegenwart freien Alkalis gelbe bis braungelbe Färbung. In der Praxis wird auch die sog. Schmeckprobe ausgeführt, indem eine frische Schnittfläche 5—10 Sekunden an die Zungen-
spitze angelegt wird und aus der Schärfe der Seife der Alkaligehalt geschätzt wird.

Quantitative Bestimmung. α) Titration der alkoholischen
Lösung*.

Bei harten Seifen werden 5—10 g Seife in genügender Menge
(50—150 ccm) neutralisierten Alkohols gelöst und nach einigem Erkalten
(ohne daß hierbei Ausscheiden von Seife oder Gelatinieren stattfindet)
und Zusatz von 3—4 Tropfen Phenolphthaleinlösung mit $\frac{1}{10}$ n-Salzsäure
titriert.

Stark wasserhaltige Seifen werden wie Schmierseife (s. u.) behandelt.

Gegeben:
e = Einwaage,
a = Verbrauch an $\frac{1}{10}$ n-Säure.

Berechnet:

$$\text{\% Freies Alkali bei Natronseifen} = \frac{0{,}4 \times a}{e}, \text{ ber. als NaOH,}$$

$$\text{\% Freies Alkali bei Kaliseifen} = \frac{0{,}56 \times a}{e}, \text{ ber. als KOH.}$$

Bei weichen Seifen (Seifenpasten, Schmierseifen u. dgl.) werden
3—5 g Seife durch Kochen am Rückflußkühler mit 50—70 ccm neutralisiertem Alkohol gelöst. In die erkaltete Lösung werden unter Umschwenken 4—6 g entwässertes, feingepulvertes Natriumsulfat in kleinen
Portionen geschüttet. Diese Lösung bleibt mindestens $\frac{1}{2}$ Stunde unter
dichtem Verschluß stehen. Zur Titration dient $\frac{1}{10}$ n- alkoholische
Salzsäure[1].

β) Chlorbariummethode. Bei geringem Alkaligehalt genauer als
die vorbeschriebene konventionelle Methode. Die ursprüngliche Ausführungsform von Heermann[2] soll nach Ismailski[3] wegen der teilweisen Hydrolyse der Barytseife zu hohe Zahlen geben, während die
Arbeitsweisen von Davidsohn und Weber[4] und von Boßhard und

---

[1] 10 g Salzsäure (spez. Gew. 1,19) werden mit 1000 ccm Alkohol gemischt und
mit $\frac{1}{10}$ n-Lauge eingestellt. Der Titer der alkoholischen Salzsäure ist jeweils zu
kontrollieren. Bei manchen Schmierseifen kommt es vor, daß trotz des Glauber-
salzzusatzes nach der Titration wieder eine Rötung eintritt. Es empfiehlt sich
dann, die alkoholische Lösung von dem Glaubersalz zu dekantieren, dieses mit
neutralisiertem Alkohol nachzuwaschen und die vereinigten alkoholischen Lösungen
zu titrieren.

[2] Heermann: Chem.-Ztg. 1904 S. 53; Z. angew. Chem. 1914 S. 135.

[3] Ismailski: Z. angew. Chem. 1918 S. 159, 449; Z. dtsch. Öl- u. Fettind.
1926 S. 562.

[4] Davidsohn u. Weber: Seifensied.-Ztg. 1907 S. 61.

Huggenberg[1] (Lösen der Seife in 60%igem bzw. 50%igem Alkohol
statt in Wasser) zu niedrige Zahlen liefern sollen; außerdem sind die
Alkoholverfahren für den täglichen Fabrikgebrauch wegen des Alkohols
zu teuer. Da also absolut genaue und übereinstimmende Werte nicht
erhältlich sind, schlägt Ismailski vor, bei dem Heermannschen Verfahren durch eine konventionell genau festgelegte Arbeitsweise die
Fehlerquellen des Verfahrens nach Möglichkeit zu verringern und vor
allem zu erreichen, daß verschiedene Analytiker stets zu übereinstimmenden Ergebnissen gelangen.

Nach den Vorschlägen von Ismailski soll die ursprüngliche Arbeitsweise von Heermann wie folgt konventionell durchgeführt werden.
Man schneidet a g (= Einwaage, etwa 10 g) aus der Mitte der Probe in
mehreren, etwa 4 mm dicken Riegelchen unmittelbar vor der Untersuchung heraus, wägt genau ab und bringt die Einwaage in einen etwa
400 ccm fassenden Kolben (dessen Glas an kochendes Wasser kein Alkali
abgeben darf) mit dicht schließendem Kautschukstopfen. Nun löst man
die abgewogene Seife in der 20fachen Einwaage (also in etwa 200 ccm)
kochenden destillierten Wassers und fällt mit der doppelten Einwaage
(also mit etwa 20 ccm) einer Chlorbariumlösung (30 : 100), die gegen
Phenolphthalein genau neutralisiert ist. Während der Fällung versetzt
man den Kolben (diesen am Halse fassend) in drehende Bewegung, um
das Anbacken der Barytseife an den Kolbenboden zu verhüten (Gefahr
des Springens des Glases beim Kochen) und kocht dann kurze Zeit, bis
sich der Niederschlag zusammengeballt hat. Meist bildet sich ein Klumpen; nur wenn die Seife viel Soda oder Wasserglas enthält, bildet sich
ein pulveriger Niederschlag. Während des Lösens der Seife und des
Fällens mit Chlorbarium bedeckt man den Kolben lose mit dem Kautschukstopfen oder verwendet einen Stopfen mit einem Kapillarrohr, um
die Kohlensäure der Außenluft möglichst fernzuhalten. Nach beendeter
Fällung schließt man den Kolben dicht und kühlt ihn unter fließendem
Wasser ab, wobei zum Druckausgleich sekundenweise gelüftet wird. Nach
der Abkühlung filtriert man durch ein mit kaltem und aufgekochtem
destillierten Wasser ausgewaschenes Rapidfilter (schnell filtrierendes
Filter) in einen Erlenmeyerkolben, indem man den Barytseifennieder-
schlag nach Möglichkeit im Kolben zurückläßt, wäscht Niederschlag und
Filter mit der 10fachen Einwaage (etwa 100 ccm) kalten destillierten
Wassers in drei Portionen nach und titriert Filtrat und Waschwässer mit
$\frac{1}{10}$n-Säure gegen Phenolphthalein. Je 1 ccm $\frac{1}{10}$n-Säure entspricht
= 0,004 g NaOH. Schließlich berechnet man das gefundene Alkali in
Prozenten von der Einwaage. Ismailski nennt die so ermittelte Zahl
„Alkalizahl", die sich aber mit dem üblichen Begriff des „freien
Alkalis" deckt.

Nach diesem Verfahren erhält man bei den feinen neutralen bzw. fast
neutralen Textilkernseifen 0,01—0,02—0,04% freies Alkali (bzw. die
„Alkalizahl" 0,01—0,04). Seifen unter 0,02% freies Alkali kann man
als „praktisch neutral" bezeichnen. Gröbere Seifen (Marmorseife, Esch-

---

[1] Boßhard u. Huggenberg: Z. angew. Chem. 1914 S. 11, 456.

wegerseife, Halbkernseifen, gefüllte Seifen usw.) enthalten meist 0,4 bis 0,7% freies Alkali.

γ) Kochsalzmethode. Etwa 10 g Seife werden in 100—150 ccm frisch ausgekochtem destillierten Wasser gelöst und mit 50 g reinem Kochsalz bei Siedehitze gefällt. Nun wird in einen 250-ccm-Meßkolben filtriert, schnell mit neutraler, gesättigter Kochsalzlösung nachgewaschen und das gesamte Filtrat auf 250 ccm gebracht. Zur Bestimmung von Alkalihydrat + Karbonat werden 100 ccm des Filtrates mit $\frac{1}{10}$ n-Säure (Methylorange) titriert. 1 ccm $\frac{1}{10}$ n-Säure = 0,0031 g Na_2O als Hydrat + Karbonat. Für die Bestimmung des Ätzkalis allein werden weitere 100 ccm mit etwa 15—20 ccm einer 10 % igen Chlorbariumlösung versetzt und ohne zu filtrieren mit $\frac{1}{10}$ n-Salzsäure (Phenolphthalein) titriert. 1 ccm $\frac{1}{10}$ n-Säure = 0,004 g NaOH. Die Differenz beider Titrationen entspricht dem Sodagehalt. Das Kochsalz ist durch einen blinden Versuch alkalimetrisch zu prüfen und Alkali- oder Säureverbrauch als Korrektur anzubringen.

d) Kohlensaures Alkali* (Natrium- und Kaliumkarbonat, eventuell auch Alkaliperkarbonat oder -bikarbonat).

Man bestimmt die Kohlensäure direkt im Geißlerschen Apparat (s. Abb. 5) und rechnet den gefundenen Wert auf Kalium- oder Natriumkarbonat um (s. a. u. Freies Alkali, Kochsalzmethode).

3—5 g Seife (harte Seife geraspelt) werden in den großen Behälter c des Apparates eingewogen. Aus dem mit dem Hahn versehenen Turm a läßt man Salzsäure (spez. Gew. 1,142) auf die Seife fließen; man schließt sofort den Hahn. Die Kohlensäure entweicht durch den zweiten Turm b, in dem sich konzentrierte Schwefelsäure befindet. Wenn die Kohlensäureentwicklung beendet ist, stellt man den Apparat etwa $\frac{1}{2}$ Stunde in ein Wasserbad (50—60°), läßt dann erkalten

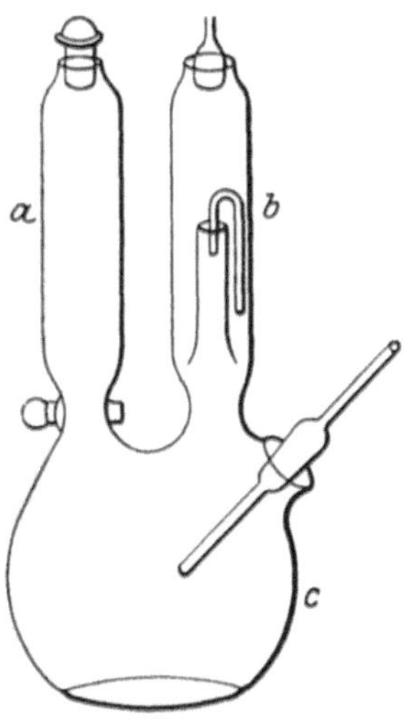

Abb. 5. Geißlerscher Apparat.

und wägt. Bei ganz genauen Analysen führt man vor dem Wägen 5 Minuten lang einen trockenen, kohlensäurefreien Luftstrom vorsichtig durch den Apparat hindurch.

Gegeben:
e = Einwaage an Seife,
a = Gewichtsabnahme (CO_2).

Berechnet:

$$\% \text{ Karbonatgehalt} = \frac{241 \times a}{e}, \text{ ber. als } Na_2CO_3,$$

$$\text{bzw.} \quad = \frac{314 \times a}{e}, \text{ ber. als } K_2CO_3.$$

e) Kalium- und Natriumgehalt im gebundenen Alkali*.

Man erwärmt 5 g Seife allmählich bis auf 105°, trocknet bei dieser Temperatur zu Ende und extrahiert die getrocknete Seife mit absolutem Alkohol, wobei die Kali- und Natronseifen in Lösung gehen, während die anorganischen Salze (Kochsalz usw.) ungelöst bleiben. Nach dem Vertreiben des Alkohols aus dem Extrakt wird die Gesamtfettsäure mit verdünnter Salzsäure abgeschieden, das Sauerwasser in eine möglichst dunkelblau glasierte Porzellanschale filtriert und das

Filtrat siedend heiß mit 2 ccm salzsaurer Bariumchloridlösung (10 g $BaCl_2$, 5 ccm konzentrierte HCl, 100 ccm H_2O) versetzt. Falls eine Trübung entsteht, muß nochmals filtriert werden. Das Filtrat wird mit 25 ccm Perchlorsäure vom spez. Gew. 1,125 (entsprechend etwa 20 % $HClO_4$), die weder durch Chlorbarium noch durch Alkohol getrübt werden darf, gefällt, auf dem Wasserbade bis zum Verschwinden des Salzsäuregeruches und Auftreten von Überchlorsäuredämpfen eingedampft und der Rückstand nach dem Erkalten mit etwa 20 ccm Alkohol verrieben. Die über dem (im Gegensatz zum Natriumperchlorat in Alkohol unlöslichen) Kaliumperchlorat stehende Flüssigkeit wird nach kurzem Absetzenlassen durch ein bei 105⁰ getrocknetes, gewogenes Filter (Filtertiegel od. dgl.) filtriert, der Rückstand zweimal mit Alkohol, der 0,1—0,2 % Perchlorsäure enthält, verrieben, nochmals filtriert und mit möglichst wenig Alkohol gewaschen. Man trocknet Filter und Niederschlag dann bei 70—80⁰ und wägt nach dem Erkalten das Kaliumperchlorat. Der Niederschlag kann auch mit heißem Wasser aus dem Filter gewaschen und in einer Porzellanschale eingedampft und gewogen werden.

Gegeben:
$$e = \text{Einwaage,}$$
$$a = \text{Kaliumperchlorat.}$$

Berechnet:

$$\% \text{ Kalium} = \frac{34\,a}{e}, \text{ ber. als } K_2O,$$

$$\text{oder} = \frac{40,5\,a}{e}, \text{ ber. als KOH}.$$

Berechnung des Natriumgehaltes:
Gegeben:
$$b = \% \text{ Kalium, ber. als } K_2O,$$
$$c = \% \text{ Kalium, ber. als KOH,}$$
$$d = \% \text{ gebundenes Alkali, ber. als } Na_2O,$$
$$f = \% \text{ gebundenes Alkali, ber. als NaOH.}$$

Berechnet:
$$\% \text{ Natrium} = d - 0,658\,b, \text{ ber. als } Na_2O$$
$$\text{oder} = f - 0,713\,c, \text{ ber. als NaOH.}$$

Zur Angabe des Gesamtkalium- und Natriumgehaltes der Seife muß der oben gefundene Gehalt um die Kalium- und Natriumwerte der in der Seife enthaltenen Salze, wie Kochsalz, Glaubersalz u. dgl., vermehrt werden.

f) Ammoniak (Ammoniumsalze)*.

10 g Substanz werden im 200-ccm-Meßkolben in Wasser gelöst, durch 10 %ige Schwefelsäure zersetzt und mit 1 g geglühter Kieselgur gut durchgeschüttelt. Nach dem Auffüllen der wässerigen Schicht bis zur Marke wird der Kolbeninhalt in einen größeren Kolben übergeführt, nochmals durchgeschüttelt und filtriert. Aus 100 g Filtrat wird das Ammoniak durch 20 ccm 40 %ige Natronlauge in eine Vorlage mit überschüssiger $\frac{1}{10}$n-Schwefelsäure überdestilliert. Wenn das Ammoniak völlig übergetrieben ist, wird die Schwefelsäure zurücktitriert (Methylorange).

1 ccm $\frac{1}{10}$n-Säure entspricht 0,0017 g NH_3.

Die Ammoniakmenge ist auf Prozent umzurechnen.

g) Kalziumgehalt*.

Der Kalziumgehalt wird in der mit Salzsäure gelösten Asche der Seife auf übliche Weise bestimmt und als „% CaO" angegeben.

Wassergehalt[1]*.

10—20 g Seife (möglichst so, daß 3—5 ccm Wasser erhalten werden) lockert man durch Vermischen mit geglühtem Sand oder Bimssteinpulver und destilliert flott bei 140—150⁰ aus einem Rundkolben mit

---

[1] Vgl. a. S. 140 Wasserbestimmung in Fetten und Ölen.

50—100 ccm getrocknetem Xylol. Die Xylolwasserdämpfe gehen in einen graduierten, sorgfältig mit Bichromatschwefelsäure gereinigten Destillieraufsatz über (s. Abb. 6), wobei sich das Wasser absetzt und das Xylol kontinuierlich destilliert. Nach klarer Schichtentrennung kann man die Wassermenge ablesen und auf Prozent umrechnen. Ein Alkoholgehalt der Seife macht die Bestimmung ungenau.

Trocknungsverfahren. Falls außer Wasser keine anderen, flüchtigen Bestandteile zugegen sind, kann der Wassergehalt durch direkte Austrocknung ermittelt werden. 5—8 g gut zerkleinertes Probematerial werden am besten in einer flachen Platinschale nebst ausgeglühtem Sand oder Bimsstein sowie Glasstäbchen (das zum zeitweiligen Umrühren der Seifenmasse dient) abgewogen und erst bei 60—70⁰ und schließlich bei 100—105⁰ bis zur annähernden Gewichtskonstanz getrocknet. Der Gewichtsverlust entspricht dem Wassergehalt. Schneller gelangt man zum Ziele, wenn man 50 ccm einer Lösung (25 : 1000) in gleicher Weise mit Sand zur Trockne verdampft und dann bei 100—105⁰ zu Ende trocknet. Gegen Schluß der Trocknung werden zweckmäßig ein paar Kubikzentimeter Alkohol zugesetzt, um die Verdampfung der letzten Wasserreste zu beschleunigen. Schmierseifen und Seifen mit erheblichem Ätzalkaligehalt werden zweckmäßig im Erlenmeyer mit vorgelegtem Natronkalkrohr getrocknet, um die atmosphärische Kohlensäure abzuschließen.

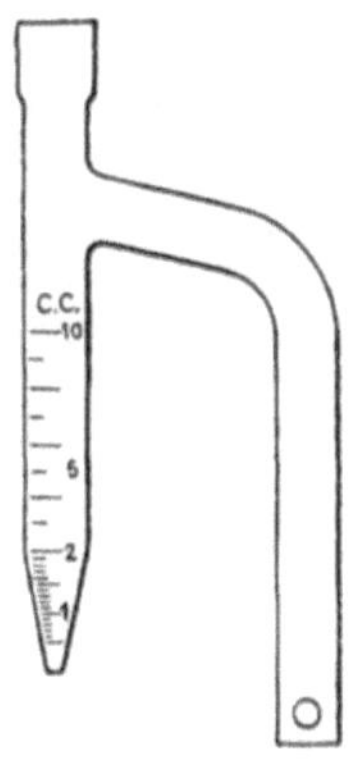

Abb. 6.
Destillieraufsatz für die
Wasserbestimmung.

Alkoholunlösliche (anorganische und nichtflüchtige organische) Nebenbestandteile*.

Qualitativer Nachweis. 1—2 g Seife werden mit etwa 50 ccm absolutem Alkohol unter Rückfluß und wiederholtem Schütteln gekocht. Nach völliger Auflösung der Seife bleiben Kochsalz, Karbonate, Glaubersalz, Wasserglas, Sand, Talkum, Stärke, Dextrin, Eiweißkörper u. dgl. als Rückstand; geringe Mengen eines solchen Rückstandes sind nicht als Füllstoffe anzusehen, sondern können durch die Verarbeitung bedingt sein (Kochsalz bei Kernseifen, Pottasche bei Schmierseifen u. a.).

Quantitative Bestimmung. 5 g Seife werden allmählich auf 105⁰ erwärmt, getrocknet und dann mit absolutem Alkohol gekocht. Eventuell wird die Seife einige Stunden im Extraktionsapparat (am besten nach Besson) mit Alkohol extrahiert; hierbei empfiehlt es sich, die Seife in ein bei 105⁰ getrocknetes, gewogenes Filter einzuwickeln oder einen Filtertiegel od. dgl. zu benutzen. Filterhülsen sind für diesen Zweck ungeeignet.

Das mit dem Rückstand bei 105⁰ getrocknete Filter ergibt nach Abzug seiner Tara die Menge des alkoholunlöslichen Gesamtrückstandes (anorganische und bis 105⁰ nichtflüchtige organische, alkoholunlösliche Nebenbestandteile). Durch Veraschen erhält man dann die Menge der anorganischen Nebenbestandteile. Die Differenz beider Werte ergibt die Menge der organischen nichtflüchtigen, alkoholunlöslichen Nebenbestandteile.

Sollen die anorganischen Nebenbestandteile direkt in der Seife bestimmt werden, so verfährt man nach folgender Vorschrift.

Anorganische Nebenbestandteile*.

Die anorganischen Nebenbestandteile können außer nach obiger Vorschrift auch durch direkte Aschenbestimmung in der Seife ermittelt werden:

Etwa 5 g Seife werden wie folgt vorsichtig verascht: 3—5 g Seife werden im Platin-, Nickel- oder Porzellantiegel allmählich abgeschwelt, bis ein kohliger Rückstand bleibt dann wird völlig verascht und gewogen. Schwer verbrennliche

Kohle verascht sich leicht nach Befeuchten mit Wasserstoffsuperoxyd oder durch kurzes Glühen in schwach sauerstoffhaltiger Luft, die durch einen Rose-Tiegeldeckel in den Tiegel geleitet wird. Sintern der Asche zeigt die Gegenwart flüchtiger Alkalisalze an; in diesem Falle zieht man den kohligen Rückstand zunächst mehrmals mit heißem Wasser aus und verascht Kohle und Filter für sich. Darauf gibt man den wässerigen Auszug hinzu, dampft auf dem Wasserbade ein und verascht den Rückstand bei mäßiger Rotglut. Die Aschenmenge wird um die auf Karbonat umgerechnete Menge des freien und gebundenen Alkalis vermindert und stellt annähernd die Gesamtmenge der anorganischen Nebenbestandteile (Füllstoffe) dar.

Es ist zu berücksichtigen, daß kristallwasserhaltige anorganische Salze (Glaubersalz, auch Wasserglas u. dgl.) in der Asche völlig wasserfrei erscheinen, bei der Wasserbestimmung aber unter Umständen nicht ihr ganzes Wasser abgeben. Die experimentell ermittelten Prozentgehalte Reinseife, Asche (eventuell auch organische Füllmittel) sowie Wassergehalt können sich daher bei Anwesenheit von Wasserglas u. dgl. nicht unbedingt zu 100 ergänzen, wie häufig angegeben wird.

Trennung der wasserunlöslichen und wasserlöslichen anorganischen Nebenbestandteile*.

Die nach vorstehendem Verfahren erhaltene Asche wird mit heißem Wasser ausgezogen. Der unlösliche Teil enthält die wasserunlöslichen anorganischen Füllmittel, wie Talkum, Kaolin, Kieselgur, Bimsstein, Asbest, Kreide, Erdfarben, Sand u. a., deren Identifizierung nach dem Vorgang der anorganischen Analyse meistens nicht schwierig ist, da die Stoffe selten zu mehreren nebeneinander vorkommen. Die wasserlöslichen anorganischen Bestandteile (Kochsalz, Glaubersalz usw.) sind im oben erhaltenen wässerigen Auszug durch Eindampfen und Trocknen bis zur Gewichtskonstanz zu bestimmen. Bei Anwesenheit von Wasserglas empfiehlt es sich, den alkoholunlöslichen Rückstand (s. o.) mit Wasser zu kochen und den wasserunlöslichen sowie den wasserlöslichen Anteil getrennt zur Entfernung der organischen Substanz zu veraschen. Eventuell können aliquote Teile des wässerigen Auszuges sowohl zur Bestimmung der Gesamtmenge wasserlöslicher anorganischer Stoffe sowie zur Prüfung auf Einzelbestandteile (Chloride, Karbonate, Sulfate, Silikate, Borax, Natriumphosphat, Sauerstoffmittel u. a.) benutzt werden; gewöhnlich jedoch wird die Bestimmung an besonderen Einwaagen der Seife selbst vorgenommen.

Chloride* (vornehmlich Natrium- und Kaliumchlorid).

Das salpetersaure Sauerwasser[1] oder die in Salpetersäure gelöste Asche[2] wird nach einer der bekannten anorganischen Bestimmungsmethoden des Chlors behandelt (s. d.).

Gegeben:

e = Einwaage,
a = verbr. $\frac{1}{10}$n-Silbernitratlösung.

Berechnet:

$$\% \text{ Chlorid} = \frac{0{,}585\,a}{e}, \text{ ber. als NaCl},$$

$$\text{bzw.} = \frac{0{,}745\,a}{e}, \text{ ber. als KCl}.$$

Wasserglas*.

Qualitativer Nachweis. Eine Probe Seife wird in gerade ausreichender Menge Wasser gelöst und eventuell heiß filtriert. Das Filtrat wird nach und nach

---

[1] Die Seife wird wie bei der Abscheidung der Gesamtfettsäuren zersetzt, jedoch mit verdünnter Salpetersäure.

[2] Vgl. „Anorganische Nebenbestandteile".

mit 25 %iger Salzsäure versetzt und ausgeäthert. Bei Anwesenheit von Wasserglas scheiden sich charakteristische Flocken frisch gefällter Kieselsäure im Sauerwasser ab. Treten keine Ausflockungen auf, so wird das abgezogene Sauerwasser zur Trockne verdampft und mit heißem Wasser aufgenommen. Ein unlöslicher Rückstand, der auch bei nochmaliger Behandlung mit rauchender Salzsäure nicht verschwindet und beim Zerreiben sandig knirscht, deutet auf die Anwesenheit von Wasserglas.

Quantitative Bestimmung. 5 g Seife werden in Wasser gelöst und heiß filtriert; das wässerige Filtrat (einschließlich Waschwasser) wird mit Salzsäure zersetzt und ausgeäthert. Das abgezogene Sauerwasser wird eingedampft, der Rückstand bei 120^0 vorsichtig getrocknet, nochmals mit Salzsäure aufgenommen, wieder eingedampft, darauf mit heißem Wasser aufgenommen und durch ein aschefreies Filter filtriert. Die Asche stellt die abgeschiedene Kieselsäure (als SiO_2) dar.

Gefunden:

e = Einwaage,
a = Aschenmenge (SiO_2).

Berechnet:

$$\% \text{ Trocknes Natronwasserglas } (Na_2Si_4O_9) = \frac{125{,}7\,a}{e}\,,$$

$$\% \text{ Trocknes Kaliwasserglas } (K_2Si_4O_9) = \frac{139\,a}{e}\,,$$

$$\% \text{ Normalwasserglas}^1 = \frac{392\,a}{e}\,.$$

Borate* (meist als Borax oder Natriumperborat).

Qualitativer Nachweis. Die Asche von etwa 5 g Seife wird in verdünnter Salzsäure gelöst; mit der Salzsäurelösung wird ein Streifen Kurkuminpapier befeuchtet und bei 60—70^0 getrocknet. Waren Borate zugegen, so färbt sich das gelbe Papier rötlich oder orangerot und beim Betupfen mit 0,2 %iger Natriumkarbonatlösung blau. Rotbraune, rotviolette bis blauviolette Färbungen nach dem Betupfen lassen Zweifel zu; dann ist die folgende Flammenprobe ausschlaggebend: Eine Probe der Asche wird mit einem Tropfen konzentrierter Schwefelsäure und etwas Alkohol versetzt. Der Alkohol wird angezündet und brennt mit grüner Flamme ab, wenn Borsäure zugegen und durch Schwefelsäure frei gemacht worden ist.

Quantitative Bestimmung. Etwa 10 g Seife werden in der gerade genügenden Menge Wasser gelöst und mit 1—2 g kalz. Soda gründlich durchgerührt. Die Lösung wird zur Trockne verdampft und bei mäßiger Rotglut verascht. Die in Wasser gelöste Asche muß zum Verjagen der Kohlensäure kurze Zeit mit verdünnter Salzsäure am Rückflußkühler gekocht werden. Nach dem Neutralisieren mit $\frac{1}{2}$n-Kali- oder Natronlauge (Methylorange) und Zusatz von 20 ccm neutralisiertem Glyzerin wird die Lösung mit $\frac{1}{10}$n-Natronlauge bis zur Rotfärbung titriert (Phenolphthalein). Entfärbt sich die überneutralisierte Lösung auf Zusatz weiterer 10 ccm Glyzerin, so wird sie nochmals mit der Lauge titriert usf., bis ein scharfer Umschlag in Rot und nach Glyzerinzusatz keine Entfärbung mehr eintritt.

In gleicher Weise ist ein Blindversuch auszuführen.

Gegeben:

e = Einwaage Seife,
a = Verbrauch an ccm $\frac{1}{10}$n-Lauge (vom ersten Glyzerinzusatz an gerechnet).

Berechnet:

$$\% \text{ Borsäure} = \frac{0{,}35 \times a}{e}\,, \text{ ber. als } B_2O_3\,.$$

---

[1] Flüssiges Wasserglas vom spez. Gew. 1,346 („38^0 Bé") mit 7,7 % Na_2O und 25,5 % SiO_2.

Sulfate*.

Diese werden im salz- oder salpetersauren Sauerwasser der Seife oder in einem Teil des Auszuges der wasserlöslichen anorganischen Bestandteile in üblicher Weise mit Chlorbarium bestimmt.

Schwer- und nichtflüchtige organische Nebenbestandteile*.

(Außer dem schwerflüchtigen Glyzerin sind diese Stoffe im allgemeinen alkoholunlöslich.)

a) Glyzerin.

Etwa 20 g Seife werden in Wasser gelöst und mit geringem Überschuß Eisessig zersetzt. Das quantitativ von den Fettsäuren abgetrennte Sauerwasser einschließlich Waschwasser wird im 250-ccm-Meßkolben schwach alkalisch gemacht und mit 10 %iger basischer Bleiazetatlösung[1] versetzt, bis nichts mehr ausfällt. Zu der aufgefüllten Lösung werden für je 10 ccm verwendete Bleilösung 0,15 ccm Wasser über die Marke hinaus zugesetzt. Von der gut durchgeschüttelten Mischung wird ein Teil abfiltriert; davon sind zwei Proben von je 25 ccm zu pipettieren und nach der Bichromatmethode zu untersuchen.

Bei Gegenwart von Rohrzucker wird dessen nach 13 d bestimmte Menge in folgender Weise berücksichtigt:

0,01084 g Rohrzucker (d. i. 0,01142 g Invertzucker) entsprechen 1 ccm Hehnerscher Bichromatlösung bzw. 152,1 ccm $\frac{1}{10}$ n-Thiosulfatlösung. Die errechnete, auf Oxydation des Rohrzuckers entfallende Bichromatmenge wird von dem Gesamtverbrauch an Bichromatlösung abgezogen. Der Rest entspricht dem Glyzeringehalt der Seife.

b) Alkoholunlösliche organische Nebenbestandteile.

Die Gesamtmenge dieser Stoffe (Stärke, Kartoffelmehl, Dextrin, Zucker, Gelatine, Kasein usw.) ergibt sich annähernd als Differenz des alkoholunlöslichen Rückstandes der Seife und der erhaltenen Asche dieses Rückstandes.

Von den organischen Nebenbestandteilen sollen hier nur die wichtigsten mit ihren Bestimmungsmethoden angeführt werden; im übrigen muß auf die Spezialliteratur verwiesen werden.

c) Stärke (Kartoffelmehl).

Qualitativer Nachweis. Stärke verrät sich durch Blaufärbung beim Betupfen des alkoholunlöslichen Rückstandes der Seife oder seiner abgekühlten wässerigen Aufkochung mit Jodlösung.

Quantitative Bestimmung. 5—10 g Seife werden mit 60—80 ccm alkoholischer $\frac{1}{2}$ n-Kalilauge unter Rückfluß gekocht. Die Lösung wird heiß filtriert und der Rückstand so oft mit Alkohol gekocht und gewaschen, bis das Lösungsmittel nicht mehr alkalisch reagiert. Das Filter mit Inhalt wird in den Kolben zurückgebracht, mit 60 ccm 6 %iger Kalilauge auf dem kochenden Wasserbade erhitzt und öfters umgeschüttelt, nach dem Erkalten mit Essigsäure schwach angesäuert und bei 15⁰ im 100-ccm-Meßkolben bis zur Marke aufgefüllt. Die umgeschüttelte Flüssigkeit wird mehrmals durch Watte filtriert, bis ein schwach opaleszierendes Filtrat entsteht. Je nach dem Stärkegehalt werden davon 25 oder 50 ccm mit 2—3 Tropfen Essigsäure und 30 oder 60 ccm Alkohol unter Umrühren versetzt. Die abgesetzte Stärke wird durch ein getrocknetes, tariertes Filter filtriert und mit 50 %igem Alkohol so lange gewaschen, bis das Filtrat keinen Rückstand mehr hinterläßt. Das mit absolutem Alkohol und zuletzt mit Äther gewaschene Filter samt Rückstand wird bei 100—105⁰ bis zur Gewichtskonstanz getrocknet. Eventuell (z. B. bei Wasserglasfüllung) ist die gefundene Stärkemenge zu veraschen und um den Aschegehalt zu vermindern. Der ermittelte Stärkegehalt wird durch Multiplikation mit 1,25 auf Kartoffelmehl umgerechnet.

d) Rohrzucker (Saccharose).

5—10 g Seife werden mit Salzsäure zersetzt; das abgetrennte Sauerwasser einschließlich Waschwasser wird 15 Minuten gekocht und nach dem Abkühlen neutralisiert. Der gebildete Invertzucker wird nach den bekannten Methoden

---

[1] 10 %ige Bleiazetatlösung wird 1 Stunde mit überschüssiger Bleiglätte gekocht und heiß filtriert.

der Fachliteratur durch Reduktion von Kupferlösung bestimmt (s. u. Fehlingsche Lösung, S. 15).

Leichtflüchtige organische Nebenbestandteile*.

Diese Stoffe lassen sich leicht mit Wasserdampf in folgender Weise abtreiben: Mindestens 30—40 g Seife werden möglichst in 150 ccm Wasser gelöst, mit geringem Überschuß verdünnter Schwefelsäure zersetzt und nach Zusatz von Bimsstein destilliert (eventuell auch durch regelrechte Wasserdampfdestillation). Das Destillat wird in einer graduierten Vorlage, wenn möglich im graduierten Scheidetrichter, aufgefangen, dessen Hals und Hahnende verjüngt und graduiert sind. Aus dem Volumen der wasserunlöslichen Schichten und ihren spezifischen Gewichten läßt sich die Gesamtmenge der mit Wasserdampf flüchtigen, wasserunlöslichen organischen Bestandteile feststellen. Die Natur dieser Stoffe ergibt sich durch weitere Untersuchung (s. u. organische Lösungsmittel).

Schmelzpunkt, Erstarrungspunkt, Titer, Fließ- und Tropfpunkt, Trübungspunkt, Spinntemperatur*.

Schmelzpunkt (Schm. P.)*. Bei Fett- und Fettsäuregemischen kann nicht von einem scharfen Schmelzpunkt gesprochen werden; der sog. Schmelzpunkt, wie er praktisch bestimmt wird, kennzeichnet hier vielmehr 1. das Flüssigwerden (Fließen) und 2. das völlige Klarwerden. Für viele technische Zwecke genügt die annähernde Bestimmung des erstgenannten Punktes, des Flüssigwerdens, in Form einer Schmelzpunktbestimmung im Glasröhrchen, des sog. „Steigschmelzpunktes". Bei genaueren Untersuchungen sind dagegen beide Punkte (Flüssigwerden und Klarwerden) im U-Röhrchen von bestimmten Ausmaßen mit möglichster Genauigkeit bis auf Zehntelgrade zu bestimmen. Die so ermittelten Schmelzpunkte werden als Fließschmelzpunkt und Klarschmelzpunkt bezeichnet.

Vor der Bestimmung des Schmelzpunktes sind die Fette bei maßgebenden Prüfungen 24 Stunden (sonst unter Angabe 1 Stunde) in Eis oder in einem kühlen Raum unter 10^0 erstarren zu lassen. Bei Fettsäuren genügt eine Erstarrungszeit von $\frac{1}{4}$—$\frac{1}{2}$ Stunde. Falls ein Fett oder eine Fettsäure nicht wasserfrei ist und nicht völlig klar schmilzt, muß es vorher mit entwässertem Natriumsulfat oder wenig geglühter Kieselgur geschmolzen, durchgerührt und filtriert werden.

a) Steigschmelzpunkt. Man verwendet dünnwandige, beiderseits offene Glasröhrchen von 50—80 mm Länge und 1,0—1,2 mm gleichmäßiger lichter Weite. Das eine Ende des Röhrchens beschickt man mit einem Fettsäulchen von etwa 1 cm Länge, befestigt das Röhrchen mit einem Gummiring so am Thermometer, daß das Fettsäulchen sich in der Höhe der Quecksilberkugel befindet, taucht das Thermometer mit dem Röhrchen so tief in das zur Erwärmung bestimmte Wasserbad od. dgl., daß das untere, mit dem Fettsäulchen beschickte Ende des Röhrchens sich 4 cm unter der Wasseroberfläche befindet und erwärmt unter Rühren das Heizbad (Becherglas, weites Probierrohr mit Rührer od. dgl.) langsam und stetig. Als Steigschmelzpunkt wird diejenige Temperatur bezeichnet, bei der das Fettsäulchen vom Wasser in die Höhe geschoben wird.

b) **Fließschmelzpunkt und Klarschmelzpunkt.** Man verwendet U-förmige Glasröhrchen von 1,4—1,5 mm lichter Weite und 0,15 bis 0,20 mm Wandstärke, mit einem Abstand der beiden Schenkel von etwa 5 mm und den Schenkellängen von etwa 60 und 80 mm. Den längeren Schenkel des Röhrchens beschickt man, etwa 1 cm oberhalb seiner Biegung, mit einem etwa 1 cm langen Fettsäulchen. Man sticht zur Einfüllung fester Fette das Röhrchen an verschiedenen Stellen des Fettes ein und schiebt es dann mit einem Metallstift an die vorgeschriebene Stelle. Nun befestigt man das Röhrchen mit einem Gummiring so am Thermometer, daß der U-Bogen mit dem unteren Ende der Quecksilberkugel abschneidet, bringt in ein Heizbad, das ein allmähliches und gleichmäßiges Erwärmen gewährleistet (z. B. zwei ineinandergestellte Bechergläser mit Wasser od. ä.), erwärmt langsam und beobachtet bei guter Beleuchtung gegen dunkeln Hintergrund mit der Lupe. Als **Fließschmelzpunkt** wird diejenige Temperatur angesehen, bei der man die Abwärtsbewegung des Fettsäulchens mit bloßem Auge wahrnehmen kann. Als **Klarschmelzpunkt** gilt die Temperatur, bei der das stark beleuchtete Fett keine Trübung mehr erkennen läßt.

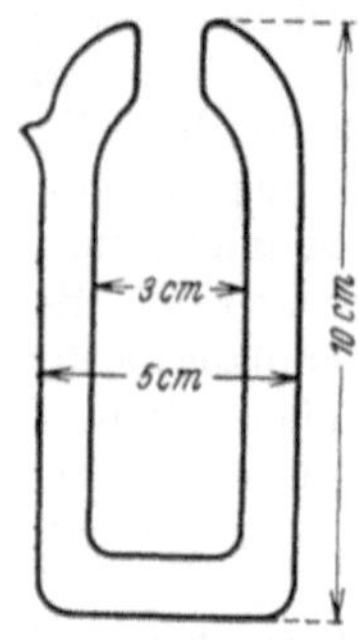

Abb. 7.
Shukoff - Kölbchen.

Erstarrungspunkt (Erst. P.)*. Man filtriert das Fett oder die Fettsäuren durch ein trockenes doppeltes Filter in ein sog. **Shukoff - Kölbchen,** bis dieses fast vollgefüllt ist. Das Kölbchen ist ein Weinhold-Gefäß mit Vakuummantel, gewöhnlich auch als Dewargefäß bezeichnet (s. Abb. 7). Mit einem festschließenden Kork wird das Thermometer (zweckmäßig ein Anschütz-Thermometer mit einem Skalenbereich von 10—60°, in $\frac{1}{5}$ oder $\frac{1}{10}$° geteilt) so befestigt, daß die Kugel in die Mitte des Gefäßes kommt. Man läßt das geschmolzene Fett auf etwa 5° über dem erwarteten Erstarrungspunkt abkühlen und schüttelt es dann bis zur deutlichen Trübung, wobei man den Kork fest andrückt. Darauf stellt man das Gefäß ruhig hin und beobachtet das meist sofortige Ansteigen der Temperatur. Das Maximum, bei dem die Temperatur gewöhnlich einige Minuten anhält, ist der Erstarrungspunkt. Nötigenfalls ist zu kühlen, bis Erstarrung eintritt.

Titer*. Unter dem „Titer" einer Fettsäure versteht man den nach **Shukoff** bestimmten Erstarrungspunkt der abgeschiedenen, wasserunlöslichen Fettsäuren. Die Prüfung selbst bezeichnet man gewöhnlich als „Titertest". Die Fettsäuren aus Seifen werden in üblicher Weise frei gemacht. Fette müssen vorher verseift werden, indem man 50—100 g Fett durch einstündiges Kochen mit etwa 40—80 ccm 50%iger Kalilauge unter Zusatz von 25 ccm Alkohol in einer Porzellanschale verseift. Nach dem Verjagen des Alkohols wird die Seife in Wasser aufgenommen, allmählich unter Rühren mit verdünnter Salzsäure versetzt und das Gemisch erhitzt, bis die Fettsäuren klar oben schwimmen. Man zieht die wässerige Schicht mit einem Heber ab, wäscht die Fettsäuren mit heißem Wasser mineralsäurefrei, filtriert sie am besten gleich in den **Shukoff-**

Kolben, den man in einen erwärmten Trockenschrank stellt, und prüft sie auf den Erstarrungspunkt wie oben beschrieben. Es ist wesentlich, daß die Fette vollständig verseift und wasserfrei sind.

Fließpunkt und Tropfpunkt*. Der Fließpunkt eines Fettes ist die Temperatur, bei der eine an der Quecksilberkugel des Thermometers befestigte, bestimmte Substanzmenge eine deutliche Kuppe am unteren Ende des Aufnahmegläschens bildet. Der Tropfpunkt ist die Temperatur, bei der der erste Tropfen des schmelzenden Fettes von dem Aufnahmegläschen abfällt, und liegt in der Regel durchschnittlich 1^0 höher als der Schmelzpunkt. Für maßgebende Bestimmungen ist der Tropfpunktapparat nach Ubbelohde zu verwenden. (Näheres s. Deutsche Einheitsmethoden 1930, Wizöff.)

Trübungspunkt (Trübungstemperatur) (Tr.P.)*. Unter Trübungspunkt versteht man die Temperatur, bei der sich unter konventionellen Bedingungen bei Abkühlung einer Seifenlösung die erste Trübung (Wolken, Schleier) der Seifenlösung zeigt. Aus diesem Punkt soll auf die Eignung einer Seife für textiltechnische Zwecke (insbesondere auf die Möglichkeit der Ausscheidung von Seifenpartikelchen im Textilgut) geschlossen werden. Man löst so viel Seife in z. B. 1 l zuvor ausgekochtem und kohlensäurefreiem destillierten Wasser, daß eine Seifenlösung mit etwa 0,5% Fettsäure entsteht (also z. B. 8—8,5 g Marseillerseife mit einem Fettsäuregehalt von 60—62% zu 1 l) und erhitzt auf 100^0. Nun läßt man die Seifenlösung mit auf dem Boden des Kolbens ruhendem Thermometer auf einer eisernen Platte ruhig erkalten und beobachtet die Flüssigkeitsschicht um die Quecksilberkugel herum. Das erste deutliche Auftreten einer Trübung am Boden des Kolbens, in der Umgebung der Thermometerkugel, wird als Trübungspunkt bezeichnet. Dieser wird in Intervallen von $1—2^0$ angegeben, z. B. Trübungspunkt $32—33^0$ oder $32—34^0$.

Spinntemperatur (Sp.T.). Unter Spinntemperatur versteht man die Temperatur, bei der eine erkaltende Seifenlösung unter konventionellen Bedingungen zähflüssig und fadenziehend wird, d. h. zu ,,spinnen" beginnt. Es wird damit die Feststellung bezweckt, ob Seifenlösungen (besonders solche von Walkseifen) noch bei gewünscht hoher Temperatur zähflüssig bleiben, bzw. spinnen. Man löst ohne Überhitzung 10 g Seife in 100 ccm destilliertem Wasser, läßt in kaltem Wasserbade allmählich abkühlen und beobachtet, bei welcher Temperatur mit dem Thermometer Seifenfäden herausgezogen werden können. Die Ergebnisse werden in Intervallen von $1—2^0$ angegeben, z. B. Spinntemperatur $40—41^0$ oder $40—42^0$.

Waschwirkung der Seife.

Die praktische Eignung einer Seife für bestimmte Zwecke ist aus der chemischen Zusammensetzung nur zum Teil zu erkennen. Man greift in der Praxis deshalb vielfach zu den sog. technischen Versuchen, die den jeweiligen Betriebsverhältnissen möglichst angepaßt sind. Insbesondere gilt dies für die Waschwirkung der Seife oder der Waschmittel, nachdem hier auch die physikalischen Prüfungen (Oberflächenspannung, Viskosität, Schaumgrad, Schaumkraft, Schaumzahl, Schaumbeständigkeit u. dgl. m.) zu keinem allgemein gültigen Ergebnis geführt haben. Die Schwierigkeit derartiger technischer Versuche, speziell der technischen Waschversuche, liegt darin, daß es kaum möglich ist, sämtliche Arbeitsbedingungen der Praxis laboratoriumsmäßig nachzubilden bzw. zu berücksichtigen.

Praktische Waschversuche. Bei der Schwierigkeit, aus den analytischen Befunden heraus den praktischen Nutzungs- bzw. Waschwert von Waschmitteln abzuleiten, hat man sich seit langem bemüht, diesen Waschwert durch empirische Waschversuche zu ermitteln oder zu kontrollieren. Dabei hat Heermann mit seiner künstlichen Indigo-Kolloid-Anschmutzung erstmalig den Gedanken der „künstlichen Anschmutzung" planmäßig durchgeführt und angewandt[1]. Inzwischen sind zahlreiche andere Vorschläge gemacht worden, die aber sämtlich nicht restlos befriedigten. In neuerer Zeit hat der Verein Deutscher Ingenieure (VDI) im Verein mit dem Staatlichen Materialprüfungsamt ein neues Anschmutzungsmittel in Vorschlag gebracht, das heute als Normverfahren angesehen werden kann[2].

Stoff und Stoffstreifen. Man bereitet sich Stoffstreifen von $10{,}5 \times 14{,}8$ cm (DIN A6) aus gleichmäßigem, gebleichtem Baumwollgewebe (Leinwandbindung, Gewicht nach dem Entschlichten $= 150$ g je qm, Fadendichte der Kette $= 358$ Fd/10 cm), das vorher mit Diastafor od. dgl. entschlichtet und getrocknet worden ist.

Künstliche Anschmutzung. Als Grundstoff der künstlichen Anschmutzung dient die unter dem Namen „Pelikan Perltusche" der Firma Günther Wagner, Hannover, bekannte Zeichentusche in 1%iger wässeriger Lösung. Die Versuchsstreifen (s. o.) werden in dieser Lösung wie folgt getränkt. Man bedient sich zweier Gummiwalzen von einer Wringmaschine, von denen die untere mit Verbandgaze in einer Stärke von rund 5 mm gleichmäßig umwickelt ist und in die Anschmutzungsflüssigkeit eintaucht. Bei der Umdrehung der Walze saugt sich der Gazebelag voll Flüssigkeit und gibt gleichzeitig einen Teil an den zwischen den zwei Walzen durchlaufenden Stoffstreifen ab. Die obere Gummiwalze drückt den Stoffstreifen gleichmäßig aus. Jeder Streifen wird so 3mal durch die Walzen geschickt und dann zum Trocknen an Holzklammern aufgehängt. Schließlich können die Streifen noch mit einer weiterern Zwischentrocknung in eine Lösung getaucht werden, die je 20 g helles Mineralöl und Pflanzenöl im Liter Benzin enthält (fetthaltige Anschmutzung).

Waschprozeß. Die angeschmutzten und wiedergetrockneten Stoffstreifen (s. o.) werden, ohne vorgenetzt zu werden, in der 40fachen Flottenmenge (vom Stoffgewicht) in der Weise gewaschen, daß die

---

[1] Heermann: Schema zur Bestimmung der Wasch- und Reinigungswirkung von Waschmitteln. Mitt. staatl. Mater. 1921 S. 65; Melliand Textilber. 1921 S. 37, 61.

[2] Reichskuratorium für Wirtschaftlichkeit, RKW-Veröffentlichung Nr. 96, Leistungsprüfung von Waschmaschinen, Waschverfahren und Waschmitteln. Berlin NW 7: Vertrieb VDI-Verlag 1934.

Streifen zunächst 10 Minuten in der Lösung der zu prüfenden Waschmittel bei Zimmerwärme eingeweicht, dann während der nächsten 15 Minuten allmählich zum Kochen erhitzt und 15 Minuten lang unter häufigerem Umrühren und unter Ersatz des verdampfenden Wassers weiter gekocht werden. Schließlich werden die Streifen 10mal mit der Hand gut ausgedrückt (wobei nach jedesmaligem Ausdrücken wieder ein Eintauchen in die Waschlauge erfolgt), 2mal im heißen und 1mal in kaltem destilliertem Wasser gespült und zum Trocknen aufgehängt. Die sich dabei ergebende Reinheit der Streifen wird dann nach dem Weißgehalt wie folgt bewertet.

Die Reinigungs- oder Waschwirkung (W) wird durch Messung des Weißgehaltes von mindestens 5—10 Versuchsstreifen vor und nach dem Waschen mit Hilfe des Pulfrich-Photometers von Zeiß ermittelt. Beträgt der Weißgehalt vor dem Waschen $= A$, derjenige nach dem Waschen $= E$, so beträgt die Waschwirkung $W = E - A$. Beispiel: Weißgehalt vor dem Waschen $= 20\%$, Weißgehalt nach dem Waschen $= 60\%$, Reinigungs- oder Waschwirkung demnach $= 40\%$. Die Waschwirkung entspricht also der Weißgehaltszunahme durch das Waschen.

Reinigungsmaß oder Reinheitsgrad (R). Die Weißgehaltszunahme W kann man aber zur Beurteilung der Güte eines Waschmittels bzw. Waschganges in Beziehung bringen zur Weißgehaltszunahme bis zur vollkommenen Reinigung (d. h. bis zum Weißgehalt der Neuware, wie er vor der Anschmutzung bestand), wobei die vollkommene Reinigung mit der Zahl 1,00 ausgedrückt werden soll und nicht mit der Zahl 100 (um Verwechslungen mit dem Wert W zu vermeiden). Beträgt der Weißgehalt der Neuware (vor der Anschmutzung) $= N$, derjenige vor dem Waschen $= A$ und nach dem Waschen $= E$, so beträgt der Reinheitsgrad $R = \dfrac{E - A}{N - A}$. Beispiel: Weißgehalt der Neuware vor der Anschmutzung $= 66\%$, Weißgehalt nach der Anschmutzung vor dem Waschen $= 20\%$, Weißgehalt nach dem Waschen $= 60\%$. Der Reinheitsgrad R ist dann: $\dfrac{60 - 20}{66 - 20} = 0,87$.

Die Werte für R sollen wie folgt bewertet werden: Über 0,85 $=$ sehr gut, 0,80—0,85 $=$ gut, 0,75—0,80 $=$ genügend, 0,70—0,75 $=$ mäßig, 0,65 bis 0,70 $=$ ungenügend, 0,60—0,65 $=$ schlecht, unter 0,60 $=$ sehr schlecht.

Wie bei allen derartigen Versuchen ist möglichst weitgehende Übereinstimmung aller Arbeits- und Versuchsbedingungen und volle Gleichmäßigkeit aller Hilfsstoffe (Stoff, Tränkung, Waschbehandlung usw.) erforderlich. Der VDI hat noch bestimmte Vorsichtsmaßregeln aufgestellt. Die Versuchsstreifen sollen 3 Tage bis 8 Wochen nach ihrer erfolgten Anschmutzung verwendet werden (nicht vor 3 Tagen und nicht nach 2 Monaten). Die Streifen sind in durchsichtigen Papierbeuteln aufzubewahren. Das Trocknen erfolgt an Holzklammern. Für jeden Waschversuch sind mindestens 10 Stoffstreifen zu verwenden, und alle sind auf Weißgehalt zu untersuchen; aus den Werten ist das Mittel zu ziehen. Die zu waschenden Streifen sind gleichmäßig auf die mitgewaschene Füllwäsche (Füllgut) zu verteilen. Als Füllgut kann leicht angeschmutzte Wäsche (z. B. Handtücher, nicht aber fetthaltige Küchenwäsche od. dgl.) verwendet werden. Jeder Versuch ist 3—4mal unter gleichen Bedingungen auszuführen.

Seifenpulver.

Seifenpulver werden im allgemeinen wie die Seifen untersucht; im besonderen ist bei ihnen häufig die Prüfung auf aktiven Sauerstoff und Sodagehalt nötig.

Prüfung auf aktiven Sauerstoff*. Qualitativer Nachweis. Etwa 2 g Seifenpulver werden in kaltem Wasser gelöst, mit verdünnter Schwefelsäure zersetzt und mit Chloroform vorsichtig umgeschwenkt. Man überschichtet das Ganze (im Reagensglas) mit peroxydfreiem Äther, tropft wenig verdünnte Kaliumbichromatlöung hinzu und rührt die beiden oberen Schichten vorsichtig durch. Bei Gegenwart sauerstoffentwickelnder Substanzen wird der Äther durch Überchromsäure blau gefärbt.

Persulfate geben die vorstehende Reaktion nicht; sie werden im filtrierten Sauerwasser einer mit Salzsäure zersetzten Pulverprobe durch Jodzink-Stärke-Lösung (allmähliche Blaufärbung) und Chlorbariumlösung (weiße Fällung von Bariumsulfat) nachgewiesen.

Perborate, die am häufigsten in Sauerstoffwaschmitteln vorkommen, können durch die Boratreaktion (s. o.) von den übrigen Sauerstoffmitteln (Perkarbonat, Persulfat usw.) unterschieden werden.

Bei den Reaktionen auf aktiven Sauerstoff ist stets eine Blindprobe anzustellen.

Quantitative Bestimmung des aktiven Sauerstoffs*.

a) Bei persulfatfreien Seifenpulvern: 0,2 g Substanz werden in wässeriger Lösung mit 10 ccm 20 %iger Schwefelsäure und 5 ccm Tetrachlorkohlenstoff vorsichtig im Scheidetrichter umgeschwenkt. Das Sauerwasser wird nach dem Ablassen des Tetra (unten!) nochmals mit Tetra umgeschwenkt, abgetrennt und in einen Jodzahlkolben gespült, worin es nach Zusatz vcn 2 g Jodkalium $\frac{1}{2}$ Stunde unter Verschluß stehen bleibt. Das frei gewordene Jod wird mit $\frac{1}{10}$n-Thiosulfatlösung in bekannter Weise zurücktitriert.

1 ccm $\frac{1}{10}$n-Thiosulfatlösung entspricht 0,8 mg akt. Sauerstoff (O) oder 7,704 mg Natriumperborat ($NaBO_3 \cdot 4H_2O$) bzw. 3,9 mg Natriumsuperoxyd (Na_2O_2).

b) Bestimmung von Persulfat. 2 g Pulver werden in etwa 100 ccm Wasser gelöst, mit verdünnter Schwefelsäure angesäuert und mit 10 ccm Ferroammoniumsulfatlösung versetzt. Durch Erhitzen und Umrühren werden die Fettsäuren abgeschieden. Die ganze Flüssigkeit wird in einen Jodzahlkolben übergeführt, mit etwa 10 ccm Chloroform, dann mit Wasser nachgespült und durchgeschüttelt; sollte das Sauerwasser durch suspendierte Fettsäuren getrübt sein, so wird der Kolbeninhalt mit reiner Kieselgur geschüttelt. Unter Umschwenken wird nun so lange mit $\frac{1}{10}$n-Permanganatlösung titriert, bis die wässerige Flüssigkeit dauernd rosafarben bleibt. Mit 10 ccm Ferroammoniumsulfatlösung wird ein Blindversuch angestellt.

Gegeben:

e = Einwaage,
a = verbr. $\frac{1}{10}$n-Permanganatlösung beim Hauptversuch,
b = verbr. $\frac{1}{10}$n-Permanganatlösung beim Blindversuch.

Berechnet:

$$\% \text{ akt. Sauerstoff (O)} = \frac{0{,}08 \cdot (a-b)}{e}$$

$$\% \text{ Persulfat } (Na_2S_2O_8) = \frac{1{,}195 \cdot (a-b)}{e}.$$

Annähernde Sodabestimmung in Seifenpulver*. 2—4 g Seifenpulver werden in wässeriger Lösung mit $\frac{1}{2}$n-Salzsäure titriert (Methylorange), wobei sich Soda, Seife und Wasserglas umsetzen. Unter Annahme eines mittleren Molekulargewichtes der Fettsäuren von 300 entspricht:

<table>
<tr><td>1 % Fettsäuren</td><td>0,18 % Na_2CO_3,</td></tr>
<tr><td>1 % Wasserglas ($Na_2Si_4O_9$)</td><td>0,35 % Na_2CO_3.</td></tr>
</table>

Gegeben:

e = Einwaage,
a = verbr. $\frac{1}{2}$n-Salzsäure,
b % = Fettsäuregehalt, ber. als Na_2CO_3,
c % = Wasserglasgehalt, ber. als Na_2CO_3.

Berechnet:

$$\% \text{ Soda} = \frac{2{,}65\,a}{e} - (b + c), \text{ ber. als } Na_2CO_3 .$$

Bei Gegenwart von Perborat ist zu berücksichtigen, daß 1 % aktiver Sauerstoff empirisch 3,59 % Natriumkarbonat entspricht (theoretisch 3,31 %).

Türkischrotöl* (sowie rotölartige sulfonierte Öle).

Die Deutschen Einheitsmethoden Wizöff[1] für Türkischrotöle (auch schlechtweg „Rotöle" genannt) gelten nur für solche sulfonierte Öle, deren organisch gebundene Schwefelsäure durch Kochen mit Salzsäure leicht und vollständig abspaltbar ist. Der Fettsäuregehalt und Sulfonierungsgrad (an Fettsäure gebundene Schwefelsäure) sind die wichtigsten Bewertungsfaktoren für sulfonierte Öle.

Qualitative Prüfung auf Sulfonierung*. Man löst 2 g der Probe in etwa 20 ccm absolutem Alkohol (wenn darin unlöslich, so in Alkohol-Äthermischung), filtriert von den ausgefallenen anorganischen Salzen ab, verdampft das Filtrat zur Trockne, kocht den Rückstand mit der doppelten Menge konzentrierter Salzsäure 1,19, bis das Fett klar abgeschieden ist (s. w. u. Fettsäurebestimmung), filtriert durch angefeuchtetes Filter vom Fett ab und prüft das saure Filtrat in bekannter Weise mit Chlorbarium auf Schwefelsäuregehalt. Ist Schwefelsäure nachgewiesen, so kann ein sulfoniertes Produkt oder eine Mischung mit solchem vorliegen. Es können aber auch organische Sulfate ein sulfoniertes Produkt vortäuschen.

1. Wasserbestimmung*. Der Wassergehalt wird in üblicher Weise nach dem Destillationsverfahren bestimmt (s. u. Seifen S. 164). In nicht neutralisierten, d. h. noch mineralsauren sulfonierten Produkten kann der Wassergehalt nach diesem Verfahren aber nicht bestimmt werden.

2. Fettsäurebestimmung*. a) Ätherextraktmethode* (genaues Verfahren). Nach diesem exakten Verfahren bestimmt man die in freier, veresterter oder verseifter Form vorhandenen Fettsäuren (abzüglich der unverseifbaren organischen Substanzen). S. a. w. u. Gesamtfettbestimmung unter 2b.

Man wägt im Mittel 6—8 g der Probe (bei „50 % handelsüblichem Öl" 8 g, bei „100 % handelsüblichem Öl" 4—5 g der Probe) in einen mit eingeschliffenem Rückflußkühler versehenen Extraktionskolben ein, löst in 25 ccm Wasser und kocht mit 50 ccm Salzsäure 1,19 über kleiner Flamme auf einem Drahtnetz unter aufgesetztem Rückflußkühler und unter Zugabe von Siedesteinchen bis das Fett völlig klar abgeschieden ist, mindestens aber 1 Stunde. Nach dem Abkühlen überführt man den Kolbeninhalt mit wenig Wasser und Äther quantitativ in einen Scheidetrichter, zieht das klare Säurewasser nach Trennung beider Schichten in einen zweiten Scheidetrichter ab, schüttelt 2mal mit je 25 ccm Äther aus, vereinigt die ätherischen Auszüge und wäscht sie mehrmals mit je 20 ccm sulfatfreier (!) 10 %iger Kochsalzlösung, bis sie gegen Methylorange mineralsäurefrei sind. Die vereinigten Säure- und Waschwässer

---

[1] Untersuchung von Türkischrotölen und türkischrotölartigen Produkten. Nachtrag zu den „Einheitlichen Untersuchungsmethoden für die Fett- und Wachsindustrie" der „Wizöff". Stuttgart: Wissenschaftliche Verlagsgesellschaft 1932.

dienen zur Bestimmung der Gesamtschwefelsäure (s. w. u. 3a). Treten bei dieser Behandlung Emulsionen auf, oder scheiden sich beim Ansäuern der Waschwässer mit Salzsäure wieder fettartige Anteile ab, so enthält das zu untersuchende Produkt noch Sulfonsäuren. In solchen Fällen muß nach anderen Vorschriften verfahren werden.

Man führt nun die ätherische Lösung quantitativ in einen Extraktionskolben über, destilliert die Hauptmenge Äther auf dem Wasserbade ab und kocht den Rückstand $\frac{1}{2}$ Stunde mit 50 ccm alkoholsicher n-Kalilauge (Siedesteinchen, Rückflußkühler). Falls nur auf dem Wasserbade verseift werden soll, so muß der Kolben tief genug in das stark kochende Wasser getaucht werden. Von der erhaltenen alkoholischen Seifenlösung destilliert man die Hauptmenge Alkohol (etwa 30 ccm) ab, spült den Rückstand mit 50 ccm Wasser in einen Scheidetrichter und äthert in bekannter Weise zur Entfernung der unverseifbaren organischen Bestandteile aus, das erstemal mit 50, dann zweimal mit je 25 ccm Äther. Mit dreimal je 20 ccm Wasser wäscht man wieder aus den vereinigten ätherischen Auszügen die mitgelösten geringen Seifenmengen heraus und bringt die Waschwässer zur Hauptseifenmenge. Wenn sich die Schichten beim Ausäthern und Nachwaschen nicht glatt absetzen, so läßt man einige ccm Alkohol an der Wandung des Scheidetrichters herabfließen.

Nun dampft man die Seifenlösung zur Vertreibung des Alkohols ein, löst den Rückstand in Wasser, erwärmt unter häufigerem Umschwenken mit 65 ccm n-Salzsäure etwa 10 Minuten auf 50° C (nicht länger und nicht stärker erwärmen), spült das Zersetzungsgemisch mit den abgeschiedenen Fettsäuren nach dem Erkalten mit etwa 50 ccm Äther quantitativ in einen Scheidetrichter über und extrahiert das abgezogene Säurewasser noch zweimal mit je 25 ccm Äther. Die vereinigten ätherischen Auszüge werden mehrmals mit je 20 ccm sulfatfreier 10%iger Kochsalzlösung gegen Methylorange mineralsäurefrei gewaschen und unter Nachspülen mit Äther in einen Erlenmeyerkolben mit etwa 5 g entwässertem Natriumsulfat gegossen. Nach etwa 1 Stunde ist die öfter umzuschwenkende Ätherschicht entwässert und wird durch ein trocknes Filter in einen weithalsigen, gewogenen Kolben filtriert. Kolben und Filter werden mit ebenso getrocknetem Äther fettfrei gewaschen. Aus der ätherischen Fettlösung destilliert man den Äther auf dem Wasserbade ab, zuletzt unter Mitverwendung von Handblasebalg oder Föhn, trocknet den Rückstand 1 Stunde im Trockenschrank bei etwa 100—105°, läßt erkalten und wägt. Von einem wiederholten Trocknen bis zur Gewichtskonstanz ist abzusehen. Die so ermittelte Fettsäuremenge wird auf Prozentgehalt umgerechnet.

b) **Gesamtfett volumetrisch*** (abgekürztes, technisches Verfahren). Auf einfache, aber für die Praxis meist hinreichend genaue Weise kann man in Ermangelung besonderer chemischer Einrichtungen und zwecks Zeitersparnis den Gesamtfettgehalt (einschließlich der unverseifbaren Substanzen) eines Rotöls nach folgendem Verfahren volumetrisch bestimmen (s. a. u. Seife „Sapometer“).

Man wägt in einem 100-ccm-Becherglas genau 10 g hochprozentiges oder genau 20 g niedrigprozentiges Rotöl ab, erwärmt mit 25 ccm Wasser bis zur erfolgten Lösung, führt unter ausreichendem Nachwaschen quantitativ in einen sog. Büchnerschen Fettsäurebestimmungskolben[1] über, versetzt mit 50 ccm Salzsäure 1,19 und kocht über kleiner Flamme so lange (mindestens aber 1 Stunde), bis sich das Fett klar abgeschieden hat (s. Abb. 8). Durch Auffüllen mit konzentrierter, etwa 100° heißer Kochsalzlösung wird die Fettschicht in den graduierten Hals des Büchnerschen Kolbens gedrängt. Dann wird der Kolben bis zum Hals in ein lebhaft siedendes Wasserbad gestellt. Zuerst nach 15, darauf nach weiteren je 10 Minuten wird das Volumen der Fettschicht abgelesen, bis zwei aufeinanderfolgende Ablesungen übereinstimmen. Bei genauen Untersuchungen wird das spezifische Gewicht des abgeschiedenen Fettes im Pyknometer bei 99° bestimmt; für die meisten Fälle der Praxis genügt die Annahme des mittleren spez. Gew. von 0,9, besonders wenn es sich um Vergleichsversuche analoger Rotöle handelt.

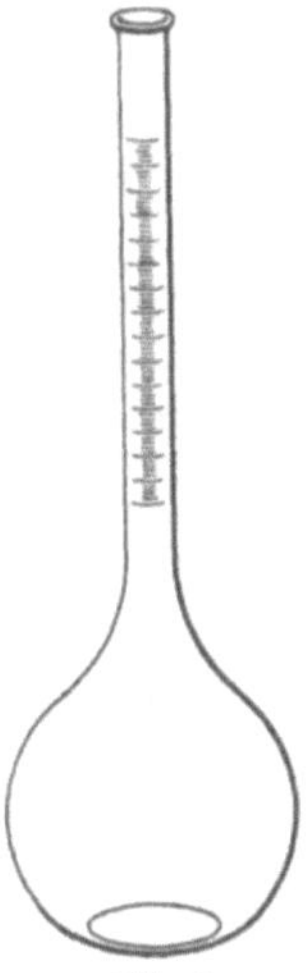

Berechnung.

Gegeben: e = Einwaage,

a = ccm Gesamtfett,

d = spez. Gew. des Gesamtfettes.

Berechnet: % Gesamtfett = $\dfrac{100 \times a \times d}{e}$.

Abb. 8.
Büchnerscher
Fettsäurebestimmungskolben.

Beispiel. Eingewogen: 20 g Rotöl, gefunden: 8 ccm Gesamtfett, spez. Gew. angenommen zu 0,9. Dann enthält das Öl $= 5 \times 8 \times 0,9 = 36\%$ Gesamtfett.

3. Schwefelsäurebestimmung*. Der Schwefelsäuregehalt wird stets in „% SO_3" berechnet, bezogen auf das untersuchte Produkt. Gewichtsanalytisch bestimmt wird der Gehalt a) als Gesamtschwefelsäure, b) als anorganisch gebundene Schwefelsäure; die c) organisch gebundene Schwefelsäure ergibt sich als Differenz a — b.

a) **Gesamtschwefelsäure*** (gewichtsanalytisch). Die Gesamtmenge oder ein aliquoter Teil der vereinigten Säure- und Waschwässer von der Fettsäurebestimmung (s. u. 2) wird gegen Methylorange mit Ammoniak neutralisiert, mit 1 ccm konzentrierter Salzsäure 1,19 wieder schwach angesäuert und mit Wasser auf rund 400 ccm Gesamtvolumen verdünnt. Durch Fällen mit Bariumchloridlösung in der Siedehitze wird die Schwefelsäure in bekannter Weise bestimmt.

b) **Anorganisch gebundene Schwefelsäure*** (gewichtsanalytisch). Man mischt in einem Scheidetrichter 10 ccm gesättigte sulfatfreie Kochsalzlösung, 10 ccm Äther und 15 ccm Amylalkohol, versetzt mit 5—7 g der zu untersuchenden Probe (deren Menge durch Zurückwägen genau ermittelt wird) und schüttelt vorsichtig durch. Dann zieht man die klar abgesetzte Kochsalzlösung von der ätherischen Schicht (die man noch dreimal mit je 10—20 ccm gesättigter Kochsalzlösung auswäscht) ab, bringt die vereinigten Salzlösungen auf 250 ccm und säuert mit

---

[1] Erhältlich bei Ströhlein & Co., Düsseldorf 39.

1 ccm Salzsäure 1,19 an. In dieser Lösung wird die Schwefelsäure nach 3a bestimmt.

c) **Organisch gebundene Schwefelsäure***. Der Gehalt an organisch gebundener Schwefelsäure berechnet sich als Differenz von Gesamtschwefelsäure (a) und anorganisch gebundener Schwefelsäure (b). $a - b =$ organisch gebundene Schwefelsäure.

d) **Berechnung des Sulfonierungsgrades***. Aus dem ermittelten Gehalt an organisch gebundener Schwefelsäure (c) läßt sich der Sulfonierungsgrad berechnen, allerdings unter der willkürlichen Annahme, daß die gesamte organisch gebundene Schwefelsäure (berechnet als SO_3) in Form von Ricinol-Mono-Schwefelsäureester vorliegt, gemäß der Gleichung:

$$CH_3 \cdot (CH_2)_5 \cdot CHOH \cdot CH_2 \cdot CH : CH \cdot (CH_2)_7 \cdot COOH + H_2SO_4 \longrightarrow$$
$$\text{(Ricinolsäure)}$$

$$CH_3 \cdot (CH_2)_5 \cdot CH(OSO_3H) \cdot CH_2 \cdot CH : CH \cdot (CH_2)_7 \cdot COOH + H_2O.$$
$$\text{(Ricinolmonoschwefelsäureester)}$$

Berechnung. Nach der vorstehenden Gleichung sind 80 g SO_3 äquivalent 298 g Ricinolsäure.

Gegeben: $a = {}^0/_0$ organisch gebundene SO_3 (nach 3c),
             $b = {}^0/_0$ Fettsäuren in der Probe (nach 2).

Berechnet: $\text{Sulfonierungsgrad} = \dfrac{298 \times 100 \times a}{80 \times b} = \dfrac{373 \times a}{b}$

(berechnet als Ricinolmonoschwefelsäureester).

Auf das Öl selbst bezogen, ist der Gehalt an sulfonierten Bestandteilen $= 3,73 \times a$ % (berechnet als Ricinolmonoschwefelsäureester).

4. Titrimetrisch (gegen Methylorange) bestimmbares Alkali*. Man löst 5—10 g der Probe in einem 500-ccm-Erlenmeyerkolben in 50 ccm Wasser, versetzt (falls zum Lösen Erwärmung nötig war, so nach dem Abkühlen) mit 50 ccm konzentrierter Kochsalzlösung, 50 ccm Äther und einigen Tropfen Methylorange und titriert mit $\frac{1}{2}$ n-Salzsäure bis zum Farbenumschlag des Methylorange in der sich bildenden wässerigen Schicht.

Berechnung und Auswertung.

Gegeben: $e =$ Einwaage,
             $a =$ ccm $\frac{1}{2}$ n-Salzsäure.

Berechnet: $A = \dfrac{28,055 \times a}{e}$.

Der Wert A ist das Äquivalent des gegen Methylorange titrierbaren Alkalis, ausgedrückt in mg $KOH/1$ g Probe. $\frac{A}{10}$ entspricht dann dem prozentualen Alkaligehalt (berechnet als KOH).

5. Azidität und Alkalität*. Türkischrotölprodukte reagieren im allgemeinen gegen Phenolphthalein sauer, gegen Methylorange alkalisch. Der Ätzkaliverbrauch in wässeriger Lösung gegen Phenolphthalein gilt als „Azidität" und kann wie folgt berechnet werden:

1. Als Neutralisationszahl in mg $KOH/1$ g eingewogene Substanz.

2. In mg $KOH/1$ g Fettsäure (in der Rotölindustrie vielfach üblich).

Bei alkalisch reagierenden Rotölprodukten ergibt die Titration mit Salz- oder Schwefelsäure gegen Phenolphthalein die „Alkalität", die wie die Azidität berechnet wird. Enthalten die Rotöle Ammoniak, so erzielt man nur Annäherungswerte.

a) Bestimmung der Azidität*. Man löst 5 g der Probe in 95 ccm Wasser und titriert mit $\frac{1}{2}$ n-Kalilauge gegen Phenolphthalein bis zur Rosafärbung.

Berechnung.

Gegeben: $e =$ Einwaage,

$\qquad a =$ ccm $\frac{1}{2}$ n-Kalilauge,

$\qquad f =$ % Fettsäure in der Probe.

Berechnet: 1. Azidität (mg KOH/1 g Probe) $= \dfrac{28{,}055 \times a}{e}$

2. Azidität (mg KOH/1 g Fettsäure bei f% Fettgehalt) $\dfrac{2805{,}5 \times a}{e \times f}$.

b) Bestimmung der Alkalität*. Man löst 5 g der Probe in 95 ccm Wasser und titriert mit $\frac{1}{2}$ n-Salzsäure oder Schwefelsäure gegen Phenolphthalein auf Farblos.

Berechnung.

Gegeben: $e =$ Einwaage,

$\qquad a =$ ccm $\frac{1}{2}$ n-Säure,

$\qquad f =$ % Fettsäure in der Probe.

Berechnet: 1. Alkalität (mg KOH/1 g Substanz) $= \dfrac{28{,}055 \times a}{e}$

2. Alkalität (mg KOH/1 g Fettsäure bei f% Fettsäuregehalt der Probe) $= \dfrac{2805{,}5 \times a}{e \times f}$.

6. Neutralfett und unverseifbare, organische Substanz*. Das Neutralfett (die Fettsäureglyzeride) wird nicht direkt bestimmt, sondern man berechnet den Gehalt an Neutralfett aus den abgeschiedenen und bestimmten Fettsäuren. In dem gleichen Untersuchungsgang werden die unverseifbaren, mit Wasserdampf nicht flüchtigen organischen Substanzen abgeschieden. Die mit Wasserdampf flüchtigen, unverseifbaren organischen Substanzen gelten als Lösungsmittel.

a) Abscheidung der fettartigen Bestandteile*. Man löst 30 g der Probe in 50 ccm Wasser, mischt mit 20 ccm Ammoniak 0,91 und 30 ccm Glyzerin und schüttelt dreimal mit je 100 ccm Äther aus. Die vereinigten ätherischen Auszüge können nun, soweit in der Probe ursprünglich vorhanden, enthalten: Das Neutralfett, die nicht verseifbaren organischen Substanzen, die Lösungsmittel und geringe Mengen mitgelöster Seifen. Letztere entfernt man durch dreimaliges Waschen der Ätherauszüge mit je 20 ccm Wasser, destilliert darauf den Äther ab und kocht den Rückstand 1 Stunde unter Rückfluß mit 25 ccm alkoholischer n-Kalilauge. Aus der so gebildeten Seifenlösung verjagt man die Hauptmenge Alkohol (etwa 15 ccm) durch Eindampfen (wobei auch ein Teil der flüchtigen Lösungsmittel entfernt werden kann), nimmt den Rückstand mit 20 ccm Wasser auf, spült mit weiteren 30—40 ccm Wasser und einigen ccm Äther quantitativ in einen Scheidetrichter und schüttelt die so verdünnte Lösung dreimal mit je 50 ccm Äther aus. Geringe Mengen mitgelöster Seifen entfernt man aus den ätherischen Auszügen wieder durch dreimaliges Waschen mit je 20 ccm Wasser.

b) **Bestimmung des Neutralfettes***. Die Seifenlösung (vereinigt mit den Waschwässern) enthält nun das Neutralfett als Seife, die durch kurzes Erwärmen mit 65 ccm $\frac{1}{2}$ n-Salzsäure auf 50° zersetzt wird. Wie bei der Fettsäurebestimmung (s. u. 2) werden die Fettsäuren schließlich abgeschieden und gewogen.

Berechnung.

Gegeben: $e =$ Einwaage,

$\qquad a =$ Fettsäuren,

$\qquad f =$ Faktor zur Umrechnung der Fettsäuren in Neutralfett.

Berechnet: % Neutralfett $= \dfrac{100 \times a \times f}{e}$.

Für die Umrechnung von Ricinolsäure auf Triricinolein ist $f = 1{,}0425$; für die Umrechnung von Ölsäure in Triolein ist $f = 1{,}045$.

c) **Bestimmung der unverseifbaren, organischen Substanzen***. Diese sind mit den Lösungsmitteln im ätherischen Auszug enthalten. Die Lösungsmittel werden nach dem Abdestillieren des Äthers mit Wasserdampf verjagt. Als Rückstand bleiben dann die nicht mit Wasserdampf flüchtigen, unverseifbaren organischen Substanzen, die zusammen mit dem Kondenswasser quantitativ (Nachspülen mit Äther) in einen Scheidetrichter übergeführt und dreimal mit je 50 ccm Äther extrahiert werden. Die vereinigten ätherischen Auszüge werden sinngemäß nach der unter Fettsäurebestimmung (s. u. 2) gegebenen Vorschrift weiterbehandelt. Der in Prozenten der untersuchten Probe berechnete Ätherextrakt stellt die unverseifbaren, mit Wasserdampf nicht flüchtigen organischen Substanzen dar, die durch Ermittelung von Kennzahlen noch näher charakterisiert werden können.

7. Bestimmung der Lösungsmittel*. Als Lösungsmittel gelten die mit Wasserdampf flüchtigen, unverseifbaren organischen Substanzen. Je nach vorhandener Menge werden die Ergebnisse durch die Gegenwart von Alkohol etwas beeinflußt.

Man wägt 25 g der Probe in einem Becherglase ab, löst in kaltem Wasser und füllt in einen langhalsigen Rundkolben von etwa 500 ccm Inhalt um. Zum Lösen und Nachspülen sollen etwa 100 ccm Wasser ausreichen. Durch Zusatz von wässeriger Chlorkalziumlösung (je nach Fettgehalt 2—4 g $CaCl_2$) setzt man die Alkaliseifen in nichtschäumende Kalkseifen um, destilliert dann so lange mit Wasserdampf, bis keine öligen Tropfen mehr im Kühler zu beobachten sind, stellt nun das Kühlwasser ab und setzt die Destillation fort, bis unten aus dem Kühlrohr Dampf austritt. Das Destillat wird in einer besonderen Vorlage aufgefangen und mit Kochsalz versetzt. Besonders zweckmäßig als Vorlage sind oben und unten lang ausgezogene graduierte Scheidetrichter, in denen zugleich die Volumina der über oder unter dem Wasser sich sammelnden Lösungsmittel gemessen werden können.

Berechnung.

Gegeben: e = Einwaage,

a = ccm wasserunlösliches Destillat,

s = spez. Gew. des Destillates bei 20^0.

Berechnet: % Lösungsmittel $= \dfrac{100 \times a \times s}{e}$.

Werden gleichzeitig Lösungsmittel gefunden, die zum Teil leichter, zum Teil schwerer als Wasser sind, so werden die Prozentmengen getrennt berechnet und angegeben. Bei wasserlöslichen Lösungsmitteln (z. B. Hexalin) muß das klare Destillationswasser (nach Abtrennung der bereits abgesetzten Schichten) mit Äther extrahiert werden. Der ätherische Auszug wird durch einstündiges Stehenlassen über 2—3 g entwässertem Natriumsulfat getrocknet und filtriert. Natriumsulfat und Filter werden mit absolutem Äther nachgewaschen. Nach dem Abdestillieren des Äthers wird der Rückstand $\frac{1}{2}$ Stunde bei etwa 60^0 getrocknet und gewogen. Die gefundene Extraktmenge wird zu den übrigen Lösungsmitteln addiert, falls nicht die getrennte Angabe der Lösungsmittel erwünscht ist. Bei anderen wasserlöslichen Lösungsmitteln, z. B. Azeton, Pyridin u. a. m., ist sinngemäß zu verfahren. Die Identifizierung der Lösungsmittel (s. a. S. 126) geschieht nach Geruch, spezifischem Gewicht, Siedekurve usw.

Schnellmethode zur Bestimmung von Fettalkoholsulfonaten in verdünnten Gebrauchslösungen.

Auf exakte Weise bestimmt man die Fettalkoholsulfonate, indem man die Esterbindung durch Kochen mit Salzsäure aufspaltet, den freien Fettalkohol mit Äther extrahiert und gewichtsanalytisch bestimmt (s. u. Türkischrotölen S. 178). Durch die weniger genaue volumetrische Methode, etwa mit dem „Sapometer[1]", kann das Verfahren abgekürzt werden. Bei verdünnten Arbeitsbädern mit etwa 0,5—1 g Handelsprodukt im Liter kommt noch der Zeitaufwand für das Einengen erheblicher Flottenmengen hinzu. Für den Praktiker im Betriebe sind diese Verfahren oft zu zeitraubend und dadurch unbrauchbar, zumal wenn es sich nur darum handelt, den annähernden Gehalt an Fettalkoholsulfonat zu ermitteln. Für derartige Fälle empfehlen Kling und Püschel[2] eine Betriebsschnellmethode.

Das Verfahren beruht darauf, daß man die Fettalkoholsulfonate aus ihren Lösungen mit Benzidinchlorhydrat fällt, in heißem Alkohol löst, dadurch gleichzeitig von dem in Alkohol unlöslichen Benzidinsulfat (das aus den gewöhnlichen Sulfaten der Betriebslösungen entsteht) trennt und die alkoholische Lösung des Benzidinalkylsulfates direkt mit Lauge titriert. Die Genauigkeit des Verfahrens, das in etwa $\frac{1}{2}$ Stunde durchführbar ist, beträgt normalerweise $\pm\ 2\%$, bei sehr geringen Konzentrationen von 0,1—0,2 g/l etwa $\pm\ 5\%$, was für die technische Betriebskontrolle im allgemeinen genügt. Bei gleichzeitiger Anwesenheit von Seifen, Rotölen usw. ist das Verfahren mit Vorsicht anzuwenden.

---

[1] Herstellerin: Chem. Fabrik Pyrgos, Dresden-Radebeul.
[2] Kling u. Püschel: Melliand Textilber. 1934, S. 21. Mit nach Privatmitteilung von Herrn Dr. Kling inzwischen getroffenen geringen Verbesserungen.

Erforderliche $\frac{1}{20}$ n-Benzidinlösung. Man löst 6,43 g reines Benzidinchlorhydrat in destilliertem Wasser, erwärmt, filtriert nötigenfalls und füllt mit destilliertem Wasser auf 1 l auf. Die Lösung reagiert sauer.

Ausführung des Verfahrens. Man bringt 20 ccm obiger Benzidinlösung in einen 250-ccm-Kolben, setzt 25 ccm (bei Konzentrationen von weniger als 0,5 g/l besser 50—100 ccm) der zu untersuchenden, klaren, eventuell schwach erwärmten, neutralen oder schwach sauren Gebrauchslösung (alkalische Lösungen sind deshalb vorher mit Salzsäure neutral bis schwach sauer zu machen) unter ständigem Umschütteln hinzu, schwenkt so lange um, bis sich der Niederschlag gut zusammengeballt hat, und läßt 5—10 Minuten stehen. Dann filtriert man durch ein qualitatives Filter (quantitative Filter sind wegen ihres höheren Säuregehaltes weniger geeignet), spült den Kolben dreimal mit je 10 bis 20 ccm destilliertem Wasser nach und gießt jedesmal über das Filter. Geringe im Kolben haftende Niederschlagsreste können vernachlässigt werden. Man wäscht noch das Filter samt Niederschlag dreimal mit möglichst wenig destilliertem Wasser nach und läßt das Wasser jedesmal gut ablaufen. Das im Trichterhals verbliebene Waschwasser entfernt man durch Abschwenken. Nun hängt man den Trichter in einen 50-ccm-Meßzylinder ein und wäscht den Niederschlag mit 40—60 ccm kochendem Alkohol. Die alkoholische Lösung gießt man in den Kolben zurück, setzt 3—4 Tropfen Indikatorlösung (am besten Bromkresolpurpur, Umschlagsgebiet pH 5,2—6,8, 0,04 %ige Lösung in Alkohol) zu und erwärmt auf dem Wasserbade zum schwachen Sieden. Dann titriert man die noch heiße alkoholische Lösung direkt mit $\frac{1}{10}$ n-Kali- oder Natronlauge (möglichst aus einer Mikrobürette), bis die Farbe von Gelb nach Blau eben umgeschlagen ist. Es ist darauf zu achten, daß die alkoholische Lösung nicht zu sehr mit Wasser verdünnt wird.

Filterkorrektur. Da die Filter stets etwas säurehaltig sind, bestimmt man für jedes Filterpäckchen die Azidität der Filter durch einen Blindversuch, indem man 50 ccm heißen neutralen Alkohol durch ein Filter laufen läßt, das Filtrat auf dem Wasserbade erhitzt und dann mit $\frac{1}{10}$ n-Kalilauge gegen Bromkresolpurpur auf Blau titriert. Den titrierten Wert (es können 0,03—0,04 ccm sein) bringt man von dem Haupttitrationswert in Abzug.

Berechnung. Der Gehalt an Fettalkoholsulfonat in der untersuchten Gebrauchslösung beträgt dann:

$$\frac{\text{verbr. ccm } \frac{1}{10}\text{n-KOH} \times \text{Faktor } a}{\text{ccm angewandte Fettalkoholsulfonatlsg.}} = \text{g Produkt/l}.$$

Der in der Gleichung eingesetzte Faktor a wechselt mit der Art des Produktes (verschiedene Homologe mit verschiedenem Molekulargewicht, anorganische Salze aus der Fabrikation u. dgl.), und man bestimmt ihn durch einen Sonderversuch empirisch, indem man sich eine Lösung von 1 g des betreffenden Handelsproduktes im Liter herstellt und 25 ccm dieser Lösung, wie oben beschrieben, analysiert. Dann errechnet sich der Faktor a nach der Gleichung:

$$a = \frac{25}{\text{verbr. ccm } \frac{1}{10} \text{ n-KOH}}.$$

Kling und Püschel fanden z. B. für einige Produkte der Böhme-Fett-chemie-Ges. folgende Faktoren. Für Gardinol CA Plvr.: $a = 107{,}0$, für Gardinol WA konz. Plvr.: $a = 74{,}4$, für Gardinol WA hochkonz. Plvr.: $a = 38{,}0$, für Brillant-Avirol L 142 konz.: $a = 54{,}0$, für Brillant-Avirol L 168 konz.: $a = 130{,}0$.

Netzmittel.

Im Laufe der letzten Jahrzehnte ist unter dem Sammelnamen „Netz-mittel"[1] eine heute fast unübersehbare Zahl von Hilfsstoffen auf den Markt gekommen. Diese Hilfsmittel haben zunächst die Aufgabe, Störungen und Schwierigkeiten zu beseitigen, z. B. die Kalkseifenbildung durch hartes Wasser, die Ausscheidungen durch Säuren, Salze und Alkalien; dann auch ganz allgemein, die Veredelungsprozesse in verschiedener Beziehung zu erleichtern und zu verbessern, z. B. durch höhere Netz-, Reinigungswirkung, Egalisierung usw. und nicht zuletzt auch, das Fasergut in höherem Grade zu schonen. Aus diesen Gesichtspunkten ergibt sich auch im allgemeinen die Untersuchung der Erzeugnisse. Eine ganz allgemein anwendbare Untersuchungsmethode läßt sich dagegen nicht anwenden, schon deswegen, weil es sich hier um die verschiedensten Kombinationen von Grundstoffen und Verwendungszwecke handelt. In den Fällen, wo es sich um Seifen oder Ölsulfonate handelt, wird man Fettgehalt, Fettsäuregehalt, Schwefelsäuregehalt u. dgl. nach den unter Seifen bzw. Türkischrotölen gegebenen Verfahren bestimmen können, unter besonderer Berücksichtigung der zugesetzten Lösungsmittel und etwaiger besonderer Zusätze. Weiterhin wird man, je nach Bedarf und Verwendungszweck des Netzmittels ziemlich allgemein prüfen können auf: 1. Netzfähigkeit, 2. Beständigkeit gegen Kalk- und Magnesiasalze, 3. Beständigkeit gegen Säuren, 4. Beständigkeit gegen Bittersalz-lösungen, 5. Beständigkeit gegen konzentriertes Alkali (bei Merzerisier-Hilfsmitteln). Letzten Endes wird man auch im Betriebe durch technische Versuche sich zu überzeugen haben, welches von den Konkurrenz-produkten praktisch zu den besseren Ergebnissen führt.

1. Netzfähigkeit. Es sind zahlreiche Spielarten des Prüfverfahrens in Vorschlag gebracht worden, ohne daß man sich bisher auf ein bestimmtes hat einigen können. Wenn nicht eine bestimmte Prüfart durch besondere Verhältnisse (z. B. Verwendungsart) gegeben ist, so prüft man in einfacher Weise, indem man gleich große Stoffabschnitte verschiedener Stoffsorten auf die zu prüfende Lösung und auf die Vergleichslösung auflegt und die „Netzzeiten" bis zum Untersinken der Proben mit der Stoppuhr genau bestimmt. Schwer netzbare Stoffe müssen erforderlichenfalls mit einem Glasstabe unter die Oberfläche der Lösung getaucht werden. In besonderen Fällen wird man auch Abwandlungen der

---

[1] Die sich heute auf über 3000 belaufenden „Netzmittel" dienen auch als Wasch-, Emulgierungs-, Avivage-, Faserschutz-, Appretur-, Schlichte-, Entschlichtungs-, Imprägnierungs-, Egalisierungs-, Merzerisierungs-Hilfsmittel usw. Ein großer Teil derselben und der weiter unten angeführten Handelsmarken dürfte heute allerdings weit überholt und im Handel nicht mehr anzutreffen sein.

Versuchstemperatur und der Konzentration der Lösungen vornehmen und ein Diagramm herstellen, aus dem die Abhängigkeit der Netzfähigkeit von Temperatur und Konzentration ersichtlich wird. Neben diesen schematischen Vorversuchen wird man sich durch laufende Betriebsversuche von der praktischen Brauchbarkeit eines Mittels überzeugen können.

2. **Kalk- und Magnesiabeständigkeit.** Man stellt die zu untersuchenden Proben nach Herbig und Seyferth[1] auf gleichen Fettgehalt (z. B. 30 %) ein und bereitet sich hiervon je 500 ccm von 1, 5, 10—50 %igen Lösungen in destilliertem Wasser, die man gegen Phenolphthalein genau neutralisiert. Alsdann titriert man in Bechergläsern von gleichen Dimensionen mit Wasser von etwa 1000° d. Härte (z. B. mit 20 g Chlorkalzium im Liter) bis zum Verschwinden einer Schriftprobe, die sich auf der Rückseite des Becherglases befindet. Die Titrationen sind bei 20, 50 und 90° C auszuführen. Der Verbrauch an Kalklösung steht im direkten Verhältnis zur Kalkbeständigkeit. Entsprechend kann auf Magnesiabeständigkeit durch Titration mit Chlormagnesiumlösung geprüft werden.

3. **Säurebeständigkeit.** Man neutralisiert eventuell die 5 %ige Lösung bei gewöhnlicher Temperatur (sowie eventuell bei 30, 50, 70 und 90°) tropfenweise mit n-Schwefelsäure gegen Methylorange bis zum Neutralpunkt (schwache Rosafärbung) und titriert dann tropfenweise mit n-Schwefelsäure bis zur ersten schwachen Opaleszenz (Trübung). Nun wird langsam weiter n-Schwefelsäure zutropfen gelassen und dabei beobachtet, ob die erste Trübung beim Rühren oder Erwärmen wieder verschwindet oder nicht, und so weiter titriert, bis die Lösung endgültig trotz Rührens und Erwärmens getrübt bleibt. 1 g Monopolseife, in 20 ccm Wasser gelöst, verbraucht auf diese Weise z. B. bis zur endgültigen Trübung 6 bis 8 ccm n-Schwefelsäure. Um einen bestimmten stets gleichbleibenden Trübungsgrad als „beginnende Trübung" festzulegen, legt Herbig bei der Titration in der Kälte unter das Becherglas ein Linienblatt mit 0,25 mm starker Liniatur und titriert, bis die Linienzüge gerade verschwunden sind. Der Säureverbrauch bis zur endgültigen Trübung steht im direkten Verhältnis zur Säurebeständigkeit.

4. **Bittersalzbeständigkeit.** Man löst 1—2 g der Probe in 20 ccm destilliertem Wasser und schüttelt die Lösung mit 80 ccm 20 %iger warmer Magnesiumsulfatlösung durch, wobei sich eine möglichst vollkommene Emulsion bilden soll, die erst nach möglichst langer Zeit eine ölige Schicht abscheiden darf. Gelindes Schütteln soll die Abscheidung wieder in die ursprüngliche Emulsion überführen. Die Haltbarkeit der Emulsion ohne Abscheidung deutlicher Schichten gilt als Maßstab für die Bittersalzbeständigkeit der Probe.

5. **Alkalibeständigkeit.** Diese ist ein Maßstab für die Verwendungsfähigkeit für Merzerisierlaugen. Manche Stoffe liefern mit starken Laugen von 25—36° Bé Ausscheidungen, andere mit nur schwächeren Laugen von 3—15° Bé. Man unterscheidet also auch noch die Laugenbeständigkeit gegen starke und gegen schwächere Laugen.

---

[1] Herbig u. Seyferth: Melliand Textilber. 1927 S. 624.

Einteilung der wichtigsten Netzmittel in Hauptgruppen.
Es muß davon abgesehen werden, hier alle wichtigen Netzmittel namentlich aufzuzählen, zumal das Gebiet sich noch im Fluß befindet und fast täglich neue Produkte auf den Markt kommen und alte Marken verschwinden. Dagegen sei versucht, diese Hilfsmittel in einige chemische Hauptgruppen zu teilen, wobei einige Hauptvertreter als Prototypen dieser Gruppen genannt werden, besonders wenn sie als älteste Vertreter einer Gruppe Schule gemacht haben, und bei deren Namen sich für den Fachmann eine feste Vorstellung über Art und Wirkungsweise verbindet.

a) Seifen mit oder ohne Fettlösungsmittel. Die Seifen sind gut schäumende, in neutralem und schwach alkalischem Bade wirksame Netz-, Wasch- und Reinigungsmittel für alle Textilfasern. Ihre spezifischen Wirkungen sind: Filz- und Walkwirkung sowie Entbastungsvermögen. Nachteilig ist ihre Empfindlichkeit gegen die Härtebildner des Wassers, gegen Säuren, Salze, starke Alkalien sowie mitunter auch die schwach alkalische Reaktion (pH 8,5) ihrer wässerigen Lösungen und die verhältnismäßig schwere Löslichkeit in warmem und kaltem Wasser (und die damit verbundene erschwerte Ausspülbarkeit aus dem Textilgut). Zur Erhöhung des Emulgier- und Lösevermögens der Seifen gegenüber ölhaltigen Materialien hat man Seifen geschaffen, denen ein spezifischer Fettlöser zugesetzt ist. Die wichtigsten Fettlöser dieser Art sind u. a.: Trichloräthylen, Perchloräthylen (statt des früher viel gebrauchten Tetrachlorkohlenstoffs), Terpentinöl, Methylhexalin, Hexalin, Tetralin, Xylol, Terpineol, Pine Oil, während Benzin, Spiritus, Äther, Chloroform usw. so gut wie keine Verwendung mehr finden. Methylhexalin mit Seife ist ein vorzüglicher Emulgator. Für Beuchmittel verwendet man naturgemäß die hochsiedenden Körper (s. u. Lösungsmittel S. 126), für Wollwaschmittel die niedriger siedenden usw.

Genannt seien u. a.: Seife + Trichloräthylen: Antilan, Bergerit, Buchol, Cleanol, Dasswalköl, Effektol, Entpechungsmittel, Eufullon, Hydrocol, Hydropol, Indulan, Lanadin, Pertürkol, Seirol, Supralan, Supramol, Tetralit, Tetralix, Trisapon, Trivalkol, Türkosapon u. a., Seife + Methylhexalin: Alhazit, Axalin, Cykloran, Efesol, Hydratol, Hydroxid, Hyprolit, Kaltnetzmittel, Laventine, Laventol, Lavolit, Methylrisodan, Norol, Oleoran, Osiran, Savonade, Supranil, Terpuril, Texalin, Vercellol, Waschextrakt u. a., Seife + Xylol: Depurin, Elivol, Esdeform, Gerbanon, Lanapol, Solventol u. a., Seife + Tetralin, Terpentinöl, Dipenten, Perchloräthylen u. a. Fettlöser: Bevirol, Comedol, Demerpin, Desilpon, Devetol, Drapin, Geneucol, Hexoran, Hydraphtal, Lavenium, Lanapolseife, Methylhexapol, Netolin, Perpentol, Pentoran, Prestol, Ribasit, Rustol, Solutol, Solvanol, Supralan, Suprasol, Terpenol, Terpentinseife, Terpolseife, Tetraseife, Texapon, Textralit, Triol, Verapol, Viskol u. a.

b) Öl- und Fettsulfonate. Das gewöhnliche Türkischrotöl besitzt im Gegensatz zur Seife keine ausgesprochene Reinigungswirkung und steht der Seife auch in bezug auf Emulgierungswirkung nach. Dafür ist seine Beständigkeit gegen Härtebildner des Wassers etwas besser, aber noch nicht ausreichend. Desgleichen ist seine Netzfähigkeit und Eignung in der Appretur (daher vielfach als „Appreturöl" bezeichnet) besser als bei Seife. Die Rotöle sind auch nur in neutraler und alkalischer Flotte verwendbar. Wesentlich erhöhte Kalk- und Salzbeständigkeit

besaßen erst die höher sulfonierten, türkischrotölähnlichen Produkte vom
Typus der Monopolseife und des Monopolbrillantöls (Stockhausen & Co.) und des Avirol KM (Böhme-Fettchemie-Ges.) sowie
dem diesen folgenden Avirol KM extra (Böhme-Fettchemie-Ges.),
das neben sehr guter Kalk- und Säurebeständigkeit ein gutes Netzvermögen besitzt. Die Schwestermarke Appret-Avirol E (Böhme-
Fettchemie-Ges.) wies zum ersten Male eine gut brauchbare Bittersalzbeständigkeit auf und ermöglichte die einwandfreie Beschwe-
rungsappretur mit beliebigen Salzmengen. Eine weitere Verbesserung,
insbesondere der Säurebeständigkeit und Verwendbarkeit in sauren
Farbbädern, brachte dann das Prästabitöl (Stockhausen & Co.)
und gab Anregung zu einer noch weitergehenden Sulfonierung des
Ausgangsöles. Zur Steigerung der Avivagewirkung ging man vom
Rizinusöl auf andere Öle über, was zu Erzeugnissen führte wie:
Monopolbrillantöl SM 100, Brillantavirol SM 100, Triumph-
Avivageöl, Viskosil, Viskoflerhenol u. a. m., die speziell für Kunst-
seideavivage Verwendung fanden. Durch Veresterung des Rizinolschwefel-
säureesters mit geeigneten Alkoholen entstand das Avirol AH extra
(Böhme-Fettchemie-Ges.) mit ausgezeichneter Netzkraft und guter
Kalk- und Säurebeständigkeit. Auch Tran und Talge wurden sulfoniert
(Tallosan). Die Kombination der Ölsulfonate mit Fettlösern ergibt
eine große Anzahl untereinander ähnlicher Produkte, von denen eines
der ersten das Tetrapol (Stockhausen & Co.) war, das als erstes kalk-
beständiges Wasch- und Entfettungsmittel Schule machte.

Als zu dieser Gruppe zugehörig seien noch genannt: Reine Ölsulfonate
(Türkischrotöle und verbesserte Produkte vom Typus der Monopolseife u. a.):
Adurol, Alhazit, Appret-Avirol, Appret-Coloran, Appret-Flerhenol, Appret-Gezetol,
Appretol, Arburan, Arbylöl, Astrolan, Athanas, Avirol, Bleichsavol, Brillant-
Avirol, Brillant-Seirol, Budapol, Canitolöl, Carbisöl, Coloran, Colorflerhenol,
Crysolit, Diamantöl, Diaminöl, Diazoöl, Elixieröl, Emendol, Emulgin, Ent-
bastungsöl, Falken-Universalöl, Feltrasol, Finish, Flerhenol, Geneucol, Gezetol,
Glanzöl, Hilgerol, Humectol, Hydrocarbinol, Hydrosan, Imerol, Inferol, Intrasol,
Irgapolöl, Isomerpin, Jel, Kovarol, Lessapon, Leukonöl, Lipon, Meeranol, Melioran,
Monopolbrillantöl, Monopolseife, Naphtholöl, Neberon, Neobrillantöl, Neoflerhenol,
Neohexamin, Neopyridit, Nerolan, Oleonat, Omnapolöl, Paraöl, Petrinol, Prä-
stabitöl, Pulitol, Purol, Puropolöl, Radiol, Rapid-Servirol, Rayonal, Riolan,
Rizonöl, Rucolin, Sandozol, Savorizin, Servirol, Skowettil, Sojol, Solapolöl, Solvin,
Sulfonade, Sultafonöl, Superöl, Textilol, Textilöl, Tipagol, Triumphavivage,
Triumphöl, Triumphseife, Türkonöl, Türkopalin, Tytrovonöl, Unionöl, Univer-
salbrillantöl, Universalöl, Universalseife, Universalseifenöl, Visko-Elixieröl, Visko-
Flerhenol, Visko-Leukonol, Viskol, Viskosil u. a.   Ölsulfonate + Fettlöser
(Terpentinöl, Methylhexalin, Tetralin, Trichloräthylen, Pine-Oil, Dekalin u. a.):
Adosal, Alfanol, Alin, Anezol, Arbylöl, Atmosol, Avirin, Avivan, Cellosan, Coldol,
Colloid-Glanzöl, Cupalit, Cyclooleantin, Diffusil, Emulit, Hydracitöl, Hydrin,
Hydrohexamin, Lavapol, Microsol, Nettolavol, Penetrol, Perlano, Perpurol,
Perrustol, Pinol, Raylubric, Seirol, Terpinopol, Terpuril, Tetrapol, Texavon, Trapin,
Trioran u. a.

c) Alkylierte Naphthalinsulfosäuren. Als erste Vertreter dieser Klasse kamen die Nekale (I. G. Farbenindustrie) auf den Markt;
ihnen folgten die Leonile der gleichen Firma, dann das Oranit (Chem.
Fabrik Oranienburg) und das Neomerpin (Pott & Co.). Diese ganz hervorragenden Netzmittel lassen sich in kalten bis kochenden Bädern, in

harten und weichen Wässern, in neutralen, sauren und alkalischen Flotten anwenden. Sie sind fettfrei, können jedoch auch mit Seife, Ölsulfonaten und Fettlösern wirksam kombiniert werden. Eine ausgesprochene Reinigungswirkung besitzen sie nicht, dafür aber in Verbindung mit Kolloiden vorzügliche emulgierende Wirkung (Fett-, Ölemulsionen, Schmälzen).

Als zu dieser Gruppe gehörig seien genannt: Reine alkylierte Naphthalinsulfosäuren: Amerpin, Carbolan, Citomerpin, Etamol, Invadine, Leonil, Nekal, Neomerpin, Oranit u. a. Alkylierte Naphthalinsulfosäuren + Fettlösungsmittel, Ölsulfonat, Seife: Acidol, Devetol, Eufullon, Feltron, Geneucol, Gerbanon, Gerberol, Karbonit, Lanomerpin, Laventin, Nemil, Novazikon, Paraneon, Pyraldit, Skomellon, Solotol, Supralan, Supramol, Tetralix, Textalit u. a.

d) Fettsäurekondensationsprodukte und Fetteiweißkondensate. Durch diese „synthetischen Waschmittel" wird der Seife (s. a. w. unter e) auf dem Gebiete der Reinigung, des Waschens und Emulgierens ernsthafte Konkurrenz bereitet. Diese Produkte der I. G. Farbenindustrie, die unter dem Namen der Igepone in den Handel kommen, sind kalkbeständige und waschkräftige Seifenersatzmittel. Es handelt sich hier um zwei verschiedene Typen: a) Igepon A, AP, AP extra mit sehr gutem Waschvermögen, vorzüglicher Kalkbeständigkeit, jedoch geringerer Säure- und Alkalibeständigkeit und b) Igepon T, T extra und TS mit ganz vorzüglicher Beständigkeit in alkalischen, sauren und metallsalzhaltigen Flotten, einer hervorragenden Kalkseifelösewirkung, wobei jedoch die Waschwirkung gegenüber Igepon A etwas zurücksteht. Seifenlösung reagiert schwach alkalisch (pH 8,5), Igeponlösung neutral. Die Igepone entfalten also in neutraler Lösung eine gute Wasch- und Reinigungswirkung, so daß man vollkommen neutral und selbst sauer waschen und reinigen kann. Für faser- und farbenempfindliche Materialien (z. B. Wolle, Bunteffekte) ist dies gegenüber der Seifenwäsche ein großer Fortschritt. Die Igepone behalten auch in sehr hartem Wasser sowie in sauren und alkalischen Flotten und in Salzlösungen ihre Löslichkeit und Wirkung. Sie sind also hochbeständig und können mit Vorteil unter genannten Bedingungen zum Netzen, Reinigen, Emulgieren, Färben, Spülen, Seifen usw. Verwendung finden. Die Igepone lösen sich in lauwarmem und kaltem Wasser besser als die Seifen und können deshalb auch besser herausgespült werden. In neutraler, schwach saurer und alkalischer Flotte haben die Igepone keine zusätzliche Filzwirkung; in stark saurer Lösung findet dagegen eine Begünstigung der Filzwirkung statt. Die Igepone eignen sich weiterhin zur Herstellung von Emulsionen aller Art, zum Anteigen, Dispergieren und Lösen von Farbstoffen, zum Egalisieren und Durchfärben, für die Schlichterei und Appretur. Auch zum Entschlichten und Degummieren leinölgeschlichteter Kunstseiden lassen sich diese Produkte verwenden.

Als Lamepon bringt die Chem. Fabrik Grünau ein Fetteiweißkondensat in den Handel, das sich ebenfalls durch sehr gute Kalkbeständigkeit auszeichnet, dagegen in bezug auf Waschvermögen und Säurebeständigkeit hinter den Igeponen und Fettalkoholsulfonaten zurücksteht.

Zu diesen Gruppen gehören u. a.: Die genannten Igepone sowie die Neopole. Fettsäurekondensationsprodukte mit anderen Zusätzen sind: Laventin, Nuva. Fetteiweißkondensat: Lamepon.

e) **Fettalkoholsulfonate und andere Fettalkoholprodukte.** Diese hochbeständigen Netz-, Wasch-, Emulgier- und Avivagemittel kamen noch vor den Igeponen auf den Markt und stimmen mit ihnen in ihren Eigenschaften weitgehend überein, so daß das über Igepon oben Gesagte vielfach auch für diese Erzeugnisse gilt. Mit **Brillant-Avirol L 142, L 168** und **L 144** brachte die Böhme-Fettchemie-Ges. erstmalig Fettalkoholsulfonate auf den Markt, und zwar zunächst als Kunstseide-Avivagemittel, später auch in Kombination mit Fettlösern als Waschmittel, so z. B. das **Lanaclarin LM** und zuletzt das **Gardinol** als reines Pulver und als Paste. Andere Firmen brachten ähnliche Präparate.

Zu diesen Gruppen gehören u. a.: **Fettalkoholsulfonate und andere Fettalkoholprodukte:** Adulcinol, Agofoam, Akralit, Brillant-Avirol, CFD 1931, Cyclanon, Ebrolin, Emulsin, Gardinol, Gezetan, Glanzit, Hallopon, Homogenol, Jokalin, Kovapon, Lamesal, Laviton, Melioran, Merapon, Merpinol, Metapon, Monol, Nemil, Neojokalin, Ocenolsulfonat, Radolin, Rucopol, Sapidan, Sapomeran, Serfoan, Servon, Setamit, Setavin, Silvatil, Silvatin, Speziagol, Stenolat, Sulfuran, Superlanol, Supravinol, Texapon, Zachtol u. a. **Fettalkoholprodukte + Fettlöser und andere Zusätze:** Acorit, Arseife, Blumin, Boilit, Eufullon, Inferol, Kriton, Newalol, Orapret, Oxycarnit, Oxysulfol, Peptapon, Purton, Sulfanol, Supralan Texaponöl u. a.

f) **Verschiedene chemische Verbindungen** (Netz-, Dispergier-, Imprägnier-, Merzerisierungs-Hilfsmittel u. ä.).

Farbstoff-Dispergier- und -Lösungsmittel. Als solche dienen mit Vorliebe Alkohole, Glykolderivate, Pyridinbasen, auch in Verbindung mit Seifen, Ölsulfonaten, Fettalkoholsulfonat, alkylierten Naphthalinsulfosäuren und Fettlösungsmitteln. Hierher gehören u. a.: Acetin, Agoservin, Athanol, Bagacit, Basopon, Carnitol, Cellex, Egalit, Eulysin, Eunaphthol, Fibrit, Glycin, Hystabol, Newalol, Novocarnit, Novoneopol, Oleocarnit, Peregal, Palatinechtsalz, Printogen, Pyridit, Tetracarnit, Transferin u. a.

Merzerisierungszusätze. Diese müssen in den entsprechenden Laugenkonzentrationen genügend löslich sein. Die bisher erwähnten Grundstoffe scheiden meist aus, da sie ausgesalzen werden. Sehr geeignet sind vor allem **Kresole** verschiedener Beschaffenheit, ferner **Spiritus, Azeton** und einige **Sulfofettsäuren.** Bei Kombinationen müssen die Komponenten für einen bestimmten Konzentrationsbereich abgestimmt sein, so daß man Hilfsstoffe für Laugen bis zu 25^0, bis 30^0 und bis 36^0 Bé unterscheidet. Größere Schwierigkeiten bietet die Herstellung von Netzmitteln für die Konzentrationen von 3—15^0 Bé, wie sie für das Kreppen und Laugen verwendet werden. Zu derartigen Hilfsstoffen gehören: Amercit, Cottomerpin, Eumercit, Floranit, Inferol, Leophen, Merzerisier-Flerhenol, Merzerol, Prästabitöl u. a.

Entbastungs- und Kalkseifenlösungsmittel. Bis zu einem gewissen Grade gehören hierher auch bestimmte **Alkalimetaphosphat-Präparate** (s. a. u. Wasser, S. 33), welche die Eigenschaft haben: a) das Wasser zu enthärten, b) gebildete Kalkseifen zu lösen und dadurch den Arbeitsvorgang zu erleichtern. Es bilden sich dabei aus Kalkseife und Alkalimetaphosphat durch Basenaustausch Alkaliseife und komplexe, wasserlösliche Natrium-Kalk- bzw. Natrium-Magnesium-Metaphosphate. Zu solchen Präparaten gehört z. B. das **Calgon** der Firma Joh. A. Benckiser in Ludwigshafen a. Rh., das auch als Zusatz zu Seifen- und Spülbädern die Walk-, Entbastungs- und Entschlichtungswirkung der Seife nicht beeinträchtigt und daher insbesondere für Wollerzeugnisse geeignet erscheint. Auch der Eisengehalt des Wassers wird durch Calgon unschädlich gemacht.

Imprägnierungsmittel. Diese sind meist auf Basis fein emulgierten Paraffins zusammengesetzt; vielfach in Verbindung mit Tonsalzen. Solche Stoffe sind: Aperlan, Imprägnol, Paconin, Paralin, Prädigen, Ramasit, Trocklin u. a.

Faserschutzmittel. Eiweißabbauprodukte üben gegenüber Wolle bei der Behandlung mit Alkali, Säure und anderen Stoffen besonderen Faserschutz aus und werden als Egalisier-, Walk- und Waschmittel empfohlen. Ältere Produkte dieser Art sind Egalisal, Nutrilan, Percosal, denen sich das sehr kalkbeständige Lamepon in neuester Zeit anschloß. Eriplynen (Geigy) ist ähnlich aufgebaut, während das Protektol (I. G.) im wesentlichen aus Sulfitablauge besteht.

Mattierungsmittel für Kunstseide. Dies sind meist Pigmente, die entweder durch Doppelumsetzung auf der Faser erzeugt werden oder aber als fertige Pigmente mit Hilfe von Seifen-, Ölsulfonaten o. ä. auf die Faser aufgetragen werden. Hierher gehören z. B. Delustran, Dullit, Este-Mattierung, Filanol, Mattierungs-Z und S, Orapret, Radium-Mattine, Viskomattyl u. a.

Stärke.

Die in der europäischen Textilindustrie meist angewandten Stärkearten sind: 1. die Kartoffelstärke, 2. die Maisstärke, 3. die Weizenstärke, 4. die Reisstärke. In den jeweiligen Heimatländern bzw. ihren Mutterländern finden auch zahlreiche andere Stärkearten Verwendung, von denen nur genannt seien: 5. Tapioka (oder Maniokstärke, gewonnen aus den Wurzelknollen der Maniokpflanze, heimisch in Brasilien) und 6. der Sago (gewonnen aus dem Mark zahlreicher Palmen, heimisch in Indien).

Mikroskopie der Stärke. Das wichtigste Mittel, eine Stärkeart zu erkennen, ist das Mikroskop. Auch ist es auf mikroskopischem Wege möglich, das annähernde Verhältnis der Bestandteile einer Mischung festzulegen. Man verfährt dabei empirisch, indem man Mischungen der jeweils vorliegenden Stärkesorten in bekannten Verhältnissen herstellt (z. B. 5, 10, 20, 30% Maisstärke usw.) und dann diese bekannten Mischungen mit den zu prüfenden Mustern mikroskopisch vergleicht. Etwa 0,1 g der Original- und der bekannten Mischung wird ausgewogen, in einem Achatmörser mit wenig Wasser zerrieben, mit Methylenblau leicht angefärbt, in einem kleinen graduierten Zylinder zu 10 ccm mit Wasser aufgefüllt und gut durchgeschüttelt. Dann bringt man einen Tropfen der Suspension auf ein Objektglas, versieht mit einem Deckglas und zählt die verschiedenen Stärkekörner und -arten in einer Reihe von Feldern (z. B. in 10 Feldern) mit Hilfe eines Okular-Netzmikrometers aus, bis sich eine Mischung findet, die die gleiche Zahl von Stärkekörnern (z. B. 20% Maisstärke od. dgl.) besitzt wie die zu prüfende.

Kartoffelstärke (s. Abb. 9). Man findet alle Übergänge von kleinen zu großen Körnern. Die großen, ausgewachsenen Körner bilden eiförmige bis unregelmäßig abgerundete dreiseitige Gebilde. Der Kern liegt fast immer am schmalen Ende. Der Durchmesser der großen Körner beträgt 60—100 Mikromillimeter (μ), zumeist 70 μ; die kleinen Körner sind kugelig oder elliptisch. Die Körner sind fast durchweg einfach, Zwillings- und Drillingskörper sind selten. Die großen Körner sind vollkommen ausgebildet und zeigen reiche und deutliche Schichtung, die kleinen Körner weniger, oder sind ganz ungeschichtet. Die Verkleisterungstemperatur liegt bei 58,7—62,5° C. Kartoffelstärke erscheint im Handel als feinkörniges Pulver, auch in unregelmäßigen Brocken, seltener als Stäbchen und Stengel; die Farbe ist reinweiß bis schwachgelblich. Aus Kartoffelstärke hergestellter Kleister hat im allgemeinen geringere Klebkraft und Haltbarkeit als Kleister aus Weizenstärke, hat ferner einen unangenehmen Nebengeruch. Der Kleister liefert einen vollen, harten Griff.

Maisstärke (s. Abb. 10). Für Amerika die wichtigste Stärkeart (wird dort auch als „Perlsago" gehandelt, „Maizena" und „Mondamin" sind Maisprodukte, meist für Nahrungsmittelzwecke). Die Angaben in der Literatur über die Dimensionen der Maisstärkekörner stimmen nicht völlig miteinander überein, da die verschiedenen Sorten von Mais Verschiedenheiten aufweisen. Im allgemeinen haben die Körner Durchmesser von 10—30 μ; die häufigste Größe bewegt sich zwischen 15 und 20 μ. Es sind durchgängig einfache Körner von polyedrischem oder rundlichem Umriß. Im frischen Gewebe sind alle Körnchen mit einem großen rundlichen Kern versehen, der im trockenen Korne durch eine lufterfüllte Höhle ersetzt wird, von der radiale Risse auslaufen. Schichten hat Wiesner nie wahrgenommen. Behandelt man mit Chromsäure, so heben sich vom Umfang jedes Kornes eine, seltener zwei bis drei Schichten ab, während die ungeschichtet bleibende Innensubstanz eine radiale Streifung annimmt. Die Maisstärke kommt als ziemlich reinweißes Pulver oder in Form von Brocken in den Handel. Im Gegensatz zu Kartoffelstärke und Weizenstärke gibt die Maisstärke einen dünnen, papiernen Griff, ähnlich der Reisstärke. Die Maisstärke hat eine Verkleisterungstemperatur von 55—62,5⁰ C.

Weizenstärke (s. Abb. 11). Ist der Roggen- und Gerstenstärke sehr ähnlich und von diesen mikroskopisch schwer unterscheidbar; dafür unter den übrigen Stärkesorten leicht erkennbar. Im wesentlichen besteht die Weizenstärke aus zwei Gruppen von Gebilden: 1. großen Körnern, 2. kleinen Körnern. Übergänge fehlen fast ganz. 1. Die großen Körner sind meist genau linsenförmig. Der Kern ist durch eine kleine lufterfüllte und im Mikroskop schwarz erscheinende Höhlung (seltener durch Spalten) ersetzt. Schichten sind meist nicht wahrzunehmen, seltener nur undeutlich. Verdünnte Chromsäure mit geringem Schwefelsäurezusatz zerlegt die Körner in zahlreiche scharf hervortretende Schichten, die reichlich von radialen Streifen durchsetzt erscheinen. Die Durchmesser der großen Körner zeigen am häufigsten Werte von 25—30 μ, bei Höchstwerten von 45—50 μ. 2. Die kleinen Stärkekörner des Weizens sind einfache Körner; ihre Form ist häufig kugelig, manchmal tritt polyedrische Abplattung auf, manchmal zeigen sie unregelmäßige, selbst zugespitzte Formen. Schichtung ist nicht zu erkennen, auch nicht bei Anwendung von Chromsäure. Die Durchmesser schwanken zwischen 2—8 μ und betragen meist 6—7 μ. 3. Außer diesen zwei Hauptformen trifft man in Weizenstärke bisweilen zusammengesetzte Körner, Zwillings-, Drillingskörner usw. Die Weizenstärke erscheint im Handel entweder als feines Pulver oder in unförmlichen Brocken, seltener in Stängelchen. Sie gibt guten, haltbaren, stark klebenden und genügend steifenden, etwas geschmeidigeren Appret als Kartoffelstärke. Die Verkleisterungstemperatur liegt bei 65—67,5⁰ C.

Reisstärke (s. Abb. 12). Ist der Haferstärke, die jedoch nur selten hergestellt wird, am ähnlichsten. Die Stärke führenden Gewebe des Reiskornes bilden zusammengesetzte, aus 2—100 Teilkörnern bestehende und einfache Stärkekörner. Erstere sind eiförmig, vom Durchmesser 18—36 μ (meist 22 μ). Die Teilkörner sind polyedrisch, meist 5—6eckig, seltener 3—4eckig. An Stelle des Kernes ist eine rundliche oder polyedrische, manchmal sternförmige Höhlung vorhanden. In der Reisstärke

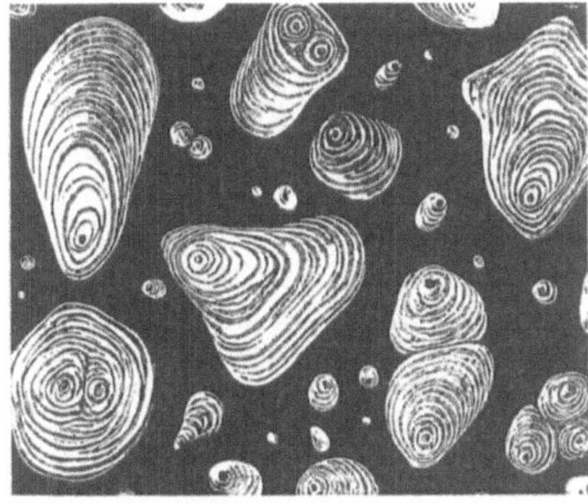

Abb. 9. Kartoffelstärke bei 300 facher Vergrößerung.

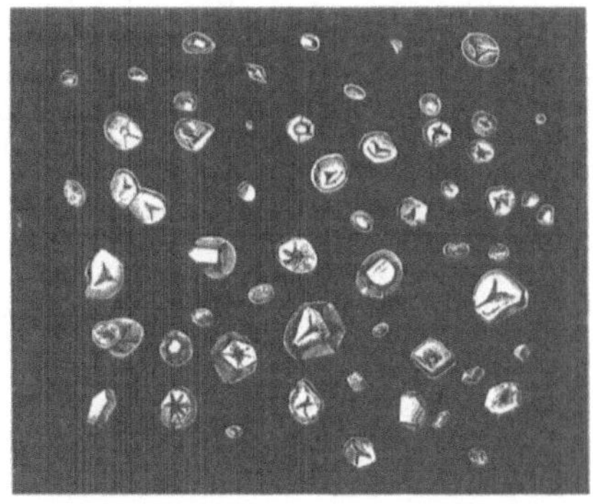

Abb. 10. Maisstärke bei 300facher Vergrößerung.

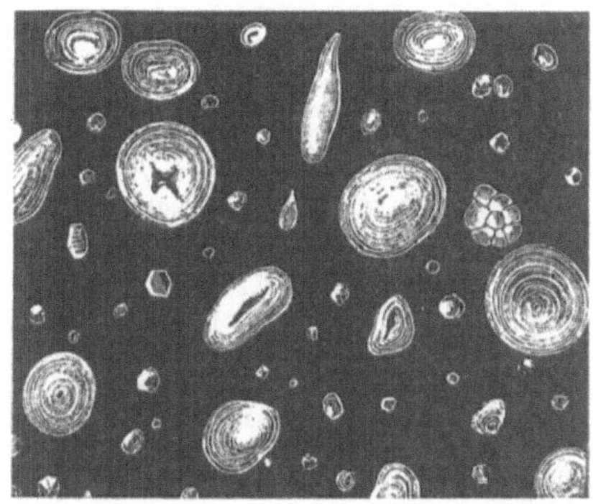

Abb. 11. Weizenstärke bei 300 facher Vergrößerung.

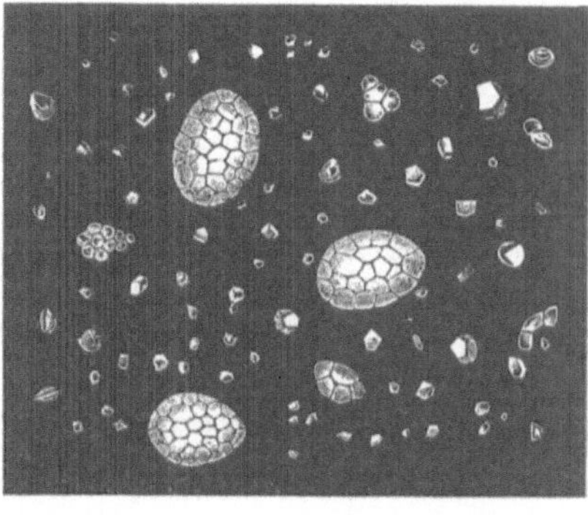

Abb. 12. Reisstärke bei 300facher Vergrößerung.

des Handels sind diese Körnerkonglomerate nicht mehr zu finden und in Einzelkörner zerfallen. Diese Einzel- oder Teilkörner haben einen Durchmesser von 3—7 μ, im Mittel 5 μ. Die Reisstärke wird in England in ungeheuren Mengen erzeugt. Die Rohstärke wird häufig durch Chlorpräparate gebleicht und durch eine Spur von Ultramarin geblaut. Die ordinären Sorten sind leicht gelblich, die feinsten blendend weiß. Letztere übertreffen an Feinheit und Weiße die beste Weizenstärke; sie ist deshalb für die Appretur feinster Gewebe geeignet. Ordinäre Reisstärke kommt in Form gröblichen Pulvers, feine in unregelmäßigen Brocken in den Handel. Appreturtechnisch steht die Reisstärke zwischen der Mais-

und der Weizenstärke, näher zur ersteren. Bei der Kartoffelstärke sind
die Stärkekörner mit dem freien Auge, bei Weizenstärke mit einer scharfen Lupe, bei Reisstärke nur mit Hilfe des Mikroskopes erkennbar. Die
Verkleisterungstemperatur der Reisstärke liegt bei 58,7—61,2° C.

Sagostärke. Ist die in dem Mark verschiedener (in Indien in großem Maßstabe in Kultur genommener) Palmenarten enthaltene Stärke, besonders in
Metroxylon Rumphii. Früher wurde sie ziemlich roh, als eine Art Mehl, heute
wird sie nach rationellen Verfahren großtechnisch in sehr verschiedenen Reinheitsgraden hergestellt. Sie erscheint im Handel in weißen und bräunlichen Körnern.
Die Stärkekörner von Metroxylon Rumphii sind meist zusammengesetzt, selten
treten Einzelkörner von eirunder bis ovaler Form mit exzentrischem Kern auf.
Die kleinen Körner haben einen Durchmesser von 18 μ und darüber, die großen
von 55—65—70 μ. Im fertigen Sago sind zusammengesetzte Körner spärlich
vorhanden. Die unreinen Sorten enthalten auch noch Fremdbestandteile, wie
Parenchym, Steinzellen, kristallführende Zellen usw. Der Sago wird besonders in
England und seinen Dominions im großen Maßstabe als billige Stärkesorte für
die Garnschlichterei verwendet.

Tapioka oder Maniokstärke. Sie wird aus den Wurzelknollen der Maniokpflanze (Manihot utilissima und Varietäten) gewonnen. Die Stärkekörnchen sind
fast durchweg Zwillingskörner, auch aus 3—8 kreisrund erscheinenden Teilkörnern
bestehend und mit einem (von großer, schwach lichtbrechender Zone umschlossenen)
Kern, der meist zentral liegt und punkt- oder sternförmig ist, versehen. Schichtung
ist gewöhnlich unsichtbar. Die Länge der Teilkörner beträgt 7—35, meist etwa
20 μ. Wird in England, Holland und den Kolonien zum Garnschlichten verwendet.

Morphologische und sonstige Eigenschaften der wichtigsten
Stärkesorten.

	Kartoffelstärke	Maisstärke	Weizenstärke	Reisstärke
Form der Körner	Eiförmige bis unregelmäßig abgerundete und dreiseitige Körner; kleine Körner kugelig	Polyedrische oder rundliche Körner	Große Körner: linsenförmig; kleine Körner: kugelig, manchmal polyedrisch abgeplattet, bis zugespitzt	Konglomerate: eiförmig; Teilkörner: polyedrisch, meist 5—6eckig, bis 3—4eckig
Dimensionen bzw. Durchmesser	Alle Übergänge von großen zu kleinen Körnern vorhanden; große Körner: 60 bis 100 μ, meist 70 μ Durchmesser	Große Schwankungen von 10 bis 30 μ, meist 15 bis 20 μ Durchmesser	Übergänge fehlen; große Körner meist 25 bis 30 μ, kleine meist 6—7 μ	Konglomerate der Körner im Zellgewebe: 18 bis 36 μ (meist 22 μ); Teilkörner in Handelsware: 3—7 μ (meist 5 μ)
Struktur bzw. Schichtung	Deutliche Schichtung; kleine Körner wenig oder gar nicht	Keine Schichtung	Meist keine Schichten wahrnehmbar	Keine Schichtung
Kern, Höhlen, Risse	Kern fast immer deutlich am schmalen Ende sichtbar	Im frischen Zellgewebe: großer, rundlicher Kern. Trocken: lufterfüllte Höhle mit radialen Rissen	Große Körner: statt des Kernes kleine, lufterfüllte, schwarz erscheinende Höhlen oder Spalten	Statt des Kernes: rundliche polyedrische, manchmal sternförmige Höhlung

Morphologische und sonstige Eigenschaften der wichtigsten
Stärkesorten (Fortsetzung).

	Kartoffelstärke	Maisstärke	Weizenstärke	Reisstärke
Besondere Kennzeichen (Zwillinge, Konglomerate)	Fast durchweg einfache Körner. Zwillings- und Drillingskörner selten	Einfache Körner. Chromsäure-Reaktion	Meist einfache Körner; selten auch zusammengesetzte Zwillings- und Drillingskörner. Chromsäurereaktion	Im Zellgewebe: zusammengesetzte Körner mit 2—100 Teilkörnern. In der Handelsstärke nur Einzelkörner
Verkleisterungstemperatur (nach Lippmann)	58,7—62,5⁰	55—62,5⁰	65—67,5⁰	58,7—61,2⁰

Verkleisterungstemperatur. Diese wird bisweilen zur Kennzeichnung
einer Stärkeart bestimmt; die Ausführungsarten sind sehr verschieden.
Man verrührt z. B. etwas Stärke mit kaltem Wasser zu einem gleichmäßigen Stärkebrei, verdünnt mit Wasser, bringt in weithalsiges Reagensrohr und erhitzt in warmem bis kochendem Wasserbade, indem der
Inhalt des Rohres dauernd mit einem genauen Thermometer gerührt
wird. Man notiert nun 1. die Temperatur, bei der sich die erste Gelatinierung (Durchsichtigwerden) kenntlich macht (= Beginn der Verkleisterung) und setzt die Erwärmung fort, bis 2. die ganze Masse gelatiniert oder verkleistert ist (= Ende der Verkleisterung). Beide Temperaturen werden alsdann als Beginn und Ende der Verkleisterung angegeben, z. B. Verkleisterungstemperatur: 58,7—62,5⁰ C. Nach Lippmann betragen die Verkleisterungstemperaturen der wichtigsten Stärkesorten:

Verkleisterungstemperaturen der wichtigsten Stärkesorten nach Lippmann.
Kartoffelstärke . . . . 58,7—62,5⁰ C   Weizenstärke . . . . . 65 —67,5⁰ C
Maisstärke . . . . . . 55 —62,5⁰ C   Reisstärke . . . . . . 58,7—61,2⁰ C

Viskositätsprüfung. Bei den Viskositätsprüfungen der Stärkesorten
sucht man den Schwierigkeiten zu entgehen, die durch die Kleister-
lösungen von unhomogener Gelatinierung und überhaupt durch unechte
Lösungen bedingt werden, indem man sich eine weniger dickflüssige,
alkalische Lösung herstellt. Ermen verrührt erst 3,5 g einer Stärke
gut mit Wasser, bringt den homogenen Brei in einen 250-ccm-Kolben
und gibt bis zu etwa 230 ccm destilliertes Wasser zu. Dann setzt er
15 ccm einer 10%igen Ätznatronlösung zu, schüttelt gut einige Zeit bis
zur völligen Lösung der Stärke, füllt mit kaltem Wasser auf 250 ccm
auf und schüttelt wieder um. Die Lösung bleibt nun 12 Stunden stehen
und wird dann nach einem der vielen üblichen Verfahren viskosimetrisch
bestimmt (s. S. 18).

    b) Man zerdrückt erst mit wenig Wasser und verkleistert dann genau
1,5 g lufttrockene Stärke mit insgesamt 248 g Wasser auf dem kochenden
Wasserbade, kocht über direkter Flamme genau $2\frac{1}{2}$ Minuten und stellt
auf der Waage genau auf 250 g ein. Bei Dextrinen und dünnflüssigen

löslichen Stärken stellt Durst[1] in gleicher Weise 5%ige Lösungen her.
Die Viskosität der so hergestellten Stärkelösung wird mit dem Ostwald-
Desagaschen Viskosimeter (s. S. 19) bei 20° C oder einer anderen bestimmten Temperatur gegen Wasser von gleicher Temperatur bestimmt.
Nach Durst findet man so z. B. bei Kartoffelmehl die Viskosität 7,38
bei 20°. Durch Aufschließen mit 1% Aktivin läßt sich die Viskosität
auf 3,1 und mit 3% Aktivin auf 2,08 verringern, während hochviskose
lösliche Stärke des Handels eine Viskosität von 2,91 hat. Die Viskosität
ist also ein Maß dafür, wie weit die Stärke abgebaut ist, und man hat es
in der Hand, den Abbau innerhalb bestimmter Grenzen zu regulieren.

Wassergehalt. Der Wassergehalt der Stärke kann bei längerem Lagern
an feuchter Luft bis zu 35% steigen und beträgt normalerweise bei
Kartoffelstärke 16—18%, bei Weizenstärke 14—16%. Als zulässig wird
im allgemeinen ein Wassergehalt von 20% bzw. 18% angenommen.
Außer den verschiedenen Spindelungs- und pyknometrischen Verfahren[2]
kommt vor allem die direkte Trocknung zur Anwendung. Etwa
10 g Stärke werden zuerst 1 Stunde bei 40—50°, dann etwa 4 Stunden
bis zum konstanten Gewicht bei 120° getrocknet, im Exsikkator erkalten gelassen und gewogen. Genauere Ergebnisse werden beim Trocknen im Vakuum bis 120° erzielt.

Aschengehalt. Reine Stärke enthält etwa 0,2—0,3% Asche und soll
nicht mehr als 0,5—1% enthalten. Verunreinigungen durch Sand, Gips,
Kreide, Schwerspat, Ton u. a. m. werden in der Asche qualitativ und
quantitativ nachgewiesen. Zu demselben Resultat gelangt man durch
Verzuckerung der Stärke vermittels Diastafor (s. d.), wobei die mineralischen, wasserunlöslichen Fremdkörper ungelöst zurückbleiben und durch
Filtration getrennt werden können. Durch kräftiges Schütteln von 4 bis
5 g feingepulverter Stärke mit Chloroform schwimmt die spezifisch
leichtere Stärke obenauf, während die meisten Fremdkörper als schwe-
rere Stoffe zu Boden sinken (normalfeuchte Stärke hat etwa das spez.
Gew. 1,4; Chloroform 1,526; absolut trockene Stärke 1,65).

Organische Fremdkörper bestehen aus sog. Stippen, welche
von Kohlenstaub, Ruß, Staub, Kartoffelschalenresten, Pilzmyzel, ab-
gestorbenen Algen, Holzteilchen, Fäden von Sackleinwand u. ä. herrühren. Diese bleiben nach Auflösung der Stärke durch Diastafor ungelöst zurück. Durch Betrachtung unter dem Mikroskop bei 300facher
Vergrößerung werden leicht Häufigkeit und Art der Stippen erkannt.
Ebenso kann die Stippenzahl auf 1 qcm berechnet werden.

Farbe. Sehr wertvolle Dienste leisten für die makroskopische Prüfung von Stärke- und Mehlsorten auf Farbe, Glanz, Stippen und
Säure besonders hierfür konstruierte Mehlprüfer.

Säuregehalt. Man bringt auf eine glattgestrichene Stärkeprobe
1—3 Tropfen (auf Bordeauxweinfarbe) verdünnte Lackmus- (oder Azo-
litmin-)Lösung. Wird die Stärke zartblau oder dunkelviolett, so ist sie

---

[1] Durst: Mschr. Textilind. 1933 S. 236.
[2] Eine Zusammenstellung dieser Verfahren gibt z. B. Krizkovsky: Melliand
Textilber. 1928 S. 594, 766.

säurefrei; wird sie weinrot, so ist sie sauer; wird sie ziegelrot, so ist sie stark sauer (Schwefelsäure, Gärungsmilchsäure).

Zur Bestimmung des Säuregehaltes werden nach Saare 25 g Stärke mit 30 ccm Wasser zu einem Brei angerührt und unter starkem Umrühren mit $\frac{1}{10}$ n-Lauge titriert, bis ein Tropfen der Stärkemilch, auf Filtrierpapier aufgetragen, durch Lackmuslösung nicht mehr rot gefärbt wird. Bei Verbrauch bis zu 1—1,5 ccm $\frac{1}{10}$ n-Lauge wird die Stärke als „zart sauer", bei 1,5—2 ccm als „sauer" und bei mehr als 2 ccm als „stark sauer" bezeichnet. Auch wird Phenolphthalein als Indikator empfohlen; als Umschlag wird hier zartestes Rosa angenommen. 100 g hochfeine Stärke sollen nicht mehr als 6,0 ccm, Superiorstärke bis zu 8,0 ccm und Primastärke bis 12,0 ccm $\frac{1}{10}$ n-Natronlauge verbrauchen. Bei der Berechnung der Säure wird diese als Schwefelsäure berechnet.

Alkaligehalt. Häufig ist Stärke alkalihaltig. Man schlämmt eine größere Probe der fein zerriebenen Stärke in destilliertem Wasser auf und titriert mit $\frac{1}{10}$ n-Salzsäure gegen Methylorange.

Säuerungsversuch. 50 g Stärke werden mit Wasser verkocht und der Kleister auf 1 kg aufgefüllt. Man läßt ihn mehrere Tage stehen und prüft (am besten neben einem Parallelversuch mit haltbarem Stärkekleister) täglich mit Lackmuspapier. Diejenige Stärkesorte, welche am längsten neutral bleibt, nicht schimmelt oder Pilzvegetationen aufweist, sowie nicht zerrinnt, ist in bezug auf Säuerung die beste.

Kaltwasserlösliches. Es kann bestehen aus: Dextrin, Dextrose, löslicher Stärke, Salzen u. dgl. Von Wichtigkeit ist, festzustellen, ob sich der erhaltene Wasserextrakt beim Trocknen bräunt oder nicht. Produkte, die eine Bräunung geben, verursachen oft eine nachträgliche Verfärbung appretierter Baumwollwaren.

Ausführung. Man digeriert eine abgewogene Menge Stärke mehrere Stunden mit viel kaltem Wasser, dann sammelt man den ungelösten Teil auf einem Filter, trocknet und wägt. Der Gewichtsverlust gibt dann die Menge des Gesamtkaltwasserlöslichen an. In der Lösung kann dann die Menge der reduzierenden Nichtstärken (also der sehr weit abgebauten Dextrine, Maltose, Glucose) durch Reduktion mit Fehlingscher Lösung oder jodometrisch (s. w. u.) bestimmt und deren Menge von dem Gesamt-Kaltwasserlöslichen abgezogen werden. Man erhält so den Gehalt an kaltwasserlöslichen Stärken. Native Stärke besitzt keine kaltwasserlöslichen Anteile. Diese werden vielmehr durch Abbau der Stärke erzeugt, und zwar nimmt mit steigendem Abbaugrade die Menge der kaltwasserlöslichen Anteile zu. Lösliche Stärke mittleren Abbaugrades enthält etwa 8—10 % Kaltwasserlösliches; weit abgebaute Stärken bis 20—25 %. Dextrine enthalten 30 bis 90 % Kaltwasserlösliches, darunter auch erhebliche Mengen reduzierender Substanz. Zwischen löslicher Stärke und Dextrin macht das Deutsche Arzneibuch folgenden Unterschied: Lösliche Stärke soll frei sein von reduzierenden Substanzen, die Lösungen sollen dünnflüssig sein, beim Erkalten keine Gallerten bilden und mit Jod reinblaue Färbung liefern. Dextrine enthalten reduzierende Substanzen und liefern mit Jod violette bis braune Färbung.

Reduzierende Substanzen. Jodometrische Bestimmumg. Man arbeitet nach Auerbach und Bodländer[1], indem man 1 g Stärke (bzw. lösliche Stärke od. dgl.) mit wenig lauwarmem Wasser gut zerdrückt, in einer Schüttelflasche schüttelt, dann 10 ccm Pufferlösung (106 g Soda

---

[1] Siehe Haller: Melliand Textilber. 1928 S. 309.

wasserfrei $+$ 84 g Natriumbikarbonat zu 1 l mit Wasser gelöst) und 20 ccm $\frac{1}{10}$ n-Jodlösung (De Haënsche Fixanal-Jodlösung ist hier wegen des Säuregehaltes unbrauchbar) zusetzt, 2 Stunden im Dunkeln stehen läßt, mit 12,5 ccm 25 %iger Schwefelsäure ansäuert und mit $\frac{1}{10}$—$\frac{1}{50}$ n-Thiosulfatlösung zurücktitriert. Man berechnet die reduzierenden Substanzen allgemein auf Traubenzucker wasserfrei. Es entsprechen dann 253,84 mg Jod = 180,1 mg Traubenzucker oder je 1 ccm verbrauchte $\frac{1}{10}$ n-Jodlösung = 0,009 g Traubenzucker. Bei löslichen Stärken findet man so etwa 10—30 mg, bei Dextrinen bis zu 70 mg reduzierende Substanz (auf Traubenzucker berechnet) auf 1 g Substanz.

Über die Ausführungsart mit Fehlingscher Lösung s. w. u. unter „Stärkegehalt" und S. 15.

Schweflige Säure. Man unterwirft eine größere Menge der Probe der Wasserdampfdestillation und leitet das Destillat in überschüssiges Wasserstoffsuperoxyd. Die übergehende schweflige Säure wird dabei zu Schwefelsäure oxydiert und diese als Bariumsulfat (s. u. Schwefelsäure) bestimmt.

Blaumittel. Diese werden der Stärke bisweilen als Schönungsmittel zugesetzt, um reinweiße Stärke vorzutäuschen. Smalte (s. d.) findet man mikroskopisch in der Asche als kleine blaue Partikelchen. Mit Ultramarin geschönte Ware wird beim Ansäuern entfärbt, und Teerfarbstoffe können durch Wasser oder Alkohol ausgezogen, durch Eindampfen konzentriert und auf Wolle ausgefärbt werden.

Stärkegehalt. Der Gehalt an reiner Stärke kann a) durch Differenz oder b) direkt bestimmt werden.

a) In Textilbetrieben kommt meist nur die Differenzbestimmung zur Ausführung. Darnach rechnet man die Differenz zwischen 100 und der Summe aus Feuchtigkeit, Asche und wasserlöslicher Substanz als Stärke. Diese schließt zwar unter Umständen etwas Zellulose ein; aber der Fehler, der dadurch begangen wird, ist nur sehr klein.

b) Eine direkte Bestimmung des Stärkegehaltes von Handelsstärken kann hier nur in ihren Grundlinien erwähnt werden. Die genaueste Bestimmung wird mit Hilfe des Polarisationsapparates erhalten, nachdem man die Stärke in geeigneter Weise der Inversion unterworfen hat. Weiterhin kann man den Stärkeinhalt einer Stärkesorte durch Diastase bzw. amylolytische Fermente und hinterher durch Inversion mit verdünnter Salzsäure (s. u. Diastase) in Traubenzucker (Dextrose) überführen und den Traubenzucker durch Reduktion mit Fehlingscher Lösung, entweder gewichtsanalytisch oder maßanalytisch bestimmen. Aus diesem Wert wird dann der Stärkewert berechnet. Da die Stärke unter Umständen etwas Zucker und Pentosane enthält (die als Stärke zur Berechnung kommen würden), werden diese Stoffe vor der Untersuchung, d. h. vor der Verzuckerung durch Extraktion mit 70 %igem Alkohol entfernt.

Die Umrechnungswerte sind etwa folgende: 90 Gew.-T. Stärke liefern rund 100 Gew.-T. Traubenzucker. 50 ccm Fehlingsche Lösung entsprechen = 0,237 g Traubenzucker oder = 0,214 g Stärke. (1 Gew.-T. Kupferoxydul entspricht = 0,43 Gew.-T. Stärke.)

Es sei hier nur folgende Ausführungsart erwähnt.

3 g der Probe werden mit 70 %igem Alkohol ausgezogen, wieder getrocknet, mit wenig Wasser angerührt und mit etwa 200 ccm Wasser zu einem homogenen Kleister verkocht. Man läßt auf 38⁰ C abkühlen, versetzt mit etwa 0,1 g eines guten Diastasepräparates (s. u. Diastase) und erhält das Bad während einer Stunde bei 37—38⁰ C. Zur vollkommenen Umwandlung der Stärke in Dextrose (Traubenzucker) versetzt man nun mit 15 ccm einer 25 %igen Salzsäure und erhitzt die Lösung 2 Stunden auf dem kochenden Wasserbade. Nun ist die gesamte Stärkemenge in Traubenzucker verwandelt. Man verdünnt die Lösung auf 500 ccm, neutralisiert beinahe und bestimmt in 25 ccm dieser Lösung (entsprechend 0,15 g Stärke) den Traubenzucker, indem man zunächst vorsichtig mit Alkali neutralisiert, dann 50 ccm Fehlingsche Lösung zusetzt, zum Kochen erhitzt, 4 Minuten kocht und absetzen läßt. Wenn die überstehende Lösung blau oder blaugrün ist, so deutet es darauf, daß genügend Fehlingsche Lösung zugesetzt war; andernfalls war zu wenig Fehlingsche Lösung zugesetzt worden, und es muß noch ein neuer gemessener Teil (z. B. 10 oder 20 ccm) der Kupferlösung zugegeben und erneut gekocht werden. Das abgeschiedene Kupferoxydul sammelt man schließlich durch Filtration durch ein mit Asbestfilter versehenes, gewogenes Röhrchen (oder einen Goochtiegel), wäscht mit 300 ccm heißem Wasser und dann mit 20 ccm Alkohol, trocknet bei 120⁰ C und erhitzt zum schwachen Glühen. Dann leitet man unter gelindem Erwärmen einen Wasserstoffstrom durch, läßt im Wasserstoff erkalten und wägt als metallisches Kupfer. Man kann das Kupfer auch nach erfolgter Oxydation als Kupferoxyd zur Wägung bringen oder am einfachsten maßanalytisch bestimmen (s. u. Fehlingsche Lösung, S. 15).

Technische Versuche. Die üblichen Stärkeprüfungen erfüllen ihren Zweck mitunter nur teilweise. Wichtig für den Praktiker wird dann ein technischer Appretur- oder Druckversuch sein. Es werden beispielsweise mit empfindlichen Farbstoffen (Benzopurpurin, Türkischrot, Blauholzschwarz u. a.) vorgefärbte oder auch gebleichte Stoffe (bei Weizenstärke) mit der fraglichen Stärke auf einer Klotzmaschine, Riegelappreturmaschine od. ä. behandelt und dann getrocknet. Bei der Prüfung ist auf den Griff, die erzielte Steifung, die Farbenbeeinflussung zu achten und das Ergebnis mit einem auf gleiche Weise vermittels Typestärke hergestellten Muster zu vergleichen.

Zu speziellen technischen Versuchen gehören noch folgende.

Die Waschung und das Absetzen. Die Stärke wird mit der zehnfachen Menge Wasser aufgerührt und eine Stunde stehengelassen. Dabei setzt sich die Stärke größtenteils ab, während die leichteren Stärkekörnchen in der Schwebe bleiben. Bei schlecht gewaschener Stärke ist die überstehende Flüssigkeit trübe und gelblich. Das Absetzen prüft man dabei durch Aufdrücken mit einem Glasstab. Eine gute Stärke setzt sich hart ab und hat möglichst wenig frei schwebende leichte Teilchen.

Verkleistern. Die Stärke wird durch ein Sieb aus Seidengaze Nr. 14 durchgewaschen und der verbleibende Rest getrocknet und gewogen. Er soll möglichst gering sein und rührt daher, daß die Trocknungstemperatur in der Stärkefabrik überschritten worden ist, wodurch Kleisterklümpchen entstehen, die zu Grießoder Graupenbildung führen, d. i. zu nicht pulverisierbaren, geringwertigen Teilen.

Steifungsvermögen. Das Steifungsvermögen bestimmt man nach Wiesner im kleinen derart, daß man 50 cm lange Stücke eines bestimmten Normalgarnes mit einem durch 4 Minuten langes Kochen von 3 g Stärke und 50 ccm Wasser hergestellten Kleister gleichmäßig steift, die Fadenstücke nach dem Trocknen vertikal hängend einspannt und den einzelnen Faden langsam in die Höhe schiebt, bis er sich so weit umbiegt, daß das obere Ende in einer Horizontalen mit dem Klemmpunkt zu liegen kommt. Man mißt endlich den über den Klemmpunkt hinausragenden Anteil der 50 cm langen Fäden. Je länger dieser Teil ist, desto größer ist das Steifungsvermögen.

Lösliche Stärke. Unter den verschiedensten Namen kommt eine Reihe löslicher Stärkesorten in den Handel, die nicht zu der Klasse der Dextrine gehören. Sie lösen sich in heißem Wasser zu einer klaren Flüssigkeit von geringer Klebkraft und Viskosität. Mit Jod reagieren sie wie Stärke unter reiner Blaufärbung. Die Untersuchung erfolgt wie bei Stärke, insbesondere auf Kaltwasserlösliches, reduzierbare Substanzen usw. (s. u. Stärke[1]). Infolge der geringen Klebkraft und des geringen Steifungsvermögens werden diese Erzeugnisse für besondere Zwecke verwendet.

Mehle. Die Mehle sind die aus verschiedenen Rohstoffen aufgeschlossenen, pulverigen und körnigen, von Gewebsteilen teilweise oder nahezu ganz befreiten Körper. Die chemische Untersuchung bezieht sich auf die Ermittelung des Wassergehaltes, die Menge der stickstoffhaltigen und -freien Substanz und insbesondere auf den Aschengehalt. Der Wassergehalt soll 18 % nicht überschreiten; bei 15 % ballt sich das Mehl (zwischen den Händen gedrückt). Der Aschengehalt feinster Mehle beträgt 0,5—1 %, mittelfeiner 1—2 % und grober Mehle 2—3 %. Kreide, Marmorpulver, Gips u. a. werden wie bei Stärke nachgewiesen. Feinstes Weizenmehl hat 10 % Kleber, etwa 70 % Stärke, 0,5 % Asche, gröberes 11—12 % Kleber und 1 % oder mehr Asche.

Bei der sonstigen Prüfung der Mehle ist zu achten auf: Farbe, Glanz, Feinheit, Griff, Geruch, Geschmack und mikroskopische Beschaffenheit. Der Glanz muß lebhaft sein, der Griff und die Feinheit dürfen kein staubartiges, sondern ein körnig-feinpulveriges Produkt ergeben. Der Griff darf nicht schlüpfrig sein, der Geruch ist eigenartig, aber nicht unangenehm. Dumpfiger, muffiger Geruch verrät brandiges, schimmeliges oder durch tierische Parasiten verdorbenes Mehl. In feuchtem Mehl entwickeln sich häufig Schimmelpilze. Die Mehlmilbe, die Mehlmotte, die Larven des Mehlkäfers sind Parasiten, die das Mehl verderben. Solches Mehl ballt sich zu Klümpchen und hat einen üblen süßlich-bitterlichen, kratzenden Geschmack. Gutes Mehl schmeckt nach frischem Kleister. Die mikroskopische Untersuchung läßt zellige Organe, die Form und Größe der Stärke- und Kleberkörner, sowie Brandpilzsporen, Kornrade, Parasiten usw. auffinden. Die wichtigsten Mehlsorten sind Kartoffel- und Weizenmehl.

Dextrin und Dextrinierungsprodukte.

Durch Behandeln von Stärke mit verdünnten Säuren oder durch längeres Erhitzen (Rösten) auf 180—220° entsteht aus Stärke das Handelsdextrin (Säuredextrin, Röstdextrin), das je nach der Darstellung und der Höhe der angewandten Temperatur stark wechselnde Zusammensetzung und Eigenschaften hat und ein weißes, gelbes bis braunes Pulver bildet, welches unter Namen wie **Dextrin** (aus Kartoffelmehl), **gebrannte Stärke** (aus Weizenstärke), **britisches Gummi** (aus Maisstärke hergestellt), **künstliches Gummi, Stärkegummi, Röstgummi, Dampfgummi, Gommeline, gomme d'Alsace, Leiogomme** (aus Kartoffelmehl) u. ä. in den Handel gelangt. Vermittels verdünnter Salpetersäure hergestelltes weißes Dextrin wird auch **Kristallgummi**, das mit Malzauszug bereitete Dextrin in Lösung **Dextrinsirup** oder **Gummisirup** genannt. Die zahlreichen Phantasienamen bieten keine Gewähr für Herkunft und Art der Herstellung.

---

[1] Siehe **Durst**: Lösliche Stärken und ihre Bewertung. Mschr. Textilind. 1933 S. 193, 213, 236.

Gutes Dextrin darf nicht hygroskopisch sein, sondern soll trocken, geruchlos, schwach fade schmeckend, leicht zerreiblich, in einem gleichen Volumen Wasser löslich und in Alkohol unlöslich sein. Es muß mit Wasser eine möglichst farblose, klare Lösung (nicht mehr als 0,15 % „Schmutz") geben, welche sich mit Jodlösung rötlich bis braun, aber nicht blau färben (Stärke), durch Kalkwasser nicht getrübt (Oxalsäure), durch Gerbsäure und Barytwasser nicht gefällt (lösliches Stärkemehl) und mit Bleiessig keinen Niederschlag geben (Gummiarabikum, Pflanzenschleim) darf. Im übrigen wird der Hauptwert gelegt auf geringen Aschen- und Sandgehalt, geringe Stippenzahl, geringen Säure- und Zuckergehalt (Dextrose u. dgl.).

Der Wassergehalt wird durch Trocknen von 3—4 g bei 110° bis zum konstanten Gewicht bestimmt. Der normale Feuchtigkeitsgehalt beträgt etwa 10—12 %.

Der Aschengehalt, durch Veraschen einer Probe ermittelt, beträgt bei reinem Dextrin etwa 0,25—0,5 %.

Der Säuregehalt wird durch Titration der wässerigen Lösung mit $\frac{1}{10}$n-Alkali (Phenolphthalein) bestimmt. Je nach Qualität (Prima, Superior reguläre Ware und Superior Markenware) sollen 25 g Dextrin nicht mehr als 20 bzw. 15 bzw. 12,5 ccm $\frac{1}{10}$n-Lauge verbrauchen.

Wasserlösliches, Wasserunlösliches, Unlöslich-Mineralisches. Etwa 5 g der Probe werden genau abgewogen, mit wenig kaltem Wasser angeteigt, in einen 250-ccm-Kolben gespült, mit kaltem Wasser auf 250 ccm aufgefüllt und unter zeitweisem Umschütteln 3—4 Stunden verschlossen stehengelassen. Etwa unlöslich gebliebene Anteile filtriert man durch einen gewogenen Goochtiegel, wäscht mit kaltem Wasser, dann mit Alkohol nach, trocknet bei gelinder Temperatur und wägt (= Unlösliches). Nun verascht man den Inhalt und erhält so die unlöslichen Mineralbestandteile (= Unlöslich-Mineralisches). Die Differenz zwischen diesen beiden Wägungen ergibt die unlösliche Stärke (einschließlich etwaiger sonstiger Verunreinigungen, wie unlöslicher organischer Stoffe). — In dem wasserlöslichen Anteil kann das Dextrin z. B. auch noch direkt bestimmt werden, indem ein aliquoter Teil, etwa 50 ccm des Filtrates zur Sirupdicke auf dem Wasserbade eingedampft und dann mit dem zehnfachen Volumen 96 %igen Alkohols (unter stetigem Rühren während des Einlaufenlassens) versetzt wird. Das Dextrin wird hierbei quantitativ gefällt, auf dem Filter gesammelt mit 90 %igem Alkohol gewaschen, getrocknet und gewogen.

Dextrin und Dextrose. Bestimmung mit Hilfe der Fehlingschen Lösung. Man löst 1 g der Probe in 10 ccm kaltem Wasser (heißes Wasser führt Dextrin bereits zum Teil in reduzierende Stoffe über) und verwendet einen aliquoten Teil der Lösung zuerst zur Bestimmung der Dextrose (+ etwaiger Maltose usw.) mit Hilfe der Fehlingschen Lösung (a = Dextrose, bzw. Traubenzucker), indem man erst die 10 ccm auf 100 ccm verdünnt und von dieser Lösung 10 ccm verwendet (entsprechend 0,1 g der Originalprobe). Eine weitere Portion der Lösung wird in reduzierende Zucker invertiert, indem man 10 ccm zu 50 ccm verdünnt, 1,5 ccm konzentrierte Schwefelsäure zusetzt, 3 Stunden auf kochendem

Wasserbade beläßt, dann erkalten läßt, leicht alkalisch macht und auf 100 ccm auffüllt. Diese invertierte Lösung wird nun mit Fehlingscher Lösung auf reduzierende Zucker untersucht und so (*b*) die Summe von Dextrin + Dextrose bestimmt. Der für Dextrose allein ermittelte Wert (*a*) wird von (*b*) in Abzug gebracht und so der Dextringehalt ermittelt: $b - a =$ Dextrin. (Näheres über Fehlingsche Lösung usw. s. S. 15). Dextrose, die immer in technischen Dextrinen in Mengen von 4—5% der Trockensubstanz enthalten ist, und sonstige optisch-aktive Stoffe können auch mit Hilfe des Polarisationsapparates bestimmt werden.

Babington, Tingle und Watson[1] führen folgende Einzeluntersuchungen aus: *a* Aschenbestimmung, *b* Feuchtigkeitsgehalt, *c* Dextringehalt, *d* unlösliche Stärke, *e* reduzierende Zucker (Dextrose, Maltose u. dgl.), *f* Gesamtstärke ist dann $= 100 - (a + b + c)$, *g* lösliche Stärke ist $= f - d$, *h* nicht reduzierender Dextringummi $= c - e$.

Glukose.

Glykose, Traubenzucker, Sirup. Diese Produkte kommen in gelblichen Brocken oder in Sirupform in den Handel. Der Wassergehalt kann durch Trocknen bei 100°, anorganische Stoffe durch Verbrennen von 5 g Substanz ermittelt werden. In Frage kommen noch: Schwefelsäuregehalt, Salzsäuregehalt, Rohrzucker, Dextrin, Invertzucker. Traubenzucker löst sich bei 15° in 10 T. Schwefelsäure ohne Färbung auf, Rohrzucker bräunt die Lösung. Der Traubenzucker soll sich in 20 T. siedendem 90%igem Alkohol ohne Rückstand auflösen (Dextrin bleibt ungelöst). Die wässerige Lösung wird durch Jod nicht gefärbt, Dextrin wird rot gefärbt. Der Gehalt an Traubenzucker oder Invertzucker wird aus dem spezifischen Gewicht der wässerigen Lösungen, durch Polarisation oder mit Fehlingscher Lösung bestimmt (s. u. Fehlingscher Lösung S. 15 und u. Stärke S. 196).

Pflanzengummi und Pflanzenschleime.

Die eigentlichen pflanzlichen Gummiarten (arabisches Gummi, Senegalgummi, Tragantgummi u. a. m.) bilden mit Wasser schleimige, kolloidale Lösungen von klebenden Eigenschaften und enthalten im wesentlichen Arabin, Zerasin und Bassorin. Man rechnet aber in weiterem Sinne zu den Gummiarten vielfach auch noch verschiedene Pflanzenschleime, die nicht die genannten Bestandteile enthalten und nur wenig klebend wirken, wie irisches Moos usw. Diese Pflanzenschleime unterscheiden sich vom wahren Gummi auch noch dadurch, daß sie mit Wasser keine klaren Lösungen (wie Arabingummi), sondern unfiltrierbare Suspensionen liefern.

Arabin, der Hauptbestandteil der Gummiarten, besteht aus Arabinsäure mit Kalzium und Magnesium. Es ist in kaltem Wasser mit schwachsaurer Reaktion löslich und optisch aktiv. Zerasin und Bassorin sind

---

[1] Babington, Tingle und Watson: J. Soc. chem. Ind. 1918 T 257.

in Wasser nicht klar löslich; aber Zerasin geht bei längerem Kochen mit
Wasser in Arabin über. Zerasin und Bassorin werden auch mit oxydierenden Substanzen (z. B. mit Wasserstoffsuperoxyd) in sodaalkalischer
Lösung wasserlöslich gemacht. Durch Hydrolyse mit Säure geht Bassorin
ferner in pektinähnliche Stoffe über. Nach der Zusammensetzung kann
man also dreierlei Klassen von Gummiarten bilden:

1. Vorzugsweise arabinsäurehaltige Gummis. Hierher gehören
u. a.: Akazien-Gummiarten, Arabisches Gummi, Senegalgummi, Indisches Gummi.

2. Vorzugsweise zerasinhaltige Gummis. Hierher gehören:
Kirschgummi, Pflaumengummi, Mandelgummi, Pfirsichgummi u. a. m.

3. Vorzugsweise bassorinhaltige Gummis. Hierher gehört vor
allem der Tragantgummi.

Gummiarabikum, arabisches Gummi. Unregelmäßige, glänzende und
spröde Stücke von blaßgelber bis brauner Farbe und vom spez. Gew. 1,3
bis 1,4. Innen meist von Rissen durchzogen, leicht pulverbar, nicht
hygroskopisch. Wasser löst zu fast klarer, klebender, dickschleimiger,
etwas fadenziehender, schwach opalisierender (aber nicht zäher oder
gallertartiger) Lösung von schwach saurer Reaktion und fadem schlei-
migen Geschmack. Löslich auch in Glyzerin, unlöslich in organischen
Lösungsmitteln. Der Hauptbestandteil ist Arabinsäure oder Arabin.
Linksdrehend; falls Rechtsdrehung vorliegt, ist meist Dextrin (mit Dextrose verunreinigt) zugegen. Reduziert nicht Fehlingsche Lösung.

Reaktionen und Erkennung des Gummiarabikum. Durch
2 Vol. Alkohol wird Gummiarabikum aus seinen Lösungen ausgeschieden; beim Ansäuern wird die Arabinsäure quantitativ gefällt. Aus dem
zur Fällung eines Gummis benötigten Volumen Alkohol und aus
der Art der Fällung kann man gewisse Anhaltspunkte für die Art
des Gummis herleiten. Trotman gibt folgende Charakteristika:

Volumen Gummilösung	Volumina Alkohol	Gefälltes Gummi	Art der Fällung
1	2	Gummiarabikum	weiß, flockig
1	2	Gummitragant	gelatinös
1	$2\frac{1}{2}$	Indisches Gummi	fadenziehend, teigartig
1	3	Dextrin	klebrig, zäh
1	4	Agar-Agar	feiner Niederschlag

Millons Reagens liefert mit arabischem Gummi gelatinösen Niederschlag,
der im Überschuß des Reagens löslich ist. Eine kalt gesättigte Boraxlösung oder Lösung von basisch-essigsaurem Blei gibt farblosen gelatinösen Niederschlag. Natronlauge gibt Trübung. Eine 30%ige Lösung
von Gummiarabikum mit Neßlers Reagens geschüttelt, gibt eine trübe,
graue Emulsion, die allmählich pulverige Erscheinung annimmt (bei
Siedehitze ausgeführt, tritt sofort pulveriger Niederschlag ein). Natronlauge, bei Gegenwart von Kupfervitriol gibt blauen Niederschlag und
farblose überstehende Flüssigkeit. Neutrale Lösung von Eisenchlorid
fällt das Gummiarabikum quantitativ. Das Gummiarabikum enthält
Oxydasen, die typische Reaktionen liefern: 1. Wenn man einen Tropfen

von 3 %iger Wasserstoffsuperoxydlösung zu einer Mischung gleicher Volumina 30 %igem Gummiarabikum und Gujaktinktur zusetzt, so entsteht Blaufärbung. 2. Mischt man die Gummilösung mit gleichem Volumen Pyramidonlösung (Dimethylaminophenyldimethylpyrazolon) und gibt 12 Tropfen Wasserstoffsuperoxydlösung zu, so bildet sich innerhalb 5—10 Minuten eine blauviolette Färbung (nach Trotman).

Systematische Analyse. Diese umfaßt die Bestimmung von Feuchtigkeit, Asche, Wasserlöslichem und Azidität. Die Feuchtigkeit beträgt im Mittel etwa 15 %; der Aschengehalt darf 3 % nicht übersteigen (die Asche besteht vorzugsweise aus Kalium- und Kalziumsalzen). Die Azidität wird durch die Anzahl Milligramm Ätznatron ausgedrückt, die zur Neutralisation von 1 g Gummi erforderlich sind. Man titriert die wässerige klare Lösung mit $\frac{1}{10}$ n-Natronlauge und Phenolphthalein. Auch ist versucht worden, die Verseifungszahl des Gummis zu bestimmen, indem man nach der Neutralisation der Gummilösung einen gemessenen Überschuß von $\frac{1}{10}$ n-Natronlauge zusetzt, 1 Stunde am Rückflußkühler kocht und das unverbrauchte Alkali zurücktitriert. Zur Bestimmung der flüchtigen Säure unterwirft man die Gummilösung einer Wasserdampfdestillation unter Zusatz von Phosphorsäure. Die Destillation wird so lange fortgesetzt, bis das Destillat nicht mehr sauer reagiert. Dabei soll 1 g Gummi nicht mehr als 1 ccm $\frac{1}{10}$ n-Natronlauge zur Neutralisation erfordern. Tragantgummi (s. d.) erfordert bis zu 3 ccm, indisches Gummi 10—20 ccm $\frac{1}{10}$ n-Natronlauge.

Wasserlöslichkeit. Trennung von Arabin, Zerasin und Bassorin. Man weicht 40 g der Probe 24 Stunden in 500 ccm Wasser von 20—22 ° C, verdünnt dann mit weiteren 500 ccm Wasser, mischt gut durch und läßt einige Zeit stehen. Die klare Lösung enthält nun das Arabin und wird abdekantiert. Im ungelösten Teil wird das Zerasin mit 10 %iger kochender Sodalösung gelöst. Man filtriert die Zerasinlösung ab, säuert schwach mit Phosphorsäure an und fällt mit gleichem Volumen 98 %igem Alkohol, wobei etwa vorhandenes Zerasin als weißer Niederschlag ausfällt. Der in Sodalösung ungelöst gebliebene Teil besteht aus Bassorin.

Trennung von Dextrin und Gummiarabikum. 1. Qualitativ. Man versetzt die wässerige Lösung mit überschüssiger Kalilauge und etwas Kupfervitriollösung, erwärmt schwach, filtriert und kocht das Filtrat. Deutliche Ausscheidung von rotem Kupferoxydul oder gelbem Hydrat zeigt Dextrin an. 2. Quantitativ. a) Man fällt das Gummi aus der wässerigen Lösung mit basisch essigsaurem Blei (Dextrin bleibt dabei in Lösung), filtriert ab, fällt das überschüssige Blei im Filtrat mit Schwefelwasserstoff wieder aus, filtriert vom Schwefelblei ab, dampft das dextrinhaltige Filtrat bis auf ein kleines Volumen ein und fällt das Dextrin mit einem Überschuß von Alkohol. b) Man löst 1 g der getrockneten Probe in 10 ccm Wasser, setzt 30 ccm absoluten Alkohol, 4 Tropfen konzentrierte Eisenchloridlösung (26 % Eisenchlorid), ein paar Dezigramm Schlämmkreide zu, rührt gut um, läßt einige Zeit stehen und filtriert das quantitativ gefällte Gummiarabikum ab. Im

Filtrat befindet sich das Dextrin, das durch großen Alkoholüberschuß
gefällt wird. Das gefällte Gummi wäscht man zur Reindarstellung auf
dem Filter mit absolutem Alkohol, löst wieder in verdünnter Salzsäure
und fällt mit einem Überschuß von Alkohol.

Technische Prüfung. 100 g Gummiarabikum, zu 1 l in Wasser
gelöst, sollen eine Lösung von etwa 5° Bé liefern. Das Gummi soll für
Druckzwecke völlig sandfrei sein, darf zarte Farben nicht trüben und
soll sich mit den üblichen Druckbeizen vertragen. Die Gummilösung
darf nicht zu schnell sauer werden. Der Säuerungsversuch wird ähnlich
wie mit Stärke ausgeführt (s. d.). Bisweilen wird auch auf Viskosität
der Lösungen (s. u. Stärke), Klebkraft (s. u. Leim) und auf Schäumen
der Lösung (s. u. Leim) geprüft.

Senegalgummi. Im Gegensatz zum arabischen Gummi bildet es meist
größere, runde Stücke, zeigt seltener Risse, die dann aber bis ins Innere
gehen und hat im Inneren oft tränenartige, große Lufthöhlen. Es ist von
geringerem Glanz als Gummiarabikum, weiß bis rötlich gefärbt und
unterscheidet sich von Gummiarabikum noch dadurch, daß es durch
salpetersaures Quecksilberoxydul nur schwach getrübt und durch Borax
sehr stark verdickt wird. Ferner noch dadurch, daß es im Wasser schwerer löslich ist, mehr schleimige und gallertige Lösungen von geringerer
Bindekraft liefert und mit einer Reihe von chemischen Präparaten
leichter gerinnt.

Tragant, Tragantgummi, Gummitragant. Der Tragant ist das Erzeugnis verschiedener Astragalusarten (Astragalus gummifer u. a.) und
kommt in Form von unregelmäßigen Brocken, blattartigen Gebilden und
Körnern in den Handel. Als beste Sorte gilt der Tragant von Smyrna
oder der syrische Tragant. Gute Ware ist farblos bis hellblond; geringere Sorten sind braun bis dunkel. Der Tragant soll geruch- und ge-
schmacklos, durchscheinend, hornartig, zähe und sehr schwer pulverbar
(im Gegensatz zu Gummiarabikum) sein. Infolge seines hohen Basso-
ringehaltes (s. o.) enthält er nur wenig wasserlösliche Anteile (Arabin).
Der Hauptteil quillt zu einem nicht klebrigen, aber leimend wirkenden
Schleim auf. Die unlöslichen Anteile können durch alkalisches Ver-
kochen, besonders unter Zusatz von oxydierenden Stoffen (z. B. Wasserstoffsuperoxyd) löslich gemacht werden. Vor dem Gebrauch wird der
Tragant mehrere Tage, selbst Wochen, kalt in Wasser geweicht und dann
meist stark verkocht. In diesem verkochten Zustande soll sich der Tragant möglichst lange halten, ohne sauer zu werden.

Chemische Zusammensetzung und Eigenschaften des
Tragants. Trotman gibt von drei unverfälschten Handelsproben folgende Zusammensetzung an, aus der der schwankende Charakter her-
vorgeht:

	Probe I. %	Probe II. %	Probe III. %
Feuchtigkeit	13,95	17,70	23,72
Asche	1,93	3,37	5,85
lösliches Arabin . . .	20,00	12,50	14,08
unlösliches Bassorin. .	64,12	66,43	56,35

Gummitragant liefert bei der Destillation mit Phosphorsäure pro
1 g trockene Probe etwa 3 ccm $\frac{1}{10}$ n flüchtige Säure. Man destilliert so
lange, bis das Destillat neutral ist und ersetzt, wenn nötig, den Wassergehalt durch Wasserzusatz. Andere Gummis und Dextrine ließen folgende Werte finden:

Handelsware	1 g liefert bei der Destillation an $\frac{1}{10}$-n Säure
Tragantgummi	3 ccm
Gummiarabikum	weniger als 1 ccm
Indisches Gummi	10—20 ccm
Dextrin	weniger als 1 ccm

Die sog. „Verseifungszahl" des Tragants beträgt 100—180, die für
Tragant als charakteristisch zu bezeichnen ist (s. u. Gummiarabikum).
Beim Erhitzen des Tragants mit Natronlauge tritt Bräunung ein. Oxydasen sind im Tragant nicht enthalten. Er nimmt beim Quellen das
50fache Eigengewicht an Wasser auf. Durch 2 Vol. Alkohol wird er aus
seinen Lösungen in Form von gallertartigen Klümpchen gefällt, die in-
mitten der Lösung schweben, während Gummiarabikum als flockiger
Niederschlag zu Boden sinkt. Mit normalem und basischem Bleiazetat,
Ammonsulfat und Ammonoxalat gibt er Niederschläge, nicht aber mit
Eisenchlorid oder Borax. Verfälschungen mit Gummiarabikum, Kirschgummi, indischem Gummi u. dgl. sind selten.

Reinheitsprüfung. 1 g der Probe, in 50 ccm Wasser geweicht, soll eine
feste und homogene Schleimmasse ergeben, frei von Zelltrümmern. Indisches
Gummi verrät sich durch suspendierte rötliche Partikelchen. Der Schleim (1 : 50),
mit dem gleichen Volumen Wasser verdünnt (also 1 : 100), und durch ein Papierfilter filtriert, darf kein Filtrat ergeben, das mit Jod Stärkereaktion liefert. Wird 1 g
Borax dem 2 %igen Schleim zugesetzt, so soll die Mischung klar bleiben und darf
sich innerhalb 24 Stunden nicht verflüssigen. Wenn man 1 g Tragant mit 20 ccm
Wasser bis zur vollständigen Gelatinierung erhitzt, dann 5 ccm Salzsäure zusetzt und nochmals erhitzt, so darf keine Färbung eintreten. Rosafärbung deutet
auf Indisch-Gummi. Die flüchtige Säure (s. o.) soll nicht mehr betragen als 3 ccm
$\frac{1}{10}$ n-Säure pro 1 g Tragant; die Verseifungszahl soll nicht geringer sein als 100.
Die wässerige Lösung soll annähernd neutral reagieren. Wenn man 1 g der Probe
mit 1 ccm Glyzerin übergießt, 48 ccm Wasser zusetzt, mischt und gelieren läßt,
so soll sich eine zähe, viskose Masse bilden, deren Tropfen mindestens 10 Sekunden erfordern, um vom Glasstab abzutropfen. Die Viskosität bestimmt man,
indem man 1 g Tragant mit 2 ccm Alkohol in einem 100-ccm-Kölbchen behandelt,
dann mit Wasser zu 100 ccm auffüllt, unter häufigem Schütteln 24 Stunden
stehen läßt und nun die Viskosität bestimmt. — Gute Ware soll in 2 Minuten
nicht mehr als 30 Tropfen ergeben. Enthält der Tragant mehr als 10 % Gummiarabikum, so fällt man das Gummi im Filtrat mit 2 Vol. Alkohol, wobei die Art
der Fällung für Gummi kennzeichnend ist (s. o.). Bei einem Gummigehalt von
5—10 % benutzt man die Guajakreaktion: 20 g Tragant weicht man 24 Stunden in
100 ccm Wasser und versetzt den Schleim mit 5 Tropfen alkoholischer Guajak-
tinktur. Bei 5 % Gummi tritt in 10 Minuten Blaufärbung ein; bei geringeren
Mengen nach längerer Wartezeit, bis nach einigen Stunden. Reiner Tragant bleibt
ungefärbt. Nach Payen erkennt man Gummi auch, wenn man dem kalten Tragant-
schleim (1 : 30) ein gleiches Volumen wässeriger Guajaklösung (1 : 100) und einen
Tropfen Wasserstoffsuperoxyd zugibt und umschüttelt. Gummi gibt sich durch
sofortige Blaufärbung zu erkennen.

Tragasol. Tragasol ist ein dem Tragant ähnelndes Erzeugnis, das aus der Frucht des Johannisbrotbaumes gewonnen und für Schlichtezwecke empfohlen wird.

Agar-Agar. Agar-Agar, auch einfach Agar und Agger genannt, wird aus ostasiatischem Seetang hergestellt und kommt als Pulver oder in Form von flachen Streifen in den Handel. Es quillt mit Wasser stark auf und löst sich bei 85° C, bzw. bildet bei dieser Temperatur eine seimige Masse, die zu einer Gallerte vom Schmelzpunkt 85° C erstarrt. Die Gelierfähigkeit des Agars ist so stark, daß bereits 0,5 %ige Lösungen beim Erstarren eine Gallerte liefern, die in ihrer Festigkeit derjenigen einer 3—4 %igen Leimlösung aus französischem Knochenleim gleicht.

Agar enthält etwa 90 % wasserlöslicher, bzw. schleimliefernder Anteile, die bei der Säurehydrolyse Arabinose, Galaktose und Methylpentosen bilden. Die wirksame Substanz des Agars soll das Kalziumsalz eines Schwefelsäureesters von einer Tangsäure sein.

Nachweis von Agar. Der exakte Nachweis von Agar ist sehr schwierig. Eine Trennung von Gelatine ist vermittels Gerbsäure möglich, die mit Gelatine ein unlösliches Tannat liefert, während Agar nicht gefällt wird. Gelatine löst sich ferner bei 50° C, Agar erst bei 85° oder darüber. Ferner wird Agar erst durch das vierfache Volumen Alkohol gefällt und setzt sich als fein verteilter Niederschlag sehr langsam ab. — Trotman empfiehlt zum Nachweis von Agar auch noch die Bestimmung von veresterter Schwefelsäure, die für Agar und Carragheenmoos charakteristisch ist. Man bestimmt erst in einem aliquoten Teil einer Lösung oder des Auszuges die freien Sulfate (a); dann wird ein aliquoter anderer Teil mit dem gleichen Volumen konzentrierter Salzsäure 6 Stunden kochend verseift und darauf die Gesamtschwefelsäure (b) wieder in üblicher Weise als Bariumsulfat bestimmt. Die Differenz zwischen beiden Bestimmungen ($b - a$) gibt die Esterschwefelsäure an. Der Gehalt an solcher in Agar ist aber nicht angegeben.

Carragheenmoos, Irisches Moos, Irländisches Moos. Das Moos bilden verschiedene, getrocknete irländische Rotalgen (insbesondere Arten der Gattung Gracilaria, Eucheuma, Gelidium u. a. m.), dem Agar ähnlich. Der Geruch erinnert an Seetang. Das trockene Moos enthält etwa 60 % wasserlöslicher Bestandteile (Kohlehydrate, stickstoffhaltige Substanz und Pektin). Die schleimige wässerige Lösung hat emulgierende, aber keine klebenden Eigenschaften. Alkohol und Bleiazetat geben mit der Lösung Fällungen. Charakteristisch für dieses Moos ist, wie bei Agar, ein Gehalt an Schwefelsäureester einer Tangsäure, deren Kalkverbindung im Moos vorliegt.

Man bereitet sich den Schleim, indem man 10 kg Trockenware in 150 l heißem Wasser stark quellen läßt, dann meist unter Zusatz von etwas Alkali (Soda oder Ätznatron) kräftig kocht, bis keine weitere Lösung stattfindet und dann durch Musselinstoff filtriert. Den Rückstand kocht man noch einmal mit Wasser, filtriert wieder, vereinigt die Filtrate und verdünnt auf etwa 350 l.

Die Carragheen geben eine weiche und doch kräftige und voluminöse Appretur ohne klebende Eigenschaften, wie sie für einige Spezial-Baumwollgewebe verlangt wird.

Verhalten und Untersuchung wie bei Agar-Agar.

Isländisches Moos. Das Moos bildet die getrocknete isländische Flechte Cetraria islandica. Sie enthält verschiedene gallertbildende Flechtensäuren (Lichenin und Isolichenin). Das getrocknete Moos enthält etwa 11 % Feuchtigkeit und 1,5—3 % Asche. Mit schwach alkalischem Wasser gekocht, enthält das Moos etwa 60 % wasserlöslicher bzw. schleimliefernder Bestandteile, die beim Erkalten eine Gallerte geben. Der unlösliche Teil wird mit Säuren zu Dextrose, Galaktose und etwas Mannose hydrolysiert. Das Lichenin wird durch Jod ähnlich wie Stärke angebläut und liefert bei der Hydrolyse Dextrose und ein anderes Kohlehydrat, $C_6H_{10}O_5$, das mit Barythydrat eine kristallinische Verbindung liefert.

Von anderen unwichtigen Pflanzenschleimen seien erwähnt: Salep (Orient, 48 % Schleim, 27 % Stärke), Leinsamen, Flohsamen, Funori (japanische Seealge) u. a. m.

Leim und Gelatine.

Leim und Gelatine werden beide aus den gleichen tierischen Rohstoffen, nämlich Knochen und Haut, hergestellt. Das Ossein der Knochen und die Kollagene der Bindegewebe, Knorpel und Haut, sind die leimgebenden Substanzen, die beim Erhitzen mit Wasser Glutin bilden, durch das der Leim und die Gelatine charakterisiert sind. Bei weiterem Kochen in Wasser wird das Glutin allmählich, schneller in saurer und alkalischer Lösung, in verschiedene Abbauprodukte, wie Gelatose oder Glutose, Peptone und schließlich in Amidosäuren hydrolisiert. Der Wert des Leims und der Gelatine hängt also vom Gehalt an Glutin und von möglichstem Fehlen der Gelatose, Peptone usw. ab, die zum Teil konträre Wirkung ausüben: Gelatose gelatiniert nicht mehr, Peptone sind Fäulniserreger und ein Nährboden für Mikroorganismen aller Art. Diese Stoffe sind also teils nutzlos, teils direkt schädlich.

Leim und Gelatine unterscheiden sich im übrigen wesentlich nur durch die hellere Farbe (die durch Bleichen erzeugt wird) und durch Geruchlosigkeit der Gelatine. In technischer Beziehung ist ein guter Leim unter Umständen viel wertvoller als eine mindere Gelatine. Trotman gibt folgende Beispiele hierfür:

	Gute Gelatine %	Mindere Gelatine %	Guter Leim %	Minderer Leim %
Wassergehalt	14	14	14,23	16,25
Wasserlösl. Bestandteile	1,58	1,75	1,33	2,75
Glutin	80	75	78,08	64,35
Peptone u. dgl. . . .	0,5	4,5	1,95	11,1
Nicht-Glutine	3,92	4,75	4,41	5,55

Die mindere Gelatine ist viel heller in Farbe als der gute Leim, enthält aber viel mehr Abbauprodukte des Glutins.

Die Reaktionen des Glutins ähneln sehr denen anderer Proteine (Eiweiße): Es gibt die gleiche Reaktion mit Millons Reagens und die gleiche Biuretreaktion; es wird ebenso aus seinen Lösungen durch Gerbsäure, Phosphormolybdänsäure u. a. gefällt und bildet unlösliche Verbindungen mit Formaldehyd. Ferner bildet das Glutin (wie auch die Eiweiße) mit überschüssiger Pikrinsäure eine unlösliche Verbindung und wird durch Chlor, Brom, Ammonium-, Zink- und Magnesiumsulfat gefällt. Es unterscheidet sich dagegen von anderen Proteinen dadurch, daß es durch Lösungen von Quecksilbernitrat, Kupfersulfat oder Ferrozyankalium nicht gefällt wird.

Durch die erwähnten Reaktionen kann Glutin bzw. Leim oder Gelatine nachgewiesen werden. Wenn noch andere Proteine zugegen sind, so entfernt man diese zunächst, indem man die Lösungen mit etwas Quecksilbernitratlösung ausfällt. Solche Lösung wird zweckmäßig hergestellt, indem man 1 g Quecksilber in 2 g konzentrierter Salpetersäure löst und diese Auflösung mit dem vierfachen Volumen Wasser verdünnt. Die ausgefällten Proteine filtriert man ab und setzt zu dem klaren Filtrat tropfenweise von einer kaltgesättigten Pikrinsäurelösung zu. Bei Gegenwart von Glutin (Leim, Gelatine) bildet sich erst vorübergehend ein Niederschlag, der bei Überschuß von Pikrinsäure bestehen bleibt.

Die analytische Bewertung von Leim und Gelatine für die praktische Eignung ist je nach Verwendungszweck verschieden schwierig und setzt besondere Erfahrungen voraus. Im laufenden Betriebe werden bei Nachbestellungen vielfach nur bestimmte Kennzahlen (Säuregehalt, Asche, Viskosität u. dgl.) unter stets gleichen Bedingungen kontrolliert.

Chemische Prüfung.

Diese umfaßt die Bestimmung des Feuchtigkeits-, Aschen-, Säure-, Fett-, Stickstoffgehaltes, der schwefligen Säure u. dgl.

Feuchtigkeit. Man trocknet 3—5 g der geraspelten Probe vor, pulvert dann und trocknet bei 100^0 bis zum konstanten Gewicht. Genauer ist es, wenn man eine Lösung eindampft und bei 110^0 bis zum konstanten Gewicht trocknet.

Asche. Man verascht im Tiegel über freier Flamme bis zur vollständigen Verbrennung der Kohle. Die Asche vom Knochenleim schmilzt unter dem Bunsenbrenner; ihre wässerige Lösung ist neutral und enthält Phosphorsäure und Chloride. Die Asche von Lederleim schmilzt nicht unter dem Bunsenbrenner, die wässerige Lösung ist alkalisch (weil ätzkalkhaltig), aber meist frei von Phosphorsäure und Chloriden.

Säuregehalt. Man bestimmt den Säuregehalt annähernd, indem man eine gewogene Probe 12 Stunden in kaltem Wasser einweicht, die Gallerte vorsichtig im Wasserbade schmilzt und die Lösung gegen Phenolphthalein mit $\frac{1}{10}$ n-Natronlauge titriert. Genauere Ergebnisse erhält man, wenn man eine 10 %ige Leimlösung (2 g Leim in 18 ccm Wasser gelöst) längere Zeit kräftig mit 40 g 99 %igem Alkohol ausschüttelt und einen möglichst großen aliquoten Teil des Auszuges mit alkoholischer Natronlauge gegen Phenolphthalein titriert. Die Säure wird meist auf Schwefelsäure berechnet.

Fettgehalt. a) Neutralfett: Man extrahiert etwa 5 g der fein gepulverten Probe im Soxhlet 12 Stunden mit Petroläther, trocknet das Leimpulver, pulvert es noch einmal sehr fein und extrahiert noch einmal 12 Stunden mit Petroläther. Die Auszüge werden vereinigt, der Petroläther wird verdampft, der Rückstand getrocknet und gewogen. b) Gesamtfett: Man löst den Leim in Wasser und behandelt die Lösung zur Zersetzung etwa vorhandener Seifen auf dem Wasserbade mit Salzsäure. Dann trocknet man auf dem Sandbade, pulvert fein den Rückstand und extrahiert wie oben im Soxhlet.

Stickstoffgehalt. Wenn man aus dem unmittelbaren Stickstoffgehalt des Leimes auf den Glutingehalt schließen würde, so könnte unter Umständen ein grober Fehler begangen werden, falls außer Glutin der Leim auch noch andere stickstoffhaltige Abbauprodukte enthalten würde, z. B. Peptone. Nur wenn andere stickstoffhaltige Fremdkörper fehlen, kann eine direkte Verrechnung des Stickstoffgehaltes auf den Glutingehalt stattfinden, und zwar auf Grund des konstanten Stickstoffgehaltes des Glutins, der 18 % beträgt. Man brauchte also nur den Stickstoffgehalt mit dem Faktor 5,56 zu multiplizieren, um den entsprechenden Glutingehalt zu erhalten: Stickstoffgehalt $\times$ 5,56 = Glutingehalt. Da aber fast alle Leime und Gelatinen Pepton enthalten (s. z. B. Tabelle S. 206), schlägt man nach Trotman folgenden Umweg ein:

.a) Man bestimmt zunächst den Stickstoffgehalt der Probe im Originalzustande und ermittelt auf solche Weise: Glutin + stickstoffhaltige Abbauprodukte des Glutins (Gelatose, Pepton usw.).

b) Man befreit den Leim von den Abbauprodukten wie Gelatose und Pepton und bestimmt dann den Stickstoff. Man erhält so den Gehalt an reinem Glutin. b = Glutin, $a - b$ = Peptone u. dgl.

Ausführung: In etwa 1 g Leim oder Gelatine bestimmt man nach dem Kjeldahl-Verfahren (s. u. Seidenerschwerung) den Stickstoffgehalt (a). Eine zweite Probe Leim wird abgewogen und in kaltem Wasser aufgeweicht. Man löst die Gallerte und fällt das Glutin quantitativ mit Zinksulfatlösung. Nun filtriert man durch einen Goochtiegel, wäscht mit kalter, gesättigter Zinksulfatlösung aus, bringt den Tiegelinhalt in den Kjeldahl-Apparat und bestimmt nochmals den Stickstoffgehalt (b). Der nun gefundene Stickstoffgehalt, mit 5,56 multipliziert, ergibt den Glutingehalt. Der bei der ersten Bestimmung ermittelte Stickstoffgehalt, mit 5,56 multipliziert, ergibt den Glutingehalt + Peptongehalt. Die Differenz beider Bestimmungen ($a-b$) gibt den Peptongehalt an.

Schweflige Säure. a) Freie Säure: Man treibt die freie schweflige Säure aus einer Leimlösung (30 g Leim + 70 ccm Wasser) mit Wasserdampf in eine Vorlage mit Wasserstoffsuperoxyd und bestimmt im Destillat die Schwefelsäure (s. a. u. Stärke). b) Gebundene Säure: Man macht die Säure mit Phosphorsäure frei und destilliert wie vorher in eine Vorlage usw.

Physikalisch-technische Prüfung.

Diese umfaßt u. a. das Quellungsvermögen, die Viskosität, den Schmelzpunkt der Leimgallerten, die Konsistenz der

Leimgallerten, das Schäumen u. a. m. Außerdem können praktische Versuche im Betriebe ausgeführt werden, z. B. Appreturversuche mit empfindlichen Färbungen, Steifungsversuche (s. u. Stärke), Festigkeitsversuche geleimter Papiere, Klebkraftversuche mit verleimten Ahornblöcken oder Pappen usw.

Quellungsvermögen. Man wägt eine Platte Leim oder etwa 5 g Gelatine genau ab, legt sie 24—48 Stunden in Wasser von Zimmertemperatur, nimmt sie alsdann heraus, trocknet sie vorsichtig mit Filterpapier ab und wägt die erhaltene Gallerte wieder zurück. Diese Prüfung erlaubt ein ungefähres Urteil über den Glutingehalt. Je mehr Wasser der Leim bindet, um so gehaltreicher an Glutin ist er. Ordinärer Leim bindet 2—3 Teile, bessere Hautleime binden 3—4 Teile, Gelatine 6 bis 8 Teile Wasser. Die Leimgallerte soll nach 48 Stunden klar, von gutem Zusammenhalt, ohne Änderung ihrer ursprünglichen Form und möglichst geruchlos sein. Das Wasser soll möglichst ungefärbt bleiben. Gute Vergleichsergebnisse werden nur bei Einhaltung einer bestimmten gleichbleibenden Temperatur des Wassers erhalten. Immerhin dürfen die Ergebnisse dieser Prüfung nicht überschätzt werden. Nach Kißling, Stadlinger u. a. bilden sie kein ausreichendes Kennzeichen für die Güte eines Leimes.

Viskosität. Obwohl die Viskosität einer Leimlösung nach Kißling in keiner Beziehung zur Klebkraft und Gelatinierbarkeit eines Leimes steht, wird sie häufig zur Gütebeurteilung des Leimes bestimmt. Festgelegte Normen für die Ausführungsart bestehen leider nicht, so daß die Arbeitsbedingungen sehr schwanken und dann die Ergebnisse nicht miteinander vergleichbar sind. So verwendet man z. B. 12,5 %ige Leimlösung bei 30° (Trotman), 15%ige Lösung bei 35° (Fels), $17\frac{3}{4}$%ige Lösung bei 40° (Stadlinger) usw. Auch die angewandten Viskosimeter sind von verschiedener Konstruktion; man kann sehr gut das Ostwald-Desaga-Viskosimeter verwenden (s. u. Viskosität, S. 19). Stadlinger fand bei 10 Hautleimen Viskositäten von 2—12,6 E° (= Englergrade, wobei die Viskosität des Wassers bei 20° C = 1 gesetzt wird), Fels fand Werte von 1,4—3,7 E°.

Schmelzpunkt von Leimgallerten. Man gießt nach Kißling eine aus 1 T. Leim und 2 T. Wasser bestehende, auf 40° abgekühlte Leimlösung in kleine Glaszylinder, kühlt diese in Eiswasser auf 0° ab und läßt sie dann 2 Stunden bei Zimmertemperatur (16—18°) stehen. Hierauf bringt man die Glaszylinder in einen Thermostaten, der durch ein auf 50° gehaltenes Wasserbad erwärmt wird, und zwar in genau waagerechter Lage, und ermittelt den Schmelzpunkt der Leimgallerte, d. h. den Wärmegrad, bei dem die Oberfläche der Gallerte sich zu neigen, also aus der lotrechten in die waagerechte Ebene überzugehen beginnt. Kißling hat zu diesem Zweck einen besonderen Apparat konstruiert. In einer Leimfabrik wurden folgende Grenzwerte nach dieser Methode ermittelt:

Schmelzpunkt von Gallerte von Mischleimpulver: 25,0—29,2°
    „   „   „   „ Knochenleimpulver: 25,0—27,1°
    „   „   „   „ Mischleimtafeln: 23,8—26,6°
    „   „   „   „ Knochenleimtafeln: 23,7—25,1°
    „   „   „   „ Lederleimtafeln: 26,9—32,9°.

Es soll nach Kißling aber auch Knochenleime in Tafeln geben, deren Schmelzpunkt (bzw. ihrer Gallerten) unterhalb 20° bis zu 18,5° liegt.

Cobenzl stellt fest, daß die Erstarrungspunkte der reinen Gelatinelösung mit großer Zuverlässigkeit und sehr genau bestimmbar sind und einen klaren Aufschluß über die Güte der Gelatine geben. Nach ihm beeinflussen indes Säuren, Alkalien, Salze, Alkohol usw. die Gelatinierbarkeit der Lösungen erheblich. Alkoholzusatz macht Gallerten flüssiger und leichtfließender und erniedrigt den Erst.P. erheblich; Säuren und Alkalien erniedrigen, Alaun erhöht den Erst.P. Längeres Stehen der Gallerten und längeres Erwärmen der Lösungen erniedrigen den Erst.P. und die Festigkeit der Gallerten. Durch das längere Erhitzen der Lösungen wird das Glutin (der Gelatine) zu Glutose oder Gelatose (des Leims) abgebaut; die Klebkraft steigt hierbei anfänglich bis zu einer bestimmten Grenze und nimmt dann bei weiterer Spaltung dauernd ab. Es ergibt sich etwa folgendes Bild:

Gelatine   — Klebkraft sehr gering — Gelatinierbarkeit groß
Leim   — Klebkraft sehr groß — Gelatinierbarkeit gering
Endprodukte der Spaltung — Klebkraft 0   — Gelatinierbarkeit 0.

Gallertfestigkeit (Konsistenz der Leimgallerten). Man führt den „Finger-Test" nach Trotman wie folgt aus. 5 g Gelatine oder 10 g Leim weicht man über Nacht in Wasser ein, löst die Gallerte zu 100 ccm mit Wasser und bringt die Lösung in eine Schale oder ein Becherglas. Gleichzeitig werden Lösungen von Standard- oder Typproben in gleicher Weise zwecks Vergleich angesetzt. Man nimmt dann von dem Typmuster z. B. 5, 4, 3, 2 und 1 g. Wenn die Gallerten erstarrt sind, werden sie in bezug auf Konsistenz miteinander verglichen, indem man mit dem mittleren Finger auf die Oberfläche der Gallerte aufdrückt und feststellt, welche der Gallerten den größten Widerstand entgegensetzt. Die Konsistenz der Gallerte wird dann in Prozentsätzen der Typprobe ausgedrückt. Wenn beispielsweise 10 g eines Leimes die gleiche Widerstandsfähigkeit der Gallerte ergeben wie 3,5 g der Typprobe, so wird die Konsistenz des Leimes mit 35 bezeichnet. Das Verfahren ist selbstverständlich rein subjektiv und macht keinen Anspruch auf exakte Zuverlässigkeit. In der Klebstoffindustrie bestimmt man die Gallertfestigkeit mit einem besonderen Apparat, dem „Glutinometer". In USA. ist ein anderer Apparat, das Gelometer nach Bloom, für diese Bestimmung gebaut worden.

Schaumprobe. Für bestimmte Zwecke ist es wichtig, daß die Leimlösung beim Durchrühren, Schütteln u. dgl. keinen erheblichen und vor allem keinen haltbaren Schaum erzeugt. Man prüft in solchen Fällen, indem man etwa 100 ccm einer Leimlösung von der in Frage kommenden Konzentration in einen verschlossenen Schüttelzylinder bringt, die Lösung kräftig 1 Minute schüttelt, das Volumen des erzeugten Schaumes mißt und die Haltbarkeit des Schaumes in Abständen von 5 Minuten feststellt.

Eiweißstoffe.

Eialbumin (Eiereiweiß). Gehört zu den einfachen Eiweißstoffen oder Proteinen. Farblose, bis schwach gelblich gefärbte, hornartig durchsichtige, blättrige Masse oder Schuppen, die in Wasser klarlöslich sind und in der Hitze und auf Zusatz von Säuren sowie Ton-, Zink- und Bleisalzen koagulieren bzw. gerinnen. Die Handelsware kann durch wasserunlösliche Bestandteile und koaguliertes Eiweiß verunreinigt oder durch Zusatz von nicht hitzekoagulierbaren Stoffen, wie Gummi, Dextrin, Kasein, Leim u. a. verfälscht sein. Man prüft auf Wasserunlösliches, Aschengehalt und Gerinnung.

Wasserunlösliches. Man weicht über Nacht 3—5 g der zerkleinerten Probe in Wasser von 30° auf, rührt gut durch, dekantiert und filtriert durch ein bei 110° getrocknetes und gewogenes Filter (oder durch einen Goochtiegel). Dann wird gut mit lauwarmem Wasser nachgewaschen und der Rückstand bei 110° getrocknet und gewogen.

Asche. Der Aschengehalt soll nicht wesentlich höher als 5% sein.

Gerinnungsprobe. Die Lösung von 1 g Albumin in 40 T. Wasser soll sich beim Erwärmen bei 50° trüben und bei 75° gerinnen. Der Trockenrückstand im Filtrat gibt über nicht hitze-koagulierbare Zusätze Aufschluß.

Blutalbumin (Bluteiweiß). Gehört ebenfalls zu den Proteinen. Je nach Reinheit, dem vorgenommenen Schönungsprozeß, der etwaigen Bleichung usw. stellt es hellgelbe bis dunkler gefärbte Blättchen dar. Die Handelsware kann durch Salze des Blutserums, durch Blutfarbstoff, Unlösliches, Eisen usw. verunreinigt sein. Die Grundreaktionen (Gerinnen der Lösungen beim Erhitzen, Fällen durch Säuren und Salze) sowie die Prüfung sind die gleichen wie beim Eialbumin; nur ist Blutalbumin noch hitzeempfindlicher als Eialbumin; enthält deshalb oft einen großen Prozentsatz Wasserunlösliches. Unterscheidung vom Eialbumin: Man versetzt die wässerige Lösung mit Äther und schüttelt kräftig. Eialbumin wird gefällt, Blutalbumin nicht. Der Eisengehalt ist zu kontrollieren, ein solcher von 0,15% gilt schon als hoch.

Kasein (Käsestoff, Laktarin). Gehört zur Gruppe der zusammengesetzten Eiweißstoffe oder Proteide und kommt, an Kalzium und Alkali gebunden, in der Milch vor. Die gewöhnliche Handelsware stellt ein gelbliches, krümliges oder grießartiges Pulver dar, das in Wasser unlöslich ist, sich aber bei Gegenwart von ätzenden Alkalien, Erdalkalien, kohlensauren Alkalien, ferner in starker Salzsäure und besonders in Boraxlösung zu einer gut klebenden, dicken Flüssigkeit löst. In Seifenlösung quillt es nur auf. Es ist, wie alle Eiweißstoffe, stickstoffhaltig (15%) und enthält etwas Phosphor (0,8%). Mit Albumin hat es die Eigenschaft gemein, daß es durch Dämpfen koaguliert, aber nicht so fest fixiert wird. Mitunter kommt Kasein-Natrium als Kasein in den Handel. Es wird an seiner Wasserlöslichkeit und der Ausfällbarkeit des Kaseins aus der wässerigen Lösung durch Salzsäure sowie an seinem hohen Aschengehalt erkannt.

Reaktionen. 100 g reines Kasein binden 2,8 g Ätznatron und gehen dabei als Kaseinnatrium in Lösung. Aus seinen Lösungen läßt sich das Kasein durch Formaldehyd, Säuren, Alkohol, Gerbsäure, Quecksilber-, Kupfersalze usw. wieder ausfällen. Mit Millons Reagens gibt es (wie alle Eiweißstoffe) Rotfärbung, mit Kupfersalzlösung und Natronlauge die Biuretreaktion (s. d.).

Systematische Analyse. Außer auf Geruch, Farbe und Haltbarkeit kann sich die Prüfung erstrecken auf Aschengehalt, Säuregehalt, Fettgehalt, Boraxlöslichkeit, reduzierende Zucker. Die Prüfung auf Feuchtigkeitsgehalt und Wasserlöslichkeit (s. u. Albumin) geschieht in üblicher Weise.

Asche und Wassergehalt. Der Aschengehalt des chemisch reinen, trockenen Kaseins beträgt 0,5—1%, der technischen Ware meist 3—3,5%. Im Handel finden sich aber auch Kaseine mit einem Aschengehalt bis zu 6% (Kasein-Natrium, s. o.). Der Wassergehalt soll 12% nicht überschreiten.

Säuregehalt. Die Säure wird auf Milchsäure verrechnet, aber nach sehr verschiedenen Verfahren bestimmt. 1. „Abwaschbare Säure" (Höpfner und Jaudas). Man zieht gut gemahlenes Kasein mit neutralem Alkohol aus und titriert den Auszug mit $\frac{1}{10}$ n-Alkali gegen Phenolphthalein. 2. Man schüttelt nach Lunge 10 g Kasein mit 100 ccm destilliertem Wasser gut durch, filtriert und titriert 50 ccm des Filtrats mit $\frac{1}{10}$ n-Alkali. 3. Man versetzt 1 g Kasein mit 25 ccm $\frac{1}{10}$ n-Lauge, bringt durch Schütteln in 15—25 Minuten zur Lösung, läßt 1 Stunde stehen und titriert mit $\frac{1}{10}$ n-Säure gegen Phenolphthalein zurück. Da auch reinstes trockenes Kasein eine bestimmte Menge Lauge verbraucht, wird vom Ergebnis ein fester „Abzugswert" in Abzug gebracht, und zwar zieht man nach Trotman auf je 1 g Kasein 9 ccm $\frac{1}{10}$ n-Alkali ab. Beispiel: 1 g trockenes Kasein, in 25 ccm $\frac{1}{10}$ n-Alkali gelöst, verbrauchte beim Zurücktitrieren 15 ccm $\frac{1}{10}$ n-Säure. Unter Berücksichtigung des Abzugswertes von 9 ccm $\frac{1}{10}$ n-Alkali verbrauchte 1 g Kasein also: 25 — 15 — 9 = 1 ccm $\frac{1}{10}$ n-Alkali. 1 g Kasein enthielt also 0,009 g Milchsäure, d. h. das Kasein enthielt 0,9 % Milchsäure. Verfahren 2 und 3 decken sich ziemlich.

Fettgehalt. Man löst 5 g Kasein in etwa 10 ccm konzentrierter Salzsäure und 10 ccm Wasser auf dem kochenden Wasserbade, wobei sich das Fett auf der Oberfläche ausscheidet, bringt nach dem Erkalten in einen Scheidetrichter, schüttelt dreimal mit Petroläther aus, vereinigt die Auszüge, verdampft den Petroläther, trocknet und wägt das zurückgebliebene Fett[1].

Analysenbeispiele. Marcusson und Picard fanden in vier Handelsproben folgende Werte: Milchsäure: 1,6; 1,7; 2,2; 3,9 %. Gesamtfett: 2,3; 2,8; 4,8, 5,3 % (nach besonderem Verfahren ermittelt). Asche: 3,1; 3,5; 3,6; 3,6 %. Wasser: 8,8; 9,1; 9,2; 10,0 %. Stickstoff: 12,5; 12,5; 12,7; 12,9 %.

Boraxlöslichkeit. Man wägt eine Probe des fein gesiebten Kaseins ab, übergießt in einem 250-ccm-Becherglas mit 100 ccm einer 0,2 molaren Boraxlösung (76,29 g krist. Borax im Liter), rührt die ersten 5 Minuten kräftig, dann eine weitere halbe Stunde alle 5 Minuten gut durch und vergleicht Löslichkeit, Rückstand, Viskosität der Lösung u. dgl. mit einer bekannten Typware.

Reduzierende Zuckerarten. Man schüttelt eine gewogene Menge der Probe in einer Glasstöpselflasche mit 50 % igem Alkohol erschöpfend aus, filtriert und bestimmt in einem aliquoten Teil des Filtrats die reduzierenden Zucker mit Fehlingscher Lösung (s. S. 15 u. 196).

Fermentpräparate.

Der Wert der Fermentpräparate hängt in erster Linie von ihrer fermentativen Wirksamkeit ab, und zwar kann diese eine Stärke spaltende oder abbauende (bei den diastatischen oder amylolytischen Fermenten) oder eine Eiweiß abbauende (bei den tryptischen Fermenten oder Tryptasen) sein usw. Bei Mischfermenten (wie z. B. Pankreatin) sind verschieden wirkende Fermente gleichzeitig zugegen.

Von der großen Zahl der Fermentpräparate des Handels seien hier nur kurz erwähnt: Biolase (pflanzlichen Ursprungs), Degomma tierischen Ursprungs), Diastafor in verschiedenen Marken (pflanzlichen Ursprungs), Fermasol verschiedene Marken (tierischen Ursprungs), Ferment verschiedene Marken (pflanzlichen Ursprungs), Novo-Fermasol verschiedene Marken (tierischen Ursprungs). Eine besondere Stellung unter den Enzympräparaten nehmen ferner Burnus und Enzymolin[2] ein, welche die einzigen Pankreaspräparate sind, welche für die Zwecke der Wäscherei hergestellt werden. Sie enthalten

---

[1] S. a. Ulex: Chem.-Ztg. 1930 S. 421.
[2] Hersteller: Aug. Jacobi, A.-G., Darmstadt.

Enzyme der Pankreasdrüse (Pankreatin) und bezwecken eine künstliche Verdauung gewisser Schmutzsubstrate (Eiweiß, Blut u. a.) beim Einweichen der Wäsche unter vollkommener Schonung von Faser und Färbung.

Bestimmung der fermentativen Wirksamkeit. 1. Diastasepräparate (wie Biolase, Degomma, Diastafor, Fermasol, Novo-Fermasol u. a.). Man bestimmt das Dextrinierungsvermögen des Präparates und drückt es aus durch die Anzahl Gramm von Arrowrootstärke, welche 1 g Diastasepräparat in 30 Minuten aus einer 3%igen Arrowrootstärkelösung bei 37° C gerade noch dextriniert. Bei Malzdiastasen liegt das Wirkungsoptimum bei pH von 5,0, bei Pankreasdiastasen bei pH von 6,8—7. Bei Vergleichsversuchen ist also stets die Wasserstoffionenkonzentration genau zu überwachen. Die Temperatur ist mit Hilfe des Thermostaten während des Versuches auf 37—38° zu halten.

Ausführung. a) Man suspendiert 7,5 g Arrowrootstärke in 20 ccm Wasser, füllt auf 250 ccm mit kochendem Wasser auf, kocht auf, läßt erkalten und füllt auf 250 ccm bis zur Marke auf (= 3%iger Stärkekleister). 100 ccm dieses Kleisters wärmt man im Wasserbade auf 40° C an und setzt nun, je nach der Wirksamkeit des Präparates, 0,01—0,05 g desselben in Wasser gelöst, zu. Man hält die Temperatur im Thermostaten genau zwischen 37 und 38° C und prüft von Zeit zu Zeit mit Jodlösung, bis keine Blaufärbung mehr eintritt. Alsdann ist sämtliche Stärke verzuckert. Man notiert diesen Punkt und berechnet, wie oben, wieviel Gramm Stärke in 30 Minuten bei 37—38° durch 1 g Fermentpräparat dextriniert wird.

b) An Stelle des Dextrinierungsvermögens kann auch das Verflüssigungsvermögen viskosimetrisch bestimmt werden. Haller, Liepatoff[1] u. a. bestimmen nach der Verflüssigung der Stärke die Viskosität der erhaltenen Lösung. Nach Haller schwemmt man z. B. 8 g Kartoffelstärke in 100 ccm Wasser auf, gibt unter jedesmaligem Durchschütteln je 20 ccm (= je 1,6 g Stärke) der Aufschwemmung in 5 Reagensgläser, verkleistert die Stärke, versetzt die Reagensgläser mit arithmetrisch steigenden Mengen des gelösten Aufschließungsmittels (auch Aktivin, Perborat u. a.), bringt mit Wasser auf gleiches Volumen und bestimmt die Lösungen nach dem Aufschließen bei der jeweils optimalen Temperatur viskosimetrisch bei 70° C, indem das Viskosimeter in 70° warmes Wasser gebracht wird. Die Durchlaufzeiten der aufgeschlossenen Stärke, dividiert durch den Wasserwert des Viskosimeters, ergeben die als Vergleichswert zu benutzende Viskositätszahl.

Nach Liepatoff verzuckert man 600 ccm eines 3%igen Stärkekleisters bei $37\frac{1}{2}°$ mit dem zu prüfenden Präparat und entnimmt in gewissen Zeitabständen 50 ccm der Lösung, die man nach Aufhebung der Diastasewirkung durch geringen Zusatz von etwas Essigsäure viskosimetrisch prüft und so den Verlauf der Verflüssigung verfolgt.

2. Tryptasepräparate (wie Burnus, Enzymolin, Oropon u. a.). Die Bestimmung der tryptischen bzw. Eiweiß abbauenden Wirksamkeit

[1] Haller u. Hohmann: Melliand Textilber. 1926 S. 239. — Liepatoff: Ebenda 1927 S. 541.

kann unter Verwendung von Kasein oder Gelatine als Eiweißsubstrat erfolgen. Als geeignetste Methode sei hier die Kaseinmethode nach Löhlein-Volhard wiedergegeben.

Das Verfahren beruht darauf, daß man alkalische Kaseinlösung durch die Tryptase verdauen läßt, das unverdaut gebliebene Kasein durch Zugabe von Salzsäure und Natriumsulfat ausfällt, abfiltriert und im Filtrate die Salzsäure und Kaseinabbauprodukte zurücktitriert. Je mehr Kasein verdaut worden ist, um so mehr Säure und Abbauprodukte findet man im Filtrat. Der Alkaliverbrauch bei der Rücktitration ist also ein direkter Maßstab für die fermentative Wirksamkeit des Ansatzes.

Ausführung. Man wägt für den **Hauptversuch** in eine 100-ccm-Pulverflasche die zur Verdauung von etwa 0,5 g Kasein erforderliche Menge des Fermentpräparates (z. B. 0,1 g Burnus oder Enzymolin[1]) ein, setzt 10 ccm Wasser zu und wärmt in etwa 15 Minuten unter öfterem Umschütteln im Thermostaten bis auf 37^0 an. Ist der Enzymgehalt des Präparates völlig unbekannt, so setzt man mehrere Parallelversuche mit verschiedenen Einwaagen an. Alsdann gibt man 20 ccm nachfolgend beschriebener 5%iger Kaseinlösung hinzu und läßt genau 1 Stunde verdauen. Das Wirkungsoptimum liegt bei p_H 8,3—8,5. Dann unterbricht man die Verdauung durch Zugabe von 10 ccm $\frac{1}{5}$ n-Salzsäure, fällt das unverdaut gebliebene Kasein durch Zusatz von 10 ccm 20%iger Natriumsulfatlösung, filtriert ab und titriert in 10 ccm des Filtrates die Salzsäure nach Zugabe von 10 Tropfen 1%iger Naphtholphthalein-lösung mit $\frac{1}{10}$ n-Natronlauge zurück. Der Umschlag ist nicht deutlich, und man nimmt die erste hellgrüne Verfärbung der vorher farblosen Lösung als Ende der Reaktion an. Von diesem Ergebnis des Hauptversuches zieht man das Ergebnis des noch auszuführenden **Blindversuches** ab, indem man 20 ccm der Kaseinlösung ebenso behandelt, nur ohne Verdauungszeit und ohne Anwärmung.

Herstellung der 5%igen Kaseinlösung. Man verrührt 50 g reines Kasein nach Hammarsten in einem großen Erlenmeyerkolben mit Wasser zu einem homogenen Brei, löst mit genau 50 ccm n-Natronlauge unter langsamer Erwärmung auf dem Wasserbade, wobei der Kolben so lange auf dem Wasserbade bleiben soll, bis der Schaum größtenteils verschwunden ist, und füllt auf 1 l auf. Die so hergestellte Kaseinlösung hat einen p_H-Wert von etwa 8,4 (Nachprüfen mit Kresolrot im Hellige-Komparator). Nach Zugabe einiger Tropfen Toluol hält sich die Kaseinlösung längere Zeit.

Berechnung. Die Differenz an verbrauchter Natronlauge beim Haupt- und Blindversuch entspricht dem verdauten Anteil des Kaseins. Unter den beschriebenen Versuchsbedingungen entspricht eine Differenz von 1 ccm $\frac{1}{10}$ n-Natronlauge (bei der Rücktitration von 10 ccm des Filtrates) einem Kaseinabbau von ca. 36%, d. h. 0,36 g Kasein sind durch Fermentwirkung unfällbar geworden. Die Einwaage von Fermentpräparat ist so zu wählen, daß höchstens 50% des Kaseins abgebaut

---

[1] Man verwendet besser 10 ccm einer Lösung 2:200.

werden. Bei mehr als 60 % besteht zwischen Fermentstärke und Titrationsergebnis nicht mehr direkte Proportionalität.

Appreturmassen.

Die Untersuchung der Appretur-, Schlichte- und Druckmassen erfordert Übung, Ausdauer und sorgfältiges Arbeiten und ist meist mit großen Schwierigkeiten verbunden. Oft ist es sogar unmöglich, die einzelnen Bestandteile des Appreturansatzes mit voller Sicherheit zu ermitteln, 1. weil die einzelnen Bestandteile beim Ansatz und der Herstellung gegenseitig reagieren und sich umsetzen können (Stärkeabbau, Verzuckerung, Abspaltung von Fettsäuren aus Seifen, Verseifung von Fetten u. dgl.), 2. weil es für manche organische Appreturmittel (Pflanzenschleime, Gummiarten) keine absolut exakten Reaktionen gibt. Die von Massot, Herbig, Schmidt u. a. angegebenen Reaktionen und Trennungsverfahren sind immer mit einem gewissen Vorbehalt aufzunehmen (Provenienz, natürliche und künstliche Verunreinigungen usw.) und möglichst auch noch durch Blindreaktionen zu kontrollieren. Hat man ausreichende Mengen Substanz zur Verfügung und werden die Reaktionen von einem mit der Appreturtechnik Vertrauten sorgfältig ausgeführt, so kann man im allgemeinen damit rechnen, daß die Zusammensetzung des Apprets wenigstens in den wesentlichsten Punkten ermittelt wird. Man beschränkt sich dabei meist auf die wichtigsten Substanzen wie Stärke, Dextrin, Leim, Gummiarten, Pflanzenschleime, Glukose, Eiweißkörper, Fette und Harze. Die anorganischen Bestandteile werden nach üblichen Verfahren in besonderen Anteilen bestimmt, wobei immer zu berücksichtigen ist, daß sie unter Umständen bei der systematischen Untersuchung der organischen Stoffe störende Fällungen erzeugen können, z. B. Sulfate, Phosphate, Wasserglas mit Bleiessig, Barythydrat, Tanninlösung sowie Salzfällungen mit Alkohol usw.

Verhältnismäßig einfach ist die systematische Untersuchung, nach der in bekannter Weise Trockensubstanz, wasserlösliche und wasserunlösliche Anteile, mineralische Bestandteile und ihre Art, Fett- und Seifengehalt usw. bestimmt werden. Dem Praktiker ist diese Untersuchung allerdings nur als Ergänzungsuntersuchung von Nutzen, da es ihm vor allem auf die Art der organischen Stoffe ankommt. Diese sind gesondert durch Grund- und Gruppenreaktionen zu ermitteln und voneinander zu trennen. Nachstehend wird von dem Nachweis und der Bestimmung der anorganischen Stoffe sowie von der speziellen Bestimmung der Fette, Öle, Seifen, Wachse usw. abgesehen (s. u. Fetten und Ölen) und das Hauptgewicht auf die Grund- und Gruppenreaktionen sowie die Trennung der wichtigsten organischen Appreturmittel gelegt, wobei auf Einzelheiten nicht eingegangen werden kann. Dieserhalb sei auf die spezielle Anleitung von Massot[1] verwiesen, die heute noch als

---

[1] Massot: Anleitung zur qualitativen Appretur- und Schlichte-Analyse. 1911. — In neuerer Zeit hat ein amerikanischer Ausschuß die wichtigsten Reaktionen von Gummis, Schleimen, Leim, Eiweißstoffen, Stärke und Dextrin zusammengestellt (s. Amer. Dyestuff Rep. 1931 S. 690 und Textile Forsch. 1932 S. 143).

maßgebend gelten kann. Über Mikroreaktionen von einigen für die
Appretur dienenden Hilfsstoffen s. u. a. Appretur auf der Faser w. u.

Grund- und Gruppenreaktionen organischer Appreturmittel. 1. Stark
verdünnte Jodlösung reagiert (alkalische Lösungen sind vorher mit
Schwefelsäure zu neutralisieren) mit Stärke (reinblau, heiß verschwindend), Dextrin (wein-, purpurrot, violett, braun, heiß verschwindend), Tragant (bisweilen ganz schwach blau), Pflanzenschleime (bisweilen bei Islandmoos schwach blau). Über Differenzierung von Stärke und Dextrin s. a. u. Appretur auf der Faser.

2. Das 6—8—10fache Volumen 96%igen Alkohols fällt Stärke
(loser, weißer Niederschlag), Dextrin, Gummiarten (aus konzentrierten Lösungen, besonders auf Zusatz von wenig Salzsäure, weiße,
flockige Fällung), Pflanzenschleime (flockige oder gallertartige
Fällung), Tragant (beim Eingießen in Alkohol fadenartige bis flockige
Fällung), Leim (aus konzentrierter Lösung zähe, klebrige Fällung, Salzsäure wirkt lösend), Eiweiß (Koagulation), Glukose (nur aus konzentrierter Lösung).

3. Fehlingsche Lösung wird reduziert (Abscheidung von rotem
Kupferoxydul beim Kochen) durch Glukose, Dextrin (nur aus kon-
zentrierter Lösung), Pflanzenschleime (nur nach längerem Kochen,
Tragant nicht immer). Kupferazetat + Essigsäure wird nur durch
Glukose reduziert.

4. Tanninlösung fällt Leim (in verdünnter Salzsäure teilweise
löslich, beim Erwärmen zäher werdend), Dextrin (nur aus konzentrierter
Lösung, durch Salzsäure deutlicher werdend), Stärke (milchige Trübung
bis Fällung), Pflanzenschleime (durch Salzsäure deutlicher werdend),
Eiweißkörper.

5. Bleiessig (basisches Bleiazetat) fällt Stärke (aus konzentrierter
Lösung Trübung), Gummiarabikum (gallertartig), Pflanzenschleime
(ähnlich wie Gummiarabikum), Leim (nur aus konzentrierter Lösung),
Eiweißkörper.

6. Barytwasser fällt Tragant, Pflanzenschleime, Stärke,
Leim, Eiweißkörper. Beim Kochen mit konzentrierten Tragant-
präparaten entsteht Gelbfärbung, die beim Erkalten wieder verschwindet.

7. 5%ige Kupfersulfatlösung und Natronlauge. a) Kupferoxydul wird abgeschieden durch Glukose, Dextrin (aus konzentrierter Lösung allmählich oder erst nach längerem Stehen), Tragant (selten). b) Blauer, flockig-klumpiger Niederschlag entsteht mit Stärke,
Gummiarabikum, Tragant, Pflanzenschleimen.

8. Biuretreaktion (Violettfärbung) liefern Leim, Eiweißkörper. Man gibt 1—2 Tropfen Kupfersulfatlösung (oder Fehlingsche
Lösung) zur wässerigen Leimlösung zu und macht mit Natronlauge bis zur
schwachen Blaufärbung alkalisch; sofort oder nach einiger Zeit, eventuell
bei gelindem Erwärmen tritt Violettfärbung auf. Eiweiß (das auch die
Reaktion liefert) kann vorher durch Aufkochen mit etwas Essigsäure oder
Salpetersäure (Koagulation) und Filtration entfernt werden; im alkalisch
gemachten Filtrat wird dann Leim gesondert in gleicher Weise nachgewiesen. Stärke und Stärkepräparate liefern nicht die Biuretreaktion.

9. **Millons Reagens** (man löst 1 ccm Hg in 9 ccm 94%ig. HNO_3 und verdünnt mit 10 ccm H_2O) färbt festes Eiweiß (Eialbumin) beim Erwärmen rosa bis rot und gibt mit Eiweiß- und Kaseinlösungen Fällungen, die sich beim Erwärmen rosa färben.

10. **Quecksilberchlorid** fällt Eiweißkörper (Leim?).

11. **Ammoniummolybdatlösung** liefert folgende charakteristische Reaktionen. a) Mit **Gummiarabikum** entsteht in der Kälte ganz geringe Trübung, beim Erhitzen stärker und schwach blaugrün werdend. Mineralsäuren stören, organische Säuren nicht. b) **Tragantlösung** liefert nur beim Erhitzen schwache Trübung. Säuren stören. c) **Leimlösung** liefert in der Kälte intensive weiße Fällung, beim Erhitzen verschwindend. Säuren stören. Intensivere Fällung entsteht mit **Schmidts** Reagens (3 g Ammoniummolybdat + 25 ccm verdünnte Salpetersäure, spez. Gew. 1,2 in 250 ccm Wasser). d) **Pflanzenschleime** reagieren in der Kälte nicht oder nur schwach opaleszierend. e) **Dextrin und Stärke** reagieren nicht. f) **Glukose** gibt nach längerem Erhitzen klare grüne Lösung.

12. **Neßlers Reagens** (nach E. Schmidt[1]). a) **Gummiarabikum:** kalt schwachgelb, beim Erhitzen allmählich unter Trübung schmutzigolive mit fein verteiltem Niederschlag, der nur in Salpetersäure nach längerem Kochen löslich ist. b) **Tragant:** kalt schwachgelb, beim Erhitzen schwache flockige Fällung oder Trübung. c) **Leim:** Kalt ohne Reaktion, in der Hitze schwarzer (in Schwefel- und Essigsäure teilweise löslicher) Niederschlag und grüne Flüssigkeit. Reaktion schneller und intensiver als bei Gummiarabikum. d) **Glukose:** Kalt ohne Reaktion, beim Erhitzen orangeroter Niederschlag; bei weiterem Erhitzen schwarz werdend. Säuren stören. e) **Dextrin:** Kalt ohne Reaktion, beim Erhitzen roter Niederschlag, der sich schnell wieder löst. Lösung bleibt gelblich und trübe. Nach einiger Zeit entsteht geringer schwarzer Niederschlag. Säuren stören. f) **Lösliche Stärke:** Kalt ohne Reaktion, heiß Trübung. Auf Zusatz von Weinsäure verschwindet Trübung teilweise und Lösung wird schmutziggrün, allmählich mit schwach gelbgrünem Niederschlag, in Säuren unlöslich.

13. **Verdünnte Schwefelsäure** liefert nach 10 Minuten langem Kochen Fehlingsche Lösung reduzierende Zuckerarten mit **Rohrzucker, Dextrin, Gummiarabikum, Pflanzenschleimen.**

14. **Säuren** fällen aus neutralen und alkalischen Lösungen: a) **Fettsäuren** aus Seifenlösungen, Türkischrotöl u. dgl. Beim Erhitzen an der Oberfläche Öltröpfchen, die mit Äther ausziehbar sind. Harzige, klumpige Partikelchen deuten auf Harzseifen. b) **Eiweißlösungen** (z. B. Kasein in Alkali): Fällungen, die nicht zu Öltröpfchen schmelzbar und nicht mit Äther ausziehbar sind.

Systematischer Trennungsgang nach Herbig[2]. Erforderliche Reagenzien. Fehlingsche Lösung (s. S. 15), Reagens nach **Adamkiewicz** (1 Vol. konzentrierte Schwefelsäure + 2 Vol. Eisessig), Millons Reagens, Kupferazetatlösung (10 g Kupfersulfat + 3 g 50%ige Essigsäure

---

[1] Schmidt, E.: Chem.-Ztg. 1912 S. 313.
[2] Herbig: Melliand Textilber. 1928 S. 59.

Systematischer Trennungsgang organischer Appreturmittel in wässeriger Lösung (nach Herbig).

Man neutralisiere bei saurer oder alkalischer Reaktion der Appreturmasse und fälle 50 g der normal dicken Appreturmasse (sonst einengen oder etwas mit heißem Wasser verdünnen) mit 500 ccm absolutem Alkohol in dünnem Strahl unter lebhaftem Rühren, lasse verschlossen 24 Stunden stehen, sauge auf dem Büchner-Trichter ab (Filtrat B) und wäge die lufttrockene Masse (Rückstand A).

Rückstand A.

Anorganische Salze, Dextrin, Leim, Stärke, Tragant, Schleime.

Der Rückstand wird mit kaltem Wasser behandelt und abgesaugt, die kalte, wässerige Lösung für sich auf Dextrin und anorganische Salze untersucht. Der Rest wird dann zweimal mit heißem Wasser behandelt und abgesaugt.

Rückstand I.

Eiweiß und etwas Stärke.

Der Rückstand wird in eine Schale gespritzt und mit Fehlingscher Lösung die Biuret-Reaktion ausgeführt; oder man befreit den Niederschlag vom Wasser und prüft auf Eiweiß. Prüfung mit Jod.

Hauptteil.

Man fällt mit Bleiessig und filtriert.

Fällung a.
Gummi, Tragant und Schleime.

Die Fällung wird mit 50proz. Essigsäure übergossen und stehengelassen.

Rückstand α.
Tragant und Schleime.
Man löse in heißem Wasser

Filtrat b.
Stärke, Leim, Dextrin.

Filtrat β.
Gummisäure.
Man versetze mit

Filtrat II.

Leim, Dextrin, Stärke, Gummi, Tragant, Schleime.

Das Filtrat wird in drei Teile geteilt.

1. Nebenteil.

Man dampfe ein, versetze mit Alkohol bis zur Trübung, lasse absetzen und filtriere. Stärke soll hier durch den Alkohol ausgefällt werden. Dextrin aber nicht. Im Filtrate wird hierauf der Dextrin-Nachweis ausgeführt.

2. Nebenteil.

Man kocht auf, gibt 1 Tropfen Essig- oder zwei Tropfen Salpetersäure zu und kocht wieder, filtriert vom Eiweiß ab, macht das Filtrat alkalisch und versetzt mit 3 Tropfen Fehlingscher Lösung und erwärmt. Bei Anwesenheit

Filtrat B.

Seifen, Öle, Fette, Glyzerin, Rohrzucker und Glukose.

Der Alkohol wird im Kolben zum größten Teil abdestilliert (Kolben im $CaCl_2$-Bad erhitzen). Der Rückstand wird dann in der Platinschale auf dem Wasserbade bis zur Sirupkonsistenz eingedampft, bei 105⁰ getrocknet und gewogen. Zeigt sich eine Fettabscheidung, so wird ausgeäthert und die Ätherlösung für sich auf Fett verarbeitet, das dann nach den Methoden der Fettanalyse weiter zu prüfen ist. Die wässerige Unterlauge wird mit Salzsäure angesäuert, gekocht und zur Entfernung von Seifenfettsäuren usw. ausgeäthert. In der wässerigen Unterlauge ist auf Schwefelsäure (Türkischrotöl) zu prüfen. Die Ätherlösung wird auf Seifenfettsäuren verarbeitet.

Die nun erhaltene wässerige Flüssigkeit wird neutralisiert und zur Sirupdicke eingedampft, alsdann wird mit dem 5fachen Vol. einer Mischung von Äther und Alkohol (1 : 1) versetzt und 24 Stunden verschlossen im Erlenmeyer stehengelassen.

Rückstand 1.
Rohrzucker und Glukose

Filtrat 2.
Glyzerin.

von Leim oder Gelatine zeigt sich eine violette Färbung. Bestätige die Reaktion durch Zugabe der früher erwähnten Tanninlösung zu der neutralisierten wässerigen Lösung des zweiten Nebenteils. Eine auftretende Trübung zeigt gerbsauren Leim an. Stärke, Schleime, geben auch diese Fällung mit Tannin.	Man löse in wenig Wasser, verdünne, mache mit Natronlauge alkalisch, gebe einige Tropfen Fehlingsche Lösung zu, bis die Lösung dauernd blau bleibt, und erwärme. Traubenzucker bildet einen Niederschlag von Kupferoxydul. Man filtriert; das Filtrat wird mit verdünnter H_2SO_4 10 Minuten lang gekocht, dann neutralisiert, mit einigen Tropfen Fehlingscher Lösung versetzt, bis die Lösung dauernd blau bleibt, und wieder gekocht: Bildung von Kupferoxydul zeigt Rohrzucker an.	Nachweis mit Schiffschem Reagens od. dgl.
und filtriere vom unlöslichen Bleiniederschlag ab, versetze mit der 6—8fachen Menge Alkohol und vergleiche mit selbsthergestellter Schleimlösung die Art der Flockenbildung. Oder: Man gebe zu der wässerigen Lösung eine 5%ige Tanninlösung im Überschuß. Entsteht eine Trübung: Isländisches Moos. Entsteht keine Trübung: Tragant, Agar-Agar, Leinsamen und Flohsamen. Setze verdünnte HCl zur Tanninlösung zu. Entsteht eine Trübung: Agar-Agar. Entsteht keine Trübung: Tragant, Flohsamen.	Fehlingscher Lösung, bis sich das $PbSO_4$ löst, versetze mit Lauge, bis die Sulfatabscheidung verschwunden ist, schüttle kräftig und lasse bei gewöhnlicher Temperatur stehen. Ist Gummi (mit reiner Gummilösung entsteht eine weiße, flockige Fällung, die sich absetzt) vorhanden, so bilden sich an der Oberfläche weiße, zähe Flocken. Dextrin, Leim, Schleime, Tragant zeigen diese Reaktion nicht.	

in 150 ccm Wasser), Bleiessig (basisch essigsaures Blei), Schiffs Reagens (Fuchsinschweflige Säure s. S. 289), Tanninlösung (5 : 100), Ferrozyankaliumlösung (10 : 1000), Sodalösung (100 : 1000), Natronlauge (100 : 1000), Jodlösung (1 : 100), Alaunlösung (10 : 100), Chlorammoniumlösung (10 : 100).

Blindreaktionen sind zweckmäßig vergleichsweise auszuführen, z. B. mit 1. Glyzerin (s. Appretur auf der Faser); 2. Glukose gegen Fehlingsche Lösung; 3. Stärke und Dextrin gegen Jod (s. Appretur auf der Faser); 4. Leim und Eiweißkörper gegen Tanninlösung (Leimfällung löst sich in verdünnter Salzsäure teilweise wieder, Eiweißfällung nicht); 5. Eiweiß gegen Ferrozyankaliumlösung (mit Essigsäure reichlich angesäuerte Lösung wird mit 5—6 Tropfen Ferrozyankaliumlösung versetzt, wobei starker, in Salpetersäure unlöslicher Niederschlag entsteht); 6. Eiweiß gegen Reagens von Millon (beim Kochen rosa bis rot) und Adamkiewicz (beim Erwärmen rotviolett); Bluteiweiß reagiert nicht mit Reagens von Adamkiewicz; 7. Leim und Eiweiß (Biuretreaktion). Beide geben die Biuretreaktion. Leim neben Eiweiß weist man nach, indem man das Eiweiß durch Koagulation und Filtration entfernt und die Reaktion mit dem Filtrat wiederholt. Ausführung: Man macht schwach alkalisch und gibt tropfenweise Fehlingsche Lösung zu bis eben schwach blau. Sofort, nach einigem Stehen oder nach gelindem Erwärmen, tritt schwach rotviolette Färbung auf.

Vorprüfungen. Man glüht die Probe auf dem Platinblech oder im Porzellantiegel. Die Asche enthält die meisten anorganischen Bestandteile (s. a. w. u.); die organische Substanz verkohlt und verbrennt allmählich, vielfach unter Entwicklung charakteristisch riechender Dämpfe: Geruch nach brennendem Fett und Akrolein, nach verbrannten Haaren oder Federn (Eiweißkörper, Leim, Gelatine), Karamelgeruch (zuckerartige Stoffe) u. dgl. m. Es folgt die Prüfung der wässerigen Lösung auf alkalische oder saure Reaktion, auf Fällung mit Alkohol und Salzsäurelöslichkeit der Alkoholfällung, Prüfung mit Jodlösung, Fällung mit Bleiessig, Prüfung mit Fehlingscher Lösung, Prüfung mit Ferrozyankaliumlösung und Essigsäure, Prüfung mit Tanninlösung, Biuretreaktion, Prüfung gegen Millons Reagens, Fällung mit Barytwasser, Prüfung auf Pflanzenschleime, auf anorganische Salze. Bei der Aschenbestimmung ist zu beachten, daß Sulfate durch die organischen Stoffe reduziert werden und daß infolgedessen beim Ansäuern der Asche meist Schwefelwasserstoff auftritt; ferner, daß Chlormagnesium beim Glühen meist sein Chlor als Salzsäure verliert. Wiederholtes Befeuchten der schwer verbrennlichen Asche mit konzentriertem Wasserstoffsuperoxyd oder Ammonnitrat ist zu empfehlen.

Teerfarbstoffe.

Es kommen folgende Untersuchungen in Betracht:

1. Probefärbung (Typkonformität in bezug auf Farbgehalt und Farbton.

2. Sonstige Prüfungen auf Einheitlichkeit des Farbstoffs; Fremd-, Füll- oder Verschnittstoffe, Löslichkeitsverhältnisse, Egalisierungsvermögen, Erschöpfung der Bäder (Ausziehen), Echtheitseigenschaften, Preiswürdigkeit u. a. m.

3. Sonderprüfungen in bezug auf Eignung für bestimmte Zwecke (z. B. für die Apparatefärberei u. dgl.), Verhalten bei höheren Temperaturen (Bügeln, Kalandern), Verhalten bei künstlicher Beleuchtung, Verhalten gegen hartes Wasser, Verhalten gegen Schwefelverbindungen, Verhalten gegen Metalle (Kupfer u. a.), Verhalten in bezug auf Verharzung und Verteerung bei längerem Kochen, Zusammensetzung von Mischfarbstoffen, Kolorimetrie, spektroskopisches Verhalten[1] u. a. m.

4. Chemische und färberische Gruppenzugehörigkeit.

Probefärbung. Die Probefärbung ist die Hauptprüfung, weil sie die wichtigsten Eigenschaften eines Farbstoffes ermittelt, nämlich den Gehalt an nutzbarem Farbstoff und den Farbton. Neben diesen Hauptfeststellungen können bei der Probefärbung weitere Beobachtungen gemacht werden, z. B. betreffend die Art des Aufziehens des

---

[1] Es sei diesbezüglich verwiesen auf: Formánek u. Knop: Untersuchung und Nachweis organischer Farbstoffe auf spektroskopischem Wege.

Farbstoffes, das Egalisierungsvermögen, die Erschöpfung des Färbebades (Ausziehen) usw. Die hergestellten Probefärbungen können weiter für Echtheitsprüfungen u. dgl. verwendet werden.

Die herzustellende Probefärbung dient zum Vergleich mit einer Gegenfärbung, und zwar mit einer Typfärbung, d. h. einer unter gleichen Arbeitsbedingungen auf gleichem Material hergestellten Ausfärbung mit einer maßgebenden Typ- oder Stammprobe. Da die Probefärbung zum Vergleich dient, nennt man sie auch Vergleichsfärbung. Die Typfärbung braucht nicht jedesmal besonders hergestellt zu werden, vielmehr bedient man sich in der Praxis zweckmäßigerweise vorrätig gehaltener Typfärbungen auf entsprechendem Material. Der Vergleich der Probe- und Typfärbung geschieht in der Regel durch makroskopische koloristische Abmusterung und nur seltener mit Hilfe von optischen Instrumenten. Durch das koloristische Abmustern wird 1. die Tiefe der Ausfärbung (entsprechend dem Farbgehalt), 2. der Farbton ermittelt und somit die Übereinstimmung von Probe und Typ d. h. die Typkonformität oder Nichtkonformität der Probe in bezug auf Farbgehalt und Farbton festgestellt.

Stimmen Probe- und Typfärbung im Farbton nicht ausreichend miteinander überein, so ist die koloristische Abschätzung der Farbtiefe schwieriger und weniger genau; andernfalls können von einem koloristisch geschulten Auge Unterschiede von 3—5% Farbgehalt noch erkannt werden. Wird bei den Probefärbungen ferner eine Abweichung in der Farbtiefe festgestellt, so sind weitere Färbungen herzustellen; am besten wird gleich eine Skala von Ausfärbungen mit der Probe hergestellt, bis eine Stufe der Skala mit der Typfärbung übereinstimmt. Braucht man z. B. 14 ccm der Probelösung und 10 ccm der Typlösung gleicher Konzentration (z. B. 1 : 1000) zur Herstellung gleich tiefer Färbungen, so steht die Farbstärke vom Typ zu derjenigen der Probe im Verhältnis von 14 : 10, da die Farbstärke und dementsprechend die Farbtiefe der Färbungen im umgekehrten Verhältnis zu den verbrauchten Farbstoffmengen steht.

Unter „Prozentigkeit" der Ausfärbung versteht man die auf 100 g Fasermaterial (Farbgut) angewandten Gramm Farbstoff; die „Konzentration" des Färbebades wird durch die Anzahl Gramm Farbstoff im Liter Färbebad zum Ausdruck gebracht, und „Flottenverhältnis" heißt das Verhältnis des Fasermaterials zur Flottmenge oder Badmenge. Bei 5 g Fasermaterial in 100 ccm Flotte ist das Flottenverhältnis also = 1 : 20. Man spricht dann auch von der 20fachen Flottenmenge.

Außer gleich prozentualen oder gleich tiefen Probefärbungen führt man bisweilen auch sog. „preisgleiche Färbungen" oder „Preisfärbungen" aus, das sind Ausfärbungen, bei denen Farbstoffmengen von gleichem Geldaufwand angewandt werden. Diese Preisfärbungen sind zur Zeitersparnis dort zu empfehlen, wo Konkurrenzfarbstoffe oder Farbstoffmarken von verschiedenem Preis (aber sonst qualitativ gleicher Art) miteinander schnell verglichen werden sollen.

Voraussetzung für alle Vergleichsfärbungen ist, daß das gleiche Fasermaterial unter genau gleichen Arbeitsbedingungen (Flottenmenge,

Färbezusätze, Temperatur, Färbedauer, etwaige Vorbeizung usw.) gefärbt wird. Das Färbegut soll ferner in sich gleichmäßig (homogen) und in gleicher Weise vorbereitet sein, z. B. abgekocht, entfettet, gebleicht, entbastet, gebeizt usw. sein. Appretierte und geblaute Stoffe sind ungeeignet. Die jeweils für einen Farbstoff geeigneten Färbemethoden werden von den Farbenfabriken angegeben; nötigenfalls werden sie den im Betrieb üblichen Methoden angepaßt[1].

Das Abmustern der Vergleichsfärbungen geschieht nach dem Trocknen; es erfordert ein gutes und geschultes Auge und große Übung, da möglichst kleine Unterschiede im Farbton und in der Farbtiefe prozentual abgeschätzt werden müssen. Man nimmt das Abmustern am besten in hellen Tagesstunden, bei zerstreutem Tageslicht und möglichst in auffallendem Nordlicht vor. Farbige große Flächen, wie rote Backsteinmauern, führen hierbei leicht irre, so daß man zweckmäßig in einer besonderen Musterkammer mit gleichmäßigem Oberlicht mustert. Diese Kammer sollte möglichst verdunkelt werden können, um die Färbungen zugleich bei künstlicher Beleuchtung prüfen zu können. Steht Tageslicht nicht oder in nicht ausreichender Helligkeit zur Verfügung, so bedient man sich aushilfsweise einer geeigneten Tageslichtlampe.

Ausführung und Apparatur. Einzelne Ausfärbungen können auf jedem Wasserbade, z. B. in Hartglas- oder Porzellanbechern, ausgeführt werden. Den auf einem Glasstab ruhenden, gut genetzten Strang taucht man mit dem einen Ende in das fertig bereitete Färbebad, netzt ihn gut durch und hebt ihn dann mit einem zweiten Glasstab oder mit zwei Fingern der linken Hand in die Höhe, indem man den Glasstab mit der rechten Hand festhält und das untere Ende des Stranges mit dem Glasstab etwas anspannt. Dabei legt man den Glasstab so an den Rand des Bechers, daß die vom Strang ablaufende Flotte oder Brühe verlustlos in den Becher zurückfließt. Nun „wendet" man, indem man das obere Ende des Stranges in die Flotte zurücksinken läßt. Dieses „Umziehen" wird je nach Art des Farbstoffes und der Geschwindigkeit seines Aufziehens anfangs möglichst oft wiederholt, später mit größer werdenden Pausen. Küpen-, Schwefelfarbstoffe u. dgl. färbt man zweckmäßig unter der Flotte. Man legt den um den Glasstab locker herumgeschlungenen Strang samt einem Glasstabende ganz unter die Flotte oder verwendet mit Vorteil U-förmig gebogene Glasstäbe, so daß sich der ganze Strang unter der Flotte befindet. An Stelle von Stranggarn können auch Gewebe, Gewirke und lose Materialien ausgefärbt werden; diese werden in das Färbebad eingelegt und unter lebhaftem Rühren gefärbt. Ein Färbereilaboratorium, das regelmäßig Probefärbungen ausführt, wird sich zweckmäßig besonderer Erhitzungsbäder oder Digestorien bedienen. Diese können in Größe, Form und Gesamtanlage sehr verschieden sein. Abb. 13 zeigt z. B. einen einfachen Kasten aus Eisenblech oder Gußeisen. Derselbe ist zur Aufnahme von sechs Färbebechern bestimmt, die gleichmäßig untereinander erhitzt werden können. Der

---

[1] Über die wichtigsten Färbemethoden verschiedener Farbstoffe und Fasern s. z. B. Ruggli: Praktikum der Färberei und Farbstoffanalyse. — S. a. u. „Färbevorschriften" am Schluß des Buches.

Kasten wird von unten mittels Gas oder durch Wasserdampf geheizt. Soll die Temperatur in den Bechergläsern bis zum Sieden gesteigert werden, so wird der Kasten mit höher siedenden Flüssigkeiten (Salpeter-, Chlorkalziumlösung u. a.) gefüllt, derart, daß der Siedepunkt der Lösungen etwa 110—115° beträgt. Auch wird Glyzerin zu diesem Zweck verwendet, das aber bei längerem Erhitzen sehr lästige Dämpfe verbreitet und eine Ventilation erforderlich macht. Abb. 14 und 15 zeigen einen vollkommeneren Färbeapparat für 12 Färbebecher bis zu 3 Liter Inhalt, wobei kleinere Färbebecher durch Anwendung entsprechender Ringe mitverwendet werden können. Außer Hartglas- und Porzellankochbechern werden auch verzinnte oder emaillierte sowie kup-

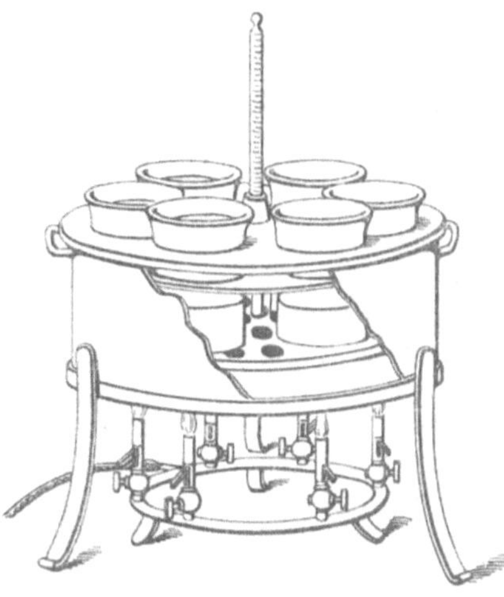

Abb. 13. Einfaches Färbedigestorium.

ferne Geschirre verwendet. Für besondere Zwecke bedient man sich auch verzinnter, sog. Duplexkessel in Größen bis zu 10 Liter.

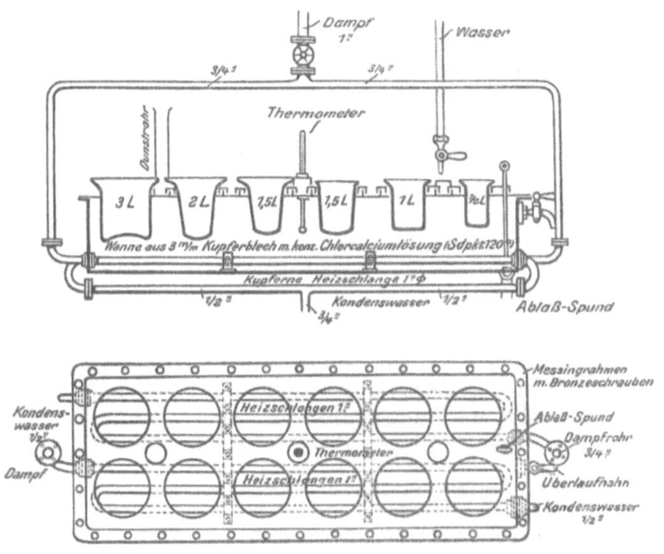

Abb. 14 und 15. Vollkommenerer Färbeapparat.

Nimmt man größere, technische Versuche vor, so ist die Versuchsfärberei dem jeweiligen Betriebe anzupassen. Handelt es sich z. B. um Färbereien von losem Material, Kops, Spulen u. ä., so wird man zweckmäßig einen Versuchsfärbeapparat, bei Stranggarn wieder kleine Wannen aus Holz oder Kupfer brauchen, um Probepartien von 1—10 Pfd. richtig färben zu können. In Frage kommen ferner: Kleines Foulard, Jigger, Haspelkufe, Versuchszentrifugen usw.[1]. Für die Vornahme von Druckversuchen, die nur in Zeugdruckereien oder Farbenfabriken ausgeführt zu werden pflegen, sind kleine Druckmaschinen usw. erforderlich.

Als Versuchsmaterial verwendet man beispielsweise Baumwolle in Strangform (sog. Fitzenhaspelung), gut ausgekocht und gewaschen, und zwar für helle bzw. lichte Färbungen gebleichte Ware. Bei Beizenfarbstoffen verwendet man entsprechend vorgebeizte Baumwolle oder sog. Alizarin- oder Garanzinestreifen (mit verschiedenen Beizen bedruckter Kattun). Wolle wird als Garn (Zephyrgarn od. ä.) oder als Flanellappen, Seide abgekocht in Strangform (Cuiteseide) verwendet. Für jede Versuchsreihe wägt man etwa 5 g Fasermaterial genau ab und berechnet den aufzufärbenden Farbstoff in Prozenten des Färbeguts.

Die Farbstoffe werden in der Regel 1 : 1000 im Meßkolben in destilliertem, weichgemachtem oder in dem jeweiligen Betriebswasser gelöst. Das Ausfärben hat unter fleißigem Hantieren bzw. Umziehen zu erfolgen, um bunte, unegale bzw. fleckige Färbungen zu vermeiden. Schwer egalisierende Farbstoffe werden unter besonderen Vorsichtsmaßregeln ausgefärbt. Man beginnt z. B. mit dem Färben in der Kälte und erwärmt langsam, setzt die Farbstofflösung portionenweise zu oder färbt unter Zusatz von Ammonazetat u. ä. Das Egalisierungsvermögen kann ermittelt werden, indem man unter ungünstigen Verhältnissen ausfärbt, z. B. das Färben gleich bei Siedetemperatur beginnt, egalisierend wirkende Zusätze wegläßt u. ä.

Für die Vergleichfärbungen stellt man meist hellere Nüancen her, da das Bad in verdünnten Bädern besser auszieht und die lichten Farbtöne besser vergleichbar sind. Es empfiehlt sich, daneben auch noch eine dunklere Färbung herzustellen. Bei Gelb und Orange wird zweckmäßig ein grüner oder blauer Farbstoff zugesetzt, um Farbtiefe und Reinheit des Farbtons besser beurteilen zu können. Zieht der Farbstoff nicht ganz aus (Ausziehvermögen), so können die Farbstoffreste im Bade durch Eintauchen von Streifen Filtrierpapiers oder durch Nachfärbungen („Nachstellungen") von neuem Versuchsmaterial abgeschätzt werden. Diese Nachzüge kommen praktisch hauptsächlich dort zur Mitberechnung, wo es sich um „stehende Farbbäder" im Betriebe handelt. Die Nachzüge bieten auch oft Anhaltspunkte dafür, ob Farbstoffmischungen vorliegen, da bei Mischungen die Komponenten meist nicht im vorhandenen Mischungsverhältnis aufziehen und die Nachzüge dann eine andere Nüance zeigen als die Hauptfärbungen (s. a. w. u.).

Ausführungsbeispiele. Gleich prozentuale und gleich tiefe Ausfärbungen. 5 Strängchen gebleichter, ungebeizter Baumwolle von je 5 g werden mit 0,75, 1, 1,25 und 1,5 % eines zu prüfenden Farbmusters (also z. B. mit 37,5, 50, 62,5 und 75 ccm einer Farbstofflösung von 1 : 1000) und mit 1 % des Typfarbstoffes (also 50 ccm der 0,1 %igen Lösung) unter den erforderlichen Zusätzen in 5 Färbebechern gefärbt, indem man die vorher gut genetzten Strängchen unter Benutzung von geraden oder gebogenen Glasstäben in die vorbereiteten Bäder kalt einbringt und unter fleißigem Umziehen allmählich, tunlichst bis zur Erschöpfung des Bades, erhitzt. Dann wird herausgenommen, gewaschen und ge-

---

[1] Näheres s. bei Erban: Laboratoriumsbuch für Tinktorialchemiker.

trocknet. Zeigt es sich nun bei der Abmusterung, daß z. B. die Färbung mit $1\frac{1}{2}$% des Farbmusters etwas tiefere Färbungen ergeben hat als die mit 1% des Typfarbstoffes, so folgt der ersten, gröberen Orientierung eine feinere Einstellung mit kleineren Abstufungen möglichst nahe der abgeschätzten Farbstärke. Man färbt nun z. B. neue Baumwollsträngchen der gleichen Sorte mit 1,35, 1,40 und 1,45% des Farbmusters und vergleicht diese mit der zuerst hergestellten 1%igen Typfärbung. Genügen auch diese Ausfärbungen noch nicht, so werden weitere Ausfärbungen mit noch engeren Intervallen hergestellt, bis die 1%ige Typfärbung genau erreicht ist. Aus der endgültigen Ausfärbung (z. B. 1,4% des Farbmusters = 1% des Typs) ergibt sich unmittelbar das Stärkeverhältnis zwischen den 2 Vergleichsfarbstoffen (Farbgehalt vom Typ : Farbgehalt des Musters = 14 : 10). Kommen solche Vergleichsfärbungen gegen feststehende Typen häufig vor, so stellt man sich zweckmäßig Farbtonskalen dieser Typfarbstoffe her, die man dann ohne weiteres mit den Musterfärbungen vergleichen kann. Überhaupt erleichtert eine möglichst reichhaltige Mustersammlung von Färbungen die Bewertung neuer Farbstofflieferungen außerordentlich. Solche Mustersammlungen sollen unter Lichtabschluß und gegen sonstige Einflüsse geschützt und sorgfältig aufbewahrt werden.

Preisfärbungen. Man wägt z. B. 1 g eines Farbstoffes vom Verkaufspreis 6 RM. und andererseits 0,89 g eines solchen von 6,75 RM. (6 : 6,75) ab, löst jeden für sich in 1 Liter Wasser und färbt gleiche Mengen Fasermaterial mit gleichen Volumina Farbstofflösung aus. Die dunklere Färbung entspricht dem preiswerteren Farbstoff.

Einheitlichkeit. a) Durch Betrachtung eines Farbstoffgemisches mit Hilfe der Lupe oder des Mikroskopes können gröbere Mischungen leicht erkannt werden.

b) Blasprobe. Man bläst den feingepulverten Farbstoff auf mit Wasser, Alkohol, Essigsäure u. a. m. befeuchtetes Filtrierpapier oder auf konzentrierte Schwefelsäure bzw. die vorbenannten Flüssigkeiten (heißes Wasser Alkohol, Essigsäure u. a. m.) vorsichtig auf. Bei Mischfarbstoffen beobachtet man in der Regel das Auslaufen der in Lösung gehenden Komponenten in Form von verschiedenfarbigen Streifen, Fäden, Kreisen oder Stippen. Es ist hierbei zu berücksichtigen, daß auch manche einheitlichen Farbstoffe Mischungen vortäuschen können, indem sie bei verschiedenen Konzentrationen verschieden gefärbt erscheinen (z. B. einen braunroten Rand neben einer grünen Innenzone aufweisen).

c) Fraktioniertes Lösen. Als organische Lösungsmittel (s. a. u. organischen Lösungsmitteln, S. 126) kommen u. a. in Betracht: Äthyl-, Methyl-, Amyl-Alkohol, Äther, Benzol, Benzin, Chloroform, besonders auch Gemische derselben, auch angesäuert und alkalisch gemacht. Als praktisch wichtig werden 96%iger Alkohol, eine Alkohol-Chloroformmischung (3 : 2) sowie mit Schwefelsäure angesäuerter Alkohol angegeben.

Beispiele. Cochenille-Scharlach G ist in Alkohol leicht löslich, Orange G sehr schwer löslich. Karboxylierte Säurefarbstoffe sind in Äther löslich; sulfonierte Säurefarbstoffe nicht. Man kann demnach karboxylierte Farbstoffe aus einer angesäuerten Lösung mit Äther ausschütteln, während die sulfonierten Farbstoffe nicht in den Äther gehen, sondern in der wässerigen Lösung zurückbleiben. Manche Sulfofarbstoffe sind wieder in Amylalkohol löslich. Cain und Thorpe[1] klassifizieren die Säurefarbstoffe in bezug auf Ätherlöslichkeit in 4 Gruppen: 1. Aus neutraler Lösung in Äther löslich, 2. in Gegenwart von 1% Essigsäure in Äther löslich, 3. in Gegenwart von Salz- oder Schwefelsäure in

---

[1] Cain u. Thorpe: Synthetic Dystuffs, S. 378.

Äther löslich, 4. auch in Gegenwart von starker Säure in Äther unlöslich. Basische Farbstoffe hydrolysieren z. T. in wässeriger, z. T. in schwach ammoniakalischer, z. T. in stark ätzalkalischer Lösung. Man kann also durch fraktionierte Lösung der frei werdenden Base in Äther eine Trennung verschiedener Farbstoffe vornehmen, indem man 1. die wässerige, 2. die schwach ammoniakalische, 3. die stark ältzakalische Lösung mit Äther extrahiert und so unter günstigen Umständen eine Trennung verschiedener Farbstoffindividuen erreicht.

d) **Fraktioniertes Färben.** Man stellt auf einem Färbebade eine Skala von z. B. sechs **Bruchfärbungen** her, indem man jede Teil- oder Bruchfärbung schnell abbricht, um ausreichenden Farbstoff für die nächsten Stufen im Bade zu belassen. Auf solche Weise werden sechs Probesträngchen od. dgl. auf einem und demselben Bade hintereinander ausgefärbt, und zwar derart, daß jedes Muster etwa gleich viel Farbstoff aufnimmt, d. h. daß die Pröbchen möglichst gleich tief gefärbt erscheinen. Bei Farbstoffgemischen wird sich sehr oft eine Skala von verschiedenen Farbtönen ergeben, da die Farbstoffe meist verschiedenes Ausziehvermögen besitzen. Bei Farbstoffen von gleichem oder sehr ähnlichem Farbton versagt diese Prüfung meist. Gewisse Farbstoffe können auch unter verschiedenen Badverhältnissen fraktioniert gefärbt werden. So ziehen z. B. manche Säurefarbstoffe aus neutralem Bade, andere aus schwach essigsaurem Bade, wieder andere erst aus salz- oder schwefelsaurem Bade aus. Erstere werden also aus neutralem Bade auf Wolle aufgefärbt; dann säuert man das bereits gebrauchte Bad mit 1—2% Essigsäure vom Gewicht der Wolle an und färbt eine frische Wollprobe aus. Schließlich säuert man das schon zweimal gebrauchte Bad mit Schwefelsäure an und färbt mit einer frischen Wollprobe die dritte Gruppe von Farbstoffen aus.

e) **Fraktionierte Adsorption.** Manche Farbstoffe werden aus ihren wässerigen Lösungen durch Kaolinpulver vollständig adsorbiert, andere weniger oder gar nicht. Man übergießt eine mit wenig Wasser angeriebene Kaolinpaste aus 5 g Kaolinpulver mit 10 ccm einer Farbstofflösung von 1 : 1000. Nach dem Umrühren läßt man noch 5 Minuten stehen und filtriert mit Hilfe einer Saugpumpe durch einen Goochtiegel. In solcher Weise kann man auf Grund verschiedener Adsorptionsfähigkeit des Kaolins nach Chapman und Siebold[1] drei Klassen von Farbstoffen unterscheiden: 1. Vollständig durch Kaolin adsorbierbare, 2. unvollkommen adsorbierbare, 3. gar nicht adsorbierbare Farbstoffe. Manche gut alkohollöslichen Farbstoffe, die von Kaolin adsorbiert sind, werden durch Behandlung mit Alkohol vom Kaolin nicht wieder abgezogen.

f) **Kapillarisation.** Man hängt in die mit Wasser, Alkohol, Essigsäure u. dgl. hergestellten Farbstofflösungen Streifen von feinem Filtrierpapier mit dem unteren Ende etwa 5—10 mm tief ein und befestigt die oberen Enden der Streifen in möglichst senkrechter Richtung. Oder man läßt mehrere Tropfen einer ziemlich konzentrierten Farbstofflösung auf feines trockenes Filtrierpapier auffallen und beobachtet das Verlaufen der Farblösung. Durch das verschiedene Kapillarisationsvermögen der Farbstoffe gelingt es oft, bei Gemischen die schneller fortlaufenden von

---

[1] Chapman u. Siebold: Analyst 1912 S. 339.

den langsamer fortlaufenden oder aufsteigenden Farbstoffen in den entsprechend gefärbten Zonen zu erkennen, so daß man leicht verschieden gefärbte Zonen (oben und unten, am Rande und im Inneren) feststellen kann. Beispiel: Pikrinsäure-Indigokarmin-Mischung liefert schnell drei Zonen: Oben eine gelbe, in der Mitte eine grüne und unten eine grünblaue bis blaue.

Fremdstoffe (Indifferente Zusätze, Verdünnungs-, Verschnitt-, Füllmittel). Die Teerfarbstoffe werden von den Fabriken durch bestimmte Zusätze, wie Dextrin, Kochsalz, Glaubersalz, Karbonate, Phosphate, Schwefelnatrium u. dgl. auf die erforderliche Marken- oder Typstärke gebracht, d. h. auf „Typ eingestellt". Diese Zusätze sind für den Verbraucher der Farbstoffe in der Regel ohne Bedeutung, da der Verbraucher nur Anspruch auf eine bestimmte Typstärke hat. Nur in besonderen Fällen wird also die Bestimmung von Zusätzen bzw. Zusatzstoffen in Betracht kommen. Vorkommendenfalls wird man am einfachsten die Fremdstoffe durch Herauslösen des Farbstoffes mit geeigneten organischen Lösungsmitteln isolieren und den Rückstand dann der Untersuchung unterziehen. Die meisten anorganischen Salze (Kochsalz, Glaubersalz usw.) sind beispielsweise in Alkohol unlöslich, während sehr viele Farbstoffe darin löslich sind. Außer Alkohol kommen noch Äther, Pyridin, Anilin und andere farbstofflösende Lösungsmittel in Betracht. Weiterhin sind die anorganischen Salze in der Asche des Farbstoffes nachweisbar. Man verascht eine Probe Farbstoff und untersucht die Asche. Da einige mineralische Stoffe beim Veraschen flüchtig sind, kann man auch den Farbstoff in einem Kjeldahlkolben mit Schwefelsäure zerstören und den anorganischen Rückstand untersuchen. Es ist hierbei jedoch zu berücksichtigen, daß zahlreiche Farbstoffe Natriumsalze von Sulfosäuren darstellen oder sonst Metall als konstituierenden Bestandteil enthalten, so daß auch bei reinem Farbstoff erhebliche Mengen Sulfat od. a. in der Asche oder im Kjeldahlrückstand gefunden wird. Dextrin macht sich schon beim Lösen des Farbstoffs in heißem Wasser durch seinen Geruch bemerkbar. Da Dextrin außerdem in Alkohol unlöslich ist, bleibt es beim Lösen eines alkohollöslichen Farbstoffes in diesem Lösungsmittel unlöslich zurück oder wird beim Versetzen der wässerigen Farbstofflösung mit dem 10fachen Volumen Alkohol ausgefällt. Unter Umständen kann man auch substantive Farbstoffe durch einen Kochsalzüberschuß ausfällen und das Filtrat auf Fremdstoffe (außer Kochsalz) untersuchen.

Kolorimetrie. Die Kolorimetrie der Farbstoffe wird eigentlich nur als unwichtige Nebenprüfung vorgenommen, z. B. bei der Prüfung auf vollkommene Typkonformität, beim Vergleich von Farbstoffresten oder -spuren u. dgl. m. Färberisch ist sie also recht nichtssagend, zumal sie leicht zu falschen Schlußfolgerungen führen kann, da kolorimetrisch sich gleich verhaltende Farbstoffe färberisch grundverschieden sein können. Man führt die kolorimetrische Prüfung in zwei oder mehreren ganz gleichen und sich in gleicher Lage zur Lichtquelle (Fenster od. ä.) befindlichen Glaszylindern aus, am besten in besonderen Kalorimetern, indem man die Farbtiefen zweier oder verschiedener Farblösungen gegen-

einander vergleicht. Hierbei verdünnt man 1. entweder die stärkere
Lösung, bis die Farbtiefen bei gleichem Volumen gleich sind, oder
2. man verändert das Volumen, die Schicht der Lösung, durch welche
man hindurchblickt, bis gleiche Farbtiefe bei verschiedenem Volumen erreicht ist. Schließlich wird der Farbgehalt in den verglichenen
Lösungen festgestellt und hieraus das Verhältnis der Farbstoffstärken
zueinander berechnet.

Bestimmung der Gruppenzugehörigkeit.

I. Untersuchungsgang nach Trotman. Wasserunlösliches.
Die meisten Schwefel-, Küpen- und Beizenfarbstoffe sind wasser-
unlöslich. Erstere können durch Natriumsulfid, Küpenfarbstoffe als
Sulfonester und Beizenfarbstoffe als Bisulfitverbindung in löslicher
Form vorliegen. Man zerreibt etwa 1 g der Probe mit wenig kaltem
Wasser zu einer Paste, setzt kochendes Wasser zu und kocht einige
Minuten. Dann läßt man absetzen, dekantiert die klare überstehende
Lösung durch einen Goochtiegel, kocht den Rückstand wiederholt
mit frischem Wasser und dekantiert, bis dieses ungefärbt bleibt.
Der Filterinhalt wird weiter mit kochendem Wasser gewaschen, bis
das abfließende Wasser farblos ist. Dann kann der Tiegelinhalt ge-
trocknet und gewogen oder im feuchten Zustande weiter untersucht
werden.

Schwefelfarbstoffe. Bei der Reduktion aller Schwefelfarbstoffe
z. B. mit Zinnsalz und Salzsäure entsteht Schwefelwasserstoff. Man
erhitzt eine Probe Farbstoff oder etwas vom wasserunlöslichen Anteil
in einem kleinen Erlenmeyerkolben mit etwas Zinnchlorür und verdünnter Salzsäure bei mit frisch befeuchtetem Bleiazetatpapier bedecktem Kolbenhals. Man kann noch sicherer einen weithalsigen Trichter
auf den Erlenmeyerkolben aufsetzen und die in obere Trichteröffnung
locker Watte einführen, die frisch mit Bleiazetatlösung getränkt ist. Auf
diese Weise müssen alle entweichenden Gase den Weg durch die Watte
nehmen. Sind Schwefelfarbstoffe zugegen, so färbt sich das Bleipapier
oder die Bleiwatte bräunlich bis schwarz.

Küpenfarbstoffe. Diese bilden bei der Reduktion keinen Schwefelwasserstoff, wohl aber bei bestimmten Reduktionsmitteln (wie Hydrosulfit) Leukoverbindungen, die in Natronhydrat löslich sind. Man
versetzt eine Probe des Farbstoffes oder des wasserunlöslichen Anteils
mit Ätznatron, setzt eine Messerspitze voll Natriumhydrosulfit zu
und läßt stehen. Wenn Lösung eingetreten ist, so liegt ein Küpenfarbstoff vor. Indigo und die indigoiden Farbstoffe liefern eine fast farblose
oder gelbe Leukoverbindung (Küpe), während Anthrachinonküpenfarbstoffe oft farbige Leukoverbindungen liefern. Man tropft ein paar
Tropfen der Lösung auf Fließpapier und setzt die Tropfflecke der Luft
aus. Tritt deutliche Rückbildung des Farbstoffes ein, so liegt ein indi-
goider Küpenfarbstoff vor. Findet keine Farbstoffrückbildung statt,
so bringt man etwas verdünnte Kaliumpersulfatlösung auf die Tropfflecke. Dadurch werden die Leukobasen der Anthrachinonderivate
reoxydiert. Manche Küpenfarbstoffe lassen sich ferner bei vorsichtigem
Erhitzen in einem trockenen Reagensglas sublimieren (z. B. Indigo);

auch sind die indigoiden Küpenfarbstoffe in Pyridin und Anilin löslich. Green führt die Probe folgendermaßen aus: Man kocht eine Probe des Farbstoffes oder des wasserunlöslichen Anteils 2 Minuten mit frisch destilliertem Anilin. Wenn der Auszug gefärbt erscheint, wird er (bzw. das Filtrat) im Reagensrohr vorsichtig zur Trockne verdampft. Der Trockenrückstand wird vorsichtig in der Bunsenflamme erhitzt, wobei indigoide Farbstoffe farbige Dämpfe entwickeln.

Beizenfarbstoffe. Man beschickt zwei Färbebecher mit etwas Farbstoff (bzw. dem wasserunlöslichen Anteil der Probe) und bringt in den einen eine Probe ungebeizter Wolle, in den anderen Becher eine Probe tonerde- oder chromgebeizter Wolle und färbt bis kochend aus. Liegt ein Beizenfarbstoff vor, so ist die ungebeizte Wollprobe mehr oder weniger angeschmutzt (seifenunecht), während die gebeizte Wolle echt angefärbt ist (seifenecht).

Wasserlösliches. Das bei der Bestimmung des Wasserunlöslichen erhaltene Filtrat (s. o.) kann seinerseits enthalten: Basische Farbstoffe, Säurefarbstoffe und substantive Farbstoffe (Salzfarbstoffe).

Basische Farbstoffe. Den wasserlöslichen Anteil prüft man erst auf basische Farbstoffe, indem man die Lösung mit Tanninreagens behandelt. Dies ist eine Lösung von 5 g Tannin und 5 g Natriumazetat in 100 ccm Wasser. Durch dieses Tanninreagens werden alle basischen Farbstoffe in Abwesenheit von starken Säuren als unlösliche Tannate gefällt (daher heißen die basischen Farbstoffe auch „Tanninfarbstoffe"). Man kann die Reaktion auch in der Weise ausführen, daß man die Farbstofflösung in einem Schütteltrichter mit Natronlauge zersetzt, die frei gewordene Farbstoffbase mit Äther ausschüttelt, den Äther verdunsten läßt, den Rückstand in verdünnter Essigsäure löst und nun mit der so gereinigten Farbstofflösung die Tanninreaktion ausführt.

Alle basischen Farbstoffe färben tanningebeizte Baumwolle an. Die Tanninbeizung wird in der Weise vorgenommen, daß man gebleichtes Baumwollgarn 1 Stunde in einer warmen Tanninlösung tränkt, dann ausdrückt und ohne zu waschen in eine verdünnte Lösung von Brechweinstein einlegt. Nach kurzer Zeit wird gründlich mit kaltem Wasser gespült und die so vorgebeizte Baumwolle in die schwach mit Essigsäure angesäuerte Farbstofflösung gebracht und von kalt bis heiß ausgefärbt. Ungebeizte Baumwolle wird von basischen Farbstoffen nur angeschmutzt, tannierte stark angefärbt.

Ist das Vorhandensein eines basischen Farbstoffes nachgewiesen, so ist auch auf basischen Beizenfarbstoff zu prüfen. Man erhitzt zu diesem Zweck die Farbstofflösung mit Chromfluoridreagens. Dies ist eine Lösung von 10 g Chromfluorid + 5 g Natriumazetat in 100 ccm Wasser. Basische Farbstoffe geben damit keine Fällung, wohl aber die basischen Beizenfarbstoffe.

Säurefarbstoffe. Liegt ein basischer Farbstoff vor, so ist normalerweise die Anwesenheit von Säure- oder substantiven Farbstoffen ausgeschlossen. Andernfalls kann man auf Säurefarbstoffe wie folgt prüfen. Man bringt je ein Strängchen 1. ungebeizter, 2. chrom-

gebeizter Wolle und 3. merzerisierter Baumwolle in das mit etwas Essig-
oder Schwefelsäure und Glaubersalz beschickte kochende Färbebad.
Wird die Wolle angefärbt, und die merzerisierte Baumwolle bleibt
ungefärbt, so liegt wahrscheinlich ein Säurefarbstoff vor. Ist die gebeizte Wolle tiefer oder andersfarbig gefärbt als die ungebeizte, so
liegt ein saurer Beizenfarbstoff vor. Dies wird noch dadurch be-
stätigt, daß beim Kochen der gefärbten Proben mit 1 %iger Ammoniaklösung der Säurefarbstoff größtenteils abgezogen wird, während
die gebeizte Probe verhältnismäßig echt gefärbt ist. Der saure Beizenfarbstoff gibt auch mit Chromfluoridreagens (s. o.) beim Kochen einen
Niederschlag.

Substantive Farbstoffe (Salzfarbstoffe). Diese ziehen im
allgemeinen auch in sauren Bädern auf Wolle, werden aber durch Säure
von Baumwolle ferngehalten. Deshalb können sie auch im vorigen Versuch (Säurefarbstoffe) auf Wolle aufgezogen sein, dürfen dann aber die
merzerisierte Baumwolle nicht gefärbt haben. Man prüft auf substantive
Farbstoffe gesondert, indem man Baumwolle in neutralem oder schwach
alkalischem Bade unter Zusatz von Koch- oder Glaubersalz ausfärbt.
Man kocht kleine Proben Baumwollstoff oder merzerisierte Baumwolle
in der salzhaltigen Farbstofflösung und spült gründlich. Substantive
Farbstoffe ziehen auf die Baumwolle, die kräftig gefärbt erscheint. Zuletzt kocht man die angefärbten Baumwollproben in verdünnter Seifenlösung zusammen mit ungefärbter merzerisierter Baumwolle. Substantive Farbstoffe sind ziemlich seifenecht und bluten nur in geringem Maße
auf mitgekochte weiße Faser.

II. Untersuchungsgang nach Green. Green unterscheidet die
wichtigsten Farbstoffgruppen nach ihrem Verhalten bei der Reduktion
mit Zinkstaub und Essigsäure und der etwaigen Reoxydation.
Bei der Behandlung eines Farbstoffs mit Zink und Essigsäure können zunächst folgende Fälle eintreten: 1. Der Farbstoff bleibt unverändert
(keine Reduktion), 2. der Farbstoff wird verändert (aber nicht zerstört
oder entfärbt), 3. der Farbstoff wird entfärbt (zerstört oder in eine
Leukoverbindung übergeführt). Wenn der Farbstoff verändert oder entfärbt ist, kann die ursprüngliche Farbe durch Rückoxydation wiederhergestellt werden, wenn bei der Reduktion Leukoverbindungen entstanden. Eine Azo-, Nitro- oder Nitrosoverbindung wird dagegen bei der
Reduktion in Verbindungen übergeführt (Amine usw.), die sich nicht
wieder zum Farbstoff rückoxydieren können; die Farbstoffe werden
zerstört.

Auf diesem Wege entwickelte Green das früher von Rota und dann
von Weingärtner empfohlene System der Gruppeneinteilung, nachdem
besonders die Farbstoffe bereits vorher nach zum Teil beschriebenen Verfahren (s. u. Trotmans Analysengang) in eine der folgenden vier Hauptgruppen eingereiht worden sind.

1. Wasserunlösliche Farbstoffe (Schwefel-, Beizen-, Küpen-,
Sprit-, Pigmentfarbstoffe).

2. Basische Farbstoffe und basische Beizenfarbstoffe, die
durch Tanninreagens gefällt werden.

3. Säurefarbstoffe und saure Beizenfarbstoffe, die durch Tanninreagens nicht gefällt werden, und keine Affinität zu ungebeizter Baumwolle haben.

4. Substantive Farbstoffe (Salz-, Direktfarbstoffe), die durch Tanninreagens nicht gefällt werden, aber ungebeizte Baumwolle anfärben.

Die nun folgende, maßgebende Zink-Essigsäure-Reduktion wird sehr sorgfältig, wie folgt, ausgeführt. Man bringt etwas Farblösung in ein Reagensrohr, fügt eine kleine Messerspitze voll Zinkstaub hinzu, schüttelt durch und gibt nun Tropfen für Tropfen von einer 5%igen Essigsäure zu, bis entweder Entfärbung eingetreten ist oder keine sichtbare Reduktion mehr stattfindet. Nun gießt man etwas von der überstehenden klaren (zinkstaubfreien) Flüssigkeit auf Filterpapier und setzt dieses der Luft aus. Wenn in 2 Minuten keine Farbstoffrückbildung eingetreten ist, betupft man die Tropfflecke mit einer verdünnten sauren Kaliumpermanganatlösung (1 g Kaliumpermanganat + 2 g Schwefelsäure im Liter). Vorsichtiges Anwärmen über der Bunsenflamme beschleunigt die etwaige Oxydation. Manche Farbstoffe bilden sich nicht im sauren Medium zurück; man hält in solchen Fällen das chamäleonbetupfte saure Papier über einer geöffneten Flasche mit starkem Ammoniak.

Dabei werden folgende fünf Gruppen ermittelt:

a) Die Farbe wird an der Luft rückgebildet: Azine Oxazine, Thiazine, Pyrone (violette und blaue), Akridin-, Stilbenfarbstoffe, Indigoide.

b) Die Farbe wird nur bei Betupfung mit oxydierenden Mitteln rückgebildet (Persulfat, saure Chamäleonlösung, 1%ige Chromsäurelösung, 3%iges Wasserstoffsuperoxyd u. a. m.): Triphenylmethan-, Pyronfarbstoffe, Anthrachinonküpenfarbstoffe.

c) Die Farbe kehrt auch mit Hilfe von Oxydationsmitteln nicht wieder zurück: Azo-, Nitro-, Nitrosofarbstoffe.

d) Es findet bei der Reduktion überhaupt kein nennenswerter Farbenumschlag statt: Chinolin-, Thiazolfarbstoffe.

e) Es findet bei der Reduktion keine Entfärbung, wohl aber ein erheblicher Farbenumschlag statt: Anthrachinonfarbstoffe.

Dieses Verfahren reicht in den meisten Fällen aus, einen Farbstoff deutlich zu charakterisieren. In besonderen Fällen bedient man sich zusätzlich noch der Einzelreaktionen, die in besonderen Tabellen[1] zu finden sind. Aber angesichts des stets wechselnden Bildes auf dem Farbstoffmarkte, nicht zum geringsten auch in bezug auf die Bezeichnung der Farbstoffmarken, wird es nicht immer möglich sein, einen bestimmten Farbstoff mit Sicherheit zu identifizieren. Die Tabellen haben also nur relativen Wert. Der Praktiker wird in der Regel mit dem ungefähren Anhalt über die Gruppenzugehörigkeit und Echtheit eines Farbstoffes auskommen können.

---

[1] Siehe z. B. G. Schultz u. P. Julius: Tabellarische Übersicht der künstlichen organischen Farbstoffe. — Greensche Tabellen bei Ruggli: Praktikum der Färberei und Farbstoffanalyse. — S. a. Farbstoffe auf der Faser w. u.

III. **Untersuchungsgang nach Ganswindt.** Ganswindt arbeitet rein färberisch, ohne Mitverwendung chemischer Reaktionen und stellt folgende fünf Färbe-Grundversuche mit einem unbekannten Farbstoff an:

a) Man geht mit chromgebeizter Wolle in das Färbebad ein, hantiert $\frac{1}{2}$ Stunde und treibt langsam zum Kochen.

b) Man beschickt das Bad mit 10% Glaubersalz und 4% Schwefelsäure vom Gewicht der Wolle, geht mit ungebeizter Wolle in das Färbebad ein und erhitzt langsam.

c) Man beschickt das Bad nur mit 10% Glaubersalz vom Gewicht der Wolle und behandelt darin ungebeizte Wolle bis kochend.

d) Man beschickt das Bad mit 30—50% Kochsalz vom Gewicht der Baumwolle, geht mit ungebeizter Baumwolle in das Bad ein und behandelt von kalt bis heiß.

e) Man geht in das neutrale oder schwach essigsaure Bad mit Baumwolle ein, die mit Tannin und Brechweinstein gebeizt ist (s. S. 137 u. 380), und behandelt von kalt bis warm.

Hierbei werden die Beobachtungen, wie folgt, gewertet:

Wird bei a die Wolle gefärbt, so kann ein Beizenfarbstoff vorliegen; zieht das Bad hier ganz aus, so liegt wahrscheinlich ein Beizenfarbstoff vor. Ist die Wolle bei b und c außerdem ungefärbt, so liegt bestimmt ein Beizenfarbstoff vor. Ist aber die Wolle bei b gefärbt und bei c ungefärbt geblieben, so kann es sich um einen Beizenfarbstoff handeln, der sich auch nach der Einbad-Färbemethode färben läßt. Um einen Beizenfarbstoff endgültig als solchen zu erkennen, muß die Lackbildung erwiesen werden. Zu diesem Zwecke kocht man je einige ccm Farbstofflösung einerseits mit essigsaurem Chrom und andererseits mit essigsaurer Tonerde. Bei einem Beizenfarbstoff muß sich nach einigem Kochen in beiden Fällen ein Niederschlag gebildet haben (Chrom- und Tonerdelack des Farbstoffes, nach dem Erkalten filtrierbar).

Wird ferner die Wolle im sauren Bade (b) gefärbt, so kann entweder ein saurer oder ein Beizenfarbstoff vorliegen. Tritt obige Lackbildung nicht ein, so ist es ein saurer Farbstoff. In diesem Falle muß die Baumwolle bei den Versuchen d und e ungefärbt oder nur schwach angeschmutzt bleiben.

Wird bei Versuch c im neutralen Glaubersalzbade eine Färbung erhalten, so sind drei Fälle möglich: saurer, substantiver oder basischer Farbstoff. Liegt ein saurer Farbstoff vor, so muß auch bei b Färbung stattfinden, während bei d und e keine Färbung stattfindet. Bei einem substantiven Farbstoff muß auch bei d die Baumwolle stark angefärbt sein; bei einem basischen muß die Baumwolle auch bei e stark gefärbt erscheinen und eine Fällung mit Tanninreagens (s. o.) entstehen.

Erscheint die Baumwolle bei d nur schwach gefärbt, so kann ein saurer oder basischer Farbstoff in Frage kommen; im ersteren Falle wird die Wolle bei b, im anderen Falle die Wolle bei c und die Baumwolle bei e stark gefärbt sein müssen. In beiden Fällen wird die geringe Baumwollfärbung durch heißes Seifen fast vollständig ausgewaschen. Ist dagegen die Baumwolle stark gefärbt und die Färbung seifenecht, so liegt ein substantiver Farbstoff vor. Meist wird dann auch die Wolle bei c gefärbt erscheinen.

Ist die Baumwolle bei e gefärbt und bei nicht zu großen Farbstoffmengen das Bad schnell und fast vollständig ausgezogen, so liegt ein basischer Farbstoff vor (Kontrolle mit Tanninreagens), in welchem Falle die Wolle bei c meist gefärbt, bei b meist ungefärbt bleibt. Es gibt hier aber auch Ausnahmen (Bismarckbraun, Viktoriablau), wo die Wolle in neutralem Bade kaum, in saurem Bade dagegen stark angefärbt wird.

Auch sonst kommen Abweichungen von der Regel vor, weil die einzelnen Farbstoffgruppen durch Eintritt bestimmter Radikale oder Komplexe allmählich ineinander übergehen können. Die Aufschlüsse, die durch die Färbeversuche erhalten werden, sind daher in der Hauptsache nur allgemeine Orientierungen.

Naturfarbstoffe.

Indigo. Der Indigo kommt als künstlicher (synthetischer) Indigo, in Form von Pulvern, Pasten, Küpen usw. und (im Auslande) als natürlicher Indigo in den Handel.

Die gebräuchlichsten Untersuchungsmethoden sind die oxydimetrische Chamäleonmethode und die Reduktionsmethode mit Hydrosulfit. Die erstere ist leichter ausführbar und liefert bei synthetischem Indigo zufriedenstellende Ergebnisse, während sie bei Rohsorten (Naturindigos) meist etwas zu hohe Werte (um etwa $0,2—0,3\%$) gegenüber der Hydrosulfitmethode ergibt. Die Hydrosulfitmethode verlangt eine etwas kompliziertere Apparatur, sehr genaues und gleichmäßiges Arbeiten sowie eine ziemliche Übung. In Betrieben, wo dauernd Indigo untersucht wird, ist die Hydrosulfitmethode trotzdem vorzuziehen, weil sie sich mehr den wirklichen Verhältnissen der Praxis anpaßt.

1. **Kaliumpermanganatmethode.** Das Verfahren beruht auf der quantitativen Oxydation des Indigos durch Chamäleon zu Isatin nach der Gleichung:

$$5\,C_{16}H_{10}N_2O_2 + 4\,KMnO_4 + 6\,H_2SO_4 = 10\,C_8H_5NO_2 + 4\,MnSO_4 + 2\,K_2SO_4 + 6\,H_2O.$$
(Indigo)   (Isatin)

Theoretisch verbrauchen als $65,5$ g Indigotin $= 31,6$ g $KMnO_4$ oder 1 ccm n-Permanganatlösung $= 0,0655$ g Indigotin. Der Vorgang verläuft aber nur unter ganz bestimmten Arbeitsbedingungen fast quantitativ im Sinne der obigen Gleichung, und zwar wenn neben dem Indigotin keine anderen oxydabeln Stoffe (im Naturindigo z. B. Indigorot, -braun, -leim usw.) vorhanden sind. Wesentlich für den glatten Verlauf der Reaktion ist u. a. die Art und Weise der Lösung des Indigos in Schwefelsäure und die geeignetste Verdünnung der Indigolösung. Eine unmittelbare Berechnung des Indigotingehaltes aus dem Chamäleonverbrauch ist untunlich. Man verwendet vielmehr zur Vergleichstitration ein Indigotin von bekanntem Gehalt, z. B. einen raffinierten Indigo rein, der bei ganz genauen Untersuchungen auf 100%iges Indigotin eingestellt sein kann.

100 %iges Indigotin und Gebrauchstyp. Indigo rein wird mit Hydrosulfit gelöst, wieder mit Luft ausgeblasen, auf einem Hartfilter gesammelt, mit heißer verdünnter Salzsäure, Wasser und Alkohol erschöpfend ausgewaschen und bei 100—105⁰ C getrocknet. Man erhält so den Gebrauchstyp (etwa 99 bis 99,5 %iges Indigotin), der für die meisten Untersuchungen bereits ausreicht. Für die noch weitere Reinigung (auf 100 %) trägt man von diesem allmählich 2 g in 25 g reines sublimiertes Phthalsäureanhydrid, das auf dem Sandbade ungefähr bis zum Siedepunkt (270⁰) erhitzt ist, ein und läßt nach erfolgter Lösung langsam erkalten, wobei das Indigotin in prächtig glänzenden Nadeln auskristallisiert. Durch erschöpfendes Auskochen der Kristalle mit Alkohol entfernt man das Phthalsäureanhydrid, kocht die Indigotinkristalle noch sechsmal mit Alkohol, zweimal mit verdünnter Salzsäure und sechsmal mit Wasser aus, indem man die Kristalle nicht filtriert (Filterfasern!), sondern nur dekantiert. Zum Schluß wird auf gehärtetem Filter abgesaugt, mit heißem Wasser, Alkohol und Äther gewaschen und bei 100—105⁰ getrocknet. Dieses so erhaltene Indigotin setzt man als 100 %igen Urtyp und stellt auf ihn den obenerwähnten Gebrauchstyp, gegen den die untersuchenden Proben Indigo verglichen werden, ein für allemal ein (s. w. u.).

Herstellung der Indigolösungen. Man wägt genau 2 g der sehr fein gepulverten Indigoproben ab und löst sie mit 12 ccm Schwefelsäuremonohydrat während 5 Stunden bei 40—50⁰ unter häufigem Umschwenken auf, gießt dann nach erfolgter Lösung in Wasser und füllt auf 1 Liter auf. Geht man beim Lösen mit der Temperatur erheblich höher (z. B. auf 80—90⁰) oder verwendet zu viel Schwefelsäure, so entstehen dunklere Lösungen, welche die Titration erschweren. Die Lösung hält sich in verschlossenen Glasgefäßen im Dunkeln mehrere Wochen unverändert.

Permanganatlösung. Man löst 1 g möglichst reines Kaliumpermanganat in Wasser von gewöhnlicher Temperatur, füllt auf 1 Liter auf, schüttelt gut durch und filtriert durch Glaswolle. Bei jeder Indigobestimmung wird der Titer der Chamäleonlösung neu bestimmt.

Ausführung der Titration. Man verdünnt 50 ccm der Indigolösung (= 0,1 g feste Substanz) mit 1 Liter destilliertem Wasser, so daß die zur Titration gelangende Indigolösung mindestens 1 : 10000 verdünnt ist und tröpfelt langsam und unter stetigem Rühren aus einer Bürette obige Chamäleonlösung zu, bis die blaue Farbe verschwunden ist und eine hellgelbe Farbe aufgetreten ist (bei Naturindigos bleibt die Farbe oft braungelb bis schmutziggrün).

Berechnungsbeispiele.

50 ccm Urtyp-Indigolösung (0,1 g Indigotin) verbrauchten = 45,00 ccm Chamäleonlösung. 1 ccm Chamäleonlösung also = 0,002222 g Indigotin.

50 ccm Gebrauchstyp-Indigolösung (0,1 g Gebrauchstyp) verbrauchten = 44,8 ccm Chamäleonlösung. 0,1 g Gebrauchstyp enthält also 44,8 × 0,002222 g = 0,09954 g Indigotin; der Gebrauchstyp ist also 99,54 %ig.

50 ccm Indigolösung einer zu untersuchenden Probe (0,1 g feste Substanz) verbrauchten 42,9 ccm Chamäleonlösung. 0,1 g des zu untersuchenden Indigos enthält also 42,9 × 0,002222 g = 0,09532 g Indigotin; der Indigo ist also 95,32 %ig.

50 ccm Indigolösung eines Naturindigos (0,1 g feste Substanz) verbrauchten 27,1 ccm Chamäleonlösung. 0,1 g des Naturindigos enthält also 27,1 × 0,002222 g = 0,06021 g Indigotin; er ist also 60,2 %ig.

Das Indigorot wird bei vorstehend angegebenen Arbeitsbedingungen kaum angegriffen, so daß die Methode auch für Rohsorten (Naturindigos) eine gute Annäherung (0,2—0,3 %) liefert.

2. **Hydrosulfitmethode.** Diese Methode wird von den Verunreinigungen des Indigos am wenigsten beeinflußt; sie ist in 5—6 Stunden durchführbar und beansprucht die geringsten Mengen Versuchsmaterial (etwa 0,1—0,2 g). Sie beruht auf der quantitativen Reduktion und der damit verbundenen Entfärbung der Indigosulfosäuren durch Hydrosulfit. Theoretisch braucht 0,1 g Indigotin = 0,0664 g reines, wasserfreies Natriumhydrosulfit, $Na_2S_2O_4$. Ähnlich wie bei der Chamäleonmethode, werden auch bei der Hydrosulfitmethode Vergleichstitrationen mit Indigo von bekanntem Gehalt ausgeführt.

Indigolösungen. Der Indigo wird, wie bei der Chamäleonmethode, 2 g mit 12 ccm Schwefelsäuremonohydrat bei 40—50° gelöst. Der Titerwert der zu untersuchenden Probe wird auch hier gegen den Urtyp bzw. den Gebrauchstyp verglichen.

Natriumhydrosulfitlösung. Als Titrierflüssigkeit wird frisch bereitete, höchstens 1% Alkali enthaltende Natriumhydrosulfitlösung verwendet. Stärker alkalische Lösungen sind ausgeschlossen, weil die Titration in saurer Lösung vor sich gehen soll. Praktisch empfehlenswert ist eine Hydrosulfitlösung, von welcher etwa 10 ccm = 0,1 g Indigotin bzw. 100 ccm einer 0,1%igen Indigolösung, reduzieren. Man verwendet entweder das technische Natriumhydrosulfit (Natriumhydrosulfit konz. Pulver der I. G.) oder das reinere, 90%ige Natriumhydrosulfit (Blankit der I. G., s. u. Natriumhydrosulfiten S. 57) und löst von diesem etwa 10—12 g auf 1 Liter schwach alkalisch gemachtes, frisch ausgekochtes destilliertes Wasser.

Wirkungswert der Natriumhydrosulfitlösung. Man saugt die obige, empirisch hergestellte Hydrosulfitlösung in eine Bürette auf und läßt zur annähernden Ein-

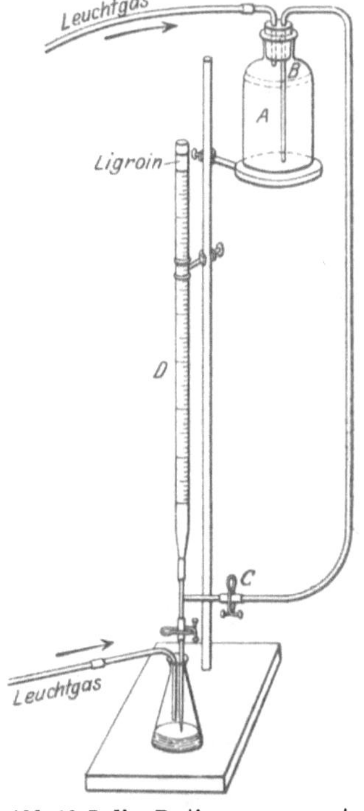

Abb. 16. Indigo-Bestimmungsapparat.

stellung davon so lange in 100 ccm einer 0,1%igem Indigolösung zufließen, bis alles Blau reduziert ist. Diese konzentriertere Lösung verdünnt man dann so weit, daß etwa 10 ccm der Hydrosulfitlösung = 100 ccm der 0,1%igen Indigolösung entfärben und führt dann mit dieser verdünnten Hydrosulfitlösung die genaue Einstellung der Hydrosulfitlösung und dann die Titration des Indigos unter besonderen Vorsichtsmaßregeln aus.

Ausführung der Titration. Man saugt die Hydrosulfitlösung in eine Bürette, deren Auslauf durch eine Spitze von 8—10 cm verlängert ist und schichtet auf die Hydrosulfitlösung etwa 1 ccm Ligroin als Luftabschluß. Hat man viel zu titrieren, so ist es empfehlenswert, einen Apparat nach beigegebener Skizze (s. Abb. 16) zusammenzustellen. Man füllt die hochgestellte Literflasche A mit der Hydrosulfitlösung und schichtet etwa 1—2 cm Erdöl oder Benzol als Luftabschluß darauf. Durch einen Quetschhahn C läßt man das Hydrosulfit in die mitAlkohol und Äther gut gereinigte Bürette D treten, in die man vorher schon etwa 1 ccm Ligroin gebracht hat. Nun bringt man 100 ccm einer 0,1 %igen, kurz vorher zur Luftvertreibung aufgekochten und abgekühlten Indigolösung in ein Becherglas, taucht die Spitze der Bürette in die Lösung ein, damit das Hydrosulfit nicht mit Luft in Berührung kommt, und läßt so lange unter leichtem Umschwenken oder Umrühren von der Hydrosulfitlösung zulaufen, bis die blaue Farbe der Indigolösung gerade verschwunden ist. Am genauesten arbeitet man im Stickstoff- oder Leuchtgasstrom wie folgt. Man gießt die abgemessene Indigolösung in einen $\frac{1}{4}$-l-Erlenmeyerkolben, leitet einen schwachen Leuchtgasstrom (Vorsicht wegen der Giftigkeit des Leuchtgases!) hinein, taucht auch hier die Spitze der Bürette in die Lösung und läßt das Hydrosulfit so lange zufließen, bis schwachblaue Färbung eintritt. Alsdann hebt man die Spitze etwas aus der Flüssigkeit heraus und titriert tropfenweise bis zur Entfärbung. Man führt 2—3 gut übereinstimmende Titrationen aus und nimmt das Mittel. In gleicher Weise titriert man schließlich den zu untersuchenden Indigo und berechnet.

Berechnungsbeispiele.

100 ccm Urtyp-Indigolösung (0,1 g Indigotin) verbrauchten 8,4 ccm Hydrosulfitlösung.

100 ccm Gebrauchstyp-Indigolösung (0,1 g Gebrauchstyp) verbrauchten 8,35 ccm Hydrosulfitlösung. 0,1 g Gebrauchstyp enthält also 0,0994 g Indigotin (8,4 : 8,35 = 0,1 : x; x = 0,0994); der Gebrauchstyp ist also 99,4 %ig.

100 ccm Indigolösung eines zu untersuchenden Indigos (0,1 g Probe) verbrauchten 8,0 ccm Hydrosulfitlösung. 0,1 g der Probe enthielt also 0,09524 g Indigotin (8,4 : 8 = 0,1 : x; x = 0,09524); die Probe enthält also 95,24 % Indigotin.

Oder allgemein: Wenn a ccm Hydrosulfitlösung = 100 ccm der reinen 0,1 % igen Indigolösung und b ccm Hydrosulfitlösung = 100 ccm einer anderen 0,1 %igen Indigoprobe verbrauchen, so enthält 0,1 g der Probe $\dfrac{0,1 \times b}{a}$ g Indigotin ($a : b = 0,1 : x$).

Wenn genau 1 g Indigo zu 1 Liter [gelöst war, so ist die Probe $= \dfrac{100 \times b}{a}$ % ig.

Zur Herstellung einer solchen Indigolösung (0,1 g in 100 ccm) wägt man von obigem 99,4 % igem Gebrauchstyp 10,06 g ab, löst sie in Schwefelsäurre, gießt die Lösung in Wasser und verdünnt genau auf 10 Liter. Man bewahrt die Lösung vor Licht geschützt in schwarz angestrichenen Flaschen auf. Die Lösung enthält dann genau 0,1 g Indigotin in 100 ccm, und mit ihr werden alle zu analysierenden Sorten verglichen. Die Hydrosulfitlösung wird jedesmal auf diese Indigolösung eingestellt. In Büretten verbliebene Reste Hydrosulfitlösung sollen nicht länger als 1 Tag weiter benutzt werden, während die Lösung in der mit Leuchtgas gefüllten und mit Benzol von der Luft abgeschlossenen Reserveflasche mehrere Tage ihren Titer unverändert behält. — Indigorot wird nach der Hydrosulfitmethode erst entfärbt, wenn alles Blau reduziert ist; man erhält also auch in Gegenwart von Indigorot richtige Zahlen.

3. Küpenmethode. Weniger genau und für analytische Laboratorien kaum in Betracht kommend ist die sog. Küpenmethode. Sie besteht darin, daß man eine größere Menge (etwa 15 g) fein gepulverten Rohindigo auf 1 kg verküpt, in einem aliquoten Teil (z. B. 200 g) das Indigoblau durch einen $1\frac{1}{2}$—2 Stunden lang hindurchgeleiteten Luftstrom abscheidet, das Indigoblau auf gehärtetem Filter sammelt, in eine Schale abspritzt, mit verdünnter Salzsäure (30 : 1000) kocht, durch ein gewogenes Filter filtriert, nachwäscht, trocknet und wägt.

4. **Extraktionsmethoden.** Auch die Extraktionsmethoden eignen sich nicht für genaue analytische Untersuchungen. Man hat hierfür verschiedene Lösungsmittel vorgeschlagen, von denen kochender Eisessig am geeignetsten ist. Die Methode ist nur brauchbar für die Bestimmung von Indigo auf der Faser (s. Indigo auf der Faser S. 308).

Blauholzextrakt. Der Farbstoff des Blauholzes (Campecheholzes) ist im Holz ursprünglich als glykosidisch gebundenes Hämatoxylin vorhanden, das bei der Extraktion des Holzes und der weiteren Verarbeitung des Extraktes mehr oder weniger zu dem eigentlichen Farbstoff, dem Hämatein, oxydiert wird. Färberisch unterscheiden sich Hämatoxylin und Hämatein dadurch, daß das erstere überhaupt nicht direkt färbt, sondern nur mit oxydierenden Beizen (z. B. chromsäurehaltigen) Farblacke bildet, wobei die oxydierende Beize in erster Phase das Hämatein bildet, während das Hämatein unmittelbar mit nichtoxydierenden Beizen Farblacke liefert (z. B. mit Cr_2O_3, Al_2O_3 u. a. m.).

Die früheren Blockextrakte sind heute vom Markt fast verschwunden und hauptsächlich durch kristallähnliche Fabrikate, die sog. Hämateinkristalle, ersetzt worden. Ihre Fabrikation hat heute einen hohen Grad der Vollkommenheit erreicht. Nebenbei kommen in geringerem Grade auch noch die flüssigen Extrakte in den Handel. Aber die früheren Verschnitte und Verfälschungen der flüssigen Extrakte mit Glukose, Melasse, Gerbstoffen u. a. m. sind kaum noch anzutreffen. Somit erübrigt sich auch die Untersuchung der Extrakte auf derartige Fremdkörper. Auch die Untersuchung auf Aschengehalt hat heute keine Bedeutung mehr. Da man aber gelernt hat, den Oxydationsgrad der Extrakte genau zu regeln, und dieser für bestimmte Verwendungszwecke entscheidend ist, kommt neben der Bestimmung des Gesamtfarbstoffgehaltes vor allem auch derjenigen des Oxydationsgrades erhöhte Bedeutung zu.

Die Haupttypen der Handelsmarken, die in Schuppenform als „Hämatein" oder „Hämatin" auf den Markt kommen, werden deshalb auch in erster Linie nach ihrem Oxydationsgrad unterschieden. Sie kommen unter verschiedenen Bezeichnungen in den Handel und sind im wesentlichen folgende: 1. Hämatein nichtoxydiert (etwa zu 20—25% oxydiert), 2. Hämatein mitteloxydiert (etwa 50% oxydiert), 3. Hämatein hochoxydiert (etwa 70—80% oxydiert) und 4. Hämatein höchstoxydiert (etwa 80—85% oxydiert). Außerdem werden besondere Marken für Sonderzwecke, z. B. für die Seidenerschwerung auf Zinnbeize u. a. m. geliefert. Die Überwachung des Oxydationsgrades der Blauholzextrakte gehört heute zu den wichtigen Obliegenheiten des Färbereichemikers.

Die umständlichen und weniger genauen älteren Untersuchungsmethoden von v. Cochenhausen[1] sowie Zubelen[1] können heute zugunsten des eleganten, genauen und einfacheren Nitritverfahrens von Zschokke-Heermann[2] fallengelassen werden. Nach dem letzteren

---

[1] Cochenhausen, v.: Leipz. Mschr. Textilind. 1890 Hefte 10/11; Z. angew. Chem. 1904 S. 874. — Zubelen: Bull. Soc. Ind. Mulh. 1898 S. 257.
[2] Heermann: Chem.-Ztg. 1932 S. 821.

werden sowohl Gesamtfarbstoff als auch das Hämatein gesondert bestimmt, so daß der Oxydationsgrad direkt in % angegeben werden kann. Blauhölzer (im Block und im geraspelten Zustande) werden sinngemäß nach den gleichen Verfahren untersucht, indem das Holz erschöpfend mit Wasser ausgezogen wird und die Auszüge untersucht werden.

I. Nitritverfahren. (Bestimmung von Gesamtfarbstoff, Hämatein und Oxydationsgrad.) Das Verfahren beruht darauf, daß man durch Zusatz von Natriumnitrit zum Färbebade das in dem Extrakt enthaltene Hämatoxylin während des Färbeprozesses quantitativ zu Hämatein oxydiert. Dadurch ist man imstande: a) durch eine Probefärbung ohne Nitritzusatz das Hämatein allein auf nichtoxydierende Beize und b) durch eine zweite Probefärbung mit Nitritzusatz das Farbstoff-Total, Hämatein + Hämatoxylin, quantitativ auf die gleiche nichtoxydierende Beize aufzufärben. Durch Herstellung einer Skala von Ausfärbungen und Vergleich derselben gegen Ausfärbungen von Typmarken bekannter Wertigkeit (oder in bestimmten Fällen auch von reinem, kristallisiertem, farblosem Hämatoxylin) wird dann in üblicher Weise (s. Teerfarbstoffprüfung) der Oxydationsgrad, als der prozentuale Anteil an Hämatein und Hämatoxylin ermittelt.

Wegen der leichten Autoxydation des Hämatoxylins, der Empfindlichkeit gegen oxydierende Stoffe sowie der Gefahr der Überoxydation des Hämateins durch Nitrit sind strenge Vorsichtsmaßregeln erforderlich. Die Extrakte sind in heißem, frisch ausgekochtem destillierten Wasser zu lösen, da nicht nur der Sauerstoff, sondern auch die Kalksalze des Wassers das Hämatoxylin verändern. Die Extraktlösungen sind stets frisch zu bereiten und zu verwenden; Lösungen vom vorigen Tage sind, besonders bei nichtoxydierten Extrakten, unverwendbar. Der Nitritzusatz ist genau zu dosieren, da sonst leicht Überoxydation stattfindet. Die Wolle darf keine Spur von Chromsäure bzw. Chromat mehr enthalten, sondern nur Chromoxyd, da auch Spuren von Chromsäure schädlich wirken. Die Ausfärbungen sind bis zur Erschöpfung des Bades fortzusetzen. Bei der Bestimmung des Hämateins allein sind die Färbebäder mit frisch ausgekochtem und wieder abgekühltem destillierten Wasser anzusetzen.

Vorbeizung der Wolle. Für alle Versuche wird nur eine Art Vorbeizung verwendet. Man kocht am besten entfettetes lockeres Wollgewebe (Wollkrepp oder Wolletamine, Flanell und Wollgarn ist weniger geeignet) mit 2% Kaliumbichromat und 5% Weinstein bis zur völligen Reduktion der Chromsäure 1—1½ Stunden, nach Zschokkes Erfahrungen sogar mindestens 2 Stunden, wenn größere Wollmengen, etwa 500 g, auf einmal angesotten werden. So vorgebeizte Wolle darf durch chemisch reines, farbloses Hämatoxylin gar nicht angefärbt werden. Zuletzt spült man gut, trocknet an der Luft und schneidet das Gewebe in Stücke von je 4,0 g.

Erforderliche Lösungen. Die Extrakte (Proben, Typmarken und reines Hämatoxylin) werden immer in frisch ausgekochtem destillierten Wasser 1 : 1000 gelöst. Natriumnitritlösung: 1 : 1000. Essigsäurelösung: 1 : 100.

Nichtoxydierte und hochoxydierte Extrakte werden in bezug auf den Nitritzusatz etwas verschieden voneinander untersucht. Ist der Oxydationsgrad ganz unbekannt, so muß dieser durch Vorversuche annähernd ermittelt werden.

1. Prüfung der nichtoxydierten Extrakte. a) Hämatein-Ausfärbung. Je ein Abschnitt von 4 g des vorgebeizten Wollgewebes wird mit 20 ccm der Extraktlösungen 1 : 1000, Probe und Typ, unter Zusatz von 2,5 ccm Essigsäure 1 : 100 in 400 ccm ausgekochtem destillierten Wasser in einem Porzellanbecher bis zur Erschöpfung des Bades von kalt bis kochend 1—1½ Stunde ausgefärbt, gespült und getrocknet. Diese Probefärbungen ergeben das in 20 ccm Extraktlösung enthaltene Hämatein. Das Hämatoxylin bleibt im Bade zurück.

b) Ausfärbung von Hämatein + Hämatoxylin. Je ein Abschnitt von 4 g des vorgebeizten Wollgewebes wird mit 20 ccm der Extraktlösungen 1 : 1000, Probe und Typ, unter Zusatz von 2,5 ccm Essigsäure 1 : 100 und von 5 ccm Nitritlösung 1 : 1000 in 400 ccm frisch ausgekochtem destillierten Wasser wie bei a von kalt bis kochend ausgefärbt. Das Nitrit oxydiert das Hämatoxylin des Färbebades sukzessive zu Hämatein und die Probefärbungen ergeben die Summe von Hämatein und Hämatoxylin in 20 ccm Extraktlösung. Als Vergleichsbasis kann hier statt einer Typmarke von bekannter Wertigkeit auch reines, kristallisiertes, farbloses Hämatoxylin zur Anwendung kommen.

c) Bestimmung des Oxydationsgrades. Aus den Färbungen a und b kann der Oxydationsgrad bereits annähernd abgeschätzt werden. Zur genauen Bestimmung desselben werden mit dem Probeextrakt noch folgende Ausfärbungen auf je 4 g des Wollgewebes in je 400 ccm Wasser hergestellt. 1. Mit 4 ccm Extraktlösung, 2,5 ccm Essigsäure und 1 ccm Nitritlösung. 2. Mit 5 ccm Extraktlösung, 2,5 ccm Essigsäure und 1,25 ccm Nitritlösung. 3. Mit 6 ccm Extraktlösung, 2,5 ccm Essigsäure und 1,5 ccm Nitritlösung. Diese drei Ausfärbungen ergeben das Farbstoff-Total in 4 bzw. 5 bzw. 6 ccm der Probeextraktlösung.

Entspricht von diesen drei Ausfärbungen die erste (mit 4 ccm Extraktlösung) Probefärbung der unter a vorbeschriebenen Färbung mit 20 ccm, so sind in dem fraglichen Extrakt 20 % des Farbstoffes als Hämatein vorhanden (Oxydation 20 %); entspricht die zweite Ausfärbung (5 ccm) der Probefärbung a, so enthält der Extrakt 25 % als Hämatein (Oxydation 25 %) und entspricht die dritte Färbung (6 ccm) der Probefärbung a, so enthält der Extrakt 30 % als Hämatein (Oxydation 30 %) usw. Kleinere Unterschiede werden abgeschätzt; nötigenfalls werden Zwischenfärbungen mit z. B. 4,5, 5,5, 6,5, 7 ccm usw. hergestellt. Die nichtoxydierten Extrakte des Handels haben meist einen Oxydationsgrad von 24—30 %.

2. Prüfung hochoxydierter Extrakte. a) Hämatein-Ausfärbung. Man färbt wie bei 1a Abschnitte von 4 g Wollgewebe mit 20 ccm Extrakt (Probe und Typ) unter Zusatz von 2,5 ccm Essigsäure in 400 ccm Wasser. Die Probefärbungen ergeben das in 20 ccm Lösung enthaltene Hämatein.

b) Ausfärbung von Hämatein + Hämatoxylin. Man färbt wie bei 1b Abschnitte von 4 g Wollgewebe mit 20 ccm Extraktlösung (Probe und Typ, bzw. reines Hämatoxylin) unter Zusatz von 2,5 ccm Essigsäure, jedoch nur von 1,25 ccm Nitritlösung in 400 ccm Wasser usw. Die Färbungen ergeben wieder das Farbstoff-Total in 20 ccm Lösung.

c) **Bestimmung des Oxydationsgrades.** Der annähernde Oxydationsgrad ist aus den Färbungen a und b ersichtlich. Zur genauen Bestimmung führt man mit dem Probeextrakt noch folgende Färbungen mit je 4 g Wollgewebe in 400 ccm Wasser aus. 1. Mit 15 ccm Extraktlösung, 2,5 ccm Essigsäure und 0,95 ccm Nitritlösung. 2. Mit 16 ccm Lösung, 2,5 ccm Essigsäure und 1,0 ccm Nitritlösung. 3. Mit 17 ccm Lösung, 2,5 ccm Essigsäure und 1,05 ccm Nitritlösung. Entspricht die erste dieser Färbungen (15 ccm) der obigen Ausfärbung 2a, so ist der Oxydationsgrad = 75%; entspricht die zweite Färbung (16 ccm) der Ausfärbung 2a, so ist der Oxydationsgrad = 80% und entspricht die dritte Färbung (17 ccm) der Färbung 2a, so ist der Oxydationsgrad = 85% usw. Nach Bedarf können naturgemäß auch Färbungen mit 14, 18 ccm usw. Extraktlösung ausgeführt werden, wobei aber der Nitritzusatz sinngemäß zu dosieren ist. Der Oxydationsgrad guter hochoxydierter Extrakte beträgt meist 70—80%, nach manchen Angaben bis zu 88—95%. Doch enthalten die so hochoxydierten Fabrikate leicht Überoxydationsprodukte, durch welche die Blume der Färbung leidet. Man prüft deshalb die Ausfärbungen gleichzeitig immer auf „Blume". Auch bei den nichtoxydierten Extrakten wird auf Blume geachtet, die vielfach mit der Provenienz des Holzes zusammenhängt.

II. **Ältere Verfahren.** 1. Die umständlicheren und weniger genauen älteren Verfahren der Bestimmung des Oxydationsgrades von Blauholzextrakten bestehen im wesentlichen darin, daß man die Extrakte einerseits auf oxydierende, andererseits auf nichtoxydierende Beizen färbt. Man bringt auf diese Weise im ersten Falle den Gesamtfarbstoff (Hämatein + Hämatoxylin), im zweiten nur den Hämateingehalt auf die Faser. Aus den Probefärbungen wird dann der Gehalt an Hämatein bzw. Hämatoxylin abgeschätzt, wobei Färbungen von Typmarken bekannter Wertigkeit oder von reinem Hämatoxylin, bzw. Skalen von Färbungen zu Hilfe genommen werden.

Beispiel. Zur Ermittelung des Farbstoff-Totals benutzt man z. B. eine oxydierende oder gemischte Beize, indem man Wolle mit 2% Kaliumbichromat, 0,5% Kupfersulfat und 2% Schwefelsäure bis zum vollständigen Ausziehen des Chroms kochend beizt, spült und die so vorgebeizte Wolle mit der Typmarke (bzw. reinem Hämatoxylin) und ansteigenden Mengen des Probeextraktes kochend ausfärbt (= Hämatein + Hämatoxylin). Auf der anderen Seite verwendet man eine nichtoxydierende Beize, indem man Wolle (wie beim Nitritverfahren, s. o.) mit 2% Kaliumbichromat und 5% Weinstein beizt und die vorgebeizte Wolle wieder mit der Typmarke und mit ansteigenden Mengen des Probeextraktes ausfärbt (= Hämatein). Statt die Typmarke jedesmal mitzufärben, kann man sich mit Vorteil feststehender Färbungen und Skalen von Färbungen bedienen. Durch den Vergleich der Färbungen untereinander, bzw. Herstellung neuer Zwischenfärbungen wird der Hämatein- und Hämatoxylingehalt der Probe abgeschätzt.

2. Ferner benutzte man früher (in Frankreich heute noch benutzt) die sog. Garanzinestreifen, das sind mit verschiedenen oxydierenden und nichtoxydierenden Beizen (Eisenoxyd, Tonerde und Mischungen

derselben) bedruckte Baumwollstreifen, die den Gesamtfarbstoff auf den
verschiedenen Beizenstreifen fixieren. Dies Verfahren ist aber nur für
Orientierungszwecke, nicht aber für genaue Bestimmungen geeignet, da
die Abschätzung der Gesamtfarbstoffmenge und der einzelnen Anteile
bei gleichzeitiger, aber verschiedener Färbung der einzelnen Beizenstreifen unsicher ist.

Rotholzextrakt. Beim Rotholz liegen die Verhältnisse ähnlich wie beim Blauholz: Der unoxydierte Farbstoff Brasilin befindet sich im Rotholz als Glykosid,
spaltet sich aber leicht ab und oxydiert sich zu dem eigentlichen Farbstoff, dem
Brasilein. Die Rotholzextrakte des Handels haben meist keine systematische
Oxydation durchgemacht und enthalten hauptsächlich Brasilin. Dadurch erklärt
sich die Erscheinung, daß beim Färben auf nichtoxydierende Beizen um so
höhere Farbwerte erhalten werden, je länger gefärbt bzw. gekocht wird, da sich hierbei fortlaufend immer mehr Brasilein bildet.

Das Probefärben geschieht ähnlich wie bei Blauholz. Man stellt sich Vergleichsskalen von 10 Mustern her, die mit 0,05—0,5 % reinem Brasilin auf mit
2 % Bichromat, 0,5 % Kupfervitriol und 2 % Schwefelsäure vorgebeizte Wolle
gefärbt werden. Verwendet wird hierzu das fast reine Brasilin des Handels, das
unter Zusatz von etwas schwefliger Säure umkristallisiert worden ist. Bei festen
Extrakten verwendet man für die Probefärbung für die hellere Färbung 0,5 %,
für die dunklere Färbung 1 %, bei flüssigen Extrakten 1 % und 2 %, bei Holz
2,5 % und 5 % Farbmaterial. Für die Bestimmung des Brasileingehaltes benutzt
man am besten die nichtoxydierende Beizung der Wolle mit 5 % Alaun und 5 %
Weinstein oder mit 2 % Bichromat und 5 % Weinstein (weniger reine Töne wegen
der Eigenfarbe des Chromoxyds). Bei diesen nichtoxydierenden Beizen bleibt das
Brasilin unberührt, soweit es nicht während des Färbens oxydiert wird.

Gelbholzextrakt. Gelbholz enthält als Farbstoff Morin oder Morinsäure.
Außerdem enthält das Holz gerbsäureartige Stoffe, von denen das Maklurin
oder die Moringerbsäure bekannt ist. Durch letztere werden die Farbtöne
weniger klar und rein; Vergleichsfärbungen gegen reine Morinsäurefärbungen
sind deshalb nicht sehr scharf. Morinsäure ist beizenfärbend und bildet ohne
vorhergehende Oxydation mit Metalloxyden Farblacke; durch oxydierende Beizen
wird der Farblack trübe, braungelb, während der reine Morin-Zinnlack rein
kanariengelb ist und grünlichen Schein hat. Für die Probefärbungen kann man
sich mit 10 Wollmustern, welche mit 2 % Zinnsalz und 2 % Oxalsäure kochend
gebeizt worden sind, Vergleichsskalen mit 0,05—0,5 % reinem Morin, 0,5—5 %
festem Extrakt, 1—10 % flüssigem Extrakt, 2,5—25 % Holz herstellen und von
den zu untersuchenden Materialien eine hellere und eine dunklere Färbung mit
2,5 bzw. 5 % festem Extrakt, 5 bzw. 10 % flüssigem Extrakt und 12,5 bzw. 25 %
Holz auf Wolle färben, die ebenso mit Zinnsalz-Oxalsäure vorgebeizt worden ist.
Außerdem können Färbungen auf Tonbeize ausgeführt werden.

Zur Unterscheidung von Gelbholzextrakt vom Querzitronextrakt verdünnt
Justin Müller eine Lösung des konzentrierten oder trockenen Extraktes in
Schwefelsäure von 66° mit Wasser und beobachtet die Färbung nach der Ver-
dünnung. Bei Gelbholzextrakt bleibt die orangegelbe Farbe bestehen, während
Querzitron fast völlig entfärbt wird. Unter dem Mikroskop zeigt Querzitron
gehäufte Granulationen und nur wenige, schlecht ausgebildete, tafelförmige
Kristalle, Gelbholz dagegen wohlausgebildete, rhomboedrische Prismen und Nadeln,
die bisweilen zu Rosetten vereinigt sind.

Sandelholz. Der Farbstoff des Sandelholzes heißt Santalin. Es färbt ungebeizte Wolle schwach rotbraun und bildet mit Tonerde-, Zinnoxyd-, Eisenoxyd-
und Chromoxydbeizen rote und braune Farblacke. Extrakte werden nicht gehandelt, man setzt vielmehr beim Färben das fein gemahlene Holz dem Färbebade direkt zu. Da Santalin zum Färben keiner Oxydation bedarf, führt man
Probefärbungen zweckmäßig auf nichtoxydierende Beizen, z. B. auf mit
2 % Bichromat + 5 % Weinstein, oder (um den Farbton der Färbung nicht durch
die Eigenfarbe des Chromoxydes zu beeinflussen) am besten auf mit 2 % Zinnsalz
+ 2 % Oxalsäure vorgebeizte Wolle aus. Man kocht das sehr fein gemahlene

Holz zuerst ¼ Stunde aus und färbt, ohne das Holz zu entfernen, die gebeizte Wolle etwa 1 Stunde kochend. Eine Vergleichsskala kann man sich durch Färben von 10 Wollmustern mit 1—10 % eines guten Holzes herstellen. Von dem zu untersuchenden Holz färbt man in 2 Tönen, die eine Färbung mit 5 %, die andere mit 10 %.

Querzitronextrakt. Die ¦Querzitronrinde enthält als Glykosid Querzitrin, das allmählich in Querzetin übergeht. Es ist in Wasser schwer löslich und bildet mit Tonerde und Zinnoxyd schöne, gelbe bis orangegelbe, mit Chromoxyd braungelbe, mit Eisenoxyd schwärzlichgelbe Farblacke. Die Probefärbungen sind unsicher, da die mit reinem Querzetin hergestellten Färbungen viel reiner und klarer sind und eine andere Gelbnüance zeigen als die mit Rinde oder Extrakt bereiteten. Die Wolle wird mit 2 % Zinnsalz + 2 % Oxalsäure gebeizt. Für die Vergleichsskala werden 10 Färbungen mit 0,05—0,5 % reinem Querzetin oder mit 1—10 % Extrakt oder 5—10 % Rinde und für die Probefärbungen je eine hellere Färbung mit 5 % Extrakt und 25 % Rinde sowie je eine dunklere mit 10 % Extrakt und 50 % Rinde hergestellt.

Orseilleextrakt. Der Farbstoff der Orseilleflechte ist der unoxydierte Farbstoff Orzin, aus dem durch Oxydation Orzein entsteht, das Wolle und Seide ohne Vorbeize rotviolett färbt. Außer Orzin enthalten die Orseilleflechten noch verschiedene Flechtensäuren. Da Orzein nicht rein im Handel vorkommt, können keine genauen Vergleichsskalen hergestellt werden. Man verwendet deshalb für Vergleichsfärbungen eine Typmarke bekannter Wertigkeit. Der Extrakt des Handels ist bisweilen mit Anilinfarbstoffen, z. B. mit Fuchsin, geschönt. Zur Auffindung der Zusatzfarbstoffe bedient man sich mit Erfolg der Kapillaranalyse (s. u. Kapillarisation S. 226) oder des systematischen Untersuchungsganges nach Heermann[1].

Cochenille. Der Farbstoffträger ist die Cochenillelaus, die neben den Extrakten in getrocknetem und gepreßtem Zustande in den Handel kommt. Der Farbstoff der Cochenille heißt Karminsäure, die mit Zinn einen schönen und feurigen, roten Lack bildet. Vergleichsfärbungen werden zweckmäßig auf mit 2 % Zinnsalz + 2 % Weinstein vorgebeizte Wolle ausgeführt.

Kurkumawurzel. Die Kurkumawurzel kommt meist als solche gepulvert oder als Mehl in den Handel und enthält den Farbstoff Kurkumin, der Wolle und Baumwolle substantiv anfärbt. Vergleichsskalen können mit reinem Kurkumin auf Wolle oder Baumwolle substantiv unter geringem Alaunzusatz gefärbt werden. Ähnlich wie bei Sandelholz wird die gemahlene Wurzel dem Färbebad zugegeben. Durch Alkali wird die Färbung leicht bräunlich.

Gelbbeeren. Der Farbstoff derselben, Xanthorhamnin, ist ein Glykosid und zerfällt in eine Zuckerart und das Rhamnetin; dieses bildet mit Zinnoxyd und Tonerde lebhafte, gelbe Farblacke.

Orléan. Enthält den Farbstoff Bixin, der auf mit Alaun vorgebeizte Wolle gefärbt wird.

Safflor. Enthält den Farbtsoff Karthamin; färbt in schwach saurem Bade Baumwolle feurig rot.

Wau oder Waude mit dem Farbstoff Luteolin liefert auf Zinnbeize rein gelbe, auf Chrombeize bräunlichgelbe und auf Eisenbeize olivbräunliche Färbungen.

Fisettholz mit dem Farbstoff Fisetin oder Fustin liefert auf Tonbeize eine gelbliche, auf Zinnoxydulbeize eine orangerote, auf Chrombeize eine rötlichbraune und auf Eisenbeize eine olivschwarze Färbung.

---

[1] Heermann: Mitt. Mat.-Prüf.-Amt 1910 Heft 1.

Qualitative chemische und färberische Unterscheidung und Trennung von Gespinstfasern.

Die in der Textilindustrie verwendeten Faserstoffe kann man in folgende Hauptgruppen teilen.

I. Tierische oder animalische Faserstoffe: a) Tierhaare und Wollen, b) tierische Sekrete (Naturseiden).

II. Pflanzliche oder vegetabilische Fasern: a) Einzellige Fasern (Baumwolle, Kapok), b) mehrzellige Fasern (Flachs, Jute, Hanf, Ramie usw.).

III. Künstliche Fasern: Alle Abarten von Kunstseide, einschließlich der auch als „Kunstwolle" gehandelten Kunstgarne aus Stapelfaser.

IV. Anorganische Fasern. Mineralische Fasern: Asbest, Glas, Metallfäden. Letztere sind keine eigentlichen Fasern mehr.

Die Bestimmung der Zugehörigkeit einer einheitlichen Faser zu einer dieser Hauptgruppen auf chemischem Wege ist sehr einfach und gelingt immer glatt. Schwieriger wird die Frage schon bei Mischungen verschiedener Gruppenvertreter und besonders kompliziert kann die Frage werden, wenn es sich um Mischungen von Vertretern ein und derselben Gruppe handelt. In solchen Fällen kann man manchmal nur mit Hilfe des Mikroskops bei gründlicher mikroskopischer Erfahrung die Aufgabe lösen, besonders wenn auch noch die Anteile der verschiedenen Faserstoffe in der Mischung bestimmt werden sollen. Über diese mikroskopischen Untersuchungen s. u. a. Heermann u. Herzog: Mikroskopische und mechanisch-technische Textiluntersuchungen. 1931. Nachstehend ist nur von chemischen und färberischen Untersuchungen die Rede.

Orientierende Vorprüfungen.

1. Verbrennungsprobe. Pflanzliche Faserstoffe entzünden sich und verbrennen leicht, riechen dabei brenzlich nach brennendem Papier, geben wenig Asche, die schnell kohlefrei wird und von der Struktur des ursprünglichen Fadens ist. Eine Ausnahme bildet Azetatseide, die beim Verbrennen, ähnlich wie Naturseide, unter Schmelzerscheinung runde Kohlenkügelchen bildet, die bei weiterer Verbrennung zu weißer Asche verglühen. — Tierische Fasern entzünden sich und verbrennen nicht so leicht wie pflanzliche, bilden anfangs in der Flamme eine halb-

flüssige, kohlige, aufgeblähte Masse, die nur langsam zu weißer Asche verbrennt. Sie verbreiten dabei einen scharfen Geruch nach brennenden Haaren oder Federn. Die Struktur der Faser ist in der Asche nicht erkennbar. Eine Ausnahme bildet mineralisch erschwerte Naturseide, die mitunter sehr schwer verbrennlich ist, bei nennenswerter Erschwerung die Struktur der Faser beibehält und oft viel und spezifisch schwere Asche von charakteristischer Farbe (z. B. Gelb von Eisen herrührend) aufweist (s. a. u. Seidenerschwerung).

2. Trockene Destillation. Man erhitzt die Faser vorsichtig in einem trockenen Reagensglas über freier Flamme. Pflanzliche Fasern verkohlen, indem sie saure Dämpfe entwickeln, die am oberen Ende des Reagensglases angefeuchtetes blaues Lackmuspapier röten. Tierische Fasern entwickeln alkalische Dämpfe, die angefeuchtetes Kurkumapapier röten und rotes Lackmuspapier bläuen. Wolle entwickelt bei der trockenen Destillation außerdem noch Schwefelwasserstoff, der Bleiazetatpapier schwärzt.

3. Laugenprobe (Schwefel-, Stickstoffprobe). Alle tierischen Fasern lösen sich in kochender 5%iger Natronlauge, während die pflanzlichen Faserstoffe ungelöst bleiben (oder sich nur zu einem kleinen Anteil lösen, wie Kunstseiden). Eine Ausnahme bildet Tussahseide, die in kochender Natronlauge langsam zu einem abfiltrierbaren Fibrillenbrei zerfällt.

Schwefelprobe. Die alkalische Lösung, bzw. das Filtrat, kann weiter auf Wollbestandteile untersucht werden. Wolle und alle Tierhaare sind schwefelhaltig, Seiden sind schwefelfrei. War also Wolle zugegen, so muß die alkalische Lösung Schwefelnatrium enthalten, das mit Bleiazetatpapier oder alkalischer Bleilösung Schwarzfärbung oder mit Nitroprussidnatrium Rotfärbung erzeugt. Findet mit Blei keine Schwarzfärbung statt, so war Wolle nicht zugegen.

Stickstoffprobe. Wolle und Seide können ferner durch die Stickstoffprobe nachgewiesen werden. War Wolle nicht zugegen, so deutet eine positive Stickstoffreaktion auf Seide. Man schmilzt zu diesem Zweck die von Fremdstickstoff befreite (s. u. a. Seidenerschwerung) Faser in einem Schmelzröhrchen mit metallischem Natrium, löst die Schmelze in Wasser, filtriert, setzt dem alkalischen Filtrat etwas Eisenvitriol zu, kocht auf und übersättigt mit Salzsäure. War Naturseide zugegen (die Gegenwart von Wolle war schon durch die Schwefelreaktion entschieden), so findet durch Bildung von Berlinerblau Blaufärbung statt.

Gefärbte Faser ist vor Ausführung der Reaktion möglichst vom Farbstoff (weil meist stickstoffhaltig) und etwaigen sonstigen stickstoffhaltigen Substanzen (Leim, Eiweiß, Berlinerblau) zu befreien, da diese sonst bei der Probe Tierfaser vortäuschen könnten. Man bleicht Pflanzenfasern am besten kalt mit schwacher Natriumhypochloritlösung von 2½—3 g akt. Chlor im Liter, oder alle Faserstoffe mit ammoniakalischer Hydrosulfitlösung kochend, bzw. essigsaurer Dekrolinlösung kochend. Mitunter genügt schon 2 %ige schwach ammoniakalische, warme Wasserstoffsuperoxydlösung oder 1 %ige schwach schwefelsaure, kalte Chamäleonlösung (mit nachfolgender Entfernung des auf der Faser niedergeschlagenen Mangansuperoxyds durch schweflige Säure). In üblicher Weise wird auch etwaige Appretur und Berlinerblau von der Faser entfernt. Hinterher wird gut gespült und getrocknet.

4. Anfärbeprobe. Saure Farbstoffe, wie Säurefuchsin, Säureviolett, Pikrinsäure usw., färben die tierischen Fasern in kochender, schwach schwefelsaurer Lösung deutlich an, während die pflanzlichen Fasern ungefärbt bleiben oder nur angeschmutzt werden. Gefärbte Fasern sind vorher, soweit nötig, zu entfärben bzw. zu bleichen, wie bereits ausgeführt (s. o. u. 3). Zum Färben mikroskopischer Präparate verwendet man auch zweckmäßig das kombinierte van-Giesons-Reagens. Dies besteht aus einer Mischung von 2 ccm konzentrierter wässeriger Säurefuchsinlösung mit 100 ccm gesättigter wässeriger Pikrinsäurelösung.

5. Kombinierte Anfärbe- und Schwefelprobe (nach Dreaper). Man erhitzt die eventuell entfärbte Probe 2 Minuten bis nahe zum Sieden mit der Dreaperschen Blei-Fuchsin- bzw. Blei-Pikrinsäurelösung (s. w. u.) und spült (bei Verwendung von Fuchsin wird auch noch mit verdünnter Ameisen- oder Essigsäure bei 70⁰ C erwärmt). Nach dem Trocknen der Probe erscheint die Seide rot (bei Fuchsin) bzw. gelb (bei Pikrinsäure), die Wolle schwarz bis dunkelbraun, die Pflanzenfasern und Kunstseiden bleiben ungefärbt.

Spezialreagenzien für die Faseranalyse. 1. Chlorzinkjodlösung. a) Nach v. Höhnel: Man setzt zu einer Auflösung von 1 g Jod und 5 g Jodkalium in wenig Wasser eine Auflösung von 30 g Chlorzink in 14 ccm Wasser (s. a. u. Merzerisierte Baumwolle, S. 250). b) Nach Herzberg: Man löst einerseits 20 g Chlorzink in 10 ccm Wasser, andererseits 2,1 g Jodkalium und 0,1 g Jod in 5 ccm Wasser, vermischt beide Lösungen, läßt absetzen, filtriert, gibt noch ein Blättchen Jod zu und bewahrt vor Licht geschützt auf.

2. Jodschwefelsäure. Man löst einerseits 1 g Jodkalium in 100 ccm Wasser und setzt Jod im Überschuß zu, so daß noch etwas Jod ungelöst am Boden bleibt. Diese Lösung hält sich nicht unbeschränkt lange und muß von Zeit zu Zeit erneuert werden. Andererseits setzt man zu 2 Vol. reinsten Glyzerins + 1 Vol. destillierten Wassers unter Abkühlung 3 Vol. konzentrierte Schwefelsäure zu. Man verwendet diese beiden Lösungen hintereinander, indem man die Faser zuerst auf dem Objektträger mit einigen Tropfen der Jodlösung betupft, nach einiger Zeit den Überschuß durch Fließpapier vorsichtig entfernt und 1 bis 2 Tropfen der Schwefelsäure-Glyzerin-Lösung zusetzt und Farbe sowie Quellung der Faser beobachtet.

3. Phlorogluzin-Salzsäure. Man mischt gleiche Volumina 10%iger alkoholischer Phlorogluzinlösung und 10%iger Salzsäure unmittelbar vor dem Gebrauch, übergießt mit dieser Mischung die Faser und erwärmt auf dem Wasserbade. Statt 10%iger Salzsäure kann man auch konzentrierte Salzsäure nehmen und die Reaktion in der Kälte ausführen.

4. Kupferoxydammoniak (Kuoxam, Schweitzers Reagens). Man löst etwa 50 g krist. Kupfersulfat in etwa 300 ccm destilliertem Wasser auf dem Wasserbade und versetzt die Lösung nach dem Erkalten tropfenweise mit so viel konzentriertem Ammoniak, bis gerade alles Kupferhydroxyd ausgefallen ist und der nächste Tropfen bereits

den Beginn einer Wiederauflösung der Fällung durch Bildung einer blauen Lösung anzeigt. Der Niederschlag wird abgesaugt, möglichst rein gewaschen und noch feucht mit möglichst wenig 25%igem Ammoniak bis zur vollkommenen Lösung versetzt. Dieses Lösen wird zweckmäßig in einem großen Erlenmeyerkolben unter Kühlung und Schütteln vorgenommen. Die so erhaltene Kupferoxydammoniaklösung enthält bis etwa 20 g Kupfer im Liter. Sie soll an einem kühlen und dunkeln Ort aufbewahrt werden; ist aber selbst unter diesen günstigen Verhältnissen nicht lange haltbar und muß häufiger frisch hergestellt werden. — Statt des Ammoniaks zum Fällen des Kupferhydrats kann man auch Kali- oder Natronlauge verwenden; doch lassen sich die Niederschläge dann noch schlechter filtrieren und reinwaschen.

Haltbarere und wirksamere Kuoxamlösungen bereitet man sich, indem man Kupferspäne der gleichzeitigen Einwirkung von Luft und Ammoniak unterwirft. Man saugt einen von Kohlensäure befreiten Luftstrom möglichst unter Eiskühlung langsam durch eine mit Kupferspänen und 25%igem Ammoniak gefüllte Flasche. Um einer Verarmung der Lösung an Ammoniak vorzubeugen, leitet man zweckmäßig mit dem Luftstrom noch gasförmiges Ammoniak ein. Je länger man den Luftstrom hindurchstreichen läßt, desto mehr reichert sich die Lösung an Kupfer an. Nach 20—30 Minuten fand Sakostschikoff[1] in der Lösung einen Kupfergehalt von 0,6—0,7%, nach 2 Stunden von etwa 3% und nach 3—4 Stunden von etwa 4—5%. Je nach Verwendungszweck sind Kupferoxydammoniaklösungen verschiedener Konzentration anzuwenden. So äußert z. B. Kuoxamlösung mit geringerem Kupfergehalt als 0,4% keine merkliche Wirkung auf die Baumwollfaser, Lösungen mit einem Kupfergehalt von etwa 0,6% erzeugen Quellungen der Baumwollfaser, Lösungen mit einem Kupfergehalt von etwa 1,5% bewirken verhältnismäßig langsame Lösung und solche mit etwa 3% Kupfer und 16,5% Ammoniak schnelle und völlige Lösung der Zellulosefasern. Letztere sind also für das Herauslösen von Baumwolle u. dgl. am geeignetsten. Beträgt der Kupfergehalt mehr als 3%, so wird die Lösung durch Zugabe von Wasser bzw. Ammoniak für Lösezwecke am besten auf etwa 3% Kupfer und 16,5% Ammoniak eingestellt. Zur besseren Haltbarkeit der Lösung kann man ihr noch einige Gramm Kupferoxydul zusetzen und die Lösung dunkel und kühl aufbewahren.

5. Nickeloxydammoniak. Man bereitet die Lösung analog der vorstehenden Kupferlösung, indem man 5 g Nickelsulfat in Wasser löst, mit möglichst wenig Ammoniak fällt, das Nickelhydroxyd abfiltriert und noch feucht in 50 ccm konzentriertem wässerigen Ammoniak löst.

6. Kupferglyzerin-Natron-Lösung (bzw. Kupferglyzerin-Kali-Lösung). Man löst 10 g Kupfersulfat in 100 ccm Wasser und setzt 5 g konzentriertes Glyzerin zu. Darauf versetzt man langsam und unter ständigem Rühren mit so viel konzentrierter Natronlauge (bzw. Kali-

---

[1] Sakostschikoff: Melliand Textilber. 1929 S. 947; 1930 S. 32.

lauge), bis der ursprünglich auftretende Niederschlag eben wieder gelöst ist. Man verbraucht hierbei etwa 28 ccm 5n-Natronlauge. Die Lösung ist kalt zu bereiten und zu verwenden und zersetzt sich in der Hitze. 100 ccm der Lösung vermögen etwa 1—1,5 g Seide bei kräftigem Schütteln innerhalb 3—5 Minuten aufzulösen. Baumwolle wird nicht angegriffen.

7. **Alkalische Blei-Fuchsin-Lösung** (nach Dreaper). Man löst 2 g Bleiazetat in 50 ccm Wasser und versetzt mit einer Auflösung von 2 g Ätznatron in 30 ccm Wasser. Nun kocht man die Mischung auf, versetzt nach dem Abkühlen auf 60^0 C mit 0,3 g Fuchsin, in 5 ccm Alkohol gelöst, und füllt auf 100 ccm auf. Statt Fuchsin kann man auch 2 g Pikrinsäure nehmen.

8. **Ätzalkalische Silberlösung** (nach Rhodes[1]). Man löst 1 g Silbernitrat in 10 ccm Wasser und setzt eine Auflösung von 4 g Natriumthiosulfat in 100 ccm Wasser zu, bis sich der anfangs gebildete Niederschlag gelöst hat. Dann setzt man noch die Lösung von 4 g Ätznatron in 100 ccm Wasser zu, kocht auf, filtriert und hebt das Filtrat verschlossen im Dunkeln auf.

9. **Pikrokarmin S** (nach Wagner[2]). Das Pikrokarmin S kann von Grübler & Co., Leipzig, fertig bezogen oder wie folgt hergestellt werden: Man löst 2 g reine Karminsäure in wenig Wasser, versetzt mit überschüssigem Ammoniak (wobei die Lösung von Hellrot nach Blaurot umschlägt), kocht die Lösung bis zum Verschwinden des Ammoniakgeruchs, gibt dann etwa 15 ccm einer 3%igen mit Ammoniak annähernd neutralisierten Pikrinsäurelösung zu, säuert die Mischung mit verdünnter Salzsäure an und füllt auf 100 ccm auf.

10. **Neokarmin W** (nach Wagner[3]). Hersteller des Reagens ist die Firma Chem. Fabrik Felix Sager & Dr. Gossler, Hamburg. Der etwa störende Farbstoff der Probe wird erst abgezogen (s. S. 244); man legt dann die Probe für 3—5 Minuten in Neokarmin W ein, spült in fließendem Wasser, zieht durch schwach ammoniakalisches Wasser und spült wieder.

11. **Rutheniumrotlösung.** Man löst 0,01 g Rutheniumrot, $Ru_2(OH)_2Cl_4(NH_3)_7 \cdot 3H_2O$, in 10 ccm Wasser. Dies ist ein teures Reagens, das aber mitunter gute Dienste tut.

12. **Zyaninlösung** (nach Herzog[4]). Man verdünnt eine annähernd kaltgesättigte alkoholische Lösung von Zyanin (Chinolinblau) der Firma Grübler & Co., Leipzig, mit etwas Wasser und versetzt mit $\frac{1}{3}$ des Volumens mit konzentriertem Glyzerin. Die Lösung wird meist kalt angewandt, nur beim Nachweis von Seidenbast in Naturseide (s. w. u.) heiß. Ausgeschiedene Kristalle von Zyanin stören nicht. Dient für die verschiedensten Nachweise von verholzten, verkorkten und kutinisierten Zellwänden, zum Nachweis von zelligen Verunreinigungen der Flachsfaser, zur Erkennung von Halbleinen, zum Nachweis des Verholzungs-

[1] Rhodes: J. Textile Inst. 1926, 75.
[2] Wagner, W.: Melliand Textilber. 1927 S. 246, 367.
[3] Wagner, W.: Melliand Textilber. 1931 S. 763; 1932 S. 29, 79.
[4] Herzog, A.: Melliand Textilber. 1932 S. 121, 181.

und Bleichgrades von Holzzellstoff und zur Unterscheidung von Sulfit-
und Natronzellstoff. Auch Holzstoffreste in Viskosekunstseide (seltener Kupferkunstseide) färben sich durch heiße Zyaninlösung blau an
und zeigen unter dem Mikroskop ein deutlich blaupunktiertes Aussehen.

Einzelunterscheidungen von Faserstoffen.

1. Rohe und veredelte (gebleichte usw.) Pflanzenfasern. Im allgemeinen
erkennt man die Rohfasern bzw. die veredelten Fasern schon äußerlich
an ihrer Weiße und Reinheit; die merzerisierten Fasern sind außerdem
noch nach bestimmten Reaktionen zu erkennen (s. S. 250). Weitere
Erkennungszeichen sind noch folgende.

1. **Netzprobe, Anfärbeprobe.** Die Rohfasern haben durchweg
ein viel schlechteres Netzvermögen in Wasser und in allen Flüssigkeiten
als die schon nur abgekochten oder sonst veredelten Fasern. Wenn die
Faser aber genetzt ist, ist das Anfärbevermögen der Rohfasern durch
basische Farbstoffe (aber auch durch sonstige) ein viel größeres als der
veredelten und vollgebleichten. Sieber[1] verwendet bei der Prüfung
der Baumwolle Viktoriablau B, welches Rohbaumwolle tief dunkelblau,
gebleichte Baumwolle nur ganz hell anfärbt. Man färbt die Faser mit
0,3% Farbstoff $\frac{1}{2}$—1 Minute kochend, spült gründlich, kocht einmal
mit Wasser aus und vergleicht. Vergleichsversuche mit bekanntem
Material sind zu empfehlen. Nach Sieber läßt sich die gleiche Viktoria-
blau-B-Lösung zur Unterscheidung von Ramie- und Leinenfaser verwenden: Ramie wird bedeutend heller angefärbt als Leinen.

2. **Glimmprobe.** Rohbaumwolle glimmt nach dem Anbrennen eines
Fadens mittels einer Flamme deutlich nach, wenn die Flamme durch
eine scharfe Ruckbewegung zum Erlöschen gebracht worden ist und
hinterläßt meist etwas voluminösere und kohlige Asche. Gebleichte und
merzerisierte Baumwolle glimmt nach dem Erlöschen der Flamme
nicht weiter, wenn sie nicht besonders präpariert worden ist (Imprägnierung mit Nitraten u. dgl.); ihre Asche ist meist auch weniger volu-
minös und meist ganz weiß.

3. **Wasserextrakt und Aschengehalt.** Rohe Flachs- und Hanf-
garne enthalten mehr wasserlösliche Anteile und Asche als gebleichte.
So enthalten Rohgarne 0,6—1,2% Asche, 3—4% Wasserextrakt von
starkem Anfärbevermögen gegenüber Wolle und 1,3—2% Fett (Tetra-
chlorkohlenstoffextrakt). Ausgelaugte Garne enthalten demgegenüber:
0,6—0,8% Asche, 1—2% Wasserextrakt und 1,2—1,5% Fettstoffe;
der Wasserextrakt ist von geringem Anfärbevermögen gegen Wolle.
Gebleichte Garne enthalten etwas weniger Asche und Fettstoffe als
die ausgelaugten und nur 0,6—1,5% Wasserextrakt von sehr geringem
oder keinem Anfärbevermögen gegen Wolle. Sogenannte kremierte
Garne, die durch kurze Behandlung des Rohgarns mit Chlorkalk erzeugt werden, haben einen rötlichgelben Farbton, das wässerige Extrakt
(etwa 2%) färbt Wolle mehr gelblich als die Rohgarne, und sie geben

---

[1] Sieber: Melliand Textilber. 1928 S. 404.

an kaltes Wasser deutliche Mengen von Chloriden ab. Geschlichtete Garne müssen vor diesen Versuchen vorsichtig entschlichtet werden.

2. Baumwolle und Leinen (Flachsfaser). 1. Schwefelsäureprobe nach Kindt. Gut von Appret, Schlichte u. dgl. gereinigte Faser wird je nach der Dicke $\frac{1}{2}$—2 Minuten in konzentrierte Schwefelsäure eingelegt, dann mit Wasser abgespült, mit den Fingern vorsichtig zerrieben, in verdünntes Ammoniak gelegt und dann getrocknet. Baumwolle ist durch die Schwefelsäure gallertartig gelöst, durch Zerreiben mit den Fingern und Abspülen entfernt worden, während das Leinen wenig verändert erscheint.

2. Baumölprobe. Man taucht die Probe in Baumöl und entfernt das überschüssige Öl durch gelindes Pressen mit Fließpapier. Leinen bekommt ein gallertartiges, durchschimmerndes Aussehen, das dem geölten Papier ähnlich ist, während Baumwolle unverändert bleibt. Auf dunkelm Untergrunde erscheint die Leinenfaser deshalb dunkel, die Baumwollfaser hell.

3. Kupferprobe nach A. Herzog. Man legt eine von Appretur usw. gereinigte Probe 10 Minuten in 10%ige Kupfervitriollösung, befreit unter dem Strahl der Wasserleitung von dem überschüssigen Kupfersalz und legt dann die Probe in eine 10%ige Ferrozyankaliumlösung. Leinenfaser färbt sich kupferrot an, während die Baumwollfaser ungefärbt bleibt.

4. Anfärbereaktionen. a) Rosolsäureprobe. Wenn man eine Probe mit alkoholischer Rosolsäurelösung und dann mit konzentrierter Sodalösung behandelt, so erscheint Leinen rosa gefärbt, während Baumwolle ungefärbt bleibt. b) Methylenblauprobe nach Behrens. Man färbt die Probe mit warmer Methylenblaulösung an und spült dann mit sehr viel Wasser. Durch fortgesetztes Waschen wird die Baumwolle entfärbt, während das Leinen noch deutlich gefärbt erscheint. In einem früheren Stadium zeigt die Baumwolle ein von der Farbe der Flachsfaser abweichendes Grünblau, das besonders bei Lampenlicht wahrnehmbar ist. Man verbindet mit diesen Versuchen zweckmäßig Blindversuche mit bekannten Faserstoffen. c) Zyaninprobe nach A. Herzog. Man legt die Probe für einige Minuten in lauwarme alkoholische Zyaninlösung (s. S. 247) ein, spült dann mit Wasser und behandelt mit verdünnter Schwefelsäure. Die Baumwolle wird dabei entfärbt, während die Flachsfaser zu der gleichen Zeit noch eine deutliche Blaufärbung zeigt. Ähnlich verhalten sich die beiden Fasern auch zu alkoholischer Fuchsinlösung und anderen Farbstofflösungen. d) Neutralviolettprobe nach A. Herzog[1]. Man legt die Probe in die vorgewärmte wässerige Lösung von Neutralviolett oder Neutralgrau ein, wäscht nach kurzer Zeit oberflächlich, bringt in verdünnte Schwefelsäure und wäscht wieder flüchtig. Die Baumwollfärbung wird schnell abgezogen, während die Leinenfärbung ziemlich widerstandsfähig ist.

5. Lumineszenzreaktion[2]. Tränkt man Baumwoll- und Flachsfaser mit 5%iger Chinosollösung (oxychinolinsulfosaurem Kalium),

---

[1] Herzog, A.: Mschr. Textilind. 1934 S. 3.
[2] Grünsteidl: Faserforsch. 1933 S. 215; Melliand Textilber. 1934 S. 81.

wäscht gut aus und behandelt mit schwacher Sodalösung, so erscheint das Leinen im filtrierten Ultraviolettlicht hell kanariengelb, während Baumwolle (auch merzerisierte) dunkelviolett leuchtet, am besten im nassen Zustande. Normale Appretur stört die Reaktion nicht.

3. Baumwolle und Kapok.

	Baumwolle	Kapok
Wässerige Anilinsulfatlösung 1 : 100 färbt . .	nicht an	deutlich gelb
Jodschwefelsäure (s. o.) färbt	blau	gelb-gelbbraun
Jod-Jodkalilösung färbt	dunkelbraun	gelblich
Phlorogluzin-Salzsäure (s. o.) färbt	mattviolett	rotviolett
Chlorzinkjodlösung (s. o.) färbt	rötlichblau	gelb
Einige Minuten in Chlorwasser gelegt, ausgequetscht, mit Ammoniak übergossen, färbt	nicht an	rötlich
1 Stunde eingelegt in alkoholische Fuchsinlösung (0,01 g Fuchsin, 30 g Alkohol, 30 ccm Wasser) färbt	fast nicht	lebhaft rot
Erst in kochende neutrale Lösung von Malachitgrün, dann in kochende Lösung von Oxaminrot[1], färbt	leuchtend rot	dunkelgrün

4. Baumwolle und merzerisierte Baumwolle. 1. Chlorzinkjod-reaktion nach H. Lange[2]. Man löst 5 g Jodkalium und 1 g Jod in etwa 18 ccm Wasser und mischt diese Lösung mit einer Auflösung von 30 g Chlorzink in 12 ccm Wasser. Die Probe wird 3 Minuten in diese Mischung eingelegt und darauf in Wasser gebracht. Je länger dabei die Blaufärbung der Probe anhält, desto höher ist der Merzerisationsgrad, und zwar steht das Anhalten der Blaufärbung in geradem Verhältnis zum Merzerisationsgrad. Ristenpart[3] stellte beim Merzerisieren mit verschieden starken Natronlaugen folgende Entfärbungszeiten fest: Bei 5%iger Lauge = 2 Minuten, bei 10%iger Lauge = 8 Minuten, bei 15%iger Lauge = 35 Minuten, bei 20%iger Lauge = 6 Stunden, bei 25%iger Lauge = 10 Stunden. Gefärbte Ware wird erforderlichenfalls vor Ausführung der Reaktion in geeigneter Weise entfärbt oder aufgehellt. Bei Gegenwart von Oxyzellulose ist diese Reaktion nicht maßgebend.

Die Langesche Reaktion wird dauernd sichtbar gemacht, wenn man nach Ermen[4] die mit Jod-Jodkalium behandelte und gespülte Faser in eine kochende Lösung von Indigosolschwarz IB bringt und dann kochend seift. Es wird dann eine dem Jodgehalt der Faser entsprechende Menge Indigosolschwarz auf der Faser niedergeschlagen.

2. Chlorzinkjod-Reaktion nach Huebner[5]. Man löst einerseits 1 g Jod und 20 g Jodkalium in 100 ccm Wasser, andererseits 280 g Chlorzink in 300 ccm Wasser und stellt 3 Mischungen her, indem man zu je 100 ccm Chlorzinklösung a) 5 Tropfen, b) 10 Tropfen, c) 20 Tropfen der Jod-Jodkalium-Lösung zusetzt. In diese 3 Mischungen werden

---

[1] Lejeune: J. Soc. Dy. Col. 1926, S. 232.
[2] Lange, H.: Färb.-Ztg. 1903 S. 68; Chem.-Ztg. 1903 S. 735.
[3] Ristenpart: Leipz. Mschr. Textilind. 1928 S. 262.
[4] Ermen: Leipz. Mschr. Textilind. 1932 S. 22.
[5] Huebner: J. Soc. chem. Ind. 1908 S. 105; Chem.-Ztg. 1908 S. 220.

kleine Faserproben eingetaucht und die dabei entstehende Farbe beobachtet. Je vollkommener die Baumwolle merzerisiert war, um so
reinere Blaufärbungen gibt die Faser mit den geringsten Jodzusätzen,
also mit der Mischung a. Vollmerzerisierte Baumwolle z. B. gibt mit
Mischung a = klares Blau, mit Mischung b = tieferes Rötlichblau und
mit Mischung c = Blauschwarz. Mischung a gibt nach voraufgegangener
Merzerisation mit Natronlauge von 10—20⁰ Bé = schwachblaue Färbung,
nach der Merzerisation mit Natronlauge von 25⁰ Bé = lichtblaue Färbung und nach der Merzerisation mit Natronlauge von 30—35⁰ Bé
= tiefere Blaufärbung usw.

3. Jod-Jodkalium-Reaktion nach Huebner. Man löst 20 g
Jod in 100 ccm gesättigter Jodkaliumlösung und legt die Probe einige
Sekunden in diese Lösung. Schließlich wird gut gespült. Die nicht-
merzerisierte Baumwolle ist schnell entfärbt, während die merzerisierte
Baumwolle, je nach dem Grade der Merzerisation, mehr oder weniger
lange schwarzblau bis blau bleibt.

4. Anfärbeverfahren nach Knecht[1]. Je stärker die Baumwolle
merzerisiert ist, desto stärker wird sie durch substantive Farbstoffe angefärbt. Beispielsweise fixiert Baumwolle, die mit Natronlauge vom
spez. Gew. 1,05 merzerisiert worden ist, nur 1,77 % Benzopurpurin 4 B,
solche, die mit Natronlauge vom spez. Gew. 1,35 merzerisiert worden ist,
dagegen schon 3,66 % Benzopurpurin 4 B. Der auf der Faser fixierte
Farbstoff wird durch Vergleich mit Typfärbungen ermittelt (oder nach
Knecht durch heiße Titration mit Titanchlorür titriert). Meunell[2]
behandelt die Probe vor dem Ausfärben erst 2 Minuten bei gewöhnlicher
Temperatur in einem Gemisch von 320 ccm Schwefelsäure 54⁰ Bé und
260 ccm Formaldehyd 40 %ig. Die Probe wird hinterher gut gewaschen
und mit verdünnter Sodalösung neutralisiert. 0,1 % substantiver Farbstoff (z. B. Chlorazolreinblau GW) färbt jetzt in kochender, schwach
sodaalkalischer Lösung die merzerisierte Baumwolle achtmal stärker an
als die nichtmerzerisierte.

5. Säurebeständigkeitsgrad substantiver Färbung nach
Knecht. Je stärker die Baumwolle merzerisiert ist, desto säurebe-
ständiger sind die substantiven Färbungen. Die Probe wird mit einem
Läppchen nichtmerzerisierter Baumwolle zusammen in Benzopurpurin
ausgefärbt. Dann bringt man beide Proben in ein Becherglas mit Wasser
und gibt unter stetem Umrühren tropfenweise verdünnte Salzsäure zu,
bis die nichtmerzerisierte Baumwolle blau wird. Wenn die zu prüfende
Probe merzerisiert war, so ist sie in diesem Augenblick noch unverändert
und schlägt erst auf weiteren Zusatz von Säure, je nach dem Grade der
Merzerisation, in Blau um.

6. Nachmerzerisierungsprobe nach David & Co.[3]. Eine Probe wird
an verschiedenen Stellen mit Natronlauge von 40⁰, 20⁰ und 13⁰ Bé betupft, nach
10 Minuten gewaschen, gesäuert und wieder gewaschen. Schließlich färbt man
mit substantivem Farbstoff aus (z. B. mit Kongorot). Die mit Lauge betupften
Stellen nehmen eine dunklere Färbung an als die Umgebung, wenn das Gewebe

---

[1] Knecht: Z. angew. Chem. 1909 S. 249.
[2] Meunell: J. Textile Inst. 1926 T. 247.
[3] David & Co.: Färb.-Ztg. 1908 S. 11.

vorher nicht oder mit schwächerer Lauge merzerisiert war. Die Betupfungen oder Benetzungen mit Lauge sind möglichst auch unter Spannung auszuführen, wie es in der Praxis üblich ist. Nach Ristenpart ist dieses Verfahren nur unter Vorbehalt zu verwenden.

7. **Laugenabsorption nach Vieweg[1].** Nach Viewegs Beobachtungen absorbiert Baumwolle, die mit verschieden starker Natronlauge merzerisiert ist, verschiedene Mengen Lauge, und zwar eine mit der Konzentration der Lauge zunehmende Menge an Ätznatron. Man bestimmt das Ätznatron, das die Baumwolle absorbiert, indem man den Natrongehalt einer etwa 2 %igen Natronlauge vorher genau bestimmt und dann die Probe in der Lauge schüttelt und nach Entfernung der Probe den Prozentgehalt der Lauge bzw. die Abnahme durch nochmalige Titration der Lauge feststellt. Auf solche Weise hat Vieweg ermittelt, daß reine Zellulose 1% NaOH absorbiert, Baumwolle, die mit Natronlauge von 4% merzerisiert war, ebenfalls nur 1% Ätznatron aufnimmt, Baumwolle, die mit 8%iger Lauge behandelt war, 1,4%; die mit 12%iger Lauge behandelt war, 1,8%; die mit 16%iger Lauge behandelt war, 2,8% und Baumwolle, die mit 32%iger Lauge behandelt war, 2,9% NaOH aufnimmt. Das Verfahren liefert in der Praxis keine befriedigenden Ergebnisse.

8. **Hygroskopizitätsprobe nach Schwalbe.** Nach Schwalbe bildet merzerisierte Baumwolle Hydratzellulose, die eine größere Hygroskopizität besitzt als reine Zellulose. Aus der Hygroskopizität kann nach Schwalbe somit auf den Merzerisationsgrad geschlossen werden. Er fand z. B. bei Verbandwatte 6,1% Feuchtigkeit, bei mit 8%iger Lauge merzerisierter Baumwolle = 7,7%, bei 16%iger Lauge = 10,7%, bei 24%iger Lauge = 11,3% und bei mit 40%iger Lauge merzerisierter Baumwolle = 12,1% Feuchtigkeit.

9. **Hydrolysierbarkeitsprobe nach Schwalbe[2].** Infolge eintretender Hydrolyse der Baumwolle durch die Merzerisation gewinnt die Baumwolle erhöhte reduzierende Eigenschaften, die mit Fehlingscher Lösung gemessen werden und als „Kupferzahl" zum Ausdruck kommen können (s. a. u. Oxyzellulose).

10. **Haller[3]** sucht den Merzerisationsgrad einer Baumwolle durch Feststellung des Schwarzgehaltes von Kongofärbungen nach Ostwald zu bestimmen.

11. **Schwertassek[4]** sucht den Merzerisationsgrad einer Baumwolle durch Rücktitration des nicht absorbierten Jods zu bestimmen. Man benetzt etwa 0,3 g der gut gereinigten und zerkleinerten Probe mit genau 1,2 ccm Jodlösung (5 g Jod, 40 g Jodkalium, 50 ccm Wasser) im Wägegläschen, knetet gut durch, läßt einige Minuten stehen, spült Material und Lösung mit gesättigter Glaubersalzlösung (21—22° Bé) in einen 100-ccm-Meßkolben, füllt mit gleicher Glaubersalzlösung auf 100,2 ccm auf (0,2 ccm = Volumen der Probe), läßt 1 Stunde stehen, entnimmt 50 ccm durch Glaswolle filtrierter Lösung und titriert mit $\frac{1}{50}$ n-Thiosulfatlösung.

12. Behandelt man nach **Mecheels[5]** merzerisierte (auch hinterher gut gespülte, gesäuerte und wieder gespülte) Baumwolle in einer Aufschlämmung von etwa 30 g Naphthol AS-RL in 500 ccm Wasser und 500 ccm Alkohol, so zeigt die Ware nach dem Schleudern und auch nach dem Trocknen im ultravioletten Licht eine ziemlich starke gelbe Naphtholat-Lumineszenz. Unmerzerisierte, selbst gebeuchte und mit Natriumsuperoxyd gebleichte Baumwolle luminesziert hingegen nur schwach.

13. **Krais[6]** hält die Chlorzinkjodprüfung für nicht immer zuverlässig und empfiehlt für die Prüfung des Merzerisationsgrades bzw. der

[1] Vieweg: Ber. dtsch. chem. Ges. 1907, 3879; Papier-Ztg. 1909 S. 149.

[2] Schwalbe: Z. angew. Chem. 1910 S. 924; 1914 S. 567; s. a. Die Chemie der Zellulose. Auf das Verfahren kann hier nicht näher eingegangen werden, da es für die Praxis zu umständlich ist.

[3] Haller: Melliand Textilber. 1926 S. 65.

[4] Schwertassek: Melliand Textilber 1931 S. 457; 1933 S. 73.

[5] Mecheels: Melliand Textilber. 1932, S. 146.

[6] Krais: Textile Forsch. 1931 S. 3.

Gleichmäßigkeit der Merzerisation das Auszählverfahren bzw. die Entwindungsprobe (s. a. u. Merzerisationsschäden).

5. Echte und unechte Mako-Baumwolle. Die Mako-Baumwolle oder Jumel-Baumwolle wird mitunter durch Kremieren, Dämpfen, Anfärben od. dgl. nachgeahmt. Es ist oft Aufgabe des Chemikers, festzustellen, ob es sich um echte oder unechte Mako handelt.

1. Echte Mako-Baumwolle, die sich schon makroskopisch durch einen bräunlich- oder rötlich-gelben Farbton auszeichnet, zeigt nach A. Herzog bei der mikroskopischen Untersuchung in Molischs Reagens (= Mischung gleicher Volumina von konzentriertem Ätzkali und von konzentriertem Ammoniak) auffallend viel gelb und gelbbraun gefärbte Inhaltsbestandteile.

2. Unechte, durch Dämpfen erzeugte Mako gibt nach Erban bei kurzem Kochen mit verdünnter Salpetersäure (1 T. Salpetersäure 26⁰ Bé + 10 T. Wasser) ein viel satteres Chamois als echte Mako und verliert nicht den Rotstich, während Mako den Rotstich verliert und rein gelbstichig wird.

3. Unechte, mit Eisensalzen erzeugte Mako (Eisenchamoisfärbung) gibt mit Salzsäure und gelbem Blutlaugensalz die bekannte Eisenreaktion, indem sich Berlinerblau bildet. Echte Mako gibt diese Reaktion nicht.

4. Unechte, mit Schwefelfarbstoff erzeugte Mako liefert beim Kochen mit Zinkstaub und Salzsäure oder Zinnsalz-Salzsäure Schwefelwasserstoffreaktion mit Bleipapier (s. a. S. 228 u. 306). Echte Mako wird nur entfärbt oder heller, gibt aber keine Schwefelreaktion.

5. Unechte, mit substantiven Farbstoffen erzeugte Mako erzeugt, mit konzentrierter Schwefelsäure auf weißem Porzellan übergossen, meist bunte Färbungen. Echte Mako liefert keine auffallende Verfärbung.

6. Verholzte Fasern und reine Zellulose. 1. Chlorzinkjodlösung (s. d. o.) färbt reine, unverholzte Zellulose einheitlich rötlich- bis blauviolett. Verholzte Fasern zeigen keine einheitliche, sondern eine scheckige Anfärbung.

2. Jod-Schwefelsäure (s. d. o.) färbt reine, unverholzte Faser rein blau und erzeugt keine Quellung. Verholzte Fasern werden gelb gefärbt.

3. Phlorogluzin-Salzsäure (s. d. o.) erzeugt auf verholzter Faser deutliche bis kräftige Rotfärbung; auf reiner Zellulose nicht.

4. Indol, Anilinsulfat, Naphthylamin. Wässerige Lösung von Indol und hierauf Salzsäurezusatz erzeugt auf verholzter Faser Rotfärbung. Schwefelsaures oder salzsaures Anilin und eventuell nachträglicher Zusatz von verdünnter Salz- oder Schwefelsäure gibt mit verholzter Faser goldgelbe Färbung. Naphthylaminchlorhydrat bewirkt in diesem Falle Orangefärbung. Reine Zellulose liefert nicht diese Farbenreaktionen.

5. Kupferoxydammoniak (s. d. o.) löst trockene reine Baumwolle sofort; schwach verholzte Fasern (z. B. Hanf) und Zellulose quellen stark auf oder lösen sich langsamer; stark verholzte Fasern (z. B. Jute) quellen kaum auf und lösen sich gar nicht.

6. **Rutheniumrot** (s. d. o.) färbt reine Zellulose und gut durchgebleichte Fasern nicht an, wohl aber rohe Fasern, Ligno-, Pekto- und Oxyzellulosen (s. d.).

7. Leinen, Hanf, Jute. 1. Phlorogluzin-Salzsäure färbt die stark verholzte Jute intensiv rot, Hanf höchstens spurenweise rosa und Leinen (sowie Baumwolle) gar nicht an. — Auch Anilinsulfat gibt mit Jute die tiefste Anfärbung. Jute hat ferner die größte Affinität zu basischen Farbstoffen.

2. Die sog. Cross-Bevansche Jutereaktion liefert Blauschwarzfärbung der Jute beim Einlegen der Faser in ein Gemisch von gleichen Volumina $\frac{1}{10}$ n-Ferrichloridlösung und $\frac{1}{10}$ n-Ferrizyankaliumlösung. Nach Haller[1] ist diese Reaktion nicht für Jute und Lignozellulosen charakteristisch, sondern tritt auch bei einigen Baumwollsorten auf, z. B. bei Gossypium hirsutum, der sog. Khaki-Baumwolle.

3. Zyaninprobe nach A. Herzog (Hanf und Leinen)[2]. Die Hanffaser nimmt infolge der Verholzung ihrer primären Zellwand durch heiße Zyaninlösung (s. o.) eine deutlich ausgeprägte grünlichblaue Färbung an, während die Flachsfaser in ihren Wandteilen völlig ungefärbt bleibt. Bei den Querschnitten sieht man, daß auch die sekundären Verdickungsschichten und die Innenhaut der Hanffaser schwachbläulich gefärbt ist. In Mischgespinsten können diese beiden Fasern auch quantitativ-mikroskopisch geschätzt werden, und zwar besser als durch die Phlorogluzinprobe und die Quellungsprobe mit Kupferoxydammoniak.

8. Wolle und Seide. 1. Schwefelprobe (s. S. 244). Man führt die Reaktion auch so aus, daß man die Probe mit alkalischer Bleilösung übergießt und vorsichtig erwärmt. Wolle und Tierhaare werden dabei alsbald dunkler und schließlich schwarzbraun, bis sie zuletzt in Lösung gehen. Seiden (entbastete Seide, Rohseide, Tussahseide) sind schwefelfrei und werden nicht geschwärzt[3].

2. Nitroprussidprobe, s. S. 244.

3. 80%ige Schwefelsäure löst entbastete edle Seide schnell, Rohseide langsamer, Tussahseide, Wolle dagegen gar nicht (s. a. Schwefelsäureverfahren zur Trennung von Wolle und Baumwolle, S. 262).

4. Kupferoxydammoniak (s. S. 245) löst Seide langsam, Wolle gar nicht.

9. Edle und wilde Seide. Unter „edler Seide" versteht man die Maulbeerseide des Bombyx mori; unter den zahlreichen „wilden" Seiden spielt die Tussahseide die weitaus überragendste Rolle.

1. Chlorzinklösung von 45° Bé löst die edle Seide beim Kochen in 1 Minute auf, während Tussahseide kaum angegriffen wird.

2. Konzentrierte Salzsäure löst edle Seide beim Kochen in 1 Minute, Tussahseide erst in einigen Minuten auf.

---

[1] Haller: Färb.-Ztg. 1919 S. 29.

[2] Herzog, A.: Melliand Textilber. 1932 S. 121, 181.

[3] In der Literatur findet man gelegentlich die irrige Angabe, daß Tussahseide die gleiche Reaktion wie Wolle liefert. Dies trifft nicht zu. Tussahseide behält nur seine ursprüngliche bräunlich-gelbe Färbung. Ein Vergleich mit Wolle schließt jedes Mißverständnis aus.

3. 5%ige Natronlauge löst die edle Seide beim Kochen in 5 Minuten oder früher auf. Tussahseide wird erst bei längerem Kochen zum Teil gelöst und hinterläßt einen abfiltrierbaren, unlöslichen, in Elementarteilchen zerfallenen, breiartigen Rest.

4. Halbgesättigte Chromsäure (1 T. kaltgesättigte Chromsäurelösung + 1 T. Wasser) löst beim Kochen edle Seide in 1 Minute auf, Tussahseide nicht.

10. Seidenserizin und Seidenfibroin. Das Serizin (der Bast oder der Leim) der Naturseide wird bei Behandlung mit Zyaninlösung in der Kälte deutlich blau gefärbt (unter dem Mikroskop deutlich zu sehen), während das Seidenfibroin höchstens schwachblau angefärbt wird[1].

11. Naturseide und Kunstseide. Diese Fasern sind bei der heutigen Technik rein äußerlich oft nicht zu unterscheiden, zumal beide Fasern mitunter nebeneinander vorkommen und selbst zu einem Garn verzwirnt werden.

1. Verbrennungsprobe, s. u. Orientierende Vorprüfungen, S. 243.

2. Trockene Destillation, s. u. Orientierende Vorprüfungen, S. 244.

3. Laugenprobe, s. u. Orientierende Vorprüfungen, S. 244.

4. Stickstoffprobe, s. u. Orientierende Vorprüfungen, S. 244.

5. Ausfärbeprobe, s. u. Orientierende Vorprüfungen, S. 245.

6. Chlorzinkjodprobe. Naturseide wird durch Chlorzinkjodlösung gelb bis gelbbraun gefärbt; Kunstseide rotviolett bis schwarz. Azetatseide verhält sich wie Naturseide.

7. Chromsäure und Bichromate färben Naturseide gelb, Kunstseide nicht an.

8. Millons Reagens (s. a. S. 217) färbt die Naturseiden beim Kochen violett, die Kunstseiden nicht an.

9. Nickeloxydammoniak (s. S. 246) löst die edlen Naturseiden auf, Kunstseiden und Tussahseiden werden nicht gelöst.

10. Kupfer-Glyzerin-Kalilösung (s. S. 246) löst edle Seide (Maulbeerseide) in der Kälte, Tussahseide in der Hitze. Kunstseiden werden nicht oder wenig angegriffen.

11. Mikrodestillation nach Beutel. Man klemmt die Faser zwischen 2 Deckgläschen mit einer Druckpinzette fest und nähert sie einer kleinen Gasflamme. Reine, unerschwerte Naturseide erweicht und schmilzt; es tritt Gasentwicklung und Blasenbildung auf; an den Kreuzungsstellen treten blasige, aufgetriebene Massen auf; die Deckgläschen haften fest aneinander. Kunstseide bleibt starr, das Volumen bleibt unverändert; es findet keine Blasenbildung statt; die Kreuzungsstellen bleiben scharf; die Deckgläschen haften nicht aneinander. Erheblich erschwerte Seide wird nicht zum Schmelzen gebracht; die Fasern behalten nahezu ihre Gestalt, zerbrechen schließlich in einzelne Stücke mit scharfkantigen Enden.

12. Kunstseidenunterscheidung. Die vier technischen Kunstseiden sind heute: Nitro-Kunstseide (in Deutschland nicht mehr hergestellt), Kupfer-Kunstseide, Viskose-Kunstseide und Azetat-

---

[1] Herzog, A.: Melliand Textilber. 1932 S. 121, 181.

Kunstseide. Die ersteren drei bezeichnet man auch als „regenerierte Zellulosen" oder „Zellulose-Kunstseiden". Vorprüfung: Man prüft erst, ob etwa Nitro- oder Azetat-Kunstseide vorliegt (s. w. u.). Liegen diese beiden nicht vor, so hat man es mit Kupfer- oder Viskose-Kunstseide zu tun. Der exakteste Nachweis der beiden letzteren auf chemischem Wege besteht in dem Nachweis von bestimmten Verunreinigungen, die für die eine oder andere Kunstseide spezifisch sind, die aber nicht einen konstituierenden Bestandteil der Faser bilden. So enthält Viskose-Kunstseide gewöhnlich noch Spuren von Schwefel von der Fabrikation her, Kupferseide nicht. Auf der anderen Seite können (aber müssen nicht) Spuren Kupfer in der Kupferseide enthalten sein. Es ist also gegebenenfalls nur der positive Kupferbefund entscheidend. Außer diesem sicheren Nachweis sind noch zahllose Einzelreaktionen in Vorschlag gebracht worden, von denen aber heute der größte Teil überholt ist. Eine Zusammenstellung der wichtigsten Einzelreaktionen haben Krüger und Tschirch[1] gegeben, auf die hier nicht im einzelnen eingegangen werden kann, zumal da viele der Reaktionen stark subjektiven Charakter haben und auch von Zufälligkeiten, z. B. Verunreinigungen, abhängen können.

Nachweis von Nitrokunstseide. Man legt ein Fädchen in Diphenylaminschwefelsäure (Herstellung s. S. 23). Nitrokunstseide liefert in wenigen Sekunden tiefblaue Färbung der Probe und bald tiefblaue Lösung. Diese Reaktion ist für Nitroseide spezifisch und wird bei keiner anderen Kunstseide beobachtet. Es ist jedoch zu beachten, daß gewisse Verunreinigungen, z. B. Nitrate, die gleiche Reaktion liefern.

Nachweis von Azetatkunstseide. a) Jodschwefelsäure liefert mit Azetatkunstseide eine deutliche und ziemlich waschechte Gelbfärbung. Die Reaktion ist bei Kunstseiden für Azetatseide spezifisch. Herstellung der Jodschwefelsäure: Man löst 1 g Jodkalium in 25 ccm Wasser, sättigt mit Jod, gießt ab, verdünnt mit Wasser auf 20—50% und setzt ein gleiches Volumen 95%ige Schwefelsäure zu (Bur. of Standards). S. a. w. u. geschädigte Kunstseide.

b) Azetonlöslichkeit. Die Azetatkunstseide löst sich als einzige Kunstseide in Azeton. Beim Verdunsten des Azetons verbleibt ein dünnes Häutchen (Film). Gefärbte Azetatkunstseide liegt mitunter in teilweise verseiftem Zustande vor (s. u. Kunstseidenschädigungen); dann ist nur der unverseifte Teil in Azeton löslich, während der verseifte Teil (die regenerierte Zellulose) ungelöst bleibt. Man erkennt den gelösten Teil durch Verdampfen des Lösungsmittels.

c) Verbrennung. Azetatkunstseide liefert als einzige Kunstseide beim Verbrennen ein kohliges Kügelchen an der Brandstelle (wie Naturseide), ohne jedoch wie brennende Naturseide zu riechen.

d) Essigsäurenachweis. 1. Jod-Lanthanazetatreaktion nach Krüger und Tschirch[1]. Man verseift zunächst das Zelluloseazetat vorsichtig (weil die Bildung von Zellulosezersetzungsprodukten die Reaktion undeutlich gestalten), indem man z. B. zu der mit 20 ccm

---

[1] Krüger u. Tschirch: Melliand Textilber. 1930 S. 529.

Wasser gut genetzten Faser 30 ccm n-Natronlauge gibt und 1 Stunde im Wasserbade auf 50—60⁰ erwärmt. Unter diesen Bedingungen wird, wenn auch nicht vollständig, so doch genügend viel Azetat auch bei schwerer verseifbaren Zelluloseazetaten verseift. Die alkalische Flüssigkeit wird dann mit $\frac{1}{2}$n-Salzsäure vorsichtig neutralisiert, indem man ein Stückchen blaues Lackmuspapier in den Kolben gibt und dann mit einem Tropfen Natronlauge wieder alkalisch macht, so daß die Lösung zuletzt schwach, aber deutlich alkalisch ist. Nun filtriert man, wäscht mehrmals mit heißem Wasser aus, dampft Filtrat nebst Waschwässern zur Trockne, zieht den Trockenrückstand (zwecks Trennung des Natriumazetats vom Natriumchlorid) dreimal mit je 2 ccm absolutem Alkohol aus und bringt die vereinigten alkoholischen Auszüge in einem Reagensglas auf siedendem Wasserbade zur Trockne. Mit diesem Rückstand wird.die Lanthanreaktion (sowie auch die nachstehend beschriebene Uranylazetatreaktion) ausgeführt, indem man den Rückstand in 2 ccm Wasser löst, dann 1 ccm 5%ige Lanthannitratlösung, 1 ccm $\frac{1}{50}$n-Jodlösung und 0,2 ccm n-Ammoniak zusetzt. Bei Gegenwart von Azetat entwickelt sich allmählich eine blaurote bis reinblaue Farbe, die bei längerem Stehen wieder verblaßt. — Diese Reaktion ist der Essig- und Propionsäure gemeinsam, äußerst empfindlich und zeigt noch 1—2% Essigsäure in dem Zelluloseazetat sicher an, sofern die absolute Menge Essigsäure mindestens 1 mg beträgt; und zwar um so schärfer, je weniger Ausgangsmaterial (bei nur ausreichender Gesamtmenge von 1—2 mg Essigsäure) angewandt wird, je weniger Zersetzungsprodukte also zugegen sind. Homologe der Essigsäure stören die Reaktion nicht erheblich. Bei Zellulosederivaten, die durch Alkalien tiefgreifende Zersetzungen erleiden, kann es u. U. erforderlich werden, die Essigsäure aus dem schwefelsauren Verseifungsgemisch von allen nichtflüchtigen Stoffen durch Destillation zu trennen und die Reaktion mit dem Destillat auszuführen.

2. Uranylprobe nach Krüger und Tschirch (a. a. O.). Man nimmt den nach 1 erhaltenen Trockenrückstand (s. o.) mit möglichst wenig Wasser (in der Regel genügen 0,3 ccm) auf, bringt einen Tropfen der Lösung auf einen Objektträger, verdampft ihn über kleiner Flamme zur Trockne, läßt das Glas völlig erkalten und fügt einen Tropfen Uranylformiat[1] zu. Nach Zusatz beobachtet man unter dem Mikroskop bei etwa 300facher Vergrößerung ohne Auflegung eines Deckglases. Bei Gegenwart von Essigsäure kristallisieren die bekannten charakteristischen Tetraeder des Natriumuranylazetats aus. Sollte auf Zusatz von Uranylformiatlösung eine sehr starke Kohlensäureentwicklung einsetzen, so kann man sich mit Vorteil einer alkoholischen Lösung des

---

[1] Man löst 1 g Uranylformiat in 8 ccm Wasser, setzt der Lösung 1 ccm reinster Ameisensäure (D.A.B. 6) zu und filtriert. Das Reagens hält sich in brauner Flasche monatelang unverändert. Herstellung von Uranylformiat: Man löst 10 g reines krist. Uranylnitrat in etwa 500 ccm destilliertem Wasser, fällt mit Ammoniak in geringem Überschuß, bringt den Niederschlag auf ein Filter, wäscht mit heißem Wasser kurz aus, gießt reine Ameisensäure (D.A.B. 6) auf das Filter, löst den Niederschlag vollständig auf und dampft die Lösung auf dem Wasserbade zur Trockne. Man erhält so ein feines gelbes Kristallpulver.

Reagens bedienen[1]. Die Uranylreaktion ist für Essigsäure spezifisch. d. h. tritt bei keiner anderen organischen Säure ein, und ist etwa ebenso empfindlich wie die Lanthanprobe.

3. Äthylazetat-Geruchsprobe. Weniger genau ist der Nachweis der Essigsäure durch die subjektive Äthylazetat-Geruchsreaktion, zumal der Geruch nach Äthylazetat durch den brenzlichen Geruch von Zersetzungsprodukten leicht verdeckt werden kann. Man prüft, indem man die Probe mit wenig Natronlauge kochend verseift, mit Wasser verdünnt, von der Zellulose abfiltriert, das Filtrat auf dem Wasserbade fast zur Trockne verdampft, vorsichtig mit verdünnter Schwefelsäure ansäuert, mit konzentrierter Schwefelsäure und etwas Äthylalkohol versetzt und auf dem Wasserbade erwärmt. War Essigsäure vorhanden, so macht sich der charakteristische, obstartige Geruch von Äthylazetat (Essigäther) bemerkbar.

4. Ferrichloridreaktion. Wenig charakteristisch und empfindlich ist nach Krüger und Tschirch (a. a. O.) die von Trotman empfohlene Ferrichloridreaktion, zumal auch in Abwesenheit von Essigsäure eine schwache Rotfärbung entsteht. Man führt die Reaktion aus, indem man die Probe mit Kalilauge kochend verseift, filtriert, eindampft, sorgfältig neutralisiert und mit etwas neutraler Ferrichloridlösung versetzt. Bei Gegenwart von Essigsäure soll in der Kälte Rotfärbung, beim Kochen roter Niederschlag entstehen.

Kupfernachweis in Kupferkunstseide. Der etwa in der Kupferkunstseide zurückbleibende Kupfergehalt kann 0,0002—0,001% betragen und ist dann bei ausreichendem Versuchsmaterial gut nachweisbar. Man verascht eine ausreichende Menge, z. B. 3—5 g, der Kupferseide vorsichtig, löst die Asche in Salzsäure od. dgl., macht mit geringem Überschuß von Ammoniak alkalisch (nennenswerte Mengen Kupfer werden hier durch die Blaufärbung der Lösung angezeigt), kocht auf und filtriert von den Fällungen (Eisen-, Tonhydrat) ab. Alsdann verdampft man das Ammoniak auf einem Wasserbade, säuert schwach mit Salzsäure an und dampft zur Trockne. Zur Vertreibung der letzten Säurereste wird noch 2—3mal mit wenig Wasser aufgenommen und zur Trockne verdampft. Nun liegt das etwa vorhandene Kupfer als neutrales Kupfersalz vor, befreit von störenden Verunreinigungen, wie Eisen und Tonerde, so daß die Einzelreaktionen und die kolorimetrischen und quantitativen Bestimmungen sicher durchführbar sind.

Von einem nennenswerten Kupfergehalt hat man sich bereits beim Übersättigen der sauren Aschelösung mit Ammoniak überzeugt, wobei gegebenenfalls blaue Färbung der Lösung auftritt. Für die kolorimetrische Bestimmung des Kupfers ist es zweckmäßig, oben beschriebene Vorreinigung vorzunehmen. Versagt die Kuoxamreaktion, so können oft Kupferspuren noch durch die Ferrozyankaliumreaktion (rotbraune Färbung oder Fällung) nachgewiesen werden (s. Kupferspuren, S. 317). Falls auch diese Reaktion bei geringsten Kupferspuren und

---

[1] Herstellung: 1 g Uranylformiat, 1 g 50 %ige Ameisensäure, 3,5 g 96 %iger Alkohol, 3,5 g Wasser.

geringem Versuchsmaterial versagt, führt man die Mikroreaktion mit Dithizonlösung od. dgl. aus. Hierüber s. Näheres u. Rückstände, Kupfer in Spuren, S. 318.

Sulfid-Schwefel-Nachweis in der Viskosekunstseide. Es ist zu beachten, daß in der Färberei Schwefel in die Faser hineingebracht sein kann. Auch kann der Schwefelgehalt der Viskoseseide in der Färberei verlorengegangen oder vermindert sein. Nichtentschwefelte Viskosekunstseide färbt sich beim Kochen mit Alkaliplumbatlösung schwarzbraun, während entschwefelte Viskose nur gelbbraun gefärbt erscheint. Der genaue Schwefelnachweis gestaltet sich wie folgt.

Verfahren des Bureau of Standards (Washington)[1]. Man übergießt etwa 5 g Kunstseide in einer besonderen Diaphragmaflasche, auf deren Mündung ein mit 10%iger Bleiazetatlösung getränktes Filtrierpapier möglichst luftdicht mit Gummibändern od. ä. befestigt wird, erst mit 100 ccm Wasser und erhitzt vier Stunden auf nicht zu stark siedendem Wasserbade; darauf übergießt man die Kunstseide mit weiteren 100 ccm Wasser und 3 ccm Eisessig und läßt wiederum vier Stunden auf kochendem Wasserbade stehen. Schließlich übergießt man die Probe zum dritten Male mit 100 ccm Wasser, 3 ccm Eisessig und 3 ccm konzentrierter Schwefelsäure und erhitzt weitere vier Stunden auf kochendem Wasserbade. Eine schwarze, braune oder bräunliche Färbung des Bleipapiers deutet auf die Bildung von Schwefelwasserstoff und läßt auf die Gegenwart von Viskoseseide schließen, wenn keine sonstigen schwefelhaltigen Fremdstoffe in der Seide zugegen waren (Farbstoffe u. a.). Derartige Fremdstoffe sind deshalb vorher nach Möglichkeit zu entfernen.

Verfahren von Schreiber und Hamm[2]. Hierbei wird die Prüfdauer auf vier Stunden insgesamt abgekürzt. Man verwendet einen Erlenmeyerkolben, dessen Mündung man vermittels eines Gummibandes mit Bleipapier schließt. Man übergießt etwa 5 g Kunstseide mit 100 ccm Wasser und 3 ccm konzentrierter Schwefelsäure und erhitzt vier Stunden auf mittelstark siedendem Wasserbade. Hat in dieser Zeit oder früher das Bleipapier eine braune bis schwarze Färbung angenommen, so liegt Viskoseseide vor (vorausgesetzt, daß keine schwefelhaltigen Fremdstoffe zugegen waren). Weniger scharf ist die Behandlung der Kunstseide mit alkalischer Silberlösung nach Rhodes (s. S. 247 und weiter unten).

Gesamtschwefel in Kunstseiden. Im Gegensatz zum Sulfidschwefel ist der Gesamtschwefelgehalt (meist als Schwefelsäure vorhanden) nicht für Viskoseseide charakteristisch. Nach Wahl und Rolland[3] enthalten: Viskose-Kunstseide = 0,28—0,4 %, Nitro-Kunstseide = 1,08 %, Kupfer-Kunstseide = 0,2 % Gesamtschwefel (als S berechnet). Ausführung der Bestimmung: Man mischt etwa 1 g der in kleine Stücke geschnittenen Probe mit 2 g Magnesia und 1 g Soda und verascht die Mischung. Die Asche wird in ein Becherglas mit Wasser gebracht, mit ein paar Tropfen Bromwasser versetzt und einige Minuten gekocht. Man läßt abkühlen, filtriert, wenn nötig, und bestimmt die Schwefelsäure mit Bariumchlorid als Bariumsulfat (s. S. 37).

---

[1] Siehe Melliand Textilber. 1928 S. 840.
[2] Schreiber u. Hamm: Melliand Textilber. 1928 S. 840.
[3] Wahl u. Rolland: Rev. gén. Mat. Col. 1929, 384, 1.

Reaktionen zur Unterscheidung von Kupfer- und Viskosekunstseide. — 1. Pikrokarmin-S-Färbung nach Wagner[1]. Durch Pikrokarmin S (s. S. 247) wird Viskoseseide in der Kälte bei kurzer Behandlung von ein bis zwei Minuten kaum bis schwach rosa angefärbt; dagegen wird Kupferseide bei der gleichen Behandlung tiefblaurot. Das Reagens eignet sich nach Wagner auch zu sonstigen Unterscheidungen von Faserstoffen: Rohseide wird in der Lösung tiefbraunrot, entbastete Seide wird orange, Azetatseide grüngelb, Baumwolle je nach Art der Ware mehr oder weniger stark rosa, Wolle und Jute werden gelb, Leinen und Nitroseide rosa. Blindversuche mit bekannter Faser sind hier besonders zu empfehlen.

2. Neokarmin-W-Färbung nach Wagner[2]. Durch Neokarmin W (s. S. 247) wird Viskoseseide weinrot, Kupferseide dunkel sattblau gefärbt. Nitroseide, die als solche leicht erkennbar ist (s. o.), wird lila, Azetatseide hell grüngelb gefärbt.

3. Anfärbung mit Pelikantinte Nr. 4001. Man arbeitet nach einer Vorschrift von RAL 380 B,[3] wie folgt. 15 ccm Pelikantinte Nr. 4001 von Günther Wagner, 20 ccm einer 0,5%igen Lösung von Eosin extra (I. G. Farbenindustrie) und 65 ccm Wasser werden gemischt. Man färbt nun die Probe in diesem Bade fünf Minuten bei Zimmertemperatur unter kräftigem Hin- und Herbewegen, wäscht die Färbungen in frischem Wasser gründlich aus und trocknet an der Luft oder bei 60° C. Viskoseseide wird dabei rot bis blaurot, Kupferstreckspinnseide erscheint tiefblau gefärbt.

Will man sich von der Pelikantinte des Handels unabhängig machen, so kann man sich nach Hoz[4] eine geeignete Eisengallustinte nach folgender Vorschrift herstellen: 25 g Äthertannin S Geigy, 7 g Gallussäure WC krist. Geigy, 5 g Tintenblau H Geigy, 30 g Eisenvitriol chemisch rein, 7 g Salzsäure 20° Bé chemisch rein, 1 g Phenol oder Salizylsäure werden auf 1 l gestellt.

4. Anfärbung mit Anilinfarbstoffen. Nach Cassella & Co. färbt Naphthylaminschwarz 4B in neutralem Bade Viskoseseide hellblau, Kupferseide dagegen dunkelblau an. — Solaminblau FF soll Viskoseseide in 1%iger Lösung erheblich deutlicher anfärben als Kupferseide. — Färbt man nach Geier[5] beide Fasern 2 Minuten bei 20° unter Zusatz von Glaubersalz mit einem Siriusfarbstoff an, so färbt sich Viskosekunstseide höchstens ganz schwach, Kupferkunstseide dagegen tief an.

5. Rutheniumrot färbt nach Beltzer Viskoseseide deutlich rosa (nach 12stündiger Einwirkung lebhaft rosa), während Kupferseide fast gar nicht angefärbt wird, auch nicht nach 12stündiger Einwirkung.

6. Ätzalkalische Silberlösung nach Rhodes (s. S. 247) färbt Viskoseseide, wenn diese ausreichend schwefelhaltig ist, bräunlich bis

---

[1] Wagner: Melliand Textilber. 1927 S. 246, 367.
[2] Wagner: Melliand Textilber. 1931 S. 764; 1932 S. 29, 79.
[3] Vereinbarungen des Reichsausschusses für Lieferbedingungen (RAL), eingetragen unter Nr. 380 B. Vertrieb: Beuth-Verlag, Berlin S. 14.
[4] Hoz: Melliand Textilber. 1929 S. 44.
[5] Geier: Textile Forsch. 1930 S. 1; Mschr. Textilind. 1930 S. 30.

braun an. Kupferseide bleibt hellgrau. — Nach Götze[1] bewirkt auch
schon warme 1%ige ammoniakalische Silberlösung deutliche Braunfärbung der Viskoseseide, während Kupferseide auch hier ungefärbt
bleibt oder nur hellgelblichbraun angefärbt wird. Es ist dabei zu beachten, daß auch Nitrokunstseide (die aber als solche leicht zu erkennen ist, s. o.) gebräunt wird, und daß auch Oxy- und Hydrozellu-
losen Braun- bis Schwarzfärbung mit ammoniakalischer Silberlösung
bewirken (s. a. Götzes Silberzahl S. 336), so daß diese Reaktion
nicht spezifisch für Viskoseseide ist. In Zweifelsfällen muß also die
eingangs beschriebene Methode mit Austreibung von Schwefelwasserstoff ausgeführt werden.

13. Gechlorte Wolle. Nach Trotman[2] zeigt gechlorte Wolle gegenüber nichtgechlorter größere Affinität zu bestimmten Farbstoffen, z. B.
Kitonrot G, Indigokarmin, Methylenblau usw.

Quantitative Fasertrennungen und Bestimmungen.

Baumwolle und Wolle (bzw. Pflanzenfasern und Tierhaare).

Liegt keine reine Fasermischung vor, sondern Faser einschließlich
Fetten, Schlichte, Appretur u. dgl. m. und sollen beide Anteile
mengenmäßig bestimmt werden (oder auch nur die Wolle allein), so
ist das Fasergemisch zuerst zu reinigen, d. h. von den Fremdstoffen
weitgehendst zu befreien und dann das reine Fasergewicht festzustellen.
Soll aber nur der Baumwollanteil bestimmt werden, so brauchen die
Nichtfaserstoffe nicht besonders entfernt zu werden, da sie bei der
Laugenbehandlung (bis auf Farbstoffe und sonstige nicht ins Gewicht
fallende Stoffe) ohnehin entfernt werden. Bei dem meist angewandten
Verfahren wird dann die Wolle durch Differenz bestimmt, was aber
nicht angängig ist, wenn die Wolle mit größter Genauigkeit bestimmt
werden soll oder wenn sie nur in kleinen Mengen oder Spuren zugegen ist.

Vorreinigung des Probematerials. Fettstoffe entfernt man durch zwei-
maliges Durchkneten der Probe mit Äther. Hierauf wäscht man in lauwarmem,
schwach ammoniakalischem destillierten Wasser, wodurch Seife, Schmutz und
lösliche Appreturstoffe entfernt werden. Die eigentliche Stärkeappretur entfernt
man zweckmäßig mit diastatischen Mitteln, wie Degomma, Diastafor usw. (s. d.).
Fest in der Faser sitzende mineralische unlösliche Appretur wird durch gründ-
liches Walken der Probe mit der Hand, unter Umständen auch unter Zuhilfenahme von verdünnten Säuren (Salzsäure, Flußsäure) entfernt.

Bezugsgewichte. Man geht entweder genauer von lufttrockener Ware
(z. B. bei 65% relativer Luftfeuchtigkeit bis zur Konstanz ausgelegt) aus, wägt
zum Schluß auch die Baumwolle usw. im lufttrockenen Zustande und berechnet
auf lufttrockenes Ausgangsgewicht. Oder man geht einfacher von absolut
trockener Ware aus, wägt in diesem Zustande und berechnet auf die so festgestellten Ausgangsmengen und erhaltenen Fasern, immer nach dem Trocknen
bis zur Konstanz bei 105—110° C. Der erstere Weg ist viel umständlicher, er-

[1] Götze: Melliand Textilber. 1925 S. 769.
[2] Trotman; Melliand Textilber. 1935, S. 217.

fordert viel mehr Zeit und Kontrolle der Luftfeuchtigkeit. Man geht deshalb immer mehr dazu über, das absolute Trockengewicht als Basis zu nehmen und die erhaltenen Faserstoffe in absolut trockenem Zustande zu wägen[1].

1. **Ätznatronverfahren** (mit direkter Baumwollbestimmung). Man trocknet etwa 5 g einer Probe, die soweit erforderlich (s. o.) vorgereinigt worden ist, etwa 1 Stunde bei 105—110° C im Lufttrockenschrank bis zur Konstanz und behandelt dann die Fasermenge von kalt bis kochend etwa 15 Minuten in einer 5%igen Natronlauge (Lauge von 7,5° Bé). Hierbei werden sämtliche Wollen, Tierhaare und Naturseiden (Tussah unvollständig bis zu den Elementarteilchen) gelöst, während die Baumwolle und Pflanzenfasern ungelöst zurückbleiben (Kunstseiden werden in geringen Mengen gelöst, s. u. Kunstseide). Man gießt dann die Brühe über ein Kupfersieb ab, wäscht mit viel Wasser, zuletzt mit schwach essigsaurem Wasser bis zur sauren Reaktion, drückt aus und trocknet wieder bei 105—110° C bis zur Konstanz. Zu dem erhaltenen Trockengewicht rechnet man als Korrektur noch 3,3% hinzu (Trotman rechnet bei Rohbaumwolle 5% zu). Die Differenz entspricht der Tierfaser (bzw. Wolle), vorausgesetzt, daß das Fasergemisch rein war bzw. von Fremdstoffen ganz befreit worden ist. Beispiel: Einwaage: 5,1 g Trockenfaser gereinigt; 2,4 g trockene Baumwolle erhalten; Korrektur: + 3,3% = 0,08 g; 2,4 + 0,08 = 2,48 g trockene Baumwolle = 48,63% Baumwolle; Differenz = 51,37% Wolle.

2. **Schwefelsäureverfahren** (mit direkter Wollbestimmung). Vorbeschriebenes Verfahren eignet sich mehr für die Bestimmung der Baumwolle bzw. der Pflanzenfasern, da dort die Wolle nur als Differenz bestimmt werden kann, was bei geringen Mengen von Wolle oder gar bei Spuren Wolle mit großen Fehlern verknüpft sein kann (unsicherer Korrekturfaktor, Fremdstoffe, die nicht Wolle sind usw.). Nach dem Verfahren von Heermann[2] wird die Wolle mit Vorteil direkt bestimmt, indem die Baumwolle herausgelöst und die Wolle nebst Tierhaaren zurückbleibt. Man übergießt die gereinigte, bei 105 bis 110° C getrocknete und dann gewogene Probe mit einem Überschuß von 80%iger Schwefelsäure und löst darin die Baumwolle und Pflanzenfasern durch häufigeres Umschütteln oder Umrühren innerhalb 2 bis 3 Stunden bei Zimmertemperatur. Bei schwer löslichen Fasergeweben mit dichter Einstellung sind die Fasern vorher in Kette und Schuß zu trennen. Dann gießt man das Lösungsgemisch in einen Überschuß von kaltem Wasser, sammelt den ungelösten Wollanteil auf einem feinen Kupfersieb, wäscht gründlich, entsäuert zuletzt mit etwas Ammoniak, trocknet wieder bei 105—110° C, wägt und kontrolliert die Faser mit Lupe oder Mikroskop.

3. **Stickstoffgehaltsbestimmung** (mit Berechnung des Wollgehalts). Nach Ruszkowski und Schmidt[3] hat die Wolle den konstanten Stickstoffgehalt von 14%. Durch Ermittelung des Stickstoffgehaltes läßt sich der Wollgehalt also berechnen. Man entfettet eine abgewogene Probe, braucht aber nicht von der Appretur

[1] Siehe z. B. Trotman: Textile Analysis, S. 15. 1932.
[2] Heermann: Chem.-Ztg. 1913 S. 1257.
[3] Ruszkowski u. Schmidt: Chem.-Ztg. 1909 S. 949.

zu befreien. Dann wird nach Kjeldahl der Gehalt an Stickstoff bestimmt (s. u. Seidenerschwerung) und der Wollgehalt durch Multiplikation des Stickstoffgehaltes mit 7,143 ermittelt. Nach den Ergebnissen der genannten Beobachter liegen die erhaltenen Werte im Mittel aus 12 Versuchen um relativ 2,2 % höher (gefärbte Wolle um 3,4 %, ungefärbte um 0,8 %) als nach dem Ätznatronverfahren. — Nach Waentig[1] ist der angegebene Stickstoffgehalt unzutreffend und beträgt im Mittel 16,3 % N (ermittelte Höchst- und Mindestwerte: 16,58 und 16,04 %. Mohairgarn enthielt 16,36 %, Alpakagarn 15,63 % Stickstoff). Die gewöhnlichen Appreturen glaubt auch Waentig vernachlässigen zu können, während der Fettgehalt zu berücksichtigen ist.

Baumwolle und Seide.

1. **Ätznatronverfahren.** Man arbeitet wie bei Mischungen von Baumwolle mit Wolle (s. S. 261), indem man die Seide mit Ätznatron herauslöst und den Baumwollrückstand bestimmt.

2. Man löst die Seide mit **Nickeloxydammoniak** heraus (s. S. 246) und bestimmt den Baumwollrückstand.

3. Man löst die Seide mit **Kupfer-Glyzerin-Natronlösung** (s. S. 246) und bestimmt den Baumwollrückstand.

4. **Rhodanidverfahren von Krais und Markert.** Man löst die Seide nach dem Rhodanidverfahren mit **Kalziumrhodanid** heraus und bestimmt den Baumwollrückstand. Ausführung s. w. u. Kunstseidenmischungen, S. 264.

Wolle und Seide.

1. Man löst die Seide mit **Nickeloxydammoniak** oder **Kupfer-Glyzerin-Natronlösung** heraus und bestimmt den Wollrückstand.

2. **Rhodanidverfahren.** Man löst die Seide mit **Kalziumrhodanidlösung** heraus und bestimmt die ungelöste Wolle (s. S. 264).

Baumwolle, Wolle und Seide.

Sollen alle drei Bestandteile einzeln bestimmt werden, so sind zunächst alle Nichtfaserstoffe (Appretur, Schlichte, Fett, Schmutz, Beschwerung, gegebenenfalls auch Farbstoff usw.) nach Möglichkeit zu entfernen und durch Rückwägung zu bestimmen (I. Nichtfaserstoffe, Faserstoffe). Dies geschieht, wie auch sonst, nach Auslegung bei 65 % Luftfeuchtigkeit bis zum konstanten Gewicht und Wägung im lufttrockenen Zustande oder in absolut trockenem Zustande nach dem Trocknen bis zum konstanten Gewicht bei 105—110° C. In einem neu abgewogenen Teil des reinen Fasergemisches wird durch Abkochen mit 5 %iger Natronlauge (s. S. 262) der Gehalt an Baumwolle bzw. Pflanzenfasern ermittelt (II. Baumwolle bzw. Pflanzenfasern). Ein zweiter, neu abgewogener Teil des reinen Fasergemisches wird nach dem Schwefelsäureverfahren (s. S. 262) behandelt und damit Baumwolle und Seide herausgelöst (III. Wolle bzw. Tierhaare). In einem dritten Teil des reinen Fasergemisches kann der Seidengehalt durch **Kalziumrhodanidlösung** (s. Rhodanidverfahren von **Krais** und **Markert**, S. 264) oder auch durch **Nickeloxydammoniak** herausgelöst und so

---

[1] Waentig: Textile Forsch. 1920 S. 49.

durch Rückwägung der ungelösten Wolle und Baumwolle bestimmt werden. Unter Umständen kann der Seidengehalt auch als Differenz zu 100 aus Gesamtfasern, Baumwolle und Wolle berechnet werden: Gesamtfaser — (Baumwolle + Wolle) = Seide.

Kunstseidengemische.

In der Faseranalyse hat man zwei Gruppen von Kunstseiden zu unterscheiden: 1. Die Azetatseide, die eine Sonderstellung einnimmt, und 2. die „regenerierten Zellulosen", zu denen die Viskose-, die Kupfer- und die Nitrokunstseide gehören, und die sich in der Faseranalyse sehr ähnlich zueinander verhalten und deshalb bei der Trennung und Mengenbestimmung von Kunstseiden summarisch als „Zellulosekunstseide" zusammengefaßt werden. Die Artbetimmung jeder einzelnen Zellulosekunstseide ist bereits früher besprochen (s. S. 255). Nachstehend seien nun die wichtigsten Trennungs- und Bestimmungsverfahren von Kunstseidengemischen kurz umrissen, wozu jedoch bemerkt wird, daß vielfach verschiedene Wege beschritten werden können.

1. Azetatseide mit beliebigen anderen Gespinstfasern. Azetatseide unterscheidet sich von allen anderen Kunstseiden und überhaupt von allen Gespinstfasern durch ihre Löslichkeit in Azeton. Man trocknet, wägt ein Muster und extrahiert es im Soxhletapparat mit Azeton. Azetatseide wird quantitativ herausgelöst, während alle anderen Fasern ungelöst zurückbleiben. Enthält nun die übrigbleibende Fasermischung nur noch Baumwolle, Wolle oder Seide, so werden diese Fasern nach besprochenen Methoden voneinander getrennt und bestimmt (s. S. 263). Enthält die Mischung aber außerdem noch die eine oder andere Zellulosekunstseide (Viskose-, Kupfer-, Nitrokunstseide), so wird je nach vorliegender Kombination wie folgt verfahren.

2. Zellulosekunstseide mit Baumwolle. a) Rhodanidverfahren. Durch das neuere Rhodanidverfahren von Krais und Markert[1] ist eine brauchbare chemische Trennung von Baumwolle und Zellulosekunstseide möglich geworden. Das Verfahren beruht darauf, daß heiße konzentrierte Kalziumrhodanidlösung die drei Zellulosekunstseiden (aber auch Azetatseide) quantitativ löst, während Baumwolle, merzerisierte Baumwolle und Wolle nur zu 2—4% angegriffen werden. Da Kalziumrhodanidlösung außerdem aber auch noch Naturseide löst, so ist sie zur Trennung folgender Faserkombinationen geeignet: Kunstseiden mit Baumwolle, Kunstseiden mit Wolle, Wolle mit Naturseide, Baumwolle mit Naturseide (s. d. S. 263).

Ausführung des Verfahrens. Man löst 1 kg handelsübliches, technisches Kalziumrhodanid in 1 l Wasser, befreit die Lösung durch Filtration durch ein feines Kupfer- oder Messingsieb von gröberen Verunreinigungen, bringt 200 ccm dieser Lösung (enthaltend 200 g Kalziumrhodanid) in einen Wittschen Kolben von 500 ccm Inhalt und wärmt die Lösung auf 70° C vor. Alsdann zerschneidet man etwa

---

[1] Krais u. Markert: Textile Forsch. 1931 S. 85; Melliand Textilber. 1931 S. 169.

1,5 g der nötigenfalls vorgereinigten (s. o.) und dann bei 65% Luftfeuchtigkeit bis zum konstanten Gewicht ausgelegten Probe in etwa 1 cm lange Stückchen und bringt diese in den Kolben mit der vorgewärmten Kalziumrhodanidlösung. Der Kolben mit dem Material wird nun in ein kochendes Wasserbad versenkt und eine Stunde im kochenden Bade belassen. Das Versuchsmaterial wird inzwischen durch einen Rührer in Bewegung gehalten, der 200—300 Umdrehungen pro Minute macht. Nach 1 Stunde gießt man den Kolbeninhalt durch ein trockenes Sieb, preßt den ungelösten Rückstand mit einem Glasstab gut ab und wässert $\frac{1}{4}$ bis $\frac{1}{2}$ Stunde in fließendem Wasser. Als zweckmäßig erwies sich ein Sieb von 8 cm Höhe, 12 cm oberer Weite, 5 cm unterer Weite aus Messingblech mit 2500 Maschen je Quadratzentimeter[1]. Ein solches Sieb hielt das ungelöste Material gut zurück und ließ auch die ziemlich viskose Lösung durchlaufen. Der so abfiltrierte Rückstand wird mit der Hand vom Sieb genommen, gut abgequetscht, in einer Schale bei 110° C getrocknet, dann bei 65% relativer Luftfeuchtigkeit bis zum konstanten Gewicht ausgelegt und gewogen[2]. Man kann dann noch eine Korrektur von 2—3% für verlorengegangene Baumwolle oder Wolle anbringen. Das verwendete Kalziumrhodanid kann nach den Versuchen von Krais und Markert nicht wieder verwendet werden, so daß jedesmal frische Kalziumrhodanidlösung genommen werden muß.

Gregor und Fryd[3] modifizieren das Verfahren, indem sie eine Kalziumrhodanidlösung verwenden, die 80 g Salz in 100 ccm Lösung enthält und mit Essigsäure angesäuert ist (pH = 2,1). Sie behandeln die Faserprobe $\frac{1}{2}$ Stunde bei 80° auf dem Wasserbade, saugen auf einem Glasfilter ab und wiederholen die Behandlung mit Kalziumrhodanidlösung. Dann wird wieder abgesaugt, gespült, das Ungelöste bei 65% Luftfeuchtigkeit trocknen gelassen und gewogen.

b) Ausklaubeverfahren. Man kann sich auch helfen, indem man eine Probe mechanisch in Kette und Schuß zerlegt und die äußerlich meist leicht unterscheidbaren Fasern weiter mechanisch mit Hilfe von Nadel, Pinzette und Lupe trennt und einzeln wägt. Ist das Material nicht durchgängig homogen zusammengesetzt (z. B. bei Strümpfen oder Socken mit verstärkten Fersen, Sohlen od. dgl.), so sind die betreffenden Teile auszuschneiden, gesondert auf ihre Zusammensetzung zu untersuchen und dann prozentual auf die ganzen Stücke (z. B. Strümpfe, Socken usw.) oder auf das Quadratmeter oder auf 100 Gewichtsteile zu berechnen.

3. Zellulosekunstseide mit Wolle. Durch Abkochen mit Natronlauge verlieren Kunstseiden nach Krais und Biltz 3—7%

---

[1] Geeignete Trichter mit auswechselbarem Sieb liefert die Firma Hugo Keyl, Dresden-A., Marienstraße.

[2] Nach den Erfahrungen des Verfassers empfiehlt es sich nicht, erst bei 110° C zu trocknen, wenn später doch die lufttrockene Ware zur Wägung gebracht und auf lufttrockene Ware berechnet werden soll, weil die absolut trockene Faser äußerst langsam die normale Feuchtigkeit aus der Luft wieder aufnimmt. Man gelangt schneller zum Ziel, wenn man die mit der Hand abgequetschte Probe auf dem Sieb mit 96%igem Alkohol übergießt, nochmals gut abquetscht, dann ausbreitet und bei gewöhnlicher Temperatur und bei 60% Luftfeuchtigkeit trocknen läßt.

[3] Gregor und Fryd: J. Textile Inst. 1933. S. T. 103.

(Kupferkunstseide etwa 6%, Viskosekunstseide über 7%) ihres Gewichtes. Das bei Woll-Baumwoll-Mischungen angewandte Ätznatronverfahren ist deshalb für genauere Bestimmungen in Gegenwart von Kunstseide nicht anwendbar. Man verfährt deshalb wie folgt.

a) Schwefelsäureverfahren. Man arbeitet mit 80%iger Schwefelsäure wie bei Woll-Baumwoll-Mischungen (s. S. 262), indem man die Kunstseide herauslöst und die ungelöst bleibende Wolle zur Wägung bringt.

b) Rhodanidverfahren. Wie bei Mischungen von Zellulosekunstseide mit Baumwolle (s. S. 264).

c) Kuoxamverfahren. Man übergießt nach Krais u. Biltz[1] etwa 0,2 bis 0,5 g der Probe mit frisch hergestelltem Kupferoxydammoniak (Kuoxam), welches 1% Kupferoxyd enthält, und knetet während einer Stunde häufiger mit einem Porzellanpistill durch. Dann gießt man die Lösung vorsichtig ab und bearbeitet den ungelösten Rückstand nochmals eine halbe Stunde mit frischer Kuoxamlösung. Man wäscht nun den Rückstand einmal mit konzentriertem, dann einmal mit 10%igem Ammoniak und dreimal mit Wasser aus, behandelt weiter eine Stunde in 10%iger Salzsäure, wäscht mit gleicher Säure und dann mit warmem Wasser nach, bis das Filtrat neutral reagiert, drückt zwischen Filtrierpapier ab und trocknet bei 110° C. Dabei erleidet die Wolle Verluste bis zu 0,42%, so daß die Anbringung einer Korrektur von 0,2—0,4% berechtigt ist. — Das Kuoxam soll für vorliegenden Zweck besonders konzentriert sein und große Lösungskraft haben und wird am besten in der Weise hergestellt, daß man Luft durch Ammoniak in Gegenwart von Kupferspänen durchtreibt (s. S. 246).

4. Zellulosekunstseide mit Naturseide. Das Ätznatronverfahren ist hier nicht brauchbar (wie bei Baumwoll-Seide-Mischungen, s. S. 262), weil Kunstseiden partiell in Natronlauge gelöst werden. Das Rhodanidverfahren ist seinerseits hier unbrauchbar, weil auch Naturseide in Kalziumrhodanidlösung löslich ist. Nickeloxydammoniak löst zwar die Naturseide, bringt aber die Kunstseiden mehr oder weniger in störender Weise zum Quellen und ist deshalb auch zur Trennung obiger Fasern nicht geeignet.

a) Kupfer-Glyzerin-Natronlösung. Man löst die Seide mit Kupfer-Glyzerin-Natronlösung in der Kälte heraus und bestimmt die ungelöst und ungequollen bleibenden Kunstseiden. Das Arbeiten hat bei Zimmertemperatur zu erfolgen, weil sich die Lösung in der Hitze zersetzt. Entbastete Seide wird in etwa 5 Minuten, Rohseide in etwa 10—15 Minuten gut gelöst. Die zurückbleibende Faser wird über ein Kupfersieb filtriert. Tussahseide löst sich nicht in dem Reagens.

b) Stickstoffbestimmung. In besonderen Fällen kann eine Stickstoffbestimmung ausgeführt werden. Durch Multiplikation des Stickstoffgehaltes mit 5,57 wird der Gehalt an Fibroin, d. h. entbasteter, unerschwerter Seide erhalten. Näheres s. u. Seidenerschwerung S. 294. Da dies Verfahren viel umständlicher und zeitraubender ist als das Lösungsverfahren nach a, wird es nur ausnahmsweise ausgeführt werden.

5. Zellulosekunstseide mit Baumwolle und Wolle. Rhodanid-, dann Ätznatronverfahren. Man löst die Kunstseide mit Kalzium-

---

[1] Krais u. Biltz: Textile Forsch. 1910 S. 24.

rhodanidlösung nach S. 264 und trennt die übriggebliebenen Fasern aus Baumwolle und Wolle nach dem Ätznatronverfahren (s. S. 262).

6. **Zellulosekunstseide mit Baumwolle und Naturseide.** Man löst erst die Naturseide mit Kupfer-Glyzerin-Natronlösung (s. S. 246) heraus und trennt dann das restliche Gemisch von Kunstseide und Baumwolle nach dem Rhodanidverfahren (s. S. 264).

7. **Zellulosekunstseide mit Wolle und Naturseide.** Man löst erst die Naturseide mit Kupfer-Glyzerin-Natronlösung (s. S. 246) heraus und trennt dann das Kunstseide-Woll-Gemisch nach dem Rhodanidverfahren (s. S. 264). Die Kupferlösung soll für diesen Zweck möglichst frei von überschüssigem Natron sein, damit die Wolle nicht mit angegriffen wird.

8. **Zellulosekunstseide mit Naturseide, Wolle und Baumwolle.** Man löst erst die Naturseide mit möglichst neutraler Kupfer-Glyzerin-Natronlösung heraus (s. S. 246), dann die Kunstseide mit Kalziumrhodanidlösung (s. S. 264) und trennt schließlich das Woll-Baumwoll-Gemisch nach dem Ätznatronverfahren (s. S. 262).

Asbesterzeugnisse mit Baumwoll- und Seidenzusatz.

Nur die besten, langfaserigen Asbeste lassen sich ohne Baumwollzusatz bequem verspinnen. Solche „garantiert reinen" Asbestgarne usw. dürfen also keinerlei brennbare Beimengungen enthalten. Die geringeren Asbestsorten dagegen erfordern zur Erleichterung des Spinnprozesses einen Zusatz von Baumwolle; seltener wird auch noch Naturseide mitverwendet. Nach den „Allgemeinen Gütevorschriften und Prüfverfahren für Asbestwaren" des Reichsausschusses für Lieferbedingungen[1] sollen die als „handelsrein" geltenden Asbesterzeugnisse mindestens 92 % Asbest enthalten. Außerdem werden noch Fabrikate mit weit höherem Baumwollgehalt, bis zu 30 %, in den Handel gebracht, die dann nicht mehr als „handelsrein" bezeichnet werden dürfen.

Die Prüfung auf Baumwollgehalt geschieht oft in sehr roher und unsicherer Weise durch die „Brennprobe", indem man eine aufgefaserte Probe in die Flamme hält und je nach der Brennbarkeit auf Beimengungen von Baumwolle schließt. Die mikroskopische Untersuchung läßt zwar mit Bestimmtheit die Beimischung von Baumwolle usw. erkennen, doch ist die Mengenschätzung hier sehr zeitraubend und schwierig und gestattet selbst dem Geübten nur Angaben in Abstufungen von bestenfalls 5 zu 5 %. Auch die Bestimmung des Baumwollgehaltes aus dem Glühverlust ist mit großen Fehlern behaftet, da die Asbeste beim Glühen Verluste erleiden, und zwar die verschiedenen Asbestsorten, bei verschieden hohen Temperaturen (600°, 900° C) recht verschiedene Verluste. Hornblendenasbeste haben im allgemeinen einen niedrigeren, Serpentinasbeste einen sehr hohen Glühverlust. Auch die Annahme eines Durchschnittswertes von 14 % Glühverlust für Serpentinasbeste kann zu Fehlern von mehreren Prozent führen, zumal auch der Gehalt an hygroskopischer Feuchtigkeit schwankt (s. w. u. Tabelle[2]). Auch die verschieden große Säurelöslichkeit der verschiedenen Asbeste ist der Bestimmung des Asbestgehaltes durch Herauslösen der Baumwolle mit 80 %iger Schwefelsäure hinderlich.

---

[1] RAL 545A. Zu beziehen durch den Beuth-Verlag, Berlin SW 19.
[2] Nach Heermann u. Sommer: Mitt. Mat.-Prüf.-Amt 1921 S. 315.

	Hygrosk. Feuchtigkeit %	Glühverlust bei 900° %
Afrikanischer Blauasbest	0,5	1,6
Südafrikanischer weißer Asbest, Crude I	2,4	15,8
Russischer Uralasbest, Crude I	2,3	12,9
Kanadischer Asbest, Crude I	1,6	12,9
Deutscher Asbest, gereinigt	1,0	2,7

1. **Baumwollbestimmung in Asbestwaren.** Das einzig brauchbare Verfahren, das auf Bruchteile eines Prozentes genaue Ergebnisse liefert, ist das **Kupferoxyd-Ammoniak-Verfahren**[1]; dies Verfahren ist auch der RAL 545A zugrunde gelegt. Das Verfahren beruht darauf, daß die Baumwolle (auch Seide) durch Kuoxam in Lösung gebracht wird, während der Asbest dabei vollständig unverändert bleibt und quantitativ wiedergewonnen wird.

Ausführung. Eine gut aufgefaserte Durchschnittsprobe von etwa 0,5—1,0 g wird mehrere Stunden bei 65 % Luftfeuchtigkeit ausgelegt und genau gewogen. Von diesem Gewicht wird der an einer besonderen Probe durch 2—3stündiges Trocknen bei 110° C ermittelte Gehalt an hygroskopischer Feuchtigkeit in Abzug gebracht und so das Trockengewicht der Einwaage festgelegt. Bei Asbesterzeugnissen mit Fettzusatz ist zuvor das Fett durch Ätherextraktion zu entfernen und der Fettgehalt zu bestimmen. In Fällen, wo Stärke und andere Appreturmittel festgestellt worden sind, ist auch die Bestimmung der wasserlöslichen Bestandteile durch zweistündiges Auskochen mit destilliertem Wasser, eventuell nach voraufgegangenem Aufschluß mit Diastafor od. dgl., erforderlich. Die Probe wird hierauf in einem verschließbaren Erlenmeyerkolben mit etwa 50 ccm einer frisch bereiteten Kupferoxyd-Ammoniak-Lösung (s. S. 245) versetzt und nach häufigerem Umschütteln längere Zeit, am besten über Nacht, sich selbst überlassen. Die in Lösung gegangene Baumwolle wird nun durch Filtrieren durch einen gewogenen Goochtiegel mit Asbesteinlage bei gelindem Saugdruck vom ungelöst gebliebenen Asbest getrennt. Der zurückbleibende Asbest wird zunächst mit Kuoxam, dann mit ammoniakhaltigem Wasser bis zum Verschwinden der Kupferreaktion bzw. der Blaufärbung ausgewaschen. Nach dem Trocknen bei 110° bis zur Gewichtskonstanz wird der Anteil des Asbestes durch direkte Wägung, der Anteil der Baumwolle aus der Gewichtsdifferenz bestimmt. Die so gefundenen Werte stellen die absolut trockenen Mengen dar. Mit der Baumwolle werden auch gleichzeitig merzerisierte Baumwolle, Kunstseide, Zellstoff, gebleichtes Leinen u. dgl. gelöst und mitbestimmt; desgleichen auch Naturseide bei ausreichend langer Einwirkungsdauer.

2. **Seidenbestimmung neben Baumwolle in Asbestwaren.** Ist natürliche Seide neben Baumwolle im Asbest vorhanden und ist diese getrennt zu bestimmen, so kann die Seide durch Abkochen mit Natronlauge (s. S. 263) herausgelöst und aus der Differenz bestimmt werden.

---

[1] Heermann u. Sommer: Mitt. Mat.-Prüf.-Amt 1921 S. 315. — Sommer: Gummi-Ztg. 1929 Heft 20 u. 37.

Da aber die Asbeste in Alkalien bis zu einigen % löslich sind, ohne daß ein konstanter Wert dafür eingesetzt werden kann, so sind die Ergebnisse nach diesem Verfahren ungenau. Die Löslichkeit der Hornblendenasbeste ist dabei größer (mehr als 2% löslich) als diejenige der Serpentinasbeste (bis zu 1% löslich); und man kann sogar aus dem Abkochverlust mit Natronlauge auf das Vorliegen von Hornblendenasbest (wenn mehr als 2% Gewichtsminderung eintritt) oder von Serpentinasbest schließen. Viel genauer arbeitet man nach dem Kupfer-Glyzerin-Verfahren, da die Seide in Kupferglyzerinnatron (s. S. 246) vollständig löslich, Baumwolle unlöslich und die Asbeste immer um weniger als 1% im Gewicht verändert werden (ein Hornblendenasbest maximal 0,8%, Serpentinasbeste 0,1—0,4%).

Ausführung des Kupferglyzerinverfahrens. Etwa 0,5—1,0 g des gut aufgefaserten Materials werden nach mehrstündigem Auslegen bei 65% Luftfeuchtigkeit genau eingewogen. Mit Hilfe des an einer besonderen Probe durch 2—3stündiges Trocknen bei 110° ermittelten Feuchtigkeistgehaltes wird das Trockengewicht errechnet. Die Probe wird in einem Erlenmeyerkolben mit 50 ccm der Kupfer-Glyzerin-Natronlösung übergossen, und in der Kälte 20 Minuten geschüttelt. Hierauf wird die in Lösung gegangene Seide durch Filtration durch einen gewogenen Goochtiegel mit Asbesteinlage von Asbest und Baumwolle getrennt. Der Rückstand (Asbest + Baumwolle) wird zunächst mit kalter n-Natronlauge, hierauf mit verdünntem Ammoniak bis zum Verschwinden der Kupferreaktion und schließlich mit heißem Wasser bis zum Verschwinden der alkalischen Reaktion nachgewaschen. Man trocknet bei 110° bis zur Gewichtskonstanz und wägt. Der Seidengehalt entspricht der eingetretenen Gewichtsabnahme.

3. Sollen alle drei Bestandteile (Asbest, Baumwolle, Seide) einzeln bestimmt werden, so wird, wie folgt, verfahren. 1. Man bestimmt zunächst nach dem beschriebenen Kuoxamverfahren den Asbestgehalt (a %). 2. An einer neuen Probe wird hierauf durch Herauslösen der Seide mit Kupferglyzerinnatron das Trockengewicht des Rückstandes (= Asbest + Baumwolle) (g) ermittelt. 3. In dem Rückstand kann nun nach dem Kuoxamverfahren die Baumwolle herausgelöst und der Asbestgehalt nochmals kontrolliert werden (= Asbest, g_1). Aus der Differenz $g - g_1$ berechnet sich, auf das Einwaagetrockengewicht bezogen, der Baumwollgehalt (b %), während sich als Rest zu 100 der Seidengehalt ergibt: $100 - (a\% + b\%)$.

Schematische Untersuchung von Faserstofferzeugnissen.

Die schematische chemische Untersuchung von Faserstoffen besteht vor allem in folgenden Einzeluntersuchungen: 1. Feuchtigkeitsgehalt, 2. Ätherauszug, 3. Benzinauszug, 4. Wasserauszug, 5. Natronlaugenauszug (nur bei Pflanzenfasern), 6. Aschengehalt. Die Bestimmung des Zellulose-, Stickstoff-, Ligningehaltes usw. wird mehr in Holz- und Zellstofflaboratorien als in Färbereilaboratorien ausgeführt. Diese Untersuchungsmethoden werden hier deshalb nicht besprochen, zumal sie weitläufig und von geringem Genauigkeitsgrad sind[1]. Der Feuchtigkeitsgehalt einer Probe wird auf 100 Teile der Ware im Einlieferungszustande oder nach dem Auslegen bei 65 % Luftfeuchtigkeit bezogen. Alle anderen Bestimmungen können auf lufttrockene oder absolut trockene Ware bezogen werden. Es ist deshalb wichtig, bei Angabe der Untersuchungsergebnisse die Art der Berechnung anzugeben. Bei allen Untersuchungen ist die Probenahme von größter Wichtigkeit, da das untersuchte Material dem Durchschnitt der Gesamtprobe bzw. Lieferung entsprechen soll. Um einem guten Durchschnittsmittel möglichst nahezukommen, wird deshalb meist das Mittel aus zwei oder mehr Einzeluntersuchungen gezogen.

1. Feuchtigkeitsgehalt. Im Großhandel von Garnen (beim Verkehr zwischen Spinnerei und Weberei) wird die Feuchtigkeit eines Lieferungspostens und das „Handelsgewicht" der Lieferung nach genormten Vorschriften und in besonderen Apparaten („Konditionierapparaten") bestimmt. Man nennt diese Bestimmung das „Konditionieren" und die „Bestimmung des Handelsgewichtes"[2]. In sonstigen Fällen arbeitet man meist laboratoriumsmäßig, indem man die lufttrockene, bei 65 % Luftfeuchtigkeit ausgelegte Probe in einem Wägegläschen mit eingeschliffenem Stöpsel oder aber in einem Goochtiegel abwägt, die erste Stunde bei 50° C und dann bis zum konstanten Gewicht bei 102—105° zu Ende trocknet. Sehr geeignet ist auch hier der gut regulierbare elektrische Trockenschrank von Heraeus. Die getrocknete Probe wird im Exsikkator, der frische konzentrierte Schwefelsäure als Trockenmittel enthält (nicht Chlorkalzium), erkalten gelassen und gewogen. Der Gewichtsverlust gegenüber dem Gewicht der lufttrockenen Probe entspricht dem Feuchtigkeitsgehalt. Mitunter wird die Probe nicht bei 65 % Luftfeuchtigkeit ausgelegt, z. B. wenn es darauf ankommt, den Feuchtigkeitsgehalt zur Zeit der Lieferung oder im Laufe eines Arbeitsprozesses zu ermitteln. In solchen Fällen werden die Proben an Ort und Stelle entnommen und sofort zur Wägung gebracht; beim Versand nach auswärts müssen die Proben luftdicht verpackt, z. B. in verlöteten Büchsen, versandt werden.

Durch Anwendung der Luftleere (Vakuum) oder mit Hilfe des Durchsaugens von einem mit Schwefelsäure getrockneten Luftstrom durch den luftdicht geschlossenen Trockenschrank läßt sich eine Beschleunigung und wohl auch eine Genauigkeitserhöhung erreichen. Die für andere Wasserbestimmungen (s. z. B. u. Seifen) empfohlene Methode der Destillation mit Petroleum, Toluol, Xylol u. dgl. ist für Textilerzeugnisse weniger geeignet. Das einfache sorgsame Trocknen ist einfacher und mindestens ebenso genau.

---

[1] Näheres s. Schwalbe u. Sieber: Die chemische Betriebskontrolle in der Zellstoff- und Papierindustrie.

[2] Näheres s. Heermann u. Herzog: Mikroskopische und mechanisch-technische Textiluntersuchungen.

2. Auszug mit organischen Lösungsmitteln. Die getrocknete Probe kann unmittelbar der Extraktion mit Äther oder mit einem Kohlenwasserstoff, wie Benzin (Alkohol soll vermieden werden), unterworfen werden. Wenn man den Feuchtigkeitsgehalt in einem Goochtiegel ausführt, so wählt man gleich eine geeignete Tiegelgröße, entsprechend der Größe des Soxhletapparates. Die zu untersuchende Probe bleibt dann bis zum Ende im Goochtiegel, ohne umgepackt zu werden. Die Anwendung eines Goochtiegels empfiehlt sich deshalb, wenn an einer Probe eine ganze Reihe von Bestimmungen ausgeführt werden soll, z. B. die Extraktionen mit Äther, Benzin, Wasser, Alkali usw. und schließlich die Aschenbestimmung. Dadurch wird die Genauigkeit der Untersuchung erhöht und die Arbeitsweise vereinfacht. In solchen Fällen kann der Goochtiegel vorher besonders hergerichtet werden, indem man die Siebplatte zwischen zwei Streifen gebleichten Baumwollgewebes (Kattuns) legt und diese durch einige Stiche mit einem Baumwollzwirn um den Umfang der Siebplatte herum zusammennäht, den überstehenden Kattunteil dicht am Plättchenrande abschneidet, das Filter mit kochendem Alkohol und Wasser wäscht und den Goochtiegel samt Siebplatte trocknet und wägt.

In der Regel genügen 5—10 g der Probe, um lediglich den Gesamtauszug nach Menge zu bestimmen. Sollen zugleich auch noch bestimmte Kennzahlen des zu extrahierenden Fettes bestimmt werden, so müssen größere Mengen, z. B. 100 g und mehr, genommen werden. Man extrahiert erst mit Äther, dann mit Benzin im Soxhletapparat am Rückflußkühler und begnügt sich in der Regel mit 10—12 Rundgängen der Extraktionsflüssigkeit. Steht zum Heizen keine elektrische Heizplatte od. dgl. zur Verfügung, so arbeitet man mit Dampf oder auf dem Wasserbade. Nach erfolgter Extraktion wird der Tiegel aus dem Apparat entfernt, das Lösungsmittel, möglichst unter zeitweisem Einblasen von Luft, vertrieben und der Tiegelinhalt bis zur Gewichtskonstanz getrocknet, unter Umständen mit Zwischentrocknung im Vakuumexsikkator. Dem Gewichtsverlust entspricht die Menge extrahierter Stoffe, die nach Verdampfen des Lösungsmittels nach Menge und Art feststellbar sind (über das Trocknen der Fette und Fettsäuren s. u. Seifen). Die Berechnung des Gehaltes an löslichem Substrat geschieht entweder auf 100 Teile getrockneter, wasserfreier oder auf 100 Teile lufttrockener (bei 65 % Luftfeuchtigkeit ausgelegter) Ware.

3. Wasserextraktion. Die mit organischen Lösungsmitteln ausgezogene Probe wird der Wasserextraktion unterworfen. Wird vorher nicht mit Äther und Benzin ausgezogen, so kann ein Teil von wachsähnlichen Substanzen mit anderen Stoffen durch kochendes Wasser in kolloidale Lösung gehen. Man arbeitet in einfacherer Weise, indem man a) die äther- und benzinextrahierte Probe wiederholt mit destilliertem Wasser auskocht, die wässerigen Auszüge filtriert und sammelt und die Menge der wasserlöslichen Bestandteile nach dem Verdampfen der wässerigen Lösung (eventuell eines aliquoten Teiles derselben) und nach dem Trocknen des Rückstandes bei 102—105° bis zur Konstanz oder aber nach dem Trocknen der Probe aus dem Gewichtsverlust der letzteren durch Wägung bestimmt. b) Hat man im Goochtiegel mit Äther und Benzin extrahiert, so kann der wässerige Auszug der Probe im Anschluß daran sofort auch im Goochtiegel bestimmt werden. Man nimmt den Goochtiegel nach der Benzinextraktion aus dem Soxhletapparat, verjagt das Benzin, stellt den Goochtiegel auf ein Glasdreieck mit Glasfüßen, bringt ihn in einen Glas- oder Porzellanbecher, beschickt diesen mit destilliertem Wasser, so daß der ganze Tiegel mit Wasser bedeckt ist und die ganze Zeit bedeckt bleibt, und hält das Wasser 2 Stunden (bei Holz, Zellulose, Stroh, Bastfasern u. ä. 4 Stunden) in gelindem Kochen. Nun läßt man auf 50° abkühlen, bringt den Tiegel unter die Saugpumpe, filtriert den wässerigen Auszug durch, wäscht noch mit heißem Wasser unter der Saugpumpe nach, sammelt die Wässer, füllt auf 250 ccm auf, dampft einen aliquoten Teil ein und trocknet den Rückstand. Oder man bestimmt die wasserlöslichen Anteile durch den Gewichtsverlust der Probe nach dem Trocknen bei 102—105° bis zum gleichbleibenden Gewicht. Die Berechnung erfolgt auf 100 Teile der lufttrockenen (bei 65% Luftfeuchtigkeit ausgelegten) oder der absolut trockenen Probe.

Sauerstoffzahl des wässerigen Auszuges. In bestimmten Fällen ist der Grad der Oxydierbarkeit oder die „Sauerstoffzahl" des wässerigen Auszuges von Interesse. Nach Tschilikin gibt die Oxydation mit Kaliumpermanganat keine sicheren und übereinstimmenden Werte. Er empfiehlt statt dessen das Chromatverfahren (und das Jodverfahren). Man versetzt zu diesem Zwecke 25 ccm des wässerigen Auszuges mit 20 ccm 70%iger Schwefelsäure sowie mit 20 ccm $\frac{1}{10}$ n-Kaliumbichromatlösung, kocht 30 Minuten im Kolben am Rückflußkühler und bestimmt den Bichromatüberschuß jodometrisch, indem man 10 ccm 10%iger Jodkaliumlösung zusetzt und das ausgeschiedene Jod mit $\frac{1}{10}$ n-Natriumthiosulfatlösung titriert (s. S. 11). Die Berechnung erfolgt auf die zur Oxydation erforderliche Menge Sauerstoff, bezogen auf 100 g Trockenprobe.

4. **Natronauszug** (nur bei Pflanzenfasern). Dieser erfolgt nach der Wasserextraktion. Man arbeitet zweckmäßig wieder im Goochtiegel, indem man diesen nach der Wasserextraktion auf ein Glasdreieck stellt, in einen Glas- oder Porzellanbecher bringt, mit 1%iger Natronlauge übergießt und diese 4 Stunden im leichten Sieden erhält. Dabei soll die Lauge die ganze Zeit den Tiegel bedecken. Nun filtriert man die Lauge unter der Saugpumpe durch den Tiegel, wäscht mit heißem Wasser nach und bringt die Filtrate auf 250 ccm. Den Tiegelinhalt wäscht man dann noch mit verdünnter Essigsäure und dann mit heißem Wasser bis zur neutralen Reaktion aus und trocknet bis zum konstanten Gewicht bei 102—105°. Der Gewichtsverlust entspricht der Menge der alkalilöslichen Bestandteile der Faser. Der so erhaltene Gewichtsverlust ist größer als bei der Wasserabkochung, aber geringer als bei der technischen Natronkochung im Druckkessel. Der alkalische Auszug kann weiter auf Oxydierbarkeit bzw. auf seine „Sauerstoffzahl" nach der Bichromatmethode in der gleichen Weise bestimmt werden, wie dies bei dem wässerigen Auszug bereits beschrieben (s. o.) ist.

Die Natronkochung interessiert vor allem bei Bastfasern und Holzzellstoff, in geringerem Grade bei Rohbaumwolle und gebleichter Baumwolle. Durch Natronlauge werden die alkalilöslichen Stickstoffsubstanzen der Faser (Lignine u. ä.), Substanzen vom Typus der Oxyzellulose, Pentosane vom Typus Xylan, Glukuronsäure u. dgl. in Lösung gebracht.

5. Aschengehalt. Für die Bestimmung des Aschengehaltes benutzt man eine besondere Einwaage von in der Regel 1—2 g lufttrockener Probe und verascht meist im Porzellantiegel, indem man anfangs unter kleiner Bunsenflamme bei bedecktem Tiegel erhitzt, bis sich keine sichtbaren Verbrennungsgase mehr zeigen. Dann entfernt man den Deckel, stellt den Tiegel etwas schräg und erhitzt bei allmählich größer werdender Bunsenflamme, bis sämtliche Faser vollständig verascht ist und keine Kohlenteilchen mehr zeigt. Nach dem Abkühlen des Tiegels gibt man, wenn es sich um Rohfasern od. dgl. handelt, 1—2 Tropfen Schwefelsäure zu, um die kohlensauren Salze der Asche in die beständigen Sulfate überzuführen, erwärmt wieder erst bei bedecktem Tiegel, dann bei offenem Tiegel, zuletzt bei Rotglut bis zum konstanten Gewicht, wägt und berechnet auf 100 g Ausgangsware. Die Überführung der Asche in Sulfate findet aber nicht statt, wenn metallische Beizen oder Seidenerschwerungen bestimmt werden sollen. Die Verbrennung der Faser geht in der Regel leicht vonstatten; nur bei erschwerten Seiden erhält man häufig sehr schwer kohlefreie Asche (Silikaterschwerung). Man unterstützt in solchen Fällen die Verbrennung durch Anwendung eines Gebläses. Mitunter muß die halbverbrannte Faser nach dem Abkühlen des Tiegels mit Wasser oder Wasserstoffsuperoxyd angefeuchtet, mit einem Pistill zerkleinert und dann vom neuen geglüht werden. Am besten verläuft die Verbrennung unter Zuführung von gasförmigem Sauerstoff in den Tiegel. Sollen nur geringe Aschenteile bestimmt werden, so sind unter Umständen erheblich größere Einwaagen als 1—2 g zu nehmen.

Technische Fasergehaltsbestimmungen.

Waschverlust von Rohwolle und Wollgarn. 1. Gesamtwaschverlust. Nach dem Verfahren des Kriegs-Garn- und Tuchverbandes wäscht man zur Bestimmung des Gesamtwaschverlustes eine größere Durchschnittsprobe oder mehrere Stränge von zusammen etwa 60—80 g mit einer Waschlauge von folgender Zusammensetzung: 5 g Kernseife, 2 g kalzinierte Soda, 5 ccm 20—25%iges Ammoniak und 5 ccm Tetrapol (oder ein ähnliches Fettlösewaschmittel) in 1 l destilliertem Wasser. Man erwärmt $1\frac{1}{2}$ l dieser Waschlauge in einem Färbebecher auf 40° C und behandelt darin das Versuchsmaterial unter wiederholtem Ausdrücken oder vorsichtigem Ausringen (jedoch ohne Reiben) während $\frac{1}{2}$ Stunde. Zum Schluß wird nochmals kräftig ausgedrückt oder ausgerungen und zum zweitenmal ebenso mit einer gleichen frischen Waschlauge behandelt. Hierauf spült man die Wolle oder die Stränge dreimal je 5 Minuten unter wiederholtem Ausdrücken in je $1\frac{1}{2}$ l Wasser, trocknet und bestimmt schließlich a) entweder das lufttrockene Gewicht nach dem Auslegen bei 65% Luftfeuchtigkeit (bei Rohwollen) oder b) das absolute Trockengewicht nach dem Trocknen bei 105—110⁰ bis zur Konstanz (Streichgarn). Zur Ermittelung des sog. legalen Handelsgewichtes von Streichgarn wird dem Trockengewicht (*b*) der gesetzliche Feuchtigkeitszuschlag (die „Reprise") von 17% zugerechnet. Der normale Waschverlust von Streichgarn darf, selbst bei Berücksichtigung des etwaigen Kunstwollgehaltes mit seinen Beimengungen, 10% nicht übersteigen.

2. **Praktischer Waschverlust.** Das Verfahren nach 1 ergibt den größtmöglichen Waschverlust mit Hilfe von fettlösenden Waschmitteln. Diesem Wert entspricht aber nicht der in der praktischen Wollwäscherei ermittelte Waschverlust, da hier mit milderen Waschmitteln gewaschen zu werden pflegt und die Wolle (z. B. Rohwolle) in der Regel noch $1\frac{1}{2}$—$2\frac{1}{2}$% Fettstoffe zurückbehält. Zur Ermittelung des technischen Waschverlustes muß man sich der technischen Arbeitsweise anpassen und a) (bei Rohwollen) mit etwa 3—4% Soda oder Pottasche bei 40—45⁰ C gründlich waschen, durchkneten und spülen; b) bei geschmälzten Garnen (Streichgarnen) mit 3—4% kalzinierter Soda und 3—4% Seife vom Gewicht des Versuchsmaterials in der gleichen Weise behandeln.

3. Nach dem Verfahren des Aachener Warenprüfungsamtes bestimmt man den Waschverlust von Garnen u. dgl. durch 1. Bestimmung des Ausgangsgewichtes, 2. Entfetten mit einem Fettlöser, 3. Auswaschen mit destilliertem Wasser, 4. Bestimmung des Trockengewichtes der entfetteten und gewaschenen Probe. Man entfettet etwa 100 g der Probe mit Tetrachlorkohlenstoff, Dichloräthylen od. ä. im Soxhletapparat, wäscht, trocknet bei 105—110⁰ und wägt. Auf Wunsch kann der Wassergehalt noch gesondert bestimmt werden.

Beispiel. Ausgangsgewicht: 150 g Streichgarn; nach dem Trocknen bis zur Konstanz: 135 g; Trockengewicht nach dem Entfetten: 120 g; Trockengewicht nach dem Waschen mit Wasser: 115 g. Hieraus ergibt sich ein Feuchtigkeitsgehalt von 10%, ein Gehalt an Fett und Öl von 10%, ein Verlust durch das Waschen mit Wasser von 3,33%, ein Reinfasergehalt von 76,67%. Letzterem müssen noch 17% für Normalfeuchtigkeit zugeschlagen werden (= 13,03%), was zusammen 76,67 + 13,03 = 89,7% normalfeuchtes, reines Streichgarn ergibt.

Seidenbastgehalt und Auswaschverlust von Rohseide. Seidenbastgehalt (Abkochverlust). Etwa 20 g der lufttrockenen, bei 65% Luftfeuchtigkeit ausgelegten Rohseide werden genau abgewogen (1), in etwa 800 ccm einer 1%igen Seifenlösung (Marseillerseife od. ä.) unter zeitweisem Umziehen während 1 Stunde bei 98—100⁰ behandelt, dann herausgenommen, in destilliertem Wasser gut ausgewaschen, ausgewrungen, bei gewöhnlicher Temperatur getrocknet, bei 65% Luftfeuchtigkeit ausgelegt und wieder gewogen (2). Die Differenz zwischen den beiden Wägungen 1 und 2 ergibt den Abkochverlust, der im wesentlichen dem Bastgehalt, einschließlich etwaiger sonstiger Fremdstoffe (z. B. Beschwerung der Rohseide), entspricht.

Wenn Vorrichtungen für die Regulierung und Kontrolle der Luftfeuchtigkeit fehlen, wird der Bastgehalt auf absolut trockene Seide bezogen. In diesem Falle werden etwa 20 g der im Anlieferungszustande sich befindenden Seide bei 105—110⁰ bis zur Konstanz getrocknet, dann erst genau gewogen (1) und dann wie oben abgekocht und gewaschen. Schließlich wird nochmals bei 105—110⁰ getrocknet und gewogen (2). Die Differenz zwischen den beiden Wägungen 1 und 2 ergibt die Menge des absolut trockenen Bastes (einschließlich etwaiger Fremdstoffe). Zur Berechnung des normalfeuchten Bastes werden den Trockengewichten 1 und 2 je 11% normale Feuchtigkeit zugerechnet. Die Differenz zwischen diesen beiden Gewichten ergibt die Menge des normalfeuchten Bastes (was zu der gleichen Zahl führen muß).

Beispiel. Etwa 20 g auf der Tarierwaage abtarierte Rohseide ergaben nach dem Trocknen bei 105—110⁰ 18 g Trockenrohsubstanz und nach dem Abziehen, Waschen und Wiedertrocknen 14,5 g Trockenreinsubstanz. Der Gehalt an absolut trockenem Bast beträgt dann (auf die Trockensubstanz berechnet) $= 18:3,5 = 100:x$; $x = 19,44\%$; oder auf die normalfeuchte Seide bezogen: $19,98:3,885 = 100:x$; $x = 19,44\%$ $(18 + 11\% = 19,98$; $14,5 + 11\% = 16,095$; $19,98 - 16,095 = 3,885)$.

Auswaschverlust. Man behandelt die Rohseide etwa 1 Stunde in destilliertem Wasser von 50—60⁰, spült und trocknet. Italienische Seide verliert normalerweise 1—1,2%, Kantonseide 2,2%, Chinaseide 4,8%. Der größte Teil der künstlichen Vorbeschwerung wird durch das Auswaschen nach diesem Verfahren entfernt, der Rest als Bast durch das Abkochen oder Abziehen mit Seife bestimmt (s. o.).

Karbonisierverlust. Man bestimmt in einer guten Durchschnittsprobe von Kunstwolle oder Halbwolle zunächst den Feuchtigkeitsgehalt durch Trocknen bei 105—110⁰ (1), tränkt dann mit Schwefelsäure von 4⁰ Bé (= etwa 4,5%) gut durch, drückt den Überschuß der Schwefelsäure gut aus, karbonisiert (d. h. verkohlt die pflanzlichen Anteile) im Trockenschrank bei 100⁰, spült mit Wasser, entsäuert mit verdünnter Sodalösung, trennt von den verkohlten Teilen auf mechanischem Wege (Reiben und Kneten des Rückstandes, Herausspülen des Kohlenstaubes u. dgl.), trocknet den Wollrückstand bis zur Konstanz und wägt wieder (2). Die Differenz zwischen den beiden Trockengehaltsbestimmungen 1 und 2 ergibt den durch die Pflanzenfasern verursachten Karbonisierverlust.

Konstituierende Bestandteile der Faserveredlung.

Beizen auf der Faser.

Die mineralischen Beizen sind in der Regel glühbeständig, können aber beim Glühen in eine höhere Oxydationsstufe übergehen (Eisen-, Zinnoxydulbeizen). Sie werden meist durch Veraschung der Probe nachgewiesen. Außer den mineralischen kommen seltener auch organische Beizen vor, so die Gerbsäure- und Ölsäurebeize.

Untersuchung der Asche. Eine abgewogene Probe wird im Porzellantiegel (in Gegenwart von Zinnoxyd und Phosphorsäure ist ein Platintiegel nicht zu empfehlen) vorsichtig verascht (s. S. 273), nach dem Erkalten gewogen und der Aschengehalt berechnet. Reine Fasern enthalten selten mehr als 1 % Asche, in der Regel gegen 0,5 %. Erhebliche Aschenmengen können von der Beize herrühren, aber auch von der Appretur, der Erschwerung u. ä. Schon aus dem Aussehen der Asche sind oft die Hauptbestandteile der Asche zu erkennen: Eisenbeizen liefern gelbe bis rötlichbraune, Chrombeizen grüne, Kupfer- und Manganbeizen bräunlichschwarze, Zinnbeizen in der Hitze gelbe, in der Kälte weiße, Kieselsäure-, Tonerde-, Kalk-, Phosphorsäureverbindungen u. a. m. weiße Asche. Bei Mischbeizen und geringen Mengen eines gefärbten Anteils in der Asche können die farbigen Beizen nicht immer sicher erkannt werden, so daß häufig eine genauere Untersuchung der Asche nach den allgemeinen analytischen Verfahren notwendig wird. Die wichtigsten mineralischen Beizen sind Eisen-, Chrom-, Kupfer-, Zinn-, Antimon- und Aluminiumbeizen; seltener kommen Mangan, Zink, Nickel, Kadmium, Titan in der Asche vor. Von fest fixierten Säuren sind die Kieselsäure[1] und die Phosphorsäure[1] von Bedeutung. Man untersucht die Asche auf trockenem und auf nassem Wege.

a) Nachweis der mineralischen Beizen auf trockenem Wege. Aluminium. Aluminiumverbindungen färben weder die Flamme, noch geben sie charakteristische Borax- oder Phosphorsalzperlen. Bei Abwesenheit fremder, gefärbter Metalloxyde ist der Nachweis möglich, indem man die Aluminiumverbindung mit Soda auf Kohle vor dem Lötrohr erhitzt, wobei ein weißes, unschmelzbares, stark leuchtendes Oxyd entsteht, das mit Kobaltnitrat befeuchtet und wieder geglüht, eine blaue, unschmelzbare Masse (Thénards Blau) liefert.

Antimon. Antimonverbindungen erteilen der Flamme, soweit sie flüchtig sind, eine fahle, grünlichweiße Farbe. In der oberen Reduktionszone des Bunsenbrenners erhitzt, werden Sauerstoffverbindungen des Antimons zu metallischem Antimon reduziert, das sich verflüchtigt und in der oberen Zone der Flamme zu Trioxyd verbrennt, welches auf einer außen glasierten Porzellanschale niedergeschlagen wird. Beim Befeuchten dieses Anflugs mit Silbernitratlösung und Anhauchen mit Ammoniakgas tritt infolge von Ausscheidung von metallischem Silber Schwärzung auf.

Blei. Mit Soda auf Kohle erhitzt, geben alle Bleiverbindungen ein duktiles Metallkorn, umgeben von gelbem Oxydbeschlag. Am Kohlensodastäbchen erhält man nur ein duktiles Metallkorn.

Chrom[2]. Alle Chromverbindungen färben die Borax- oder Phosphorsalzperle sowohl in der Oxydations- als auch in der Reduktionsflamme smaragdgrün. Durch Schmelzen mit Soda und Salpeter in der Platinspirale geben alle Chromverbindungen eine gelbe Schmelze von Alkalichromat. Löst man die Schmelze in Wasser, säuert die Lösung mit Essigsäure an und fügt Silbernitrat zu, so entsteht rotbraunes Silberchromat (sehr empfindliche Reaktion). Oder man säuert die Chromat-

---

[1] S. u. Seidenerschwerung, S. 292 u. 300.
[2] Bei leichten Nachchromierungen ist oft kein grünlicher Farbton der Asche bemerkbar.

schmelze mit Salzsäure an und setzt einen Jodkaliumkristall zu; das frei werdende Jod färbt dann Stärkelösung blau.

Eisen. Die Boraxperle wird bei schwacher Sättigung in der Oxydationsflamme in der Hitze gelb, in der Kälte farblos und in der Reduktionsflamme schwach grünlich. Bei starker Sättigung wird die Perle in der Oxydationsflamme in der Hitze braun, in der Kälte gelb und in der Reduktionsflamme flaschengrün.

Kupfer. Die Borax- oder Phosphorsalzperle wird in der Oxydationsflamme bei starker Sättigung der Perle grün, bei schwacher blau. In der Reduktionsflamme (falls nicht viel Kupfer zugegen ist) entfärbt sie sich, bei viel Kupfer wird sie rotbraun und undurchsichtig. Kleinere Mengen Kupfer lassen sich mit Sicherheit wie folgt nachweisen: Zu der in der Oxydationsflamme kaum sichtbar blau gefärbten Perle fügt man eine Spur Zinn oder irgendeine Zinnverbindung hinzu, erhitzt in der Oxydationsflamme bis zur völligen Lösung des Zinns, geht langsam in die Reduktionsflamme und entfernt die Perle rasch aus der Flamme. In der Hitze erscheint sie farblos, beim Erkalten wird sie rubinrot und durchsichtig. Hält man aber die Perle lange in der Reduktionsflamme, so bleibt sie farblos; durch vorsichtige Oxydation kommt aber doch die rubinrote Farbe zum Vorschein. Kupfersalze färben die Bunsenflamme blau oder grün.

Kieselsäure. Man erhitzt die stark ausgeglühte Asche in der Phosphorsalzperle, wobei sich die Metalloxyde lösen, während die Kieselsäure ungelöst bleibt und meist als weiße, gallertartige Masse (Kieselsäureskelett) in der Perle suspendiert bleibt (s. a. u. Seidenerschwerung S. 292).

Mangan. Die Borax- oder Phosphorsalzperle wird bei schwacher Sättigung in der Oxydationsflamme amethystrot, bei starker Sättigung fast braun und kann dann leicht mit der Nickelperle verwechselt werden. In der Reduktionsflamme erhitzt, wird die Manganperle farblos, die Nickelperle jedoch grau. Schmilzt man eine Manganverbindung mit ätzenden Alkalien oder Alkalikarbonaten an der Luft auf dem Platinblech, oder besser mit oxydierenden Substanzen (Kaliumnitrat, Kaliumchlorat), so entsteht eine grüne Schmelze (Bildung von Manganat). Letztere Reaktion ist äußerst empfindlich und zeigt noch Bruchteile eines Milligramms einer Manganverbindung an.

Zinn. Spuren von Zinn färben die durch Kupfer schwach blau gefärbte Boraxperle in der Reduktionsflamme rubinrot (durchsichtige Perle). Am Kohlensodastäbchen wird metallisches Zinn gebildet. Im Achatmörser mit Wasser zerrieben, ist das metallische Zinn leicht zu isolieren und durch seine Unlöslichkeit in Salpetersäure und Löslichkeit in Salzsäure von anderen Metallen zu unterscheiden. Über Zinnbestimmungen in zinnerschwerten Seiden s. a. u. Seidenerschwerung S. 292.

b) Nachweis der mineralischen Beizen auf nassem Wege.

Aluminium. Man benetzt die Asche mit wenigen Tropfen konzentrierter Salzsäure und verdünnt mit 2—3 ccm Wasser, mischt gut durch, filtriert durch ein ganz kleines Filter und gibt zu dem klaren Filtrat etwas Ammoniak im Überschuß zu. Bei Gegenwart von Aluminium scheidet sich in kurzer Zeit Aluminiumhydrat in weißen Flocken ab, die sich in 2—3 Stunden zu Boden setzen und auf Zusatz von Ätznatron in Lösung gehen.

Antimon. Aus nicht zu sauren Lösungen (Antimontri- bzw. -pentoxydverbindungen) fällt Schwefelwasserstoff orangerotes Tri- bzw. Pentasulfid. Zink fällt aus Antimonverbindungen metallisches Antimon. Man bringt die salzsaure Antimonlösung auf ein Platinblech und taucht ein Stückchen Zinkblech in die Lösung (so daß das Platin vom Zink berührt wird). Das Antimon scheidet sich am Platin mit schwarzer Farbe aus und verschwindet nicht beim Entfernen des Zinks (Unterschied vom Zinn). Man kann auch die Asche unmittelbar mit etwas Zinkstaub auf einem Platinblech mischen und mit verdünnter Salzsäure befeuchten. Antimon liefert sofort einen schwarzen Fleck auf dem Platinblech.

Die geringsten Spuren Antimon weist man nach Zänker in einfacher Weise nach, indem man ein blank geriebenes Platinblech mit blank abgeschmirgeltem Blumendraht umwickelt und mit der Faserprobe im Reagensglase kurze Zeit in verdünnter Salzsäure erwärmt. Bei Gegenwart von Antimon überzieht sich die Blechoberfläche, besonders an der Berührungsstelle mit dem Eisendraht, mit einem schwarzen Überzug von metallischem Antimon.

Blei. Wasserlösliche Bleisalze werden durch Schwefelsäure oder wasserlösliche Sulfate als weißes Bleisulfat gefällt, das in Wasser und Säuren schwerlöslich ist, sich aber in ätzenden Alkalien und Ammonsalzen (Ammonazetat, Ammontartrat u. a.) löst und so vom Bariumsulfat, von Kieselsäure u. a. getrennt werden kann. Aus dieser Lösung (auch sonstiger Bleisalzlösung) wird das Blei durch Kaliumchromat als gelbes Bleichromat (in Essigsäure unlöslich, in Salpetersäure und Kalilauge löslich) gefällt.

Chrom. Man schmilzt die Asche mit Sodasalpeter, löst die gelbe Schmelze in Wasser (Eisen bleibt ungelöst und kann durch Filtration getrennt werden), säuert mit Essigsäure an und versetzt mit Silbernitratlösung (s. S. 94 und Reaktionen auf trockenem Wege). Für die quantitative Chrombestimmung schmilzt man die Asche mit der 10 fachen Menge Kaliumchlorat-Soda (2:3) und bestimmt die Chromatlösung nach besprochener Methode (z. B. S. 94).

Eisen. Man löst die Asche in wenig Salzsäure, verdünnt mit Wasser und versetzt mit Rhodankaliumlösung, wobei eine blutrote Färbung durch Bildung von Ferrirhodanid (die Farbe ist mit Äther ausschüttelbar) entsteht. Ferrozyankalium erzeugt mit neutralen oder sauren Ferrisalzlösungen eine intensiv blaue Fällung oder Färbung von Berlinerblau, das durch Natronlauge zersetzt und durch Wiederansäuern neugebildet wird.

Kupfer[1]. Man löst die Asche in wenig verdünnter Salpetersäure, dampft die Lösung wieder zur Trockne, löst das Salz in Wasser und gibt sorgfältig und tropfenweise wenig Ammoniak zu. Es entsteht erst ein hellgrüner pulveriger Niederschlag von basischem Salz, der sich im Überschuß von Ammoniak mit azurblauer Farbe löst. Kupfer-

---

[1] S. a. Kupfernachweis in Kunstseide, S. 258, und unter Rückstände, S. 317.

lösungen liefern ferner mit Rhodankalium schwarzes Cuprirhodanid, das von selbst allmählich (auf Zusatz von schwefliger Säure sofort) in weißes Cuprorhodanid übergeht. Ferrozyankalium erzeugt in neutraler oder saurer Lösung eine amorphe Fällung von Cupriferrozyanid, das in verdünnten Säuren unlöslich, dagegen in Ammoniak mit blauer Farbe löslich ist. Wenn man einen polierten Eisennagel mit salzsaurer Kupfersalzlösung in Berührung bringt, so scheidet sich auf dem Nagel das Kupfer rot aus.

Mangan. Versetzt man eine Lösung, die Mangan enthält, mit Bleisuperoxyd und konzentrierter Salpetersäure, kocht und verdünnt dann mit Wasser, so erscheint die Flüssigkeit nach dem Absetzen des überschüssigen Bleiperoxydes deutlich violettrot gefärbt (Bildung von Permangansäure).

Holzessigsaures Eisen auf Seidenschwarz. Man erhitzt nach Ristenpart[1] etwa $\frac{1}{2}$ g der Seidenprobe mit 10—20 ccm einer $\frac{1}{2}$%igen wässerigen oder alkoholischen Salzsäure im Reagensglas zum Kochen, läßt den Auszug abkühlen, verdünnt auf das etwa fünffache Volumen mit Wasser und versetzt mit einem Tropfen Ferrizyankaliumlösung. Tritt keine Grün- bis Blaufärbung ein, so ist kein holzsaures Eisen angewandt worden; liefert die Probe dagegen ein positives Ergebnis, so kann das nachgewiesene Eisen von holzsaurem Eisen herrühren. Es muß von holzsaurem Eisen herrühren, wenn gleichzeitig Berlinerblau auf der Faser vorhanden ist (s. w. u.).

Berlinerblau (meist auf Seidenschwarz). Man befreit die Faser zunächst mit verdünnter Salzsäure von dem Überschuß von Farbstoff (Blauholz) und schüttelt dann die Faserprobe mit n-Lauge warm bis heiß etwa $\frac{1}{2}$ Minute um. Die abgekühlte Lösung wird mit Salzsäure angesäuert und mit einem Tropfen Ferrisalzlösung versetzt. War Berlinerblau auf der Faser, so bildet sich Berlinerblau wieder zurück, und es entsteht Blaufärbung oder -fällung.

Zinnoxydulverbindungen auf der Faser. Sind nicht immer sicher nachweisbar. Bei hellen Färbungen gelingt mitunter der Nachweis nach Gnehm, indem man die Faser mit Quecksilberchloridlösung behandelt, dann gut wäscht und Schwefelwasserstoffgas aussetzt. Bei Gegenwart von Zinnoxydul findet Bräunung der Faser durch Bildung von Quecksilbersulfür statt.

Ölsäurebeize. Kommt meist bei Türkischrotfärbungen u. dgl. vor. Die Beize wird durch Kochen mit verdünnter Salzsäure zersetzt und die sich ausscheidende Fettsäure, die oft nur spurenweise auftritt, ausgeäthert. Bei einiger Übung kann man meist bereits am Geruch der Dämpfe, die beim Kochen mit Salzsäure entweichen, die Anwesenheit von Ölsäure bzw. Ölbeize erkennen.

Tanninbeize (bzw. Gerbsäurebeize). In vereinzelten Fällen gelingt es, in hellen Färbungen durch direktes Betupfen mit Ferrichloridlösung Tannin nachzuweisen (Dunkelfärbung, durch Salzsäure wieder entfärbt) oder durch Abkochen mit destilliertem Wasser so viel Gerbsäure (die

---

[1] Ristenpart: Z. angew. Chem. 1909 S. 608.

auf der Faser in ungebundenem Zustande zugegen ist) in Lösung zu bringen, daß Schwarz- oder Dunkelfärbung mit einem Tropfen Ferrisalzlösung entsteht. Sonst legt man die Probe 5 Minuten in kalte n-Kalilauge ein und versetzt den neutralisierten Auszug mit Ferrisalzlösung. Auch kann man vorsichtig mit verdünnter Salzsäure behandeln, mit Äther extrahieren und den Ätherrückstand mit Ferrisalzlösung prüfen. In manchen Fällen gelingt auch der Nachweis durch abwechselnde Behandlung mit 5%iger Essigsäure und 2%iger Sodalösung, vorsichtige Neutralisation der Auszüge und Prüfung mit Ferrisalzlösung. Nach Menger weist man Gallusgerbsäure in gefärbten Geweben nach, indem man die Probe kurze Zeit mit 5—10%iger Natronlauge kocht, die Brühe abgießt und in 2 Teile teilt, von denen man den einen abkühlen läßt, den andern kurze Zeit wieder kocht. War das Muster mit Tannin präpariert oder waren tanninhaltige Druckfarben zugegen, so soll sich die erst abgekühlte Probe rasch färben, während der weiter erhitzte Teil beim Abkühlen nahezu farblos bleiben soll. Durch den abgezogenen Farbstoff wird die Reaktion oft verdeckt. Haller[1] verwendet die Orangefärbung zwischen Tannin und Titanchlorid. Versetzt man z. B. eine mit reduzierbaren (z. B. basischen) Farbstoffen mit Hilfe von Tannin gefärbte oder bedruckte Probe mit verdünnter Titanchloridlösung und erhitzt zum Kochen, so wird der Farbstoff rasch reduziert und an Stelle der früheren Färbung tritt die orangefarbene des Titantannats (wobei die ursprüngliche Färbung der Probe beim Waschen mehr oder weniger regeneriert werden kann). Bei den schwer oder gar nicht ätzbaren Phthaleinen ist die Anwesenheit von Tannin nach der Behandlung mit Titanchloridlösung unzweideutig an dem sich nach Orange verändernden Farbton der Färbung zu erkennen. Einen besonderen Wert hat diese Reaktion bei der Untersuchung kleiner Muster bunt bedruckter Gewebe, bei denen neben basischen auch andere Farbstoffe verwendet worden sind. Durch örtliche und haltbare Fixierung des orangegefärbten Titantannats sind in diesen Fällen die einzelnen Stellen des Druckmusters, auf denen Tanninfarbstoffe aufgedruckt waren, sofort deutlich zu erkennen, s. a. u. Seidenerschwerung w. u.

Katanol. Katanolbeizung gibt nicht die Tannineisenreaktion, ist äußerlich nicht von der Tanninbeizung zu unterscheiden und läßt sich bisher nicht direkt nachweisen. Man begnügt sich dann mit der Feststellung, daß ein basischer Farbstoff vorliegt, aber Tannin und Antimon nicht vorhanden sind. Bei mittleren und dunkleren Färbungen (ganz helle Färbungen können unter Umständen ohne Beize hergestellt worden sein) nimmt man dann nach Zänker Katanolbeizung als vorhanden an.

Appretur und Schlichte auf der Faser.

Die Untersuchung der Appretur auf der Faser entspricht sinngemäß derjenigen in Substanz (s. S. 215); sie ist aber noch schwieriger und weniger sicher, da die Menge der Appreturmasse einen nur geringen

---

[1] Haller: Chem.-Ztg. 1917 S. 859.

Bruchteil der Warenmenge ausmacht, so daß kleinere Zusätze zu der Appreturmasse geradezu verschwindend klein zu der Warenmenge sein können. Man ist deshalb oft gezwungen, noch feinere Reaktionen (Mikroreaktionen[1]) zur Identifizierung geringer Substanzmengen anzuwenden, als dies bei der Analyse von Substanzware meist nötig ist. Geschlichtete Garne enthalten demgegenüber im allgemeinen größere Mengen Schlichtemasse und sind meist leichter zu untersuchen. Weiterhin tritt eine Erschwerung der Untersuchung noch dadurch hinzu, daß die Appreturstoffe während des Arbeitsprozesses, besonders durch Heißbehandlung auf Kalandern u. dgl., substantielle Veränderungen erleiden können, so daß die Zusammensetzung der Appreturmasse vor dem Appretieren nicht mit derjenigen auf der Faser übereinzustimmen braucht.

Die Untersuchung (es handelt sich meist um Baumwollstoffe) besteht im wesentlichen darin, daß man möglichst große Mengen der Appretur mit geeigneten Lösungsmitteln unverändert von der Faser ablöst oder abzieht und die Auszüge entweder nach einem systematischen Gang (s. z. B. Massot, Appretur- und Schlichte-Analyse, 1911) oder mit Hilfe von Einzelreaktionen analysiert. Die mineralischen Bestandteile der Appretur werden, soweit sie wasserlöslich oder sonst löslich sind, ebenfalls in den Auszügen, sonst, soweit sie glühbeständig sind, in der Asche ermittelt.

In selteneren Fällen interessiert auch noch die Art der Einlagerung der Appretur oder der Schlichte, z. B. die Frage, wie tief die Schlichte in das Garn eingedrungen ist. In solchen Fällen sind die Reaktionen an der Faser selbst auszuführen. Man stellt sich beispielsweise Querschnitte des Garnes her und versucht durch geeignete Farbenreaktionen zu ermitteln, ob die Appretur- oder Schlichtemasse das ganze Material gleichmäßig durchdrungen hat oder sich mehr auf der Oberfläche der Faser befindet. Beispielsweise wird mit Jodlösung die Stärke blau, mit Millons Reagens der Leim rot oder rosa gefärbt usw. Unter dem Mikroskop erkennt man dann leicht den Grad der Durchdringung an den entsprechenden Färbungen.

Erleichternd kommt bei diesen Untersuchungen der Umstand zu Hilfe, daß man in der Praxis mit einer gewissen Regelmäßigkeit fast immer die gleichen Appreturmittel wiederfindet. Dies erleichtert dem Appreturtechniker seine Arbeit ganz wesentlich, da er schon je nach der Eigenart der Warengattung weiß, welche Substanzen in Betracht kommen und er durch einige Einzelreaktionen oft bestimmte Schlüsse ziehen kann, ohne den umständlichen und meist unsicheren Weg der systematischen Trennung der organischen Hilfsmittel zu beschreiten. Ein mit der Appreturtechnik Nichtvertrauter wird dagegen in schwierigen Fällen selbst bei größerem Aufwand an Mühe und Sorgfalt für die Praxis brauchbare Ergebnisse oft nicht erzielen können.

Allgemeiner Untersuchungsgang. Man extrahiert ein ausreichendes großes Stück 4—6 Stunden im Soxhletapparat mit Petroläther, wobei die Fette usw. (außer Rizinusöl) gelöst werden. Dann folgen je nach Bedarf Extraktionen mit Äther, Alkohol u. dgl. Durch letzteres Mittel werden außer gewissen anorganischen Salzen die Seifen, Glyzerin, Rotöle, Rizinusöl u. dgl. gelöst. Hierauf werden durch gründ-

---

[1] Siehe Mercks Reagenzienverzeichnis. 1932.

liche Auskochung mit destilliertem Wasser fast alle Klebemittel und die meisten anorganischen Salze abgezogen. Schließlich wird ein gewogener, zuvor wieder getrockneter Abschnitt des so erschöpfend extrahierten Probestückes quantitativ verascht und die Asche nach Menge und Art untersucht (wasserunlösliche Mineralbestandteile, wie Talk, Chinaclay, Bariumsulfat u. dgl.). Überzüge mit Kautschuk, Nitrozellulose, Zelluloselösungen, Viskose usw. werden meist schon äußerlich erkannt und nach besonderen Verfahren untersucht. Die wichtigsten Gruppenreagenzien sind bereits auf S. 217—219 zusammengestellt.

Gesamtappretur auf der Baumwollfaser. Nach Clibbens und Geake[1] verfährt man zweckmäßig wie folgt. Man extrahiert das Muster erst 1 Stunde mit Chloroform, hängt an der Luft aus und wäscht dann gründlich aus, indem man die Probe abwechselnd 12mal in kochendem Wasser behandelt und mit der Hand auspreßt. Dann wird der Baumwollstoff in 0,5%ige Diastaforlösung od. dgl. bei 30facher Flotte von 50° C gebracht und in Abständen dreimal mit der Hand ausgewrungen. Zuletzt geht man noch einmal für 15 Minuten auf die auf 70° C erhitzte Diastaforlösung zurück. Dann wird heiß unter starker Ausquetschung gewaschen und a) entweder bei 110° getrocknet (neben einer Originalprobe des Stoffes zur Bestimmung des Feuchtigkeitsgehaltes) und gewogen oder b) an der Luft getrocknet, gewogen und auf lufttrockene Ware berechnet. Der Appretur- und Schlichtegehalt wird aus dem Gewichtsverlust der Probe berechnet, unter Berücksichtigung des Feuchtigkeitsgehaltes und des Verlustes von unappretierter Ware bei einem Blindversuch. Fehlt dieser Blindversuch, so wird im Mittel eine Korrektur von 3% in Anrechnung gebracht, die dem durchschnittlichen Verlust von unappretierter und ungeschlichteter Ware bei der vorbeschriebenen Behandlung entspricht.

Stärkebestimmung auf der Baumwollfaser. Fargher und Lecomber[2] arbeiten wie folgt, indem sie die Stärke erst mit Schwefelsäure zu Glukose hydrolysieren und diese dann jodometrisch bestimmen. Etwa 2,5 g Baumwollstoff werden genau gewogen, in kleine Stücke geschnitten in einem 100-ccm-Erlenmeyerkolben mit kochendem Wasser übergossen und gut verrührt. Nach dem Erkalten setzt man 20 ccm 4fach n-Schwefelsäure zu und bringt für $2\frac{1}{2}$ Stunden in ein kräftig kochendes Wasserbad. Die ersten 3 Minuten wird kräftig gerührt, dann wird der Kolben mit einem Steigerohr versehen und sich selbst überlassen. Man läßt abkühlen, filtriert und wäscht den Stoff noch auf dem Filter mit 100 ccm kochendem Wasser gut nach. Das Filtrat wird mit 19 ccm 4fach n-Natronlauge unter Rühren versetzt und auf 250 ccm mit Wasser aufgefüllt. Die entstandene Glukose wird jodometrisch gemessen. 50 ccm der Lösung (entsprechend 0,5 g der Probe) werden mit 25 ccm $\frac{1}{20}$ n-Jodlösung und mit so viel $\frac{1}{2}$ n-Natronlauge versetzt, wieviel 50 ccm der Lösung nach besonderer Titration zur Neutralisation erfordern, außerdem mit 3 ccm im Überschuß. Die Natronlauge ist vorsichtig und unter dauerndem Umschwenken zuzusetzen.

---

[1] Clibbens u. Geake: J. Textile Inst. 1931 T. 472.
[2] Fargher u. Lecomber: J. Textile Inst. 1931 T. 475.

Nach 10 Minuten langem Stehen bei 20° säuert man die Lösung mit 1,6 ccm 4fach n-Schwefelsäure an und titriert den Jodüberschuß mit $\frac{1}{20}$ n-Thiosulfatlösung zurück. Diese Titration führt man zweckmäßig in einer 250-ccm-Glasstöpselflasche aus. Wenn mehr als $\frac{3}{5}$ des anfangs zugesetzten Jods durch die Glukose verbraucht waren, muß die Bestimmung wiederholt werden, indem man nur 25 ccm der Stammlösung (entsprechend 0,25 g Originalprobe) verwendet. Wenn aber sehr wenig Jod verbraucht worden ist, verwendet man bei der Wiederholung der Titration 100 ccm der Stammlösung (entsprechend 1 g Stoff). Gleichzeitig ist ein Blindversuch mit reinem Baumwollstoff auszuführen und der Befund als Korrektur anzubringen. Je 1 ccm verbrauchte $\frac{1}{20}$ n-Jodlösung entspricht 0,00405 g reiner Stärke oder im Mittel 0,00417 g Handelsstärke. Soll auf absolut trockene Ware berechnet werden, so wird der Feuchtigkeitsgehalt des Stoffes gesondert bestimmt und berücksichtigt. Etwaige andere Appretur- und Schlichtemittel, welche Jod verbrauchen, werden nach diesem Verfahren als Stärke mitberechnet. Da nach den Versuchen der Autoren die Blindversuche mit reinem Baumwollstoff nach der Hydrolyse einen Jodverbrauch haben, der 3—5% Stärke entspricht, so ist die Zuverlässigkeit des Verfahrens von diesem Faktor abhängig.

Systematischer Analysengang nach Herbig[1]:

1. Prüfung auf Griff und Aussehen der Ware. Ein Stück wird zum Vergleich beiseite gelegt. Man trocknet im Wägeglas bei 105° C bis zur Konstanz und wägt (= Feuchtigkeitsgehalt).

2. Ätherextraktion. Man extrahiert 4—6 Stunden im Soxhletapparat, nötigenfalls auch nacheinander mit Benzol, Äther und Alkohol. Nach jeder Extraktion wird wieder bei 105° getrocknet und gewogen.

3. Der Ätherextrakt wird zweimal mit je 20 ccm 50%igem Alkohol im Scheidetrichter ausgeschüttelt. Die verdünnte alkoholische Lösung wird angesäuert: Seifen ergeben infolge ausgeschiedener Fettsäure Trübung.

4. Man destilliert den Äther ab und prüft den Rückstand, soweit dies möglich, nach dem Gang der Fettanalyse (Schmelzpunkt, Verseifungszahl, Säurezahl, Unverseifbares, sulfurierte Öle u. a.).

5. Man behandelt ein frisches Warenmuster dreimal kalt·je 10 Minuten unter mechanischer Bearbeitung mit Wasser, vereinigt die Auszüge, läßt absetzen und engt die klare Lösung auf dem Wasserbade ein. Das Konzentrat prüft man mit Jod auf Dextrin usw. Der Bodensatz wird abgesaugt und für sich untersucht, auch mikroskopisch.

6. Man behandelt ein frisches Stück der Probe dreimal je $\frac{1}{2}$ Stunde unter Ersatz des verdampfenden Wassers mit der 20fachen Menge heißen destillierten Wassers, sammelt die Auszüge, läßt absetzen, gießt vom Bodensatz ab und saugt diesen ab. Man prüft Lösung und Bodensatz, auch die Asche des Bodensatzes.

7. Ist die Lösung zu 6 gefärbt, so sucht man diese in geeigneter Weise zu entfärben (Tierkohle, Chlorkalk, Hydrosulfit u. a. m.), um die Einzelreaktionen besser sichtbar zu machen.

---

[1] Herbig: Melliand Textilber. 1928 S. 59.

8. Man engt die klare Flüssigkeit von 6 bzw. 7 auf dem Wasserbade auf ein kleines Volumen von etwa 50 ccm ein und führt Einzelreaktionen aus. Im besonderen sucht man mit größeren Mengen von Alkohol Niederschläge zu erzeugen, die gesondert geprüft werden.

9. Den Bodensatz von 6 prüft man mikroskopisch auf Stärkemehl u. a.

10. Eiweiß auf tierischer Faser ist nicht direkt nachweisbar, auf Pflanzenfasern direkt mit dem Reagens von Adamkiewicz.

Nachstehend seien noch einige Winke und Ratschläge angeführt, wie sie im wesentlichen Decker gegeben hat.

Anorganische Salze. Bei wasserlöslichen anorganischen Salzen ist der Endzweck des Salzzusatzes maßgebend. Soll die Salzappretur die Ware füllen bzw. beschweren und den Griff in gewisser Weise beeinflussen, so dürften Kochsalz, Bittersalz, Glaubersalz, Chlormagnesium und Chlorkalzium den vorgedachten Zweck erfüllen. Hat eine wasserabstoßende Präparierung stattgefunden, so sind meist Aluminiumsalze (fettsaures Aluminium) in der Ware enthalten. Ist die Ware flammfest präpariert worden, was ein kleiner Brennversuch sofort zeigt, sind meist Ammoniumsalze vorhanden, auch wohl Wolframate. Desgleichen dient Wasserglas als Außenanstrich zur Erhöhung der Flammfestigkeit von leicht brennbaren Stoffen und bildet außerdem einen Ersatz für den teuren Leim, da es eine stark steifende Wirkung hat. Zinksalze (Sulfat und Chlorid) sind selten anzutreffen und können in geringsten Mengen zur Konservierung der Appreturmassen benutzt worden sein. Der größte Teil der anorganischen Salze ist wasserlöslich, dagegen alkoholunlöslich. In Alkohol löslich sind Chlormagnesium, Chlorkalzium und Chlorzink, die also von den meisten anorganischen Salzen durch Alkohol getrennt werden können. Von den wasserunlöslichen anorganischen Verbindungen spielen vor allem Chinaclay und Talk die Hauptrolle. Zur Mattierung gewisser Kunstseiden werden Bariumsulfat und auch Titanoxyd gebraucht, die, wie unter dem Mikroskop sichtbar wird, die Faser gleichmäßig und feinkörnig umhüllen. Zur Erkennung von Titanoxyd eignet sich an Stelle der älteren Nachweise die Reaktion von Wobbe: Man schmilzt die Asche mit Kaliumpyrosulfat (eventuell Kaliumbisulfat), läßt die Asche erkalten, zieht mit 5 ccm 10%iger Schwefelsäure aus, schüttelt mit 20 ccm Äther und setzt einen Tropfen Wasserstoffsuperoxyd zu. Spuren Titanoxyd erzeugen intensive Gelbfärbung. Soweit die anorganischen Salze glühbeständig sind, genügt eine Veraschung einer ausreichenden Probe zu deren Auffindung. Das Aussehen der Asche, ihre Löslichkeit in Wasser, die Reaktion gegen Lackmus, die Flammenfärbung sowie die Phosphorsalz- und Boraxperle (s. S. 276) bieten immer wichtige Anhaltspunkte für den Nachweis bestimmter Bestandteile. Spuren Eisen, Kalk, Mangan und Zink können direkt aus dem Gebrauchswasser herrühren, die zwei letztgenannten auch von der Zuleitung ins Gebrauchswasser gelangt sein. Zum Nachweis kleinster Mengen Mangan dienen außer der üblichen Reaktion mit Bleisuperoxyd (s. S. 279) die Reaktionen von Feigl (1) und von Tillmanns (2): 1. Man versetzt die Lösung mit verdünnter, wenig Soda enthaltender Natronlauge bis zur alkalischen Reaktion, erwärmt zum Sieden, filtriert und betupft das Filter mit einem Tropfen Benzidinazetatlösung, wobei Mangan Blaufärbung ergibt; 2. man schüttelt die Lösung mit 0,1 g festem Kaliumperjodat, säuert mit drei Tropfen Essigsäure an und läßt einige ccm frisch bereiteter 0,5%iger Lösung von Tetramethyldiamidodiphenylmethan langsam zufließen, wobei Mangan Blaufärbung erzeugt. Gleich sicher sind auch Spuren von Kupfer durch die Reaktion von Schönbein nachweisbar, wenn die übliche Ferrozyanidreaktion nicht genügt: „Man betupft ein mit Guajakoltinktur und verdünnter Zyankaliumlösung getränktes Papier mit der zu untersuchenden Lösung, wobei Spuren Kupfer Blaufärbung liefern (s. a. Kupferspuren S. 317).

Säuren. Bei saurer oder alkalischer Reaktion des wässerigen Auszuges (s. a. Säure und Alkali auf der Faser S. 313) einer Ware ist mitunter die Ausführung der pH-Messung ratsam (s. d. S. 1). Anorganische freie Säuren geben gegenüber organischen Säuren mit sehr verdünnter Methylviolettlösung einen Umschlag nach Blau bis Blaugrün. Als Aviviersäuren werden oft Essig-, Ameisen-, Milch-, Zitronensäure u. a. angetroffen. Die beiden ersteren sind auf kochendem Wasserbade flüchtig, die beiden letzteren nicht. Die Milchsäure (s. a. u. Milchsäure) ist 1. durch das Kobaltlaktat, 2. durch die Guajakol- und Codeinreaktion und 3. durch die Jodoformreaktion charakterisiert: 1. Man versetzt die möglichst neutrale Lösung mit Kobaltazetatlösung auf dem Uhrglas, engt nötigenfalls ein und läßt zum Kristallisieren stehen. Bei Gegenwart von Milchsäure scheiden sich charakteristische feine rötliche Kristallnadeln von Kobaltlaktat aus (Mikroskop). 2. Man erwärmt 0,2 ccm der eingeengten Lösung mit 2 ccm konzentrierter Schwefelsäure und gibt nach dem Erkalten 1—2 Tropfen alkoholische 5%ige Codeinlösung zu, wobei bichromatrote Färbung entsteht. 5%ige alkoholische Guajakollösung ruft unter gleichen Bedingungen fuchsinrote Färbung hervor (0,01 mg Milchsäure). 3. Man erhitzt die Lösung mit Schwefelsäure und Braunstein, wobei Azetaldehyd entsteht. Dieser wird durch Destillation in alkalische Jodlösung geleitet: Es entsteht ein gelber Niederschlag von Jodoform. Unterscheidung von Ameisen- und Essigsäure: Quecksilberoxyd wird von Essigsäure gelöst, von Ameisensäure dagegen reduziert. Erwärmt man eine alkalische Lösung von Ameisensäure mit Kaliumpermanganatlösung, so entsteht eine Ausscheidung von Braunstein. Essigsäure gibt die Reaktion nicht. Über die Differenzierung von Wein-, Oxal- und Zitronensäure s. u. Weinsäure S. 46.

Organische Klebe- und Verdickungsmittel. Diese lassen sich oft nur mit allergrößter Mühe ermitteln, insbesondere die Schleim- und Gummistoffe, von denen oft ganz geringe Zusätze genügen, um einer Ware den gewünschten Charakter zu verleihen. Weit einfacher gestaltet sich eine qualitative Trennung von Stärke, Glukose, Dextrin und Leim, auch wenn sie in nur geringen Mengen zugegen sind. Die Erkennung der Stärkeart auf dem appretierten Gewebe ist mikroskopisch allerdings kaum möglich. Dagegen erkennt man Dextrinzusatz zur Stärke durch die Reaktion mit verdünnter Jodlösung: Wenn der einfallende Jodtropfen die Flüssigkeit reinblau färbt, so ist Dextrin nicht zugegen; andernfalls tritt vorübergehend violettblaue Färbung auf. Genauer kann die Mischung nach der Trennung des Dextrins von der Stärke erkannt werden, indem man zuerst mit Hilfe von Tanninlösung alle Stärke flockig ausfällt und die Reaktion mit der klar abgesetzten tanninhaltigen Flüssigkeit ausführt. Ein paar Tropfen Jodlösung erzeugen bei Gegenwart von Dextrin eine rotviolette Färbung, die auf Zusatz einer Spur von Stärkelösung sofort Blaufärbung ergibt, indem das Jod zur Stärke abwandert. Ist viel Glukose und viel Dextrin in der Mischung vorhanden, so genügt die Reaktion mit Fehlingscher Lösung nicht, da diese mit beiden Bestandteilen reagiert. Man entfernt dann erst die Glukose, indem man die Lösung zur Trockne dampft, die Glukose heiß mit Alkohol auszieht, den Alkohol verjagt und nun die Reaktion mit Fehlingscher Lösung ausführt. Die positive Reaktion ist dann eindeutig, da Dextrin, auch in Reinsubstanz angewandt, kaum nennenswerte Mengen Glukose an Alkohol abgibt.

Leim wird durch die bekannte Tanninfällung und die Biuretreaktion erkannt; Spuren noch besser durch die Ammonmolybdatreaktion: Man versetzt die Leimlösung mit Ammoniummolybdatlösung, wobei ein flockiger weißer Niederschlag entsteht, der beim Erwärmen teilweise verschwindet und beim Erkalten wieder auftritt. Sind störende Mengen Stärke zugegen, die die Lösung trüben, so ist die vorhergehende fermentative Verzuckerung der Stärke zu empfehlen, damit die Leimtrübung deutlicher wird. Auch bei ganz geringen Leimmengen tritt die Reaktion nach einiger Wartezeit ein.

Gummi- und Schleimstoffe. Für die genaue Bestimmung derselben gehört große Erfahrung. Die von Massot gegebene Anleitung ist heute noch maßgebend. Größere Stärkemengen werden erst fermentativ verzuckert, die Lösung wird koliert und das Kolat nach Zugabe von Ammoniumchlorid mit großen Mengen Alkohol gefällt. Nach längerem Stehen scheiden sich gallertartige Klumpen und fadenförmige Gallerten ab, die viele Stunden in der Schwebe bleiben und sich schlecht zu Boden setzen. Die weitere Untersuchung geschieht durch Einzelreaktionen mit Barytwasser, Kupfersulfat und Bleiessig (s. S. 216). Doch gehört gerade die Identifizierung dieser Schleimstoffe zu den schwierigsten Aufgaben der Appreturanalyse, besonders auf der Faser, wo meist nur ganz geringe Mengen faßbar sind und die mikroskopische Prüfung gänzlich versagt. Die Aufgabe wird allerdings dadurch erleichtert, daß zahlreiche Schleimstoffe praktisch kaum noch angewendet werden. Die wichtigsten sind heute das ergiebige und billige Carragheenmoos, das Johannisbrotmehl (und Präparate aus diesem) sowie für feinere Zwecke (besonders in der Seidenappretur) der teure Tragant. Das Carragheenmoos ist durch seinen hohen Aschengehalt von etwa 20 % ausgezeichnet. Das arabische Gummi, das sich von den eigentlichen Schleimen durch seine Wasserlöslichkeit unterscheidet, reagiert deutlich sauer. Für das arabische Gummi kommen noch folgende Reaktionen in Betracht: 1. Benzidinreaktion. Eine Mischung von 2 ccm gesättigter alkoholischer Benzidinlösung mit 2 ccm 3%igem Wasserstoffsuperoxyd und mit 1—2 Tropfen Eisessig liefert mit Gummilösung eine deutliche und haltbare Blaufärbung. Statt alkoholischer Benzidinlösung kann man das Benzidin auch direkt in wenig Eisessig lösen und Wasserstoffsuperoxyd zusetzen. 2. Guajakreaktion. Man gibt zur wässerigen Lösung 30 ccm einer 1%igen wässerigen Guajakollösung und einen Tropfen Wasserstoffsuperoxyd. Bei Gegenwart von arabischem Gummi entsteht sofort Braunfärbung. 3. Pyramidonreaktion. Man versetzt 20 ccm der wässerigen Lösung mit 20 ccm 4%iger Pyramidonlösung und 10 Tropfen Wasserstoffsuperoxyd. Bei mehr als 5% Gummi arabicum im Tragant färbt sich die Mischung in 5—20 Minuten blauviolett. Nach dem Deutschen Arzneibuch 6 prüft man Tragant auf Verfälschungen mit Gummi arabicum durch die Oxydasereaktion; doch ist zu beachten, daß die Oxydase bei 125° C abstirbt und sich bei heiß gebügelten oder kalanderten Waren nicht mehr nachweisen läßt.

Weichmachungsmittel. Von diesen werden oft ganz geringe Mengen angewandt: Pflanzliche und tierische Fette und Öle, Wollfett, Paraffin, Mineralöl, Türkischrotöl, Wachs, Glyzerin und zahlreiche neuere Spezialhilfsmittel (s. u. Netzmittel S. 183). Ein großer Teil dieser Stoffe läßt sich mit geeigneten Lösungsmitteln von der Faser abziehen, doch reichen die Ausbeuten meist nicht hin, um eine genaue Identifizierung mit Hilfe der chemischen und physikalischen Kennzahlen durchzuführen. Aus dem Aggregatzustand (reinölig, halbfest, fest) lassen sich die ersten Schlüsse ziehen (Schmelzpunkt u. a. m.). Man berührt das Fett oder Öl mit einem heißen Platindraht, wobei man mitunter einen charakteristischen Geruch wahrnimmt (Harzöl, Leinöl, Tran, Rüböl, Wollfett u. a.). Möglichst wird weiter auf Verseifbarkeit geprüft. Kleine Fett- und Ölmengen, besonders Mineralöle, werden auch mit Hilfe der Quarzlampe erkannt. Durch Sonderreaktionen weist man Rüböl, Sesamöl, Erdnußöl, Kottonöl, Rizinusöl, Wollfett und die Kruziferenöle nach (s. S. 150). Fraktioniertes Lösen gibt oft weitere Aufschlüsse: Rizinusöl ist von allen Ölen allein in Alkohol löslich, in Petroleumäther unlöslich. Zur weiteren Identifizierung des Rizinusöls bedient man sich heute der Sebazinsäurereaktion (s. S. 151), die schon mit 1—2 Tropfen sicher ausführbar ist. Neben dem Rizinusöl haben sich in letzter Zeit Triphenyl- und Trikresylphosphate bewährt. Gehärtete Öle sind heute schwer als solche nachzuweisen, da sie heute nickelfrei hergestellt werden. Es bleibt nur die Kristallform der ausgezogenen Sterine oder der Schmelzpunkt der azetylierten Sterine als letzter Beweis für gehärtete Öle (s. S. 151). Da die Ausgangsöle durch das Hydrieren in ihren Kennzahlen weitgehend verändert werden, sind letztere für die Frage nach der etwaigen Härtung wertlos. Tierische und pflanzliche Fette und Öle lassen sich durch Herstellung des Cholesterinazetates (bei tierischen) bzw. des Phytosterinazetates (Schmelzpunkt 117°) bei pflanzlichen Ölen nach der Digitonidmethode unterscheiden. Der von Massot empfohlene Nachweis von Glyzerin nach der Nitrophenylhydrazinmethode soll nach Decker häufig versagen. Meist genügt schon für den Nachweis von Glyzerin die Akrolein-Geruchs-Reaktion

(s. S. 120) oder die Rotfärbung von fuchsinschwefliger Säure beim Einleiten des gebildeten Akroleins. Sind die Mengen aber zu gering, so läßt sich das gebildete Akrolein durch Nitroprussid-Piperidin sichtbar machen: Man führt das Glyzerin mit Kaliumbisulfat in Akrolein über, das mit einer Mischung von Nitroprussidnatrium- und Piperidinlösung eine enzianblaue Färbung liefert. Akrolein liefert auch mit Neßlers Reagens (am besten auf Filtrierpapier) bräunliche Färbung oder Fällung. Die Überführung des Glyzerins in Tribenzoylglyzerin (s. w. u.) ist nur bei größeren Substanzmengen möglich. Glukose wird oft mit Glyzerin zusammen ausgezogen. Um das Glyzerin vorher abzuscheiden, dampft man die Lösung mit etwas Sand auf dem Wasserbade zur Trockne und zieht das Glyzerin mit Äther-Alkohol aus, wobei die Glukose ungelöst bleibt. Auch durch die bekannte grüne Flammenfärbung läßt sich Glyzerin oft nachweisen, indem man es mit einer Spur Borax am Platindraht in die Bunsenflamme bringt. Mit Lackmus blaugefärbte Boraxlösung wird durch Glyzerin rot.

Quantitative Bestimmung von größeren Mengen Glyzerin in Textilwaren u. dgl. (nach Smith)[1]. Man extrahiert den Stoff 3 Stunden im Soxhlet mit 95 % igem Alkohol, kühlt den Extrakt ab, filtriert und dampft auf dem Wasserbade auf ein kleines Volumen von etwa 2 ccm ein. Den Rückstand schüttelt man mit 20 ccm warmer, sehr verdünnter Salzsäure, kühlt ab und filtriert (oder schüttelt mit Äther zur Entfernung etwaiger Fettstoffe aus). Nun erhitzt man mit geringem Sodaüberschuß zum Kochen, um etwa vorhandenes Zink zu entfernen. Wenn die gesamte freie Kohlensäure ausgetrieben ist, werden noch ein paar Tropfen 10 % iger Natronlauge zur Fällung von Magnesia zugesetzt. Man filtriert, neutralisiert sorgfältig mit Salzsäure und dampft auf etwa 5 ccm ein. (Wenn Zink und Magnesia nicht zugegen waren, wird die Lösung nach Entfernung der Fettstoffe direkt neutralisiert und eingedampft.) Der Rückstand wird mit 1 ccm Benzoylchlorid und 5 ccm 10 % iger Natronlauge sowie mit einem Tropfen Methylrot kräftig geschüttelt. Bei Gegenwart von Glyzerin bildet sich in alkalischer Lösung der schwerlösliche Glyzerin-Benzoylester. Sobald Rotfärbung des Methylrots eintritt, wird noch etwas Alkali tropfenweise bis zur Gelbfärbung zugesetzt und kräftig geschüttelt, bis der Geruch nach Benzoylchlorid verschwunden ist. Das ölige Produkt wird auf einem kleinen Filterchen gesammelt, mit Wasser gewaschen und dann, ohne zu trocknen, mit 2 ccm kochendem Alkohol auf dem Filter übergossen und gelöst. Zunächst scheiden sich ölige Substanzen aus und darüber das Glyzerin-Benzoat in Nadeln und Büscheln. Diese werden gesammelt und gewogen. Ihr Schmelzpunkt liegt bei 73—75⁰ C.

Konservierungsmittel. Zur Konservierung von Appreturmassen gegen Fäulnis, Gärung und Schimmelbildung haben sich u. a. bewährt: Aktivin, Borsäure, Formaldehyd, salizylsaures Natron, Zinksulfat. Bei Formaldehyd ist Vorsicht geboten, da seine Dämpfe nachträglich manche Färbungen deutlich verändern (s. S. 362). Phenole und Kresole haben einen übeln Geruch und scheiden sich aus der Appreturmasse leicht wieder aus. Zum Nachweis geringer Mengen Formaldehyd eignet sich die Cohnsche Resorzinprobe; Hauptbedingung dabei ist aber reinstes Resorzin und absolut klare Lösung: 5 ccm des Destillates versetzt man mit 2 mg reinsten Resorzins und unterschichtet vorsichtig mit 2 ccm konzentrierter Schwefelsäure. Bei 0,5 mg Formaldehyd bildet sich an der Berührungsstelle ein aus weißen Flöckchen bestehender

---

[1] Smith: J. Textile Inst. 1926 T. 187.

Ring und darunter eine violette Zone. Sehr scharf ist auch die alte Reaktion mit Schiffs Reagens (fuchsinschweflige Säure), das sich durch Spuren Formaldehyd rot färbt: Man löst 0,2 g reinstes Fuchsin in 120 ccm heißem Wasser, gibt nach dem Abkühlen 2 g wasserfreies Natriumsulfit in 20 ccm Wasser sowie 2 ccm konzentrierte Salzsäure zu, füllt mit Wasser auf 200 ccm auf und läßt bis zur Entfärbung stehen. Von neueren Reaktionen auf Formaldehyd sei noch die äußerst empfindliche Reaktion von Aloy-Valdiguié erwähnt: Man gibt zu 2 ccm konzentrierter Schwefelsäure 2—3 Tropfen 1%iger Codeinlösung und einen Tropfen 1%iger Uranylazetatlösung (oder weniger gut Ferriazetatlösung). Dieses Reagens wird durch die geringsten Spuren Formaldehyd (0,001 mg) blau gefärbt.

Nachweis und Bestimmung von Borsäure in Textilwaren (nach Trotman). Man befeuchtet etwa 10 g des Musters zur Bindung etwa vorhandener freier Borsäure mit verdünnter Natronlauge und verkohlt das Muster vollständig in einem Platintiegel; ein Verglühen zu weißer Asche soll aber nicht stattfinden. Der kohlige Rückstand wird mit Wasser ausgezogen, mit Salzsäure angesäuert und qualitativ mit Kurkumapapier auf Borsäure geprüft (feucht braunrot). Zur quantitativen Bestimmung der Borsäure wird die erhaltene salzsaure Lösung in ein 100 ccm-Kölbchen gebracht, mit 0,5 g Chlorkalzium versetzt, mit verdünnter Natronlauge bis zur Rosafärbung von Phenolphthalein neutralisiert und zur weiteren Bindung von Phosphorsäure u. dgl. mit 25 ccm Kalkwasser versetzt. Man füllt nun auf 100 ccm auf, mischt gut und filtriert. Ein aliquoter Teil des Filtrats wird mit $\frac{1}{10}$ n-Säure gegen Methylorange genau neutral gemacht und zur Vertreibung etwa vorhandener freier Kohlensäure (falls der Borax sodahaltig war) einige Minuten gekocht. Jetzt kann die Lösung außer freier Borsäure keine sonstige freie Säure enthalten. Man läßt abkühlen, setzt $\frac{1}{2}$ Vol. gegen Phenolphthalein neutralisiertes Glyzerin zu und titriert mit $\frac{1}{10}$ n-Natronlauge gegen Phenolphthalein (s. S. 73).

Nachweis und Bestimmung der Eulanisierung von Wolle. Behandlung der Wolle mit „Eulan neu" gegen Mottenfraß kann nach einer neueren Untersuchung von Mecheels[1] auf verschiedene Weise nachgewiesen bzw. bestimmt werden.

a) Eisenchloridmethode. Diese beruht darauf, daß Eulan neu mit wässeriger Lösung von Eisenchlorid einen schmutzigblauen Niederschlag liefert, der in Amylazetat und Äthylazetat mit blauer Farbe löslich, in Benzol, Toluol, Xylol, Chloroform usw. dagegen unlöslich ist. Man arbeitet nach Mecheels am besten mit einem alkalischen Aufschluß der Wolle, kann aber die Wolle auch sauer, mit Schwefelsäure, aufschließen. 1 g der eulanisierten Wolle (bzw. der Probewolle) schüttelt man in einer 300-ccm-Pulverflasche mit 150 ccm $\frac{1}{10}$-Natronlauge im Thermostaten bei 40° C eine Stunde häufiger um, gießt dann die Lösung in einen Goochtiegel über Glaswolle, wäscht gründlich mit destilliertem Wasser, saugt scharf ab, säuert das Filtrat schwach mit Essigsäure an, dampft unter Verwendung eines Siedestabes auf 40 ccm ein, überführt die eingeengte Lösung in einen Scheidetrichter, füllt mit destilliertem Wasser auf 50 ccm auf, schüttelt mit 30 ccm Amylazetat, trennt das Amylazetat ab, gießt es durch ein trockenes Filter, schüttelt das Filtrat mit 50 ccm destilliertem Wasser und versetzt

---

[1] Mecheels: Melliand Textilber. 1935 S. 42.

schließlich tropfenweise mit einer 10%igen Ferrichloridlösung. Bei Anwesenheit von geringen Mengen Eulan neu färbt sich das Amylazetat schön blau.

Der quantitative Nachweis auf kolorimetrischem Wege geschieht mit Hilfe einer haltbaren Vergleichslösung von Siriusblau BRR, von dem 1 g zu 500 ccm gelöst wird. Folgende Verdünnungen dieser Stammlösung (1 : 500), die in verschlossenen Glasröhrchen aufbewahrt werden können, entsprechen dann nachfolgenden Eulanisierungen:

5 ccm Siriuslösung + 4 ccm Wasser entsprechen 6% Eulan v. Gewicht d. Wolle
5 „ „ + 20 „ „ „ 3% „ „ „ „ „
5 „ „ + 45 „ „ „ 1,5% „ „ „ „ „
1 „ „ + 40 „ „ „ 0,75% „ „ „ „ „

Zur erstmaligen Einstellung der Vergleichslösungen verwendet man entsprechend eulanisierte Wolle, die mit den genannten Eulanmengen (0,75; 1,5; 3,0; 6,0% vom Gewicht der Wolle) unter Zusatz von 4% Schwefelsäure und 10% Glaubersalz im Flottenverhältnis 1 : 30 angesotten war.

b) Ninhydrinmethode. Das Ninhydrin (Triketohydrinden) der I. G. Farbenindustrie ist ein empfindliches Reagens auf Aminosäure, Peptone, Eiweiß u. dgl., mit denen es in wässeriger Lösung blaue Färbungen liefert. Kocht man eulanisierte und nichteulanisierte Wolle mit destilliertem Wasser ab, so liefert die Abkochflotte der nicht-eulanisierten Wolle mit Ninhydrin positive Reaktion, d. h. sehr starke Blaufärbung (= Anwesenheit von Aminosäuren), die Flotte der eulani-sierten Wolle dagegen negative Reaktion bzw. sehr schwache Blau-färbung. Zur Bindung der Schwefelsäure wird zweckmäßig etwas Pyridin zugegeben. Man verfährt dann nach Mecheels in der Weise, daß man die zu untersuchende Wolle 15 Minuten im etwaigen Flotten-verhältnis von 1 : 60 kocht, die Wolle aus der Flotte entnimmt, die Flotte auf etwa $\frac{1}{8}$ des Volumens eindampft, 1 ccm des eingeengten Bades im Probierrohr mit 2 Tropfen Ninhydrinlösung 1 : 20 versetzt, 40 Sekunden kocht, 0,3 ccm Pyridin zusetzt, weitere 10 Sekunden kocht und abkühlen läßt. Bei eulanisierter Wolle tritt nun keine oder nur äußerst schwache, bei nichteulanisierter Wolle sehr starke Blauviolett-färbung auf. Die Kochzeiten sind genau einzuhalten und Blindversuche mit bekanntem Material einzuschalten. Chromierte Wolle gibt nach Mecheels in keinem Falle Blaufärbung, kann also auch auf diesem Wege von unchromierter unterschieden werden.

Seidenerschwerung.

Technische Bezeichnung der Erschwerung. Die Erschwerung oder Charge wird in der Technik durch den Gewichtszuwachs, in Pro-zenten des lufttrockenen Rohgewichtes angegeben. Liegt eine Färbung bzw. Erschwerung vor, die das Rohgewicht nicht erreicht, so spricht man von einer Erschwerung unter pari („u. p."), überschreitet das Gewicht der erschwerten Seide das Rohgewicht, so spricht man von einer Erschwerung über pari („ü. p."). Ergeben also z. B. je 100 kg

lufttrockene Rohseide 90 kg, 150 kg, 250 kg gefärbte Seide, so liegen
Erschwerungen von 10 % u. p. (oder auch 90 % u. p. genannt), 50 % ü. p.
und 150 % ü. p. vor. Der natürliche Abkochverlust (der Bastgehalt)
der Seide wird hierbei also als Verlust gebucht. Da von lufttrockenem
Rohgewicht ausgegangen wird, ist dem Feuchtigkeitsgehalt der Seide
Rechnung zu tragen. Man setzt hier im allgemeinen die im Rohseiden-
handel als gesetzlich eingeführte Feuchtigkeit von 11 T. auf 100 T.
absolut trockene Seide ein. Diese sogenannte „Reprise" von 11 T.
auf 100 T. Trockenseide entspricht einem Feuchtigkeitsgehalt von
9,91 % (9,91 T. Feuchtigkeit in 100 T. normallufttrockener Seide).

Da der Bastgehalt einer zur Untersuchung gelangenden, erschwerten Seide
meist nicht bekannt, andererseits auch bei verschiedenen Seiden schwankend ist,
so ist je nach Art der Seide ein mittlerer Wahrscheinlichkeitswert für den Bastgehalt einzusetzen. Durch das Einsetzen dieses nicht kontrollierbaren Faktors
können Fehler in der Berechnung der Erschwerung entstehen, d. h. in dem unbekannten Faktor „Bast" liegt eine Fehlerquelle, die die Genauigkeit der Untersuchung vermindert. Doch sind diese Abweichungen praktisch meist nicht von
großem Belang. Für italienische weiße Seide setzt man bei genauen Berechnungen
einen Bastverlust von 21,5 % ein, für italienische gelbe Seide 24 %, für Japanseide 20 %, für Chinaseiden 24 % (weiße) und 25 % (gelbe Seide), für Kantonseide 24 %, für Schappe 4½ %. Ist die Herkunft nicht bekannt, so gibt man zweckmäßig die Grenzwerte, entsprechend 20 und 24 % Bast, an. Ristenpart rechnet
für Organzinseiden 25 %, für Trameseiden 20 % Bast, indem er, dem Hauptver-
brauch entsprechend, im ersten Falle gelbe, italienische Seide, im zweiten Fall
weiße Japanseide zugrunde legt. Sisley empfiehlt die einheitliche Einsetzung von
25 % Bastgehalt. Bei Soupleseiden rechnet man zweckmäßig mit einem stattgehabten Bastverlust von 5—7 %.

Qualitative Prüfungen. Erschwerungsnachweis. Reine Naturseiden verbrennen unter vorübergehendem Zusammensintern zu halb-
geschmolzenen, verkohlenden Kügelchen (s. a. S. 243) und liefern schließlich 0,5—1 % flaumleichte weiße Asche, aber kein Aschenskelett. Erschwerte Seiden enthalten meist mehr oder weniger mineralische Bestandteile und hinterlassen dementsprechend beim Veraschen erhebliche
Aschenmengen. Dabei bleibt die äußere Struktur von Faden und Gewebe
als Aschenskelett erhalten. Nur wenn die Seide organisch, z. B. mit
Gerbstoff erschwert war, geht die Struktur, wie bei reinen Seiden,
verloren und sind nur Spuren Asche enthalten. Desgleichen bei den
früher angewandten Beschwerungen der Seide mit Zucker, Leim und
Eiweißstoffen. Über den Nachweis dieser organischen Stoffe s. S. 280.
Bei Souple- und Cruseide ist Vorsicht geboten, da mit heißem Wasser
etwas Seidenbast abgelöst werden kann, wodurch das Vorhandensein
von Leim bzw. Eiweiß vorgetäuscht werden könnte.

Farbe der Asche. Aus der Farbe der Asche lassen sich die ersten
Schlüsse über die Art der Erschwerung ziehen. Reinweiße, schwere
Asche von farbigen und weißen Seiden deutet auf Zinn-, Zinnphosphat-,
Zinnphosphatsilikat-, Tonerdesilikat-Erschwerung u. dgl.; weiße Asche
von schwarzen Seiden deutet auf Zinnphosphat-, Gerbstoff- und Zinn-
phosphat-Blauholz-Erschwerung. Gelbe bis braune Aschen deuten auf
Eisengehalt, wobei hellere gelbliche Aschen Eisenbeize als Komponente
(neben Zinnbeizen) zu enthalten pflegen, während rotbraune Aschen

reine Eisen- bzw. Eisengerbstofferschwerungen anzeigen (s. a. Beizen auf der Faser S. 275).

Mineralische Bestandteile. a) Bei weißer Asche schmilzt man die Asche 10 Minuten im Nickel- oder Silbertiegel mit reinem Natriumsuperoxyd (weniger gut mit Ätznatron), läßt erkalten, löst in heißem Wasser, säuert mit Salzsäure an und teilt die Lösung in 2 Teile. 1. In einem Teil der Lösung fällt man das Zinn mit Schwefelwasserstoff als gelbes Zinnsulfid. Man filtriert vom Zinnsulfid ab, dampft das Filtrat mit Salzsäure ein, filtriert nochmals, setzt Kalilauge in geringem Überschuß zu und versetzt die klare Lösung (sonst filtrieren) mit Ammoniumchlorid im Überschuß, wobei Tonerdehydrat als weißer, flockiger Niederschlag ausfällt. Im Filtrat von der Tonerde bestimmt man die Phosphorsäure nach bekanntem Verfahren (s. S. 69). 2. Den zweiten Teil der Lösung dampft man mehrmals mit Salzsäure in der Platinschale (weniger gut Porzellanschale) auf dem Wasserbade zur Trockne, erhitzt noch im Trockenschrank bei 105⁰, zieht den Rückstand mit Salzsäure aus und filtriert. Kieselsäure (von angewandtem Wasserglas herrührend) bleibt als farbloser, körniger bis sandiger Rückstand zurück.

Zum schnellen Einzelnachweis von Zinn kann man auch (weiße oder farbige) Seiden direkt mit Schwefelnatriumlösung auskochen und den Auszug mit Salzsäure ansäuern, wobei das Zinn als gelbes Zinnsulfid ausfällt. Bei schwarzen Seiden verfährt man in gleicher Weise, nur daß man statt der Seide die Asche derselben verwendet.

b) Bei gelber bis brauner Asche (Schwarzfärbungen). Man kocht die Asche kurze Zeit im Reagensglas mit konzentrierter Salzsäure, verdünnt, filtriert vom Ungelösten ab und prüft das Filtrat z. B. mit Ferrozyankaliumlösung auf Eisen (Berlinerblaureaktion). Die Prüfung auf Berlinerblau geschieht mit der Originalprobe (s. S. 279 u. 300). Die Prüfung auf Zinn geschieht wie bei weißen Aschen (s. o.). Bei der Behandlung mit Schwefelwasserstoff entsteht in seltenen Fällen (Soupleschwarz) ein schwarzer Niederschlag von Bleisulfid (von einer Bleierschwerung herrührend). Zinnsulfid läßt sich in solchen Fällen vom Bleisulfid durch Aufkochen mit Schwefelnatriumlösung trennen, in welcher Bleisulfid unlöslich ist. Die filtrierte Lösung wird mit Salzsäure angesäuert, wobei das Zinn als gelbes Sulfid wieder ausfällt.

Blauholzerschwerung. Blauholzextrakt dient nicht nur als Farbstoff, sondern auch als Erschwerung (s. u. Blauholz, S. 237). Er wird in einfacher Weise durch Behandlung mit heißer verdünnter Schwefelsäure erkannt, wobei eine tiefblutrote bis gelbrote Farblösung entsteht, die auf Zusatz von Alkali nach Violett umschlägt (s. a. Farbstoffe auf der Faser w. u.). Mit Alkohol läßt sich Blauholzextrakt von der Seide nicht abziehen, wohl aber ein großer Teil von Teerfarbstoffen, die oft zum Schönen der Blauholzfärbung verwendet werden.

Katechu- und Blauholzerschwerung unterscheidet Ley wie folgt. Man zieht die Seide mit 10 %iger Salzsäure eine Stunde kalt ab, versetzt den Säureauszug sofort (nicht stehenlassen!) mit dem doppelten Volumen 8 %iger essigsaurer Tonerde, kocht auf und setzt auf 10 ccm der Lösung 10 Tropfen 15 %ige Eisenchloridlösung zu. War für die Erschwerung im wesentlichen Katechu verwendet worden und Blauholz nur zum Überfärben, so bleibt das Gemisch gelb. War dagegen nicht mit Katechu, sondern im wesentlichen mit Blauholzextrakt erschwert, so wird das Gemisch grün. In Grenzfällen (Katechu- und Blauholzerschwerung) ist die Unterscheidung nach diesem Verfahren unsicher. Man hilft

sich dann mit Gegenproben bekannter Herstellung oder verfährt nach Ristenpart. Wenn man die Seide mit Salzsäure und hinterher mit Kalilauge (s. Abziehverfahren, S. 298) abzieht, so werden Katechuseiden braun, während Blauholz-
seiden nahezu farblos werden. Größere Mengen Katechu kann man auch nach
Stiasny nachweisen, indem man den Kaliauszug der Seide mit Salzsäure versetzt, bis der anfangs entstandene Niederschlag wieder gelöst ist, dann die Lösung
aufkocht, klar filtriert, mit einigen Tropfen Formaldehyd versetzt und aufkocht.
Bei Gegenwart von erheblichen Mengen von Katechu entsteht eine Trübung oder
ein flockiger Niederschlag; andernfalls bleibt die Lösung klar und kleine beim
Abkühlen entstehende Flöckchen lösen sich beim Aufkochen wieder. Weyrich[1]
verfährt ähnlich zur Unterscheidung von Monopolschwarz- und Eisengerbstoff-
Erschwerung. Die Seide wird erst 1 Stunde in kalte 10 %ige Salzsäure eingelegt, gespült und dann 5 Minuten in kalte n-Kalilauge eingelegt. Ein Teil des
Kaliauszuges wird mit Salzsäure angesäuert und der entstandene schwarzviolette
Niederschlag mit konzentrierter Salzsäure zu einer roten Flüssigkeit gelöst. Diese
wird aufgekocht, filtriert und das Filtrat nach Stiasny (s. o.) mit Formaldehyd
behandelt. Eisengerbstofferschwerung gibt im Gegensatz zu Monopolerschwerung
keine Fällung.

Dons-, Persan- und Pinksouples unterscheidet Ley in folgender Weise.
Donssouple glimmt beim Anzünden langsam weiter und hinterläßt eine leichte
rotbraune Asche. Persansouple glüht nur schwach weiter und hinterläßt eine
feste Asche, die infolge ihres Zinngehaltes nur hellgelb gefärbt ist. Pinksouple
gibt beim Verbrennen eine reinweiße Asche.

Bestimmung der Erschwerungshöhe. Für die Bestimmung der
Gesamterschwerung, d. h. Höhe der Erschwerung oder Charge, kommen
im wesentlichen drei Grundverfahren in Betracht: a) Die Stickstoffmethode, bei der aus dem Stickstoffgehalt der erschwerten Seide der
Fibroingehalt und hieraus die Erschwerung berechnet wird. b) Die
Abziehmethoden, bei denen die gesamte Erschwerung von der Seide
abgezogen und aus dem zurückbleibenden Fibroin die Erschwerung
berechnet wird. c) Die Aschenmethode, bei der aus dem Aschengehalt unter Zuhilfenahme eines empirisch ermittelten Faktors die
Erschwerung ermittelt wird. Absolute Genauigkeit wird bei keiner
dieser Methoden erreicht, da mit einigen unbekannten Faktoren operiert
wird (Bastgehalt, Stickstoffgehalt des Fibroins, Feuchtigkeit). Ge-
nauigkeiten bis zu 5 % sind als gut, solche bis 10 % als technisch ausreichend zu bezeichnen.

Bei Strangerschwerung sind Kette und Schuß eines Gewebes
gesondert zu untersuchen, da sie meist verschieden hoch erschwert
werden; bei Stückerschwerung kann das Gewebe direkt der Untersuchung unterworfen werden.

Berechnung der Erschwerung. Der Stickstoffgehalt der trockenen Seide, mit 5,455 multipliziert, ergibt den Gehalt an absolut trockenem
Fibroin (f). Fibroin (f) + Serizin (s) = absolut trockene Rohseide (r).
$r + 11\,\% =$ lufttrockene Rohseide (R). Beträgt die Einwaage der erschwerten, lufttrockenen Seide $= p$ Gramm, so ist die Erschwerung in Prozenten
$= \dfrac{(p-R)\,100}{R}$. Eine sich ergebende positive Zahl bedeutet eine Erschwerung über pari, eine negative Zahl eine Erschwerung unter pari.

Seidentiter. Im Anschluß an die Bestimmung der Erschwerung
wird oft auch der Titer der Seide annähernd bestimmt. Unter dem

---

[1] **Weyrich:** Färb.-Ztg. 1915 S. 317; Chem.-Ztg. Rep. 1916 S. 86.

internationalen oder legalen Deniertiter der Naturseide versteht man
das Gewicht von 9000 m Fädenlänge in Grammen (Anzahl von deniers
bzw. 0,05-g-Einheiten in 450 m Länge). Die entschwerte Seide von einer
bestimmten Länge wird gewogen und ihr Gewicht auf 9000 m Länge
umgerechnet. Beispiel: 30 m wogen nach der Entschwerung und Drauf-
rechnung von Bast und Normalfeuchtigkeit = 0,06 g Rohseide. 9000 m
würden also 18 g wiegen oder der Titer der Rohseide beträgt = 18 deniers.
Die Länge von 30 m wird z. B. erhalten durch Ausriffeln von 200 Fäden
in einer Richtung eines Stoffstückchens, das 5 cm breit und 15 cm lang
ist und 40 Fäden pro Zentimeter enthält[1].

1. Bestimmung der Erschwerung nach der Stickstoffmethode.
(In Färbungen jeder Art.)

Die Stickstoffmethode ist für Erschwerungen jeder Art, farbige und
Schwarzfärbungen, geeignet. Sie erfordert jedoch Übung und mehr Zeitauf-
wand als die Abziehmethoden. Man ist deshalb von diesem Verfahren in letzter
Zeit immer mehr abgegangen.

Der Stickstoffgehalt des reinen, trockenen Seidenfibroins wird in der Literatur
verschieden angegeben (17,4—18,9 %). Bisher wurde er fast allgemein nach
Steiger und Grünberg[2] zu 18,33 % angenommen (Sisley befürwortet die
Annahme von 18,4 %). Auf Grund dieser Zahl sind auch die Steiger-Grünberg-
schen Tabellen berechnet worden (s. w. u.). Ist nun der Stickstoffgehalt einer
Seide ermittelt, so berechnet sich hieraus direkt der Seiden- oder Fibroingehalt,
da 1 T. Stickstoff = 5,455 T. wasserfreiem Fibroin entspricht. Nach neueren Untersuchungen kann dieser Stickstoffgehalt aber nicht immer als sichere Grundlage
dienen, insbesondere nicht bei Kreppstoffen. Bei Kreppseiden fand Weltzien[3]
im Mittel nur 17,7 % Stickstoff. Durch die Unsicherheit dieses Umrechnungs-
faktors, dann auch durch die sonstigen Umrechnungen leidet die Genauigkeit des
Stickstoffverfahrens mitunter nicht unerheblich. Für genaue Bestimmungen muß
auch der Feuchtigkeitsgehalt der erschwerten Seiden bestimmt werden, um den
Stickstoffgehalt auf absolut trockenes Fibroin berechnen zu können. Ferner ist
bei der Stickstoffmethode jeglicher Fremdstickstoff (von Farbstoffen, Ammoniumsalzen, Leim, Berlinerblau, Seidenbast u. dgl. herrührend) vorher sorgfältig zu entfernen, was das Verfahren weiterhin kompliziert und unsicher macht.

Ausführung. 1—2 g der lufttrockenen[4] (möglichst bei 65 % Luftfeuchtigkeit
ausgelegten), gefärbten bzw. erschwerten Seide werden genau abgewogen und
zunächst vom Fremdstickstoff befreit.

Entfernung des Fremdstickstoffs. a) Trinatriumphosphatver-
fahren nach Sisley. Man kocht die Seide erst 10 Minuten in 25 %iger Essigsäure
(nur bei mit Formaldehyd behandelter Seide erforderlich), spült, behandelt 10 Minuten bei 50⁰ C mit 3 %iger Trinatriumphosphatlösung (nur bei schwarzer Seide
mit Berlinerblaugrund erforderlich), spült wieder und kocht mehrmals im Seifen-
Soda-Bade (3 % Seife + 0,2 % Soda) ab, reinigt gründlich und trocknet. b) Soda-
verfahren nach Trotman. Man kocht das abgewogene Muster 30 Minuten mit
1 %iger Sodalösung ab. Bei Gegenwart von Berlinerblau wiederholt man diese
Behandlung, bis kein Ferrozyannatrium in der Lösung mehr nachweisbar ist
(Ansäuern der Sodalösung mit Salzsäure und Zusatz von einigen Tropfen Ferrichloridlösung; bei Gegenwart von Berlinerblau auf der Faser findet Blaufärbung

---

[1] Näheres s. Heermann u. Herzog: Mikroskopische und mechanisch-technische Textiluntersuchungen.

[2] Steiger u. Grünberg: Qualitativer und quantitativer Nachweis der Seiden-
chargen. Zürich 1897.

[3] Weltzien: Melliand Textilber. 1927 S. 157.

[4] Für genaue Bestimmungen ist der Feuchtigkeitsgehalt der Probe zu bestimmen (s. o.). Man kann auch nach der Halbmikronmethode mit 0,05—0,1 g
Substanz arbeiten.

oder Ausfällung von Berlinerblau statt). Dann wäscht man mit heißem Wasser, behandelt 30 Minuten bei 60° C mit 1%iger Salzsäure, wäscht und trocknet. c) **Kaliumoxalatverfahren.** Man entfernt das Berlinerblau durch Abkochen des Musters mit verdünnter Kaliumbioxalatlösung, Waschen mit heißem Wasser und Trocknen. d) **Natronverfahren (zugleich Entfernung von Seidenbast).** Berlinerblau wird durch Behandlung des Musters mit kalter n-Kalilauge entfernt. Doch ist hier Vorsicht geboten, da leicht etwas Faser mit abgelöst werden kann. Ristenpart empfiehlt eine 5 Minuten lange Behandlung mit kalter n-Kalilauge, um etwaigen Seidenbast zu entfernen. Dies Verfahren eignet sich also in erster Linie für berlinerblaugrundierte Soupleseide.

Entfernung von Seidenbast. Außer nach dem Natronverfahren (s. o. unter d) kann der Seidenbast auch durch Abkochen mit Seifenlösung entfernt und bestimmt werden. Man wägt ein lufttrockenes Muster ab, trocknet und bestimmt den Feuchtigkeitsgehalt. Dann kocht man etwa 1 g des Musters 60—75 Minuten mit 600 ccm einer 2—3%igen Lösung von Marseiller Seife, wäscht dreimal mit heißem destillierten Wasser, trocknet bei 105° und wägt. Der Gewichtsverlust entspricht dem Gehalt an Serizin oder Seidenbast (außer den etwa gesondert zu bestimmenden wasser-, äther- usw. löslichen Anteilen).

Das nun folgende **Aufschließen** oder **Kjeldahlisieren** der so vom Fremdstickstoff befreiten und vorbereiteten, wieder getrockneten Probe geschieht in einem der zahlreichen **Kjeldahl-Apparate** unter gut wirkendem Abzug[1]. Man verwendet entweder einen kleineren Aufschlußkolben aus gutem Jenenser Glas und füllt später quantitativ in einen größeren Destillationskolben um, oder man verwendet letzteren gleich zum Aufschließen und verdünnt vorsichtig nach dem Aufschließen. Zum Aufschließen verwendet man a) nach Sisley am vorteilhaftesten 20 g konzentrierte Schwefelsäure, 10 g Kaliumsulfat und etwa 0,5 g entwässertes Kupfervitriol, b) nach Steiger und Grünberg am besten konzentrierte Schwefelsäure, etwas Kaliumpermanganat und entwässertes Kupfervitriol, oder c) nach dem allgemeinen Verfahren Schwefelphosphorsäure und etwas metallisches Quecksilber. Man erhitzt erst langsam über freier Flamme auf dem Drahtnetz, dann schneller zum Kochen, bis die anfangs schwarze Lösung hellgelb geworden ist. Nach Sisley ist der Prozeß in 20—30 Minuten beendet, nach sonstigen Vorschriften dauert er bis zu einigen Stunden. Die abgekühlte Lösung wird gegebenenfalls in einen mit 300—400 ccm Wasser versehenen Destillationskolben von etwa 1 Liter übertragen, zur Ausfällung des Quecksilbers mit 10 ccm einer 4%igen Kaliumsulfidlösung versetzt und unter den üblichen Vorsichtsmaßregeln mit Ätznatron (etwa 50 ccm einer konzentrierten Natronlauge) übersättigt; schließlich werden in eine mit 25 ccm n-Schwefelsäure beschickte Vorlage in etwa 1 Stunde 50—100 ccm abdestilliert, bis im Destillat kein Ammoniak mehr nachweisbar ist. Gegen das lästige Stoßen beim Destillieren schützt man sich in bekannter Weise durch Zugabe von Bimsstein, Platindraht od. ä. Nach beendeter Destillation wird die Vorlage (Lackmus als Indikator) mit n- bis $\frac{1}{5}$n-Lauge zurücktitriert. Der Umschlag ist schärfer, wenn man mit Lauge übersättigt und mit Säure zurücktitriert. Je 1 ccm verbrauchter n-Schwefelsäure = 0,01401 g Stickstoff = 0,07642 g wasserfreies Fibroin.

Beispiel für die Berechnung. Einwaage: 1 g erschwerte, lufttrockene Seide. Gefunden: 0,0672 g N, entsprechend = 0,366576 g wasserfreies Fibroin (f). Bei 24% Bast (d. h. bei 24 T. Bast auf 76 T. wasserfreien Fibroins) entfallen auf obigen Fibroingehalt = 0,11576 g Bast oder Serizin (s), was zusammen 0,482336 g wasserfreie Rohseide (r) ausmacht. Dieser werden 11% zugeschlagen = 0,5354 g lufttrockene Rohseide (R). Hieraus ergibt sich, daß 0,5354 g lufttrockene Rohseide = 1,000 g erschwerte, lufttrockene Seide geliefert haben. Die Erschwerung beträgt demnach 86,77 % ü. p. $\left(\dfrac{1 - 0,5354}{0,5354} \times 100 \right)$.

Zur Vermeidung jedesmaliger Berechnung arbeiteten Steiger und Grünberg nachstehende Tabelle aus, die die Erschwerung nach Ermittelung des Stickstoffgehaltes unmittelbar abzulesen gestattet. Der Tabelle ist ein Bastgehalt von

---

[1] Mangels eines guten Abzuges verbindet man den Aufschlußkolben mit Hilfe von Aufsatzröhren, die nicht ganz dicht zu schließen brauchen, mit der Saugpumpe.

20 und 24 % zugrunde gelegt. Für dazwischen liegende Bastgehalte lassen sich die Chargen durch Interpolation berechnen.

| Ermittelter Stickstoff-gehalt | Erschwerung | | Ermittelter Stickstoff-gehalt | Erschwerung | |
	bei Japan-Seide (20% Bast)	bei gelber Italiener (24% Bast)		bei Japan-Seide (20% Bast)	bei gelber Italiener (24% Bast)
18,33 %	27,9 % u. p.	31,5 % u. p.	7,00 %	88,5 % ü. p.	79,8 % ü. p.
17,0 %	22,3 % „ „	26,1 % „ „	6,75 %	95,8 % „ „	86,0 % „ „
16,0 %	17,4 % „ „	21,5 % „ „	6,50 %	103,2 % „ „	93,1 % „ „
15,0 %	11,9 % „ „	16,3 % „ „	6,25 %	111,4 % „ „	100,9 % „ „
14,0 %	5,7 % „ „	10,3 % „ „	6,00 %	120,3 % „ „	109,2 % „ „
13,0 %	1,6 % ü. p.	3,4 % „ „	5,75 %	130,1 % „ „	118,4 % „ „
12,0 %	10,1 % „ „	4,6 % ü. p.	5,50 %	140,2 % „ „	128,3 % „ „
11,0 %	20,1 % „ „	14,1 % „ „	5,25 %	151,6 % „ „	139,2 % „ „
10,0 %	32,1 % „ „	25,6 % „ „	5,00 %	164,3 % „ „	151,1 % „ „
9,5 %	39,1 % „ „	32,2 % „ „	4,75 %	178,2 % „ „	164,2 % „ „
9,0 %	46,9 % „ „	39,5 % „ „	4,50 %	193,8 % „ „	179,2 % „ „
8,5 %	55,4 % „ „	47,7 % „ „	4,25 %	210,8 % „ „	195,4 % „ „
8,0 %	65,1 % „ „	56,9 % „ „	4,00 %	230,3 % „ „	213,9 % „ „
7,75 %	70,5 % „ „	62,0 % „ „	3,50 %	277,1 % „ „	258,6 % „ „
7,50 %	76,2 % „ „	67,4 % „ „	3,00 %	340,6 % „ „	318,5 % „ „
7,25 %	82,1 % „ „	73,2 % „ „	2,50 %	428,6 % „ „	402,2 % „ „

2. Bestimmung der Erschwerung nach der Flußsäure-Abziehmethode.
(In weißen und farbigen Seiden.)

Nach dem Verfahren von Müller und Zell[1] arbeitet man mit kleinen Abänderungen von Heermann und Frederking[2] am schnellsten wie folgt[3].

Ausführung. Etwa 3 g bei 65 % Luftfeuchtigkeit ausgelegte Seide werden genau abgewogen und in einer Platinschale (auch Kupfer-, Hartgummi- oder Guttaperchaschalen sind hierfür geeignet) mit 100 ccm 2 %iger Flußsäure auf ein kochendes Wasserbad gebracht. Nach häufigerem Umrühren mit einem Platin- oder Kupferdraht wird in 15 Minuten vom Dampfbad abgenommen, die Seide nochmals kurze Zeit kalt mit frischer 2 %igen Flußsäure behandelt, gut gespült und durch ein feines Kupferdrahtgewebe filtriert. Schließlich wird bis zur Gewichtskonstanz bei 105—110° getrocknet und im Wägeglas gewogen (= wasserfreies Fibroin, f). Die übliche Zinnphosphat-Silikatcharge wird auf diese Weise gänzlich abgezogen. Der Vorsicht halber kann die Seide noch verascht und bei merklichem Aschengehalt die Aschenmenge, mit 1,2 multipliziert, von dem Gewicht der getrockneten, entschwerten Seide in Abzug gebracht werden. Liegt Souple oder Ecru vor, so wird nach der Säurebehandlung noch entbastet (s. o. u. Entfernung des Fremdstickstoffs) werden.

Die Berechnung ist im wesentlichen die gleiche wie bei der Stickstoffmethode. Aus dem ermittelten Fibroingehalt (f) wird durch Drauf-

[1] Müller u. Zell: Textil- u. Färb.-Ztg. 1903 S. 131, 197, 203.

[2] Heermann u. Frederking: Zur Bestimmung der Seidenerschwerung. Chem.-Ztg. 1915 S. 149.

[3] Müller und Zell arbeiten mit kalter 2 %iger Flußsäure; auch Ris (s. Weltzien: a. a. O.) arbeitet kalt, aber mit etwa 7—8 %iger Flußsäure.

Gehalt an wasserfreiem Fibroin	Erschwerung bei 20% Bast	Erschwerung bei 24% Bast	Gehalt an wasserfreiem Fibroin	Erschwerung bei 20% Bast	Erschwerung bei 24% Bast
20 %	260,36 % ü. p.	242,34 % ü. p.	56 %	28,70 % ü. p.	22,26 % ü. p.
21 %	243,20 % „ „	226,04 % „ „	57 %	26,44 % „ „	20,12 % „ „
22 %	227,60 % „ „	211,22 % „ „	58 %	24,26 % „ „	18,05 % „ „
23 %	213,36 % „ „	197,69 % „ „	59 %	22,16 % „ „	16,05 % „ „
24 %	200,30 % „ „	185,28 % „ „	60 %	20,12 % „ „	14,11 % „ „
25 %	188,29 % „ „	173,87 % „ „	61 %	18,15 % „ „	12,24 % „ „
26 %	177,20 % „ „	163,34 % „ „	62 %	16,25 % „ „	10,43 % „ „
27 %	166,93 % „ „	153,59 % „ „	63 %	14,40 % „ „	8,68 % „ „
28 %	157,40 % „ „	144,53 % „ „	64 %	12,61 % „ „	6,98 % „ „
29 %	148,52 % „ „	136,10 % „ „	65 %	10,88 % „ „	5,34 % „ „
30 %	140,24 % „ „	128,23 % „ „	66 %	9,20 % „ „	3,74 % „ „
31 %	132,49 % „ „	120,86 % „ „	67 %	7,57 % „ „	2,19 % „ „
32 %	125,23 % „ „	113,96 % „ „	68 %	5,99 % „ „	0,69 % „ „
33 %	118,40 % „ „	107,48 % „ „	69 %	4,45 % „ „	0,77 % u. p.
34 %	111,98 % „ „	101,38 % „ „	70 %	2,96 % „ „	2,19 % „ „
35 %	105,92 % „ „	95,62 % „ „	71 %	1,51 % „ „	3,57 % „ „
36 %	100,20 % „ „	90,19 % „ „	72 %	0,10 % „ „	4,91 % „ „
37 %	94,79 % „ „	85,05 % „ „	73 %	1,27 % u. p.	6,21 % „ „
38 %	89,66 % „ „	80,18 % „ „	74 %	2,61 % „ „	7,48 % „ „
39 %	84,80 % „ „	75,56 % „ „	75 %	3,90 % „ „	8,71 % „ „
40 %	80,18 % „ „	71,17 % „ „	76 %	5,17 % „ „	9,91 % „ „
41 %	75,79 % „ „	67,00 % „ „	77 %	6,40 % „ „	11,08 % „ „
42 %	71,60 % „ „	63,02 % „ „	78 %	7,60 % „ „	12,22 % „ „
43 %	67,61 % „ „	59,23 % „ „	79 %	8,77 % „ „	13,33 % „ „
44 %	63,80 % „ „	55,61 % „ „	80 %	9,91 % „ „	14,41 % „ „
45 %	60,16 % „ „	52,15 % „ „	81 %	11,02 % „ „	15,47 % „ „
46 %	56,68 % „ „	48,84 % „ „	82 %	12,11 % „ „	16,50 % „ „
47 %	53,34 % „ „	45,68 % „ „	83 %	13,17 % „ „	17,51 % „ „
48 %	50,15 % „ „	42,64 % „ „	84 %	14,20 % „ „	18,49 % „ „
49 %	47,09 % „ „	39,73 % „ „	85 %	15,21 % „ „	19,45 % „ „
50 %	44,14 % „ „	36,94 % „ „	86 %	16,20 % „ „	20,39 % „ „
51 %	41,32 % „ „	34,25 % „ „	87 %	17,16 % „ „	21,30 % „ „
52 %	38,60 % „ „	31,67 % „ „	88 %	18,10 % „ „	22,20 % „ „
53 %	35,98 % „ „	29,18 % „ „	89 %	19,02 % „ „	23,07 % „ „
54 %	33,47 % „ „	26,79 % „ „	90 %	19,92 % „ „	23,92 % „ „
55 %	31,04 % „ „	24,49 % „ „			

rechnung des Bastes die trockene Rohseide, aus dieser die lufttrockene Rohseide und hieraus die Erschwerung berechnet. Bei f% wasserfreiem Fibroin beträgt die Erschwerung in Prozent über pari (positive Zahlen) oder unter pari (negative Zahlen):

$$\text{Bei } 18\% \text{ Bast} = \frac{7387,4}{f} - 100,$$

$$\text{„ } 20\% \text{ „} = \frac{7207,2}{f} - 100,$$

$$\text{„ } 22\% \text{ „} = \frac{7027,0}{f} - 100,$$

$$\text{„ } 24\% \text{ „} = \frac{6846,8}{f} - 100.$$

Zur Vermeidung jedesmaliger Berechnung arbeiteten Heermann und Frederking[1] vorstehende Tabelle aus, die bei 20 und 24% Bast

[1] Heermann u. Frederking: a. a. O.

und 11% Feuchtigkeitszuschlag aus dem gefundenen Gehalt an wasserfreiem Fibroin die jeweilige Erschwerung unmittelbar abzulesen gestattet.

3. Bestimmung der Erschwerung nach der Salzsäure-Kali-Abziehmethode.
(In schwarz gefärbten Seiden.)

Das Verfahren von Ristenpart[1] unterscheidet sich von dem vorstehenden dadurch, daß es die gesamte organische Substanz (die Gerbstoffe) von der Seide abzieht. In den meisten Fällen wird zugleich auch die gesamte Mineralsubstanz abgezogen; doch kommen auch Fälle vor, wo dieses nicht ganz gelingt, z. B. bei Seiden, die Metazinnsäure auf der Faser enthalten (alte Färbungen, Rohpinkfärbungen). Durch eine nachträgliche Aschenbestimmung der entschwerten Seide und eine entsprechende Korrektur wird das Verfahren jedoch für alle Schwarzfärbungen brauchbar.

Ausführung. Etwa 3 g lufttrockene (möglichst bei 65% Luftfeuchtigkeit ausgelegte), gefärbte Seide werden genau abgewogen, 1 Stunde in kalte 10%ige Salzsäure eingelegt und hierin häufig bewegt. Die gut ausgewaschene Probe wird darauf 5 Minuten in kalte n-Kalilauge gebracht, wiederum fleißig darin umgerührt und gespült. Diese beiden Operationen werden der Sicherheit halber, unter Umständen mehrmals, wiederholt, bis die Abziehbäder nahezu farblos bleiben und die Seide ganz hell geworden ist. Zur Vermeidung von Faserverlust werden die Auszüge und die Waschwässer stets durch ein feines Kupferdrahtgewebe filtriert (Sisley näht die Seidenprobe bei ähnlichen Untersuchungen in ein feines Batistsäckchen ein, was jedoch viel umständlicher und meist überflüssig ist). Zuletzt wird besonders gründlich gespült und gewässert, das Alkali mit etwas Essigsäure abgestumpft, wieder gewaschen, bei 105—110° bis zur Konstanz getrocknet und im Wägeglas gewogen (man kann auch bei normaler Luftfeuchtigkeit trocknen; in diesem Falle unterbleibt bei der Berechnung der Erschwerung der vorgeschriebene Feuchtigkeitszuschlag von 11%). Die so gewonnene, meist fast reines Fibroin darstellende, entschwerte Seide wird nach dem Wägen zur Kontrolle quantitativ verascht, die ermittelte Aschenmenge mit 1,4 multipliziert und von der ermittelten Fibroinmenge (als der Entschwerung entgangener Teil) in Abzug gebracht. Bei einiger Übung kann man sich durch Veraschen eines kleinen Teiles des Fibroins in der Bunsenflamme davon überzeugen, ob abzugsfähige Aschenmengen in Frage kommen. Schließlich wird, wie früher ausgeführt, die Erschwerung unter Einsetzung des Bastgehaltes und (bei Ermittelung des absolut trockenen Fibroins) des Feuchtigkeitsgehaltes berechnet. Die bei der Flußsäuremethode gegebenen Tabellen sind auch hier anwendbar, sofern der Gehalt an absolut trockenem Fibroin ermittelt ist.

Beispiel für die Berechnung. Material: Auf 205% ü. p. mit einer Rohpinke und vier Cuit-Pinken erschwerte und schwarz gefärbte Seide älterer Färbung (also stark Metazinnsäure haltend). 3,2515 g lufttrockene Seide hinterließen nach

---

[1] Ristenpart: Färb.-Ztg. 1907 S. 273, 294; 1908 S. 34, 53; 1909 S. 126.

dem Abziehen 1,180 g lufttrockene, entschwerte Seide. Diese lieferte beim Veraschen 0,2406 g Asche, entsprechend 0,2406 × 1,4 = 0,3368 g nicht abgezogene Erschwerung. An reinem Fibroin wurden also gefunden 1,180 — 0,3368 = 0,8432 g lufttrocken. Bei 20 % Bast entspricht diese Menge Fibroin 0,8432 + 0,2108 = 1,054 g lufttrockene Rohseide. Hieraus berechnet sich die Erschwerung zu 208,5 % ü. p. (gegenüber einer tatsächlichen Erschwerung von 205 % ü. p.): $\dfrac{(3,2515 - 1,054)\,100}{1,054}$ Übereinstimmung vorzüglich.

4. Aschenmethode (für kouleurte Seiden).

Die Aschenmethode genießt im allgemeinen kein großes Vertrauen, weil sie mit einem unkontrollierbaren Faktor (1,2) arbeitet. Nach den Untersuchungen von Weltzien[1] ist sie jedoch für technische Zwecke durchaus brauchbar und besonders auch als Kontrollbestimmung leicht durchführbar. Nur in besonderen Fällen, wo es nicht gelingt, rein weiße Asche der Seide zu erhalten, ergaben sich bei den Versuchen von Weltzien zu große Abweichungen von den nach anderen Verfahren erhaltenen Ergebnissen, bzw. von den tatsächlichen Erschwerungshöhen. Weltzien betont noch, daß bei den Untersuchungen von Kreppseiden ein Abkochverlust von 30 % zugrunde zu legen ist, während man sonst bei den übrigen Seiden nur 20—25 % Abkochverlust (Bastgehalt) einzusetzen pflegt.

Ausführung. Man verascht, je nach der Höhe der Erschwerung, etwa 0,3—1 g der lufttrockenen, erschwerten Seide (Einwaage = p), bis die Asche möglichst reinweiß geworden ist und wägt die erhaltene Aschenmenge (= a). Manche Seiden liefern unter dem Bunsenbrenner keine weißen Aschen von konstantem Gewicht. Solche erschwerten Seiden verbrennt man am besten im Rosetiegel unter Einleitung von Sauerstoff. In der Regel hat man dann in 20—30 Minuten schneeweiße Asche von konstantem Gewicht. Die Aschenmenge, mit dem Faktor 1,2 multipliziert und von der Einwaage abgezogen, ergibt die Menge des reinen, unerschwerten, lufttrockenen Fibroins: $p - 1,2a$ = reines, lufttrockenes Fibroin (unerschwerte, entbastete Seide). Hieraus wird die Erschwerungshöhe, wie S. 293 angegeben, berechnet, indem zunächst aus dem reinen, lufttrockenen Fibroin die lufttrockene Rohseide berechnet wird, und zwar unter Zugrundelegung von 25 % (bei Seiden im allgemeinen) bzw. von 30 % (bei Kreppseiden) Abkochverlust. Es ergibt sich so die der Einwaage entsprechende Menge lufttrockene Rohseide (= R). Die Erschwerung berechnet sich dann, wie üblich, nach der Formel:

$$\text{Erschwerung in \% des Rohgewichtes} = \frac{p - R}{R} \times 100.$$

Die unmittelbare Berechnung der Charge aus dem Aschengehalt, lediglich durch Multiplikation des Aschengehaltes mit einem feststehenden Faktor (1,2 oder 1,28), ist unzulässig.

Quantitative Einzelbestimmungen der Erschwerung. Die Bestimmung der Einzelbestandteile einer Erschwerung beschränkt sich meist auf die mineralischen Anteile einer Charge, während die organischen Stoffe (Blau-

---

[1] Weltzien: Seide 1927 S. 28, 64; Melliand Textilber. 1927 S. 157.

holzextrakt, Gerbstoff) nötigenfalls aus der Differenz bestimmt werden. Man geht in der Regel derart vor, daß man erst den Aschengehalt ermittelt, dann die Asche für sich quantitativ untersucht und schließlich auf Prozente der Originalprobe umrechnet. Man kann beispielsweise folgende Wege einschlagen.

1. Man verascht quantitativ eine größere Probe der Seide und schließt etwa 0,5 g der Asche durch Schmelzen mit Natriumsuperoxyd im Silber- oder Nickeltiegel in 10 Minuten auf, läßt erkalten, löst die Schmelze in Wasser, säuert das Filtrat mit Salzsäure nicht zu stark an, filtriert nötigenfalls und reduziert etwa vorhandene Eisenoxydsalze (Gelbfärbung) mit wenig Schwefligsäure, um die Ausscheidung von Schwefel bei der nachfolgenden Schwefelwasserstoffbehandlung zu vermeiden. Nun fällt man das Zinn in einem aliquoten Teil (a) der Lösung durch Einleiten von Schwefelwasserstoff als gelbes Zinnsulfid und bestimmt das Zinn als Zinnoxyd (s. S. 110). Im Filtrat bestimmt man die Tonerde, indem man erst einen geringen Überschuß von Kalilauge zusetzt und dann (nötigenfalls nach Filtration der unklaren Lösung) Ammoniumchlorid im Überschuß zugibt, wobei die Tonerde als weißer, flockiger Niederschlag ausfällt. Man filtriert, glüht und wägt als Tonerde (Al_2O_3). Im Filtrat von der Tonerde bestimmt man die Phosphorsäure (s. S. 69). Einen anderen aliquoten Teil (b) der Lösung dampft man mehrmals mit Salzsäure in der Platinschale (weniger gut Porzellanschale) auf dem Wasserbade zur Trockne, erhitzt noch im Trockenschrank bei 105°, zieht den Rückstand mit starker Salzsäure aus und filtriert. Von Wasserglas herrührende Kieselsäure bleibt hierbei als farbloser, körniger bis sandiger Rückstand zurück. Dieser kann im Platintiegel mit Flußsäure auf Reinheit geprüft werden.

Kieselsäure kann auch annähernd bestimmt werden, indem man eine genau abgewogene (1) Probe der Asche erst mit konzentrierter Schwefelsäure abraucht, glüht, nochmals wägt (2) und nun den Glührückstand mit Schwefelsäure und Flußsäure im Platintiegel abraucht, wobei sich die gesamte Kieselsäure als Siliziumfluorid verflüchtigt. Man glüht wieder bis zur Konstanz, wägt (3), stellt die Differenz der Wägungen (2) und (3) fest und berechnet den Flußsäureabrauchverlust auf die angewandte Aschenmenge (1) und schließlich auf die angewandte Seidenmenge.

Der Gehalt an Berlinerblau wird ermittelt, indem man eine gewogene Probe der Seide mit 10%iger Schwefelsäure und 0,1 g reinem Kupfervitriol destilliert und das Destillat mit der sich gebildeten Blausäure in eine Vorlage mit Natronlauge leitet. Das blausaure Natron wird mit $\frac{1}{10}$ n-Silbernitratlösung titriert und das Ergebnis auf Berlinerblau verrechnet.

2. Schotte[1] empfiehlt folgenden systematischen Gang für die Bestimmung von Zinn, Kieselsäure und Phosphorsäure in erschwerten Seiden. Man trocknet etwa 1 g der Seide über Phosphorpentoxyd im Vakuum bei 80° C, zerschneidet die Probe in kleine Stücke und versetzt sie im 150-ccm-Langhalskolben mit 10 ccm konzentrierter Salpetersäure und 10 ccm konzentrierter Schwefelsäure. Der Kolben wird über freier Flamme erhitzt, bis die Salpetersäure verdampft ist und die Schwefelsäure kräftig raucht. Nun gibt man 0,1 g Ammonium-

---

[1] Schotte: Z. angew. Chem. 1932 S. 598. — S. a. Weltzien u. Schotte: Mh. f. Seide u. Kunstseide 1933 S. 199.

sulfat zu und erwärmt 10 Minuten, um den größten Teil der Nitrosyl-
schwefelsäure zu zerstören. Man schließt den abgekühlten Kolben an
die von Biltz[1] angegebene Destillationsapparatur an und destilliert
das Zinntetrachlorid bei 140—180⁰ unter Zutropfen von 100 ccm Salz-
säure-Bromwasserstoffsäure (3 : 1) und unter Einleiten von Kohlensäure in etwa 1 Stunde in eine Vorlage ab. Nach beendeter Destillation
läßt man abkühlen und spült das Gasleitungsrohr innen und außen
sowie das Thermometer in den Destillierkolben ab. Die im Kolben verbliebene **Kieselsäure** wird auf ein quantitatives Filter gebracht und
mit heißem Wasser nachgewaschen. Das Filtrat mit der gesamten
Phosphorsäure wird zum Sieden erhitzt und mit so viel **Oxinmolyb-
dat** versetzt, bis eine kräftige Abscheidung von Oxin-Molybdänsäure-
Phosphat zu beobachten ist, wozu etwa 50 ccm erforderlich sind.

Das Oxin-Molybdänsäure-Phosphat scheidet sich sofort grobkristal-
linisch aus und wird nach dem vollständigen Erkalten der Flüssigkeit auf den Schottschen Glasfiltertiegel 1 G 4 filtriert. Man wäscht mit
verdünnter Essigsäure nach, trocknet bei 110⁰ im Trockenschrank und
wägt. Der empirisch ermittelte Faktor zur Berechnung von P_2O_5 wurde
zu 0,0334 gefunden.

Herstellung der Oxinlösung. Man verdünnt 50 ccm konzentrierte Salzsäure in einem 500-ccm-Kolben mit 25 ccm Wasser, setzt (unter Nachspülen mit
10 ccm Wasser) 100 ccm 12 %ige Ammonmolybdatlösung und weiter 1,5 g Oxin[2]
(= 8-Oxychinolin), in 5 ccm konzentrierter Salzsäure gelöst und mit Wasser auf
50 ccm verdünnt, unter Nachspülen mit 15 ccm Wasser, zu. Eine im Laufe von
Tagen sich bildende Trübung wird durch Filtration entfernt. 25 ccm dieser Lösung
fällen 15 mg P_2O_5 sicher aus, wenn nichtzu viel Säure in der Phosphatlösung enthalten ist.

Das Filter mit der **Kieselsäure** (s. o.) wird im Platintiegel naß verascht, wobei der Rückstand in 10—15 Minuten weiß ist. Da die Kieselsäure bei allen Versuchen maximal nur 2 mg Fremdstoffe (meist weniger)
enthielt, so ist eine Reinheitsprüfung der Kieselsäure durch Flußsäure
nur in besonderen Fällen notwendig.

Die Bestimmung des **Zinns** im Destillat wird mit Schwefelwasserstoff (nach dem Abstumpfen der überschüssigen Säure mit Ammoniak)
durchgeführt. Soll das Zinn titrimetrisch ermittelt werden, so reduziert
man das Destillat am besten bei einem Volumen von 250 ccm mit
Eisenfeilen (Ferrum reductum) in der Siedehitze. Zu beachten ist hierbei, daß bei Verwendung von $\frac{1}{10}$ n-Bromatlösung direkt auf Blaufärbung
titriert werden muß. Bei Benutzung von Jodlösung wird am besten nach
Zugabe eines Jodüberschusses mit Thiosulfatlösung zurücktitriert.

Bestimmung der Farbstoffe auf der Faser.

Die Bestimmung der Farbstoffe auf der Faser geschieht im allgemeinen grundsätzlich in gleicher Weise wie in Substanz; nur ist sie ungleich schwieriger, 1. weil man in der Regel nur wenig fixierte Farbstoff-
substanz zur Verfügung hat, 2. weil die Färbungen der Praxis zu einem

---

[1] Biltz: Z. anal. Chem. 1930 S. 82. — S. a. abgeänderte Apparatur von Weltzien u. Schotte: a. a. O.

[2] Zu beziehen von der Vanillinfabrik, Hamburg-Billbrook.

großen Teil mit mehreren Farbstoffen hergestellt sind, d. h. Farbstoff-
gemische enthalten, wodurch leicht Mißdeutungen entstehen und wobei
die Reaktionen des einen Farbstoffes diejenigen des andern verdecken
können, 3. weil in vielen Fällen der Farbstoff erst in geschickter
Weise von der Faser abgelöst werden muß, bevor mit ihm die charakteristischen Reaktionen (z. B. die Tanninreaktion, die Chromfluorid-
reaktion, die Wiederauffärbung auf frische Faser u. ä.) vorgenommen
werden können.

Abweichend von der Prüfung der Farbstoffe in Substanz verwendet
man bei der Farbstoffanalyse auf der Faser u. a. andere Reduktions-
und Oxydationsmittel, und zwar als Reduktionsmittel Hydrosulfitlösungen (an Stelle von Zink-Essigsäure) und als Oxydationsmittel
Persulfatlösungen (an Stelle von angesäuerter Chamäleonlösung). Bei
den Reduktionsversuchen gehen die Leukoverbindungen (z. B. Leukoindigo) nicht in die Reduktionslösung über, sondern verbleiben ungelöst
auf der Faser, so daß die Rückoxydation nicht mit der Reduktionsflotte,
sondern mit der entfärbten Faser ausgeführt wird.

Ursprünglich bestand die Farbstoffbestimmung auf der Faser hauptsächlich im empirischen Betupfen und sonstigen Behandeln der Färbungen mit bestimmten Lösungen. Aus dem Verhalten der Färbungen
zog man auf Grund von Vergleichsversuchen mit bekannten Färbungen
Schlüsse auf die angewandten Farbstoffe oder die zugehörigen Farbstoffgruppen. Mit dem Anwachsen der Teerfarbstoffe wurde diese Art
von Prüfung immer unsicherer. Vor etwa 30 Jahren schuf Green[1],
auf den ersten Anregungen von Rota und Weingärtner fußend, ein
festgefügtes System der Analyse, indem er sämtliche Färbungen zunächst nach der angewandten Faser (tierische und pflanzliche Faser)
und dann nach dem Farbton in Gruppen teilte und einen Untersuchungsgang mit genau dosierten Lösungen vorschrieb. Dieser Greensche
Untersuchungsgang blieb lange herrschend und war im allgemeinen
befriedigend. Im Laufe der Jahre ist aber die Zahl und Art der Farbstoffe weiter stark angewachsen; es haben sich ferner erhebliche Wand-
lungen in der Farbstoffindustrie, in der Färbereitechnik und zum Teil
auch in der Textiltechnik (Kunstseidenentwicklung mit der Azetatseide u. a.) vollzogen so daß es immer schwieriger wurde, den aufge-
färbten oder aufgedruckten Farbstoff mit einiger Sicherheit zu ent-
decken und man sich immer mehr damit begnügte, die Gruppenzugehörigkeit der Farbstoffe zu ermitteln. Nachdem auf solche Weise die Spezial-
tabellen von Green und anderen Autoren im Laufe der Zeit an Wert
nicht unerheblich eingebüßt haben, habe ich diese in vorliegender Auflage erstmalig fortgelassen und mich auf die Erkennung der Farbstoffgruppen beschränkt, zumal die ausführlichen Tabellen inzwischen
auch in deutschsprachige Spezialanleitungen, auf welche hier verwiesen
wird[2], aufgenommen worden sind.

---

[1] Später niedergelegt in Green: Analysis of Dyestuffs.
[2] Siehe z. B. Ruggli: Praktikum der Färberei und Farbstoffanalyse. —
S. a. das holländische Werk von Holzboer u. Lanzer: Praktisch Kleurstof-
onderzoek op de vezel. 72 S. 1933.

Nach Green ist dann später noch der Untersuchungsgang nach Zänker und Rettberg[1] hinzugekommen, der sich hauptsächlich auf die Wasch- und Paraffinprobe gründet (s. w. u.) und neben der Green-schen Untersuchung als Kontrollverfahren dienen kann.

Auf das komplizierte spektroskopische Verfahren von For-mánek[2], das ein besonderes Studium und eine besondere Apparatur voraussetzt, kann im Rahmen dieses Buches nicht eingegangen werden. Ebensowenig auf die Prüfung im Ultraviolettlicht (Fluoreszenz-analyse), die bisher nur wenige Einzelnachweise gestattet.

I. Untersuchungsgang nach Green. Die Hauptreagenzien von Green zur Unterscheidung der Hauptgruppen von Farbstoffen sind verschiedene Hydrosulfitlösungen, je nachdem, ob die Reduktion leicht oder schwer vonstatten geht. Außer der Reduktion selbst ist die Feststellung von Wichtigkeit, ob eine Rückoxydation zu dem ursprünglichen Farbstoff stattfindet und gegebenenfalls, ob die Färbung bereits an der Luft von selbst wiederkehrt oder erst durch oxydierende Hilfsmittel. Die vier von Green empfohlenen Hydrosulfitlösungen können heute mit den neueren Hydrosulfitmarken einfacher hergestellt werden. Nach Green verwendet man:

1. **Hydrosulfitlösung A** (für leicht reduzierbare Farbstoffe): Man löst 5 g Rongalit C in 100 ccm Wasser.

2. **Hydrosulfitlösung B** (für schwieriger reduzierbare Farbstoffe): Man löst 5 g Rongalit C in 100 ccm Wasser und versetzt die Lösung mit 5 ccm Eisessig.

3. **Hydrosulfit AX** (für schwer reduzierbare Azokomponenten): Man löst 50 g Rongalit C in 150 ccm heißem Wasser und fügt 0,25 g gefälltes Anthrachinon, fein gepulvert und mit der Rongalitlösung angeteigt, hinzu. Dann erhitzt man das Ganze 1—2 Minuten auf 80—90° C, verdünnt mit kaltem Wasser auf 500 ccm und gibt nach dem Erkalten noch 1,5 ccm Eisessig zu. Die Lösung soll gegen Lackmus schwach alkalisch reagieren und ist fest verschlossen aufzubewahren.

4. **Hydrosulfit BX** (für schwerst reduzierbare Azokomponenten): Man löst 50 g Rongalit C in 125 ccm heißem Wasser, setzt 1 g An-thrachinon wie oben in der Hitze zu, erhitzt 1—2 Minuten auf 90°, verdünnt mit kaltem Wasser auf 500 ccm und versetzt nach dem Er-kalten mit 1,5 ccm Eisessig. Das Reagens ist gut verschlossen auf-zubewahren und zeitweise auf sein Reduktionsvermögen zu prüfen: α-Naphthylaminbordeaux auf Baumwolle soll nach 1—2 Minuten langem Kochen mit dem Reagens vollständig entfärbt werden. Statt Hydro-sulfit AX und BX dürfte man heute einfacher das gut haltbare und stark reduzierende Dekrolin oder Dekrolin AZA (s. u. Hydrosulfit), schwach mit Essigsäure angesäuert, verwenden.

Färbungen auf tierischer Faser. Die Farbstoffe werden erst nach ihrem Verhalten bei der Reduktion in Gruppen geteilt. Man kocht

---

[1] Zänker u. Rettberg: Erkennung und Prüfung von Färbungen. A. Ziemsen Verlag 1925.

[2] Formánek u. Knop: Untersuchung und Nachweis organischer Farb-stoffe auf spektroskopischem Wege.

kleine Proben der gefärbten Faser $\frac{1}{4}$—1 Minute mit der 5%igen Hydrosulfitlösung A bzw. B im Reagensglase, spült gut in fließendem Wasser und läßt etwa 1 Stunde auf weißem Papier an der Luft liegen. Die Farbe kehrt bei den an der Luft reoxydierbaren Farbstoffen meist schnell wieder; man kann aber den Prozeß beschleunigen, indem man die Faser Ammoniakdämpfen aussetzt. Kehrt die Farbe nicht von selbst wieder, dann versucht man die Rückoxydation mit wenig Persulfat herbeizuführen (wie bereits bei Farbstoffen in Substanz ausgeführt, s. S. 231), wobei ein Überschuß von Persulfat zu vermeiden ist. Kehrt die Farbe auch dann nicht wieder, so ist der Farbstoff nicht reoxydierbar. Diese Versuche ergeben, welcher der 5 Klassen der Farbstoff angehört (s. Gruppen a—e, S. 231). Bei schwerer reduzierbaren Farbstoffen nimmt man die schwach angesäuerte Rongalitlösung bzw. die Lösung AX, BX oder angesäuerte Dekrolinlösung.

Für weitere Reaktionen sind u. a. folgende Lösungen erforderlich: 1. Verdünntes Ammoniak: 1 ccm konzentriertes Ammoniak, 100 ccm Wasser; 2. wässerig-alkoholische Ammoniaklösung: 1 ccm konzentriertes Ammoniak, 50 ccm Alkohol, 50 ccm Wasser; 3. verdünnte Essigsäure: 5 ccm Eisessig, 95 ccm Wasser; 4. verdünnte Salzsäure: 10 ccm konzentrierte Salzsäure, zu 100 ccm mit Wasser verdünnen; 5. Natronlauge: 10 g festes Ätznatron zu 100 ccm mit Wasser gelöst.

Systematischer Gang nach Green.

1. Man kocht eine Probe der Färbung zweimal je 1 Minute mit 5%iger Essigsäure. Der meiste basische Farbstoff wird abgezogen. Der Auszug wird weiter mit Tanninreagens, Hydrosulfit usw. geprüft und auf tannierter Baumwolle ausgefärbt.

2. Man kocht eine frische Probe zweimal je 1 Minute mit verdünntem Ammoniak und einer Probe weißer merzerisierter Baumwolle. Sowohl Säurefarbstoffe als auch substantive Farben werden abgezogen. a) Die Säurefarbstoffe färben aber die mitgekochte Baumwolle nicht an. Sie werden auf Wolle übertragen, indem das Bad angesäuert und eine Probe Wolle darin gekocht wird. b) Die substantiven Farbstoffe haben dagegen die mitgekochte Baumwolle angefärbt; besonders intensiv, wenn das Ammoniak durch Wegkochen größtenteils entfernt, Kochsalz zugesetzt und nun die Baumwolle nochmals darin gekocht wird. Die Azo-, Beizen-, Küpenfarbstoffe usw. bleiben auf der Faser und werden nach besonderen Verfahren identifiziert.

3. Man kocht eine frische Probe der Färbung 2—5 Minuten mit 5%iger Natriumazetatlösung und weißer Baumwolle. Substantive Farbstoffe färben die Baumwolle an; Beizen- und Küpenfarbstoffe nicht. Die Anfärbung wird weiter mit Hydrosulfitlösung usw. geprüft.

4. Eine frische Probe wird weiter auf Metallbeizen (Chrom, Eisen, Zinn usw.) durch Aschenuntersuchung (Beizenfarbstoffe) und mit Hydrosulfit auf Küpen- und Beizenfarbstoffe geprüft.

Die Reaktionen werden in Reagensgläsern mit jedesmal frischen Proben ausgeführt. Das Ausziehen mit Essigsäure ist eventuell zu wiederholen. Die Tiefe der erhaltenen Farbstofflösung ist stets von der Farbtiefe der Muster abhängig. Bei violetten und schwarzen Farbstoffen ist das wässerige Ammoniak durch alkoholisches zu ersetzen. Bei der Reduktion mit Hydrosulfit wird $\frac{1}{4}$—1 Minute gekocht, gut gespült und 1 Stunde auf weißes Papier ausgelegt und weiterbehandelt, wie bereits beschrieben (Ammoniakdämpfe, Persulfatlösung), um festzustellen, ob die Farbe rückoxydierbar ist.

Färbungen auf pflanzlicher Faser. Etwaige Tanninbeize wird durch Kochen mit Natronlauge entfernt. Um aber das gleichzeitige Abziehen des Farbstoffes zu verhindern, wird die Lauge mit Kochsalz gesättigt (Kochsalz-Natronlauge), wodurch die Farbstoffbase auf der Faser verbleibt, und dann durch Kochen mit verdünnter Essig- oder Ameisensäure abgezogen oder auf Wolle übergeführt werden kann (s. w. u.). Da einige Beizenfarbstoffe, z. B. Türkischrot, durch Kochen mit Kochsalznatronlauge teilweise zersetzt werden, so wird dem folgenden Säureauszug etwas Tanninlösung zugesetzt, wodurch die basischen Farbstoffe einen gefärbten Niederschlag geben. Da viele basische Farbstoffe auf Tanninbeize mit Hydrosulfit keine Leukoverbindung liefern oder die Leukoverbindung in Lösung geht und so die Rückoxydation auf der Faser vereitelt wird, so wird der Farbstoff auf Wolle übergeführt und mit der gefärbten Wolle die Hydrosulfitreaktion und Oxydation ausgeführt. Ebenso wird bei sauren Farbstoffen verfahren. Bei den basischen Farbstoffen entfernt man erst die Beize mit Kochsalznatronlauge (s. o.), wäscht gut und kocht dann mit einem Stückchen Wolle zusammen (eventuell mit geringem Essigsäurezusatz) in reinem Wasser. Bei den sauren Farbstoffen kocht man das Muster mit weißer Wolle und verdünnter Ameisensäure zusammen. Gewisse Chromfarben u. a. m., die zwischen den basischen und Beizenfarbstoffen stehen, geben auch einen Niederschlag mit Tanninlösung, lassen sich jedoch nicht auf Wolle übertragen.

Viele Azofarbstoffe sind gegen Hydrosulfit sehr widerstandsfähig. Green hilft sich hier dadurch, daß er die Hydrosulfitlösung durch Anthrachinon aktiviert (s. Hydrosulfitlösung AX und BX). Heute wird man einfacher vor sich gehen, indem man ein stark wirkendes Dekrolin (s. d.) mit geringem Essigsäurezusatz, z. B. Dekrolin oder Dekrolin AZA, verwendet.

Außer den schon erwähnten (S. 304) Reagenzien werden noch folgende verwendet: 1. Kochsalznatronlauge: 10 ccm Natronlauge 38/40 ° Bé in 100 ccm gesättigter Kochsalzlösung; 2. verdünnte Ameisensäure: 1 ccm 90 %ige Ameisensäure in 100 ccm Wasser. 3. Seifenlösung: 10 g Kernseife in 300 ccm Wasser. 4. Tanninlösung: 10 g Tannin und 10 g Natriumazetat in 100 ccm Wasser. 5. Chlorkalklösung: frische Lösung von $3\frac{1}{2}$ ° Bé. 6. Persulfatlösung: kalt gesättigte Lösung von Ammoniumpersulfat.

Systematischer Gang. 1. Kochen der Färbung mit verdünntem Ammoniak (1 : 100). Säurefarbstoffe werden abgezogen und nach dem Ansäuern des Auszuges auf Wolle aufgefärbt. Diese Färbung wird weiter mit Hydrosulfitlösung geprüft.

2. Eine frische Probe wird $\frac{1}{2}$ Minute mit Kochsalznatronlauge gekocht, gespült und zweimal mit verdünnter Ameisensäure (1 : 100)

II. Untersuchungsgang

Nachweis von Farbstoffen auf gefärbter Baumwolle. Die zu untersuchende Stoff-
von 5 g Seife und 3 g Soda im Liter Wasser 1 Stunde gekocht (s. u.).

a) angefärbt: Unechte Farben. Angefärbt wird:		b) wird nicht oder nur wenig angeschmutzt: Echte Farben. Paraffinprobe (s. u.). Paraffin wird nicht angefärbt	
Wolle I. Basische Farbstoffe	Baumwolle II. Benzidinfarbstoffe	III. Schwefelfarbstoffe	IV. Verschiedene Farbstoffe
Bei allen Färbungen mit basischen Farbstoffen kehrt die Farbe der in der Waschprobe oder durch Behandeln mit Natronlauge entfärbten Baumwolle beim Betupfen mit Essigsäure wieder zurück. Mit Tannin vorgebeizte Baumwolle ergibt, mit Eisenchlorid betupft, einen schwarzen Fleck. Bei ungebeizten oder mit Katanol gebeizten Färbungen bleibt die Tanninreaktion aus	Bringt man einige Fäden in einige Tropfen konz. Schwefelsäure, so tritt ein Farbenumschlag ein. Bei starkem Verdünnen mit Wasser kehrt die ursprüngliche Farbe zurück. Durch Kochen mit Zinnchlorür und verdünnter Salzsäure entfärbt sich die Baumwolle. Durch Spülen und Behandeln mit Oxydationsmitteln kehrt die Farbe nicht zurück	Eine in einem Reagensglas mit Zinnchlorür und Salzsäure erhitzte Probe entfärbt sich, ein darüber gehaltenes Stück Bleipapier wird braun bis schwarz. Die Farbe der entfärbten Probe kehrt beim Waschen oder Behandeln mit Oxydationsmitteln wieder zurück	Türkischrot. Mit konz. Salzsäure gekocht wird Färbung hellgelb, auf Zusatz von Natronlauge werden Lösung und Färbung violett. **Alizarin-, Anthrazenfarbstoffe.** Nachweis von Cr, Fe, Tonerde. **Katechubraun.** Nachweis von Cr in der Schmelze. **Blauholzschwarz.** Durch Salzsäure werden Lösung und Färbung rot, auf Zusatz von Ammoniak blauschwarz. **Anilinschwarz.** Nachweis von Cr. Bessere Chlorechtheit als Schwefelschwarz. **Mineralfarben.** Chromgelb, -orange. Schwefelwasserstoff und Schwefelnatriumlösung schwärzen Farbe. **Rostgelb.** Entstehung blauer Färbung durch salzsaure Ferrozyankaliumlösung

Basisch überfärbt:

Wenn basische Überfärbung vorliegt, so färbt sich die Wolle schon bei Beginn der Waschprobe schwach an und entfärbt sich allmählich bei weiterem Waschen. Durch Kochen der Färbung mit verdünnter Natronlauge wird der basische Aufsatz abgezogen. Die meist farblose Lösung färbt sich beim Neutralisieren mit Essigsäure in der Farbe des Aufsatzes.

Ausführung der Waschprobe. Man verflicht eine Probe der Färbung mit weißer Wolle und weißer Baumwolle und wäscht den Zopf in einer Lösung von 5 g Kernseife und 3 g kalzinierter Soda im Liter gut durch, erwärmt allmählich weiter und kocht endlich. Nach dem Waschen wird kalt und warm gespült und getrocknet.

Ausführung der Paraffinprobe. Einige Fäden der Färbung werden mit geschmolzenem Paraffin getränkt, in ein 2—4 mm weites, unten zugeschmolzenes Glasröhrchen von 5—7 cm Länge gebracht und über offener Flamme vorsichtig erhitzt, ohne daß die Stoffprobe ankohlt, bis das Paraffin schmilzt und sich am Boden des Röhrchens ansammelt. Nach dem Erkalten wird die Färbung des Paraffins festgestellt. Bei den meisten echten Farben färbt sich das Paraffin an, so bei Indigo, Küpenfarben, Griesheimerrot, Eisfarben. Nicht angefärbt wird das Paraffin bei Schwefelfärbungen, Türkischrot, Anilinschwarz, Alizarinfarben, Blauholzschwarz, Katechubraun, Mineralfarben. Basische und substantive Farbstoffe färben das Paraffin unter den genannten Bedingungen auch nicht an.

Zur Beurteilung der allgemeinen Echtheit werden die Färbungen weiter drei Echtheitsproben unterworfen.

nach Zänker und Rettberg.

oder Garnprobe wird mit gebleichter Wolle und Baumwolle verflochten und in einer Lösung
Die mitverflochtene weiße Wolle oder Baumwolle wird:

c) wird nicht oder nur wenig angeschmutzt. Echte Farben. Paraffinprobe: Paraffin wird angefärbt. Reduktion mit alkalischer Hydrosulfitlösung. Die reduzierte Farbe			
kehrt zurück:		**kehrt nicht zurück:**	
sublimiert stark: V. Indigofärbungen	sublimiert schwach oder nicht: VI. Küpenfärbungen	sublimiert stark: VII. Eisfarben	sublimiert nicht: VIII. Griesheimer Färbungen (Naphthol-AS-Reihe)
Mit Salpetersäure betupft, bildet sich gelber Fleck mit grünem Rand (Indigotest)	Indanthren-, Helindon-, Algol-, Hydron-, Thioindigo-, Anthra-, Cibafarbstoffe	Beim Kochen mit alkalischer Hydrosulfitlösung wird die Baumwolle vollständig entfärbt (weiß). Unterschied von Griesheimerrot	Beim Kochen mit alkalischer Hydrosulfitlösung wird Färbung gelb (Unterschied von Eisfarben)
Etwaige basische Überfärbung wird wie unter II und III nachgewiesen			

Säureprobe. Man läßt die Färbung einige Zeit in kalter Salzsäurelösung (1 : 10) liegen. Die meisten substantiven und viele basische Färbungen erleiden einen Farbenumschlag; fast alle übrigen Farbstoffe bleiben unverändert.

Alkaliprobe. Man legt die Färbung in eine kalte Lösung, die zu gleichen Teilen aus Sodalösung 1 : 10 und Ammoniak 1 : 10 besteht. Die meisten basischen Farbstoffe schlagen um bzw. werden entfärbt; fast alle übrigen Färbungen bleiben nahezu unverändert.

Chlorprobe. Man legt die Probe in kalte Hypochloritlösung von 1^0 Bé für einige Zeit ein. Alle basischen Farbstoffe und die meisten Schwefel- und substantiven Farbstoffe werden fast vollständig entfärbt. Eine Ausnahme bilden nur einige gelbe und braune Schwefel- und substantive Farbstoffe. Andere Farbstoffgruppen bleiben mehr oder weniger unverändert.

Reibeprobe. Man reibt den Stoff mit einem weißen Lappen oder auf weißem Papier stark ab. Reibechte Färbungen schmutzen weder weißen Stoff noch Papier an. Vergleichsversuche werden unter gleichen Bedingungen, z. B. 12mal hin- und hergerieben. Es ist zu bemerken, daß vielfach die sonst sehr echten Färbungen in bezug auf Reibechtheit recht unecht sind, z. B. Indigoblau, Türkischrot, Anilinschwarz usw.

gekocht. **Basische Farbstoffe** werden größtenteils abgezogen, durch Tanninlösung gefällt, auf Wolle übertragen, mit Hydrosulfit weiter geprüft. Azo-, Beizen-, Küpenfarbstoffe usw. werden nicht abgezogen. 3. Eine frische Probe der Färbung wird mit Hydrosulfit reduziert. a) **Azofarben** usw. werden entfärbt, und die Farbe kehrt auch durch Oxydation nicht wieder. Eine frische Probe wird mit weißer merzerisierter Baumwolle in Seifenlösung gekocht: **Substantive Farbstoffe** färben Baumwolle an; Azo-, Azobeizenfarbstoffe nicht. b) **Azin-, Oxazin-, Thiazin-, Schwefel-, Beizenoxazinfarbstoffe** usw. werden durch Hydrosulfit entfärbt; die Farbe kehrt aber an der Luft wieder. Schwefelfarben geben Schwefelreaktion mit Bleiazetatpapier, **Beizen-** und **Oxazinfarbstoffe** nicht. c) **Anthrazenbeizen-, Pyron-, Anthrazenküpen-, Beizenfarbstoffe** werden durch Hydrosulfit nicht entfärbt oder nur in der Nüance verändert. 4. Eine frische Probe wird auf metallische Beize, z. B. Chrom, in der Asche usw. geprüft. **Beizenfarbstoffe** enthalten metallische Beize (Chrom, Eisen, Kupfer, Zinn, Tonerde usw.).

Indigo auf der Faser. Qualitativer Nachweis. Reduktion mit Hydrosulfit. Man reduziert den Indigo mit heißer Hydrosulfitlösung zu Indigoweiß (Leukoindigo), spült und läßt an der Luft liegen. Das Indigoweiß oxydiert sich an der Luft zu Indigoblau. Der Nachweis ist nicht eindeutig, da auch andere Farbstoffe das gleiche Verhalten zeigen (s. Farbstoffe auf der Faser).

Abziehverfahren. Anilin, Pyridin, Paraffin, Eisessig u. a. lösen den Indigo mit blauer Farbe von der Faser ab.

Lösen in Schwefelsäure. Hochkonzentrierte Schwefelsäure löst den Indigo in der Wärme zu blauer Indigoschwefelsäure (Indigokarmin). Nach dem Verdünnen der Lösung kann man eine Wollprobe in der Wärme mit der Lösung blau anfärben.

Indigotest. Durch Betupfen der Probe mit konzentrierter Salpetersäure bildet sich auf der Faser ein charakteristischer reingelber Fleck (Indigotest) mit grüner Umrandung (Bildung von Pikrinsäure). Durch Zinnsalz-Salzsäure wird die ursprüngliche Farbe nicht wiederhergestellt. Manche Färbungen liefern ähnliche Flecke, aber meist nicht mit grüner Umrandung und von schmutziggelber oder graugelber Farbe, die nicht mit dem Indigotest verwechselt werden dürfen (s. a. u. Indigo- und Indanthrenblaufärbung w. u.).

Sublimationsversuch. Zündet man einige Fäden der Probe an und hält sie an kaltes Porzellan, so bildet sich an der Berührungsstelle ein blauer Beschlag von sublimiertem Indigo. Der Versuch ist auch durch trockene Destillation der Probe im Reagensglase ausführbar, wobei violette bis purpurrote Dämpfe aufsteigen, die sich an den kälteren Teilen des Glases oder auf einem übergestülpten Porzellantiegelchen, weißem Baumwollzeug od. dgl. mit blauer Farbe absetzen. Als ,,Tellerprobe" wird die Reaktion auch ausgeführt, indem man einen angezündeten Faden brennend auf einen Porzellan- oder Tonteller wirft, wobei neben der weiterbrennenden Faser meist ein blauer Indigofleck entsteht.

Quantitative Bestimmung. Extraktion mit Eisessig auf Baumwollfaser (nach Binz und Runge[1]). Man extrahiert etwa 10 g des Stoffes mit 150 ccm Eisessig erschöpfend über freier Flamme im Soxhletapparat, verdünnt dann den Auszug mit 100—300 ccm Wasser und filtriert. Durch Ausschütteln des verdünnten Auszuges mit 150 ccm Äther im Schütteltrichter wird das Indigotin in besser filtrierbare Form in die Ätherschicht gebracht. Man filtriert den Indigo ab, wäscht mit wenig Alkohol und Äther, dann mit heißer verdünnter Salzsäure, trocknet schließlich und wägt oder löst den Indigo in Schwefelsäure (s. u. Indigo, S. 234) und titriert mit Permanganat.

Extraktion mit Eisessig-Schwefelsäure (nach Möhlau). Man extrahiert die Probe erschöpfend mit einem Gemisch von 100 ccm Eisessig und 4 ccm konzentrierter Schwefelsäure und versetzt den auf 50° C abgekühlten Auszug unter Rühren langsam mit dem anderthalbfachen bis doppelten Volumen siedenden Wassers. Beim freiwilligen Erkalten scheidet sich das Indigotin in feinen Kristallen quantitativ aus. Es wird auf gewogenem, gehärtetem Filter gesammelt, mit heißem Wasser, dann mit 1 ccm Alkohol und schließlich mit 100 ccm Äther gewaschen, bei 105° C getrocknet und gewogen.

Extraktion mit Pyridin bzw. Benzaldehyd bzw. Kresol-Kohlenwasserstoff (nach Green und Gardner). Die meisten Farbstoffe, die neben Indigo als Grund oder Aufsatz verwendet werden, können bereits bei der Extraktion mit Eisessig oder Pyridin vom Indigo getrennt werden, indem sie unverändert auf der Faser zurückbleiben. Manche Farbstoffe werden aber von beiden Lösungsmitteln aufgenommen. In solchen Fällen leistet oft Benzaldehyd als Lösungs- und Trennungsmittel gute Dienste. Noch besser ist oft ein Gemisch von Kresol und Kohlenwasserstoff.

Sulfonierung des Indigos auf Baumwollstoff (nach Knecht[2]). Man zerschneidet etwa 4 g des Baumwollstoffes in kleine Stücke und behandelt diese 10 Minuten bei 40° in 25 ccm 80%iger Schwefelsäure; dann verdünnt man mit Wasser auf 120 ccm und filtriert durch einen Goochtiegel (oder durch Asbest od. ä.). Nach dem Trocknen des Tiegels bei 110—120° wird sein Inhalt mit wenig Schwefelsäure in einem Wägeglas 1 Stunde im Wasserbade erhitzt und die so gebildete Sulfosäure mit Permanganat titriert.

Einzelnachweis einiger Färbungen. Anilinschwarz. Man übergießt die Färbung mit konzentrierter Schwefelsäure und gießt, sobald Lösung eingetreten ist, in kaltes Wasser. Anilinschwarzgefärbte Faser ergibt eine trübgrüne, violette bis schwarzbraune Lösung oder einen grünlichschwarzen Niederschlag. Behandelt man die Faser mit Chlorkalklösung von 1° Bé, so tritt meist Braunfärbung auf, während Schwefelfarbstoffe meist entfärbt werden.

Blauholzfärbung. Man kocht eine Probe mit 5%iger Salzsäure, wobei Blauholzfärbungen eine rote bis gelbrote Lösung liefern. Bei vorsichtigem Übersättigen mit Ammoniak tritt über Violettfärbung meist

<hr>

[1] Binz u. Runge: Z. angew. Chem. 1898 S. 904.
[2] Knecht: Soc. Dy. & Col. 1909 S. 135.

Blauschwarzfärbung und bei einigem Stehen ein blauschwarzer Niederschlag mit überstehender farbloser Flüssigkeit auf. Als Beize sind Eisen,
Chrom, Tonerde vorhanden.

Indigo- und Indanthrenblaufärbung. Man betupft die Probe
mit starker Salpetersäure. Beide Färbungen liefern einen gelben Fleck
(s. a. „Indigotest" u. Indigo auf der Faser, S. 308). Der bei Indigo
auftretende Fleck ist reingelb, sonst schmutzig- oder graugelb. Behandelt man den Fleck weiter mit Zinnchlorürsalzsäure (10 g Zinnchlorür, 50 ccm Salzsäure und 50 ccm Wasser), so kehrt die Farbe bei
Indanthrenblau wieder zurück, während sie bei Indigo nicht wiederkehrt. Indigo ist mit Anilin abziehbar und absublimierbar (s. u. Indigo
auf der Faser, S. 308).

Indigoide und Indigosole auf Pflanzenfaser. Man zieht
nach Livingston[1] die Farbe erst mit alkoholischer Hydrosulfitlösung
ab, kocht das entfärbte Muster mit Methylenblaulösung (0,25 : 1000),
spült und trocknet. Indigosolgefärbte Ware hat ausgesprochene Affinität
zu Methylenblau und färbt sich blau, während küpengefärbte Ware
keine Affinität zu Methylenblau zeigt. Diese Verwandtschaft zu Methylenblau ist von dem jeweilig angewandten Entwicklungsverfahren des
Indigosols unabhängig und nicht auf die Gegenwart von Oxyzellulose
zurückzuführen. Vielmehr ist sie der Einwirkung der bei der Hydrolyse der Indigosole frei werdenden Schwefelsäure auf die Baumwollfaser zu verdanken.

Türkischrot, Naphtholrot AS, substantive Direktrots. Die
trockene Probe wird im Reagensglas mit wenig konzentrierter Salzsäure übergossen. Türkischrot und Naphtholrot AS verändern sich
zunächst nicht oder kaum, während die Direktrots meist nach Braun
oder Braunrot umschlagen. Wird die Probe weiter in der Salzsäure
$\frac{1}{2}$ Minute gekocht, so bleibt Naphtholrot AS unverändert rot,
während Türkischrot über Orange nach Gelb umschlägt. Die substantiven Direktrots werden meist hell- bis dunkelbraun. Manche echten
Direktrots (z. B. die Benzoechtscharlachmarken) nehmen beim Kochen
ihren ursprünglichen Rotton wieder an. Wird die Lösung abgekühlt
und wird unter Kühlung vorsichtig mit Ätznatron übersättigt, so bleibt
Naphtholrot AS rot, während Türkischrot violett bis blauviolett und
die Direktrots meist ganz oder teilweise entfärbt werden (die genannten
Benzoechtscharlachs aber auch unverändert bleiben können). Bei den
Direktrots ist also der Umschlag von Rot nach Braun oder Braunrot
(beim ersten Übergießen mit konzentrierter Salzsäure vor dem Kochen)
typisch; bei Türkischrot ist die Violettfärbung beim Übersättigen mit
Alkali und bei Naphtholrot AS der in allen Stadien unveränderte
Farbton eindeutig. S. a. Ölbeize auf der Faser, S. 279, und Eisfarben w. u.

Eisfarben (Paranitranilinrot, Naphthylaminbordeaux,
Dianisidinblau und wenige andere) sublimieren (dem Indigo ähnlich,
s. d.) beim Verbrennen einer Probe sehr stark im Ton der Färbung.
Naphtholrot AS sublimiert nicht. Durch heißes Paraffin geht der

---

[1] Livingston: Bull. Soc. Ind. Mulh. 1929, 230.

Farbstoff in Lösung, aber nicht so stark wie bei Naphtholrot AS. Hydrosulfit reduziert schwer, am besten die aktivierten Lösungen AX und BX sowie die angesäuerten Dekrolinlösungen bei Siedehitze (s. S. 303).

Katechubraun. Widerstandsfähigkeit gegen Hypochloritlösungen u. dgl. Nachweis von Katechu bzw. Gerbstoff nach S. 279 u. 292, Nachweis von Chrom nach S. 276 u. 278.

Mineralfarben.

Chromgelb und Chromorange. Chromgelb wird durch ganz schwaches Alkali (z. B. schon durch kochendes Kalkwasser 1 : 1000) gerötet (Bildung von Chromorange). Chromorange wird durch schwache Säuren gelb (Bildung von Chromgelb). Starke Säuren und Alkalien entfärben beide Färbungen. Schwefelnatriumlösung gibt Schwarzfärbung beider Färbungen (Bildung von Schwefelblei). In der Asche ist außer Blei auch noch Chrom nachweisbar (s. S. 278).

Rostgelb (Eisenchamois), Chromkhaki, Manganbister werden durch die Anwesenheit von Eisenoxyd, Chromoxyd und Mangan bei Abwesenheit von Teerfarbstoffen nachgewiesen. Die Mineralfärbungen enthalten oft Teerfarbstoffe zum Schönen oder Nüancieren. Diese werden durch Abziehen mit Aklohol od. ä., bzw. nach den unter Bestimmung der Farbstoffe auf der Faser gegebenen Verfahren (s. S. 301) gesondert bestimmt.

Berlinerblau und Blaumittel s. u. Seidenerschwerung S. 292 und S. 279.

Rückstände auf der Faser von der Faserveredlung.

Fett und Öl auf der Faser. Man extrahiert eine gewogene, ausreichend große Probe 2—3 Stunden im Soxhletapparat mit Petroläther oder Äther, wobei die Fette (außer Rizinusöl) in Lösung gehen, dampft den Auszug auf dem Wasserbade zur Trockne, trocknet bei 100—110° und wägt den Rückstand (= Gesamtfett). Über die Bestimmung der Fettarten s. u. Fette und Öle S. 140, über den Nachweis von Rizinusöl s. Appretur auf der Faser S. 287 und S. 151.

Krais und Biltz[1] schlagen für die genaue Untersuchung bzw. Bestimmung von Fett in gewaschener Wolle außer der vorbeschriebenen üblichen Extraktionsmethode noch folgende „Verbesserte Methode" vor. 1. Man zieht die Probe erst im Soxhletapparat 2 Stunden mit Äther aus, dampft den Auszug auf dem Wasserbade ein, trocknet bei 100—110° bis zur Konstanz und wägt (= Wollfett). 2. Die mit Äther extrahierte Wolle zieht man nun noch mit 96%igem Alkohol im Soxhlet aus, verdünnt mit Wasser, säuert an, äthert aus, verdampft den Äther, löst den Rückstand in Alkohol, titriert mit $\frac{1}{10}$ n-Kalilauge gegen Phenolphthalein und berechnet auf Ölsäure. Die

---

[1] Krais u. Biltz: Textile Forsch. 1930 S. 4; Mschr. Textilind. 1930 S. 165.

so erhaltene Zahl, mit 1,08 multipliziert, ergibt den Prozentgehalt an wasserfreien Seifen. $1 + 2 = $ Gesamtfettgehalt.

Weltzien und Königs[1] haben bei Ölgehaltsbestimmungen an Azetatkunstseiden festgestellt, daß manche Fertigungen bei der Soxhlet-Extraktion mit Leichtbenzin (S.P. 40—65°) nicht ihr gesamtes Öl abgeben, vielmehr bei nachfolgender Seifenbehandlung weitere Öl-mengen verlieren. Zur Vereinfachung und Verbilligung der Ölgehalts-bestimmungen für praktische Zwecke empfehlen sie, die Soxhlet-extraktion fallen zu lassen und nur mit einem Seifenbade zu entölen, wobei der Gewichtsverlust als Öl in Rechnung gesetzt wird. Man trocknet mehrere Stränge (da das Öl in der Ware ungleich verteilt ist) der Azetatkunstseide bei 105°, wägt, weicht über Nacht in einem Bade von 45° ein, das im Liter 10 g Marseillerseife, 10 g Laventin KB und 1 g Soda enthält, erhitzt das Bad nach dem Einweichen 1 Stunde auf 50—60°, wäscht dreimal in destilliertem Wasser, trocknet bei 105° und wägt zurück.

Seife auf der Faser (speziell auf Wolle). Man verwendet zweck-mäßig das bereits für die Fettbestimmung benutzte, mit Äther oder Benzin ausgezogene Muster, und zieht dieses 3 Stunden im Soxhlet mit absolutem Alkohol aus. Hierin sind die Alkaliseifen löslich, während die Metallseifen (Kalk-, Zinkseifen usw.) ungelöst bleiben. Man filtriert nötigenfalls die alkoholische Lösung, dampft sie auf dem Wasserbade zur Trockne, löst den Rückstand mit heißem destillierten Wasser, bringt die Lösung in einen Schütteltrichter und zersetzt sie mit gemesse-ner überschüssiger $\frac{1}{10}$ n-Salzsäure. Die freie Fettsäure schüttelt man nun mit Äther aus, wäscht die ätherische Lösung zur Entfernung der Salzsäure mit wenig Wasser und bringt dieses Waschwasser zum Haupt-teil der sauren wässerigen Lösung zurück. Dann dampft man die Äther-lösung zur Trockne, trocknet und wägt (= Fettsäurehydrat). Auf der andern Seite titriert man die Salzsäure in der salzsauren Lösung mit $\frac{1}{10}$ n-Natronlauge gegen Methylorange. Je 1 ccm verbrauchte $\frac{1}{10}$ n-Salz-säure = 0,0031 g Na_2O. Das Gewicht der Fettsäure, mit 0,97 mul-tipliziert (d. h. das Fettsäureanhydrid) $+ Na_2O = $ Seife. Aus Wolle läßt sich so die Seife mit ausreichender Genauigkeit, aber nicht quan-titativ, extrahieren, weil die Seife in der Wolle durch die Kohlensäure der Luft in Soda und saure Seife umgesetzt wird und die Wolle etwas Alkali und saure Seife adsorbiert.

Wasserlösliche Bestandteile. Die mit Äther und Alkohol von Fetten und Alkaliseifen befreite Probe wird wiederholt mit wenig heißem Wasser ausgezogen. Man vereinigt die Auszüge, läßt abkühlen, füllt auf Volumen (z. B. auf 500 ccm), mischt gut durch, filtriert nötigen-falls, dampft einen aliquoten Teil auf dem Wasserbade zur Trockne, trocknet und wägt. Durch Veraschen und Glühen des Trockenrück-standes können noch die mineralischen (unflüchtigen) und organischen Anteile gesondert bestimmt werden. Der übrige Teil des Auszuges wird für die qualitative Prüfung verwendet.

---

[1] Weltzien u. Königs: Seide 1932 S. 132.

Säure und Alkali in der Faser. Infolge der den Fasern eigenen
Adsorptionskraft halten sämtliche Fasern eine gewisse Menge von Säure
bzw. Alkali fest, so daß diese niemals mit Wasser quantitativ ausgezogen werden können, auch nicht durch tagelanges Wässern. Wolle
verhält sich dabei noch ungünstiger als Baumwolle. Gefärbte, besonders
unecht gefärbte Stoffe erschweren den Säure- bzw. Alkalinachweis oder
die Bestimmung noch weiter erheblich, weil sie oft auf Indikatorenpapier abfärben oder gefärbte wässerige Auszüge liefern. Man kann
sich manchmal dadurch helfen, daß man die Anfeuchtung oder das
Extrahieren mit säurefreiem Alkohol, seltener mit Äther, ausführt. Der
Nachweis von Säure und Alkali in den verschiedenen Fasern wie Baumwolle, Wolle usw. gestaltet sich nicht immer gleich, wenn auch im
Grundsatz analog. Es sind deshalb die Untersuchungsverfahren in zwei
Gruppen, Baumwolle und Wolle, geteilt.

Allgemeine Vorprüfung. Man extrahiert das Muster mit kochendem destillierten Wasser und prüft den Auszug auf saure oder alkalische
Reaktion mit empfindlichem Lackmus-, Kongo- usw. Papier. Weiter
preßt man das mit destilliertem Wasser schwach durchfeuchtete Muster
an empfindliches Indikatorenpapier, legt es z. B. für längere Zeit
zwischen zwei saubere Glasplatten oder unter die Presse. Nur ein
positives Ergebnis ist hier eindeutig, nicht auch das Ausbleiben der
Reaktion. Bläuung von Kongopapier ist nicht für das Vorliegen von
Mineralsäuren beweisend, da außer Mineralsäuren auch stärkere organische Säuren, wie Milchsäure und Oxalsäure, Kongopapier bläuen
können. So fanden z. B. Krais und Biltz[1], daß Auszüge, die nur
0,01 g Milchsäure im Liter enthielten, Kongopapier bläuten. Über den
Nachweis von Säure durch Wickelversuche s. u. Sulfidschwefel.

A. Nachweis in Baumwolle.

Bei einem Gehalt von 0,02 % Schwefelsäure in Baumwolle ist nach
Zänker und Schnabel[2] eben noch Säure im wässerigen Auszuge
nachweisbar; während 0,01 % Schwefelsäure in der Faser im Auszuge
nicht mehr nachweisbar ist. Zum Nachweis von diesem 0,01 % Schwefelsäure mußten 2—3 g Baumwolle in einer Platinschale zunächst stark
angefeuchtet und dann auf dem Wasserbade auf knapp 50 % Wassergehalt angetrocknet werden, damit dann erst unter der Presse auf
einem trockenen violetten Lackmuspapier (oder besser auf Lackmus-
seide) gerade noch ein feuchter Rand entstand. Bei derartigen Versuchen sind immer Blindversuche mit destilliertem Wasser bzw. säurefreier Faser nebenher auszuführen. An Stelle der Presse kann auch ein
mittelheißes Bügeleisen benutzt werden; doch ist dann eine etwaige
Verfärbung des Indikatorenpapiers durch heißes Bügeln zu berücksichtigen.

Nach Trotman besprüht oder betupft man ein Baumwollgewebe
mit 0,02 %iger Lösung von Methylrot in 50 %igem Alkohol und stellt
auf diese Weise auch eine etwaige ungleichmäßige Verteilung der Säure
in der Faser (Lokalisation durch Säurespritzer od. ä.) fest. Wenn die

---

[1] Krais u. Biltz: Leipz. Mschr. Textilind. 1925 S. 354.
[2] Zänker u. Schnabel: Färb.-Ztg. 1913 S. 260.

Farbe des Indikators sich hierbei nicht ändert, so kann der Stoff als praktisch säurefrei bezeichnet werden und enthält nicht mehr als 0,005 % Säure oder Alkali. An Stelle von Methylrot kann auch eine wässerige 0,01 %ige Lösung von Methylviolett verwendet werden, die bei Gegenwart nennenswerter Mineralsäuremengen nach Blau bis Blaugrün umschlägt.

Nach Briggs verwendet man in ähnlicher Weise zum Nachweis freier Mineralsäure eine Jodat-Jodkalium-Stärkelösung zum Betupfen des Baumwollgewebes, wobei freie Mineralsäure Blaufärbung durch Freiwerden von Jod und Bildung von Jodstärke erzeugt. Man kocht etwas Stärke mit Kaliumjodat und Jodkalium auf, gibt nach dem Erkalten vorsichtig $\frac{1}{10}$ n-Salzsäure bis zur schwachen Blaufärbung hinzu, kocht nochmals auf bis die Lösung farblos wird und läßt abkühlen. Wenn ein Baumwollstoff mit dieser Lösung betupft ist und in 5 Minuten keine blauen Flecke entstehen, so kann die Ware als frei von freier Mineralsäure angesehen werden.

Coward und Wigley[1] schätzen den Alkali- bzw. Säuregehalt nach der Reaktion auf eine Reihe von Indikatoren. Je nach Umschlag des einen oder andern Indikators wird der Säure- oder Alkalitätsgrad eingeschätzt (s. a. u. p_H-Messung, S. 1).

Indikator	Es reagiert ein Säure- bzw. Alkali-Prozentgehalt von	Farbe des Indikators
Thymolblau	0,16 % Schwefelsäure	purpur
Methylorange	0,10—0,16 % ,,	rötlichgelb
Lacmoid	0,06 % H_2SO_4 und mehr	rot
	0,03—0,06 % H_2SO_4	roter Rand, innen blau
	0,02 % H_2SO_4 und weniger	blau
Jodid-Jodat-Stärkelösung .	0,01 % H_2SO_4	blau
	0,005 % H_2SO_4	rot
Methylrot	0,005 % NaOH	gelb
Bromthymolblau	0,05 % Na_2CO_3	grün
	0,04 % NaOH	blau
Phenolphthalein	0,12 % NaOH	rot

Quantitative Bestimmungen.

Extraktionsverfahren. Durch Ausziehen mit destilliertem Wasser lassen sich Säure oder Alkali nur bei größeren Mengen mit ausreichender Genauigkeit bestimmen, weil hier der nicht ausziehbare Rest vernachlässigt werden kann. Mit größerer Genauigkeit bestimmen Coward und Wigley Schwefelsäure in Baumwollwaren durch vierstündige Extraktion im Soxhletapparat mit 95 %igem Alkohol, in welchem Sulfate unlöslich sind. Man verdampft den Alkohol und bestimmt die Schwefelsäure mit Chlorbarium in üblicher Weise (s. S. 37) oder nimmt den Verdampfungsrückstand mit wenig Wasser auf und titriert mit $\frac{1}{10}$—$\frac{1}{100}$ n-Natronlauge gegen Phenolphthalein.

Direkte Titration. Man bringt die gewogene Probe mit etwas destilliertem Wasser in einen Erlenmeyerkolben und titriert unmittelbar mit $\frac{1}{50}$ n-Natronlauge gegen Phenolphthalein bis zur Rosafärbung.

---

[1] Coward u. Wigley: J. Soc. Dy. Col. 1922 S. 259.

Dann kocht man auf und setzt, falls Entfärbung eingetreten ist, die Titration weiter fort, wieder bis zur Rosafärbung usw., bis beim Aufkochen keine Entfärbung mehr stattfindet. Aus dem Gesamtverbrauch an $\frac{1}{50}$ n-Lauge berechnet man den Gehalt an Säure, z. B. als Schwefelsäure. Entsprechend wird das Alkali durch Titration mit $\frac{1}{10}$—$\frac{1}{50}$—$\frac{1}{100}$ n-Salzsäure gegen Phenolphthalein bestimmt.

Durch Zugabe eines gemessenen Überschusses an Natronlauge oder Säure und Rücktitration des Überschusses werden keine zuverlässigen Ergebnisse erhalten. Säure und Alkali absorbierende Begleitstoffe dürfen in der Faser nicht zugegen sein und sind nötigenfalls zu berücksichtigen. Blindversuche mit reiner, säurefreier Faser sind hierbei zu empfehlen.

Indirektes Verfahren (Mineralsäurebestimmung neben organischer Säure nach Trotman). Das Verfahren ist darauf gegründet, daß Soda mit organischen Säuren Salze liefert, die nach dem Veraschen wieder die ursprüngliche Sodamenge finden lassen, während Mineralsäuren Sodaverlust bedingen und Salze liefern, die beim Veraschen (entsprechend dem Mineralsäuregehalt) weniger Soda finden lassen als zugesetzt war. Man feuchtet etwa 3 g der Probe mit destilliertem Wasser in einer Platinschale an, fügt 25 ccm $\frac{1}{10}$ n-Sodalösung hinzu, dampft auf dem Wasserbade zur Trockne und verbrennt den Trockenrückstand vorsichtig bei möglichst niedriger Temperatur nur so weit, daß mit Wasser ein farbloser Auszug erhalten wird. Nun extrahiert man die noch kohlige Masse unter Zerkleinerung mit einem Glasstab mit heißem destillierten Wasser, filtriert, wäscht das Filter noch gründlich mit heißem Wasser aus, vereinigt die Auszüge mit dem Waschwasser, verbrennt das Filter nebst Inhalt zu Asche und bringt diese zu den gesammelten Auszügen. Nach dem Erkalten titriert man mit $\frac{1}{10}$ n-Salzsäure gegen Methylorange. Der gegenüber den ursprünglich zugesetzten 25 ccm $\frac{1}{10}$ n-Sodalösung etwa ermittelte Sodaverlust entspricht dem Gehalt an Mineralsäure (bzw. saurem Salz) in der Faser. War keine Mineralsäure oder kein mineralsaures Salz in der Faser vorhanden, sondern keine oder nur organische Säure, so werden genau 25 ccm $\frac{1}{10}$ n-Sodalösung wiedergefunden, also 25 ccm $\frac{1}{10}$ n-Säure beim Zurücktitrieren verbraucht.

B. Nachweis in Wolle. Nachweis und Bestimmung von Säure und Alkali in Wolle sind schwieriger als in Baumwolle, weil die Wolle nicht nur Säuren und Alkalien in größerem Maße adsorbiert, sondern weil die Wolle auch durch Alkali angegriffen wird, so daß Säure nicht direkt mit Alkali abtitriert werden kann wie bei Baumwolle. Zudem handelt es sich oft um den Nachweis geringer Mengen oder Spuren. Die Vorprüfung kann die gleiche sein wie bei Baumwolle.

Schwefelsäure. Kleine Mengen Schwefelsäure in Wolltuch bestimmt Philippe[1], indem er die Wolle mit einem Überschuß von verdünntem Ammoniak behandelt, das gebildete Ammonsulfat mit Wasser

---

[1] Philippe: Chem.-Ztg. 1918 S. 184.

auszieht und die Schwefelsäure in bekannter Weise mit Bariumchlorid (s. S. 37) bestimmt. Die Wolle soll selbstverständlich frei von Sulfaten sein.

Schwefelsäure. Man tränkt etwa 10 g der Probe mit 60° warmem Wasser, rührt fleißig um, setzt nach 15 Minuten etwa 1 g feinstes Magnesiumkarbonat zu, läßt nach mehrmaligem Umrühren über Nacht stehen, filtriert, wäscht die Wolle mit destilliertem Wasser nach, füllt auf Volumen und bestimmt in einem aliquoten Teil die Schwefelsäure mit Bariumchlorid als Bariumsulfat (s. S. 37). Wasserlösliche Sulfate dürfen natürlich in der Wolle nicht zugegen sein.

Säuren. Man tränkt die Wolle in verschlossener Flasche mit gemessenem Überschuß von $\frac{1}{10}$ n-Ammoniak, schüttelt gut durch und titriert einen aliquoten Teil mit $\frac{1}{10}$ n-Säure zurück. Nach Hirst und King[1] wird dabei eine Korrektur angebracht, entweder durch gleichzeitig nebenher ausgeführten Blindversuch mit reiner Wolle oder durch Einsetzung eines konstanten Korrekturwertes, der empirisch ermittelt worden ist. Fettsäuren und saure Seifen werden bei diesem Verfahren miterfaßt.

Säuren. Man tränkt nach Meunier und Rey[2] 5 g Probematerial 24 Stunden in 200 ccm $\frac{1}{20}$ n-Natriumbikarbonatlösung, rührt fleißig um, dekantiert die überstehende Flüssigkeit ab, wäscht die Wolle viermal mit je 50 ccm destilliertem Wasser, füllt auf Volumen auf und bestimmt in einem aliquoten Teil das unverbrauchte Bikarbonat (s. S. 53).

Alkali. Man entfernt etwa vorhandene Seife durch Extraktion mit Alkohol (s. S. 312), übergießt die Probe mit warmem destillierten Wasser und titriert vorsichtig unter fleißigem Rühren und Wiederanwärmen mit $\frac{1}{10}$—$\frac{1}{100}$ n-Schwefelsäure gegen Phenolphthalein.

Terephthalsäuremethode nach Hirst und King[3]. Diese interessante Methode beruht darauf, daß Säuren und Alkalien von Wolle adsorbiert werden, Neutralsalze aber nicht. Wenn man also eine in der Faser enthaltene Säure in Neutralsalz verwandelt, so kann man das letztere quantitativ ausziehen und bestimmen. Nur darf das verwendete Reagens selbst von Wolle nicht adsorbiert werden. Diese Bedingungen werden erfüllt von einer unlöslichen Säure, welche ein lösliches, aber nicht hydrolysierbares Alkalisalz bildet. Als solches haben Hirst und King die in Wasser fast unlösliche Terephthalsäure mit ihrem wasserlöslichen Natriumsalz ermittelt. Die Methode ist sowohl für die Bestimmung von Säure als auch von Alkali in Wolle brauchbar. Zu beachten ist, daß die Tephthalsäure (d. i. Benzol-1,4-Dikarbonsäure) nicht nur mit Ätzalkali und Alkalikarbonat, sondern auch mit Seife (auch Kalkseife) Verbindungen gemäß folgenden Gleichungen eingeht.

$$C_6H_4(COOH)_2 + 2\,NaOH \longrightarrow C_6H_4(COONa)_2 + 2\,H_2O.$$
(Terephthalsäure)

$$C_6H_4(COONa)_2 + H_2SO_4 \longrightarrow C_6H_4(COOH)_2 + Na_2SO_4.$$
$$C_6H_4(COOH)_2 + 2\ \text{Mol. Seife} \rightleftharpoons C_6H_4(COONa)_2 + 2\ \text{Mol. Fettsäure.}$$

[1] Hirst u. King: J. Textile Inst. 1926 T. 101.
[2] Meunier u. Rey: Rev. gén. Mat. Col. 1924 S. 66.
[3] Hirst u. King: J. Textile Inst. 1926 T. 94; Melliand Textilber. 1927 S. 290.

Man bestimmt die Säure in der Wolle, indem man eine gewogene Probe von etwa 5 g Wolle 3 Stunden bei 60° C mit einer gemessenen Menge $\frac{1}{10}$ n-terephthalsaurem Natron (Natriumterephthalat) behandelt, dann entweder a) die durch die Säure in der Wolle frei gewordene unlösliche Terephthalsäure mit der Wolle zusammen abfiltriert, den Filterinhalt gut auswäscht und mehrmals ausdrückt, das überschüssige Terephthalat im Filtrat (eventuell im aliquoten Teil desselben) mit einem gemessenen Überschuß von $\frac{1}{10}$ n-Schwefelsäure zersetzt und den Schwefelsäureüberschuß mit $\frac{1}{10}$ n-Natronlauge zurücktitriert; -oder b) einfacher und für praktische Zwecke meist ausreichend, wenn man ohne zu filtrieren und auszuwaschen einen aliquoten Teil der Terephthalatlösung der Titration mit $\frac{1}{10}$ n-Schwefelsäure, wie oben, unterwirft.

Man bestimmt das Alkali in analoger Weise. Da Seife als Alkali wirkt, so ist es nötigenfalls vorher durch Extraktion mit Alkohol im Soxhlet oder mehrmaliges Ausziehen mit Cyclohexanol auf dem Wasserbade zu entfernen. Alsdann übergießt man die gewogene Probe von etwa 5 g mit Wasser, verrührt gut mit einem Überschuß von Terephthalsäure, erwärmt auf 60° C, läßt 4 Stunden stehen und filtriert. Das im Filtrat befindliche terephthalsaure Natron zersetzt man nun mit einem gemessenen Überschuß von $\frac{1}{10}$ n-Schwefelsäure und titriert, wie oben, den Säureüberschuß mit $\frac{1}{10}$ n-Natronlauge gegen Methylorange oder Thymolblau zurück. Etwaige Kalkseife wirkt auch als Alkali auf die Terephthalsäure und ist nötigenfalls gesondert zu bestimmen.

Faserschwächung durch Säure. Mitunter wird die Frage aufgeworfen, ob die vorhandene Menge Säure oder der sauer reagierenden Verbindungen eine Faserschwächung zur Folge haben kann. Zur Beantwortung dieser Frage verfahren Zänker und Schnabel[1] wie folgt. Ein Strängchen reinen gebleichten Baumwollgarnes wird in den zu prüfenden Stoff eingewickelt oder mit ihm verflochten und mit Baumwollfäden fest zusammengebunden. Zwecks Übertragung der Säure in dem Muster auf das Baumwollgarn feuchtet man das Bündel 2—3 mal mit destilliertem Wasser an, knetet es gut durch und trocknet wieder auf dem Wasserbade. Schließlich wird das Bündel 3 Stunden bei 110° im Trockenschrank erhitzt und das reine Baumwollgarn auf Festigkeit geprüft[2]. Aus dem etwaigen Festigkeitsrückgang des Baumwollgarnes gegenüber seiner ursprünglichen Festigkeit geht hervor, ob die zu untersuchende Probe das Garn geschädigt hat oder nicht. Nebenher wird ein Blindversuch mit reinem Baumwollgarn allein ausgeführt, und der hier etwa beobachtete Festigkeitsrückgang als Korrektur angebracht. — Bei diesen Versuchen kann nur ein positives Ergebnis eindeutig sein, da Menge und Verteilungsart der Säure in der Probe derart sein können, daß sie zwar die Ware durchgängig oder lokal zu schädigen imstande sind, aber nicht auszureichen brauchen, bei der Übertragung auf das Baumwollgarn, wobei eine Verdünnung stattfindet, auch dieses noch zu schädigen. Vor allem wird durch diese Versuche nicht eine ungleichmäßige Verteilung (z. B. durch Spritzer) der Säure aufgedeckt werden können, die häufig lokale Schädigungen der Ware verursacht. Schließlich sei auf die Schwierigkeit der Festigkeitsversuche mit ihrem geringen Sicherheitsgrad hingewiesen.

Kupfer in Spuren. Größere Kupfermengen werden auf trockenem oder nassem Wege nach allgemeinen analytischen Verfahren nachgewiesen (z. B. in der Beize, s. S. 277 u. 278). In manchen Warengattungen

---

[1] Zänker u. Schnabel: Färb.-Ztg. 1914 S. 310.
[2] Darüber s. Näheres bei Heermann u. Herzog: Mikroskopische und mechanisch-technische Textiluntersuchungen.

spielen aber die geringsten Kupferspuren eine wichtige Rolle, z. B. in gummierten Stoffen, weil sich hier Kupfer als starkes Kautschukgift erwiesen hat. In solchen Fällen müssen bei geringen Spuren von Kupfer recht erhebliche Probemengen verarbeitet werden, die oft nicht zur Verfügung stehen. Außerdem bringt die Verarbeitung großer Probemengen verschiedene Nachteile mit sich. Es ist deshalb mitunter sehr wichtig, mit kleinen Probemengen den sicheren Nachweis zu erbringen und die ungefähre Kupfermenge zu bestimmen. Für solche Zwecke eignen sich besonders die Mikroreaktionen.

a) **Kupferoxydammoniak- und Ferrozyankaliumverfahren.** Zum Nachweis und zur Bestimmung von Kupferspuren in Textilwaren muß man bei diesem Verfahren von größeren Probemengen ausgehen. **Kehren**[1] verascht z. B. 10—30 g der Probe in halbkugeliger Porzellanschale (oberer Durchmesser 9—11 cm) zuerst bei offener Schale, bis die Faser verbrannt ist, bedeckt dann die Schale mit einer Asbestplatte bis auf einen kleinen Spalt und glüht unter wechselndem Schrägstellen der Schale auf einem Tondreieck, bis die Schalenwandung frei von abgeschiedener Kohle ist. Das Fertigglühen bis zur lockeren Flugasche erfolgt dann in völlig bedeckter Schale. Die Asche soll zuletzt völlig frei von Kohleteilchen sein. Zweckmäßig ist u. U. das Einleiten von Sauerstoff während des Verbrennens (s. a. u. Seidenerschwerung, S. 299). Alsdann raucht man die Asche 2—3 mal mit wenig Kaliumchlorat und konzentrierter Salzsäure zur Trockne ab, wobei die metallischen Bestandteile in die Oxydform übergeführt werden, und nimmt dann mit Salzsäure auf. Schwarze Ascheteilchen dürfen hierbei nicht zugegen sein und deuten gegebenenfalls auf unvollständige Verbrennung (Chromoxyd bleibt ungelöst). Man versetzt nun mit konzentriertem Ammoniak, wobei Ferri- und Tonerdehydrat ausfallen, erhitzt kurze Zeit und filtriert. Das je nach vorhandener Kupfermenge stärker oder schwächer blau gefärbte Filtrat bringt man in einen Kolorimeterzylinder und kolorimetriert gegen eine Kupferlösung von bekanntem Gehalt, z. B. gegen eine Lösung von 1,964 g chemisch reinem, kristallisiertem Kupfersulfat in 1000 ccm Wasser, von der je 1 ccm = 0,0005 g met. Kupfer enthält.

Tritt auf Zusatz von Ammoniak keine oder eine für die Kolorimetrie zu schwache Blaufärbung auf, so säuert man die Lösung mit Essigsäure an und setzt einige Tropfen Ferrozyankaliumlösung zu. Bei Gegenwart von Kupferspuren entsteht dann Braun- bis Braunrotfärbung durch Bildung von Ferrozyankupfer. Tritt Fällung von Ferrozyankupfer auf, so ist die Lösung vorher so weit zu verdünnen, daß die geringen Mengen Ferrozyankupfer bis zur kolorimetrischen Messung in Lösung bleiben.

b) **Dithizonverfahren.** Stehen keine ausreichenden Versuchsproben zur Verfügung, so versagt das vorbeschriebene Ammoniak- sowie das Ferrozyankaliumverfahren bei einer Grenze, wo der Kupfergehalt noch schädlich wirken kann. So dürfen z. B. nach amerikanischen Vereinbarungen (in Deutschland sind keine Normen hierfür geschaffen)

---

[1] **Kehren:** Melliand Textilber. 1932 S. 533, 601, 652.

gummierte, d. h. kautschukierte Gewebe höchstens einen Kupfergehalt von 0,003 % enthalten. In 1 g Gewebe dürfen also höchstens 0,000030 g oder 30 Mikrogramm bzw. 30 γ Cu enthalten sein (1 γ = 1 Mikrogramm = $\frac{1}{1000}$ mg). Nach dem kolorimetrischen Ammoniakverfahren ohne Kolorimeter können aber 50 γ in 3 ccm nicht unterschieden werden, während erst Mengen von 50 γ und 100 γ in 3 ccm untereinander deutlich unterscheidbar sind. Bei Waren mit 0,003 % Cu sind also mindestens 5 g der Probe erforderlich, wobei noch sehr konzentriert gearbeitet werden muß.

Nach dem Dithizonverfahren[1] lassen sich dagegen Mengen von 3 γ und 5 γ Cu selbst ohne Kolorimeter noch deutlich nachweisen und annähernd kolorimetrisch bestimmen, so daß man erheblich geringere Einwaagen benötigt. Nach Fischer können sogar noch Mengen von etwa 1 γ Cu nachgewiesen werden.

Erforderliche Lösungen. 1. Vergleichskupferlösung mit 5 γ Cu in 1 ccm Lösung. Man löst 1,964 g reines krist. Kupfersulfat zu 1 l (1 ccm = 0,0005 g = 500 γ Cu), verdünnt 10 ccm dieser Lösung zu 100 ccm und weiter 10 ccm dieser Lösung nochmals zu 100 ccm. 1 ccm dieser Lösung enthält dann 5 γ Cu. 2. Dithizonlösung mit etwa 6 mg Dithizon in 100 ccm Tetrachlorkohlenstoff (Tetra). Man löst 6 mg Dithizon (Diphenylthiokarbazon) in wenig Tetra. Den gelben Farbstoff (Oxydationsprodukt des Dithizons) der Lösung entfernt man durch Schütteln der Lösung mit ganz verdünntem Ammoniak (1 T. konzentriertes Ammoniak zu 200 ccm Wasser), wobei das Dithizon in die wässerige Phase übergeht, während die gelben Oxydationsprodukte im Tetra verbleiben. Die wässerige Lösung wird vom Tetra im Scheidetrichter abgetrennt, mit frischem Tetra unterschichtet, angesäuert, sogleich geschüttelt, mehrfach mit destilliertem Wasser gewaschen und mit Tetra auf 100 ccm gebracht. Diese gereinigte Dithizon-Tetra-Lösung wird unter schwefliger Säure in brauner Flasche im Dunkeln aufbewahrt und hält sich so monatelang. Vor dem Gebrauch wird das erforderliche Quantum des Reagens nach Abtrennung der schwefligen Säure und Waschen auf das dreifache Volumen mit Tetra verdünnt.

Reaktionsverlauf. Das grüne Reagens reagiert in neutraler und alkalischer Lösung gegen die geringsten Kupferspuren durch einen Farbenumschlag nach Braun; in saurer Lösung nach Violett. Letzterer Umschlag ist empfindlicher und für kolorimetrische Bestimmungen geeigneter. Das Kupfer wird bei Ausführung der Reaktion aus saurer Lösung mit dem Reagens extrahiert und die gebildete Dithizon-Kupfer-Komplexverbindung, die im Tetra verbleibt, durch Waschen mit sehr verdünntem Ammoniak (1 : 200) vom Reagensüberschuß befreit. Die übrigbleibende Violettfärbung der Tetralösung wird kolorimetriert.

Reinheit der Chemikalien. Wegen der erstaunlichen Empfindlichkeit der Reaktion müssen bei peinlichster Sauberkeit des Arbeitens die Chemikalien besonders rein sein. Man überzeugt sich von der Reinheit sämtlicher Chemikalien durch eine Blindprobe. Bei Mengen unter 10 γ Cu empfiehlt Fischer für alle Lösungen doppelt destilliertes Wasser. Größere Mengen von Ferrisalz (über 50 mg) stören und sind vorher zu entfernen, was durch die Ammoniakfällung geschieht, sonst auch durch Ausäthern des Ferrichlorids.

Ausführung des Verfahrens. Man verascht 1 g Gewebe, raucht 1—2mal mit Salpeterschwefelsäure ab, nimmt mit wenig verdünnter Schwefelsäure auf, fällt das Eisen mit geringem Überschuß von konzentriertem Ammoniak, erhitzt 5 Minuten über freier Flamme, filtriert und stellt die schwach ammoniakalische Lösung auf 10 ccm. Von dieser

---

[1] Fischer, Hellmut: Z. angew. Chem. 1933 S. 442; 1934 S. 90, 685. — Durst: Melliand Textilber. 1934 S. 314.

Lösung wird 1 ccm im kleinen Scheidetrichter schwach mit Schwefelsäure angesäuert und mit 5 ccm Dithizonlösung (s. o.) 2 Minuten kräftig geschüttelt[1]. Fischer extrahiert mit der Dithizonlösung das Kupfer mehrmals, und zwar so lange, bis statt der violetten Färbung die unveränderte Grünfärbung des Reagens auftritt, und vereinigt die Dithizonlösungen in einem Glaszylinder. Das Abtrennen der letzten Reste Dithizonlösung von der wässerigen Schicht geschieht durch Nachwaschen mit reinem Tetra. Zur Entfernung des Reagensüberschusses (das wegen seiner grünen Eigenfarbe stört) werden die vereinigten Tetraextrakte 2—3mal mit etwa 5 ccm sehr verdünnten Ammoniaks (1 : 200) durchgeschüttelt und vom Waschwasser im Scheidetrichter getrennt. Nachdem die violette Dithizonlösung anschließend mit 1%iger Schwefelsäure nachgewaschen und durch ein trockenes Filter filtriert worden ist, ist sie zum Kolorimetrieren fertig. Sie wird zu diesem Zwecke, wie üblich, auf ein bestimmtes Volumen (10 oder 20 ccm) gebracht. Man kann auch in einfacher Weise ohne besondere Kolorimeter arbeiten, indem man die erhaltenen Färbungen in gleichdimensionierten Reagensröhren oder Glaszylindern gegen die Standardkupferlösung vergleicht.

Zwecks Feststellung, ob der Kupfergehalt der amerikanischen Toleranz (0,003 % Cu) entspricht, verfährt Durst[2] wie folgt. Man behandelt z. B. 0,6 ccm (= 3 γ Cu) und 1,0 ccm (= 5 γ Cu) der Standardkupferlösung (s. o.) in gleicher Weise mit 5 ccm Dithizonlösung. Entspricht der Farbton bei dem Hauptversuch dem 3-γ-Standard, so ist die Ware entsprechend der amerikanischen Toleranz einwandfrei (d. h. enthält nicht über 30 γ Cu in 1 g Gewebe), entspricht sie dem 5-γ-Standard oder einem noch größeren Kupfergehalt, so überschreitet der Kupfergehalt die Toleranz. Man kann in diesem Falle die Lösung der Gewebeasche weiter beliebig verdünnen und die Dithizonprobe mit der quantitativ verdünnten Lösung wiederholen, bis der Farbton mit dem 3-γ- oder dem 5-γ-Standard übereinstimmt. Zur Kontrolle eines etwaigen Eisengehaltes wird der Rest der Lösung der Gewebeasche mit 1 ccm Eisessig angesäuert und mit 0,5 ccm einer 0,5 %igen Ferrozyankaliumlösung versetzt. Tritt dabei statt der violetten Dithizonkupferfärbung die Berlinerblaureaktion ein, so war Eisen zugegen, und die Probe muß wiederholt werden.

c) Mikrotitration mit Thiosulfatlösung. Kupfermengen über 100 γ Cu (nach Durst[2] über 600 γ Cu) können auch wie folgt titriert werden. Man verascht 10—20 g Gewebe, raucht 2mal mit Salpeterschwefelsäure ab, nimmt den Rückstand mit 1 ccm 50 %iger Schwefelsäure auf, spült mit 15 ccm Wasser in eine Schüttelflasche von 50 ccm und stumpft die Schwefelsäure durch Zusatz von 1,5 g Natriumazetat ab. Alsdann setzt man 5 ccm 10 %ige Jodkaliumlösung und einen Tropfen Stärkelösung als Indikator zu und titriert mit frisch bereiteter (ausgekochtes destilliertes Wasser) $\frac{1}{200}$n-Thiosulfatlösung aus einer Mikrobürette (mit $\frac{1}{100}$ ccm-Teilung) von 5 ccm auf Farblos. Der Titer der Thiosulfatlösung wird jedesmal durch Vergleichstitration einer Kupferlösung von bekanntem Gehalt (s. o. 1,964 g $CuSO_4 \cdot 5H_2O$: 1000 ccm; 1 ccm = 0,0005 g Cu) festgestellt, indem man 50 ccm der Kupferlösung mit 1 ccm Eisessig und 5 ccm 10 %iger Jodkaliumlösung aus einer gewöhnlichen Bürette gegen Stärkelösung als Indikator titriert.

d) Kaliumäthylxanthanat. Ein Tropfen der 5 %igen Lösung liefert mit Spuren Kuprisalz eine nicht haltbare Gelbfärbung. In USA. vorgeschlagen[3].

e) Diäthyl-dithiokarbaminsaures Natrium (1 : 1000) liefert mit Spuren Kuprisalz goldbraune Färbung. Empfindl. 1 : 1000000 (Callan und Henderson).

---

[1] Zur schnellen Information ist die Durchführung der Reaktion in kleinen Probierröhrchen (z. B. 5 mm innerer Durchmesser, etwa 50 mm Länge) mit eingeschliffenem Glasstopfen am einfachsten.

[2] Durst: Melliand Textilber. 1934 S. 568.

[3] S. a. Eicklin: Melliand Textilber. 1928 S. 842.

f) **1,2-Diamidoanthrachinon-3-sulfonsäure** (0,5 g : 500 ccm Wasser + 40 ccm Natronlauge 40^0 Bé) liefert mit Kuprisalz intensive Blaufärbung. Empfindl. 1 : 5000000 (Uhlenhut).

g) **Katalytische Zersetzung von Wasserstoffsuperoxyd**[1]. Man versetzt 10 ccm einer 30 %igen Wasserstoffsuperoxydlösung im Reagensglas mit 2—3 Tropfen Wasserglas, schüttelt kurz um, gibt 1 ccm konzentriertes Ammoniak zu, schüttelt wieder vorsichtig und bringt die Versuchsprobe in die Lösung. Bei nachgekupferten Färbungen beginnt in wenigen Minuten eine lebhafte Zersetzung und schnelle Abgabe des gesamten Sauerstoffes; bei nicht nachgekupferten Färbungen dauert die Zersetzung mehrere Tage.

h) **Direktgrün B** schlägt beim Erwärmen auf dem Wasserbade mit Spuren Kupfer (z. B. in mit einer Kupferschlange kondensiertem Wasser) von Grün nach Rosa um[2].

Von zahlreichen anderen Farbenreaktionen, die zum großen Teil auf Oxydationen von z. B. Hämatoxylin, Pyrogallol, Benzidin, p-Phenylendiamin usw. beruhen, wird abgesehen[3].

Mangan in Spuren. Auch Mangan kann in geringsten Mengen katalytisch wirken, ist z. B. auch ein Kautschukgift wie Kupfer. Um geringe Spuren nachzuweisen, muß auch hier von einer größeren Probenmenge ausgegangen werden. Man verascht z. B. nach **Kehren**[4] 20—40 g der Probe wie bei der vorbeschriebenen Kupferbestimmung zu vollständiger Flugasche und kocht die Asche 5 Minuten mit konzentrierter Salpetersäure und einer Messerspitze Bleisuperoxyd unter gleichzeitigem Zusatz einiger Tropfen Silbernitratlösung (zwecks Ausfällung sonst störender Chloride bzw. störender Salzsäure). Etwa vorhandenes Mangan gibt sich durch Violettfärbung (Bildung von Permanganat) zu erkennen. Man filtriert die gegebenenfalls violette Lösung direkt in einen Kolorimeterzylinder und kolorimetriert gegen Permanganatlösung von bekanntem Gehalt, z. B. gegen frisch hergestellte $\frac{1}{100}$—$\frac{1}{200}$ n-Kaliumpermanganatlösung. Die Berechnung des Mangangehaltes erfolgt am besten auf das Stoffgewicht, bisweilen auf 1 qm Stoff.

Zink und Magnesia auf der Faser und in der Appretur. Man extrahiert das Muster mit Salpetersäure wie bei der Chloridbestimmung (s. S. 322). Bei der Untersuchung von Schlichten oder Appreturen wird 1 g der Probe mehrmals mit rauchender Salpetersäure zur Trockne gedampft; dann wird der Rückstand in verdünnter Salzsäure gelöst und auf 100 ccm aufgefüllt. In dieser Lösung werden Zink und Magnesia in üblicher Weise analytisch bestimmt (s. a. u. Zinkseifen w. u.).

Kalkseifen. Die üblichen Fettlösungsmittel verhalten sich nach **Salm und Prager**[5] in bezug auf Kalkseifenlösevermögen wie folgt. Azeton löst die Kalkseifen am wenigsten (außer der Rizinusölkalkseife); zum Teil werden die Kalkseifen gelöst durch Äther (besonders die Leinölkalkseife), Benzin und Schwefelkohlenstoff; am besten werden trockne Kalkseifen von heißem Benzol und Tetrachlorkohlenstoff in Lösung gebracht. Man erzielt eine praktisch ausreichende Trennung der Kalkseifen von Fetten und Ölen, indem man das Fett

---

[1] **Rath:** Melliand Textilber. 1932 S. 492.
[2] **Sisley** u. **David:** J. Soc. Dy. & Col. 1931 S. 54; Textile Forsch. 1931 S. 233.
[3] Näheres s. **Mercks** Reagenzienverzeichnis. 1932.
[4] **Kehren:** a. a. O.
[5] **Salm** u. **Prager:** Chem.-Ztg. 1918 S. 463.

zuerst mit Azeton auszieht, dann die Probe bei 95—100° C trocknet und schließlich mit heißem Benzol oder Tetrachlorkohlenstoff extrahiert. Hierzu eignet sich am besten der Bessonkolben[1], bei dem mit warmem Lösungsmittel ausgezogen wird. Man verdampft dann den Auszug zur Trockne, wägt und bestimmt nötigenfalls die Fettsäure nach der Zersetzung der Kalkseife mit Salzsäure und den Kalk nach einem der üblichen Verfahren (s. S. 81). Sollen Fette und Kalkseifen zusammen bestimmt werden, so wird das vorgetrocknete Muster direkt im Bessonkolben mit Benzol oder Tetrachlorkohlenstoff extrahiert.

Zinkseifen. Bei größeren Mengen kann man das Zink nach üblichen Verfahren bestimmen (s. a. u. Zink auf der Faser). Bei Gegenwart kleinster Mengen, z. B. in Zinkseifenflecken, bestimmt Kehren[2] Zinkseifen wie folgt. Man löst 1 g Diphenylamin in 60—80 ccm 96%igem Alkohol und füllt mit 10%iger Essigsäure auf 100 ccm auf. Etwaige Trübung wird mit etwas Alkohol wieder beseitigt. Betupft man nun Zinkseifenflecke nacheinander mit obiger Diphenylaminlösung und dann mit 0,5%iger wässeriger Ferrizyankaliumlösung, so tritt bei Gegenwart von Zink sofort eine violette bis schwarze Färbung oder Umrandung der Flecke auf. Die Entfärbung erfolgt durch einfaches Spülen mit Wasser, kurze Behandlung mit 10%igem Ammoniak und nochmaliges Spülen. Kalkseifen und Eisenoxydflecke (die leicht zu erkennen sind) stören dabei nicht. Nach Kehren läßt sich auf diese Weise etwa 0,000014 g Zinkoxyd in Zinkseifenflecken oder 0,0014 g Zinkoxyd in 100 ccm Lösung nachweisen.

Schweflige Säure in Wolle. Geschwefelte Wolle enthält in der Regel noch adsorbierte schweflige Säure. Man bestimmt sie, indem man sie mit Dampf übertreibt und in eine Vorlage mit gemessenem Wasserstoffsuperoxyd leitet. Die dabei infolge Oxydation gebildete Schwefelsäure wird dann in üblicher Weise als Bariumsulfat bestimmt (s. S. 37). Man zerschneidet etwa 10 g der Probe in kleine Stücke, wägt diese, bringt sie in einen Destillierkolben von etwa 1 l Inhalt, setzt etwas Wasser und einige Tropfen Phosphorsäure zur Zersetzung etwa vorhandener Sulfite zu und destilliert etwa 20 Minuten mit Wasserdampf. Das Destillationsrohr taucht in eine Vorlage mit gemessenem Wasserstoffsuperoxyd ein, das absolut schwefelsäure- und sulfatfrei sein soll. An Stelle von Wasserdampf kann auch ein Strom von Kohlensäure zum Vertreiben und Überleiten der schwefligen Säure verwendet werden. Die ermittelte Menge Bariumsulfat, mit 0,274 multipliziert, ergibt die entsprechende Menge schweflige Säure.

Chloride auf der Faser oder in der Appretur. Man verfährt nach Neale[3] in der Weise, daß man etwa 5 g des Musters mit 20 ccm 2n-Salpetersäure und 150—200 ccm Wasser 1 Stunde behandelt. Dann dekantiert oder filtriert man und wiederholt die Extraktion mit 100 ccm frischen Wassers. Beide Auszüge werden vereinigt und zu 250 ccm

---

[1] Erhältlich bei Dr. Göckel, Berlin NW 6, Luisenstraße 21.

[2] Kehren: Melliand Textilber. 1928 S. 687. — S. a. Cone u. Cady: Analyst 1927 S. 730.

[3] Neale: J. Textile Ind. 1926 T. 511.

aufgefüllt (= Extrakt A). Bei Schlichten oder Appreturen erhitzt man 1 g der Probe über Nacht mit etwa 10 ccm 2n-Salpetersäure auf etwa 90° C. Die nötigenfalls filtrierte Lösung wird dann für die Chloridbestimmung verwendet (= Extrakt B). Man versetzt nun 100 ccm des Auszuges A oder die ganze Lösung B mit einem Überschuß von gemessener $\frac{1}{10}$ n-Silbernitratlösung, kocht, filtriert und wäscht den Niederschlag von Chlorsilber gründlich aus. In dem Filtrat titriert man den Überschuß des zugesetzten Silbernitrates mit Rhodanlösung zurück (s. S. 39) und berechnet den Silberverbrauch durch die Chloride.

Gesamtchlor in Wolle. Man tränkt eine gewogene Probe im Porzellantiegel mit verdünnter Lösung von reiner Soda, verdampft auf dem Wasserbade zur Trockne und verbrennt die Wolle bis zur kohligen Masse, die keinen gefärbten wässerigen Extrakt mehr liefert, filtriert, wäscht das Ungelöste nach, bringt letzteres in den Tiegel zurück und verascht nun bei niedriger Temperatur endgültig zu Asche. Diese laugt man nochmals mit destilliertem Wasser aus, vereinigt die Auszüge, säuert mit wenig verdünnter Salpetersäure an und bestimmt das Chlorid nach einer der beschriebenen Methoden (s. S. 39), gewichtsanalytisch als Chlorsilber oder titrimetrisch mit $\frac{1}{10}$ n-Silbernitratlösung.

Aktives Chlor, aktiver Sauerstoff. Rückstände dieser Art sind bei normaler Bleiche und ausreichendem Wässern selten nachweisbar, da sie sich schnell verflüchtigen; am ehesten findet man sie noch zwischen den Nähten und in den Doppellagen der Stoffe. Nach Herbig sollen sie hier innerhalb 3 Wochen nach der in Frage kommenden Behandlung erkennbar sein. Der Nachweis geschieht durch Aufdrücken von Jodkaliumstärkepapier auf mineralsauer angefeuchtete Ware bzw. einen entsprechenden Wickelversuch zwischen zwei Glasplatten (s. w. u. Wickelversuche bei Sulfidschwefel) od. dgl. Gegebenenfalls tritt stellenweise oder punktförmig Blaufärbung auf. In mit Antichlor sachgemäß behandelter Ware ist der Nachweis naturgemäß nicht zu erbringen.

In besonderen Fällen, z. B. bei der sog. Kaltbleiche oder bei Gegenwart von Schlichte u. dgl., enthält die frisch gechlorte Ware nicht unerhebliche Mengen unauswaschbares aktives Chlor[1]. Durst fand z. B. bis zu 0,19 % Aktivchlor. Merkwürdigerweise konnte Durst trotz deutlichen Chloramingeruchs das aktive Chlor bzw. das Chloramin (s. w. u.) durch Jodkaliumstärkepapier nicht nachweisen. Er schlug deshalb den Umweg über die Bestimmung des Gesamtchlors (s. Gesamtchlor in Wolle, S. 323) ein, indem er das chlorhaltige Gewebe mit überschüssiger Sodalösung veraschte, die salpetersaure Asche mit wenig Silbernitrat versetzte und das Gesamtchlor nephelometrisch (durch Messung des Trübungsgrades) bestimmte. Hierbei werden auch Chloride miterfaßt und müssen in Abzug gebracht werden.

Chloramine. Chloramine können in Baumwollbleichwaren oder in gechlorter Wolle vorkommen. Sie machen, ebenso wie aktives Chlor (d. h. freies Chlor, Hypochlorite und freie unterchlorige Säure), aus einer mineralsauren Jodkaliumlösung Jod frei; unterscheiden sich aber

---

[1] Durst u. Roth: Melliand Textilber. 1925 S. 23. — Ristenpart: Leipz. Mschr. Textilind. 1928 S. 481. — Bauch: Ebenda 1928 S. 484, 523. — Durst: Ebenda 1929 S. 264.

vom aktiven Chlor dadurch, daß sie durch Wasserstoffsuperoxyd nicht zersetzt werden, während aktives Chlor umgesetzt wird. Zum Nachweis von Chloraminen verfährt man deshalb nach Trotman in der Weise, daß man die Probe erst mit überschüssigem, verdünntem und angesäuertem Wasserstoffsuperoxyd behandelt, dann das überschüssige Wasserstoffsuperoxyd mit $\frac{1}{10}$ n-Chamäleonlösung vorsichtig zerstört (ein etwaiger Überschuß von Permanganat wird wieder mit etwas Oxalsäurelösung entfernt) und dann die Faser in schwefelsaure Jodkaliumlösung einlegt. Bei Gegenwart von Chloraminen wird in der Kälte langsamer, beim Erhitzen schneller Jod frei, das man nun weiter mit $\frac{1}{10}-\frac{1}{100}$ n-Thiosulfatlösung abtitrieren kann. Bei Wolle wird das Jod noch langsamer in Freiheit gesetzt als bei Baumwolle, so daß hier eine Anwärmung notwendig ist.

Sulfidschwefel. Außer dem üblichen Nachweis von Sulfidschwefel mit Hilfe von Bleiazetatpapier (s. u. Schwefelfarbstoffe, Viskoseseide u. a.) und mit Nitroprussidnatrium führt man in der Praxis häufig die sog. Wickelversuche aus. Man legt zu diesem Zwecke die (eventuell angefeuchtete, angedämpfte oder schwach angesäuerte) Probe zwischen zwei Stücke Blattsilber und dann zwischen zwei saubere Glasplatten, beschwert diese mit einem Gewicht und lagert das Ganze in einem Exsikkator oder unter einer luftdicht abgeschlossenen Glasglocke. Sulfidartige Verbindungen verursachen innerhalb weniger Tage deutliche **Braunfärbung des Blattsilbers**. Ist in 2 Wochen keine Reaktion eingetreten, so sind nennenswerte Mengen Sulfidschwefel nicht vorhanden. Das Braunanlaufen des Blattsilbers ist unter Umständen auch auf Wollschädigung zurückzuführen (s. d.). Bettet man die Probe zwischen Blattsilber und **unechtes Blattgold**, so kann gleichzeitig durch das **Grünanlaufen des unechten Blattgoldes** Säure bzw. sauer reagierende Substanz in dem Muster nachgewiesen werden (s. a. Säure auf der Faser S. 313).

Proteine in gebleichten Baumwollerzeugnissen u. dgl. ergeben mit Millons Reagens und mit Paulys Reagens Farbenreaktionen.

Arsen auf der Faser. Die Arsenfrage ist heute ohne Bedeutung, da die Farbstoffe arsenfrei hergestellt werden und auch arsenhaltige Chemikalien kaum verwendet werden.

Nachweis von Arsen auf der Faser. Bei größeren Mengen Arsen in Form von arseniger Säure versetzt man die Probe im Reagensglas mit metallischem Zink und verdünnter Schwefelsäure und bedeckt das Probierrohr mit Filtrierpapier, das mit konzentrierter Silbernitratlösung (1 : 1) frisch getränkt worden ist. Bei Gegenwart von arseniger Säure in der Faser (oder auch in der Substanz, z. B. im Farbstoffpulver) färbt sich konzentrierte Silbernitratlösung oder festes Silbernitrat zuerst gelb und bald darauf schwarz (bzw. nach dem Anfeuchten mit Wasser schwarz). Die Reaktion ist nicht eindeutig, weil auch Phosphorwasserstoff (Zink enthält oft geringe Mengen Phosphor) und Antimonwasserstoff mit Silbernitrat ganz ähnliche Reaktionen geben. Das Zink soll deshalb absolut frei von Arsen und Phosphor sein. In dieser Beziehung ist die **Bettendorf**sche Reaktion (s. w. u.) zuverlässiger, da Phosphor und arsenige Säure durch Zinnchlorür nicht reduziert werden.

Nachweis in Lösungen und Trockensubstanz. Bettendorfs Reagens: Man löst 10 g frisches Zinnchlorür in 100 ccm konzentrierter Salzsäure und läßt einige Tage stehen. 5 Vol. des Reagens und 1 Vol. der Probesubstanz oder -lösung erzeugen bei Gegenwart von arseniger Säure (bis 0,001 g im Liter) bräunliche Färbung. Bei größeren Mengen tritt die Reaktion sofort in der Kälte auf, bei geringen Mengen innerhalb 30 Minuten, bei Spuren nach dem Erwärmen, eventuell bis zum Aufkochen. Nach einigem Stehen scheidet sich ein schwarzer Niederschlag von metallischem Arsen aus. In wässeriger Lösung findet keine Reaktion statt, da nur das Arsentrichlorid (durch konzentrierte Salzsäure entstehend), nicht aber die arsenige Säure durch Zinnchlorür reduziert wird.

Forensischer Nachweis. Kleinste Spuren von Arsen werden durch den Marshschen Silberspiegel nachgewiesen. Dieser beruht darauf, daß alle Arsenverbindungen durch naszierenden Wasserstoff zu Arsenwasserstoff reduziert werden und letzterer weiter in einer mit Wasserstoff gefüllten glühenden Glasröhre metallisches Arsen in Form eines braunschwarzen Spiegels ablagert. Das Verfahren ist äußerst empfindlich (Nachweis von 0,0007 mg Arsen) und erfordert deshalb für das Gelingen genaues und peinlichstes Arbeiten nach konventioneller Methode.

Faserschädigungen.

Geschädigte Baumwolle.

Chemische und mechanische Baumwollschädigung. Auf chemischem Wege können nur die chemischen Schädigungen nachgewiesen werden; mechanische Schädigungen werden mit anderen Mitteln festgestellt[1]. Baumwollerzeugnisse prüft man in der Regel zunächst auf faserschädigende Substanzen, z. B. auf Säure-, Alkali- oder Bleichmittelreste (s. S. 313). Fallen diese Untersuchungen negativ aus, so untersucht man weiter auf chemisch veränderte Zellulose vom Typus der Oxy- oder Hydrozellulose (s. S. 327) oder auf Quellvermögen nach dem Natronverfahren (s S. 326). Führen sämtliche Verfahren zu keinem positiven Ergebnis und ist trotzdem auf Grund der makro- oder mikroskopischen Betrachtung, vielleicht auch auf Grund von Vergleichsreißversuchen, eine Veränderung oder Schädigung der Baumwolle festgestellt worden, so nimmt man das Vorhandensein einer mechanischen Schädigung an. Mitunter können aber auch die bisher bekannt gewordenen Nachweisverfahren für geschädigte Baumwolle versagen (s. w. u.), so daß die Frage nach der Art der Schädigung der Baumwolle, ob auf chemischem oder mechanischem Wege zustande gekommen, nicht immer durch den Versuch eindeutig beantwortet werden kann. Mit

---

[1] Hierüber s. Heermann u. Herzog: Mikroskopische und mechanisch-technische Textiluntersuchungen.

in den letzten Jahren verfeinerten und neu aufgefundenen Verfahren kommen wir der Lösung des Problems allmählich immer näher. Wie aber weiter unten gezeigt wird, bestehen heute zum Teil immer noch ungeklärte Widersprüche.

Natron-Quellverfahren.

Nach den Beobachtungen von Willows und Alexander[1] zeigen Baumwollfaserabschnitte, die man mit Natronlauge von etwa 19° Bé (13—14%ige Natronlauge, spez. Gew. rund 1,15) behandelt, bei chemisch ungeschädigter Baumwolle unter dem Mikroskop an den Faserenden wulstartige Ausstülpungen; chemisch merklich geschädigte Baumwollfasern zeigen diese charakteristischen Ausstülpungen dagegen nicht oder nur wenig. Diese Erscheinung hat neuerdings Markert[2] zu einer quantitativen Unterscheidung von chemischem und mechanischem Faserangriff sowie zu einem quantitativen Verfahren zur Messung des Schädigungsgrades der Baumwolle ausgebaut.

Qualitative Prüfung. Rohe, merzerisierte, gebleichte oder gefärbte Baumwollfasern (andere Faserarten nicht) werden nach Markert mit einer scharfen Schere glatt und rechtwinklig zur Faserrichtung abgeschnitten, so daß sie unter dem Mikroskop völlig glatt und unbeschädigt erscheinen. Man legt die Probe auf ein Objektglas, bedeckt sie mit einem Deckgläschen und läßt von der Seite her etwas Natronlauge von rund 19° Bé zutreten. Bei 150facher Vergrößerung werden nun die Faserenden der Schnittflächen auf wulstartige Ausstülpungen hin beobachtet, wobei zwischen solchen Faserenden unterschieden wird, welche die Reaktion a) vollständig zeigen (gute, ungeschädigte Fasern), b) unvollständig zeigen (Fasern mittlerer Güte) und c) gar nicht zeigen (schlechte, geschädigte Fasern). Nach dem Auftreten der wulstartigen Ausstülpungen wird auf chemisch ungeschädigte oder auf chemisch geschädigte Baumwollfaser geschlossen, wobei noch zu bemerken ist, daß sich gebleichte, merzerisierte und merzerisiert-gebleichte Baumwolle anders verhalten als Rohbaumwolle (s. w. u.).

Quantitative Bestimmung des Schädigungsgrades. Die Probe wird in die Einzelfasern zerlegt, so daß ein Faserbart von etwa 10 mm Breite entsteht. Diesen schneidet man (wie bei der qualitativen Prüfung) mit einer scharfen Schere rechtwinklig zur Faserrichtung ab, behandelt unter dem Mikroskop bei 150facher Vergrößerung mit Natronlauge von rund 19° Bé und zählt nach kurzer Zeit, möglichst unter Benutzung eines geeigneten Netzmikrometers oder einer anderen Zählvorrichtung[3], die guten (a), die mittleren (b) und die schlechten (c) Fasern aus. Die Gesamtdauer der Auszählung von ungefähr 200 Faserenden beträgt bei vorhandener Zählvorrichtung etwa 15 Minuten. Schließlich werden die Ergebnisse der Zählung durch die „Gütezahl" zum Aus-

---

[1] Willows u. Alexander: J. Textile Inst. 1922, 12, T. 240.

[2] Markert: Textile Forsch. 1933, H. 1, S. 1; Mschr. Textilind. 1933, S. 13, 33, 54.

[3] Hierüber s. Heermann u. Herzog: Mikroskopische und mechanisch-technische Textiluntersuchungen.

druck gebracht, indem die Zahl der guten Fasern (a) durch 1, die der mittleren Fasern (b) durch 2 und die der schlechten Fasern (c) durch 3 geteilt wird und die einzelnen so erhaltenen Werte addiert werden. Beispiel: Ermittelt wurden 60% gute, 22% mittlere und 18% schlechte Fasern. Die Gütezahl beträgt dann $= \frac{60}{1} + \frac{22}{2} + \frac{18}{3} = 77$.

Die Hauptschwierigkeit des Verfahrens besteht darin, daß die Gütezahl der an sich ungeschädigten Baumwollfaser von der Vorbehandlung der Baumwolle abhängt, so daß nicht bei allen Baumwollerzeugnissen von einer normalen, gleichbleibenden Gütezahl ausgegangen werden kann und so auch die gefundene Gütezahl an sich allein nicht viel besagt. Markert fand z. B. bei unbehandelter Rohbaumwolle die Gütezahl zu 94,5, bei unbehandelter (d. h. nicht absichtlich geschädigter) gebleichter Baumwolle zu 92,2, bei unbehandelter (nicht abnorm geschädigter) merzerisierter Baumwolle zu 83, bei unbehandelter merzerisierter und gebleichter zu 78,2. Man hat also in jedem einzelnen Falle die jeweils ermittelte Gütezahl mit der für die Vorbehandlung charakteristischen Gütezahl zu vergleichen, um den Güterückgang oder den Schädigungsgrad zu erhalten.

Beim Vergleich der nach dem Natronquellverfahren erhaltenen Ergebnisse mit denjenigen nach der Methylenblau- und Silberprobe erhaltenen konnte Markert keine Übereinstimmung finden. Die Methylenblauprobe spricht nach seinen Versuchen bei zunehmender Schädigung der Faser zu wenig an, während die Sommersche Silberprobe zwar sehr schöne Farbunterschiede bei zunehmender Schädigung zeigt, stellenweise aber tiefrotbraune Färbung liefert, wo die Natronlaugenreaktion und auch die Reißversuche noch keine Schädigung anzeigten. Beim Vergleich zwischen den aus den Festigkeitsversuchen und den aus den Gütezahlen ermittelten chemischen Schädigungen kommt Markert zu folgender ungefährer Beurteilung der Gütezahlen:

Rohbaumwolle. Gütezahl	. . . .	70—100	ungeschädigt bis leicht geschädigt
″	″	. . . .	50—70	leicht geschädigt bis geschädigt
″	″	. . . .	33—50	geschädigt bis stark geschädigt
Merzerisierte Baumwolle. Gütezahl		50—100	ungeschädigt bis leicht geschädigt
″	″	″	40—50	leicht geschädigt bis geschädigt
″	″	″	33—40	geschädigt bis stark geschädigt

Oxy- und Hydrozellulose.

I. Nachweis von Oxy- und Hydrozellulose. Oxy- und Hydrozellulose sind nach heutiger Auffassung keine chemischen Individuen, sondern verschiedenartig und verschiedengradig anoxydierte bzw. anhydrolysierte Zellulosen, die meist mit reiner, ungeschädigter Zellulose zusammen auftreten. Man hat deshalb schon seit längerer Zeit verschiedene Arten von Oxyzellulose unterschieden. In einem Falle hat die Oxyzellulose z. B. ausgesprochen reduzierende, im anderen Fall mehr Methylenblau bindende Eigenschaften. Es ist also durchaus erklärlich, wenn eine Ware einerseits starke Silberreduktion zeigt, andererseits aber nicht in gleichem Verhältnis Methylenblau bindet. Man sollte deshalb zur genaueren Charakterisierung beide Reaktionen ausführen: Die Methylenblauprobe und eine der Reduktionsreaktionen.

Oxy- und Hydrozellulose stimmen in ihren Reaktionen weitgehend überein. Die in der Literatur angegebenen Reaktionen zu deren Unterscheidung reichen in der Regel nicht zu ihrem eindeutigen Erkennen aus. Auch die Photozellulose, eine durch Lichtwirkung geschädigte Zellulose, zeigt im wesentlichen die gleichen Reaktionen, läßt sich aber häufig dadurch erkennen, daß sie nur auf der dem Licht zugewandt

gewesenen Seite nachweisbar ist, während Oxy- und Hydrozellulose
durchgängig in der Ware auftreten.

Außer der an sich schon schwierigen Unterscheidung der einzelnen
Arten geschädigter Zellulose (Oxy-, Hydro-, Photozellulose) wird diese
aber auch noch durch Begleitkörper leicht vorgetäuscht. Zu solchen
gehören u. a. das Baumwollwachs, die Lignin- und Pektinstoffe der
Fasern, ferner verschiedene Abbauprodukte der Stärke (wie Dextrin,
Glukose, Zuckerarten) und schließlich auch (wenigstens soweit der Nachweis mit Methylenblau in Betracht kommt) beizenartige Mineralstoffe.
Derartige Begleitkörper sind deshalb vor Ausführung der Reaktion
möglichst zu entfernen, z. B. durch Abkochen mit Wasser, Ätherextraktion, Diastaforbehandlung od. dgl. Scharfe chemische Eingriffe
(Bleichmittel, alkalisches Kochen u. a. m.) sind dabei aber zu vermeiden,
da dadurch Oxyzellulose eingeführt (beim Bleichen) oder entfernt (beim
alkalischen Abkochen) werden kann.

Von den sehr zahlreichen in der Literatur angegebenen und in Vorschlag gebrachten Oxyzellulosereaktionen[1] haben sich bisher die physikalischen Methoden für die Praxis als nicht eindeutig oder zu weitläufig
erwiesen: so die Viskositätsmethoden, die Festigkeitsprüfungen
und die Lumineszenzerscheinungen. Ersteren kommt allerdings
für rein wissenschaftliche Arbeiten sicherlich eine große Bedeutung zu,
da sie wohl die feinste Methode darstellen. Von den in der Praxis geübten Verfahren sind nach Sommer und Markert[2] am zweckmäßig-
sten: 1. die mit Vorsicht beurteilte Methylenblauprobe, 2. an erster
Stelle die Probe mit ammoniakalischer Silberlösung und 3. die Berliner-
blauprobe. Auch das Abkochverfahren mit Natronlauge ist als Vorprüfung brauchbar. Zur Unterscheidung von Oxy- und Hydrozellulose
eignen sich nach Haller am besten die Blei-Cochenille- und die Gold-
purpurreaktionen, die noch dadurch besonders wertvoll werden, daß
sie auch nach alkalischer Kochung eintreten, wo die meisten übrigen
Reaktionen versagen. Nachstehend seien die wichtigsten Reaktionen
beschrieben und bewertet.

1. Natronabkochung. Als Vorprüfung kocht man eine Probe mit
10%iger Natronlauge ab. Oxy- und Hydrozellulose liefern eine mehr
oder weniger starke Gelbfärbung. Die Gefahr der Irreführung durch
Pektinstoffe u. a. m. ist hier jedoch sehr groß. Heinrich[3] empfiehlt
ein einstündiges Kochen der Probe mit einer Natronlauge von etwa 1° Bé
(bzw. 0,6%) und beurteilt den Oxyzellulosegehalt nach der Gelb- oder
Braunfärbung der Lauge. Haller[4] warnt dagegen vor der allgemeinen
Überschätzung der Reaktion, trotzdem sie in Baumwollbleichbetrieben
vielfach im Gebrauch ist. Weniger befriedigend als die Natronabkochung
sind die verschiedentlich vorgeschlagenen Trocknungs- und Dämpf-
proben der Muster, wobei ein Vergilben der Faser eintreten soll.

---

[1] Vgl. auch die Literaturzusammenstellung von Haller u. Lorenz: Die
Eigenschaften der Zellulose und die Methoden zu ihrer Bestimmung. Bul. internat.
Föderation text.-chem. u. kol. Vereine 1932 S. 16.

[2] Sommer u. Markert: Mschr. Textilind. 1931 S. 132, 173.

[3] Heinrich: Melliand Textilber. 1931 S. 113.   [4] Haller: a. a. O.

2. **Methylenblauprobe.** Basische Farbstoffe, wie Methylenblau, Safranin u. a. m., färben Oxy- und Hydrozellulose ohne Vorbeize in kalter wässeriger Lösung stark an, während gut gebleichte Baumwollware nur wenig angeschmutzt wird und in kochendem Wasser wieder nahezu farblos wird. Man färbt die Faser entweder 20 Minuten in kalter oder einige Minuten in 60—80—100° C heißer, 0,1 %iger wässeriger Methylenblaulösung und wäscht dann mit heißem Wasser, bis die Faser keinen Farbstoff mehr abgibt. Reine Zellulose verliert beim Waschen den Farbstoff sehr schnell, Oxy- und Hydrozellulose halten ihn hartnäckig fest. Je nach Tiefe der Anfärbung läßt sich so auf den Grad des Oxy- bzw. Hydrozellulosegehaltes schließen (s. a. u. Methylenblauzahl S. 335). Lignin- und Pektinstoffe, verholzte Fasern usw. reagieren in gleicher Weise. Es ist deshalb bei der Beurteilung immer Vorsicht geboten. Die gefärbten und gewaschenen Proben können als Beleg aufbewahrt werden.

Andere Färbungsreaktionen.

Diaminblauprobe nach Knecht. Substantive Farbstoffe, wie Diaminblau 2 B, färben Oxy- und Hydrozellulose im Gegensatz zu reiner Zellulose sehr wenig an. Zeigen sich beim Anfärben von Baumwollstoff mit Diaminblau schwach angefärbte lokale Stellen, so sind diese unter Umständen auf Oxy- oder Hydrozellulose (oder beide) zurückzuführen. Zur Unterscheidung dieser beiden kocht Knecht ein frisches Stückchen des Stoffes mit 5 %iger Natronlauge, wäscht gründlich und färbt wie zuvor mit Diaminblau. Färben sich nun die vorher schwach angefärbten Stellen stark an, so war Oxyzellulose anwesend (die durch die Natronabkochung entfernt worden ist), färben sich die Stellen wieder nicht oder nur sehr schwach an, so war Hydrozellulose zugegen.

Kongoprobe nach Knaggs. Man färbt das Muster in kochender Lösung von Kongo oder Benzopurpurin, bringt es in ein Becherglas mit wenig Wasser und läßt vorsichtig verdünnte Salzsäure zulaufen, bis die Färbung nach Blau umschlägt. Nun wäscht man in hartem Wasser: Hydrozellulose wird zuerst wieder rot, dann die reine Zellulose und zuletzt die Oxyzellulose, die längere Zeit blauschwarz bleibt. Die Unterschiede reichen aber für eine eindeutige Bestimmung nicht aus.

Rutheniumrot soll oxyzellulosehaltige Baumwolle im Gegensatz zu reiner Zellulose stark anfärben (s. a. u. verholzten Fasern, S. 253).

3. **Ammoniakalische Silberlösung.** Man verwendet z. B. eine Lösung von 10 g Silbernitrat in 100 ccm Wasser, der man vorsichtig so viel Ammoniak zusetzt, bis sich der erst entstandene Niederschlag eben wieder gelöst hat. Man erwärmt das Reagens auf etwa 80° C und behandelt darin die Probe. An den Stellen, die Oxy- bzw. Hydrozellulose enthalten, tritt gut erkennbare, dem Schädigungsgrade entsprechende Gelb- bis Braunfärbung auf. Besonders schön treten die Unterschiede nach Sommer[1] auf, wenn nach dem Spülen im Wasser mit verdünntem Ammoniak nachgewaschen wird. Das normale Gewebe verliert dabei gänzlich seine gelbe Färbung, während Oxy- und Hydrozellulose ihrer Menge nach in feinsten Abstufungen scharf hervortreten. Die Proben können als Belege zurückgelegt werden. Andere Silberlösungen, z. B. die ätzalkalische Lösung nach Rhodes (s. S. 247), sind weniger empfindlich.

---

[1] Sommer, H.: Mschr. Textilind. 1931 S. 174.

4. **Berlinerblaureaktion nach Ermen**[1]. Man verwendet zwei kalt hergestellte Lösungen: a) 20 g Ferrisulfat und 25 g Ammonsulfat in 100 g Wasser gelöst, b) 33 g Ferrizyankalium, in 100 g Wasser gelöst. Beide Lösungen sind im Dunkeln aufzubewahren. Zur Ausführung der Reaktion werden je 5 ccm der Lösungen a und b mit 250 ccm Wasser versetzt und zum Kochen erhitzt. Die zu untersuchende Probe wird in dieser heißen Lösung 1 Minute behandelt, dann mit verdünnter Schwefelsäure und zuletzt mit Wasser gespült. Geschädigte Zellulose (mit einem Oxy- oder Hydrozellulosegehalt) wird durch Bildung von Berlinerblau auf der Faser gebläut, reine Zellulose nicht. Es ergeben sich nach Sommer gute Unterschiede auch bei geringen Schädigungen, jedoch nicht so deutliche wie bei ammoniakalischer Silberlösung. Die Proben können als Beleg aufbewahrt werden.

5. **Fehlingsche Lösung.** Die mit Fehlingscher Lösung (s. S. 15) einige Minuten gekochten Proben werden an den Stellen, die mit Oxy- bzw. Hydrozellulose behaftet sind, durch abgeschiedenes Kupferoxydul rötlich angefärbt. Nach Sommer (a. a. O.) ist ein deutlicher Unterschied erst bei größerer Schädigung möglich. Durch Eintauchen der behandelten und gespülten Proben in verdünnte Essigsäure wird das normale Gewebe farblos, die geschädigten Stellen dagegen nicht, so daß diese besser zu erkennen sind.

6. **Neßlers Reagens.** Nach Sommer (a. a. O.) spricht Neßlers Reagens (s. S. 23) auch nur bei stärkerer Schädigung an. Normale Zellulose färbt sich mit dem Reagens gelb, Oxyzellulose graugelb, Photozellulose dunkelgrau, Hydrozellulose mehr gelborange. Durch Nachbehandeln mit verdünnter Essigsäure wird das normale Gewebe farblos, die geschädigten Stellen erscheinen gelb.

7. **Blei-Cochenille-Reaktion nach Haller und Lorenz**[2]. Diese ist speziell für Oxyzellulose charakteristisch und beruht darauf, daß Oxyzellulose (nicht aber Hydrozellulose) aus wässeriger Bleiazetatlösung Blei fixiert und durch Spuren von Bleioxyd die rote Farbe der Cochenille in Blau umschlägt. Man zieht das gut genetzte Muster etwa eine halbe Stunde in 1%iger Bleiazetatlösung häufiger um, wäscht in fließendem Wasser bis zum Klarlauf und legt viermal je 10 Minuten in destilliertes Wasser (auf 10 g Ware etwa 1 l) oder zweimal je 5 Minuten in 80° heißes Wasser. Schließlich wird die Probe mit einer 0,05%igen, 50° warmen Aufschlämmung von Cochenille 5 Minuten ausgefärbt. Bei Gegenwart von Oxyzellulose schlägt die Cochenille in Blau um, und zwar zeigt sich eine dem Grade der Schädigung entsprechende Anfärbbarkeit. Die Reaktion tritt auch nach alkalischer Kochung auf und stimmt mit der Goldpurpurreaktion (s. w. u.) überein.

Nach Ulrich[3] kann das absorbierte Metall (Blei bzw. Zinn, s. w. u. Goldpurpurreaktion von Haller) auch durch Bildung von Alizarinfarblack kenntlich gemacht werden.

[1] Ermen: J. Soc. Dy. Col. 1928 S. 303.
[2] Haller u. Lorenz: Melliand Textilber. 1933 S. 449.
[3] Ulrich, H.: Melliand Textilber. 1933 S. 347.

8. **Goldpurpurreaktion auf Oxyzellulose nach Haller**[1]. Die Reaktion ist nach Haller besonders wertvoll, weil sie Oxy- und Hydrozellulose scharf unterscheidet und auch dann eintritt, wenn die Ware vorher mit Natronlauge abgekocht worden ist. Hydrozellulose liefert die Reaktion nicht. Ausführung: Nach eventueller Entschlichtung legt man die nasse Probe 1—2 Stunden in eine 1%ige schwach essigsaure Zinnchlorürlösung ein, bewegt die Probe häufiger, spült dann gründlich in fließendem Wasser und legt in verdünnte Goldlösung (1—2 Tropfen einer konzentrierten Goldchloridlösung auf 1 l Wasser) ein. Die oxyzellulosehaltigen Stellen fixieren zunächst in der Stannolösung Zinnoxydul und liefern dann mit der Goldlösung sehr rasch die Goldpurpurreaktion. Diese ist so empfindlich, daß selbst normale Bleichware eine blaßrosa Tönung durch Spuren von Oxyzellulose liefert.

9. **Verküpungsprobe nach Scholl.** Man legt die Probe in eine Aufschlämmung von feinverteiltem Flavanthren in 10%iger Natronlauge ein, drückt gut aus und dämpft. An den durch Oxy- und Hydrozellulose geschädigten Stellen tritt durch Verküpung schwache Blaufärbung auf; deutlich nur bei größerer Schädigung. Die schwache Blaufärbung verschwindet bald an der Luft.

10. **Phenylhydrazinprobe.** Man setzt einer wässerigen Lösung von salzsaurem Phenylhydrazin Natriumazetatlösung zu und erwärmt die Probe in dieser Lösung. Bei Gegenwart von Oxy- oder Hydrozellulose tritt zitronengelbe Färbung auf. Nach Trotman ist Paranitrophenylhydrazin, in Essigsäure gelöst, wirksamer und liefert gleichfalls Gelbfärbung.

11. **Azofarbstoffbildung nach Everest und Hall**[2]. In Gegenwart von Oxy- bzw. Hydrozellulose wird Baumwolle mit Diazoverbindungen, namentlich mit diazotiertem Benzidin oder Tolidin, in schwach alkalischer Lösung tiefbraun gefärbt. Nach Sommer (a. a. O.) ist aber in dieser Weise eine Schädigung kaum zu erkennen, da kein großer Unterschied zwischen reiner und geschädigter Zellulose vorhanden ist. Erheblich besser läßt sich die Färbung nach Sommer erkennen, wenn die Proben nach der Behandlung in verdünnte Salzsäure getaucht werden, wobei an den geschädigten Stellen ein Farbenumschlag nach Orange eintritt, welches beim Nachbehandeln mit heißem Wasser in Braunorange übergeht, während das normale Gewebe fast ungefärbt bleibt.

12. **Phloregluzinprobe nach Götze**[3]. Die Probe wird mit Salzsäure von 26,6% übergossen und mit einigen Tropfen alkoholischer Phloregluzinlösung 1 Minute gekocht. Dann läßt man noch 1 Minute stehen. Überbleichte Baumwolle wird mehr oder weniger rot. Nach Sommer (a. a. O.) hat sich die Reaktion bei der Nachprüfung nicht bewährt.

II. Quantitative Bestimmung von Oxyzellulose. Wie bereits erwähnt, kann man zwei Typen von Oxyzellulose unterscheiden: 1. einen reduzierenden, aber nicht Methylenblau bindenden, 2. einen nicht reduzierenden, aber Methylenblau sowie Bleioxyd und Zinnoxydul bindenden Typ. Da aber diese Typen immer gemischt vorkommen, wird es in der Praxis auch nur „vorwiegend" Methylenblau bindende Oxyzellulose und „vorwiegend" reduzierende Oxyzellulose geben. Die reduzierende Wirkung ist auf Aldehyd- und Ketongruppen, die Methylenblau bindende Wirkung auf Carboxylgruppen zurückzuführen. Knecht, Thompson u a.[4] wollen beobachtet haben, daß sich der Typ 1 (redu-

---

[1] Haller: Melliand Textilber. 1931 S. 257, 517.
[2] Everest u. Hall: J. Soc. Dy. Col. 1923 S. 47.
[3] Götze: Die Seide 1926 S. 472; Mitt. Kref. Textilforsch. 1926.
[4] Knecht u. Thompson: J. Soc. Dy. Col. 1922 S. 132. — Birtwell, Clibbens u. Ridge: J. Textile Inst. 1925 T. 13.

zierender Typ) bei Beginn der Oxydation oder auch in saurem Bleichbade, der Typ 2 (Methylenblau bindender Typ) bei weiterer Oxydation oder auch in alkalischem Bleichbade vorwiegend bildet. Das Vorhandensein dieser zwei Typen Oxyzellulose verlangt eigentlich grundsätzlich die Ausführung von zwei sich ergänzenden Bestimmungsmethoden nebeneinander, z. B. der Kupferzahl und der Methylenblauzahl. In der Praxis begnügt man sich aber meist mit einem einzigen Verfahren, sofern überhaupt außer der Schätzung aus den Reaktionen die an sich umständliche quantitative Oxyzellulosebestimmung notwendig wird.

Für die quantitative Bestimmung der Oxyzellulose kommen (außer der Schätzung aus den vorbeschriebenen qualitativen Reaktionen) von physikalischen Methoden vor allem die Viskositätsmethode, von chemischen Methoden die Kupferzahlmethode, die Permanganatmethode und die Methylenblaumethode in Betracht.

Viskositätsmethode. Für die Fabrik- und gewöhnliche Laboratoriumspraxis ist die Viskositätsmethode noch zu umständlich, für wissenschaftliche Bestimmungen aber besonders fein und wertvoll. Das Verfahren beruht darauf, daß schon geringe Mengen Oxyzellulose und chemisch schwer nachweisbare Einwirkungen auf die Faser verhältnismäßig großen Einfluß auf die Viskosität der Zelluloselösungen in Kupferoxydammoniak ausüben. Das Verfahren ist schon 1911 von Ost empfohlen und in den letzten Jahren weiter ausgebildet worden, z. B. von Clibbens und Geake[1]. Auf das Verfahren kann hier indessen aus besagtem Grunde nicht eingegangen werden.

a) Kupferzahl. Die „Kupferzahl" gibt die Menge Kupfer an, die von 100 g Versuchsmaterial unter konventionellen Bedingungen reduziert wird. Es ist eine rein empirische Zahl, die außer Oxyzellulose auch noch Hydrozellulose sowie eine Reihe von Begleitkörpern zusammen erfaßt und die außerordentlich von den Arbeitsbedingungen und der Ausführungsart abhängt. Die vereinbarten Bedingungen sind deshalb peinlich einzuhalten. Reine Zellulose hat die Kupferzahl von 0,2—0,3, Knechts Oxyzellulose die Zahl 14,2, überbleichte Waren Zahlen zwischen 0,3 und 14,2.

Die ursprünglich von C. Schwalbe geschaffene Methode hat im Laufe der Jahre vielfache Änderungen erfahren, so von Hägglund[2], dann von Braidy[3] u. a. Schließlich hat sich die Faserstoffanalysenkommission mit der Frage befaßt. Nachfolgend wird die Schwalbe-Braidy-Kommissions-Methode wiedergegeben[4].

Ausführung der Kupfermethode nach der Schwalbe-Braidy-Kommissions-Fassung.

Erforderliche Lösungen:

---

[1] Clibbens u. Geake: J. Textile Inst. 1928 T. 77.

[2] Hägglund: Papier-Fabrikant 1919 S. 301.

[3] Braidy: Rev. gén. Mat. col. 1921 S. 35. — Siehe auch Clibbens u. Geake: J. Textile Inst. 1924 S. 27, und Korte: Melliand Textilber. 1925 S. 663.

[4] Auf das von Dokkum vorgeschlagene Verfahren kann hier nicht eingegangen werden. Über dieses Verfahren und vergleichende Untersuchungen mit demselben s. u. a. Smith u. Peper: Melliand Textilber. 1934 S. 218, 263.

(a) 100 g reines, kristallisiertes Kupfersulfat mit destilliertem Wasser zu 1 l gelöst.

(b) 50 g Natriumbikarbonat und 350 g kristallisiertes Natriumkarbonat mit destilliertem Wasser zu 1 l gelöst.

(c) 100 g Ferri-Ammonsulfat und 140 g konzentrierte Schwefelsäure mit destilliertem Wasser zu 1 l gelöst.

(d) $\frac{1}{25}$ n-Kaliumpermanganatlösung.

Man befreit, wenn nötig, das Versuchsmaterial von reduzierenden Begleitkörpern, trocknet es wieder an der Luft, zerkleinert es möglichst fein, wägt etwa 3 g genau ab und bringt in einen Erlenmeyerkolben von 150 ccm Inhalt. Dann läßt man 5 ccm der Kupferlösung (a) aus einer Bürette in 300 ccm der Sodabikarbonatlösung (b) zufließen, erhitzt die Mischung zum Sieden, übergießt mit ihr die abgewogenen 3 g Versuchsmaterial im Erlenmeyerkolben, verteilt und entlüftet das Fasermaterial mit einem Glasstab, verschließt den Kolben mit einem birnenförmigen Stopfen (wie beim Kjeldahlapparat) und hängt ihn genau 3 Stunden so tief in ein gut kochendes Wasserbad, daß der gesamte Kolbeninhalt von siedendem Wasser umspült bleibt und Außenluft keinen Zutritt hat. Nach 3 Stunden saugt man den Kolbeninhalt ab, wäscht die mit Kupferoxydul durchsetzte Faser erst mit verdünnter Sodalösung und dann mit heißem Wasser aus und löst das in der Faser fixierte Kupferoxydul erst mit 15, dann mit 10 ccm und nötigenfalls nochmals mit 10 ccm der Ferrilösung (c), wäscht dann die Faser noch mit 2 n-Schwefelsäure nach, vereinigt Filtrate und Waschflüssigkeit und titriert mit $\frac{1}{25}$ n-Permanganatlösung. Der Endpunkt der Titration ist scharf und beständig. Schließlich berechnet man die reduzierte Kupfermenge auf 100 g Versuchsmaterial.

Es spielen sich hierbei folgende Reaktionen ab: Zunächst bildet sich eine der Oxyzellulose entsprechende Menge Kupferoxydul. Dieses reduziert die äquivalente Menge Ferrisulfat zu Ferrosulfat, wobei je 1 Atom Eisen 1 Atom Kupfer äquivalent ist. Das Ferrosulfat wird schließlich mit Permanganat gemessen.

$$Fe_2(SO_4)_3 + H_2SO_4 + Cu_2O = 2\,CuSO_4 + 2\,FeSO_4 + H_2O.$$
$$2\,KMnO_4 + 10\,FeSO_4 + 8\,H_2SO_4 = K_2SO_4 + 2\,MnSO_4 + 8\,H_2O + 5\,Fe_2(SO_4)_3.$$
$$1\ \text{ccm}\ \tfrac{1}{10}\ \text{n-Permanganat} = 0{,}006357\ \text{g Cu}$$
$$1\ \text{ccm}\ \tfrac{1}{25}\ \text{n-Permanganat} = 0{,}00254\ \text{g Cu}$$

Bemerkungen zu dem Verfahren. Die Vorbereitung des Materials für die Analyse ist von besonderer Bedeutung. Reduzierende Verunreinigungen der Apparatur (Staub, Speichel, Kautschukteilchen usw.) sind peinlich zu vermeiden. Im übrigen ist die vorstehende Modifikation verhältnismäßig leicht durchführbar, sie vermeidet das direkte Kochen der Fasermasse mit den störenden Nebenerscheinungen (Stoßen usw.), ist verhältnismäßig wenig empfindlich gegen kleine Abweichungen in den Arbeitsbedingungen und wird vor allem nicht beeinflußt von adsorbierten, nicht ausgewaschenen Resten der Kupferlösung im Versuchsmaterial. Einzig störend ist das dreistündige Erhitzen im Wasserbade, was indessen keinerlei Wartung erfordert.

Kolorimetrische Schnellmethode. Ristenpart[1] benutzt für annähernde Bestimmungen eine kolorimetrische Methode. Man kocht

---

[1] Ristenpart: Melliand Textilber. 1925 S. 830.

genau $\frac{1}{2}$ g der Probe im Probierglas 1 Minute mit 5 ccm Fehlingscher Lösung, spült gut und löst das auf der Faser niedergeschlagene Kupferoxydul mit 5 ccm Salpetersäure vom spez. Gew. 1,2 in 10 Minuten unter kräftigem Schütteln. Dann dampft man die Lösung im Porzellantiegel zur Trockne, befreit durch Glühen von organischen Bestandteilen und schmilzt das Kupferoxyd mit 1 g Kaliumbisulfat, wobei das Oxyd in Sulfat übergeht. Dieses löst man in 5 ccm Wasser auf dem Wasserbade und übersättigt tropfenweise mit konzentriertem Ammoniak. Das gleiche Volumen n-Ammoniak wird mit $\frac{1}{10}$ n-Kupfersulfatlösung bis zur gleichen Bläuung titriert und mit Hilfe von Farbleitern oder besser mit dem Hahnschen Kolorimeter abgeschätzt. Ein blinder Versuch mit reiner Zellulose und bei gefärbten Proben mit der gleichen Färbeart ist vergleichsweise anzustellen.

b) Permanganatzahl. Die von Kauffmann[1] vorgeschlagene Methode besteht darin, daß man die Oxyzellulose des Versuchsmaterials in mehreren Abkochungen mit Natronlauge von der Faser ablöst und die Permanganatmenge bestimmt, die notwendig ist, die gelöste organische Substanz zu oxydieren. Als „Permanganatzahl" bezeichnet man hierbei die Anzahl ccm $\frac{1}{10}$ n-Kaliumpermanganatlösung, die von 1 g Versuchsmaterial verbraucht wird.

Ausführung. Das Versuchsmaterial wird nötigenfalls von störenden Fremdkörpern durch Ätherextraktion, kochendes Wasser, Diastaforlösung usw. von Fett, Schlichte, Appretur usw. befreit. Hat man mit Diastafor gearbeitet, so wird dies besonders sorgfältig ausgewaschen, weil es selbst Permanganat verbraucht. Man wäscht so lange aus, bis das mit verdünnter Schwefelsäure angesäuerte und mit 2 Tropfen $\frac{1}{10}$ n-Permanganatlösung versetzte Filtrat sich bei 10 Minuten langem Kochen nicht entfärbt. Dann kocht man ein nach dem Trocknen gewogenes rechteckiges Stoffstückchen von genau 1,000 g 30 Minuten unter Ersatz des verdampfenden Wassers mit 150 ccm Natronlauge von 5° Bé ($= 3,35\%$ NaOH) und füllt die Lauge nebst Waschwasser in einen 500-ccm-Kolben auf Marke. 100 ccm der Lösung säuert man nun mit 25 ccm 10%iger Schwefelsäure an, versetzt hierauf mit 10 ccm $\frac{1}{10}$ n-Permanganatlösung und kocht 10 Minuten. Nach dem Abkühlen auf 70° C versetzt man mit überschüssiger gemessener Oxalsäurelösung und titriert mit Permanganatlösung zurück. Das so behandelte Muster von 1 g kocht man nun das 2., 3., 4. Mal usw. mit Natronlauge in der gleichen Weise und bestimmt jedesmal die Permanganatzahl, und zwar so oft, bis der immer geringer werdende Permanganatverbrauch die letzten zwei Male unverändert geblieben, also konstant geworden ist. Diesen konstanten Wert nennt Kauffmann den Grundwert, der auch der reinen Zellulose eigen ist, da sie in geringem Grade alkalilöslich ist. Dieser auf Rechnung der reinen Zellulose kommende Grundwert wird von dem Gesamtpermanganatverbrauch in Abzug gebracht. Die Differenz stellt die Permanganatzahl dar. Ein Beispiel möge dies erläutern:

---

[1] Kauffmann: Melliand Textilber. 1923. **333, 385.**

Die 1. Auskochung von 1 g Muster verbrauchte insgesamt 37,8 ccm $\frac{1}{10}$ n-Permanganat
Die 2. Auskochung verbrauchte insgesamt 15,6 ccm $\frac{1}{10}$ n-Permanganat
Die 3. Auskochung verbrauchte insgesamt 7,5 ccm $\frac{1}{10}$ n-Permanganat
Die 4. Auskochung verbrauchte insgesamt 7,5 ccm $\frac{1}{10}$ n-Permanganat

Der Grundwert von 7,5 ist überall in Abzug zu bringen. Es verbleiben dann $= (37,8 - 7,5) + (15,6 - 7,5) = 38,4$ ccm $=$ Permanganatzahl. Beste Ware läßt Werte bis zu Null finden, gute Handelsware bis unter 10, während schlecht gebleichte Stoffe Zahlen bis zu 233,8 finden lassen. Zu bemerken ist, daß auch Hydrozellulose mit erfaßt wird.

c) Methylenblauzahl. Das Verfahren ist von Ristenpart[1] vorgeschlagen und beruht auf der Affinität der Oxy- und Hydrozellulose (im Gegensatz zu reiner Zellulose) zu Methylenblau.

Der Weißgehalt oder Bleichgrad einer Ware kann nach Ostwald im „Hasch" bestimmt werden, indem man die Ware auf „Normalweiß" (matte Oberfläche von Bariumsulfat) bezieht und in Hundertsteln von Normalweiß ausdrückt. Gut gebleichte Ware hat so den Weißgrad von 70—80%. Ristenpart bezieht nun den Weißgehalt einer Methylenblauanfärbung auf den Weißgehalt der Ware vor der Anfärbung und wählt diesen Quotienten (nicht den absoluten Weißgehalt selbst) zum Maßstab:

$$Q = \frac{\text{Weißgehalt der ungefärbten Ware}}{\text{Weißgehalt der gefärbten Ware}} .$$

Dieser Quotient beträgt bei gewöhnlicher und merzerisierter Baumwolle $= 3$. Nur oxyzellulosehaltige Baumwolle wird vermöge ihrer Affinität zu Methylenblau einen größeren Quotienten aufweisen, und zwar einen um so größeren, je größer der Gehalt an Oxyzellulose ist. Liegt ein ungebleichtes Vergleichsmuster vor, so brauchen beide Proben von je 5 qcm nur ganz gleich gefärbt zu werden, liegt kein Vergleichsmuster vor, so müssen die Arbeitsbedingungen peinlich genau gleich gehalten werden. Ristenpart färbt zu diesem Zweck je 5 qcm Stoff in 500 ccm Methylenblaulösung von 0,001% in der Kälte, bewegt 10 Minuten fleißig, spült und trocknet. Er benutzt für die Messung des Weißgehaltes den „Hasch" (nicht den „Pomi") und legt auf das Sehrohr ein Gelbfilter auf, um den blauen Ton aufzuheben. Ein Beispiel möge dies erläutern:

	Ungebleicht	Gebleicht (0,5° Bé Chlorkalklösung)
Ungefärbter Stoff	52% Weißgehalt	56% Weißgehalt
Mit Methylenblau gefärbt	17,1% „	17,4% „
Quotienten Qu und Q	3,04 Qu	3,23 Q
Methylenblauzahl M	—	6,2

Die Methylenblauzahl M errechnet sich aus der prozentualen Zunahme des Quotienten der gebleichten (Q) gegenüber der ungebleichten (Qu) Ware:

$$M = \frac{100\,(Q - Qu)}{Qu} = \frac{100\,(3,23 - 3,04)}{3,04} = 6,2 \text{ Methylenblauzahl.}$$

Nach Ristenpart kann man eine Ware bis zu dem Wert von 20 für M als praktisch oxyzellulosefrei ansehen. Bei ganz reinen Zellulosen

---

[1] Ristenpart: Leipz. Mschr. Textilind. 1923 S. 84.

wird M den Wert = Null haben. Dieser Wert wird dann mit dem Ansteigen des Oxyzellulosegehaltes auch steigen. So fand Ristenpart für M Werte bis zu 100. Wenn ungebleichte Vergleichsware fehlt, so kann der konstante Wert von 3 als konstanter Wert für M bei ungebleichter Ware eingesetzt werden. Statt Methylenblau können auch andere Farbstoffe verwendet werden, nach Ristenpart z. B. Diaminschwarz BH in 1%iger Lösung. Man färbt in dieser Lösung in 300facher Flottenmenge (1 T. Baumwolle : 300 T. Farblösung 1 : 1000). Besondere Vorteile bieten die anderen Farbstoffe aber nicht.

Kolorimetrisches Methylenblauverfahren. Man zerschneidet nach Birtwell, Clibbens und Ridge[1] 1—2 g des Versuchsmaterials in kleine Stücke und behandelt sie 18 Stunden unter häufigem Schütteln (oder im Schüttelapparat) bei Zimmertemperatur in einer Glasstöpselflasche mit 50 ccm einer Lösung von 0,4 Millimol von reinem Methylenblau-Chlorhydrat im Liter. Nach dieser Zeit bestimmt man den Methylenblaugehalt der Farblösung kolorimetrisch im Vergleich zu einer Methylenblaulösung von 0,2 Millimol Methylenblau-Chlorhydrat im Liter. Aus dem restierenden Gehalt wird die Absorption durch die Faser bestimmt. Man rechnet die Farbstoffabsorption alsdann in Millimol pro 100 g Versuchsmaterial um, die den gesuchten Methylenblauwert ergibt. 0,5—0,6 sind als Normalwerte für Baumwolle anzusehen.

Bemerkungen zum Methylenblauverfahren. Das Verfahren versagt mitunter aus unbekannten Gründen, auch nach den Beobachtungen von Ristenpart selbst, z. B. bei der Superoxydbleiche, wo sich vielleicht eine löslichere Oxyzellulose bildet oder der Zelluloseabbau über Oxyzellulose hinausgeht. Kind[2] und Kauffmann[3] lehnen das Verfahren grundsätzlich ab; insbesondere fand Kauffmann, daß Zellulose, die durch alkalisches Kochen von Oxyzellulose befreit worden ist, ebenso stark von Methylenblau angefärbt wird wie vor dem alkalischen Abkochen. Nach Schwalbe[4] ist das Verfahren allenfalls geeignet, in laufender Fabrikation den normalen Gang der Bleiche zu kontrollieren, sofern stets die gleiche Rohbaumwolle vorliegt. Birtwell, Clibbens und Ridge[5] (s. a. u. kolorimetrische Methylenblaumethode) kommen bei ihren ausführlichen Untersuchungen zu folgenden Schlüssen: 1. Der Aschengehalt bzw. Alkaligehalt der Asche beeinflußt stark die Methylenblauabsorption. 2. Verschiedene Baumwollsorten verhalten sich verschieden, ägyptische Baumwolle zeigt höhere Absorption als amerikanische. 3. Bei gleichem Rohstoff spielt die Art der Beuche und Bleiche eine große Rolle; insbesondere ist es von größtem Einfluß, ob alle Nichtzellulosestoffe (Inkrusten) vollständig entfernt worden sind oder nicht. Inkrusten täuschen Oxyzellulose vor. 4. Rückstände von Seifen, Olein, Metallseifen usw. erhöhen die Methylenblauabsorption und täuschen gleichfalls Oxyzellulose vor. 5. Kalandern und Merzerisieren beeinflussen nicht die Methylenblauaufnahme. Knecht[6] hatte schon vorher gezeigt, daß auch ein Schwefelgehalt der Zellulose die Methylenblauaufnahme erhöht. Nach Pelet-Jolivet[7] steigt die Methylenblauaufnahme mit dem Steigen der Hydroxylionen und sinkt mit dem Ansteigen der Wasserstoffionen.

d) Silberzahl. Götze[8] bezeichnet als „Silberzahl" die von 100 T. Versuchsmaterial reduzierte Menge Silber. Das Verfahren ist der Kupferzahlmethode analog, hat sich bisher aber nicht eingeführt.

---

[1] Birtwell, Clibbens u. Ridge: J. Textile Inst. 1923 T. 297.
[2] Kind: Melliand Textilber. 1926 S. 172.
[3] Kauffmann: Melliand Textilber. 1925 S. 591.
[4] Schwalbe: Papier-Fabrikant 1927 S. 157.
[5] Birtwell, Clibbens u. Ridge: a. a. O.
[6] Knecht: J. Soc. Dy. Col. 1921 S. 270.
[7] Pelet-Jolivet: Die Theorie des Färbeprozesses.
[8] Götze: Melliand Textilber. 1927 S. 624, 696; Seide 1926 S. 429, 470; Mitt. Textilf. Krefeld 1925 S. 37; 1926 S. 85.

Als Silberlösung wird 1%ige Silberazetatlösung verwendet. Man stellt diese her, indem man 7 g Natriumazetat in einer 1%igen Silbernitratlösung löst und das in geringen Mengen dabei ausfallende Silberazetat[1] durch Filtrieren entfernt. Man zerschneidet 0,5 g Versuchsmaterial mit der Schere in 2—3 mm große Stückchen und kocht diese mit 20 ccm Wasser 3 Minuten in einem 500 ccm fassenden Rundkolben. Dann gibt man 50 ccm der etwa 1%igen Silberazetatlösung hinzu, erhitzt den Kolben $\frac{1}{2}$ Stunde auf siedendem Wasserbade unter häufigerem Umrühren (oder mit Rührwerk), saugt dann die Fasern von der Lösung ab, wäscht mit destilliertem Wasser bis zum Verschwinden der Silberreaktion, bringt die braungefärbten Fasern in ein Becherglas und übergießt mit verdünnter Salpetersäure. Nachdem die Fasern entfärbt und silberfrei geworden sind, werden sie an der Saugflasche abgenutscht und bis zum Verschwinden der sauren Reaktion mit destilliertem Wasser gewaschen. Schließlich wird nach Zugabe von 10 ccm Eisenammonlösung als Indikator das Silber mit $\frac{1}{100}$n-Ammoniumrhodanatlösung (s. d. S. 39) titriert und auf 100 T. Probematerial berechnet (= Silberzahl, SZ).

Korrigierte Silberzahl. Da auch reine Zellulose auf Silberlösung einwirkt, kann für genaue Bestimmungen eine Korrektur angebracht werden, indem diese von reiner Zellulose reduzierte Silbermenge als Grundwert (ähnlich wie bei der Permanganatmethode, s. d.) in Abzug gebracht wird. Die korrigierte Silberzahl = Silberzahl abzüglich Grundwert. Zur Ermittelung dieses Grundwertes muß das Versuchsmaterial so oft je $\frac{1}{2}$ Stunde mit der 1%igen Silberazetatlösung weiterbehandelt werden, bis eine gleichbleibende Menge Silber reduziert wird (= Grundwert). Dies tritt bei normal gebleichten Waren von der dritten halben Stunde, bei überbleichten Waren aber erst bei der elften halben Stunde ein. Der Grundwert ist jedesmal in Abzug zu bringen. Die Summe der verbleibenden Reste, auf 100 T. Versuchsmaterial bezogen, ergibt die „korrigierte Silberzahl". In der Praxis kommt es meist auf Vergleichsversuche an, so daß dort meist die einfache Silberzahl ausreicht. Ein Beispiel möge dies erläutern:

Behandlung in halben Stunden: 1. 2. 3. 4. 5. 6.
Reduziertes Silber 2,3 2,01 1,58 1,44 1,44 1,44

Die „Silberzahl" würde also in diesem Falle = 2,3, die „korrigierte Silberzahl" = (2,3 — 1,44) + (2,01 — 1,44) + (1,58 — 1,44) = 1,57 sein.

Für verschiedene Baumwollsorten, roh, abgekocht und gebeucht, fand Götze folgende Silberzahlen (SZ) und korrigierte Silberzahlen (korr. SZ in Klammern angegeben).

	Ostind. Baumwolle	Amerik. Baumwolle	Ägypt. Baumwolle
Roh	4,75 (4,82)	5,09 (5,42)	6,83 (6,92)
Abgekocht	4,75 (4,77)	6,13 (5,90)	6,26 (6,29)
Gebeucht	2,53 (2,49)	2,89 (2,83)	3,40 (3,33)

Aus den Vergleichswerten geht hervor, daß nicht nur Oxyzellulose, sondern in hohem Grade auch die natürlichen Inkrusten der Baumwolle Silber reduzieren; ferner, daß das Abkochen keine nennenswerte Änderung der Silberzahl bedingt, wohl aber das Beuchen.

Sonstige Reaktionen auf veränderte Zellulose. Neigung zur Vergilbung und Bräunung. Man prüft in der Regel nur in der Weise, daß man ein Muster neben einer Vergleichsprobe $\frac{1}{2}$ Stunde im Autoklaven bei 1 Atm. Druck dämpft und dann den Grad der Vergilbung oder Bräunung abschätzt. Nach Freiberger[2] erhöht sich die Bräunung oxyzellulosehaltiger Baumwolle erheblich, wenn man die Faser vorher besonders präpariert, z. B. mit gegen Phenolphthalein neutralisierter Natriumrizinoleatlösung 15:1000 imprägniert, trocknet und 1—3 Stunden bei 1—1$\frac{1}{2}$ Atm. Druck möglichst trocken dämpft. Man stellt dann die Neigung zum Vergilben oder Braunwerden mit Hilfe einer Weißtabelle und an Hand von Vergleichsmustern fest, sollte aber mit bestimm-

---

[1] 1000 ccm Wasser lösen bei 20° C 10,4 g Silberazetat.
[2] Freiberger: Färb.-Ztg. 1915 S. 319; 1917 S. 221, 235, 249.

teren Schlußfolgerungen bezüglich des Oxyzellulosegehaltes einer Ware vorsichtig
sein, da die Befunde mit den eingeführten Methoden der Oxyzellulosebestimmung
(z. B. der Kupferzahl) nicht übereinstimmen und auch reine Zellulose, merzerisierte Baumwolle und Hydrozellulose mehr oder weniger Vergilbung zeigen.
Auch Fremdkörper auf der Bleichware können Oxyzellulose vortäuschen.

Alkalilösliche Bestandteile. Cross und Bevan[1] kochen 1 g Probematerial während 5 bzw. 60 Minuten in 1 % iger Natronlauge und bestimmen dann
den Gewichtsverlust. Andere Arbeitsvorschriften sind: $\frac{1}{2}$ stündiges Kochen von
1 g Probematerial in 100 ccm n-Natronlauge; ferner: mehrstündiges Stehenlassen
in 5 % iger kalter Natronlauge. Diese Behandlungen erfassen verschiedene Körper-
gruppen, wie alkalilösliche Oxyzellulose, Holzgummi, Fettstoffe u. a. m.

Natronabsorption. Man bestimmt die Menge Natronhydrat, die z. B. bei
$\frac{1}{2}$ stündigem Kochen des Probematerials mit 1 % iger Natronlauge aufgenommen
wird. Vieweg[2] verwendet 2 % ige Natronlauge, schüttelt nur kräftig (ohne zu
kochen) und ermittelt die Natronmenge durch Titration der Lauge vor und nach
der Behandlung der Probe in derselben. Der Verbrauch von Alkali durch die
Faser ist auf Hydrat-, Oxy- und Hydrozellulose, dann aber auch auf die normale
Hydrolyse der Zellulose selbst zurückzuführen. Die Alkaliadsorption ist besonders groß bei Fasern, die bereits mit starkem Alkali behandelt worden sind
(also bei merzerisierter Baumwolle) und die eine Behandlung mit oxydierenden
und sauren Chemikalien durchgemacht haben. Vieweg will deshalb diese Reaktion zur Bestimmung des Merzerisationsgrades einer Baumwolle verwenden.

Hydratkupfer. Man versteht darunter den Prozentsatz Kupferoxydul, das
von der Faser unauswaschbar adsorbiert wird, wenn die Faser in kalter Fehlingscher Lösung gelegen hat. Für die Bestimmung der Hydratkupferzahl legt man
eine gewogene Probe in kalte Fehlingsche Lösung, wäscht nach kurzer Zeit erschöpfend aus und bestimmt die Menge des adsorbierten Kupfers, ausgedrückt
als Kupferoxydul. Man hat beobachtet, daß Zellulosehydrat, das für die merzerisierte Baumwolle typisch ist, viel Hydratkupfer bindet. Diese Hydratkupferzahl wurde früher bei der Bestimmung der alten Schwalbeschen Kupferzahl
als Hilfszahl bestimmt und dann als Korrektur von der Kupferzahl abgezogen,
um zu der „korrigierten Kupferzahl" zu gelangen.

Quellung in Ätznatron-Schwefelkohlenstoff. Man behandelt die
Baumwolle mit einer Mischung gleicher Teile von 15 % iger Natronlauge und
Schwefelkohlenstoff und untersucht unter dem Mikroskop. Aus dem Unterschiede
der Quellung wird auf den Grad der Schädigung geschlossen (Fleming und
Thaysen).

Anfärbung gequollener Fasern. Man läßt die Baumwolle in Natronlauge quellen und färbt mit Kongorot an. Die geschädigten Stellen werden intensiver angefärbt als die normalen.

Geschädigte Wolle.

Man unterscheidet die physikalischen (mikroskopischen, mechanischen usw.) und die chemischen Verfahren. Die ersteren[3] sind umständlich und meist nur bei starken chemischen Schädigungen verläß-
lich. Die chemischen Verfahren beruhen z. T. auf dem Nachweis der
in der Wolle enthaltenen Elemente (Schwefel, Gesamtstickstoff, löslicher Stickstoff), z. T. auf der Bestimmung der durch die Einwirkung verschiedener Agenzien entstandenen Abbau- und Umwandlungs-
produkte (Biuretreaktion, Zinnsalzreaktion, Bichromatzahl, Phos-
phorwolframsäurefällung, Diazoreaktion, Allwördensche Reaktion,

---

[1] Cross u. Bevan: Textbook of Papermaking. London.
[2] Vieweg: Papier-Ztg. 1909 S. 149.
[3] Näheres s. Heermann u. Herzog: Mikroskopische und mechanisch-technische Textiluntersuchungen.

Anfärbemethoden). Die zum Teil sehr charakteristischen Verfahren dürfen aber auch nicht überschätzt werden. Sie geben z. B. sofort ein falsches Bild, sobald die abgebaute bzw. veränderte Wollfaser, die bestimmt werden soll, durch einen nachfolgenden Fabrikationsprozeß von der Faser entfernt worden ist, so daß vielfach nur der positive Ausfall eindeutig ist. Eine Ausnahme hiervon scheint die neue Kali-Ammoniak-Methode zu sein. Einfach und praktisch sind die zahlreichen Anfärbemethoden; sie sind aber bei gefärbten Materialien unbrauchbar.

Nach Krais, Markert und Viertel können zum Wertnachweis von Wollschutzmitteln nur folgende Methoden dienen: Löslicher Stickstoff, Diazoreaktion, Bichromatzahl und die neue Kali-Ammoniak-Methode. Diese Verfahren zeigen deutlich die schützende Wirkung gegen den Abbau der Keratinsubstanz. In besonderen Fällen leisten auch die Anfärbemethoden, die Schwefelgehaltsbestimmung u. a. gute Dienste.

Schwefelbestimmung in Wolle. Man hat versucht, aus dem Schwefelgehalt der Wolle Schlüsse auf etwaige Schädigung zu ziehen. So nimmt Trotman z. B. einen konstanten Schwefelgehalt von 3,3% an und schließt bei geringerem Schwefelgehalt auf voraufgegangene Hydrolyse der Proteinsubstanz bzw. speziell der Cystingruppe (die der Träger des Schwefels in der Wolle ist) in der Wolle. Da aber der Schwefelgehalt der Wolle in Wirklichkeit zwischen 2—4% schwankt, kann der absolute Schwefelgehalt nicht als Maßstab für eine Wollschädigung dienen. In Frage kommt lediglich der Vergleich zwischen dem Schwefelgehalt einer bearbeiteten und der zugehörigen Rohwolle.

Die Bestimmung des organisch gebundenen Schwefels nach der Methode von Carius im Druckrohr ist umständlich und erfordert Einrichtungen, die nur selten in Textillaboratorien vorhanden sind. Man zerstört die organische Substanz deshalb lieber im offenen Gefäß unter gleichzeitiger Oxydation des Schwefels zu Schwefelsäure. Nach Trotman[1] arbeitet man zweckmäßig in alkalischem Medium, weil sich angeblich im sauren Medium ein Teil des Schwefels als Schwefelwasserstoff verflüchtigen soll. Nach neueren Untersuchungen von Remington[2] sowie Krais, Markert und Viertel[3] u. a. m. arbeitet man, wie folgt, besser in saurer Lösung.

Erforderliche Lösung nach Benedikt-Denis. Man löst 25 g Kupfersulfat, 25 g Kochsalz und 10 g Ammoniumnitrat zu 100 ccm mit destilliertem Wasser. Alle Reagenzien müssen absolut sulfatfrei sein.

Ausführung. Man bringt 0,2—0,5 g absolut trockene, sulfatfreie Wolle in 10 ccm angewärmte Salzsäure (2 T. konzentrierte Salzsäure und 1 T. Wasser) ein, die sich in einem Porzellantiegel von 40 ccm Inhalt befindet und rührt vorsichtig bis zum Lösen. Alsdann gibt man 1 ccm

---

[1] Trotman: Textile Analysis, S. 161.
[2] Remington: J. Soc. chem. Ind. 1930 T. 139.
[3] Krais, Markert u. Viertel: Forschungshefte 14 u. 15. d. Dtsch. Forsch. Textilind. Dresden 1933. Hier findet sich auch eine erschöpfende Zusammenstellung aller bisherigen Arbeitsverfahren und eine Kritik derselben. S. a. J. Textile Inst. 1932 S. 135.

obiger Benedikt-Denis-Lösung zu, dampft auf dem Wasserbade zur Trockne, gibt weitere 4 ccm der gleichen Lösung zu, dampft wieder ein, verschließt den Tiegel mit einem Deckel und erwärmt vorsichtig von oben nach unten. Sobald die einsetzende Reaktion nachgelassen hat, erhitzt man 2—3 Minuten mit der ganzen Flamme von unten und läßt abkühlen. Nun erhitzt man den Tiegel bei entferntem Deckel noch 10 Minuten auf Rotglut, läßt abkühlen und löst den Inhalt in 10 ccm 10%iger Salzsäure und 10 ccm Wasser unter Erwärmung auf dem Wasserbade. In gleicher Weise befreit man den Deckel mit 5 ccm 10%iger Salzsäure von etwaigen Spritzern und bringt diese Lösung zur Hauptlösung, in der sich keine ungelösten Teile befinden dürfen. Schließlich wird die Schwefelsäure in bekannter Weise als Bariumsulfat (s. S. 37) bestimmt.

Nach den erwähnten Versuchen von Krais und Mitarbeitern verliert z. B. Wolle durch zweistündige Behandlung mit 0,3%iger Sodalösung 36% ihres Schwefels (von 3,02 auf 1,93 heruntergehend). Da jedoch die Wollschutzmittel oft Schwefel enthalten und Wolle, die mit solchen behandelt ist, Schwefel aufzunehmen vermag, kann eine stattgefundene Schädigung verschleiert werden.

Im Gegensatz zur Bestimmung des Zystinschwefels in Wolle bestimmt man den Sulfatschwefelgehalt in Wolle nach Mease[1], indem man eine Probe in konzentrierter Salzsäure löst und dann die Schwefelsäure unter bestimmten Vorsichtsmaßregeln (damit die gelöste Wolle nicht stört) als Bariumsulfat fällt.

Bestimmung des löslichen Stickstoffs in Wolle. Das Verfahren beruht darauf, daß bei der Wollschädigung der lösliche Stickstoff ansteigt. Man hat also den löslichen Stickstoff in der Rohwolle und in der bearbeiteten Wolle zu bestimmen und die Zunahme des löslichen Stickstoffs als Maß der Wollschädigung anzusehen[2]. In den meisten praktischen Fällen wird die zugehörige Rohwolle nicht zur Verfügung stehen. Man bestimmt dann den Gesamtstickstoff der zu prüfenden Probe und den löslichen Stickstoff der gleichen Probe. Der prozentuale Anteil an löslichem Stickstoff (in % vom Gesamtstickstoff) gibt den Grad der Schädigung an. Der Feuchtigkeitsgehalt der Probe kann unberücksichtigt bleiben, wenn beide Wägungen hintereinander erfolgen. Auch durch längere Lichtwirkung, z. B. Sonnenwirkung geschädigte Wolle (sonnenkranke Wolle) zeigt ein ähnliches Verhalten (s. w. u.).

a) **Ausführung nach Krais und Mitarbeitern.** A. **Bestimmung des löslichen Stickstoffs.** Man übergießt 0,1 g lufttrockene Wolle in einem 50-ccm-Erlenmeyerkolben mit 8 ccm destilliertem Wasser, 10 ccm 1%igem Wasserstoffsuperoxyd und 2 ccm $\frac{1}{2}$n-Kalilauge, verschließt den Kolben mit einem Gummistopfen mit wassergefülltem Peligotrohr, läßt unter häufigerem Umschütteln genau 3 × 24 Stunden bei gewöhnlicher Temperatur stehen, filtriert dann in einen Kjeldahlkolben und bestimmt im Filtrat den Stickstoff. B. **Bestimmung des Gesamtstickstoffs.** Man versetzt 0,1 g Wolle in einem Kjehldahl-

[1] Mease, Ref. Melliand Textilber. 1935, S. 369.
[2] Sauer: Z. angew. Chem. 1916 S. 424. — Krais u. Schleber: Forschungsheft 9 d. Dtsch. Forsch. Textilind. 1929; Leipz. Mschr. Textilind. 1929 S. 165, 211. — Krais, Markert u. Viertel: Forschungshefte 14 u. 15 d. Dtsch. Forsch.-Textilind. Dresden 1933. — Folgner u. Schneider: Mschr. f. Textilind. 1934 S. 181.

kolben mit 10 ccm konzentrierter Schwefelsäure, 2 ccm 10 %iger Kupfersulfatlösung, 5 g Kaliumsulfat und 10 ccm 30 %igem Wasserstoffsuperoxyd, erhitzt 3—4 Stunden auf dem Sandbade, bis die Masse klar grün geworden ist, bringt dann die Lösung in einen Destillierapparat, versetzt mit 180 ccm 10 %iger Natronlauge und einigen Siedesteinchen und destilliert in 20—30 Minuten das Ammoniak in eine Vorlage mit 15 ccm $\frac{1}{10}$ n-Salzsäure über. Durch Rücktitration der unverbrauchten Salzsäure mit $\frac{1}{10}$ n-Natronlauge gegen Para-Nitrophenol als Indikator wird der Säureverbrauch durch das überdestillierte Ammoniak und daraus der Stickstoff berechnet.

Je 1 ccm verbrauchte $\frac{1}{10}$ n-Salzsäure = 0,0014 g N.

Der nach A ermittelte Gehalt an löslichem Stickstoff wird schließlich in % des nach B ermittelten Gesamtstickstoffs ausgedrückt.

Krais und Mitarbeiter fanden z. B. auf solche Weise:

Wollprobe	Gesamtstickstoff %	Lösl. Stickstoff %	Anteil an lösl. Stickstoff
Rohwolle	15,89	2,0	12,3
Mit Soda geschädigt.	16,03	4,2	26,2
Mit Säure geschädigt	15,95	8,0	50,0

Der Wert für die mit Alkali geschädigte Wolle ist unerwartet niedrig, weil ein Teil der Stickstoffsubstanz herausgelöst ist. Das Verfahren gibt also nur die Säureschädigung quantitativ an, ist aber für den qualitativen Nachweis von Alkalischädigungen auch noch brauchbar.

b) Ausführung nach Folgner und Schneider. Da die Temperatur bei der dreitägigen Einwirkung der alkalischen Wasserstoffsuperoxydlösung von außerordentlichem Einfluß auf die Ergebnisse ist, und eine dreitägige Einwirkung der Anwendung des Verfahrens äußerst hinderlich ist, kürzen Folgner und Schneider das Verfahren auf 24 Stunden ab und halten die Temperatur auf 25° C konstant. Hiernach arbeitet man wie folgt:

0,5 g Wolle werden in einem 200 ccm fassenden Meßkolben mit 50 ccm 2 %igem Wasserstoffsuperoxyd, 10 ccm $\frac{1}{2}$ n-Kalilauge und 40 ccm Wasser versetzt, gut umgeschüttelt und während 24 Stunden (Peligotrohr zwecklos) in einem Thermostaten bei 25° C belassen, wobei man nach 3 Stunden noch einmal kräftig umschüttelt. Dann wird bis zur Marke aufgefüllt, durch ein gewöhnliches Filter filtriert und nach Verwerfung der ersten 30 ccm in 100 ccm des Filtrats der Stickstoff in der Weise bestimmt, daß man diese 100 ccm mit 10 ccm konzentrierter Schwefelsäure, 2 ccm einer 10 %igen Kupfersulfatlösung, 10 ccm 30 %igem Wasserstoffsuperoxyd und 5 g Kaliumsulfat versetzt und bis zum Erstarren in der Kälte kjeldahlisiert. Der Prozentgehalt des im Filtrat gefundenen Stickstoffs vom Gesamtstickstoff der gleichen Probe wird als löslicher Stickstoff angegeben und gilt als Maß für die Beurteilug der Schädigunng.

Bichromatverfahren nach Krahn[1]. Das Verfahren beruht darauf, daß eine säuregeschädigte Wolle eine erhöhte Sodalöslichkeit hat.

---

[1] Mark, H.: Beiträge zur Kenntnis der Wolle und ihrer Bearbeitung, S. 39. 1925. — Krais, Markert u. Viertel: a. a. O.

Die zur Oxydation dieser Sodalösung erforderliche Bichromatmenge ist
ein Maß der Säureschädigung. Als „Bichromatzahl" bezeichnen
dabei Krais und Mitarbeiter die Anzahl ccm $\frac{1}{10}$ n-Bichromatlösung,
welche erforderlich sind, die von 1 g Wolle mit Sodalösung gelöste
Substanz zu oxydieren.

Ausführung. Man legt 2,5 g Wolle 2 Stunden bei Zimmertemperatur in 100 ccm 0,5 %ige Sodalösung ein, nimmt die Wolle dann
heraus, preßt sie aus, filtriert, versetzt 25 ccm des Filtrats mit 25 ccm
$\frac{1}{10}$ n-Bichromatlösung (s. S. 14) und 30 ccm konzentrierter Schwefelsäure und kocht 20 Minuten gelinde in einem 200 ccm fassenden Jenaer
Rundkolben mit eingeschliffenem Rückflußkühler. Dann führt man
den Inhalt quantitativ in einen 500-ccm-Erlenmeyerkolben über, läßt
abkühlen und bestimmt das verbrauchte Bichromat durch Rücktitration
des überschüssigen Bichromats mit Natriumthiosulfatlösung (s. S. 14),
indem man der Lösung 10 ccm 10 %ige Jodkaliumlösung zusetzt, gut
durchschüttelt, mit 150 ccm Wasser verdünnt, 1 ccm Stärkelösung
zusetzt und mit $\frac{1}{10}$ n-Thiosulfatlösung titriert, bis das Blau in Hell-
grün umschlägt. Die verbrauchten ccm $\frac{1}{10}$ n-Thiosulfatlösung werden
durch $2\frac{1}{2}$ dividiert, d. h. der Verbrauch auf 1 g Wolle umgerechnet
(= Bichromatzahl). Nach diesem Verfahren wird eine Alkalischädigung
der Wolle nicht nachgewiesen, sondern nur eine Säureschädigung,
wie folgende Beleganalysen zeigen.

Wollprobe	Bichromatzahl
Unbehandelte Wolle	2,8
Mit Soda geschädigte Wolle	1,8
Mit Säure geschädigte Wolle	16,8

Anfärbemethoden. Diese beruhen auf einer höheren Farbstoffauf-
nahme des Wollhaares, das in seiner Struktur chemisch oder mechanisch
verletzt worden ist. Die bekannteste Anfärbemethode ist diejenige mit
Methylenblau nach Kronacher und Lodemann[1]. Außerdem sind
Anfärbeverfahren mit Baumwollrot 10 B[2], mit Säurescharlach 4 R[3], mit
Indigokarmin[4], mit Sudanrot 7 B[5], mit Diamantfuchsin, Kristallviolett,
Säureviolett 4 B, mit Laktophenol-Baumwollbau (s. w. u.) usw. in Vor-
schlag gebracht worden. Alle diese Farbstoffe werden in gesteigertem
Maße von chemisch und mechanisch geschädigter Wolle aufgenommen.
Lokal geschädigte Wolle läßt auch höhere Lokalanfärbungen finden,
z. B. an den Riß- oder Schnittenden des Wollhaares.

a) Ausführung des Methylenblauverfahrens. Man legt 1 g
Wolle in 100 ccm einer 0,1 %igen Lösung von Methylenblau 2 B neu bei
Zimmertemperatur ein, nimmt nach 3 Minuten heraus, spült in fließen-
dem Wasser unter häufigerem Ausdrücken, trocknet an der Luft und prüft

---

[1] Kronacher u. Lodemann: Z. Tierzüchtg Bd. 6, Heft 3. — S. a. Krais,
Markert u. Viertel: a. a. O.

[2] Sieber: Melliand Textilber. 1928 S. 326.

[3] Blackshaw: J. Soc. Dy. Col. 1928 S. 298.

[4] Herzog, A.: Melliand Textilber. 1931 S. 768.

[5] Mark, H.: Beiträge zur Kenntnis der Wolle und ihrer Bearbeitung.

die Farbtiefe. Wenn man eine bestimmte Zahl, z. B. 100 Fasern, mikroskopisch auszählt und in 3 Klassen teilt (gefärbt, teils gefärbt und ungefärbt), so kommt man zu einer quantitativen Bestimmung. Für eine solche quantitative Auswertung hat sich eine einheitliche und festnormierte Spülzeit von 1 Stunde als zweckmäßig erwiesen. Bei längerer Spüldauer verlieren sich die Farbunterschiede immer mehr, bei kürzerer Spüldauer sind die Farbunterschiede dagegen noch nicht ausreichend vorhanden.

Nach den Versuchen von Krais und Mitarbeitern ist, wie untenstehende Zahlen zeigen, sowohl bei der Alkali- als auch bei der Säureschädigung gesteigertes Anfärben zu beobachten. Aber das Verfahren versagt bei Anwendung von Wollschutzmitteln, in welchem Falle fast alle Fasern nach einstündigem Wässern einen blauen Schein behalten.

Wollprobe	Ungefärbte Wollhaare %	Teils gefärbte Wollhaare %	Ganz gefärbte Haare %
Rohwolle	92	4	4
Mit Soda geschädigt	61	21	18
Mit Säure geschädigt	72	19	9
Mit Soda und Wollschutzmittel . .	—	79—82	18—21

Ganz analog werden die Anfärbeversuche mit den anderen erwähnten Farbstoffen ausgeführt.

b) **Ausführung des Laktophenol-Baumwollblauverfahrens.** Auf den früheren Beobachtungen von Galloway[1] fußend, benutzt Nopitsch[2] folgendes Reagens:

Herstellung des Reagens. a) Laktophenollösung. Man mischt 20 ccm Milchsäure, 20 g Phenol, 40 ccm Glyzerin und 20 ccm Wasser zusammen. b) Baumwollblaulösung. 2%ige wässerige Lösung von Baumwollblau II der Firma Th. Schuchardt, Görlitz. 50 ccm der Lösung a und 10 ccm der Lösung b werden gemischt.

Nach Nopitsch schneidet man die verdächtigen Stellen der Probe aus, bringt sie auf einen Objektträger, zerfasert sie, tränkt mit dem obigen Reagens und beobachtet unter dem Mikroskop bei etwa 150facher Vergrößerung. Dabei werden nur die geschädigten Teile der Wolle blau angefärbt, während die ungeschädigten Haare ungefärbt bleiben. Auf diese Weise lassen sich sowohl die durch Alkali und Mineralsäuren als auch durch Schimmelpilz- und Bakterientätigkeit (Stock) geschädigten Wollen nachweisen. Behandelt man Wolle nur mit der Laktophenollösung (ohne Baumwollblauzusatz), so verändert sich nach den Beobachtungen von Nopitsch das alkaligeschädigte Haar nicht wesentlich, während beim säuregeschädigten Haar nach kurzer Zeit ein immer stärker werdender Zerfall in die Spindelzellen stattfindet.

Mit obigem Reagens lassen sich nach Nopitsch auch Baumwollschäden nachweisen, die durch Schimmelpilze entstanden sind. Man wird hierbei im allgemeinen beobachten, daß Myzelgeflecht sich blau anfärbt. Die Sporenträger und Sporen färben sich z. T. deutlich blau

---

[1] Galloway: J. Textile Inst. 1930 T. 277.
[2] Nopitsch: Melliand Textilber. 1933 S. 139.

an, z. T. gelb bis dunkelbraun, je nach der natürlichen Färbung derselben, d. h. dunkle Sporenträger nehmen das Blau nicht weiter mehr an. Die gesunden Baumwollfasern färben sich im allgemeinen nicht an, soweit sie nicht von Myzelfäden bedeckt sind oder diese in das Lumen der Faser eingedrungen sind.

Diazoreaktion. Das Verfahren beruht auf einer Azofarbenreaktion, und zwar einer Reaktion des in der Wollfaser freigelegten Tyrosins, das mit sodaalkalischer Diazobenzollösung einen roten Azofarbstoff bildet. Die Reaktion kann als qualitative Prüfung durch Beurteilung der Farbtiefe mit bloßem Auge verwendet werden, oder auch als quantitative mikroskopische Bestimmung am Wolleinzelhaar ausgebaut werden. Von Pauly und Binz[1] begründet, ist das Verfahren später von Brunswik[2], von Remington[3] u. a. weiter ausgebildet und zu einem quantitativen Verfahren entwickelt worden.

Erforderliches Reagens und qualitative Prüfung. Man suspendiert 2 g Sulfanilsäure in 3 ccm Wasser und 2 ccm konzentrierter Salzsäure und diazotiert vorsichtig mit einer Lösung von 1 g Natriumnitrit in 2 ccm Wasser. Die sich bildende Diazobenzolsulfosäure wird schwach gewaschen, auf dem Filter gesammelt und in 10%iger Sodalösung gelöst. In dieses Reagens wird die zu prüfende, entfettete Wolle eingelegt, 15 Minuten darin belassen, dann gut gespült und trocknen gelassen. Das Reagens ist nicht haltbar und stets frisch herzustellen.

Gute unbeschädigte Wolle bleibt bis auf die tiefrot anlaufenden Schnittflächen völlig ungefärbt. Je nach dem Grade der Schädigung tritt aber eine mehr oder weniger tiefe Rotfärbung. Rohwolle erscheint gelblich, alkaligeschädigte Wolle kräftig orange gefärbt, säuregeschädigte Wolle wird mehr oder weniger rot. Mit Wollschutzmitteln behandelte Wolle zeigt eine Farbvertiefung, wodurch eine größere Schädigung vorgetäuscht werden kann.

Quantitative Prüfung. Nach der Behandlung einer Wollprobe mit obiger Diazobenzollösung zählt man 100 Einzelhaare mikroskopisch aus und teilt sie in 5 Gruppen: 1. Völlig ungefärbte Haare (außer den Schnittenden), 2. stellenweise angefärbt (lokal geschädigt), 3. gleichmäßig gelb angefärbt (leicht geschädigt), 4. gleichmäßig orange-hellrot angefärbt (geschädigt) und 5. gleichmäßig dunkelrot gefärbt (stark geschädigt). Die Gütezahl wird ermittelt, indem man die Werte der 1. Gruppe durch 1, die Werte der 2. Gruppe durch 2, der 3. Gruppe durch 3 dividiert usw. und die so erhaltenen Zahlen addiert. Ein Beispiel möge dies erläutern.

Den verschiedenen Gruppen gehören in %. an:

Wollprobe	Gruppe					Gütezahl
	1	2	3	4	5	
Rohwolle	49	41	10	—	—	72,8
Mit Alkali geschädigt	6	20	58	12	4	39,1
Mit Säure geschädigt	—	19	44	26	11	32,5

[1] Pauly u. Binz: Z. Farb.- u. Textilind. 1904 S. 373.
[2] Mark, H.: Beiträge zur Kenntnis der Wolle und ihrer Bearbeitung, S. 41.
[3] Remington: J. Textile Inst. 1930 T. 237.

Quellung mit ammoniakalischer Kalilauge. Diese von Krais, Markert und Viertel[1] neuerdings ausgearbeitete Methode soll nach Urteil der Beobachter speziell für den Nachweis von Säureschädigungen der Wolle geeignet und sehr empfindlich sein, insbesondere soll sie bereits Anfangsstadien der Schädigungen auch nachbehandelter und gefärbter Wolle erkennen lassen. Aber auch für den Nachweis von Alkalischädigungen ist das Verfahren brauchbar, insofern als bei solchen eine Verzögerung der Reaktion eintritt (gegenüber ungeschädigter Wolle), während bei Säureschädigungen eine Beschleunigung stattfindet.

Herstellung des Quellmittels. Man löst 20 g Ätzkali in Stangenform in 50 ccm konzentriertem Ammoniak unter vorsichtigem Schütteln und guter Kühlung und läßt dann einige Zeit stehen. Die Lösung ist längere Zeit haltbar. In Ermangelung dieser Lösung genügt im Notfalle auch 10%ige Natron- oder Kalilauge.

Ausführung der Reaktion. Man läßt einige Tropfen des obigen Reagens bei etwa 300facher Vergrößerung unter dem Mikroskop an ein paar Wollhaare, die mit einem Deckgläschen bedeckt sind, seitlich herantreten und beobachtet die vor sich gehenden Quellungserscheinungen. Ungeschädigte Wolle zeigt nach 8—10 Minuten kleine Ausstülpungen an der Faser, welche sich langsam vergrößern. Säuregeschädigte Wolle zeigt den Reaktionsverlauf beschleunigter, etwa in 1—2 Minuten. Bei alkaligeschädigter Wolle tritt dagegen Verzögerung der Reaktion gegenüber ungeschädigter Wolle ein. Die Reaktion ist also spezifisch für säuregeschädigte Wolle.

Diese Kaliammoniakreaktion hat auf den ersten Blick große Ähnlichkeit mit der Elastikumreaktion von Allwörden (s. w. u.). Letztere tritt indessen bei unbehandelter, d. h. ungeschädigter Wolle ein, während die Kaliammoniakquellungserscheinungen umgekehrt bei säuregeschädigter Wolle positiv, bei alkaligeschädigter und ungeschädigter Wolle negativ verlaufen. Die Blasen bei der Allwördenschen Reaktion sind dicht aneinander gereiht, wie die Perlen einer Perlenschnur, und sind homogen, glasig-durchsichtig, von feiner Membran umgeben. Die Wülste bei der Kaliammoniakquellung sind dagegen unregelmäßige Gebilde von schwankender Form und Größe mit kleineren bis größeren Bläschen im Innern, ohne klare Durchsicht. Die Allwördensche Reaktion tritt auch vorzugsweise an bestimmten Teilen des Haares auf, die Kaliammoniakreaktion durchgehend am ganzen Haar.

Zinnsalzreaktion nach Becke[2]. Behandelt man ungeschädigte Wolle in geeigneter Weise mit Zinnsalz, so bleibt die Wolle ungefärbt. War die Wolle aber durch Alkali stark angegriffen, so färbt sie sich infolge Schwefelabspaltung aus der Wollfaser durch Bildung von Zinnsulfür um so intensiver braun, je stärker die Wolle geschädigt war. Bleiazetat gibt eine weniger klare und abgestufte Reaktion.

Ausführung der Reaktion. Man behandelt etwa 5 g Wolle in 200 ccm Flotte, die 10 % Essigsäure und 5—10 % Zinnsalz vom Gewicht der Wolle enthält, ½—¾ Stunde bei 90—95° auf dem Wasserbade. Je nach Schädigung tritt Braunfärbung der Wolle auf. Säuregeschädigte Wolle gibt keine positive Reaktion.

Biuretreaktion nach Becke[3]. Das Verfahren beruht darauf, daß in Lösung gegangene, abgebaute Teile der Wollsubstanz durch die bekannte Biuretreaktion nachgewiesen werden. Die qualitative Probe kann durch kolorimetrische Mes-

---

[1] Krais, Markert u. Viertel: a. a. O. — Krais u. Viertel: Textile Forsch. 1933 S. 35; Mschr. Textilind. 1933 S. 153.
[2] Becke: Färb.-Ztg. 1912 S. 45, 305; 1919 S. 101, 116, 128.
[3] Becke: a. a. O.

sung der Violettfärbung zu einem quantitativen Verfahren ausgebaut werden. Bei der praktischen Durchführung des Verfahrens ergaben sich aber merkliche Schwierigkeiten, da es in bestimmten Fällen, selbst bei starken alkalischen Schädigungen, vollkommen versagt[1].

Ausführung. Man prüft nach Kerteß[2] eine Wollprobe, indem man sie erst gut netzt, dann im Reagensglas mit 1 %iger Sodalösung übergießt, 1 Stunde bei 60—65⁰ stehenläßt, die Sodalösung dann möglichst abgießt und die Wollprobe mit 10 ccm n-Natronlauge und 2 ccm $\frac{1}{20}$ n-Kupfervitriollösung versetzt. Nach einiger Zeit tritt gegebenenfalls die Biuretreaktion, d. h. violette Färbung der Lösung auf. Die Stärke dieser Färbung kann nach 1 Stunde skalenmäßig verglichen werden.

Will man die Reaktion quantitativ auswerten, so führt man kolorimetrische Vergleichsversuche aus. Als Standard-Vergleichslösung verwendet man die Lösung von 1 g Wolle im Liter. Man löst 1 g Wolle erst vorsichtig in Natronlauge, neutralisiert mit Salzsäure, kocht zur Vertreibung des Schwefelwasserstoffes und füllt auf 1 l mit Wasser auf. Alsdann pipettiert man 1, 2, 3 usw. ccm der Wolllösung in die Vergleichszylinder, fügt etwas $\frac{1}{20}$ n-Kupfervitriollösung und n-Natronlauge zu, bringt alle Proben auf gleiches Volumen und vergleicht die Stärke der aufgetretenen Biuretreaktion, die man mit der zu untersuchenden Probe erhalten hat. Zweckmäßig wird ein Blindversuch nebenher ausgeführt. Je kräftiger die Violettfärbung, desto stärker geschädigt ist die Wolle.

Elastikumreaktion nach v. Allwörden[3]. Wenn man gesunde, entfettete Wolle mit Chlorwasser (weniger gut mit Bromwasser) befeuchtet und unter dem Mikroskop beobachtet, zeigen sich bald eigenartige Quellungserscheinungen unter Bildung von glasig-durchsichtigen Bläschen, Perlen oder ganzen Perlenschnüren. Dieselbe Erscheinung tritt auch bei anderen Tier- und Pelzhaaren auf, nur nicht bei Federn. Das Optimum der Bläschen- bzw. Perlenbildung liegt in der Mitte des Haares, das Minimum an der Haarspitze. Bis zu einem gewissen Grade alkalibehandelte bzw. -geschädigte Wolle zeigt diese Erscheinung weniger und schließlich überhaupt nicht. Die Grenze liegt nach Naumann bei einer Behandlung der Wolle mit 10 %iger Sodalösung bei 35⁰ C, bzw. bei 0,1 %iger Natronlauge bei 40—50⁰ C. Ähnlich wirkt auch scharfe Dekatur bei etwa $2\frac{1}{2}$ Atm. Druck. Saure Bäder sind dagegen auf die Reaktion ohne Einfluß. Nach Speakman und Goodings[4] bleibt die Reaktion aber auch bei gesunder Wolle manchmal aus.

Ausführung. Man entfettet die Wollprobe mit Äther od. dgl. und benetzt einzelne Wollhaare unter dem Mikroskope mit halbgesättigtem Chlorwasser (1 T. gesättigtes Chlorwasser + 1 T. destilliertes Wasser). Unter dem Mikroskop wird nun die etwaige Quellung und Perlenbildung bei mittlerer Vergrößerung beobachtet. Das Chlorwasser ist im Dunkeln aufzubewahren und soll nicht älter als 8 Tage sein.

Auswertung der Reaktion. Nach heutiger Auffassung besagt die Reaktion nichts Bestimmtes über die Güte der Wolle; sie zeigt meist nur die Überschreitung einer bestimmten Alkalitätsgrenze, Temperatur der Behandlungsbäder und der Druckdämpfung. Ein Vergleich mit dem zugehörigen Rohmaterial erhöht deshalb den Wert der Reaktion sehr erheblich. Im übrigen ist die Reaktion bei einiger Übung schnell durchzuführen.

Phosphorwolframsäureausfällung[5]. Das Verfahren beruht auf einer Fällung von Eiweißabbauprodukten durch komplexe Säuren, wie Phosphorwolframsäure, Phosphormolybdänsäure, Borwolframsäure usw. Es ähnelt insofern dem Biuretverfahren, als auch dort Abbauprodukte des Wollmoleküls in Reaktion gebracht werden.

Ausführung. Erforderliche Lösung: 9 g krist. Phosphorwolframsäure, 10 g konzentrierte Schwefelsäure, 81 g Wasser. Man versetzt 5 ccm des mit Soda-

---

[1] Mark: Beiträge zur Kenntnis der Wolle und ihrer Bearbeitung, S. 51.

[2] Kerteß: Z. angew. Chem. 1919 S. 169.

[3] Allwörden, v.: Z. angew. Chem. 1916 S. 77; 1917 S. 125, 297. — Krais: Ebenda 1917 S. 85. — Naumann: Ebenda 1917 S. 135, 297, 305. — Krais u. Waentig: Ebenda 1919 S. 65.

[4] Speakman u. Goodings: J. Textile Inst. 1926 T. 607.

[5] Mark: a. a. O. S. 40.

lösung erhaltenen Wollauszuges (wie er auch bei dem Bichromatverfahren erhalten wird) in einem dazu bestimmten Gläschen der Handzentrifuge mit 1 ccm obiger Phosphorwolframsäure; ebenso in einem zweiten Gläschen 5 ccm einer Lösung von Witte-Pepton, die genau 1 g im Liter enthält, mit 1 ccm der gleichen Phosphorwolframsäurelösung. Beide Gläschen werden mit dem Daumen verschlossen, einmal kräftig durchgeschüttelt und dann so lange zentrifugiert, bis der Niederschlag in der Peptonlösung den Teilstrich 0,300 ccm erreicht hat. Der Teilstrich, bis zu dem dann der im Sodawollauszug entstandene Niederschlag reicht, wird abgelesen. Man nimmt dann die Mittelwerte von je 3 Versuchen, und zwar sowohl der zu prüfenden Probe als auch der zugehörigen Rohware bzw. der Ware vor der in Frage stehenden schädigenden Behandlung.

Sonstige Verfahren.

Von sonstigen Vorschlägen betreffend die Prüfung von Wollschädigungen seien namentlich nur folgende erwähnt.

Natronverfahren von Bergen[1], bei dem man sonnengeschädigte Wolle mit $\frac{1}{10}$ n-Natronlauge behandelt, wobei sonnenkranke Wolle stark aufquillt, sich krümmt und in der Faserschicht klaffende Spalten bildet.

Silberprobe nach Sommer[2]. Lichtschäden sollen mit ammoniakalischer Silberlösung nachgewiesen werden können, indem Schwarzfärbung stattfindet.

Permanganatzahl. An Stelle der Bichromatprobe (s. d. S. 341) hat man auch die Permanganatprobe in Vorschlag gebracht. Man arbeitet wie bei der Bichromatprobe, verwendet aber nur an Stelle von Bichromat zur Oxydation Permanganat. Das Verfahren lehnt sich somit eng an das Permanganatverfahren zur Bestimmung der Oxyzellulose nach Kauffmann (s. d. S. 334) an.

Geschädigte Kunstseide.

Oxyzellulose in Kunstseiden. Im allgemeinen gelten hier die gleichen Nachweis- und Bestimmungsverfahren wie für Baumwolle (s. S. 327). Für den qualitativen Nachweis eignet sich nach Tatu[3] am besten die Ferrizyanid- bzw. Berlinerblaureaktion (s. S. 330) sowie die Silberreaktion nach Goetze (s. S. 336); letztere aber nicht bei Viskosekunstseide, da hier unter Umständen etwa vorhandener Schwefel Oxyzellulose vortäuschen könnte. Für die quantitative Bestimmung wird von Tatu die Kupferzahl (s. S. 332) empfohlen, während die Kauffmannsche Permanganatmethode als wertlos beurteilt wird.

Säurefraß in Nitrokunstseide. Nitrokunstseide kann infolge fehlerhafter Fabrikation an Zellulose labil gebundene Schwefelsäure enthalten, die im späteren Verlauf der Verarbeitung, der Lagerung oder des Transports (Heißbehandlung, tropisches Klima u. a. m.) allmählich als freie Schwefelsäure abgespalten wird und dann die Faser in Mitleidenschaft zieht. Man nennt diese Erscheinung nach Heermann „Säurefraß"[4]. Die von Säurefraß befallene Kunstseide verliert an den Stellen der Schwefelsäureabspaltung ihren ursprünglichen Glanz und wird kalkig. Gefärbte Kunstseiden werden außerdem stellenweise oft entfärbt oder mißfarbig. Die Faser verliert ferner an Festigkeit und wird allmählich vollständig mürbe und bei fortschreitendem Prozeß sogar pulverisierbar. Diese Erscheinung der Vermorschung der Faser ist nicht mit einer solchen zu verwechseln, die von einem Schwefelsäure-

---

[1] Bergen, v.: Melliand Textilber. 1925 S. 745.
[2] Sommer: Z. ges. Textilind. 1927 S. 645.
[3] Tatu: Chem. Zbl. Bd. 2 (1931) S. 2806.
[4] Heermann: Mitt. Mat.-Prüf. 1910 Heft 4; Färb.-Ztg. 1913 Heft 1.

gehalt der Faser von der Färberei herrührt. Färbereischwefelsäure ist auswaschbar und neutralisierbar, die an Zellulose als labiler Ester od. ä. gebundene Schwefelsäure nicht. Bereits eingetretener Säurefraß ist nach Obigem leicht zu erkennen. Durch die Stabilitätsprobe kann aber auch festgestellt werden, ob die Faser labil gebundene Schwefelsäure enthält, die später einmal zu Säurefraß Anlaß geben kann.

Stabilitätsprobe. Man erhitzt nach Heermann die neutral reagierende bzw. neutral gewaschene und an der Luft langsam wieder getrocknete und sulfatfreie Probe 1 Stunde im Trockenschrank bei 135—140° C und prüft dann die Faser auf Schwefelsäureabspaltung (mineralsaure Reaktion, Schwefelsäurenachweis mit Chlorbarium). Nebenbei geht gegebenenfalls Bräunung (Karbonisation) der Kunstseide vor sich; doch ist diese Bräunung allein (ohne Schwefelsäureabspaltung) nicht ausschlaggebend, obgleich gute Nitrokunstseide bei vorbeschriebener Erhitzung kaum merkliche Bräunung zeigt. Tritt bei vorher neutraler Faser durch die Stabilitätsprobe Schwefelsäureabspaltung ein, so ist die Möglichkeit gegeben, daß die Kunstseide bei ungünstigen Verhältnissen (s. o.) dem Säurefraß anheimfällt.

Ristenpart[1] empfiehlt die verschärfte Stabilitätsprobe, indem er die Kunstseide erst mit 1%iger Essigsäure tränkt, mindestens 24 Stunden an der Luft bei gewöhnlicher Temperatur hängen läßt, dann erst 1 Stunde bei 135—140° C erhitzt und weiter prüft.

Die gesamten Schwefelsäureester der Zellulose kann man durch Kochen der Kunstseide mit verdünnter Salzsäure aufspalten und dann die abgespaltene Schwefelsäure nach dem Chlorbariumverfahren bestimmen. Für die Beurteilung der Säurefraßgefahr einer Kunstseide ist dieses Verfahren aber nicht maßgebend, da nur die labilen Schwefelsäureester eine Gefahr für die Kunstseide bilden, während durch kochende Salzsäure auch die stabilen (unbedenklichen) Ester mit aufgespalten werden.

Verseifte Azetatkunstseide. Azetatseide ist mitunter durch partielle Verseifung (besonders durch alkalische Behandlung) geschädigt und verhält sich dann im Aussehen (verminderter Glanz, veränderte Lichtreflexion u. ä.)[2] und färberisch (fleckige, ungleichmäßige Färbung) abweichend von der ursprünglichen, ungeschädigten Azetatkunstseide. Man bestimmt eine etwa eingetretene partielle oder vollständige Verseifung der Azetatkunstseide sowie den Grad der Verseifung wie folgt.

1. Azetonverfahren. Man extrahiert eine gewogene Menge der Probe von etwa 0,5—1,0 g während 2—3 Stunden im Soxhletapparat am Rückflußkühler mit Azeton, wobei sich die unverseifte Azetatkunstseide vollständig auflöst, während die regenerierte Zellulose ungelöst bleibt. Dann verdampft man im Auszug das Azeton, trocknet

<hr>

[1] Ristenpart: Z. ges. Textilind. 1925 S. 614; Melliand Textilber. 1926 S. 774, 950; Leipz. Mschr. Textilind. 1928 S. 301. — S. a. Stadlinger: Melliand Textilber. 1926 S. 685, 770, 861; Kunstseide 1926 S. 214. — Krais: Leipz. Mschr. Textilind. 1928 S. 114, 257; Textile Forsch. 1928 S. 4.

[2] Entgegen aller Erwartung stehen indessen Glanzminderung und Verseifung nach den Feststellungen von Stahl (s. w. u.) in keinem ursächlichen Zusammenhang zueinander. Stark verseifte Azetatkunstseide kann z. B. ihren unveränderten Glanz beibehalten (braucht es aber nicht); ebenso zeigen unverseifte Fasern unter Umständen starke Glanzabnahme.

und wägt den Rückstand (= unverseifte Azetatkunstseide). Oder man wägt den ungelösten Teil (= verseifte Azetatkunstseide bzw. regenerierte Zellulose) nach dem Trocknen und bestimmt den Ester durch Differenz.

2. Kupferoxydammoniakverfahren. Man extrahiert bei Zimmertemperatur etwa 0,5 g der in kleine Stücke geschnittenen Probe 3—4 mal in einer Porzellanschale unter fleißigem Zerkneten mit kleinen Mengen frischen Kupferoxydammoniaks (s. S. 245), filtriert den ungelösten Teil durch einen gewogenen Goochtiegel, wäscht mit verdünnter Salzsäure kupferfrei, dann mit Wasser säurefrei, trocknet und wägt den Rückstand (= unverseifte Azetatkunstseide).

3. Essigsäurebestimmung. Man verseift etwa 1 g der Probe am Rückflußkühler mit alkoholischer Kalilauge, destilliert nach beendeter Verseifung den Alkohol auf dem Wasserbade ab, bringt den Rückstand mit Wasser in einen geräumigen Destillierkolben, säuert vorsichtig mit Phosphorsäure (die frei von flüchtigen Säuren sein soll), weniger gut mit Schwefelsäure, an, destilliert mit Wasserdampf etwa 600 ccm über und titriert im Destillat die Essigsäure mit $\frac{1}{10}$ n-Natronlauge gegen Phenolphthalein (s. a. u. Bestimmung der Essigsäure, S. 44). Normale unverseifte Azetatkunstseide des Handels hat einen festen Essigsäuregehalt von 54—55 %.

4. Anfärbereaktionen.

a) Mit Baumwollfarbstoffen. Verseifte Azetatkunstseide wird durch direkte Baumwollfarbstoffe (z. B. Kongo, Benzopurpurin u. dgl.) deutlich angefärbt, während unverseifte Zellulose nicht angefärbt wird[1].

b) Mit Jodschwefelsäure. Man behandelt nach Stahl[2] einige Fasern auf dem Objektglas etwa 1 Minute mit einem Tropfen nicht zu starker Jodjodkaliumlösung, saugt den Überschuß mit Filtrierpapier gut ab und bringt einen Tropfen Glyzerin-Schwefelsäure (Höhnels Papierschwefelsäure: 1 T. Glyzerin, $1\frac{1}{2}$—2 T. konzentrierte Schwefelsäure, 1 T. Wasser) hinzu. Bei Anwendung der richtigen Konzentration färben sich die vollständig verseiften Teile der Kunstseide alsbald tiefblau an, während die unverseiften Teile (und Zwischenprodukte der Verseifung) eine hellgelbe Farbe annehmen. Ist die Glyzerinschwefelsäure sehr stark, so wird nach mehrstündiger Einwirkung der Säure auch der Azetylzellulosekern infolge Verseifung blau. Es empfiehlt sich deshalb, die Reaktion sofort unter dem Mikroskop zu verfolgen. Zwischenprodukte des Abbaues (von den Tri- zu den Di- und Monoessigsäureester) sind nach Haller und Ruperti (a. a. O.) auf diese Weise nicht und nach Stahl (a. a. O.) nur ausnahmsweise feststellbar.

c) Mit Cellitechtfarbstoffen. Bei unvollständiger Verseifung, z. B. bei den Zwischenprodukten von Di- und Monoazetat, wo das Höhnelsche Reagens versagt, gelingt nach Stahl (a. a. O.) der Nachweis durch Anfärbung mit Cellitechtfarbstoffen, indem sich das färberische Verhalten der Azetatkunstseide schon durch ganz schwache Alkalien (z. B. $\frac{1}{100}$ n-Natronlauge) beträchtlich ändert; z. B. färbt Cellitechtblau A die partiell verseiften Stellen viel dunkler an als die unverseiften.

Quellungserscheinungen. Man hat auch versucht, aus den Quellungsvorgängen von Kunstseiden in Wasser und Ätzkali Schlüsse auf die abnorme Behand-

---

[1] Vgl. a. Haller u. Ruperti: Leipz. Mschr. Textilind. 1925 S. 353, 399.
[2] Stahl: Textile Forsch. 1931 Forsch.heft 13; Mschr. Textilind. 1932 S. 139, 161.

lung oder Schädigung einer Kunstseide zu ziehen. Die bisherigen Erfahrungen[1] sind aber noch nicht zu einem exakten Laboratoriumsverfahren ausgebildet, so daß hier auf diese Beobachtungen nicht näher eingegangen werden kann.

Viskositätsmessungen. Durch Messung der Viskosität der Zelluloselösungen kann der Degradationsgrad genau bestimmt werden. Hierzu sind besondere Einrichtungen erforderlich, auf die nicht näher eingegangen werden kann.

Geschädigte Merzerisationsware.

Fehler in Merzerisationswaren (vor allem in Florstrümpfen) können sehr verschiedener Natur sein; sie können z. B. durch Schuld des Spinners, des Merzeriseurs, des Zwirners, des Färbers, des Wirkers usw. entstehen und sind in ihren Zusammenhängen vielfach sehr verwickelt und nicht immer restlos laboratoriumsmäßig zu klären. Oft ist dazu die Prüfung des Betriebes notwendig. In den letzten Jahren sind die Untersuchungsverfahren erheblich gefördert[2].

Nachstehend aufgeführte Fehlerquellen mit ihren Folgeerscheinungen beziehen sich vor allem auf die eigentliche Ausrüstung der Merzerisationsware.

Urschen	Wirkungen	Erkennung und Prüfung
a) Vorbehandeltes Garn ist ungleichmäßig naß auf die Merzerisiermaschine gekommen b) Das Garn war beim Imprägnieren oder Entlaugen ungleichmäßig gespannt (mitunter vom Merzeriseur bei kreuzgeweiftem Strang nicht ausgleichbar)	Keine gleichmäßige und vollkommene Durchtränkung des Materials mit der Lauge; deshalb keine gleichmäßige Durchmerzerisation. Sichtbare Absätze von Hell zu Dunkel nach dem Färben, Ringelerscheinungen u. dgl. Im Falle b meist in periodischer Wiederkehr in Übereinstimmung mit dem Weifenumfang	Unter der Ultralampe erscheint gut durchmerzerisiertes Makogarn dunkler braun; nicht oder schlecht merzerisiertes Garn hell gelblichbraun. Auszählverfahren nach Krais oder Entwindungsprüfung nach Calvert und Clibbens (s. w. u.), Schrumpfungsdiagramm nach Clibbens und Geake (s. w. u.). Der Fehler läßt sich durch Abziehen und Wiederfärben nicht beseitigen. Röntgenanalyse nach Schramek (s. w. u.)
Lokales oder ungleichmäßiges Antrocknen des Garnes nach dem Merzerisieren	Verschiedene Entquellungsformen des Garnes. Unegale Färbungen, Absätze u. dgl.	Durch nochmaliges Merzerisieren ist der Fehler zu beseitigen
Verunreinigungen (Gebrauchswasser, Zersetzungen, Sengstaub, verharzende Weichmachmittel, Ölflecke, Fettsäuren, Kalkseifen)	Ungleichmäßige Einwirkung der Lauge auf das Material; deshalb unegale Färbungen	Nachweis von lokal gelagerten Kalkseifen, Kalk, Fettsäuren, Öl usw.

---

[1] Siehe z. B. Weltzien: Melliand Textilber. 1926 S. 338. — Faust u. Littmann: Zellulosechemie 1926 S. 166. — Rhodes: J. Textile Inst. 1929 T. 55.

[2] Krais: Textile Forsch. 1931 S. 3; Mschr. Textilind. 1931 S. 21. — Clibbens u. Geake, Calvert u. Clibbens: J. Textile Inst. 1933 Juniheft. — Krais: Textile Forsch. 1933 S. 82. — Schramek: Mschr. Textilind. 1934 S. 241, 257, 289; 1935 S. 13.

Auszählverfahren bzw. Entwindungszahl. Das Verfahren beruht
darauf, daß die äußere Struktur der Baumwollfaser durch den Merzeri-
sationsprozeß verändert wird, indem die Faser die bekannten Windungen und Faltungen verliert und die Form eines glatten Zylinders
annimmt. Je nach der Gründlichkeit der Laugeneinwirkung u. a. wird
die Überführung des ursprünglichen Baumwollhaares in die glatte Form
des merzerisierten Haares mehr oder weniger vollkommen sein. Durch
Prüfung der stattgehabten „Entwindung" kann man auf diese Weise
a) den Grad der Merzerisation in einer Ware, b) die Gleichmäßigkeit der Entwindung in einer Ware (also die Gleichmäßigkeit der
Merzerisation) feststellen.

Da die Entwindungsprobe von Calvert-Clibbens (a. a. O.) sicherer
und mindestens ebenso schnell ausführbar ist wie die Auszählprobe
von Krais (a. a. O.), sei erstere hier wiedergegeben.

Ausführung der Entwindungsprobe. Man stellt sich zunächst
eine große Zahl (etwa 800) von 0,1—0,2 mm langen Faserstückchen
quer zur Garnrichtung her. Handelt es sich um die Feststellung der
Entwindungszahl z. B. bei ringligen merzerisierten Florstrümpfen, so
entnimmt man diese Faserstücke vergleichsweise aus den helleren und
dunkleren Stellen des Strumpfes od. dgl. Die Faserstücke werden in
einfacher Weise durch zwei entsprechend eingestellte Sicherheitsrasier-
klingen hergestellt. Alsdann bettet man die Faserabschnitte in Paraf-
finöl ein und zählt unter dem Mikroskop bei etwa 150facher Vergrößerung
a) die vollständig glatten, glasstabartigen, „entwundenen" Faserstücke
und b) die Faserstücke aus, die noch Anzeichen von bandartigen Windungen der Rohbaumwolle erkennen lassen. Der Prozentgehalt von glatten
Stücken wird „Entwindungszahl" genannt. Da die Entwindungszahl nichtmerzerisierter Baumwolle nach diesem Verfahren etwa 9—15
beträgt, während sie bei gut merzerisiertem Garn meist auf 60—70
und mehr ansteigt (bei Stückmerzerisation auf 25—40 und weniger),
kann man auf diese Weise ermitteln, ob das Garn gut durchmerzerisiert
bzw. ob zwischen den helleren und dunkleren Stellen in einem gefärbten
Strumpf Unterschiede in der Merzerisation vorliegen und ob also
die hellen Stellen infolge unzureichender Merzerisation hell geblieben
sind. Hierbei ist nur ein positives Ergebnis eindeutig, da auch bei festgestellten Farbenunterschieden keine Unterschiede in der Entwindungszahl gefunden worden sind.

Das Auszählverfahren von Krais unterscheidet sich von dem
beschriebenen Entwindungsverfahren vor allem dadurch, daß man bei
ihm nicht kurze Faserstückchen, sondern etwa 1000—1200 ganze Fasern
auszupft und auf bandartige Windungen unter dem Mikroskop prüft,
wobei Krais 65% glatter Fasern als Norm für gut merzerisiertes
Baumwollgarn annimmt.

Schrumpfungsdiagramm. Das Verfahren beruht darauf, daß ein
ungleichmäßig merzerisiertes Garn bei nochmaliger Imprägnation mit
starker Natronlauge ohne Spannung, also bei ungehinderter Schrump-
fungsmöglichkeit, ungleichmäßig schrumpft und diese ungleichmäßige
Schrumpfung durch ein Diagramm, das Schrumpfungsdiagramm, zum

Ausdruck kommt. Wenn bei der Merzerisation ein Teil des Garnes mehr gestreckt worden ist als der übrige Teil oder mehr einschrumpfen konnte als der andere Teil, so wird sich das stärker gestreckte Garn heller, das mehr geschrumpfte dunkler anfärben als das normal gestreckte Garn. Dies dürfte die häufigste Ursache für die Ringel in merzerisierten Florstrümpfen sein.

Ausführung nach Clibbens und Geake (a. a. O.). Man bestimmt a) erst an einem kleinen Teil des Garnes die Schrumpfung, die das Garn erleidet, wenn man es ohne Spannung mit Natronlauge von 30° Bé erneut merzerisiert. Beispielsweise wird eine Schrumpfung von 12% festgestellt. Dann wickelt man b) die Hauptmenge des Garnes auf einen runden Stab von genau bekanntem Umfang dicht nebeneinander auf und zieht einen geraden Querstrich parallel zur Längsachse des Stabes mit schwarzer Tusche oder laugenbeständiger Farblösung (nach Krais bei sehr dunkler Färbung besser mit starker alkalischer Hydrosulfitlösung). Es entsteht so auf dem Garn eine Reihe von Punktmarkierungen in ganz gleichmäßigem Abstande, der dem Umfange des Stabes entspricht. Nun windet man das Garn wieder ab, merzerisiert ohne Spannung in 30grädiger Natronlauge unter Zusatz von einem guten Netzmittel, wäscht aus, trocknet und windet in dichten Windungen auf einen neuen Stab von einem Umfange, welcher der nach a festgestellten Schrumpfung entspricht. Hat man z. B. bei der Vorprobe a gefunden, daß das Garn um 12% eingeschrumpft ist (merzerisierte Garne schrumpfen naturgemäß weniger als nichtmerzerisierte), und hat man die erste Aufwindung b) z. B. auf einen Stab von genau 10 cm Umfang gemacht, so muß man das Garn jetzt c) auf einen Stab von genau 8,8 cm Umfang unter genau gleicher Spannung aufwinden (solche Stäbe kann man sich leicht durch Aufwinden von Papier auf Glasröhren od. dgl. herstellen). War nun die Spannung im Strang bei der ursprünglichen Fabrikmerzerisation gleichmäßig, so entsteht bei der neuen Aufwindung c) wiederum eine nahezu gerade Linie des gezogenen Tuschestriches oder eine regelmäßig verlaufende Spirale. War die Fabrikmerzerisation aber nicht unter gleichmäßiger Spannung des Stranges vor sich gegangen, so bilden die einzelnen Markierungspunkte keine gerade Linie mehr, sondern das Schrumpfungsdiagramm zeigt eine ausgesprochene Zickzacklinie. Damit ist dann ungleichmäßige, und zwar meist periodisch ungleichmäßige Spannung des Garnes als Ursache der Fehler in der Ware bzw. der unegalen Färbung nachgewiesen. Man kann das entscheidende Diagramm der zweiten Aufwindung zwecks aktenmäßigen Beleges derart herstellen, daß man das Garn beim Aufwickeln auf eine Papierunterlage aufklebt und später die gesamte mit Garn bedeckte Fläche längs der Stabachse aufschneidet und aufklappt.

Nach Schramek ist nur der positive Befund (das Auftreten der Zickzacklinie) beweisend für einen Fehler in der Merzerisation, während das Ausbleiben der Zickzacklinie kein Beweis dafür ist, da der Entlaugungsprozeß nach der Imprägnierung das Schrumpfungsdiagramm so beeinflussen kann, daß die Zickzacklinie nicht auftritt. Außerdem zeigt das Diagramm nicht an, ob Imprägnierung oder Entlaugung den Fehler verursacht hat. Erst durch die Röntgenanalyse (s. w. u.) können diese Zusammenhänge mitunter restlos geklärt werden.

Periodische Spannungsunterschiede und Länge des Maschenabzuges nach Clibbens und Geake. Die periodische Wiederkehr hellerer und dunklerer Stellen (meist in Form von Ringeln) läßt sich in gefärbten merzerisierten Stranggarnen oder in daraus hergestellten Waren rechnerisch aus der Natur der Weifung erklären und ableiten (Näheres s. Originalarbeit).

Röntgenanalyse. Durch neuere Arbeiten von Schramek (a. a. O.) gibt die röntgenographische Methode in Zweifelsfällen guten Aufschluß über die Ursache des Fehlers, z. B. auch darüber, ob der Merzerisationsfehler in der Imprägnierung oder in der Entlaugung zu suchen ist. Die Röntgenanalyse unterstützt also die beschriebenen Verfahren sehr wesentlich, kann aber auch allein für sich die Zusammenhänge klären. Indessen kann hier auf diese Verfahren nicht näher eingegangen werden.

Echtheitsprüfungen von Färbungen.

Zur Beurteilung der Farbechtheit werden nicht die Farbstoffe in Substanz, sondern die mit diesen hergestellten Färbungen (bzw. Drucke) verwendet, und zwar immer vergleichsweise gegen Färbungen von bekannten, genau festgelegten Echtheitseigenschaften, den sog. Typfärbungen. Die Typen sowie die Färbeverfahren zur Herstellung der Typfärbungen und die dazugehörigen Normen und Prüfungsverfahren sind von der Echtheitskommission ausgearbeitet und gelten als Normalverfahren. Sie werden nachstehend im wesentlichen wiedergegeben[1].

Die zum Vergleich benötigten Typfärbungen werden nach genauer Vorschrift hergestellt (s. Färbevorschriften am Schluß der Tabellen); Lichtechtheitstypen können auch fertig bezogen werden[2].

Für die verschiedenen Echtheitseigenschaften sind 5 Normen und Echtheitsstufen aufgestellt worden, nur für die Lichtechtheit 8 Normen. Hierbei bedeutet immer I = die geringste und V = die höchste Echtheitsstufe; nur bei der Lichtechtheit bedeutet sinngemäß VIII = die höchste Echtheitsstufe. Im einzelnen bedeuten die Zahlen I—V bzw. I—VIII

a) bei Lichtechtheit: I = geringe, III = mäßige, V = genügende, VI = gute, VII = sehr gute, VIII = hervorragende Lichtechtheit;

---

[1] Die von der Echtheitskommission aufgestellten Normen und Typen mit den dazugehörigen Prüfungsverfahren werden nachstehend als solche durch ein Sternchen kenntlich gemacht (*). Vgl. a. „Verfahren, Normen und Typen für die Prüfung der Echtheitseigenschaften von Färbungen auf Baumwolle, Wolle, Seide, Viskosekunstseide und Azetatkunstseide", herausgegeben von der Echtheitskommission der Fachgruppe für Chemie der Farben- und Textilindustrie im Verein Deutscher Chemiker, 6. Aufl. Berlin W 35: Verlag Chemie, G. m. b. H. 1932. Je eine englische und amerikanische Kommission hat wieder besondere Normen aufgestellt.

[2] Zu beziehen von der Echtheitskommission bzw. vom Deutschen Forschungsinstitut für Textilindustrie, Dresden-A, Wiener Str. 6, gegen Erstattung der Portokosten.

b) bei den anderen Echtheiten: I = geringe, II = mäßige, III = genügende, IV = gute, V = sehr gute Echtheit.

Allgemeine Vorbemerkungen.

Für die Verflechtung mit den Färbungen wird, wenn nichts anderes vorgeschrieben, als ungefärbtes Material verwendet: abgekochte Baumwolle, gewaschene Zephirwolle, entbastete Seide (Naturseide), weiße Viskose- und Azetatkunstseide. Die erforderlichen Flechten sind so herzustellen, daß das ungefärbte Material mit der Färbung in unmittelbare Berührung kommt. Das angegebene Flottenverhältnis bei den Prüfungen bezieht sich auf das Gesamtgewicht des Materials (Färbung + Weiß). Bei längerem Kochen ist das verdampfte Wasser zu ersetzen.

Die in Klammern hinter den Teerfarbstoffen (Typen) angegebenen Zahlen beziehen sich auf die 7. Auflage der Farbstofftabellen von G. Schultz, Leipzig 1931.

Die vorgeschriebenen Färbeverfahren am Schluß der Tabellen werden in den Tabellen abgekürzt als „F.V." mit den entsprechenden Nummern angegeben, z. B. F.V.A. 1 = Färbevorschrift für Baumwollfärbungen Nr. 1 usw.

Farbton und Farbtiefe unter der Rubrik „Normen" sind abgekürzt als „Ton" und „Tiefe" wiedergegeben.

Das in den Vorschriften angegebene Kondenswasser ist dem destillierten Wasser gleichzustellen.

Auch im Auslande haben sich nach dem Vorbilde der deutschen Bestrebungen Kommissionen zur Normierung der Echtheitsprüfungen gebildet, die bisher folgende Berichte herausgegeben haben:

1. England. Report of the Society of Dyers and Colorists on the work of its Fastness Committee in fixing standards for Light, Perspiration and Washing. März 1934, 30/32 Piccadilly, Bradford, England, 51 Seiten.

2. Amerika. 1933 Year Book of the American Association of Textile Chemists and Colorists. Howes Publishing Co., 440 Fourth Ave, New York City, USA. Juni 1934, 474 Seiten.

3. Frankreich. Hier ist nur zu der betreffenden Frage eine Abhandlung von Abbé Pinte und Toussaint erschienen, nach der die Normierung der Lichtechtheit nach einem photometrischen Verfahren empfohlen wird.

Nachstehend seien einige Abweichungen der ersten beiden Berichte von den deutschen Normen wiedergegeben[1]:

1. England. Es werden hier nur Vorschläge in bezug auf Licht-, Schweiß- und Waschechtheitsprüfung gemacht. Für die Lichtechtheitsprüfung werden zwei Typreihen (Typ Nr. 2—8), eine rote und eine blaue, aufgestellt. Von den sieben blauen Typfärbungen stimmen nur zwei mit den deutschen Typfärbungen überein: Blaue Typfärbung III = 0,6 % Brillant-Indozyanin 6 B (I. G.) und blaue Typfärbung VIII = 3 % Indigosolblau AGG (Durand und Huguenin).

2. Amerika. Viele Prüfungen sind auf die amerikanischen Verhältnisse und Farbstoffe eingestellt. Bei den Lichtechtheitsprüfungen wird, wie bei den deutschen Normen, nur gegen Wollfärbungen verglichen, jedoch teils gegen rote, teils gegen blaue, die durchweg mit amerikanischen Farbstoffen hergestellt werden. Auf Reibechtheit wird trocken und naß geprüft. Für die Schweißechtheitsprüfung werden zwei Lösungen vorgeschlagen: a) saure Lösung, enthaltend 10 g Kochsalz, 1 g Milchsäure 85 %ig und 1 g Dinatriumphosphat im Liter Kondens-

---

[1] Eine vergleichende Gegenüberstellung und Kritik der deutschen, der englischen und der schweizerischen Methoden der Schweißechtheitsbestimmung gab Brass: Leipz. Mschr. Textilind. 1927 S. 354.

wasser; b) alkalische Lösung, enthaltend 10 g Kochsalz, 4 g Ammoniumkarbonat und 1 g Dinatriumphosphat im Liter Kondenswasser. Geprüft wird bei 37° C. Auf Seewasserechtheit wird mit einer Lösung von 30 g Kochsalz und 5 g Chlormagnesium im Liter Kondenswasser geprüft.

Alkaliechtheit (Straßenschmutz)*.

Gefärbte Baumwolle.

Man betupft mit einer Mischung aus 10 g Ätzkalk und 10 ccm 24%igem Ammoniak im l, läßt bei gewöhnlicher Temperatur trocknen und bürstet gut ab.

Normen:	Typen:
I. Ton oder Tiefe stark verändert.	I. 2% Chrysamin R (478), F.V.A. 3.
III. Ton oder Tiefe etwas verändert.	III. 1% Direkttiefschwarz EW extra (671), F.V.A. 2.
V. Ton und Tiefe unverändert.	V. 8% Diaminschwarz BH (393), F.V.A. 6 (mit Metatoluylendiamin entwickelt).

Gefärbte Wolle.

Man behandelt wie bei Baumwolle.

Normen:	Typen:
I. Ton oder Tiefe stark verändert.	I. 2% Säuregrün konz. S (765), F.V.B. 2.
III. Ton oder Tiefe etwas verändert.	III. 2% Patentblau V (826), F.V.B. 2.
V. Ton und Tiefe unverändert.	V. 3% Säurealizarinblauschwarz R konz. (240), F.V.B. 8.

Gefärbte Viskosekunstseide.

Man behandelt wie bei Baumwolle.

Normen:	Typen:
I. Ton oder Tiefe stark verändert.	I. 1% Phosphin 5R, F.V.D. 1.
III. Ton oder Tiefe etwas verändert.	III. 0,5% Direkttiefschwarz E extra (671), F.V.D. 3.
V. Ton und Tiefe unverändert.	V. 2% Indanthrenblau GCD Plv. fein f. Fbg. (1234), F.V.D. 9.

Gefärbte Azetatkunstseide.

Man behandelt wie bei Baumwolle.

Normen:	Typen:
I. Ton oder Tiefe stark verändert.	I. 0,5% Rhodamin B extra (864), F.V.E. 1.
III. Ton oder Tiefe etwas verändert.	III. 0,25% Cellitazol B, F.V.E. 6 (mit 1,5% Entwickler ON entwickelt).
V. Ton und Tiefe unverändert.	V. 3,3% Cellitazol STN konz., F.V.E. 5.

23*

Avivierechtheit*.

Gefärbte Baumwolle.

Man behandelt die Färbung 5 Minuten bei gewöhnlicher Temperatur in einer Lösung von 5 g Milchsäure im l Kondenswasser (Flotte 1 : 30), quetscht ab und trocknet ohne Spülen.

Normen:	Typen:
I. Ton stark verändert.	I. Benzopurpurin 4B (448), F V.A. 2.
III. Ton etwas verändert.	III. 3% Benzooliv (642), F.V.A. 2 ohne Soda.
V. Ton unverändert	V. 2,5% Indanthrenblau RSN Plv. (1228), F.V.A. 14.

Gefärbte Viskosekunstseide.

Behandlung wie bei Baumwolle.

Normen:	Typen:
I. Ton stark verändert.	I. 3% Benzopurpurin 4B (448), F.V.D. 3.
III. Ton etwas verändert.	III. 3% Benzooliv (642), F.V.D. 3 ohne Soda.
V. Ton unverändert.	V. Indanthrenblau GCD Plv. fein f. Fbg. (1234), F.V.D. 9.

Gefärbte Azetatkunstseide.

Behandlung wie bei Baumwolle.

Normen:	Typen:
I. Ton stark verändert.	I. 5% Metachromorange 3R dopp., F.V.E. 2.
III. Ton etwas verändert.	III. 3% Cellitechtrot BB, F.V.E. 2.
V. Ton unverändert.	V. 3,3% Cellitazol STN konz., F.V.E. 5.

Beuchechtheit*. Gefärbte Baumwolle.

a) Man verflicht die Färbung mit gleicher Menge rohen Baumwollgarnes, kocht 4 Stunden bei 1,5 atü in einer Lösung von 4 ccm Natronlauge 40° Bé und 4 g Ludigol (I. G.) im l Kondenswasser (Flotte 1 : 30), spült, chlort 1 Stunde in Natriumhypochloritlösung (Herstellung s. u. Chlorechtheit) mit 1 g wirksamem Chlor und 0,2 g Natriumbikarbonat im l Kondenswasser bei gleichem Flottenverhältnis, spült, säuert und spült wieder.

b) Wie bei a, nur ohne Ludigolzusatz.

<table>
<tr><td colspan="2">Normen:</td><td colspan="2">Typen:</td></tr>
<tr><td>I. a)</td><td>Tiefe bzw. Weiß stark verändert.</td><td>I.</td><td>Pararot (60), F.V.A. 16.</td></tr>
<tr><td>III. a)</td><td>Ton oder Tiefe bzw. Weiß etwas verändert.</td><td>III.</td><td>4 g Naphthol AS-TR im l, entwickelt mit 2 g Echtrot TR Base im l nach Vorschrift I. G. 133/A.</td></tr>
<tr><td>b)</td><td>Ton oder Tiefe bzw. Weiß verändert.</td><td></td><td></td></tr>
<tr><td>V. b)</td><td>Ton, Tiefe und Weiß fast unverändert.</td><td>V.</td><td>3 g Naphthol AS-G und 15 g Kochsalz im l, entwickelt mit 1,65 g Echtgelb GC Base im l nach Vorschrift I. G. 133/A.</td></tr>
</table>

Bleichechtheit*.

Gefärbte Wolle.

Man durchnäht die auf leichtem Wollstoff hergestellte Färbung mit weißen Woll- und Seidenfäden und bleicht in einem Wasserstoffsuperoxydbade aus 20 ccm 30%igem Wasserstoffsuperoxyd und 980 ccm Kondenswasser, dem zum Alkalisieren 5 g Trinatriumphosphat oder 5 g Wasserglas von 38° Bé zugesetzt worden sind ($p_H = 10$). Während der Bleichdauer soll das Bad alkalisch bleiben (Prüfung mit rotem Lackmuspapier). Man legt die Probe, die dauernd unter der Flotte zu halten ist, in das etwa 45—50° warme Bad ein (Flotte 1 : 50), läßt 8 Stunden im allmählich erkaltenden Bade ohne starkes Umrühren liegen, spült und trocknet.

<table>
<tr><td colspan="2">Normen:</td><td colspan="2">Typen:</td></tr>
<tr><td>I.</td><td>Ton oder Tiefe bzw. Weiß stark verändert.</td><td>I.</td><td>2% Metanilgelb extra (169), F.V.B. 2.</td></tr>
<tr><td>III.</td><td>Ton oder Tiefe bzw. Weiß etwas verändert.</td><td>III.</td><td>3% Patentblau A (827), F.V.B. 2.</td></tr>
<tr><td>V.</td><td>Ton, Tiefe und Weiß unverändert.</td><td>V.</td><td>10% Indigosol O (1303), F.V.B. 11.</td></tr>
</table>

Gefärbte unerschwerte Seide.

Man verflicht 2 T. Färbung mit je 1 T. Wolle und Schappeseide und bleicht mit Wasserstoffsuperoxyd wie bei Wolle.

<table>
<tr><td colspan="2">Normen:</td><td colspan="2">Typen:</td></tr>
<tr><td>I.</td><td>Ton oder Tiefe bzw. Weiß stark verändert.</td><td>I.</td><td>4% Echtrot AV (206), F.V.C. 5.</td></tr>
<tr><td>III.</td><td>Ton oder Tiefe bzw. Weiß etwas verändert.</td><td>III.</td><td>8% Säureanthrazenbraun KE, F.V.C. 7.</td></tr>
<tr><td>V.</td><td>Ton, Tiefe und Weiß unverändert.</td><td>V.</td><td>10% Indanthrenblau GCD Plv. fein f. Fbg. (1234), F.V.C. 9.</td></tr>
</table>

Gefärbte Viskosekunstseide.

Man verflicht 2 T. Färbung mit je 1 T. Wolle und Seide und bleicht mit Wasserstoffsuperoxyd wie bei Wolle.

<table>
<tr><td colspan="2" align="center">Normen:</td><td colspan="2" align="center">Typen:</td></tr>
</table>

I. Ton oder Tiefe bzw. Weiß stark verändert.	I. 1 % Rhodamin B extra (864), F.V.D. 1.
III. Ton oder Tiefe bzw. Weiß etwas verändert.	III. 3 % Benzorot 10 B, F.V.D. 3.
V. Ton, Tiefe und Weiß unverändert.	V. 3 % Indanthrenblau GCD Plv. fein f. Fbg. (1234), F.V.D. 9.

Gefärbte Azetatkunstseide.

Man verflicht 3 T. Färbung mit je 1 T. Baumwolle, Wolle und Seide und bleicht wie bei Wolle mit Wasserstoffsuperoxyd.

Normen:	**Typen:**
I. Ton oder Tiefe bzw. Weiß stark verändert.	I. 1 % Methylenblau BGX (1038), F.V.E. 1.
III. Ton oder Tiefe bzw. Weiß etwas verändert.	III. 2,5 % Cellitonechtrotviolett R Plv., F.V.E. 4.
V. Ton, Tiefe und Weiß unverändert.	V. 3,3 % Cellitazol STN konz., F.V.E. 5.

Bügelechtheit*.

Gefärbte Baumwolle.

Man bedeckt die Färbung mit doppeltgelegtem, dünnem, weißem, unappretiertem Baumwollappen, der mit Kondenswasser angefeuchtet ist (100 % Feuchtigkeit) und bügelt mit heißem Bügeleisen (das einen weißen Wollfilz eben nicht mehr sengt) so lange, bis der feuchte Lappen ganz trocken ist. Dann beobachtet man etwaige Veränderungen der Färbung sowie das raschere oder langsamere Zurückkehren des ursprünglichen Farbtons an den noch heißen Stellen im Vergleich zu dem danebenliegenden Teil der Färbung sowie das etwaige Bluten am aufliegenden weißen Lappen.

Normen:	**Typen:**
I. Ton oder Tiefe bzw. Weiß stark verändert. Ursprünglicher Ton kehrt beim Erkalten nur allmählich oder nicht ganz zurück.	I. 1 % Brillantbenzoviolett B, F.V.A. 2.
III. Ton oder Tiefe bzw. Weiß etwas verändert. Ursprünglicher Ton kehrt beim Erkalten bald zurück.	III. 1 % Benzopurpurin 4 B (448), F.V.A. 2.
V. Ton, Tiefe und Weiß unverändert.	V. 1,25 % Indanthrengrün BB Plv. (1239), F.V.A. 14.

Gefärbte Wolle.

Man preßt die Färbung 10 Sekunden mit einem heißen Bügeleisen, das bei gleicher Pressung einen weißen Wollfilz eben nicht mehr sengt, und macht die gleichen Feststellungen wie bei Baumwolle.

Normen:	Typen:
I. Veränderungen usw. wie bei Baumwolle.	I. 2% Säurefuchsin O (800), F.V.B. 2.
III. Wie bei Baumwolle.	III. 2% Viktoriarubin O (212), F.V.B. 2.
V. Wie bei Baumwolle.	V. 2% Tartrazin (737), F.V.B. 2.

Gefärbte unerschwerte Seide.

Behandlung wie bei Baumwolle; nur bedeckt man die Färbung außer mit einem Baumwollappen noch mit einem in gleicher Weise angefeuchteten, doppeltgelegten weißen Seidenlappen.

Normen:	Typen:
I. Wie bei Baumwolle.	I. 4% Säurefuchsin O (800), F.V.C. 5.
III. Wie bei Baumwolle.	III. 5% Naphthylaminbraun, F.V.C. 1.
V. Wie bei Baumwolle.	V. 5% Indanthrenblau GCD Plv. fein f. Fbg. (1234), F.V.C. 9.

Gefärbte erschwerte Seide.

Behandlung wie bei Baumwolle.

Normen:	Typen:
I. Wie bei Baumwolle.	I. 6% Säurefuchsin O (800), F.V.C. 5.
III. Wie bei Baumwolle.	III. 4% Supranolbrillantrot 3B, F.V.C. 1.
V. Wie bei Baumwolle.	V. 3% Coerulein S (899), F.V.C. 3.

Gefärbte Viskosekunstseide.

Man bedeckt die Färbung wie bei Baumwolle mit einem Baumwollappen und bügelt bei etwa 185° C bis zur Trockne usw. wie bei Baumwolle. Die Temperatur wird gemessen, indem man auf die Bügelfläche des Eisens ein Kriställchen von Bernsteinsäure (Schmelzpunkt 185° C) auflegt und abwartet, bis dieses eben schmilzt.

Normen:	Typen:
I. Wie bei Baumwolle.	I. 6,5% Benzorhodulinrot B, F.V.D. 3.
III. Wie bei Baumwolle.	III. 3% Benzoechtscharlach 6BSS, F.V.D. 3.
V. Wie bei Baumwolle.	V. 2% Indanthrenblau GCD Plv. fein f. Fbg. (1234), F.V.D. 9.

Gefärbte Azetatkunstseide.

Man bedeckt die Färbung wie bei Baumwolle mit einem Baumwolllappen und bügelt bei etwa 100° bis zum Trockenwerden des Lappens usw. wie bei Baumwolle. Die Temperatur des Eisens wird mit Hilfe von Alpha-Naphthol (Schmelzpunkt 96° C) und Brenzkatechin (Schmelzpunkt 104° C) festgelegt[1].

Normen:	Typen:
I. Ton oder Tiefe bzw. Weiß stark verändert.	I. 3% Cellitechtblau A, F.V.E. 2.
III. Ton oder Tiefe bzw. Weiß etwas verändert.	III. 5% Cellitonrot R Plv., F.V.E. 2.
V. Ton, Tiefe und Weiß unverändert.	V. 3,3% Cellitazol STN konz., F.V.E. 5.

Chlorechtheit*.

Gefärbte Baumwolle.

Man verflicht die Färbung mit der gleichen Menge Baumwolle, netzt in heißem Wasser und bleicht je einen Teil der Flechte 1 Stunde bei 15° (Flotte 1:20) in:

a) frisch bereitetem Bade von unterchlorigsaurem Natron (Chlorsoda) mit 1 g wirksamem Chlor (durch Titration einstellen) und 0,2 g Natriumbikarbonat im l, spült, säuert ab und trocknet;

b) frisch bereitetem Bade von Perchloron (70—75% wirksames Chlor, erhältlich bei der I. G. Farbenindustrie, Verkaufsgemeinschaft Chemikalien, Frankfurt a. M.) mit 3 g wirksamem Chlor (durch Titration einstellen) und 0,2 g Natriumbikarbonat im l Kondenswasser usw. wie unter a. Man bleicht in bedecktem Porzellanbecher.

Herstellung des unterchlorigsauren Natrons. 100 g Perchloron werden mit 400 ccm Wasser angeteigt; ferner löst man 80 g kalz. Soda in 200 ccm kochendem Wasser, gibt noch 100 ccm kaltes Wasser zu, mischt diese Lösung mit dem Perchloronbrei durch halbstündiges Rühren und läßt absetzen. Die klare Lösung wird abgezogen und nötigenfalls mit 2 g kalz. Soda zur Entfernung der letzten Kalkreste versetzt. Man läßt wieder absetzen und zieht die klare Lösung ab.

Normen:	Typen:
I. a) Ton oder Tiefe stark verändert.	I. 1% Methylenblau B neu (1038), F.V.A. 1.
III. a) Ton oder Tiefe nicht oder wenig verändert.	III. 20% Algolbrillantgrün BK Tg., F.V.A. 12.
b) Ton oder Tiefe stark verändert.	
V. b) Ton und Tiefe unverändert.	V. 2,5% Indanthrenbraun R Plv. (1227), F.V.A. 13.

---

[1] Nach „British Launderers' Association" darf beim Bügeln von Azetatkunstseide bzw. Azetatkunstseidegehalt die Temperatur nicht über 160° C betragen. Diese wird durch Benzanilid vom Schmelzpunkt 160° C kontrolliert, und zwar wird das Benzanilid in Stiftform (25 × 4 mm) gegossen und der Stift auf das Bügeleisen aufgesetzt. Bei Temperaturen über 160° C bleibt Benzanilid geschmolzen, bei Abkühlung unter 160° tritt ein weißer Fleck von kristallinem Benzanilid auf.

Gefärbte Viskosekunstseide.

Man verflicht 2 T. Färbung mit je 1 T. Baumwolle und Viskosekunstseide, netzt in heißem Wasser und bleicht 1 Stunde bei 15° (Flotte 1 : 20) in:

a) frischem unterchlorigsauren Natron wie bei Baumwolle,

b) frischem Perchloronbade mit 1 g wirksamem Chlor und 0,2 g Natriumbikarbonat im l; sonst wie bei Baumwolle.

Normen:	Typen:
I. a) Ton oder Tiefe stark verändert.	I. 1,5 % Diaminbraun M (412), F.V.D. 3.
III. a) Ton oder Tiefe nicht oder wenig verändert.	III. 1,5 % Hydronblau R Plv. (1111), F.V.D. 8.
b) Ton oder Tiefe stark verändert.	
V. b) Ton oder Tiefe unverändert.	V. 2 g Naphthol AS-TR und 2 g Echtrot TR Base, gefärbt nach Vorschrift I.G. 133A.

Gefärbte Azetatkunstseide.

Herstellung der Flechte wie bei Baumwolle, Bleichversuche wie bei Viskosekunstseide.

Normen:	Typen:
I. a) Ton oder Tiefe stark verändert.	I. 2,25 % Cellitonblau extra Plv., F.V.E. 4.
III. a) Ton oder Tiefe unverändert.	III. 1 % Cellitazol ORB, entwickelt mit 1,5 % Phenol, F.V.E. 9.
b) Ton oder Tiefe ziemlich verändert.	
V. b) Ton und Tiefe unverändert.	V. 0,5 % Cellitazol B, entwickelt mit 2,5 % Entwickler ON, F.V.E. 6.

Dekaturechtheit*.

Gefärbte Wolle.

a) Man umwickelt einen Dekaturzylinder in 6 Lagen mit dem üblichen Stoff, legt die zu prüfende Färbung auf, umwickelt sie noch mit drei weiteren Lagen Stoff, bindet zu und dämpft 10 Minuten bei $\frac{1}{2}$ atü.

b) Wie bei a, nur dämpft man 10 Minuten bei $1\frac{1}{2}$ atü.

Normen:	Typen:
I. a) Ton oder Tiefe stark verändert.	I. 2 % Thioflavin T (934), F.V.B. 6.
III. a) Ton oder Tiefe unverändert.	III. 2 % Sulfonzyanin GR extra (552), F.V.B. 7.
b) Ton oder Tiefe stark verändert.	
V. b) Ton und Tiefe unverändert.	V. 6 % Naphtholblauschwarz S (299), F.V.B. 2.

Gefärbte Viskosekunstseide.

a) Man näht die Probe in Wolltuch ein und dekatiert 10 Minuten im Dekaturapparat bei $\frac{1}{2}$ atü.

b) Wie bei a, nur dekatiert man bei $1\frac{1}{2}$ atü.

Normen:	**Typen:**
I. a) Ton oder Tiefe stark verändert.	I. 3% Sulfonzyanin G (552), F.V.D. 4.
III. a) Ton oder Tiefe nicht oder wenig verändert. b) Ton oder Tiefe stark verändert.	III. 3% Diaminechtviolett BBN (611), F.V.D. 3.
V. b) Ton und Tiefe unverändert.	V. 2% Indanthrenblau GCD Plv. fein f. Fbg. (1234), F.V.D. 9.

Entbastungsechtheit*. Gefärbte unerschwerte Seide.

a) Man verflicht die Färbung mit der gleichen Menge unerschwerter Seide und kocht 1 Stunde in einer Lösung von 5 g Marseillerseife und 0,5 g kalz. Soda im 1 Kondenswasser (Flotte 1 : 40).

b) Wie bei a, nur kocht man 3 Stunden.

Normen:	**Typen:**
I. a) Ton oder Tiefe bzw. Weiß stark verändert.	I. 4% Echtrot AV (206), F.V.C. 5.
III. a) Ton oder Tiefe bzw. Weiß nicht oder wenig verändert. b) Ton oder Tiefe stark bzw. Weiß ziemlich verändert.	III. 5% Algolscharlach RB Plv., F.V.C. 8.
V. b) Ton, Tiefe und Weiß unverändert.	V. 10% Indanthrenblau GCD Plv. fein f. Fbg. (1234), F.V.C. 9.

Formaldehydechtheit.

Bisweilen erleiden in Kartons od. dgl. verpackte Textilwaren Farbenänderungen bzw. Verfärbungen durch Formaldehyd, das aus dem Verpackungsmaterial stammt[1]. Über den direkten Nachweis von Formaldehyd s. u. Formaldehyd u. S. 288. Auf Echtheit gegen Formaldehyd prüft man die Probe, indem man ein Schälchen mit Formaldehyd unter eine Glasglocke od. ä. bringt, die zu prüfende Probe darin über Nacht aufhängt oder locker auslegt und dann etwaige Verfärbungen feststellt.

Karbonisierechtheit*. Gefärbte Wolle.

Man legt die Färbung $\frac{1}{2}$ Stunde in Schwefelsäure von 5° Bé, preßt die Probe dann auf 100% Feuchtigkeitsgehalt ab, trocknet 1 Stunde bei 80°, wäscht dann $\frac{1}{4}$ Stunde mit der 200fachen Menge Kondenswasser, preßt ab, neutralisiert $\frac{1}{4}$ Stunde in der 200fachen Menge Sodalösung (2 : 1000) und wäscht mit Wasser gegen Lackmuspapier neutral.

---

[1] Ristenpart: Melliand Textilber. 1921 S. 213; 1922 S. 27.

Normen:	Typen:
I. Ton oder Tiefe stark verändert.	I. 2 % Alizarinrot W Plv. (1145), F.V.B. 9.
III. Ton oder Tiefe etwas verändert.	III. Amidonaphtholrot G (40), F.V.B. 2.
V. Ton und Tiefe unverändert.	V. 2 % Palatinscharlach A (94), F.V.B. 2.

Kochechtheit (Entbastungsechtheit)*.

Gefärbte Viskosekunstseide.

a) Man verflicht 2 T. Färbung mit je 1 T. Naturseide und Baumwolle und kocht 1 Stunde in einer Lösung von 5 g Marseillerseife und 0,5 g kalz. Soda im 1 Kondenswasser (Flotte 1 : 40).

b) Wie bei a, nur kocht man 3 Stunden.

Normen:	Typen:
I. a) Ton oder Tiefe bzw. Weiß stark verändert.	I. 2 % Chrysophenin G (726), F.V.D. 3.
III. a) Ton oder Tiefe nicht bzw. Weiß nicht oder wenig verändert. b) Ton oder Tiefe bzw. Weiß ziemlich verändert.	III. 3,5 % Indanthrenmarineblau G Plv. fein f. Fbg., F.V.D. 9.
V. b) Ton, Tiefe und Weiß nicht oder wenig verändert.	V. 3 % Indanthrenblau GCD Plv. fein f. Fbg. (1234), F.V.D. 9.

Lagerechtheit.

Bestimmte Verfahren für die Prüfung auf Lagerechtheit fehlen, da die Lager- und Transportverhältnisse sowie die Erscheinungsformen der Lagerunechtheit zu verschiedenartig sind[1]. Nachstehend sei nur eine übersichtliche Zusammenstellung gegeben, in der die wichtigsten Erscheinungsformen und Ursachen angeführt sind.

Erscheinungsform	Ursachen der Lagerunechtheit	Beispiele
Faserschwächung (Mürbe- Morschwerden),	Chemisch wirksame Rückstände	Säuren, Alkalien, Chlor, Oxydationsmittel
	Zerfall von Farbstoffen	Schwefelfarbstoffe
	Zerfall von Fasereinlagerungen	Metallische Seidenerschwerung
	Zerfall der Fasersubstanz	Säurefraß bei Nitrokunstseide
	Katalysatoren	Rote Seidenflecke durch Kupferspuren
	Stockflecke und Pilzwucherungen	Feuchte Verpackung, hygroskopische Appretur

---

[1] Heermann: Über Lagerechtheit von Textilwaren. Leipz. Mschr. Textilind. 1913 Hefte 7, 8, 9.

Erscheinungsform	Ursachen der Lagerunechtheit	Beispiele
Verfärbungen	Die meisten unter Faserschwächung erwähnten Ursachen bewirken im Übergangsstadium Verfärbungen. Außerdem:	
	Lichtwirkung	Verschießen von Färbungen
	Oxydation von Farbstoffen	Katechu-, Blauholz-, Schwefelfarbstofffärbungen
	Reduktion durch Atmosphärilien (Staub, Rauchgase, schweflige Säure usw.)	Nachgrünen von Anilinschwarz
	Besondere Rückstände (Eisensalze, Harzseifen, Chloramin, Oxyzellulose u. dgl.)	Nachgilben von Weißwaren
Ausschlag, Ausblühungen	Überfettung der Ware (ungleichmäßige Fettung)	Durchschlagen oder Ausschwitzen von Fett
	Herauswanderung freier Fettsäure	Nebel auf Samt- und Plüschwaren
	Auskristallisieren von Appretursalzen	Bittersalz u. a.
	Stock-, Schimmel- und Moderflecke	Feuchte Verpackung, hygroskopische Appretur
Glanz-, Griffänderung	Als Folge von Ausblühungen	S. o.
	Verflüchtigung der Griffmittel	Avivierte Seiden
	Atmosphärische Einflüsse	Seidenwaren in fabrikdurchseuchter Luft
Formänderungen u. ä.	Ausrüstung, Verpackung	Kleben geleimter Stoffe
	Weberei-, Spinnereifehler, Ausrüstungsfehler	Krauswerden, Boldern, Verziehen u. ä.

Lichtechtheit*. Färbungen sämtlicher Fasern.

Die Lichtechtheitsprüfung ist in den letzten Jahren einer gründlichen Revision unterzogen worden, wobei vor allem angestrebt wurde, eine einfarbige, gut abgestufte Skala von Färbungen verschiedener Lichtechtheit zusammenzustellen, bei der sowohl Farbstoff als auch Faser von den klimatischen Verhältnissen (Luftfeuchtigkeit, spektrale Zusammensetzung und Intensität des Lichtes, Gasatmosphäre und Gasabsorption usw.) möglichst unabhängig sind. Auf Grund ausgedehnter Untersuchungen der I. G. Farbenindustrie A.-G.[1] entsprechen Wollfärbungen diesen Anforderungen in weitestem Maße. Dem Vorschlage der I. G. Farbenindustrie A.-G. folgend, hat die Echtheitskommission im Jahre 1932 eine einheitliche Skala von einfarbigen Wollfärbungen als Vergleichsmaßstab angenommen. Gegen diese Skala werden heute sämtliche Färbungen, gleichgültig welchen Farbtones, welcher Farbtiefe und auf welchen Fasern, verglichen. Diese

---

[1] I. G. Farbenindustrie A.-G.: Melliand Textilber. 1932 S. 539; 1933 S. 27.

Skala von Typfärbungen stellt einen absoluten Maßstab dar und darf nur in der vorgeschriebenen Tiefe verwendet werden[1].

Man belichtet die halb mit Karton od. dgl. abgedeckten Proben vergleichsweise gegen Typfärbungen auf glattem Wollstoff, und zwar hinter sauberem, normalem Fensterglas von etwa 2—2,5 mm Stärke (am besten in besonderen Belichtungskästen mit Luftzutritt), nach Süden gerichtet, unter einem Winkel von 45⁰ befestigt, von besonderen Gasen und Dämpfen unbeeinflußt, von Schattenwirkungen (Fensterkreuzen u. dgl.) geschützt, unter genau gleichen Bedingungen so lange, bis ein deutlicher Angriff des zu prüfenden Musters erkennbar ist.

Typen:

Typ   I. 0,6% Brillantwollblau FFR extra, F.V.B. 3.
Typ   II. 0 6% Wollblau N extra (825) F.V.B. 2.
Typ III. 1% Brillantindozyanin 6B, F.V.B. 4.
Typ IV. 1,5% Wollechtblau GL (974), F.V.B. 3.
Typ   V. 1,3% Cyananthrol RX, F.V.B. 2.
Typ VI. 2,5% Alizarindirektblau AGG, F.V.B. 2.
Typ VII. 2,5% Indigosol AZG (1332), F.V.B. 12, zuletzt dekatieren.
Typ VIII. 3% Indigosolblau AGG, F.V.B. 12, zum Schluß dekatieren.

Merzerisierechtheit*. Gefärbte Baumwolle.

Man näht die Färbung in gebleichten, unappretierten Baumwollstoff ein, legt 2 Minuten in kalte Natronlauge von 30⁰ Bé ein, welcher pro l 20 ccm Prästabitöl KG (der Firma Stockhausen & Co., Krefeld) zugesetzt sind, spült, säuert ab, spült wieder und trocknet.

Normen:

I. Färbung bzw. Weiß stark verändert.

III. Färbung bzw. Weiß etwas verändert.

V. Färbung und Weiß unverändert.

Typen:

I. 3% Isaminblau 6B (817), F.V.A. 4.

III. 3% Danilorange G (743), F.V.A. 2.

V. 2,5% Indanthrenbraun R Plv. (1227), F.V.A. 13.

Metallechtheit.

Manche Textilwaren greifen unedle Metalle (z. B. Eisen, Messing, aber auch Silber) an. Die Ursache des Metallangriffs kann in der Gegenwart bestimmter korrosiver Stoffe in der Faser liegen. Man prüft die Probe (wenn die Einwirkung von Atmosphärilien auf die Metalle ausgeschlossen ist) auf korrosive Rückstände von der Faserveredelung (s. d. S. 311) oder führt Wickel- bzw. Preßversuche mit der Probe aus (s. d. S. 324), wobei man unechtes (leonisches) Blattgold, blank polierte Stahlplatten und Blattsilber für die Wickelversuche verwendet.

---

[1] Diese Typfärbungen werden von der Echtheitskommission bzw. von dem Deutschen Forschungsinstitut für Textilindustrie, Dresden-A, Wiener Str. 6, gegen Erstattung der Portokosten abgegeben.

Pottingechtheit*.

Gefärbte Wolle.

Man spült die Färbung gründlich, wickelt sie mit einem ungefärbten Wollappen so um einen Glasstab, daß sie innen liegt, verschnürt gut, kocht 1 Stunde in Kondenswasser (Flotte 1:70), spült und trocknet.

Normen:	Typen:
I. Ton oder Tiefe bzw. Weiß stark verändert.	I. 2% Patentblau A (827), F.V.B. 2.
III. Ton oder Tiefe bzw. Weiß etwas verändert.	III. 5% Diamantschwarz F (614), F.V.B. 8.
V. Ton, Tiefe und Weiß unverändert.	V. 5% Diamantschwarz PV(234), F.V.B. 8.

Gefärbte Viskosekunstseide.

Man verflicht 2 T. Färbung mit je 1 T. Wolle und Baumwolle, legt für 2 Stunden in Kondenswasser von 90° (Flotte 1:70) ein, spült und trocknet.

Normen:	Typen:
I. Ton oder Tiefe bzw. Weiß stark verändert.	I. 2% Chrysophenin G (726), F.V.D. 3.
III. Ton oder Tiefe bzw. Weiß etwas verändert.	III. 2% Diazoindigoblau 3RL, F.V.D. 7.
V. Ton, Tiefe und Weiß unverändert.	V. 3% Indanthrenblau GCD Plv. fein f. Fbg. (1234), F.V.D. 9.

Gefärbte Azetatkunstseide.

Man näht die Färbung in weißes Wollgewebe ein, behandelt 2 Stunden in Kondenswasser von 90° (Flotte 1:70), spült und trocknet.

Normen:	Typen:
I. Ton oder Tiefe bzw. Weiß stark verändert.	I. 1% Cellitechtorange G, F.V.E. 2.
III. Ton oder Tiefe bzw. Weiß etwas verändert.	III. 0,75% Cellitazol RB, F.V.E. 9.
V. Ton, Tiefe und Weiß unverändert.	V. 0,25% Cellitazol B, entwickelt mit 1,5% Entwickler ON, F.V.E. 6.

Reibechtheit*.

Gefärbte Baumwolle.

Man reibt mit einem über den Zeigefinger gespannten, trockenen, unappretierten, weißen Baumwollappen auf der trockenen Färbung 10 mal kräftig hin und her. Die Reibfläche beträgt etwa 10 cm.

Normen:	Typen:
I. Färbung reibt stark ab.	I. 2% Diamantgrün BXX (754), F.V.A. 1.

Normen: | Typen:

III. Färbung reibt etwas ab. III. 4% Primulin O (932), F.V.A.6.
V. Färbung reibt fast nicht ab. V. 3% Naphthogenblau RR (608), F.V.A. 6.

Gefärbte Wolle.

Behandlung wie bei Baumwolle.

Normen: | Typen:

I. Färbung reibt stark ab. I. 2% Diamantgrün GX (760), F.V.B. 1.

III. Färbung reibt etwas ab. III. 2% Patentblau A (827), F.V.B. 2.

V. Färbung reibt fast nicht ab. V. 2% Alizarinrubinol R (1210), F.V.B. 2.

Gefärbte unerschwerte Seide.

Behandlung wie bei Baumwolle.

Normen: | Typen:

I. Färbung reibt stark ab. I. 8% Diamantgrün GX (760), F.V.C. 1.

III. Färbung reibt etwas ab. III. 5% Azoflavin 3 G extra spezial, F.V.C. 5.

V. Färbung reibt fast nicht ab. V. 2% Amidogelb E (16), F.V.C. 5.

Gefärbte erschwerte Seide.

Behandlung wie bei Baumwolle.

Normen: | Typen:

I. Färbung reibt stark ab. I. 6% Diamantgrün GX (760), F.V.C. 1.

III. Färbung reibt etwas ab. III. 4% Azoflavin 3 G extra spezial, F.V.C. 5.

V. Färbung reibt fast nicht ab. V. 3,5% Amidogelb E (16), F.V.C. 5.

Gefärbte Viskosekunstseide.

Behandlung wie bei Baumwolle.

Normen: | Typen:

I. Färbung reibt stark ab. I. 1,5% Rhodamin B extra (864), F.V.D. 1.

III. Färbung reibt etwas ab. III. 5% Primulin O (932), F.V.D. 7.

V. Färbung reibt fast nicht ab. V. 2% Chrysophenin G (726), F.V.D. 3.

Gefärbte Azetatkunstseide.

Behandlung wie bei Baumwolle.

Normen:	Typen:
I. Färbung reibt stark ab.	I. 0,5 % Methylviolett B extra hochkonz., F.V.E. 1.
III. Färbung reibt etwas ab.	III. 3 % Cellitechtviolett ER, F.V.E. 3.
V. Färbung reibt fast nicht ab.	V. 0,25 % Cellitazol B, mit 1,5 % Entwickler ON entwickelt, F.V.E. 5.

Säureechtheit*.

Gefärbte Baumwolle.

Man betupft die Färbung a) mit 30 %iger Essigsäure, b) mit 10 %iger Schwefelsäure und stellt nach 10 Minuten die etwaige Farbtonänderung im Vergleich zu einer mit Wasser betupften Stelle fest.

Normen:	Typen:
I. a) Ton stark verändert.	I. 3 % Benzopurpurin 4 B (448), F.V.A. 2.
III a) Ton unverändert b) Ton stark verändert.	III. 0,5 % Chrysophenin G (726), F.V.A. 2.
V. b) Ton unverändert.	V. 2,5 % Indanthrenblau RSN Plv. (1228), F.V.A. 14.

Gefärbte unerschwerte Seide.

Man betupft die Färbung wie bei Baumwolle mit Säuren a und b.

Normen:	Typen:
I. a) Ton stark verändert.	I. 3 % Diaminbraun ATC (412), F.V.C. 1.
III. a) Ton unverändert. b) Ton stark verändert.	III. 3 % Diamantgrün GX (760), F.V.C. 1.
V. b) Ton unverändert.	V. 3 % Supramingelb R, F.V.C. 5.

Gefärbte erschwerte Seide.

Man betupft die Färbung wie bei Baumwolle mit Säuren a und b.

Normen:	Typen:
I. a) Ton stark verändert.	I. 3 % Diaminbraun ATC (412), F.V.C. 1.
III. a) Ton unverändert. b) Ton stark verändert.	III. 3 % Diamantgrün GX (760), F.V.C. 1.
V. b) Ton unverändert.	V. 3 % Supramingelb R, F.V.C. 5.

Gefärbte Viskosekunstseide.

Man betupft die Färbung mit 10%iger Weinsäurelösung, sonst wie bei Baumwolle.

Normen:	Typen:
I. Ton stark verändert.	I. 2% Benzopurpurin 4B (448), F.V.D. 3.
III. Ton etwas verändert.	III. 1,5% Direkttiefschwarz E extra (671), F.V.D. 3.
V. Ton unverändert.	V. 2% Indanthrenblau GCD Plv. fein f. Fbg. (1234), F.V.D. 9.

Gefärbte Azetatkunstseide.

Man betupft wie bei Viskosekunstseide mit 10%iger Weinsäurelösung.

Normen:	Typen:
I. Ton stark verändert.	I. 1% Cellitechtgelb R, F.V.E. 2.
III. Ton etwas verändert.	III. 2,5% Cellitonechtrotviolett R Plv., F.V.E. 4.
V. Ton unverändert.	V. 3,3% Cellitazol STN konz., F.V.E. 5.

Schwefelechtheit*.

Gefärbte Baumwolle.

Man verflicht 2 T. Färbung mit je 1 T. Wolle und Seide, netzt gut in einer Lösung von 5 g Marseillerseife im 1 Kondenswasser bei gewöhnlicher Temperatur, quetscht ab, hängt die Flotte über Nacht in einen durch Verbrennen von Schwefel mit Schwefeldioxyd gefüllten Raum, spült gut in kaltem Wasser, quetscht ab und trocknet.

Normen:	Typen:
I. Ton oder Tiefe bzw. Weiß stark verändert.	I. 3% Benzobraun BX (694), F.V.A. 2.
III. Ton oder Tiefe bzw. Weiß etwas verändert.	III. 2% Siriuslichtblau B, F.V.A. 2.
V. Ton, Tiefe und Weiß unverändert.	V. 2,5% Indanthrenbraun R Plv. (1227), F.V.A. 13.

Gefärbte Wolle.

Herstellung der Flechte und Behandlung wie bei Baumwolle.

Normen:	Typen:
I. Ton oder Tiefe bzw. Weiß stark verändert.	I. 2% Fuchsin kl. Krist. (780), F.V.B. 1.
III. Ton oder Tiefe bzw. Weiß etwas verändert.	III. 3% Säureviolett 4RA, F.V.B. 2.
V. Ton, Tiefe und Weiß unverändert.	V. 3% Supraminbraun R, F.V.B. 3.

Gefärbte unerschwerte Seide.

Herstellung der Flechte und Behandlung, wie bei Baumwolle.

Normen:

I. Ton oder Tiefe bzw. Weiß stark verändert.

III. Ton oder Tiefe bzw. Weiß etwas verändert.

V. Ton, Tiefe und Weiß unverändert.

Typen:

I. 4% Säureviolett BB, F.V.C.5.

III. 3% Alizarinreinblau B (1199), F.V.C. 2.

V. 10% Indanthrenblau GCD Plv. fein f. Fbg. (1234), F.V.C. 9.

Gefärbte erschwerte Seide.

Herstellung der Flechte und Behandlung wie bei Baumwolle.

Normen:

I. Ton oder Tiefe bzw. Weiß stark verändert.

III. Ton oder Tiefe bzw. Weiß etwas verändert.

V. Ton, Tiefe und Weiß unverändert.

Typen:

I. 4% Säureviolett BB, F.V.C.5.

III. 3% Säureanthrazenrot G (430), F.V.C. 1.

V. 2% Janusrot B (557), F.V.C. 4.

Gefärbte Viskosekunstseide.

Herstellung der Flechte und Behandlung wie bei Baumwolle.

Normen:

I. Ton oder Tiefe bzw. Weiß stark verändert.

III. Ton oder Tiefe bzw. Weiß etwas verändert.

V. Ton, Tiefe und Weiß unverändert.

Typen:

I. 3% Orange RO (198), F.V.D.4.

III. 3% Diaminbraun 3G (412), F.V.D. 3.

V. 3% Indanthrenblau GCD Plv. fein f. Fbg. (1234), F.V.D. 9.

Gefärbte Azetatkunstseide.

Herstellung der Flechte und Behandlung wie bei Baumwolle.

Normen:

I. Ton oder Tiefe bzw. Weiß stark verändert.

III. Ton oder Tiefe bzw. Weiß etwas verändert.

V. Ton, Tiefe und Weiß unverändert.

Typen:

I. 1% Methylenblau BGX (1038), F.V.E. 1.

III. 8% Cellitonechtblau R Plv., F.V.E. 4.

V. 3,3% Cellitazol STN konz., F.V.E. 5.

Schweißechtheit* [1].

Gefärbte Baumwolle.

Man legt die Färbung zwischen gebleichten Baumwollnessel und Damentuch und rollt zusammen oder man verflicht 2 T. Färbung mit je 1 T. Baumwolle und Wolle und behandelt ½ Stunde bei 45° in einer

---

[1] S. a. das über die amerikanische Prüfung auf S. 354 Gesagte.

Lösung von 5 g Kochsalz und 6 ccm 24%igem Ammoniak im 1 Kondenswasser (Flotte 1 : 10), indem man alle 10 Minuten 10mal mit der Hand durchknetet. Dann setzt man 7,5 ccm Eisessig auf 1 l Lösung zu und behandelt in der gleichen Weise $\frac{1}{2}$ Stunde weiter. Schließlich quetscht man ab und trocknet ohne Spülen bei gewöhnlicher Temperatur.

Da der menschliche Schweiß mit dem Ermüdungsstadium sich ändert, außerdem bei den Menschen verschieden ist, insbesondere auch bei den verschiedenen Menschenrassen, so wird obige Prüfung nicht allen Verhältnissen gerecht werden können. Außer der schematischen Prüfung wird deshalb empfohlen, in besonders wichtigen Fällen praktische Tragversuche auszuführen.

<table>
<tr><td colspan="2" align="center">Normen:</td><td colspan="2" align="center">Typen:</td></tr>
<tr><td>I.</td><td>Ton oder Tiefe bzw. Weiß stark verändert.</td><td>I.</td><td>4% Brillantreinblau 8 G extra (817), F.V.A. 4.</td></tr>
<tr><td>III.</td><td>Ton oder Tiefe bzw. Weiß etwas verändert.</td><td>III.</td><td>2% Benzoformrot GGF, F.V.A. 5.</td></tr>
<tr><td>V.</td><td>Ton, Tiefe und Weiß unverändert.</td><td>V.</td><td>2,5% Indanthrenbraun R Plv. (1227), F.V.A. 13.</td></tr>
</table>

Gefärbte Wolle.

Behandlung wie bei Baumwolle.

<table>
<tr><td colspan="2" align="center">Normen:</td><td colspan="2" align="center">Typen:</td></tr>
<tr><td>I.</td><td>Ton oder Tiefe bzw. Weiß stark verändert.</td><td>I.</td><td>2% Azogrenadin S (105), F.V.B. 2.</td></tr>
<tr><td>III.</td><td>Ton oder Tiefe bzw. Weiß etwas verändert.</td><td>III.</td><td>2% Brillantwalkrot B, F.V.B. 3.</td></tr>
<tr><td>V.</td><td>Ton, Tiefe und Weiß unverändert.</td><td>V.</td><td>8% Diamantschwarz PV (234), F.V.B. 10.</td></tr>
</table>

Gefärbte unerschwerte Seide.

Behandlung wie bei Baumwolle.

<table>
<tr><td colspan="2" align="center">Normen:</td><td colspan="2" align="center">Typen:</td></tr>
<tr><td>I.</td><td>Ton oder Tiefe bzw. Weiß stark verändert.</td><td>I.</td><td>4% Viktoriarubin O (212), F.V.C. 5.</td></tr>
<tr><td>III.</td><td>Ton oder Tiefe bzw. Weiß etwas verändert.</td><td>III.</td><td>5% Diazobrillantscharlach BBL extra, F.V.C. 6.</td></tr>
<tr><td>V.</td><td>Ton, Tiefe und Weiß unverändert.</td><td>V.</td><td>5% Indanthrenblau GCD Plv. fein f. Fbg. (1234), F.V.C. 9.</td></tr>
</table>

Gefärbte erschwerte Seide.

Behandlung wie bei Baumwolle.

<table>
<tr><td colspan="2" align="center">Normen:</td><td colspan="2" align="center">Typen:</td></tr>
<tr><td>I.</td><td>Ton oder Tiefe bzw. Weiß stark verändert.</td><td>I.</td><td>4% Viktoriarubin O (212), F.V.C. 5.</td></tr>
<tr><td>III.</td><td>Ton oder Tiefe bzw. Weiß etwas verändert.</td><td>III.</td><td>4% Diazobrillantscharlach 6 B extra, F.V.C. 6.</td></tr>
<tr><td>V.</td><td>Ton, Tiefe und Weiß unverändert.</td><td>V.</td><td>2% Janusrot B (557), F.V.C. 4.</td></tr>
</table>

Gefärbte Viskosekunstseide.

Behandlung wie bei Baumwolle.

Normen:	Typen:
I. Ton oder Tiefe bzw. Weiß stark verändert.	I. 4 % Brillantreinblau 8 G extra (817), F.V.D. 5.
III. Ton oder Tiefe bzw. Weiß etwas verändert.	III. 3 % Diaminechtrot F (410), F.V.D. 6.
V. Ton, Tiefe und Weiß unverändert.	V. 2 % Indanthrenblau GCD Plv. fein f. Fbg. (1234), F.V.D. 9.

Gefärbte Azetatkunstseide.

Man legt die Färbung zwischen Azetatkunstseidenstoff, gebleichten Baumwollnessel, unerschwerten Seidenstoff und Damentuch und rollt zusammen; oder man verflicht 4 T. der Färbung mit je 1 T. Azetatkunstseide, Baumwolle, unerschwerter Seide und Wolle und behandelt wie bei Baumwolle.

Normen:	Typen:
I. Ton oder Tiefe bzw. Weiß stark verändert.	I. 1 % Methylenblau BGX (1038), F.V.E. 1.
III. Ton oder Tiefe bzw. Weiß etwas verändert.	III. 2,5 % Cellitonechtblau BF konz. Plv., F.V.E. 4.
V. Ton, Tiefe und Weiß unverändert.	V. 1 % Cellitazol SR, entwickelt mit 1,5 % Phenol, F.V.E. 7.

Seewasserechtheit*. Gefärbte Wolle.

Man legt die auf leichtem Wollstoff hergestellte Färbung zwischen Woll- und Baumwollstoff, beschwert sie mit einer Glasplatte, legt 24 Stunden in eine kalte Lösung von 30 g Kochsalz und 6 g wasserfreiem Chlorkalzium im l Kondenswasser bei gewöhnlicher Temperatur (Flotte 1:40) ein, spült und trocknet.

Normen:	Typen:
I. Ton oder Tiefe bzw. Weiß stark verändert.	I. 2 % Azogrenadin S (105), F.V.B. 2.
III. Ton oder Tiefe bzw. Weiß etwas verändert.	III. 1 % Patentblau A (827), F.V.B. 2.
V. Ton, Tiefe und Weiß unverändert.	V. 5 % Diamantschwarz PBB (234), F.V.B. 8.

Sodakochechtheit*. Gefärbte Baumwolle.

Man verflicht die Färbung mit gleicher Menge unabgekochter Baumwolle und kocht 1 Stunde in einer Lösung von 10 g kalz. Soda im l Kondenswasser (Flotte 1 : 20).

Normen:	Typen:
I. Ton oder Tiefe bzw. Weiß stark verändert.	I. 4 % Benzopurpurin 4 B (448), F.V.A. 2.

<table>
<tr><td>Normen:</td><td>Typen:</td></tr>
<tr><td>III. Ton oder Tiefe bzw. Weiß etwas verändert.</td><td>III. 1,5% Algolviolett R Plv. (1111), F.V.A. 10.</td></tr>
<tr><td>V. Ton, Tiefe und Weiß unverändert.</td><td>V. 2,5% Indanthrenkhaki GG Plv., F.V.A. 15.</td></tr>
</table>

Superoxydechtheit*. Gefärbte Baumwolle.

a) Man verflicht 2 g Färbung mit 2 g Baumwolle, legt die Flechte über Nacht bei 60° in 100 ccm einer Lösung von 1 g Diastafor im 1 Kondenswasser; bleicht dann in 200 ccm einer Lösung von 3 g Natriumsuperoxyd im 1 Kondenswasser, indem man zunächst innerhalb ¾ Stunde bis auf 75° erwärmt und dann noch ¾ Stunde bei dieser Temperatur behandelt. Dann spült man, säuert und spült wieder.

b) Man behandelt die Flechte wie bei a mit Diastafor, legt dann 1 Stunde in eine frisch bereitete Chlorkalklösung von 1 g aktivem Chlor (durch Titration einstellen) und 0,2 g Natriumbikarbonat im 1 Kondenswasser ein, spült, säuert, spült wieder und bleicht dann mit Natriumsuperoxyd wie bei a.

<table>
<tr><td>Normen:</td><td>Typen:</td></tr>
<tr><td>I. a) Ton oder Tiefe bzw. Weiß stark verändert.</td><td>I. 15% Immedialgrün GG extra (1117), F.V.A. 8.</td></tr>
<tr><td>III. a) Ton, Tiefe und Weiß nicht oder nur wenig verändert.
b) Ton oder Tiefe ziemlich bzw. Weiß etwas verändert.</td><td>III. 5,4% Algolscharlach GG Plv. (1356), F.V.A. 11.</td></tr>
<tr><td>V. b) Ton, Tiefe und Weiß unverändert.</td><td>V. 1% Indanthrengoldorange 3 G Plv., F.V.A. 13.</td></tr>
</table>

Überfärbeechtheit (Säurekochechtheit)*.

Gefärbte Baumwolle.

Man verflicht 2 T. Färbung mit je 1 T. Wolle und Baumwolle, kocht 1 Stunde mit 10% Natriumbisulfat (Flotte 1:40), spült gut, quetscht ab und trocknet.

<table>
<tr><td>Normen:</td><td>Typen:</td></tr>
<tr><td>I. Ton oder Tiefe bzw. Weiß stark verändert.</td><td>I. 1% Fuchsin gr. Krist. (718), F.V.A. 1.</td></tr>
<tr><td>III. Ton oder Tiefe bzw. Weiß etwas verändert.</td><td>III. 2% Sambesirot B (46), F.V.A. 6.</td></tr>
<tr><td>V. Ton, Tiefe und Weiß unverändert.</td><td>V. 4% Indanthrenblau BC Plv. fein f. Fbg., F.V.A. 14.</td></tr>
</table>

Gefärbte Wolle.

Man verflicht gleiche Teile Färbung und Wolle, behandelt die Flechte 1½ Stunden bei etwa 90° mit einer Lösung von 2,5 g Natriumbisulfat im 1 Kondenswasser (Flotte 1:70), spült und trocknet.

Normen:	Typen:
I. Ton oder Tiefe bzw. Weiß stark verändert.	I. 2% Patentblau V (826), F.V.B. 2.
III. Ton oder Tiefe bzw. Weiß etwas verändert.	III. 2% Supranolscharlach G, F.V.B. 5.
V. Ton, Tiefe und Weiß unverändert.	V. 5% Indigosolbraun IRRD, F.V.B. 12.

Gefärbte Viskosekunstseide.

Behandlung wie bei Baumwolle.

Normen:	Typen:
I. Ton oder Tiefe bzw. Weiß stark verändert.	I. 1% Rhodamin B extra (864), F.V.D. 1.
III. Ton oder Tiefe bzw. Weiß etwas verändert.	III. 3% Diazobraun 3R, F.V.D. 7.
V. Ton, Tiefe und Weiß unverändert.	V. 3% Indanthrenblau GCD Plv. fein f. Fbg. (1234), F.V.D. 9.

Gefärbte Azetatkunstseide

Man näht die Färbung in weißes Wollengewebe ein, behandelt 1½ Stunde bei 90⁰ mit einer Lösung von 2,5 g Natriumbisulfat im l Kondenswasser (Flotte 1 : 70), spült gut und trocknet

Normen:	Typen:
I. Ton oder Tiefe bzw. Weiß stark verändert.	I. 3% Cellitechtblau A, F.V.E. 2.
III. Ton oder Tiefe bzw. Weiß etwas verändert.	III. 1% Cellitazol SR, F.V.E. 7.
V. Ton, Tiefe und Weiß unverändert.	V. 3,3% Cellitazol STN konz., F.V.E. 5.

Überfärbeechtheit neutral*. Gefärbte Azetatkunstseide.

Man näht die Färbung in weißes Halbwollgewebe ein, behandelt 1 Stunde in einer 20%igen Lösung von kalz. Glaubersalz (Flotte 1 : 50) bei 85—90⁰, spült und trocknet.

Normen:	Typen:
I. Ton oder Tiefe bzw. Weiß stark verändert.	I. 1% Methylenblau BGX (1038), F.V.E. 1.
III. Ton oder Tiefe bzw. Weiß etwas verändert.	III. 1% Cellitazol SR, F.V.E. 7.
V. Ton, Tiefe und Weiß unverändert.	V. 3,3% Cellitazol STN konz., F.V.E. 5.

Walkechtheit*.

Gefärbte Wolle.

a) Neutrale Walke. Man verflicht 2 T. Färbung mit je 1 T. Wolle und Baumwolle, behandelt bei 30⁰ mit einer Lösung von 20 g Marseillerseife im l Kondenswasser (Flotte 1 : 40), indem man erst mit der Hand gut durchwalkt, dann 2 Stunden einlegt, nochmals durchwalkt, auswäscht und trocknet.

b) Alkalische Walke. Man stellt die Flechte wie bei a her und behandelt sie $2\frac{1}{2}$ Stunden bei 50⁰ in einer Lösung von 50 g Marseillerseife und 5 g kalz. Soda im 1 Kondenswasser (Flotte 1 : 40) derart, daß man in Abständen von 15 Minuten 5—6 mal auf dem Walkbrett (zu beziehen durch Gebr. Neuhaus, Opladen a. Rh.) walkt, dann spült und trocknet.

Normen:	Typen:
I. a) Ton oder Tiefe bzw. Weiß stark verändert.	I. 2 % Orange II (189), F.V.B. 2.
III. a) Ton, Tiefe und Weiß unverändert.	III. 6 % Sulfonzyaninschwarz BB (594), F.V.B. 4.
b) Ton oder Tiefe bzw. Weiß ziemlich verändert.	
V. b) Ton, Tiefe und Weiß unverändert.	V. 5 % Diamantschwarz PBB (234), F.V.B. 8.

Gefärbte unerschwerte Seide.

a) Neutrale Walke. Behandlung wie bei Wolle, nur wird die Flechte aus 3 T. Färbung und je 1 T. unerschwerter Seide, Wolle und Baumwolle hergestellt.

b) Alkalische Walke. Behandlung wie bei a, nur bei 50⁰ mit 20 g Seife und 5 g Soda im 1.

Normen:	Typen:
I. a) Ton oder Tiefe bzw. Weiß stark verändert.	I. 4 % Echtrot AV (206), F.V.C. 5.
III. a) Ton oder Tiefe bzw. Weiß nicht oder wenig verändert.	III. 2 % Janusgelb G (292), F.V.C. 1.
b) Ton oder Tiefe etwas, Weiß ziemlich verändert.	
V. b) Ton, Tiefe und Weiß unverändert.	V. 10 % Indanthrenblau GCD Plv. fein f. Fbg. (1234), F.V.C. 9.

Gefärbte Viskosekunstseide.

a) Neutrale Walke. Behandlung wie bei Wolle.

b) Alkalische Walke. Wie bei a, nur bei 50⁰ mit einer Lösung von 20 g Marseillerseife und 5 g kalz. Soda im 1.

Normen:	Typen:
I. a) Ton oder Tiefe bzw. Weiß stark verändert.	I. 1 % Rhodamin B extra (864), F.V.D. 1.
III. a) Ton oder Tiefe bzw. Weiß nicht oder wenig verändert.	III. 4 % Diazobraun 3 R, F.V.D. 7.
b) Ton oder Tiefe etwas, Weiß ziemlich verändert.	
V. b) Ton, Tiefe und Weiß unverändert.	V. 3 % Indanthrenblau GCD Plv. fein f. Fbg. (1234), F.V.D. 9.

Gefärbte Azetatkunstseide.

Behandlung wie bei unerschwerter Seide.

Normen:	Typen:
I. Ton oder Tiefe bzw. Weiß stark verändert.	I. 1% Methylenblau BGX (1038), F.V.E. 1.
III. Ton oder Tiefe bzw. Weiß etwas verändert.	III. 2,25% Cellitonblau extra Plv., F.V.E. 4.
V. Ton, Tiefe und Weiß unverändert.	V. 3,3% Cellitazol STN konz., F.V.E. 5.

Waschechtheit*.

Gefärbte Baumwolle.

a) Bei 40°. Man verflicht 2 T. Färbung mit je 1 T. Baumwolle und Kunstseide, behandelt $\frac{1}{2}$ Stunde bei 40° mit 5 g Marseillerseife (ätzalkalifrei) und 3 g kalz. Soda im 1 Kondenswasser (Flotte 1 : 50), knetet die Flechte dann nach jedesmaligem Eintauchen in die Flotte in der Hand durch, drückt gut aus, spült gründlich in kaltem Wasser und läßt trocknen.

Normen:	Typen:
I. Ton oder Tiefe bzw. Weiß stark verändert.	I. 4% Heliotrop BB (960). F.V.A. 2.
III. Ton oder Tiefe bzw. Weiß etwas verändert.	III. 3% Siriuslichtblau 3R. F.V.A. 2.
V. Ton, Tiefe und Weiß unverändert.	V. 2,5% Indanthrenblau R Plv. (1227), F.V.A. 13.

b) Bei 100°. Man kocht die Flechte $\frac{1}{2}$ Stunde in der gleichen Seifen-Soda-Flotte wie bei a, läßt innerhalb $\frac{1}{2}$ Stunde auf 40° abkühlen und behandelt wie bei a weiter.

Normen:	Typen:
I. Ton oder Tiefe bzw. Weiß stark verändert.	I. 3% Diaminorange B (405), F.V.A. 2.
III. Ton oder Tiefe bzw. Weiß etwas verändert.	III. 6% Immedialindonviolett B konz., F.V.A. 9.
V. Ton, Tiefe und Weiß unverändert.	V. 2,5% Indanthrenbraun R Plv. (1227), F.V.A. 13.

Gefärbte Wolle.

a) Man verflicht 2 T. Färbung mit je 1 T. Wolle bzw. Seide und Baumwolle bzw. Viskosekunstseide, behandelt die Flechte $\frac{1}{4}$ Stunde bei 40° mit 10 g Marseillerseife (ätzalkalifrei) und 0,5 g kalz. Soda im 1 Kondenswasser (Flotte 1 : 50) usw. wie bei Baumwolle.

b) Wie bei a, nur bei 80°, läßt dann die Flotte $\frac{1}{4}$ Stunde abkühlen usw. wie bei a.

Normen:	Typen:
I. a) Ton oder Tiefe bzw. Weiß stark verändert.	I. 2% Diamantgrün GX (760), F.V.B. 1.
III. a) Ton oder Tiefe bzw. Weiß unverändert. b) Ton oder Tiefe bzw. Weiß ziemlich verändert.	III. 2% Walkrot 6BA, F.V.B. 3.
V. b) Ton, Tiefe und Weiß unverändert.	V. 3% Säurealizarinblauschwarz R konz. (240), F.V.B. 8.

Gefärbte unerschwerte Seide.

Man verflicht die Färbung mit gleicher Menge unerschwerter Seide, behandelt $\frac{1}{4}$ Stunde bei 40⁰ mit 5 g Marseillerseife (ätzalkalifrei) im 1 Kondenswasser (Flotte 1 : 50) usw. wie bei Baumwolle.

Normen:	Typen:
I. Ton oder Tiefe bzw. Weiß stark verändert.	I. 4% Kristallponceau 6R extra (126), F.V.C. 5.
III. Ton oder Tiefe bzw. Weiß etwas verändert.	III. 3% Säureanthrazenrot 3B (488), F.V.C. 1.
V. Ton, Tiefe und Weiß unverändert.	V. 10% Indanthrenblau GCD Plv. fein f. Fbg. (1234), F.V.C. 9.

Gefärbte erschwerte Seide.

Man verflicht mit gleicher Menge erschwerter Seide und behandelt wie unerschwerte Seide.

Normen:	Typen:
I. Ton oder Tiefe bzw. Weiß stark verändert.	I. 5% Kristallponceau 6R extra (126), F.V.C. 5.
III. Ton oder Tiefe bzw. Weiß etwas verändert.	III. 4% Benzogrün FFG, F.VC. 1.
V. Ton, Tiefe und Weiß unverändert.	V. 1% Viktoriablau B hochkonz. (822), F.V.C. 4.

Gefärbte Viskosekunstseide.

Man verflicht 4 T. Färbung mit je 1 T. Wolle, Baumwolle, Seide und Viskosekunstseide, behandelt $\frac{1}{2}$ Stunde bei 40⁰ mit 5 g Marseillerseife (ätzalkalifrei) im 1 Kondenswasser (Flotte 1 : 50) usw. wie bei Baumwolle.

Normen:	Typen:
I. Ton oder Tiefe bzw. Weiß stark verändert.	I. 3% Benzobraun G (688), F.V.D. 3.
III. Ton oder Tiefe bzw. Weiß etwas verändert.	III. 2% Dianillichtrot 12BW, F.V.D. 3.
V. Ton, Tiefe und Weiß unverändert.	V. 3% Indanthrenblau GCD Plv. fein f. Fbg. (1234), F.V.D. 9.

Gefärbte Azetatkunstseide.

Man verflicht 4 T. Färbung mit je 1 T. Baumwolle, Azetatkunstseide, Wolle und Seide, behandelt $\frac{1}{2}$ Stunde bei 40° mit 2 g Marseillerseife (ätzalkalifrei) im 1 Kondenswasser (Flotte 1 : 50) usw. wie bei Baumwolle.

Normen:	Typen:
I. Ton oder Tiefe bzw. Weiß stark verändert.	I. 1 % Methylenblau BGX (1038), F.V.E. 1.
III. Ton oder Tiefe bzw. Weiß etwas verändert.	III. 2,25 % Cellitonblau extra Plv., F.V.E. 4.
V. Ton, Tiefe und Weiß unverändert.	V. 3,3 % Cellitazol STN konz., F.V.E. 5.

Wasserechtheit*.

Gefärbte Baumwolle.

Man stellt eine Flechte her aus 3 T. Färbung und je 1 T. Baumwolle bzw. Viskosekunstseide, Wolle und Seide, legt über Nacht in Kondenswasser von etwa 20° (Flotte 1 : 20), drückt aus und trocknet an der Luft.

Normen:	Typen:
I. Tiefe deutlich bzw. Weiß stark verändert.	I. 2,5 % Baumwollbraun A (694) F.V.A. 2.
III. a) gegen Baumwolle und Seide. b) gegen Wolle. Tiefe bzw. Weiß wenig verändert.	III. a) 2,5 % Diazobrillantscharlach BA extra (47), F.V.A. 6. b) 4 % Benzorot 10 B, F.V.A. 2.
V. Tiefe und Weiß unverändert.	V. 8 % Immedialkarbon B (1077), F.V.A. 7.

Gefärbte Wolle.

Herstellung der Flechte und Behandlung wie bei Baumwolle.

Normen:	Typen:
I. Tiefe deutlich bzw. Weiß stark verändert.	I. 2 % Diamantgrün G X (760), F.V.B. 1.
III. Tiefe bzw. Weiß wenig verändert.	III. 3 % Echtrot AV (206), F.V.B. 2.
V. Tiefe und Weiß unverändert.	V. 3 % Säurealizarinblauschwarz R konz. (240), F.V.B. 8.

Gefärbte unerschwerte Seide.

a) Verflechten mit gleicher Gewichtsmenge unerschwerter Seide, 1 Stunde in Kondenswasser einlegen usw. wie bei Baumwolle.

b) Wie bei a, nur 24 Stunden in Kondenswasser einlegen.

<table>
<tr><td>

Normen:

I. a) Tiefe bzw. Weiß stark ver-
   ändert.

III. a) Tiefe nicht bzw. Weiß nicht
   oder wenig verändert.

   b) Tiefe bzw. Weiß verändert.

V. b) Tiefe und Weiß unver-
   ändert.

</td><td>

Typen:

I. 5% Chinolingelb O (918),
   F.V.C. 5.

III. 2% Säureviolett 4 BL,
   F.V.C. 5.

V. 2% Janusgelb R (292),
   F.V.C. 4.

</td></tr>
</table>

Gefärbte erschwerte Seide.

a) Verflechten mit gleicher Gewichtsmenge erschwerter Seide, 1 Stunde in Kondenswasser einlegen usw. wie bei Baumwolle.

b) Wie bei a, nur Flechte über Nacht einlegen.

<table>
<tr><td>

Normen:

I. a) Tiefe bzw. Weiß stark ver-
   ändert.

III. a) Tiefe nicht bzw. Weiß nicht
   oder wenig verändert.

   b) Tiefe bzw. Weiß verändert.

V. b) Tiefe und Weiß unver-
   ändert.

</td><td>

Typen:

I. 5% Amidonaphtholrot G (40),
   F.V.C. 5.

III. 5% Dianiljaponin G, F.V.C. 2.

V. 2% Janusgelb R (292),
   F.V.C. 4.

</td></tr>
</table>

Gefärbte Viskosekunstseide.

a) 4 T. Färbung mit je 1 T. Wolle, Baumwolle, Seide und Viskosekunstseide verflechten, 1 Stunde in Kondenswasser einlegen usw. wie bei Baumwolle.

b) Wie bei a, nur über Nacht einlegen usw.

<table>
<tr><td>

Normen:

I. a) Tiefe bzw. Weiß stark ver-
   ändert.

III. a) Tiefe und Weiß unver-
   ändert.

   b) Tiefe bzw. Weiß verändert.

V. b) Tiefe und Weiß unver-
   ändert.

</td><td>

Typen:

I. 0,5% Rhodamin B extra (864),
   F.V.D. 2.

III. 1,5% Benzobraun D 3 G extra
   (561), F.V.D. 3.

V. 3% Indanthrenblau GCD Plv.
   fein f. Fbg. (1234), F.V.D. 9.

</td></tr>
</table>

Gefärbte Azetatseide.

a) 4 T. Färbung mit je 1 T. Baumwolle, Azetatkunstseide, Wolle und Seide verflechten, 1 Stunde in Kondenswasser einlegen usw. wie bei Baumwolle.

b) Wie bei a, nur über Nacht einlegen usw.

<table>
<tr><td>

Normen:

1. a) Tiefe deutlich bzw. Weiß
   stark verändert.

III. a) Tiefe nicht bzw. Weiß
   wenig verändert.

   b) Tiefe bzw. Weiß verändert.

V. b) Tiefe und Weiß unver-
   ändert.

</td><td>

Typen:

I. 1% Methylenblau BGX
   (1038), F.V.E. 1.

III. 2,5% Cellitonscharlach B Plv.,
   F.V.E. 4.

V. 3,3% Cellitazol STN konz.,
   F.V.E. 4.

</td></tr>
</table>

Färbevorschriften*.

Erläuterungen. Flottenverhältnis und alle Prozentangaben beziehen sich auf das Warengewicht (Färbegut). Man färbt und seift in Kondenswasser bzw. in destilliertem Wasser. Wenn nicht besonders erwähnt, so wird zum Schluß immer gespült und getrocknet.

Wenn nichts anderes gesagt, so bedeuten stets: Wärmegrade = ^{0}C; Schwefelsäure = Schwefelsäure von 96% bzw. 66^0 Bé; Soda = kalzinierte Soda; Salzsäure = Salzsäure von 20^0 Bé; Essigsäure = Essigsäure von 30% oder 6^0 Bé; Ameisensäure = Ameisensäure von 85%; Natronlauge = Natronlauge von 38^0 Bé; Nitrit = Natriumnitrit; Seife = Marseillerseife; 1 = Liter. Verfahren IW, IN usw. betreffen Färbeverfahren, von der I. G. aufgestellt und veröffentlicht.

A. Baumwolle. 1. Man beizt die Baumwolle in 20facher Flottenmenge mit 3% Tannin, indem man in das 60^0 warme Bad eingeht und in dem erkaltenden Bade 3 Stunden beläßt. Darauf wird abgequetscht, kalt mit 1½% Antimonsalz ¼ Stunde behandelt und gut gespült. Zuletzt färbt man unter Zusatz von 3% Essigsäure zunächst ½ Stunde kalt, dann ½ Stunde unter langsamem Erwärmen auf 80^0.

2. Man färbt mit 20% kalz. Glaubersalz und 2% Soda 1 Stunde nahezu kochend (Flotte 1:20).

3. Man färbt mit 20% kalz. Glaubersalz, 2% phosphorsaurem Natron und 2% Seife (Flotte 1:20) 1 Stunde nahezu kochend.

4. Man färbt mit 20% kalz. Glaubersalz und 2% Essigsäure (Flotte 1:20) 1 Stunde nahezu kochend.

5. Man färbt mit 20% kalz. Glaubersalz und 2% Soda (Flotte 1:20) 1 Stunde nahezu kochend, spült, behandelt auf frischem Bade 20 Minuten bei 60^0 mit 2% Formaldehyd nach und spült.

6. Man färbt mit 20% kalz. Glaubersalz und 2% Soda 1 Stunde nahezu kochend (Flotte 1:20), spült, diazotiert 30 Minuten kalt mit 2,5% Nitrit und 7,5% Salzsäure, spült, entwickelt ¼ Stunde bei gewöhnlicher Temperatur mit 1,5% Betanaphthol und seift mit 3 g Seife im Liter 20 Min. bei 45^0.

7. Man färbt mit der 2½fachen Menge krist. Schwefelnatrium, 3 g Soda und 25 g Kochsalz im Liter (Flotte 1:20) 1 Stunde nahezu kochend, quetscht ab und spült lauwarm.

8. Man färbt mit der doppelten Menge Schwefelnatrium, 6% Soda und 30% Kochsalz 1 Stunde bei 50—60^0 (Flotte 1:20), quetscht ab und spült lauwarm.

9. Man färbt mit der 2½fachen Menge Schwefelnatrium, 6% Soda und 30% Kochsalz 1 Stunde bei 50^0 (Flotte 1:20), windet gleichmäßig ab, oxydiert die Färbung 20 Minuten an der Luft und spült lauwarm.

10. Man färbt mit 3 ccm Natronlauge und 3 g Hydrosulfit konz. Plv. im l 1 Stunde bei 50—60^0 (Flotte 1:20), spült, säuert, spült wieder und seift ½ Stunde kochend heiß mit 5 g Seife im l, spült gründlich und trocknet.

11. Man färbt mit 4 ccm Natronlauge und 3 g Hydrosulfit konz. Plv. im l 1 Stunde bei 25—30^0 (Flotte 1:20), indem man den Farbstoff vorher konzentriert bei 30—40^0 verküpt; man spült, säuert, spült wieder, seift ½ Stunde kochendheiß mit 5 g Seife im l und spült gründlich.

12. Man färbt mit 4,5 ccm Natronlauge, 3,5 g Hydrosulfit konz. Plv., 40 g kalz. Glaubersalz und 2 g Monopolseife im l (Flotte 1:20), indem man den Farbstoff vorher konzentriert bei 75^0 verküpt, 1 Stunde bei 25^0, spült, säuert, spült wieder und seift kochendheiß 30 Minuten mit 5 g Seife im l.

13. Man färbt nach Verfahren IW (Flotte 1:20), spült, säuert, spült wieder, seift ½ Stunde kochend mit 5 g Seife im l und spült gründlich.

14. Man färbt nach Verfahren IN (Flotte 1:20), spült, säuert, spült wieder, seift ½ Stunde kochend mit 5 g Seife im l und spült gründlich.

15. Man färbt nach Verfahren IN unter Zusatz von 2 g Leim und 2 g Monopolseife im l (Flotte 1:20), spült, säuert, spült wieder, seift kochend mit 5 g Seife im l und spült gründlich.

16. Man löst 30 g Betanaphthol und 30 ccm Natronlauge in 400 ccm kochendem Wasser, setzt 80 ccm Türkischrotöl, dann 200 ccm einer 10 %igen Lösung von Tonerdenatron zu und stellt auf 1 l ein. In dieser Lösung beizt man das Garn im Verhältnis 1 : 10 zweimal, indem man nach jeder Behandlung bei etwa 50—60⁰ trocknet und danach in einer Lösung von diazotiertem Paranitranilin entwickelt: 2,25 g Paranitranilin werden mit 8 ccm konz. Salzsäure und 12 ccm kochendem Wasser gelöst, diese Lösung wird langsam in kaltes Wasser gegossen und schnell 1,25 g Natriumnitrit, in 20 ccm kaltem Wasser gelöst, zugegeben. Die Diazolösung wird mit Soda und Natriumazetat abgestumpft, auf 1 l gestellt und das gebeizte Garn in dieser Lösung (Flotte 1 : 20) gut umgezogen. Nach dem Färben wird mit 2 g Seife im l 20 Minuten bei 60—70⁰ geseift und gespült.

B. Wolle. 1. Man färbt mit 1 % Essigsäure 1 Stunde bei 80⁰ (Flotte 1 : 40).

2. Man färbt mit 10 % krist. Glaubersalz und 4 % Schwefelsäure 1 Stunde kochend (Flotte 1 : 40).

3. Man färbt an mit 10 % krist. Glaubersalz und 5 % Essigsäure, kocht ¾ Stunde, setzt zum Erschöpfen des Bades 2 % Schwefelsäure nach und kocht noch ¼ Stunde (Flotte 1 : 40).

4. Man färbt an mit 10 % krist. Glaubersalz und 3 % Essigsäure, kocht ¾ Stunde, setzt zum Erschöpfen des Bades 1 % Ameisensäure nach und kocht noch ½ Stunde (Flotte 1 : 40).

5. Man färbt an mit 10 % krist. Glaubersalz und 3 % Essigsäure, kocht ¾ Stunde, setzt zum Erschöpfen des Bades 3 % Essigsäure nach und kocht noch ½ Stunde (Flotte 1 : 40).

6. Man färbt neutral ¾ Stunde bei 50⁰ (Flotte 1 : 40).

7. Man färbt unter Zusatz von 10 % krist. Glaubersalz, 5 % essigsaurem Ammonium, 2 % Essigsäure und 0,25 % Chromkali 1 Stunde bei 95⁰ (Flotte 1 : 40).

8. Man färbt an mit 10 % krist. Glaubersalz und 5 % Essigsäure, kocht ¾ Stunde, setzt zum Erschöpfen des Bades 2 % Schwefelsäure nach, kocht noch ½ Stunde, kühlt auf 70⁰ ab, setzt 1,5 % Chromkali zu und kocht noch 40 Minuten schwach (Flotte 1 : 40).

9. Wie 8, nur behandelt man mit 1 % Chromkali nach.

10. Wie 8, nur behandelt man mit 2 % Chromkali nach.

11. Man färbt an mit 10 % krist. Glaubersalz, 1 % Rongalit C und 5 % Essigsäure bei 40⁰, treibt langsam zum Kochen, kocht ½ Stunde, setzt dann noch 2 % Schwefelsäure nach, kocht nochmals ¾ Stunde und spült. Darauf behandelt man die Ware 10 Minuten in dem mit 7 g Schwefelsäure im l beschickten Entwicklungsbade, gibt dann 1,6 % Nitrit in Lösung zu und entwickelt die Färbung 1 Stunde bei 25⁰. Hierauf spült man, neutralisiert mit 2 g Soda im l und spült nochmals (Flotte 1 : 40).

12. Man geht unter Zusatz von 5 % Ammonsulfat bei 40⁰ ein, treibt in ½ Stunde zum Kochen und kocht ½ Stunde. Hierauf gibt man 8 % Essigsäure zu, kocht wieder 1 Stunde und spült. Darauf behandelt man die Ware ¼ Stunde bei 30⁰ in dem mit 3 % Rhodanammonium und 3,5 % Chromkali beschickten Entwicklungsbade, setzt dann 10 g Schwefelsäure auf 1 l zu, erwärmt in ½ Stunde auf 85⁰ und entwickelt ½ Stunde bei 85⁰. Man spült, neutralisiert mit 2 g Soda im l und spült nochmals (Flotte 1 : 40).

C. Seide. 1. Man färbt in einem mit 6 % Essigsäure gebrochenen Bastseifenbade (Bastseife 1 : 5) 1 Stunde bei 95⁰ (Flotte 1 : 50) und spült.

2. Man färbt in einem mit 6 % Essigsäure gebrochenen Bastseifenbade (Bastseife 1 : 5) 1 Stunde bei 95⁰ (Flotte 1 : 50), indem man gegen Ende des Färbens noch etwa 6 % Ameisensäure nachsetzt und zuletzt spült.

3. Man färbt wie unter 1 angegeben, spült, seift mit 5 g Seife im Liter ½ Stunde bei 90⁰ und spült gründlich.

4. Man färbt in einem mit 6 % Essigsäure gebrochenen Bastseifenbade (Bastseife 1 : 5) 1 Stunde bei 95⁰ (Flotte 1 : 50). Nach dem Färben beizt man 2 Stunden bei 50⁰ (Flotte 1 : 50) mit 10 % Tannin, drückt aus und behandelt ohne Spülen mit 5 % Brechweinstein ½ Stunde kalt nach, seift mit 5 g Seife im Liter ½ Stunde bei 50⁰ und spült.

5. Man färbt in einem mit 6 % Schwefelsäure gebrochenen Bastseifenbade (Bastseife 1 : 5) 1 Stunde bei 95⁰ (Flotte 1 : 50) und spült.

6. Man färbt in einem mit 6 % Essigsäure gebrochenen Bastseifenbade (Bastseife 1 : 5) 1 Stunde bei 95⁰ (Flotte 1 : 50), spült, diazotiert kalt mit 2,5 % Nitrit und 7,5 % Salzsäure, spült und entwickelt kalt mit 1,5 % Betanaphthol und spült wieder.

7. Man färbt in einem mit 6 % Schwefelsäure gebrochenen Bastseifenbade (Bastseife 1 : 5) 1 Stunde bei 95⁰ (Flotte 1 : 50), behandelt mit 1,5 % Bichromat und 6 % Schwefelsäure bei 95⁰ ½ Stunde nach, seift mit 5 g Seife im Liter ½ Stunde bei 60⁰ und spült.

8. Man verküpft 1 g Farbstoff bei 60—80⁰ mit 3 ccm Monopolbrillantöl, 7 ccm Natronlauge und 3 g Hydrosulfit konz. Plv. in 100 ccm Wasser, setzt diese Stammküpe dem mit 1,5 ccm Natronlauge und 1 g Hydrosulfit im 1 vorgeschärften, 50⁰ warmen Bade zu und färbt darin 1 Stunde (Flotte 1 : 50). Man drückt dann aus, verhängt, spült, säuert, spült, seift mit 5 g Seife im Liter 1 Stunde bei 90⁰ und spült wieder.

9. Man färbt nach Verfahren IN unter Zusatz von 60 g kalz. Glaubersalz (Flotte 1 : 50) ¾ Stunde bei 50⁰, drückt aus, spült, oxydiert, säuert, spült wieder, seift mit 5 g Seife im Liter 1 Stunde bei 90⁰ und spült.

D. Viskosekunstseide. 1. Man beizt in 20facher Flottenmenge mit 1,5 % Tannin und 1 % Essigsäure zunächst 1 Stunde bei 60⁰ und dann noch weitere 2 Stunden im erkaltenden Bade, wringt ab und behandelt kalt auf frischem Bade ½ Stunde mit 0,75 % Antimonsalz nach. Dann spült man, färbt zuerst ½ Stunde kalt unter Zusatz von 2 % Essigsäure, dann ½ Stunde unter langsamem Erwärmen auf 80⁰.

2. Man färbt mit 1 % Essigsäure 1 Stunde bei 50—60⁰ (Flotte 1 : 40) und spült.

3. Man färbt unter Zusatz von 10 % krist. Glaubersalz, 0,5 % Soda und 2 % Monopolseife 1 Stunde bei 85⁰ (Flotte 1 : 30) und spült.

4. Man färbt unter Zusatz von 10 % kalz. Glaubersalz 1 Stunde bei 50⁰ C (Flotte 1 : 30) und spült.

5. Man färbt unter Zusatz von 20 % kalz. Glaubersalz und 2 % Essigsäure 1 Stunde bei 85⁰ (Flotte 1 : 30) und spült.

6. Man färbt unter Zusatz von 10 % krist. Glaubersalz, 0,5 % Soda und 2 % Monopolseife 1 Stunde bei 85⁰ (Flotte 1 : 30), spült und behandelt auf frischem Bade mit 3 % Fluorchrom und 3 % Essigsäure ½ Stunde bei 85⁰ nach und spült gründlich.

7. Man färbt mit 10 % krist. Glaubersalz, 0,5 % Soda und 2 % Monopolseife 1 Stunde bei 85⁰ C (Flotte 1 : 30), spült, diazotiert kalt 30 Minuten mit 2,5 % Nitrit und 7,5 % Salzsäure, spült und entwickelt ¼ Stunde mit 1,5 % Betanaphthol. Zuletzt seift man noch die Färbung 20 Minuten mit 3 g Seife im 1 bei 50—60⁰ und spült wieder.

8. Man färbt unter Zusatz von 4 ccm Natronlauge und 2,5 g Hydrosulfit konz. Plv. im 1 (Flotte 1 : 30) 1 Stunde bei 70⁰ und spült erst heiß und dann kalt.

9. Man färbt nach dem Verfahren IN (Flotte 1 : 30), spült und seift 30 Minuten mit 3 g Seife im 1 bei 90⁰.

E. Azetatkunstseide. Man beizt in der 20fachen Flottenmenge mit einer 8 %igen Lösung von Beize für Azetatkunstseide 10 Minuten bei 50—60⁰, drückt aus und färbt ohne zu spülen auf frischem Bade unter Zusatz von 2 % Essigsäure (Flotte 1 : 30) 1 Stunde, indem man bei gewöhnlicher Temperatur eingeht und allmählich auf 70⁰ erwärmt.

2. Man färbt unter Zusatz von 30 % kalz. Glaubersalz (Flotte 1 : 30) 1 Stunde bei 70⁰.

3. Man färbt unter Zusatz von 50 % Chlorammonium (Flotte 1 : 30) 1 Stunde bei 60—70⁰.

4. Man färbt unter Zusatz von 3 g Seife im 1 (Flotte 1 : 30) 1 Stunde bei 70⁰ und spült in weichem Wasser.

5. Man teigt den Farbstoff mit warmem Wasser an, verdünnt noch ausreichend, setzt den Farbstoffteig dem auf 40—50⁰ angewärmten Färbebade (welches noch 3 g Seife im 1 enthält) durch ein feines Sieb zu, geht mit der Ware (Flotte 1 : 30)

bei etwa 40⁰ ein und erwärmt langsam auf 75⁰, färbt im ganzen 1 Stunde und spült dann in weichem Wasser. Danach diazotiert man mit 2 g Nitrit und 5 ccm Salzsäure im l kalt 20 Minuten, spült kurz und entwickelt mit 4 % Entwickler ON. Zuletzt wird noch mit 3 g Seife im l bei etwa 40—45⁰ 20 Minuten geseift und gespült.

6. Man löst 1 T. Cellitazol B in 50 T. kochendem Wasser und 2 T. Salzsäure, färbt dann bei 40—70⁰ (Flotte 1:30) 1 Stunde, indem man nach ¼ Stunde noch 10 % essigsaures Natron zusetzt. Nach dem Färben spült man, diazotiert, seift wie unter 5 angegeben und spült.

7. Man löst 1 T. Cellitazol SR in 50 T. kochendem Wasser und 2 T. Salzsäure, färbt 1 Stunde bei 40—70⁰ (Flotte 1:30), indem man nach ¼ Stunde noch 10 % essigsaures Natron nachsetzt, spült, diazotiert (wie bei 5), entwickelt kalt mit 1,5 % Resorzin, seift dann mit 3 g Seife im Liter 20 Minuten bei 40—45⁰ und spült.

8. Man löst 1 T. Cellitazol RB in 10 T. Ameisensäure bei gewöhnlicher Temperatur, gießt die Lösung in heißes Wasser, dem man vorher auf 100 T. Cellitazol RB etwa 0,8 l Salzsäure zugesetzt hat, färbt ohne weiteren Zusatz 1 Stunde bei etwa 40—70⁰ (Flotte 1:30) und spült. Anschließend wird (wie bei 5) diazotiert, gespült und kalt mit 1,5 % Phenol entwickelt. Danach wird mit 3 g Seife im Liter 20 Minuten bei 40—45⁰ geseift und gespült.

9. Man löst den Farbstoff in heißem Wasser und färbt mit 30 % kalz. Glaubersalz und 5 % Essigsäure 1 Stunde bei 75⁰. Zuletzt spült man, diazotiert, entwickelt und nachbehandelt (wie bei 8).

Anhang.

Die wichtigsten Atomgewichte (1935).

	Symbol	Atomgewicht		Symbol	Atomgewicht
Aluminium . . .	Al	26,97	Mangan	Mn	54,93
Antimon	Sb	121,76	Molybdän . . .	Mo	96,0
Arsen	As	74,91	Natrium	Na	22,997
Barium	Ba	137,36	Nickel	Ni	58,69
Blei	Pb	207,22	Phosphor . . .	P	31,02
Bor	B	10,82	Quecksilber . .	Hg	200,61
Brom	Br	79,916	Sauerstoff . . .	O	16,0000
Calcium	Ca	40,08	Schwefel	S	32,06
Chlor	Cl	35,457	Silber	Ag	107,880
Chrom	Cr	52,01	Silizium	Si	28,06
Eisen	Fe	55,84	Stickstoff . . .	N	14,008
Fluor	F	19,00	Titan	Ti	47,90
Jod	J	126,92	Vanadin	V	50,95
Kalium	K	39,096	Wasserstoff . . .	H	1,0078
Kobalt	Co	58,94	Wismut	Bi	209,00
Kohlenstoff . .	C	12,00	Wolfram	W	184,0
Kupfer	Cu	63,57	Zink	Zn	65,38
Magnesium . . .	Mg	24,32	Zinn	Sn	118,70

Thermometerskalen.

Zur Umrechnung von (C = Celsius, R = Réaumur, F = Fahrenheit):

⁰C in ⁰R multipliziert man mit 4 und dividiert durch 5,
⁰C in ⁰F multipliziert man mit 9, dividiert durch 5 und addiert 32,
⁰R in ⁰C multipliziert man mit 5 und dividiert durch 4,
⁰R in ⁰F multipliziert man mit 9, dividiert durch 4 und addiert 32,
⁰F in ⁰C subtrahiert man 32, multipliziert mit 5 und dividiert durch 9,
⁰F in ⁰R subtrahiert man 32, multipliziert mit 4 und dividiert durch 9.

Twaddell-Grade.

Zur Umrechnung von (^{0} Tw. = Twaddell-Grad, sp. G. = spezifisches Gewicht):

^{0} Tw. in sp. G. multipliziert man mit 5, addiert 1000 und dividiert durch 1000,

sp. G. in ^{0} Tw. multipliziert man mit 1000, zieht 1000 ab und dividiert durch 5.

Beispiele: 32^0 Tw. $32 \times 5 = 160$; $160 + 1000 = 1160$; $1160 : 1000 = 1,16$ sp. G.

1,16 sp. G. $1,16 \times 1000 = 1160$; $1160 - 1000 = 160$; $160 : 5 = 32^0$ Tw.

Baumé-Grade.

Für Flüssigkeiten, die schwerer sind als Wasser, s. Schwefelsäure-Tabelle S. 38. Für Flüssigkeiten, die leichter sind als Wasser, fast gar nicht mehr gebraucht.

Sachverzeichnis.

Die Salze sind unter der zugehörigen Base zu suchen, also z. B. unter „Natrium-sulfat", „Zinnchlorid" usw. Außerdem sind im Sachverzeichnis die wichtigsten Vulgärnamen aufgeführt, z. B. „Glaubersalz", „Weinsteinpräparat", „Blau-kali" usw. Die wichtigsten Reagenzien und Sonderlösungen sind unter der Sammelrubrik „Reagenzien und Sonderlösungen" zusammengestellt. Man suche also z. B. Bettendorfs Reagens, Chlorzinkjodlösung, Tanninreagens usw. unter der Sammelrubrik „Reagenzien und Sonderlösungen". Namen mit C suche man auch unter K und Z und umgekehrt.

[1] Die auf S. 179—182 in Kleindruck aufgeführten Handelsmarken sind im Sachregister nicht mehr einzeln aufgeführt, weil sie bereits im Text bei den einzelnen Gruppen alphabetisch angeordnet und leicht auffindbar sind.

Mikroskopische und mechanisch-technische Textiluntersuchungen. Von Prof. Dr. **Paul Heermann,** Berlin, und Prof. Dr. **Alois Herzog,** Dresden. Dritte, vollständig neubearbeitete und erweiterte Auflage des Buches „Mechanisch- und physikalisch-technische Textiluntersuchungen" von Dr. Paul Heermann. Mit 314 Textabbildungen. VIII, 451 Seiten. 1931. Geb. RM 28.80

Technologie der Textilveredelung. Von Prof. Dr. **Paul Heermann,** Berlin. Zweite, erweiterte Auflage. Mit 204 Textabbildungen und einer Farbentafel. XII, 656 Seiten. 1926. Geb. RM 29.70

Behandelt die Faserstoffe, das Gebrauchswasser, die chemischen Drogen, Beizen, Bleichmittel, Farbstoffe sowie die eigentliche Technik der Merzerisation, Bleicherei, Färberei, Druckerei, Appretur und andere Textilveredelungsprozesse.

Enzyklopädie der textilchemischen Technologie. Bearbeitet in Gemeinschaft mit zahlreichen Fachleuten und herausgegeben von Prof. Dr. **Paul Heermann,** Berlin. Mit 372 Textabbildungen. X, 970 Seiten. 1930. Geb. RM 70.20

Inhaltsübersicht: Gespinstfasern: Allgemeine Eigenschaften. — Mikroskopische Untersuchungen. — Chemische Analyse und Fasererzeugnisse. — Die wichtigsten Rohstoffe der Textilindustrie. — Chemische Hilfsstoffe der Textilveredlung. — Farbstoffe. — Wasser. — Prüfungs- und Untersuchungswesen. — Bleicherei: Baumwolle. — Leinen. — Hanf. Jute. Ramie. — Wolle. — Färberei: Baumwolle. — Kunstseide. — Wolle. — Seide. — Zeugdruck. — Appretur: Baumwoll- und Halbwollwaren. — Wolle und Wollwaren.

Textilhilfsmittel-Tabellen (insbesondere Schaum-, Netz-, Wasch-, Reinigungs-, Dispergier- usw. -Mittel). Von Dr. **J. Hetzer,** Weinheim a. d. B. IV, 211 Seiten. 1933. Geb. RM 12.—

Chemische Technologie der Lösungsmittel. Von Dr. phil. **Otto Jordan,** Mannheim. Mit 26 Abbildungen im Text. XIV, 322 Seiten. 1932. Geb. RM 26.50

Die chemische Betriebskontrolle in der Zellstoff- und Papierindustrie und anderen Zellstoff verarbeitenden Industrien. Von Prof. Dr. phil. **Carl G. Schwalbe** und Direktor Dr.-Ing. **Rudolf Sieber.** Dritte, vollständig umgearbeitete Auflage. Mit 71 Textabbildungen. XIV, 547 Seiten. 1931. Geb. RM 33.—

Elemente der Chemie-Ingenieur-Technik. Wissenschaftliche Grundlagen und Arbeitsvorgänge der chemisch-technologischen Apparaturen. Von Prof. **Walter L. Badger** und **Warren L. McCabe,** University of Michigan. Berechtigte deutsche Übersetzung von Dipl.-Ing. **K. Kutzner.** Mit 304 Abbildungen im Text und auf einer Tafel. XVI, 489 Seiten. 1932. Geb. RM 27.50

Berl-Lunge, Taschenbuch für die anorganisch-chemische Großindustrie. Herausgegeben von Prof. Ing.-Chem. Dr. phil. **E. Berl,** Darmstadt-Pittsburgh. Siebente, umgearbeitete Auflage. 1930. Erster Teil: Text. Mit 19 Textabbildungen. XIX, 402 Seiten. Gebunden. Zweiter Teil: Nomogramme. Mit einem Lineal. 4 Seiten Text und 31 Tafeln. In Mappe. Text und Nomogramme zusammen RM 33.75

Künstliche organische Farbstoffe. Von Prof. Dr. **Hans Eduard Fierz-David**, Zürich. (Technologie der Textilfasern, III. Band.) Mit 18 Textabbildungen, 12 einfarbigen und 8 mehrfarbigen Tafeln. XVI, 719 Seiten. 1926. Geb. RM 56.70

Das Werk berücksichtigt vor allem die färberischen Eigenschaften, denen gegenüber der Chemismus zurücktritt. Es wird allen, die mit der praktischen Verwertung der Farbenchemie und deren wissenschaftlicher Erforschung zu tun haben, viele Anregungen bieten. Ein ausführliches Namen- und Sachverzeichnis erleichtert den Gebrauch des Werkes.

Nachtrag zu diesem Band: Künstliche organische Farbstoffe. Von Prof. Dr. **Hans Eduard Fierz-David,** Zürich. Mit einer Stoffmusterkarte. VI, 136 Seiten. Erscheint im Oktober 1935.

Dieser Nachtrag bringt in kurzer Darstellung die Fortschritte des Gebietes während der letzten 10 Jahre. Beide Bände zusammen bieten also einen vollständigen Überblick über das gesamte Gebiet der Farbenindustrie.

Chemie der organischen Farbstoffe. Von Prof. Dr. **Fritz Mayer.** Dritte, umgearbeitete Auflage.

Erster Band: **Künstliche organische Farbstoffe.** Mit 5 Abbildungen. IV, 255 Seiten. 1934. RM 23.60; geb. RM 24.80

Zweiter Band: **Natürliche organische Farbstoffe.** IV, 239 Seiten. 1935. RM 23.60; geb. RM 24.80

Künstliche organische Pigmentfarben und ihre Anwendungsgebiete. Von Dr. **C. A. Curtis.** VII, 230 Seiten. 1929. RM 20.25; geb. RM 21.60

Vollständige Zusammenstellung der Patentliteratur. Tabelle von über 500 Farbstoffen mit Angabe ihrer Eigenschaften und Verwendungsmöglichkeiten. Übersicht über die Herstellungsverfahren von Pigmentfarben sowie Schilderung der Anwendungsgebiete: besondere Ausführungen für Lackchemiker. Theoretische Grundlagen der Echtheitseigenschaften von Pigmentfarben. Infolge enger Zusammenfassung auch zur Einführung für Studierende oder Anfänger in der Fabrikation geeignet.

Analyse der Azofarbstoffe. Von Dr. sc. techn. **A. Brunner,** dipl. Ing.-Chem. Mit 5 Textabbildungen und 3 Tafeln. V, 124 Seiten. 1929. RM 9.—; geb. RM 10.35

Enzyklopädie der Küpenfarbstoffe. Ihre Literatur, Darstellungsweisen, Zusammensetzung, Eigenschaften in Substanz und auf der Faser. Von Dr.-Ing. **Hans Truttwin,** Wien. Unter Mitwirkung von Dr. **R. Hauschka,** Wien. XX, 868 Seiten. 1920. RM 37.80

Kohlenwasserstofföle und Fette sowie die ihnen chemisch und technisch nahestehenden Stoffe. Siebente, völlig neubearbeitete Auflage. Unter Mitwirkung zahlreicher Fachgenossen in Gemeinschaft mit Dr.-Ing. **W. Bleyberg** bearbeitet und herausgegeben von Prof. Dr. **D. Holde.** Mit 209 Abbildungen im Text. XII, 1046 Seiten. 1933. Geb. RM 78.—

Celluloseesterlacke. Die Rohstoffe, ihre Eigenschaften und lacktechnischen Aufgaben; Prinzipien des Lackaufbaues und Beispiele für die Zusammensetzung; technische Hilfsmittel der Fabrikation. Von Dr. **Calisto Bianchi.** Deutsche, völlig neubearbeitete Ausgabe von Dr. phil. **Adolf Weihe.** Mit 71 Textabbildungen. XII, 329 Seiten. 1931. Geb. RM 20.25

Die neuzeitliche Seidenfärberei. Handbuch für Seidenfärbereien, Färbereischulen und Färbereilaboratorien. Von Dr. phil. **Hermann Ley,** Elberfeld. Zweite, vermehrte und verbesserte Auflage. Mit 61 Textabbildungen. V, 241 Seiten. 1931.　　　　　Geb. RM 18.—

Die Neuauflage hat eine erhebliche Erweiterung erfahren. Der besondere Wert des Werkes liegt darin, daß alle angeführten Verfahren und Arbeitsweisen vom Verfasser persönlich praktisch durchgearbeitet und erprobt worden sind.

Praktischer Leitfaden zum Färben von Textilfasern in Laboratorien für Studenten der Hochschulen und für Schüler an höheren Textilfachschulen. Von Dr.-Ing. **Ed. Zühlke,** Färberei-Laboratorium der Färberei- und Appreturschule Krefeld. Mit 2 Textabbildungen. VII, 234 Seiten. 1930.　　　　　RM 8.55

Praktische Kunstseidenfärberei in Strang und Stück. Von Dr. **Kurt Götze,** Wuppertal-Elberfeld, und **C. Richard Merten,** Krefeld. Mit 101 Textabbildungen. IX, 144 Seiten. 1933.　　　　Geb. RM 13.50

Praktikum der Färberei und Druckerei für die chemisch-technischen Laboratorien der Technischen Hochschulen und Universitäten, für die chemischen Laboratorien höherer Textilfachschulen und zum Gebrauch im Hörsaal bei Ausführung von Vorlesungsversuchen. Von Prof. Dr. **Kurt Brass,** Prag. Zweite, verbesserte Auflage. Mit 5 Textabbildungen. VIII, 104 Seiten. 1929.　　　　　RM 4.72

Praktikum der Färberei und Farbstoffanalyse für Studierende. Von Prof. Dr. **Paul Ruggli,** Basel. Mit 16 Abbildungen im Text und 18 Tabellen. IX, 197 Seiten. 1925.　　　　Geb. RM 10.80

Taschenbuch für die Färberei mit Berücksichtigung der Druckerei. Von **R. Gnehm.** Zweite Auflage, vollständig umgearbeitet und herausgegeben von Dr. **R. v. Muralt,** dipl. Ing.-Chemiker, Zürich. Mit 50 Abbildungen im Text und auf 16 Tafeln. VII, 220 Seiten. 1924.　　　　Geb. RM 12.15

Das Bleichen der Pflanzenfasern. Von Dr. **W. Kind,** Sorau. Dritte, vermehrte und verbesserte Auflage. Mit 83 Textabbildungen. V, 339 Seiten. 1932.　　　　Geb. RM 24.—

Handbuch der Appretur. Von Prof. Ing. **Josef Bergmann †,** Brünn. Nach dem Tode des Verfassers ergänzt und herausgegeben von Prof. Dr.-Ing. **Chr. Marschik,** Leipzig. Mit 286 Textabbildungen. VI, 321 Seiten. 1928.　　　　Geb. RM 32.40

Ⓦ **Die Praxis der Baumwollwarenappretur.** Von Ing. Chem. **Eugen Rüf,** langjährigem Buntwebereileiter. (Techn.-Gew. Bücher, Bd. 4.) VI, 278 Seiten. 1930.　　　　Geb. RM 15.—